中国水利教育协会
高等学校水利类专业教学指导委员会　共同组织

全国水利行业“十三五”规划教材（普通高等教育）

普通高等教育农业农村部“十三五”规划教材

水力学
（第2版）

主编　郭维东

中国水利水电出版社
www.waterpub.com.cn
·北京·

内 容 提 要

本书是在第1版的基础上修订而成的。全书共分十三章，包括导论，水静力学，水运动学，水动力学基础，液流型态及水头损失，量纲分析和液流相似原理，管道恒定流，明渠恒定均匀流，明渠恒定非均匀流，堰顶溢流、闸孔出流及洞涵过流，泄水建筑物下游的水流衔接与消能，渗流，水力学常用计算软件。

本书可作为高等学校水利类、土建类专业的本科教学用书，也可供从事水力学工作的工程技术人员参考。

图书在版编目（CIP）数据

水力学 / 郭维东主编. -- 2版. -- 北京 : 中国水利水电出版社, 2021.1
全国水利行业“十三五”规划教材. 普通高等教育 普通高等教育农业农村部“十三五”规划教材
ISBN 978-7-5170-9424-1

Ⅰ. ①水… Ⅱ. ①郭… Ⅲ. ①水力学－高等学校－教材 Ⅳ. ①TV13

中国版本图书馆CIP数据核字(2021)第030879号

书　　名	全国水利行业“十三五”规划教材（普通高等教育） 普通高等教育农业农村部“十三五”规划教材 **水力学**（第2版） SHUILIXUE
作　　者	主编　郭维东
出版发行	中国水利水电出版社 （北京市海淀区玉渊潭南路1号D座　100038） 网址：www.waterpub.com.cn E-mail：sales@waterpub.com.cn 电话：(010) 68367658（营销中心）
经　　售	北京科水图书销售中心（零售） 电话：(010) 88383994、63202643、68545874 全国各地新华书店和相关出版物销售网点
排　　版	中国水利水电出版社微机排版中心
印　　刷	清淞永业（天津）印刷有限公司
规　　格	184mm×260mm　16开本　30印张　711千字
版　　次	2005年9月第1版第1次印刷 2021年1月第2版　2021年1月第1次印刷
印　　数	0001—2000册
定　　价	**76.00**元

编写人员名单

主　编： 郭维东（沈阳农业大学）

副主编： 王　毅（沈阳农业大学）
裴国霞（内蒙古农业大学）
李　琳（新疆农业大学）
高金花（长春工程学院）
张维江（宁夏大学）
徐　伟（沈阳农业大学）
陈长山（丹东市水利勘测设计研究院）

参　编： 孙　楠（东北农业大学）
朱永梅（山东农业大学）
冯忠伦（山东农业大学）
杨丽萍（沈阳农业大学）
郝拉柱（内蒙古农业大学）
魏　巍（甘肃农业大学）
梁　岳（沈阳农业大学）
马云峰（辽宁省河库管理服务中心）
代永江（沈阳市水利规划院）
隋吉庆（沈阳顺源德工程咨询有限公司）
张晓琳（沈阳顺源德工程咨询有限公司）

主　审： 槐文信（武汉大学）

第 2 版前言

《水力学》第 2 版是在第 1 版（2005 年，中国水利水电出版社）的基础上全面修订的。本书此次修订的动机：第一，结合现代水力学的发展趋势，删除了第 1 版中水力学查表计算的大部分相关内容，因为基于计算机的发展，部分查表试算的方法已经在工程实践中适用越来越少，精度也无法达到当前数值计算的水平；第二，结合水利发展的新形势和新方向，添加了水力学数值计算软件的部分内容，此部分内容重点介绍了常用的水力学计算软件及其基本操作方法，在教学过程中要提供一定的课时进行讲解练习，真正培养能够适应现代化软件发展的学生，提高学生的实际操作能力。

本书结合现代水力学和传统水力学的发展思路，从基本理论出发，介绍了水力学的发展历史、经典概念理论、现代水工建筑物水力计算以及相关计算软件等内容，是一本深入浅出、通俗易懂的本科生优秀教材，修订版在原版的基础上删繁就简、突出重点，清晰准确地描述了相关理论和方法，有助于读者把握重点并提高学习效果。在每章前面添加本章导读，概述本章的主要内容，并指明本章的重点、难点内容，方便学生进行预习和复习。

全书共分为十三章，其中导论，水静力学，水运动学，水动力学基础，液流型态及水头损失，量纲分析和液流相似原理，管道恒定流，明渠恒定均匀流，堰顶溢流、闸孔出流及洞涵过流，泄水建筑物下游的水流衔接与消能，水力学常用计算软件是水利类各专业的共同必修部分；而明渠恒定非均匀流、渗流两章内容则为不同专业的选修部分。

本书承蒙武汉大学槐文信教授审阅，提出了许多宝贵意见，沈阳农业大学水利学院河流研究团队的研究生承担了部分插图和文字校对工作。本书也得到了农业农村部“十三五”规划教材建设的资助，作者在此表示诚挚感谢。

由于编者水平有限，本书中的错误和疏漏在所难免，热忱期望读者批评指正。

编　者

2021 年 1 月

第 1 版前言

本书是根据 60～100 学时的《水力学教学大纲》编写的，可作为水利类及相关专业的水力学教材使用，也可供有关技术人员作为参考书。

本书编写的指导思想是为适应 21 世纪高等教育面临的新形势，结合高等院校，尤其农林院校工科专业特点，以培养和造就创造性复合型人才为宗旨，为水利类专业提供优秀教材。

本书特点：

(1) 编写力争做到充分反映近年来的教改成果，尽可能达到工科其他优秀教材的深度和广度，例题、习题等注意结合水利工程实际。

(2) 写出主要计算程序；每章最后有思考题、习题；书后附英文专业名词。

(3) 适应面尽可能广，以满足不同学时、不同专业的需求。

(4) 注意与相关课程的融会、贯通、渗透，并以培养学生自学能力、独立思考问题的能力、建模能力和举一反三的能力为基本出发点。

(5) 为了培养计算分析能力和实际动手能力，单独列出工程计算实例和水力要素量测章节。

全书共分十六章，其中导论、水静力学、水运动学、水动力学基础、液流型态及水头损失、量纲分析和液流相似原理、管道恒定流、明渠恒定均匀流、堰顶溢流和闸孔出流及洞涵过流、泄水建筑物下游的水流衔接与消能，是水利类各专业的共同必修部分；而明渠恒定非均匀流、管道非恒定流、明渠非恒定流、渗流、综合水力计算实例、水力要素的量测为供不同专业选学部分。不带 * 号的条目是本课程的基本内容，有 * 号的条目是扩展内容，这部分内容在教学中可以精简或删除。

本书由郭维东、裴国霞、韩会玲任主编；李文果、高金花、张维江任副主编；参编人员及编写分工如下：第一章郭维东、谢立群，第二章李文果，第三章郭维东、李学森，第四章裴国霞、郝拉柱，第五章张维江，第六章梁岳，第七章魏巍，第八章孙楠，第九章韩会玲，第十章朱永梅，第十一章杨丽萍，第十二章郭维东、徐伟、于国锋，第十三章高金花，第十四章郝拉柱、裴国霞，第十五章郭维东、栾航，第十六章黄树友。

本书承蒙武汉大学槐文信教授审阅，提出了许多宝贵意见，内蒙古农业大学李仙岳，沈阳农业大学张鹤、商艾华、王立松、冯亚辉硕士承担了部分插图和文字校对工作，在此表示诚挚感谢。

限于编者水平，本书中的错误和疏漏在所难免，热忱期望读者批评指正。

郭维东

2013 年 1 月

目　录

第一章 导 论

【本章导读】 本章首先在说明水的概念及其物理属性的基础上，对水力学研究内容和发展进行概述；然后介绍水力学概念模型、物理性质及作用力。学习中应重点理解和掌握的主要概念有：液体的质点、理想液体、流体连续介质模型、黏滞性与黏度、牛顿流体、质量力等，应掌握流体区别于固体的重要特征和重力等质量力的表示，还应熟练掌握牛顿内摩擦定律及其应用。

第一节 引 言

水是世界上最丰富、分布最广、使用最多的物质。水是人类及其他生物繁衍生存的基本条件，是人们生活不可替代的重要资源，没有水就没有生命。水是生态环境中最活跃、影响最广泛的因素，具有许多其他资源所没有的、独特的性能和多重的使用功能，是工农业生产的重要资源。

在水利工程建设中，水力学占有十分重要的地位，被广泛应用于各个领域，如水利建筑工程、水力发电工程、农田水利工程、机电排灌工程、港口工程、河道整治工程、给排水工程、水资源工程、环境保护工程等。在这些水利工程的勘测、设计、施工和运行管理等各个过程中，都需要解决大量的水力学问题，为其提供合理的依据。

为了明确水力学的任务，以水资源综合利用的水利枢纽工程为例，来了解一下工程实际中常见的水力学问题。

为了满足防洪、灌溉、航运、发电和养殖等各方面的需要，常在河道上筑坝以抬高上游水位，形成水库。同时，修建泄洪、通航、引水及输水建筑物、水电站等，组成水利枢纽。这些建筑物的存在，调整和改变了天然的水流形态，使之按人们预定的调度方案运行。另外，由于水流反抗受建筑物所形成的人工边界条件的约束，水流与边界的相互作用形成了新的水流状态。在规划设计时，就必须分析自然河势与天然水流形态，因势利导，妥善布局每一个建筑物，正确确定水库的各种水位和下泄流量；合理设计引水、输水和泄洪建筑物过水断面的形状、尺寸以及过流能力的大小，以充分利用水资源，最大限度地发挥综合利用的效益。

在河道上筑坝后，坝上游水位将沿河道抬高，导致河道两岸的农田、村庄及城镇有可能被淹没，要确定筑坝后水库的淹没范围，就必须解决坝上游河道水面曲线的计算问题。

水库蓄水后，大坝就会受到静水或动水压力的作用。在坝前水压力的作用下，水库中的水还会有部分沿坝基土壤或岩石的缝隙向下游渗透。在校核坝体稳定时，必须计算上游、下游水体对坝体的水压力及渗透对坝基的作用力。

泄洪时，因溢流坝段上游、下游水位差一般较大，水流下泄时往往具有较大的动能，必须采取有效的工程措施，消除多余有害的动能，防止或削弱高速下泄的水流对下游河床的冲刷，以确保坝体的安全。

以上简单介绍了水利枢纽工程中的一些水力学问题。归纳实际工程中常见的水力学问题，大致可分为下述六个方面：一是水流对建筑物的作用力问题；二是建筑物的过流能力问题；三是水能利用和能量损失问题；四是河渠水面曲线计算问题；五是泄水建筑物下游水流的消能问题；六是建筑物的渗流问题。此外，还有一些特殊的水力学问题，如水泵、水轮机和其他水力机械中液体运动规律以及液体和机械之间的相互作用问题，管、渠非恒定流问题，高速水流中的掺气、气蚀、脉动、振动和冲击波等问题，挟沙水流问题，有害物质对水资源的污染问题等。

第二节　水力学及其发展概况

一、水力学的研究内容

水力学是一门技术科学，是高等工科院校很多专业特别是水利类专业的一门重要技术基础课。它是力学的一个分支。水力学的任务是研究液体处于平衡和各种机械运动状态下的各种基本规律，研究和提出运用这些基本规律来解决工程实际中所遇到的各类水力学问题的具体方法。

水力学的研究内容可分为水静力学和水动力学。前者讨论液体的平衡及其与边界的相互作用；后者研究液体的运动、引起运动的力和伴随的能量变化。水流连续性方程、水流能量方程、水流动量方程与纳维-斯托克斯方程是对液体运动做总流分析与流场分析的控制方程。水流阻力和水头损失是液流与边界的相互作用在力和能量方面的反映，也是水动力学的重要课题。有关流动型态（层流和紊流）与边界层方面的知识，构成近代流体力学的重要内容，为水流阻力与水头损失分析计算提供理论基础。量纲分析与相似理论作为理论、实验研究的重要手段，也常纳入水力学的研究内容。

水力学和其他学科结合，又形成一些交叉性的分支学科，如河流动力学、海岸动力学、环境水力学等。

水力学在研究液体平衡和机械运动规律时，要应用物理学及理论力学中有关物体平衡及运动规律的原理，如力系平衡定理、动量定理、动能定理等。因为液体在平衡或运动状态下，也同样遵循这些普遍的原理。所以物理学和理论力学的知识是学习水力学课程必要的基础。

二、水力学的发展简史

水力学的发展同其他自然科学一样，既依赖于生产实践和科学试验，又受社会诸因素的影响。我国在防止水患、兴修水利方面有着悠久的历史。相传4000多年前的大禹治水，就表明古代先民有过长期、大规模的防洪实践。秦代在公元前256—前210年间修建的都江堰、郑国渠和灵渠三大水利工程，都说明当时对明渠水流和堰流的认识已达到相当高的水平。尤其是都江堰工程在规划、设计和施工等方面都具有很高的科学水平和创造性，至今仍发挥效益。陕西兴平出土的西汉时期的计时工具实物——铜壶滴漏，就是利用孔口出流使容器水位发生变化来计算时间的，这说明当时对孔口出流已有相当的认识。北宋时期，在运河上修建的真州复闸，比14世纪末在荷兰出现的同类船闸早300多年。14世纪以前，我国的科学技术在世界上是处于领先地位的。但是，近几百年来由于闭关锁国使我国的科学技术事业得不到应有的发展，水力学始终处于概括的定性阶段，未形成严密的科学理论。

世界公认的最早的水力学原理是公元前 250 年左右古希腊人阿基米德（Archmedes）提出的浮体定律。此后，欧洲各国长期处于封建统治时期，生产力发展非常缓慢，直到 15 世纪文艺复兴时期，尚未形成系统的水力学理论。

16 世纪以后，资本主义处于上升阶段，在城市建设、航海和机械工业发展需要的推动下，逐步形成了近代的自然科学，水力学也随之得到发展。如意大利的达·芬奇（Vinci）是文艺复兴时期出类拔萃的美术家、科学家兼工程师，他倡导用实验方法了解水流流态，并通过实验描绘和讨论了许多水力现象，如自由射流、旋涡形成、水跃和连续原理等。1586 年斯蒂芬（Stevin）把研究固体平衡的方法应用于静止液体；1612 年伽利略（Galileo）建立了物体沉浮的基本原理；1643 年托里拆利（Torricelli）提出了液体孔口出流的关系式；1650 年帕斯卡（Pascal）建立了平衡液体中压强传递规律——帕斯卡定理，从而使水静力学理论得到进一步的发展；1686 年牛顿（Newton）提出了液体内摩擦的假设和黏滞性的概念，建立了牛顿内摩擦定律。

18—19 世纪，水力学与古典流体力学（古典水动力学）沿着两条途径建立了液体运动的系统理论，形成两门独立的学科。古典流体力学的奠基人是瑞士科学家伯努利（Bernoulli）和他的朋友欧拉（Euler）。1738 年伯努利提出了理想液体运动的能量方程，即伯努利方程；1755 年欧拉首次推导出理想液体运动微分方程——欧拉运动微分方程。到 19 世纪中叶，大体形成了理想液体运动的系统理论，习惯上称为“水动力学”或古典流体力学，它发展成为力学的一个分支。古典流体力学这一理论体系在数学分析上系统、严谨，但忽略了液体黏性，计算结果与实际不尽相符，而且由于求解上的数学困难，当时难以解决各种实际问题。为了适应工程技术迅速发展的需要，一些工程师采用实验和观测手段，得出经验公式，或在理论公式中引入经验系数以解决实际工程问题。如 1732 年毕托（Pitot）发明了量测流速的毕托管；1769 年谢才（Chezy）建立了明渠均匀流动的谢才公式；1856 年达西（Darcy）提出了线性渗流的达西定律等。这些成果被总结为以实际液体为对象的重经验重实用的水力学。古典流体力学和水力学都是关于液体运动的力学，但前者忽略黏，等性、重数学、重理论，后者考虑，等性、偏经验、偏实用。

临近 19 世纪中叶，1821—1845 年，纳维（Navier）和斯托克斯（Stokes）等成功地修正了理想液体运动方程，添加黏性项使之成为适用于实际流体（黏性流体）运动的纳维-斯托克斯方程。19 世纪末，雷诺（Reynolds）于 1883 年发表了关于层流和紊流两种流态的系列试验结果，提出了动力相似律，后又于 1895 年建立了紊流时均化的运动方程——雷诺方程。这两方面成果对促进前述两种研究途径的结合有着重要的作用，可以说是建立近代黏性流动理论的两大先驱性工作。

生产的需要永远是科学发展的强大动力。19 世纪末、20 世纪初，由于现代工业的迅速发展，特别是航空工业的崛起，出现了许多复杂问题，而古典流体力学与水力学都不能很好地说明和解决，这在客观上要求建立理论与实际密切结合的、以实际流体（包括液体和气体）运动为对象的理论。1904 年普朗特（Prandtl）创立的边界层理论，揭示了水、空气等低黏性流体的实际流动与理想流动之间的实质性联系，使流体力学与水力学两种研究途径得到了统一。后经许多学者的努力，边界层理论和紊流理论都有很大的发展，逐渐形成了理论分析和试验相结合的现代流体力学和现代水力学。

迅速发展的现代实验技术（如激光、超声波、同位素等）和建立在相似理论及量纲分析基础上的实验理论，大大提高了探索水流运动规律和对实验资料进行理论分析的水平。尤其是近半个世纪以来，电子计算机的广泛应用使许多比较复杂的水力学问题通过理论分析、科学试验和数值计算三者得到解决。可以预见，理论分析、科学试验和数值计算三者相辅相成的研究方法将赋予水力学以新的生机，使水力学在各个工程技术领域中发挥更大的作用。

三、水力学的研究方法

研究和解决水力学问题有三种基本方法，即科学试验、理论分析和数值计算。三种方法取长补短，彼此影响，从而促使水力学不断地发展。

1. 科学试验

水力学理论的发展，在很大程度上取决于试验观测的水平。水力学中试验观测的方法主要有三个方面：一是原型观测，对工程实践中的天然水流直接进行观测；二是系统试验，在试验室内造成某种边界状况下的液流运动，进行系统的试验观测，从中找出规律；三是模型试验，以水力相似理论为指导，模拟实际工程的条件，预演或重演水流现象来进行研究。

2. 理论分析

掌握了相当数量的试验资料，就可以根据机械运动的普遍原理（质量守恒、能量守恒、动量定理等），运用数理分析的方法来建立某一水流运动现象的系统理论，并在指导工程实践中加以检验，进一步补充和发展。由于液体运动的复杂性，解决实际工程问题时，单纯依靠数理分析往往很难得到所要求的具体解答，因此必须采取数理分析和试验观测相结合的方法。在水力学中，有时先推导理论公式再用试验系数加以修正；有时要应用半经验半理论公式；有时是先进行定性分析，然后直接采用经验公式进行计算。

3. 数值计算

对于某些复杂流动的问题，完全用理论分析来解决还存在许多困难。近年来，随着计算机和现代计算技术的发展，数值计算已逐渐成为研究水力学问题的一个重要方法。数值计算的特点是适应性强、应用面广。首先，流动问题的控制方程一般是非线性的，自变量多，计算域的几何形状随机，边界条件复杂，对这些无法求得解析解的问题，用数值解则能很好地满足工程需要；其次，可利用计算机进行各种数值模拟，例如可选择不同的流动参数进行试验，可进行物理方程中各项的有效性和敏感性试验，以便进行各种近似处理等。它不受物理模型相似律的限制，比较省钱、省时，有较大的灵活性。但数值模型必须建立在物理概念正确和力学规律明确的基础上，而且一定要接受试验和原型观测资料的检验。

科学试验、理论分析和数值计算三种方法相互联系、促进，又不能相互代替，已成为目前解决复杂水流问题的主要手段。

第三节　液体的基本特征及连续介质的概念

一、液体的基本特征

液体的性状介于气体与固体之间。一方面液体像固体一样能保持一定体积，很不容易被压缩；而另一方面液体又与气体一样，没有固体那样保持自身形状的能力，具有易流动性。这就是液体与气体区别于固体的基本特征。通常，由于液体与气体都具有易流动性，又将两者统称为流体。

从力学角度看，固体可以承受拉应力、压应力及切应力，只要拉应力和切应力在一定限度内，固体就能够形成平衡。但流体则不能承受拉应力，只能抵抗压应力，而且在微小切应力的作用下，很容易发生变形或流动。流体不能在切应力作用下维持平衡或静止，这一点与固体有着根本的区别。

液体与气体虽同属流体，但也不完全相同。液体很不容易被压缩，当容器的体积大于它的体积时，它不能充满容器，而会形成一个自由表面。而气体极易被压缩，没有固定的体积，能够充满任何容器，不存在自由表面。

在本书的讨论中，一般都把液体作为不可压缩流体来看，只有在外力特别大的特殊情况下才计及液体的压缩性。可以看到，在不计其压缩性时，新建立的流体平衡及运动关系式，既适用于气体，也适用于液体。计及压缩性后，气体及液体就分别处理了。流体力学、气体力学、水力学之所以相通，其道理也就在这里。

二、液体质点与微团的概念

液体质点是指液体中宏观尺寸非常小而微观尺寸又足够大的任意一个物理实体，液体质点具有下述四层含义。

(1) 液体质点的宏观尺寸非常小，甚至可以小到肉眼无法观察、工程仪器无法测量的程度，用数学语言来说就是液体质点所占据的宏观体积极限为零，但极限为零并不等于零。

(2) 液体质点的微观尺寸足够大。这种宏观为零的尺寸用微观仪器度量必然又很可观，所谓微观尺寸足够大，就是说液体质点的微观体积必然大于液体分子尺寸的数量级，这样在液体质点内任何时刻都包含有足够多的液体分子，个别分子的行为不会影响质点总体的统计平均特性。

(3) 液体质点是包含有足够多分子在内的一个物理实体，因而在任何时刻都应该具有一定的宏观物理量。例如：液体质点具有质量，该质量就是所包含分子质量之和；液体质点具有密度，该密度就是质点质量除以质点体积；液体质点具有温度，该温度就是所包含分子热运动动能的统计平均值；液体质点具有压强，该压强就是所包含分子热运动互相碰撞从而在单位面积上产生的压力的统计平均值。

此外，液体质点也具有流速、动量、动能、内能等宏观物理量，这些物理量的统计平均概念亦均类似，不一一详述。

液体质点的形状可以任意划定，在液体运动学中，当研究质点的变形问题时，则将质点称作微团。也可以理解为液体微团就是流体中任意小的一个微元部分，当液体微团的体积无限缩小并以某一坐标点为极限时，液体微团就成为处在这个坐标点上的一个液体质点，它在任何瞬时都应该具有一定的物理量，如质量、密度、压强、流速等。

三、连续介质的概念

液体和任何物质一样，都是由分子组成的，分子与分子之间是不连续而有空隙的。

水力学在研究液体运动时，只研究由于外力作用下的机械运动，不研究液体内部的分子运动，也就是说只研究液体的宏观运动而不研究其微观运动。这是因为分子间空隙的距离与生产上需要研究的液流尺度相比，是极为微小的。

所以，在水力学中，把液体当作连续介质看待，即假设液体是一种连续充满其所占据空间毫无空隙的连续体。水力学所研究的液体运动是连续介质的连续流动。

连续介质的概念是由瑞士学者欧拉（Euler）在1753年首先建议的，它作为一种假定，在流体力学的发展上起了巨大作用。如果把液体视为连续介质，则其中的一切物理量（如速度、压强、密度等）都可以视为空间坐标和时间的连续函数，这样，在研究液体运动规律时，就可以利用连续函数的分析方法。长期的生产和科学实验证明利用连续介质假定所得出的有关液体运动规律的基本理论与客观实际是十分符合的。只有在某些特殊水力学问题（例如空化水流、掺气水流等）中，才考虑水的不连续性。

第四节　液体的主要物理性质与量纲

物体运动状态的改变都是受外力作用的结果。分析研究液体运动的规律，也要从分析液体的受力情况着手，而任何一种力的作用，都要通过液体自身的性质来表现，所以在研究液体运动规律之前，须对液体的物理特性有所了解。和机械运动有关的液体的主要物理性质如下。

一、惯性、质量与密度

液体与任何物体一样，具有惯性，惯性就是物体保持原有运动状态的特性。惯性的大小由质量来度量，质量越大的物体，惯性也越大。当液体受外力作用使运动状态发生改变时，由于液体的惯性引起对外界抵抗的反作用力称为惯性力。设物体的质量为 m，加速度为 a，则惯性力为

$$F=-ma \tag{1-1}$$

式中，负号表示惯性力的方向与物体的加速度方向相反。

根据国际单位制的规定，质量的单位用kg，力的单位用N。

密度是指单位体积液体所含有的质量。液体的密度常以符号 ρ 表示，若一均质液体质量为 m，体积为 V，其密度为

$$\rho=\frac{m}{V} \tag{1-2}$$

若已知某均质液体的密度与体积，则该液体的质量为

$$m=\rho V \tag{1-3}$$

国际单位制中，密度的单位为 kg/m^3。液体的密度随温度和压强而变化，但这种变化很小，所以水力学中把水的密度视为常数，采用在一个标准大气压（即 1.01325×10^5 Pa）、

温度为4℃时的蒸馏水密度来计算，此时 ρ 为 $1000kg/m^3$。

在一个标准大气压下，不同温度时水的密度见表1-1。

表1-1　　1个标准大气压下不同温度时水的密度表

水温 T /℃	密度 ρ /(kg/m^3)	重度 γ /(kN/m^3)	黏度 μ /($10^{-3}Pa\cdot s$)	运动黏度 υ /($10^{-6}m^2/s$)	体积模量 K /10^9Pa	表面张力系数 σ /(N/m)
0	999.9	9.805	1.781	1.785	2.02	0.0756
5	1000.0	9.807	1.518	1.519	2.06	0.0749
10	999.7	9.804	1.307	1.306	2.10	0.0742
15	999.1	9.798	1.139	1.139	2.15	0.0735
20	998.2	9.789	1.002	1.003	2.18	0.0728
25	997.0	9.777	0.890	0.893	2.22	0.0720
30	995.7	9.764	0.798	0.800	2.25	0.0712
40	992.2	9.730	0.653	0.658	2.28	0.0696
50	988.0	9.689	0.547	0.553	2.29	0.0679
60	983.2	9.642	0.466	0.474	2.28	0.0662
70	977.8	9.589	0.404	0.413	2.25	0.0644
80	971.8	9.530	0.354	0.364	2.20	0.0626
90	965.3	9.466	0.315	0.326	2.14	0.0608
100	958.4	9.399	0.282	0.294	2.07	0.0589

二、重力与重度

万有引力特性是指任何物体之间相互具有吸引力的性质，其吸引力称为万有引力。地球对物体的引力称为重力，或称为重量。在研究液体所受的作用力时，重力常是一个很重要的力。某一质量为 m 的液体，其所受重力的大小为

$$G=mg \tag{1-4}$$

式中：g 为重力加速度，本书中采用 $9.8m/s^2$。

液体的重度（以 γ 表示）是指单位体积液体所具有的重量。对某一重量为 G，体积为 V 的均质液体，其重度为

$$\gamma=\frac{G}{V} \tag{1-5}$$

或

$$\gamma=\frac{mg}{V}=\rho g \tag{1-6}$$

重度的国际单位为 N/m^3 或 kN/m^3。不同液体的重度是不相同的，同一种液体的重度随温度和承受的压强的变化而变化。但因水的重度随温度与压强变化甚微，一般工程上视为常数，取在1个标准大气压下4℃时的蒸馏水重度来计算，此时 γ 为 $9800N/m^3$。几种常见液体的重度 γ 值见表1-2。

表 1-2　　　　几种常见液体的重度 γ 值（标准大气压力下）

液体名称	汽　油	纯酒精	蒸馏水	海　水	水　银
重度/(N/m^3)	6664～7350	7778.3	9800	9996～10084	133280
测定温度/℃	15	15	4	15	0

三、黏滞性

（一）牛顿内摩擦定律

当液体处在运动状态时，若液体质点之间存在着相对运动，则质点之间要产生摩擦力抵抗其相对运动，这种性质称为液体的黏滞性，此内摩擦力又称黏滞力。

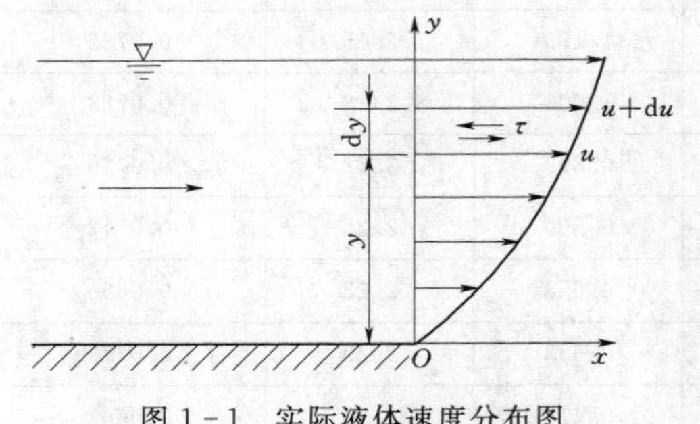

图 1-1　实际液体速度分布图

如图 1-1 所示，液体沿着一个固体平面壁做平行的直线流动，且液体质点是有规则地一层一层向前运动而不互相混掺（这种各液层间互不干扰的运动称为“层流运动”，以后将详细讨论这种运动的特性）。由于液体具有黏滞性的缘故，靠近壁面附近流速较小，远离壁面处流速较大，因而各个不同液层的流速大小是不相同的。若距固体边界为 y 处的流速为 u，在相邻的 $y+dy$ 处的流速为 $u+du$，由于两相邻液层的流速不同（也就是存在着相对运动），在两流层之间将成对地产生内摩擦力。下面一层液体对上面一层液体作用了一个与流速方向相反的摩擦力，而上面一层液体对于下面一层液体则作用了一个与流速方向一致的摩擦力，这两个摩擦力大小相等、方向相反，都具有抵抗其相对运动的性质。作用在上面一层液体上的摩擦力有减缓其流动的趋势，作用在下面一层液体上的摩擦力有加速其流动的趋势。

前人的科学实验证明，相邻液层接触面的单位面积上所产生的内摩擦力 τ 的大小，与两液层之间的速度差 du 成正比，与两液层之间的距离 dy 成反比，同时与液体性质有关。将此试验结果写成表达式，即

$$\tau=\mu\frac{du}{dy} \tag{1-7}$$

式中：μ 为随液体种类不同而异的比例系数，称为动力黏滞系数也称黏度。

两液层间流速差与其距离的比值又称流速梯度。

式（1-7）就是著名的“牛顿内摩擦定律”，它可表述为：做层流运动的液体，相邻液层间单位面积上所作用的内摩擦力（或黏滞力）与流速梯度成正比，同时与液体的性质有关。

下面可以证明，流速梯度 $\frac{du}{dy}$，实质上是代表液体微团的剪切变形速度。如图 1-2 所示，从图 1-1 中将相距为 dy 的两层液流 1—1 和 2—2 分离出来，取两液层间矩形微分体 $ABCD$ 来研究。设该

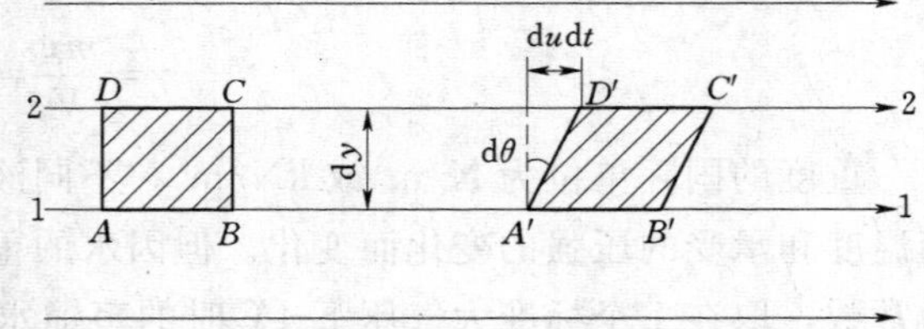

图 1-2　液体微团的剪切变形

微分体经过 $\mathrm{d}t$ 时段后运动至新的位置 $A'B'C'D'$，因液层 2—2 与液层 1—1 存在流速差 $\mathrm{d}u$，微分体除位置改变而引起平移运动之外，还伴随着形状的改变，由原来的矩形变成了平行四边形，也就是产生了剪切变形（或角变形），AD 边或 BC 边都发生了角变位 $\mathrm{d}\theta$，其剪切变形速度为 $\frac{\mathrm{d}\theta}{\mathrm{d}t}$。在 $\mathrm{d}t$ 时段内，D 点比 A 点多移动的距离为 $\mathrm{d}u\mathrm{d}t$，因为 $\mathrm{d}t$ 为微分时段，角变位 $\mathrm{d}\theta$ 亦为微分量，可认为

$$\mathrm{d}\theta \approx \tan(\mathrm{d}\theta) = \frac{\mathrm{d}u\mathrm{d}t}{\mathrm{d}y}$$

故

$$\frac{\mathrm{d}\theta}{\mathrm{d}t} = \frac{\mathrm{d}u}{\mathrm{d}y} \tag{1-8}$$

所以内摩擦力公式（1-7）又可表达为

$$\tau = \mu \frac{\mathrm{d}\theta}{\mathrm{d}t} \tag{1-9}$$

由于内摩擦力与作用面平行，故常称 τ 为切应力。

根据以上推证，又可将牛顿内摩擦定律表述为：液体做层流运动时，相邻液层之间所产生的切应力与剪切变形速度成正比。所以液体的黏滞性可视为液体抵抗剪切变形的特性。

还需指出，牛顿内摩擦定律只能适用于一般流体，对于某些特殊流体是不适用的。一般把符合牛顿内摩擦定律的流体称为牛顿流体，反之称为非牛顿流体，如图 1-3 所示。

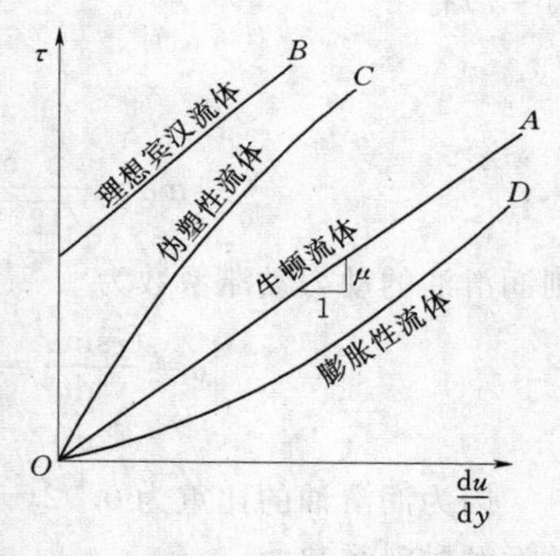

图 1-3　牛顿流体与非牛顿治体

A 线为牛顿流体，在温度不变条件下，这类流体的 μ 值不变，剪切应力与剪切变形速度成正比，A 线为一斜率不变的直线。B 线为一种非牛顿流体，称为理想宾汉流体，如泥浆、血浆等，这种流体只有在切应力达到某一数值时，才开始剪切变形，但变形率是常数。C 线为另一种非牛顿流体，称为伪塑性流体，如尼龙、橡胶的溶液，颜料、油漆等，其黏滞系数随剪切变形速度的增加而减小。还有一类非牛顿流体称为膨胀性流体，如生面团、浓淀粉糊等，其黏滞系数随剪切变形速度的增加而增加，如 D 线所示。所以在应用内摩擦定律时，应注意其适用范围。

（二）液体的黏滞系数

液体的性质对摩擦力的影响，通过动力黏滞系数 μ 来反映。黏性大的液体 μ 值大，黏性小的液体 μ 值小。μ 的国际单位为 Pa·s。

液体的黏滞性还可以用另一种形式的黏滞系数 ν 来表示，它是动力黏滞系数 μ 和液体密度 ρ 的比值，即

$$\nu = \mu / \rho \tag{1-10}$$

因为 ν 不包括力的量纲而仅仅具有运动量的量纲，故称 ν 为运动黏滞系数，它的国际单位为 m^2/s。

在同一种液体中，μ 或 ν 值均随温度和压力而异，但随压力变化关系甚微，对温度变化较为敏感。

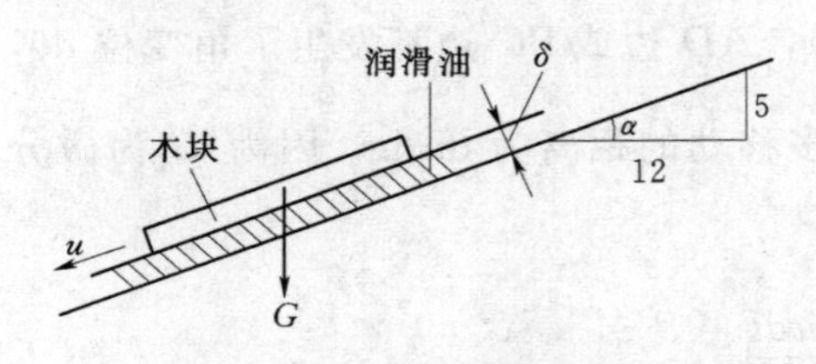

图 1-4　木块的直线运行

对于水，ν 可按下列经验公式计算：

$$\nu=\frac{0.01775}{1+0.0337t+0.000221t^2} \tag{1-11}$$

式中：t 为水温，℃；ν 以 cm^2/s 计。

【例 1-1】 某个底面尺寸为 50cm×50cm 的木块，质量为 5kg，沿着涂有润滑油的斜面向下等速运动，速度 $u=0.25m/s$，如图 1-4 所示。已知木块底面与斜面间的油层厚度 $\delta=1mm$，由木块所带动的油层中的横向速度呈直线分布，斜面尺寸如图 1-4 所示，润滑油的比重为 0.92，求油的动力黏滞系数 μ 和运动黏滞系数 ν。

解　油层中的横向流速梯度呈直线分布，则 $du/dy=u/\delta=0.25/0.001=250/s$。

维持木块等速下滑必须保持摩擦力与木块重力沿运动方向的分力相等，利用式 (1-7) 有

$$G\sin\alpha=F=A\mu\frac{du}{dy}$$

$$\sin\alpha=\frac{5}{\sqrt{12^2+5^2}}=\frac{5}{13}, A=0.5\times0.5=0.25(m^2)$$

则润滑油的动力黏滞系数为

$$\mu=\frac{G\sin\alpha}{A\frac{du}{dy}}=\frac{5\times9.8}{0.25\times250}\times\frac{5}{13}=0.3015(N\cdot s/m^2)$$

因为润滑油的比重为 0.92，则油的密度 $\rho=920kg/m^3$，应用式（1-10）计算润滑油的运动黏滞系数为

$$\nu=\mu/\rho=0.3015/920=3.277\times10^{-4}(m^2/s)$$

四、液体的压缩性

固体受外力作用要发生变形，当外力撤除后（外力不超过弹性限度时），有恢复原状的能力，这种性质称为物体的弹性。

液体不能承受拉力，但可以承受压力。液体受压后体积要缩小，压力撤除后也能恢复原状，这种性质称为液体的压缩性或弹性。液体压缩性的大小是以体积压缩系数 β 或体积弹性系数 K 来表示的。

体积压缩系数是液体体积的相对缩小值与压强的增值之比。若某一液体在承受压强为 p 的情况下体积为 V，当压强增加 dp 后，体积的改变值为 dV，其体积压缩系数为

$$\beta=-\frac{\frac{dV}{V}}{dp} \tag{1-12}$$

式（1-12）中负号是考虑到压强增大，体积缩小，所以 dV 与 dp 的符号始终是相反的，为保持 β 为正数，加一个负号。β 值越大，则液体压缩性亦越大。β 的单位为 m^2/N。

液体被压缩时其质量并不改变，且 $V=m/\rho$，故

$$\frac{\mathrm{d}V}{V}=-\frac{\mathrm{d}\rho}{\rho}$$

因而体积压缩系数又可写作

$$\beta=\frac{1}{\rho}\frac{\mathrm{d}\rho}{\mathrm{d}p} \tag{1-13}$$

所谓体积弹性系数 K，乃是体积压缩系数的倒数，即

$$K=\frac{1}{\beta} \tag{1-14}$$

K 值越大，表示液体越不容易压缩，$K\to\infty$ 表示绝对不可压缩。K 的单位为 $\mathrm{N/m^2}$。

液体种类不同，其 β 或 K 值不相同，对同种液体它们随温度和压强而变化，但这种变化甚微，一般可视为常数。

水的压缩性很小，在 10℃时体积弹性系数 $K=2.10\times10^6\mathrm{kN/m^2}$。也就是说，每增加一个大气压，水的体积相对压缩值约为 1/20000。所以对一般水利工程来说，认为水不可压缩是足够精确的。但对个别特殊情况，必须考虑水受压后的弹力作用。如研究水电站高压管道中的水流，当电站出现事故突然关闭进水阀后，管道中压力突然急剧升高，由于压力在短时间内骤然增加，液体受到压缩，相应产生的弹性力对运动的影响就不能忽视了。

五、表面张力

表面张力是自由表面上液体分子由于受两侧分子引力不平衡，自由面上液体分子受到极其微小的拉力，这种拉力称为表面张力。表面张力仅在自由表面存在，液体内部并不存在，所以它是一种局部受力现象。由于表面张力很小，一般说来它对液体的宏观运动不起作用，可以忽略不计，只有在某些特殊情况下，才显示其影响。

表面张力的大小，可以用表面张力系数 σ 来度量。表面张力系数是指在自由面（把这个面看作一个没有厚度的薄膜一样）单位长度上所受拉力的数值，单位为 N/m。σ 的大小随液体种类和温度变化而异。对于 20℃的水，$\sigma=0.074\mathrm{N/m}$；对于水银，$\sigma=0.54\mathrm{N/m}$。

在水力学实验中，经常使用盛有水或水银的细玻璃管做测压计，由于表面张力的影响，使玻璃管中的液面和与之相连通容器中的液面不在同一水平面上，如图 1-5 所示，这就是物理学中所指出的毛细管现象。毛细管升高值 h 的大小和管径大小及液体性质有关。图 1-6 所示为玻璃圆管内毛细管升高值与管径变化关系。由图 1-6 可见，管的内径越小，毛细管上升值越大，所以实验用的测压管内径不宜太小，同时要注意毛细管作用而引起的误差。

以上所介绍液体的 5 个主要物理性质，都在不同程度上决定和影响着液体的运动，但每一种性质的影响程度并不是同等的，在有些情况下，某种物理性质占支配地位，在另一些情况下，另一种物理性质占支配地位。就一般而论，重力、黏滞力对液体运动的影响起着重要作用。而弹性力及表面张力，只对某些特殊水流运动发生影响。

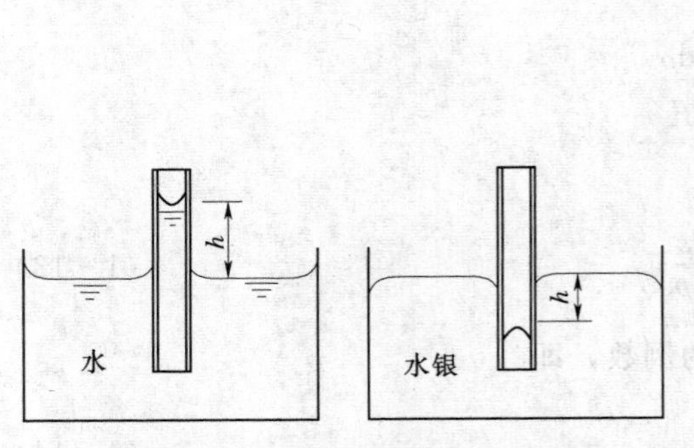

图 1-5　不同液体的毛细管现象

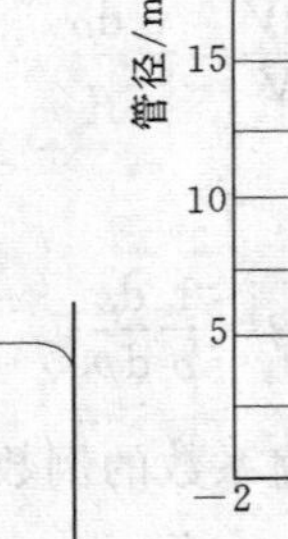

图 1-6　毛细管中液体升高值与管径变化关系

在水力学中，经常遇到的物理量有长度、时间、速度、质量、黏度、密度和力等。这些物理量按其性质不同而分为各种类别，这种类别的代名词就是通常所说的量纲（或因次）。例如长度、时间和质量就是 3 种类别不同的物理量，其量纲可分别用 L、T、M 来代表，而管径 D 和水力半径 R 却都属于长度类量纲。

量度各种物理量数值大小的标准，称为单位。如长度的单位可分别用米、厘米等不同的单位来量度。由于所选的单位不同，同一根线段（例如 1m）可用不同的数值大小（例如 1m、100cm、3.28ft）来表示。但是所有这些测量长度的单位（米、厘米、英尺）均具有长度 L 的量纲。时间也是一样，其单位可分别用秒、分、时、日来表示，但其量纲只有一个，即可用 T 表示。因此量纲是物理量“质”的表征，而单位是物理量“量”的量度。

通常表示量纲的符号为物理量加 []。例如，长度 L 的量纲为 [L]，时间 T 的量纲为 [T]，质量 M 的量纲为 [M]，速度 U 的量纲为 [U]，力 F 的量纲为 [F] 等。

物理量的量纲可分为基本量纲和诱导量纲两大类。所谓基本量纲指的是这样一组物理量的量纲，用它们可以表示其余物理量的量纲，但它们本身之间却是彼此独立而不能相互代替的。除基本的物理量的量纲外，其余的那些物理量的量纲可由基本量纲导出，因而称为导出量纲或诱导量纲。在力学问题中，国际单位制（简称 SI）规定 [L]、[T]、[M] 为基本量纲，对应的基本单位为：长度用米（m）、质量用千克（kg）、时间用秒（s）。力 F 的量纲 [F] 可由基本量纲 [L]、[T]、[M] 直接导出，故 [F] 是导出量纲或诱导量纲。但在工程界，20 世纪 80 年代以前习惯于用 [L]、[T]、[F] 作为基本量纲，简称 LTF 制，而将质量的量纲 [M] 作为导出量纲。但 LTF 制已过时，逐步被 LTM 基本量纲所取代。

在水力学中通常遇到三方面的物理量：

(1) 几何学方面的量，如长度 L、面积 A、体积 V 等。

(2) 运动学方面的量，如速度 v、加速度 a、流量 Q、运动黏度 ν 等。

(3) 动力学方面的量，如质量 m、力 F、密度 ρ、动力黏度 μ、切应力 τ、压强 p 等。

应当指出，基本量纲的选取并不是只有唯一的一组，实际上只要在几何学量中、运动学量中和动力学量中任意各选取一个都可以组成基本量纲。

各种和水力学有关的物理量的量纲和单位见表 1-3。

表 1-3　和水力学有关的各种物理量的量纲和单位

物理量		量纲		单位（SI）制
		LTM 制	LTF 制	
几何学的量	长度 L	L	L	m
	面积 A	L^2	L^2	m^2
	体积 V	L^3	L^3	m^3
	坡度 i	L^0	L^0	m^0
	水头 H	L	L	m
	惯性矩 J	L^4	L^4	m^4
运动学的量	时间 t	T	T	s
	流速 v	L/T	L/T	m/s
	重力加速度 g	L/T^2	L/T^2	m/s^2
	流量 Q	L^3/T	L^3/T	m^3/s
	单宽流量 q	L^2/T	L^2/T	m^2/s
	环量 Γ	L^2/T	L^2/T	m^2/s
	流函数 ψ	L^2/T	L^2/T	m^2/s
	势函数 φ	L^2/T	L^2/T	m^2/s
	运动黏度（运动黏滞系数）ν	L^2/T	L^2/T	m^2/s
	旋度 Ω	1/T	1/T	1/s
	旋转角速度 ω	1/T	1/T	1/s
动力学的量	质量 m	M	FT^2/L	kg
	力 f	ML/T^2	F	N
	密度 ρ	M/L^3	FT^2/L^4	kg/m^3
	重度 γ	M/L^2T^2	F/L^3	N/m^3
	压强 p	M/LT^2	F/L^2	N/m^2
	黏度（动力黏滞系数）μ	M/LT	FT/L^2	$N\cdot s/m^2$
	剪切应力 τ	M/LT^2	F/L^2	N/m^2
	弹性模量 E	M/LT^2	F/L^2	N/m^2
	表面张力系数 σ	M/T^2	F/L	N/m^2
	动量 M	ML/T	FT	$kg\cdot s/m^2$
	功能 W	ML^2/T^2	FL	$J=N\cdot m$（焦耳）
	功率 N	ML^2/T^3	FL/T	$N\cdot m/s$（瓦特）

第五节　液体的相变

相变是非常普遍的物理现象，也是当今高科技领域普遍涉及的研究课题。本节所讨论的相变是指与液体有关的相变。

物质的相变通常是由温度变化引起的，在一定的压强下，当温度升高或降低到某一数值时，相变就会发生。例如在1个标准大气压下，水在100℃时沸腾而变为蒸汽（气相），在0℃以下时会凝结成冰块（固相）。

物质由液相转变为气相的过程称为汽化。液体的汽化有两种不同的方式：一是蒸发；二是沸腾。

蒸发是发生在液体表面的缓慢的汽化过程，它在任何温度与压强下都会发生。不同液体，蒸发的快慢不同。同一液体温度越高，蒸发越快；反之越慢。同一液体在相同温度下，液体表面面积越大蒸发越快；液面上通风情况越好，蒸发越快。

沸腾是发生在整个液体内部的剧烈的汽化过程，在常压下仅当温度达到液体的沸点时才会发生沸腾现象。在1个标准大气压下，把液体加热到某一温度时，在液体内部和器壁上将会涌现出大量的气泡，整个液体会上下翻滚，急剧汽化，这就是沸腾，其相应的温度就是沸点。沸点的大小与液面的压强有关，压强越大，沸点越高；压强越小，沸点越低。沸点也和液体的种类有关，不同液体有不同的沸点。水在1个标准大气压下，水温达到100℃就沸腾了，而在大气压很低的高原山地，烧开水时，温度达不到100℃，水就沸腾了。也就是说压强越低，呈现汽化的温度就越低。在一定温度下水发生汽化的压强称为水的汽化压强。不同温度时水的汽化压强值$\frac{P_v}{\gamma}$见表1-4。

表1-4　　不同温度时水的汽化压强值$\frac{P_v}{\gamma}$

t/℃	$\frac{P_v}{\gamma}$/m	t/℃	$\frac{P_v}{\gamma}$/m	t/℃	$\frac{P_v}{\gamma}$/m	t/℃	$\frac{P_v}{\gamma}$/m	t/℃	$\frac{P_v}{\gamma}$/m
0	0.062	10	0.125	20	0.238	30	0.433	40	0.752
1	0.067	11	0.134	21	0.254	31	0.458	50	1.257
2	0.072	12	0.143	22	0.270	32	0.485	60	2.030
3	0.077	13	0.153	23	0.286	33	0.513	70	3.171
4	0.083	14	0.163	24	0.304	34	0.542	80	4.827
5	0.089	15	0.174	25	0.323	35	0.573	90	7.146
6	0.095	16	0.185	26	0.343	36	0.606	100	10.330
7	0.102	17	0.198	27	0.363	37	0.640		
8	0.109	18	0.210	28	0.385	38	0.675		
9	0.117	19	0.224	29	0.408	39	0.713		

由于沸腾时液体内部大量涌现小气泡，而且小气泡迅速胀大，从而大大增加了气、液之间的分界面，使汽化过程在整个液体内部都在进行。而蒸发时汽化仅发生在液体表面。虽然蒸发和沸腾是两种不同的汽化方式，但两者的相变机制是相同的，都是在气液分界面处以蒸发的方式进行。

第六节　理　想　液　体

在讲述液体的物理性质一节中已经指出，实际液体除了具有惯性、万有引力特性之外还存在着黏滞性、可压缩性和表面张力，这些特性都不同程度地对液体运动发生影响。通过以后有关章节讨论就会看到，液体黏滞性的存在，使得对水流运动的分析变得非常困难。

水力学中为了使问题的分析简化，引入了“理想液体”的概念。所谓理想液体，就是把水看作绝对不可压缩、不能膨胀、没有黏滞性、没有表面张力的连续介质。

由前面讨论已知，实际液体的压缩性和膨胀性很小，表面张力也很小，与理想液体没有很大差别，因而有没有考虑黏滞性是理想液体和实际液体的最主要差别。所以，按照理想液体所得出的液体运动的结论，应用到实际液体时，必须对没有考虑黏滞性而引起的偏差进行修正。

第七节　作用于液体上的力

处于平衡或运动状态的液体，都受到各种力的作用。作用于液体上的力，按其物理性质来看，有重力、惯性力、弹性力、摩擦力、表面张力等。如果按其作用的特点，这些力可分为表面力和质量力两大类。

一、表面力

表面力是作用于液体的表面，并与受作用的表面面积成比例的力。例如固体边界对液体的摩擦力、边界对液体的反作用力、一部分液体对相邻的另一部分液体（在接触面上）产生的水压力，都属于表面力。

表面力的大小除用总作用力来度量以外，也常用单位面积上所受的表面力（即应力）来度量。若表面力与作用面垂直，此表面力称为压应力或压强。若表面力与作用面平行，此表面力称为切应力。

二、质量力

质量力是指通过所研究液体的每一部分质量而作用于液体的、其大小与液体的质量成比例的力。如重力、惯性力就属于质量力。在均质液体中，质量是和体积成正比的，故质量力又称为体积力。

质量力除用总作用力来度量外，也常用单位质量力来度量。单位质量力是指作用在单位质量液体上的质量力。若有一质量为 m 的均质液体，作用于其上的总质量力为 F，则所受的单位质量力为 f，即

$$f=\frac{F}{m} \tag{1-15}$$

若总质量力 F 在空间坐标上的投影分别为 F_x、F_y、F_z，单位质量力 f 在相应坐标上的投影为 f_x、f_y、f_z，则有

$$\left\{\begin{aligned} f_x&=\frac{F_x}{m}\\ f_y&=\frac{F_y}{m}\\ f_z&=\frac{F_z}{m}\end{aligned}\right. \tag{1-16}$$

思考题

思 1-1　水体在两平板间流动，流速分布 $u-y$ 如图 1-7 所示。当从中取水体 A 及 B 做自由体时，试分析水体 A 及 B 上下两平面上所受切应力的方向。

思 1-2　已知流速分布 $u-y$ 如图 1-8 所示：(a) 为直线分布；(b) 为二次抛物线分布。试定性绘出切应力分布 $\tau-y$。

思 1-3　在水中取一微块水体，试分析该微块水体处在静止状态时受哪些力作用。在直渠道中做等速流动时受哪些力作用。并说明这些力是属于哪种力。（同一垂线上各水质点流速不同）

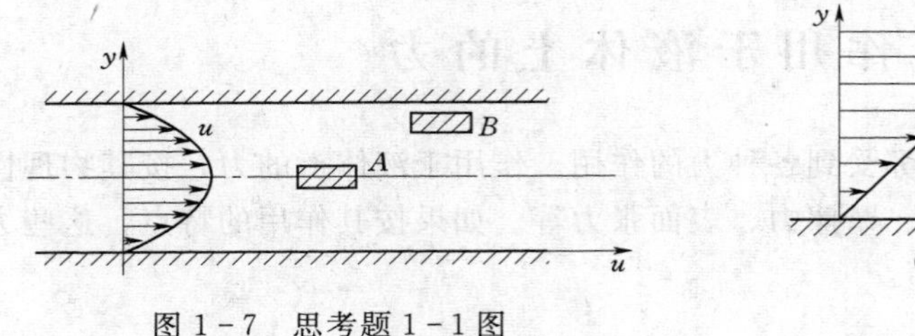

图 1-7　思考题 1-1 图

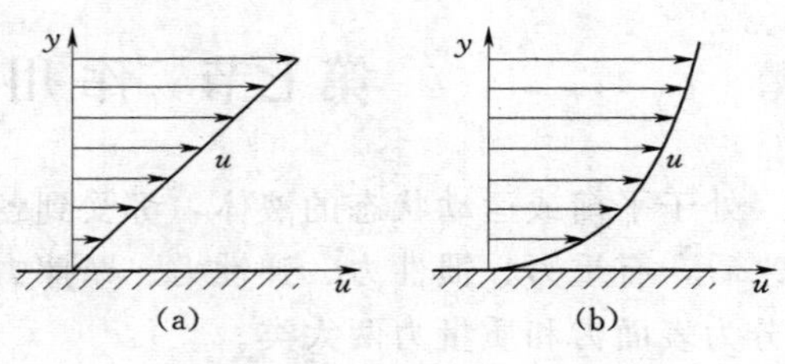

图 1-8　思考题 1-2 图

习题

1-1　500L 水银的质量为 6795kg，试求水银的密度和重度。

1-2　20℃时水的重度为 9.789kN/m^3，动力黏度 $\mu=1.002\times10^{-3}\text{Pa}\cdot\text{s}$，求其运动黏度 ν。

1-3　设水的体积弹性系数 $K=2.18\times10^9\text{N/m}^2$，试问压强改变多少时，其体积才可相对压缩 1%？

1-4　如图 1-9 所示，有一面积为 0.16m^2 的平板在油面上做水平运动，已知运动速度 $v=1\text{m/s}$，平板与固定边界的距离 $\delta=1\text{mm}$，油的动力黏度 μ 为 $1.15\text{Pa}\cdot\text{s}$，由平板所带动的油的速度成直线分布，试求平板所受的阻力。

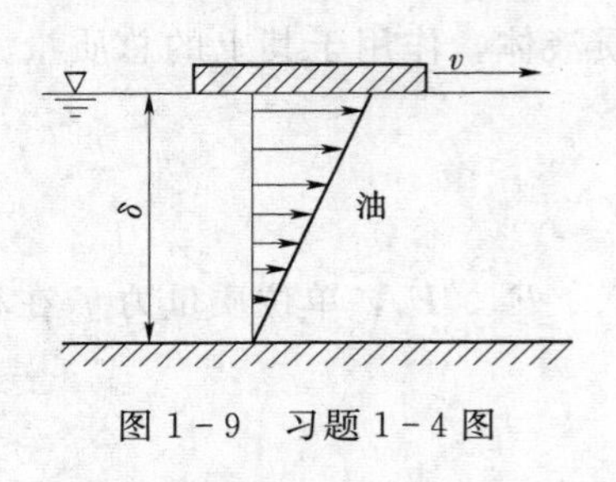

图 1-9　习题 1-4 图

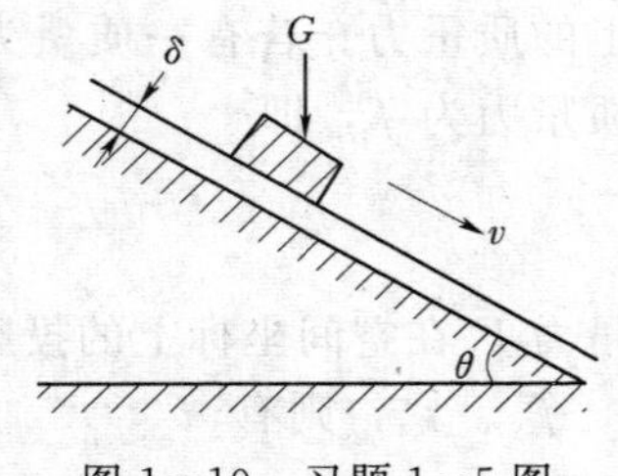

图 1-10　习题 1-5 图

1-5　在倾角 $\theta=30^\circ$ 的斜面上有一片厚度 $\delta=0.5\text{mm}$ 的油层。一个底面积 $A=0.15\text{m}^2$，重 $G=25\text{N}$ 的物体沿油面向下做等速滑动，如图 1-10 所示。求物体的滑动速度 v。设油层的流速按线性分布，油的动力黏度 $\mu=0.011\text{Pa}\cdot\text{s}$。

1-6　如图 1-11 所示的盛水容器，该容器以等角速度 ω 绕中心轴旋转。试写出位于

$A(x,y,z)$ 点处单位质量所受的质量力分量表达式。

1-7　图 1-12 所示为一测量液体黏滞系数的仪器。悬挂着的内圆筒半径 $r=20\text{cm}$，高度 $h=40\text{cm}$。外圆筒以角速度 $\omega=10\text{rad/s}$ 向左旋转，内圆筒不动，两筒间距 $a=0.3\text{cm}$，内盛待测液体。此时测得内筒所受力矩 $M=4.905\text{N}\cdot\text{m}$。试求该液体的动力黏度。(内筒底部与液体的相互作用不计)

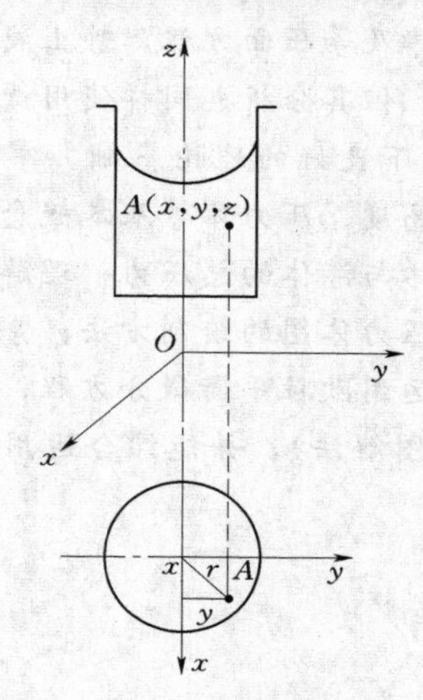

图 1-11　习题 1-6 图

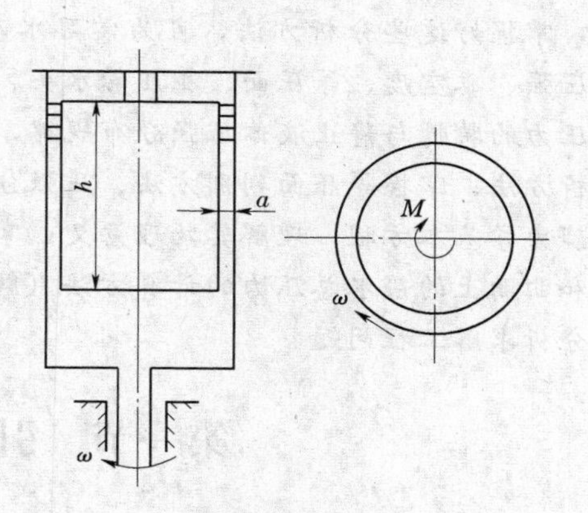

图 1-12　习题 1-7 图

第二章 水 静 力 学

【本章导读】 本章主要讲述平衡液体的压强分布规律及等压面方程，静止液体对固体壁面的作用力问题。平衡液体的受力情况虽然比较简单，但其分析也同样使用严格的力学分析方法，掌握好这些分析方法，可为学习水动力学打下良好的理论基础。掌握绝对压强、相对压强、真空度、等压面、测压管水头、测压管高度、压力体等基本概念；掌握静止液体中压力的特性与静止液体压强分布规律，了解潜体与浮体的总压力；理解液体相对平衡的分析方法；掌握等压面判别方法、压强分布图及压力体图的绘制方法；掌握与熟练运用液体静力学基本方程，理解其物理意义；掌握并能运用欧拉平衡微分方程；掌握作用在平面上和曲面上的静水总压力的计算方法（解析法与图解法），并能综合运用水静力学基本知识分析求解工程问题。

第一节 引 言

水流作用在水工建筑物表面时，会受到水压力的作用。静水状态下作用在整个受压面上的水压力称为静水总压力。修建水坝（图 2－1）就需要计算水对坝的作用力，用钢管引水就需要计算水对钢管的压力。总之，静水总压力是设计水工建筑物结构的重要依据。

图 2－1 水坝实景图

液体的平衡状态有两种：一种是静止状态，即液体相对于地球没有运动，处于相对静止；另一种是相对平衡状态，即所研究的整个液体对于地球虽在运动，但液体对于容器或者液体质点之间没有相对运动，处于相对平衡。沿直线等速行驶或等加速行驶的车厢中所盛液体，等角速度旋转容器中液体都是处于相对平衡状态的例子。

液体在平衡状态下，各质点之间没有相对运动，流体的黏性表现不出来，切向应力等于零。因此，在研究水静力学问题时，理想液体和实际液体都是一样的，没有区分的必要。水静力学是研究液体静止状态下平衡规律及其工程应用，它是水力学基本内容之一。处在静止状态的液体质点之间以及质点和边壁之间的作用，是通过压强的形式来表现的。水静力学的核心问题是根据平衡条件来求解静水中的压强分布，并根据静水压强的分布规律，进而确定各种情况下的静水总压力。这一章的内容概括起来为：先从点，确定点压强；再到面，确定作用在平面上的静水压力；然后再到体，确定曲面静水压力的大小、方向及作用点。从后面的章节中还会知道，即使水是处于流动状态，在有些情况下，动水压强的分布规律也可认为和静水压强相同，故这一章为进一步学习水流运动规律提供必要基础。

第二节　静水压强及其特性

一、静水压力与静水压强

如图 2-2 所示，在水库岸边的泄水洞前设置有平板闸门，当拖动闸门时需要很大的拉力，其主要原因是水库中的液体给闸门作用了很大的压力，使闸门紧贴壁面。液体不仅对与之相接触的固体边界作用有压力，就是在液体内部，一部分液体对相邻的另一部分液体也作用有压力。静止（或处于相对平衡状态）液体作用在与之接触的表面上的水压力称为静水压力，常以字母 P 表示。在图 2-2 所示的平板闸门上，取微小面积 ΔA，令作用于 ΔA 上的静水压力为 ΔP，则 ΔA 面上单位面积所受的平均静水压强为

$$\overline{p}=\frac{\Delta P}{\Delta A} \tag{2-1}$$

式中：$\overline{p}$ 称为 ΔA 面上的平均静水压强。

当 ΔA 无限缩小至趋于点 K 时，比值$\dfrac{\Delta P}{\Delta A}$的极限值定义为 K 点的静水压强，即

$$p=\lim_{\Delta A\to 0}\frac{\Delta P}{\Delta A} \tag{2-2}$$

在国际单位制中，静水压力 P 的单位为 N 或 kN；静水压强 p 的单位为 N/m^2 或 kN/m^2，又写为 Pa 或 kPa。

二、静水压强的特性

静水压强有两个重要的特性。

1. 静水压强的方向与受压面垂直并指向受压面

在平衡液体中取出一部分液体 M，如图 2-3（a）所示。今用 $N—N$ 面将 M 分为Ⅰ、Ⅱ两部分，若取出第Ⅱ部分液体作为脱离体，在分割面 $N—N$ 上，Ⅰ部分液体对Ⅱ部分液体作用有静水压力。设某点 K 所受的静水压强为 p，围绕 K 点所取的微分面 dA 上所

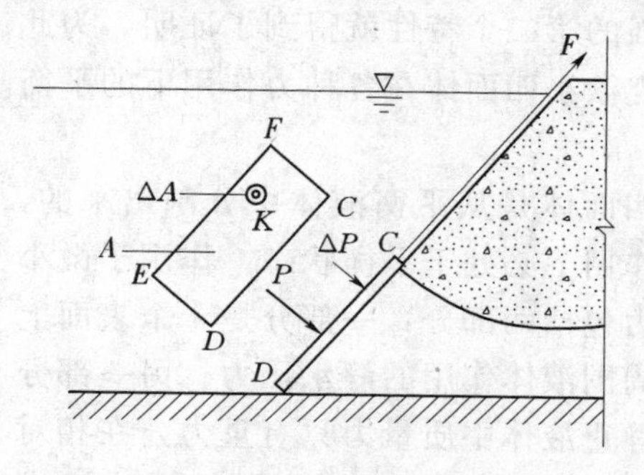

图 2-2　平板闸门的静水压力示意图

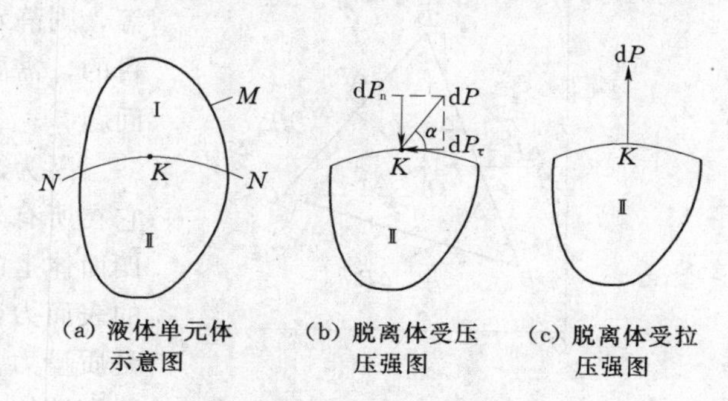

图 2-3　静水压强的方向

受的静水压力为dP。若dP不垂直于作用面而与通过K点的切线相交成α角，如图2-3（b）所示，则dP可分解为垂直于dA的作用力dP_n及平行于通过K点切线的作用力dP_τ。然而，在绪论中指出过，静止液体不能承受剪切变形，显然，dP_τ的存在必然破坏液体的平衡状态。所以静水压力dP及相应的静水压强p必须与其作用面相垂直，即$\alpha=90°$。

同样，如果与作用面垂直的静水压力dP不是指向作用面，如图2-3（c）所示，而是指向作用面的外法线方向，则液体将受到拉力，平衡也要受到破坏。

以上讨论表明，在平衡液体中静水压强只能是垂直并指向作用面，即静水压力只能是垂直的压力。

2. 任一点静水压强的大小和受压面方向无关，或者说作用于同一点上各方向的静水压强大小相等

在证明这一特性之前，先通过下述例子来进一步说明该特性的含义。图2-4（a）表示平衡液体中有一垂直平板AB，设平板上C点的静水压强为p_C，p_C垂直并指向受压面AB。假定C点位置固定不动，平板AB绕C点转动一个方位，变成图2-4（b）的情况。AB改变方位前后，作用在C点的静水压强大小仍然保持不变，这就是静水压强第二特性的含义。下面来进行证明。

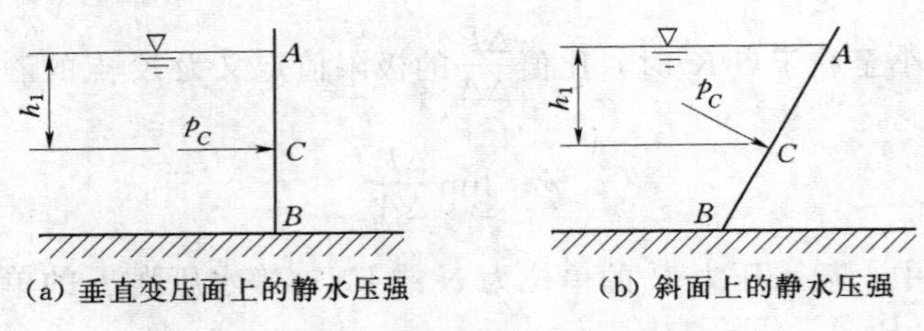

图2-4　不同方向受压面上的静水压强

设在平衡液体内分割出一块无限小的四面体$O'DBC$（图2-5），倾斜面DBC的方向任意选取。为简单起见，让四面体的3个棱边与坐标轴平行，各棱边长为Δx、Δy、Δz，并让z轴与重力方向平行。四面体4个表面上受有周围液体的静水压力，因4个作用面的方向各不相同，如果能够证明，微小四面体无限缩小至O'点时，4个作用面上的静水压强大小都相等，则静水压强的第二个特性就得到了证明。为此目的，需要研究微小四面体在各种力作用下的平衡问题。

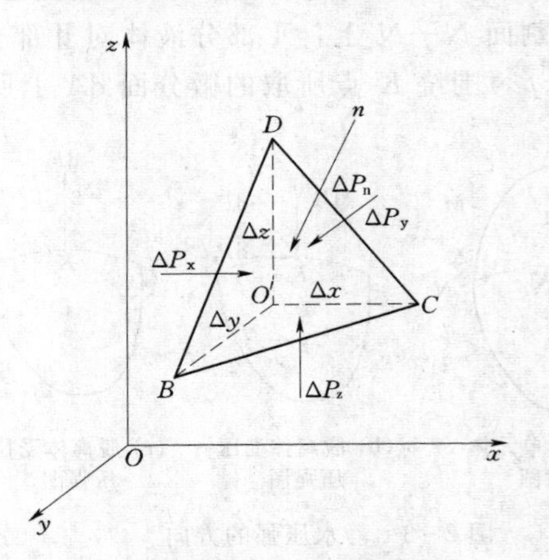

图2-5　静微元四面体

因为微小四面体是从平衡液体中分割出来的，它在所有外力作用下必处于平衡状态。作用于微小四面体上的外力包括两部分：一部分是4个表面上的表面力，即周围液体作用的静水压力；另一部分是质量力。在静止液体中质量力只有重力，在相对平衡液体中质量力还包括惯性力。图2-5中没有把质量力画出来。

令

ΔP_x为作用在 $O'DB$ 面上的静水压力；

ΔP_y为作用在 $O'DC$ 面上的静水压力；

ΔP_z为作用在 $O'BC$ 面上的静水压力；

ΔP_n为作用在倾斜面 DBC 上的静水压力。

令四面体体积为 ΔV，由几何学可知，$\Delta V=\frac{1}{6}\Delta x\Delta y\Delta z$；假定作用在四面体上单位质量力在 3 个坐标方向的投影为 f_x、f_y、f_z；总质量力在 3 个坐标方向的投影分别为

$$F_x=\frac{1}{6}\rho\Delta x\Delta y\Delta z f_x$$

$$F_y=\frac{1}{6}\rho\Delta x\Delta y\Delta z f_y$$

$$F_z=\frac{1}{6}\rho\Delta x\Delta y\Delta z f_z$$

按照平衡条件，所有作用于微小四面体上的外力在各坐标轴上投影的代数和应分别为 0，即

$$\left.\begin{aligned}\Delta P_x-\Delta P_n\cos(n,x)+\frac{1}{6}\rho\Delta x\Delta y\Delta z f_x=0\\ \Delta P_y-\Delta P_n\cos(n,y)+\frac{1}{6}\rho\Delta x\Delta y\Delta z f_y=0\\ \Delta P_z-\Delta P_n\cos(n,z)+\frac{1}{6}\rho\Delta x\Delta y\Delta z f_z=0\end{aligned}\right\}\tag{2-3}$$

式中：(n,x)、(n,y)、(n,z) 分别为倾斜面 DBC 的法线 n 与 x、y、z 轴的交角。

若以 ΔA_x、ΔA_y、ΔA_z、ΔA_n分别表示四面体 4 个表面 $O'DB$、$O'DC$、$O'BC$、DBC 的面积，则 $\Delta A_x=\Delta A_n\cos(n,x)$，$\Delta A_y=\Delta A_n\cos(n,y)$，$\Delta A_z=\Delta A_n\cos(n,z)$。

将式（2-3）中第一式各项同除以 ΔA_x，并引入 $\Delta A_x=\Delta A_n\cos(n,x)=\frac{1}{2}\Delta y\Delta z$ 的关系，则有

$$\frac{\Delta P_x}{\Delta A_x}-\frac{\Delta P_n}{\Delta A_n}+\frac{1}{3}\rho\Delta x f_x=0\tag{2-4}$$

式中：$\frac{\Delta P_x}{\Delta A_x}$、$\frac{\Delta P_n}{\Delta A_n}$分别为 ΔA_x、ΔA_n面上的平均静水压强。

如果让微小四面体无限缩小至 O'点，Δx、Δy、Δz 以及 ΔA_x、ΔA_n均趋近于 0，对其取极限，则有

$$p_x=p_n\tag{2-5}$$

对式（2-3）中第二式与第三式分别除以 ΔA_y及 ΔA_z，并作类似的处理后同样可得

$$p_y=p_n, p_z=p_n\tag{2-6}$$

因斜面的方向是任意选取的，所以当四面体无限缩小至一点时，各个方向静水压强均相等，即

$$p_x = p_y = p_z = p_n \tag{2-7}$$

静水压强第二个特性表明，作为连续介质的平衡液体内，任一点的静水压强仅是空间坐标的函数而与受压面方向无关，所以

$$p = p(x, y, z) \tag{2-8}$$

第三节　液体的平衡微分方程式及其积分

一、液体平衡微分方程

液体平衡微分方程式，是表征液体处于平衡状态时作用于液体上的各种力之间的关系式。

设想在平衡液体中分割出一块微分平行六面体 $abcdefgh$（图 2-6），其边长分别为 $\mathrm{d}x$、$\mathrm{d}y$、$\mathrm{d}z$，形心点在 $A(x, y, z)$，该六面体应在所有表面力和质量力的作用下处于平衡。现分别讨论其所受的力。

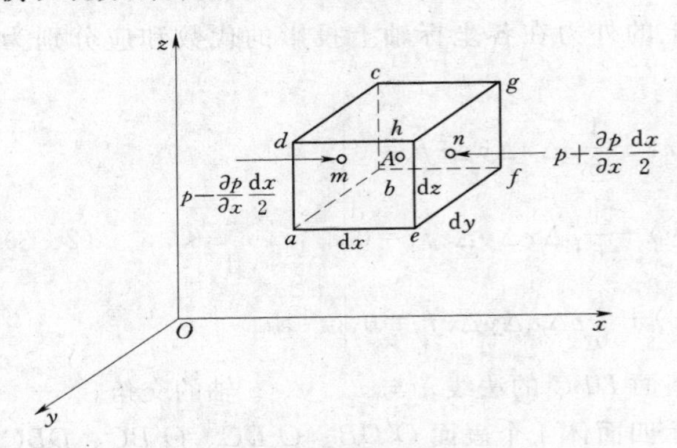

图 2-6　平衡微元六面体

1. 表面力

作用于六面体的表面力，为周围液体对六面体各表面上所作用的静水压力。若平行六面体的形心点 A 处静水压强为 p，由于静水压强是空间坐标的连续函数，$abcd$ 面形心点 $m\left(x-\frac{\mathrm{d}x}{2}, y, z\right)$ 处的静水压强可按泰勒级数表示，忽略高阶微量后为 $\left(p-\frac{\partial p}{\partial x}\frac{\mathrm{d}x}{2}\right)$；对 $efgh$ 面形心点 $n\left(x+\frac{\mathrm{d}x}{2}, y, z\right)$ 处的静水压强可表达为 $\left(p+\frac{\partial p}{\partial x}\frac{\mathrm{d}x}{2}\right)$，在微分体每个面上可认为各点静水压强相等，因而作用在 $abcd$ 及 $efgh$ 面上的静水压力分别为 $\left(p-\frac{\partial p}{\partial x}\frac{\mathrm{d}x}{2}\right)\mathrm{d}y\mathrm{d}z$ 及 $\left(p+\frac{\partial p}{\partial x}\frac{\mathrm{d}x}{2}\right)\mathrm{d}y\mathrm{d}z$。

对其他各表面上的静水压力可用同样方法求得。

2. 质量力

令 f_x、f_y、f_z 分别表示作用于微分六面体上单位质量力在 x、y、z 轴上的投影，则总质量力在 x 方向的投影为 $\rho f_x \mathrm{d}x\mathrm{d}y\mathrm{d}z$。

当六面体处于平衡状态时，所有作用于六面体上的力，在 3 个坐标轴方向投影的和应等于 0。在 x 方向有

$$\left(p-\frac{\partial p}{\partial x}\frac{\mathrm{d}x}{2}\right)\mathrm{d}y\mathrm{d}z-\left(p+\frac{\partial p}{\partial x}\frac{\mathrm{d}x}{2}\right)\mathrm{d}y\mathrm{d}z+\rho f_x\mathrm{d}x\mathrm{d}y\mathrm{d}z=0 \tag{2-9}$$

以 $\rho\mathrm{d}x\mathrm{d}y\mathrm{d}z$ 除上式各项并化简后为

$$\frac{\partial p}{\partial x}=\rho f_x \tag{2-10}$$

同理，对于 y、z 方向可推出类似结果，从而得到微分方程组

$$\left.\begin{aligned}\frac{\partial p}{\partial x}&=\rho f_x\\ \frac{\partial p}{\partial y}&=\rho f_y\\ \frac{\partial p}{\partial z}&=\rho f_z\end{aligned}\right\} \tag{2-11}$$

式（2－11）是瑞士学者欧拉（Euler）于 1775 年首先推导出来的，故又称为欧拉平衡微分方程式。该式的物理意义为：平衡液体中，静水压强沿某一方向的变化率与该方向单位体积上的质量力相等。

液体平衡微分方程的积分是将式（2－11）中各式分别乘以 $\mathrm{d}x$、$\mathrm{d}y$、$\mathrm{d}z$ 然后相加得

$$\frac{\partial p}{\partial x}\mathrm{d}x+\frac{\partial p}{\partial y}\mathrm{d}y+\frac{\partial p}{\partial z}\mathrm{d}z=\rho(f_x\mathrm{d}x+f_y\mathrm{d}y+f_z\mathrm{d}z) \tag{2-12}$$

因为 $p=f(x,y,z)$，故上式左端为函数 p 的全微分 $\mathrm{d}p$。于是上式可写作

$$\mathrm{d}p=\rho(f_x\mathrm{d}x+f_y\mathrm{d}y+f_z\mathrm{d}z) \tag{2-13}$$

式（2－13）是不可压缩均质液体平衡微分方程式的另一种表达形式，常称为压强差公式。

下面根据液体平衡微分方程式来研究液体在平衡状态下作用于液体上的质量力应当具有的性质。

现将式（2－11）中的前两式分别对 y 和 x，取偏导数

$$\left.\begin{aligned}\frac{\partial^2 p}{\partial y\partial x}&=\frac{\partial(\rho f_x)}{\partial y}\\ \frac{\partial^2 p}{\partial y\partial x}&=\frac{\partial(\rho f_y)}{\partial x}\end{aligned}\right. \tag{2-14}$$

对不可压缩均质液体，$\rho=$常数，故上面等式可写作

$$\left.\begin{aligned}\frac{\partial^2 p}{\partial x\partial y}&=\rho\frac{\partial f_x}{\partial y}\\ \frac{\partial^2 p}{\partial x\partial y}&=\rho\frac{\partial f_y}{\partial x}\end{aligned}\right. \tag{2-15}$$

因函数的二次偏导数与取导的先后次序无关，故

$$\frac{\partial f_x}{\partial y}=\frac{\partial f_y}{\partial x} \tag{2-16}$$

同理，对式（2－11）中的后两式及首尾两式分别作类似的数学处理，并综合其结果为

$$\left.\begin{aligned}\frac{\partial f_x}{\partial y}&=\frac{\partial f_y}{\partial x}\\ \frac{\partial f_y}{\partial z}&=\frac{\partial f_z}{\partial y}\\ \frac{\partial f_z}{\partial x}&=\frac{\partial f_x}{\partial z}\end{aligned}\right\} \tag{2-17}$$

式（2-8）表明，作用于平衡液体上的质量力应满足式（2-17）的关系。由理论力学可知，当质量力满足式（2-17）时，必然存在一个仅与坐标有关的力势函数 $U(x,y,z)$，并且函数 U 对 x、y、z 的偏导数等于单位质量力在 x、y、z 坐标方向的投影，即

$$\left.\begin{aligned}f_x&=\frac{\partial U}{\partial x}\\ f_y&=\frac{\partial U}{\partial y}\\ f_z&=\frac{\partial U}{\partial z}\end{aligned}\right\}\tag{2-18}$$

而力势函数的全微分 dU 应等于单位质量力在空间移动 dS 距离所做的功，即

$$dU=\frac{\partial U}{\partial x}dx+\frac{\partial U}{\partial y}dy+\frac{\partial U}{\partial z}dz=(f_x dx+f_y dy+f_z dz)\tag{2-19}$$

具有式（2-18）关系的力则称为有势力（或保守力），有势力所做的功与路径无关，而只与起点及终点的坐标有关。重力、惯性力都属于有势力。

上述讨论表明：作用在液体上的质量力必须是有势力，液体才能保持平衡。

二、液体平衡微分方程的积分式

比较式（2-13）及式（2-19），可得出液体平衡微分方程式的另一种表达式：

$$dp=\rho\left(\frac{\partial U}{\partial x}dx+\frac{\partial U}{\partial y}dy+\frac{\partial U}{\partial z}dz\right)\tag{2-20}$$

或

$$dp=\rho dU\tag{2-21}$$

将上式积分可得

$$p=\rho U+C\tag{2-22}$$

式（2-22）中积分常数 C，可由已知条件确定。如果已知平衡液体边界上（或液体内）某点的压强为 p_0、力势函数为 U_0，则积分常数 $C=p_0-\rho U_0$。代入式（2-22），可得

$$p=p_0+\rho(U-U_0)\tag{2-23}$$

前面已经提到，力势函数 U 仅为空间坐标的函数，所以，$(U-U_0)$ 也仅是空间坐标的函数，与 p_0 无关。故由式（2-23）可得出结论：平衡液体中，边界上的压强 p_0 将等值地传递到液体内的一切点上；即当 p_0 增大或减小时，液体内任意点的压强也相应地增大或减小同样数值。这就是物理学中著名的帕斯卡原理。

三、等压面

在平衡液体中，静水压强的大小是空间坐标的函数。一般来说，不同点具有不同的静水压强值。但可以在平衡液体中找到这样一些点，它们具有相同的静水压强值，这些点连接成的面（可能是平面也可能是曲面）称为等压面。

等压面具有两个重要的性质。

1. 在平衡液体中等压面即是等势面

因等压面上 p=常数，$dp=0$，亦即 $\rho dU=0$；对于不可压缩均质液体，ρ=常数，故在等压面上 $dU=0$，即 U=常数。

2. 等压面与质量力正交

为了证明这一性质，在平衡液体中任取一等压面（图 2-7），在等压面上有一质点 M，质量为 dm，它在质量力 R 的作用下，沿等压面移动微分距离 ds；设 R 与 ds 之间夹角为 θ，单位质量力在坐标轴上投影为 f_x、f_y、f_z；ds 在坐标轴上投影为 dx、dy、dz；若令 $\vec{i}$、$\vec{j}$、$\vec{k}$ 分别表示坐标轴上的单位矢量，则 R 与 ds 可表示为

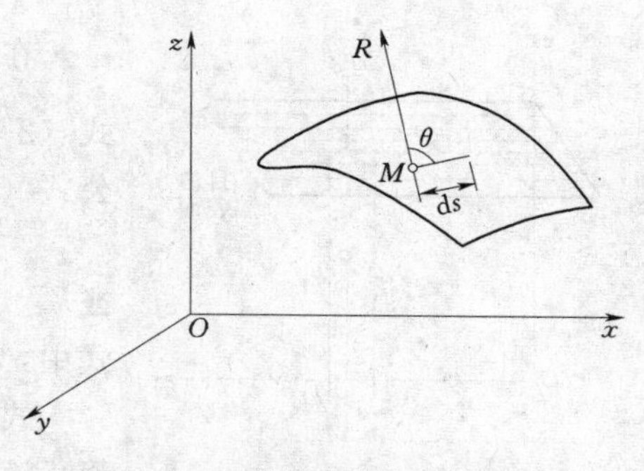

图 2-7　平衡液体中的等压面

$$\vec{R}=(f_x\vec{i}+f_y\vec{j}+f_z\vec{k})dm \qquad (2-24)$$

$$\vec{ds}=(dx\,\vec{i}+dy\,\vec{j}+dz\,\vec{k}) \qquad (2-25)$$

由理论力学可知，力 R 沿 ds 移动所做的功可写作矢量 R 与 ds 的数量积，即

$$W=\vec{R}\cdot\vec{ds}=(f_x dx+f_y dy+f_z dz)dm \qquad (2-26)$$

或

$$W=dU dm$$

因在等压面上 $dU=0$，所以质量力沿等压面移动所做的功为 0，即

$$W=\vec{R}\cdot\vec{ds}=0$$

$$f_x dx+f_y dy+f_z dz=0 \qquad (2-27)$$

式（2-27）就是等压面微分方程，该方程说明质量力必须与等压面正交。

如果液体处于静止状态，即作用于液体上的质量力只有重力，则就一个局部范围而言，等压面必定是水平面；就一个大范围而论，等压面应是处处和地心引力成正交的曲面。

若平衡液体具有与大气相接触的自由表面，则自由表面必为等压面，因为自由表面上各点的压强都等于大气压强。此外，不同流体的交界面也是等压面。

以上讨论等压面时，把密度 ρ 作为常数看待，把力势函数 U 作为空间坐标的连续函数。因此，在应用有关等压面的特性分析问题时，必须保证所讨论的介质是同一种连续介质。

第四节　重力及两种质量力同时作用下的液体平衡

一、重力作用下的液体平衡

在实际工程中，作用于平衡液体上的质量力常常只有重力，即所谓静止液体。

若把直角坐标系的 z 轴取在铅垂方向（图 2-8），则质量力只在 z 轴方向有分力，即 $f_x=0$，$f_y=0$，$f_z=-g$，以之代入平衡微分方程式（2-13），则有

$$dp=\rho(f_x dx+f_y dy+f_z dz)=-\rho g dz \qquad (2-28)$$

均质液体中 ρ 为常数，以 γ 代替 ρg，积分得

$$z+\frac{p}{\gamma}=C \qquad (2-29)$$

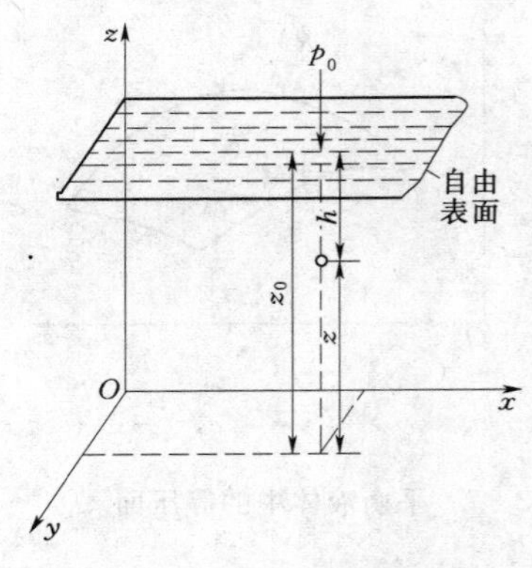

图 2-8　静止液体受力图

在自由面上 $z=z_0$，$\frac{p}{\gamma}=\frac{p_0}{\gamma}$，则 $C=z_0+\frac{p_0}{\gamma}$。代入式（2-29）即可得出静止液体中任意点的静水压强计算公式（即水静力学基本方程）为

$$p=p_0+\gamma(z_0-z)$$

或
$$p=p_0+\gamma h \tag{2-30}$$

式中：h 为该点在自由面以下的淹没深度，$h=z_0-z$。

式（2-30）就是计算静水压强的基本公式。它表明，静止液体内任意点的静水压强由两部分组成：一部分是自由面上的气体压强 p_0（当自由面与大气相通时，$p_0=p_a$，p_a为当地大气压强），它遵从帕斯卡原理等值地传递到液体内部各点；另一部分是 γh，相当于单位面积上高度为 h 的水柱重量。

由式（2-30）还可以看出，淹没深度相等的各点静水压强相等，故水平面即是等压面。但必须注意，这一结论只适用于质量力只有重力的同一种连续介质。对于不连续的液体［如液体被阀门隔开，见图 2-9（b）］，或者一个水平面穿过了两种不同介质［图 2-9（c）］，则位于同一水平面上的各点，压强并不一定相等，即水平面不一定是等压面。

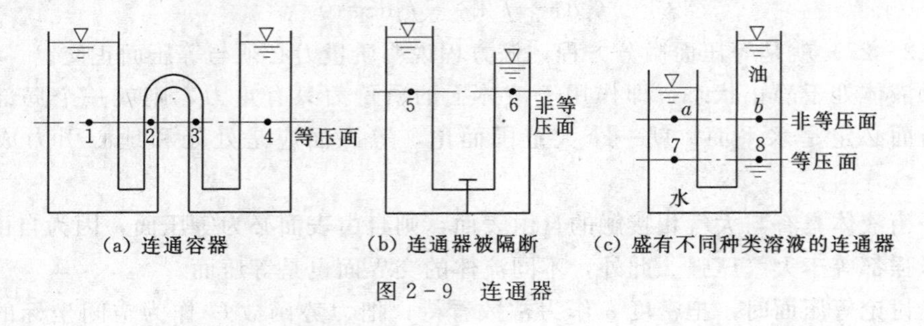

图 2-9　连通器

二、两种质量力同时作用下的液体平衡

前面已经提到，如果装在容器中的液体随容器相对于地球在运动，但液体各部分之间以及液体与容器之间没有相对运动，只要把坐标系选在容器上，则液体对这个坐标系来说也是处于平衡状态的，这称为相对静止或相对平衡。在这种情况下，尽管液体是在运动，液体质点也具有加速度，但因为液体各相邻层之间没有相对运动，不存在切应力，液体就像整块固体在运动一样。应用理论力学中的达朗贝尔原理，可以假想把惯性力加在运动的液体上，而将这样的运动作为静止问题来处理。和重力作用下的液体平衡问题一样，分析重力和惯性力同时作用下的液体平衡问题的目的也是要得出压强分布的规律。现在分析这两种相对平衡情况。

1. 等加速直线运动液体平衡

设容器以等加速度 a 沿 x 轴运动，容器内的液体被带动也具有相同的加速度 a。启动时容器的前部液面下降，后部液面上升，液面由原来的水平面变成倾斜的斜面。只要加速度的大小和方向不发生变化，容器内的液体便很快稳定在斜面的位置上成一整体，随容器一起运动，液体处于相对静止平衡状态。若把坐标系取在容器上（图 2-10），这时作用在液体内任何一个质点上的单位质量力在各坐标轴向的分力为

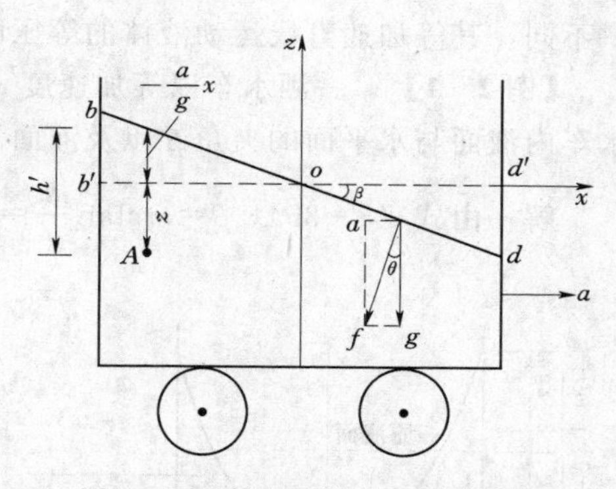

图 2-10　等加速运动的平衡液体

$$f_x=-a,\ f_y=0,\ f_z=-g$$

把它们代入式（2-27）得

$$a\,dx+g\,dz=0 \qquad (2-31)$$

积分得等压面方程为

$$ax+gz=C \qquad (2-32)$$

这是一组平行的斜面方程，不同的积分常数 C 对应着不同的斜面。斜面的斜率为

$$\frac{dz}{dx}=-\frac{a}{g} \qquad (2-33)$$

在自由液面上，因 $x=0$，$z=0$，所以积分常数 $C=0$，故自由液面方程为

$$ax+gz=0 \qquad (2-34)$$

自由液面与 x 轴倾斜角的大小为

$$\beta=\arctan\frac{a}{g} \qquad (2-35)$$

与图中 θ 角相等，说明等压面与质量力必然相交。将单位质量力的各分力代入式(2-13)得

$$p=-\rho(ax+gz)+C \qquad (2-36)$$

式（2-36）中积分常数 C 由边界条件确定。当 $x=0$，$z=0$ 时，$p=p_0$ 代入式(2-36)得

$$C=p_0$$

因此

$$p=p_0-\gamma\left(\frac{ax}{g}+z\right) \qquad (2-37)$$

式（2-37）中，$-\left(\frac{ax}{g}+z\right)$表示液体中某一点距倾斜的自由液面的深度，用 h'表示，则得

$$p=p_0+\gamma h' \qquad (2-38)$$

为什么等加速直线运动也可以用水静力学方程求压强呢？对比两者的平衡微分方程式（表 2-1）来说明。

表 2-1　等加速直线运动液体和静止液体的平衡微分方程式

静止液体	等加速直线运动液体
$\frac{1}{\rho}\frac{\partial p}{\partial x}=0$	$\frac{1}{\rho}\frac{\partial p}{\partial x}=-a$
$\frac{1}{\rho}\frac{\partial p}{\partial y}=0$	$\frac{1}{\rho}\frac{\partial p}{\partial y}=0$
$\frac{1}{\rho}\frac{\partial p}{\partial z}=-g$	$\frac{1}{\rho}\frac{\partial p}{\partial z}=-g$

可见，两者所受的单位质量力在铅直轴向的分力是完全一致的。也就是说，它们在铅直轴向的压强增率相同，都服从于同一形式的水静力学方程。但是，x 轴向的压强增

率不同，其等加速直线运动液体的等压面不再像静止液体那样是水平面，而是倾斜平面。

【例 2-1】 一洒水车以等加速度 $a=0.981\text{m/s}^2$ 向前平驶，如图 2-10 所示。求洒水车内液面与水平面的夹角 β 以及液面下点 A（$x=-1\text{m}$，$z=-0.5\text{m}$）的相对压强。

解 由式（2-35），$\beta=\arctan\dfrac{a}{g}=\arctan\dfrac{0.981}{9.81}=5°43'$

B 点在液面下的深度 $h'=-(ax/g)-z=(0.981\times1)/9.81+0.5=0.6(\text{m})$

故相对压强 $p_A=\gamma h'=9810\times0.6=5886\text{N/m}^2$

2. 等角速度旋转液体平衡

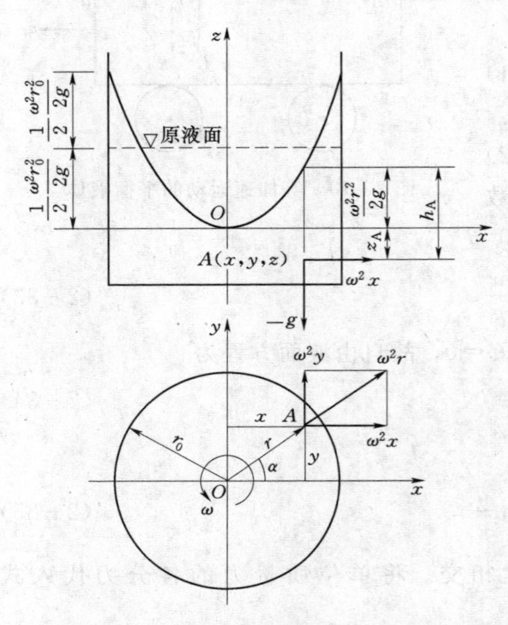

图 2-11 等加速旋转运动的平衡液体

图 2-11 为盛有液体的开口圆桶。设圆桶以等转速绕其中心铅垂轴旋转，则由于液体的黏滞性作用，与容器壁接触的液体层首先被带动而旋转，并逐渐向中心发展，使所有的液体质点都绕轴旋转。待运动稳定后，各质点都具有相同的角速度，液面形成一个漏斗形的旋转面。将坐标系取在运动着的容器上，原点取在旋转轴与自由表面的交点上，z 轴垂直向上。作为平衡问题来处理，则作用于每一液体质点上的质量力除重力之外，还要考虑惯性力，其数值等于运动物体的质量与加速度的乘积。根据达朗贝尔原理，将惯性力加在液体质点上，方向与加速度方向相反，对于等速圆周运动来说，液体中任一质点 $A(x,y,z)$ 处加速度为向心加速度$\dfrac{v^2}{r}$，则惯性力为

$$F=\frac{mv^2}{r}=\frac{m}{r}(\omega r)^2=m\omega^2 r$$

式中：m 为质点质量；ω 为角速度即圆桶的转速；r 为该点所在位置的半径，$r=\sqrt{x^2+y^2}$。

单位质量的离心力$\dfrac{F}{m}$在 x 轴和 y 轴方向的投影为

$$\begin{cases}f_x=\omega^2 r\cos\alpha=\omega^2 x\\ f_y=\omega^2 r\sin\alpha=\omega^2 y\end{cases}\tag{2-39}$$

单位质量力在 z 轴方向的投影只有重力，故

$$f_z=-g$$

在这种情况下，液体平衡方程式可以写成

$$\mathrm{d}p=\rho(\omega^2 x\mathrm{d}x+\omega^2 y\mathrm{d}y-g\mathrm{d}z)$$

积分后得

$$p=\rho\left(\frac{1}{2}\omega^2x^2+\frac{1}{2}\omega^2y^2-gz\right)+C=\rho\left(\frac{1}{2}\omega^2r^2-gz\right)+C \tag{2-40}$$

式（2-40）中积分常数可根据边界条件确定：在原点处 $x=y=z=0$，压强为大气压。用相对压强表示时，$p=0$，所以积分常数 $C=0$。以 $\rho=\gamma/g$ 代入，得压强分布公式为

$$p=\gamma\left(\frac{\omega^2r^2}{2g}-z\right) \tag{2-41}$$

如 p 为某一常数，则等压面方程为

$$\frac{\omega^2r^2}{2g}-z=\frac{p}{\gamma}=\text{const} \tag{2-42}$$

对于自由表面，$p=0$，故自由表面方程为

$$z=\frac{\omega^2r^2}{2g} \tag{2-43}$$

由此可见，自由表面是一个旋转抛物面。在等速旋转时，质量力为垂直方向的 $-g$ 与水平方向的 ω^2r 所合成，方向倾斜。随着 r 的变化，水平分力改变，垂直力不变。各点质量力倾斜角度不同，但在每一点上它都是与等压面互相垂直的。

从自由表面的方程中可以看出：$\frac{\omega^2r^2}{2g}$ 表示半径为 r 处水面高出 xOy 平面的垂直距离，而在式（2-41）中，z 表示任一点的垂直坐标，该点在 xOy 平面以上为正，在 xOy 平面以下为负。故 $\left(\frac{\omega^2r^2}{2g}-z\right)$ 表示任一点在自由液面以下的深度，以 h 表示，则相对平衡液体在铅垂线上的压强分布同样也是按静水压强的分布规律分布的，式（2-41）可以写成：

$$p=\gamma h \tag{2-44}$$

式（2-32）表明，相对平衡液体中任意点的静水压强仍然与该点淹没深度成比例，等水深面仍是等压面。

为什么绕铅直轴做等角速旋转运动的液体，也可用水静力学方程求压强呢？现将两者的平衡方程进行对比来说明（表 2-2）。

表 2-2　　绕铅直轴等角速旋转液体与静止液体的平衡微分方程式

静止液体	绕铅直轴等角速旋转液体	静止液体	绕铅直轴等角速旋转液体
$\frac{1}{\rho}\frac{\partial p}{\partial x}=0$	$\frac{1}{\rho}\frac{\partial p}{\partial x}=\omega^2x$	$\frac{1}{\rho}\frac{\partial p}{\partial z}=-g$	$\frac{1}{\rho}\frac{\partial p}{\partial z}=-g$
$\frac{1}{\rho}\frac{\partial p}{\partial y}=0$	$\frac{1}{\rho}\frac{\partial p}{\partial y}=\omega^2y$		

可见，两者所受的单位质量力在铅直轴向的分力是完全一致的，即它们在铅直方向的压强递增率相同。所以，都服从于同一形式的水静力学方程。但是，同样看到，它们在垂直于 z 轴的水平面内有显著的区别：即静止液体在水平面内压强递增率为 0，其水平面是等压面；而绕铅直轴作等角速旋转运动的液体，在水平面内压强的增率不为 0，其水平面不是等压面。由于水平面内各质点所受的牵连惯性力是随半径 r 变化的，因而各质点所受质量力的大小及方向都在不断改变。这时，它的等压面不是倾斜面，而是一个旋转抛物面。

容器旋转时中心液面下降，四周液面上升，坐标原点不在原静止的液面上，而是下降了一个距离。这个距离可以用旋转前后液体的总体积保持不变这一条件来确定。根据“抛物线旋转体的体积等于同底同高圆柱体积的一半”这一数学性质，可以得出：相对于原液面来说，液体沿壁升高和中心降低的距离是一样的，如果圆桶半径是 r_0，它们都是 $\frac{1}{2}\frac{\omega^2 r_0^2}{2g}$。

在工程技术中的许多设备，都是依据等角速旋转运动液体这一特点而进行工作的。现举以下两个例子，说明该理论的应用。

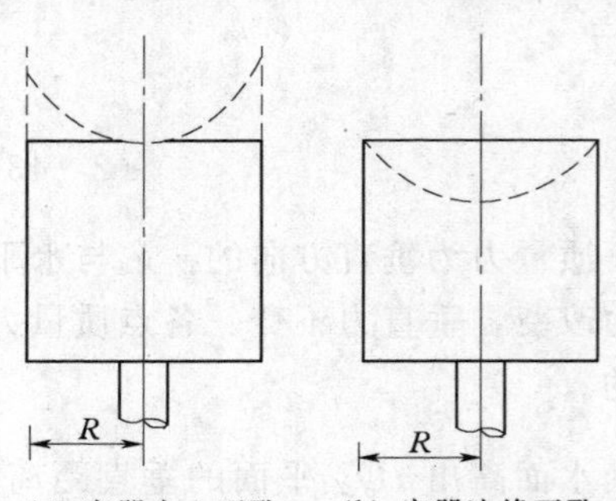

(a) 容器中心开孔　(b) 容器边缘开孔

图 2-12　离心铸造机原理

(1) 盛满水的圆柱形容器，盖板中心开一小孔，如图 2-12（a）所示。容器以旋转角速度 ω 绕铅直轴转动，等压面由静止时的水平面变成旋转抛物面，因为盖板封闭，迫使水面不能上升，盖板各点承受的压强为

$$p=\gamma z=\gamma\frac{\omega^2 r^2}{2g} \tag{2-45}$$

相对压强为 0 的面如图 2-12（a）中虚线所示。可见，轴心（$r=0$）压强最低，边缘（$r=R$）压强最高。而压强与 ω^2 成正比，ω 增大，边缘压强也越大。离心铸造机就是利用这个原理。

(2) 盛满水的圆柱形容器，盖板边缘开一个孔，如图 2-12（b）所示。容器以某一角速度 ω 绕铅直轴转动，容器旋转后，液体虽未流出，但压强分布发生了改变，相对压强为零的面如图 2-12（b）中虚线所示。可见，盖板各点承受的相对压强为

$$0-\gamma\left(\frac{\omega^2 R^2}{2g}-\frac{\omega^2 r^2}{2g}\right)=p \tag{2-46}$$

$$p=-\gamma\left(\frac{\omega^2 R^2}{2g}-\frac{\omega^2 r^2}{2g}\right) \tag{2-47}$$

或者真空压强为

$$p_v=\gamma\left(\frac{\omega^2 R^2}{2g}-\frac{\omega^2 r^2}{2g}\right) \tag{2-48}$$

在轴心处（$r=0$），$p_v=\gamma\frac{\omega^2 R^2}{2g}$，说明轴心真空最大。在边缘处（$r=R$），$p_v=0$，说明边缘真空为 0。离心泵和风机就是利用这个原理，使流体不断从叶轮中心吸入。

第五节　压强的表示方法及量测原理

一、绝对压强与相对压强

地球表面大气所产生的压强称为大气压强。海拔高程不同，大气压强也有所差异。

在实际计算中，不同情况下采用不同的基准来度量压强，即所谓绝对压强与相对压强。

1. 绝对压强

以设想没有大气存在的绝对真空状态作为零点计量的压强，称为绝对压强。

2. 相对压强

把当地大气压作为零点计量的压强，称为相对压强。如果把一个压力表放在大气中，指针读数为 0，那么用这一压力表所测的压强值，则为相对压强。

绝对压强和相对压强，是按两种不同基准（即零点）计量的压强，它们之间相差 1 个当地大气压强值，两者的关系如图 2－13 所示。为了区别，以 p' 表示绝对压强，p 表示相对压强，p_a 则表示当地的大气压强。

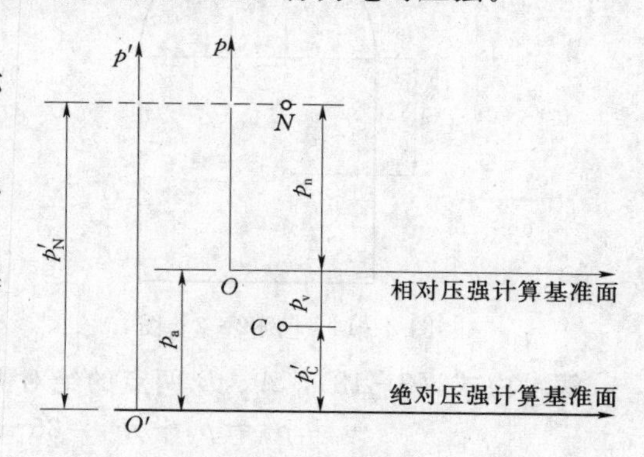

图 2－13　绝对压强与相对压强

按上面的规定应有

$$p=p'-p_a \tag{2-49}$$

水利工程中，一般的自由表面都是开敞于大气中的，自由面上的气体压强等于当地大气压强，即 $p_0=p_a$。因而静止液体内任意点的相对压强为

$$p=(p_a+\gamma h)-p_a=\gamma h \tag{2-50}$$

3. 真空及真空度

绝对压强总是正值，而相对压强则可能是正值，也可能是负值。当液体中某点的绝对压强小于当地大气压强 p_a，即其相对压强为负值时，则称该点存在真空。真空的大小常用真空度 p_v 表示。真空度是指该点绝对压强小于当地大气压强的数值，即

$$p_v=p_a-p' \tag{2-51}$$

可见，有真空存在的点，其相对压强绝对值与真空度相等，相对压强为负值，真空度为正值。故真空也称负压。

【例 2－2】　图 2－14 为一封闭水箱，自由表面上气体压强 p_0 为 85kN/m²，求液面下淹没深度 h 为 1m 处点 C 的绝对静水压强、相对静水压强和真空度。

解　由式（2－18），C 点绝对静水压强为

$$p'=p_0+\gamma h=85+9.8\times1=94.8(\text{kN/m}^2)$$

C 点的相对静水压强为

$$p=p'-p_a=94.8-98=-3.2(\text{kN/m}^2)$$

相对压强为负值，说明 C 点存在真空。根据式（2－39），真空度为

$$p_v=p_a-p'=98-94.8=3.2(\text{kN/m}^2)$$

【例 2－3】　情况同上例，试问当 C 点相对压强 p 为 9.8kN/m²时，C 点在自由面下的淹没深度 h 为多少？

解　相对静水压强 $p=p'-p_a=p_0+\gamma h-p_a$，代入已知值后可算得

$$h=(p-p_0+p_a)/\gamma=(9.8-85+98)/9.8=2.33(\text{m})$$

【例 2－4】　图 2－15 为一封闭水箱，其自由面上气体压强 p_0 为 25kN/m²，试问水箱中 A、B 两点的静水压强何处为大？已知 h_1 为 5m，h_2 为 2m。

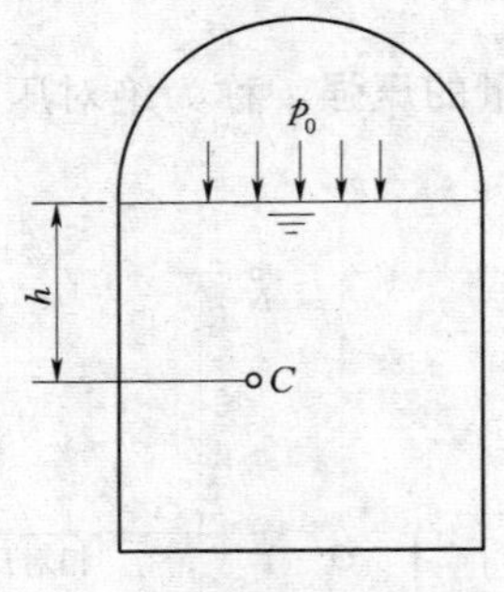

图 2-14 ［例 2-2］图

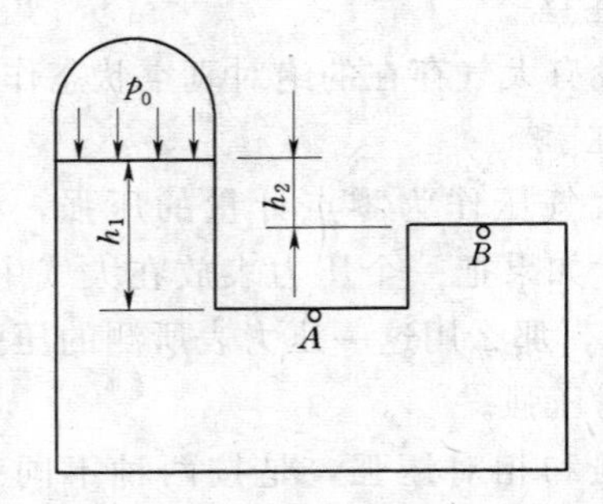

图 2-15 ［例 2-4］图

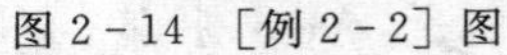

解 由式（2-18），A、B 两点的绝对静水压强分别为

$$p'_A = p_0 + \gamma h_1 = 25 + 9.8 \times 5 = 74(\text{kN/m}^2)$$

$$p'_B = p_0 + \gamma h_2 = 25 + 9.8 \times 2 = 44.6(\text{kN/m}^2)$$

故 A 点静水压强比 B 点大。实际上本题不必计算也可得出此结论（因淹没深度大的点，其压强必大）。

【例 2-5】 如图 2-16 所示，有一底部水平侧壁倾斜之油槽，侧壁倾角为 30°，被油淹没部分壁长 $L=6\text{m}$，自由面上的压强 $p_a=98\text{kN/m}^2$，油的容重 $\gamma=8\text{kN/m}^3$，问槽底板上压强为多少？

解 槽底板为水平面，故为等压面，底板上各处压强相等。底板在液面下的淹没深度 $h=L\sin30°=6\times1/2=3(\text{m})$。

底板上的绝对压强 $p'=p_a+\gamma h=98+3\times8=122(\text{kN/m}^2)$

底板上的相对压强 $p=p'-p_a=\gamma h=3\times8=24(\text{kN/m}^2)$

因为底板外侧也同样受到大气压强的作用，故底板上的实际荷载只有相对压强部分。

【例 2-6】 图 2-17 为一开口水箱，自由表面上的当地大气压强为 98kN/m^2，在水箱右下侧连接一根封闭的测压管，今用抽气机将管中气体抽净（即为绝对真空），求测压管水面比水箱水面高出的 h 值为多少？

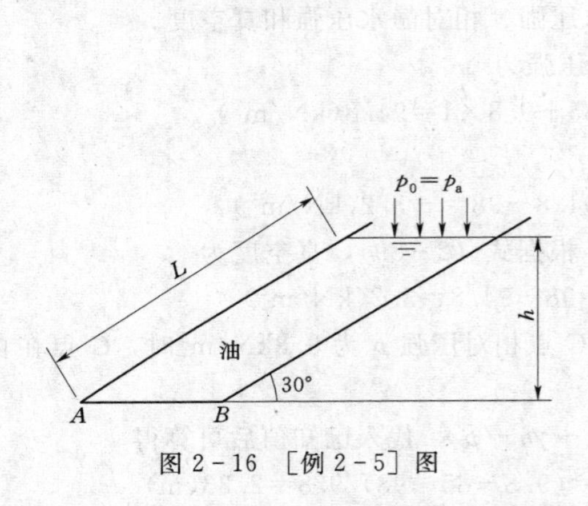

图 2-16 ［例 2-5］图

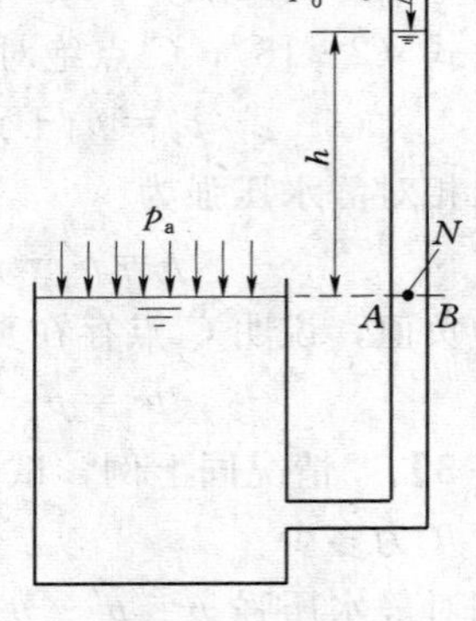

图 2-17 ［例 2-6］图

解 因水箱和测压管内是互相连通的同种液体，故和水箱自由表面同高程的测压管内 N 点应与自由表面位于同一等压面上，其压强应等于自由表面上的大气压强，即

$p'_N=p_a$。

从测压管来考虑，$p'_N=p_0+\gamma h$，因 $p_0=0$，故

$$p_a=\gamma h$$

$$h=\frac{p_a}{\gamma}=\frac{98}{9.8}=10(\text{m})$$

所以，当把顶部密封的测压管抽成绝对真空时，管内液面将比水箱液面高 10m。

二、压强的表示法

(1) 用一般的应力单位来表示，即从压强定义出发，以单位面积上的作用力表示，如 N/m^2(Pa)、kN/m^2 (kPa)。

(2) 用工程大气压表示。国际单位制规定：1 个标准大气压＝101325Pa。为简便计算，工程上常用工程大气压来衡量压强。一个工程大气压为 98kPa。

(3) 用液柱高表示：由式 (2-18) 可得

$$h=\frac{p}{\gamma}$$

上式表明：任一点静水压强的大小可以用容重为 γ 的液柱高度 h 表示，工程中常用液柱高度作为压强的单位。例如一个工程大气压，如用水柱高表示，则为 $h=\frac{98000}{9800}=10(\text{m})$ 水柱。

如用水银柱表示，因水银的重度取为 $133230N/m^3$，则有

$$h=\frac{98000}{133230}=736(\text{mm 水银柱})$$

三、压强的量测原理

测量液体（或气体）压强的仪器很多，并日趋现代化。这里只介绍一些利用静水力学原理设计的液体测压计，这些测压计构造简单，方便可靠，至今仍在实验室内广泛使用。

1. 测压管

如图 2-18 所示，若欲测容器中 A 点的液体压强，可在容器上设置一开口细管，即测压管。如果 A 点压强大于大气压强，测压管中水面将上升一个高度 h。因为容器中 A 点与同高程上测压管中 B 点，位于同一等压面上，两点压强相等。从测压管内来看，B 点在自由面下的淹没深度为 h，该点相对压强为

$$p_A=\gamma h \tag{2-52}$$

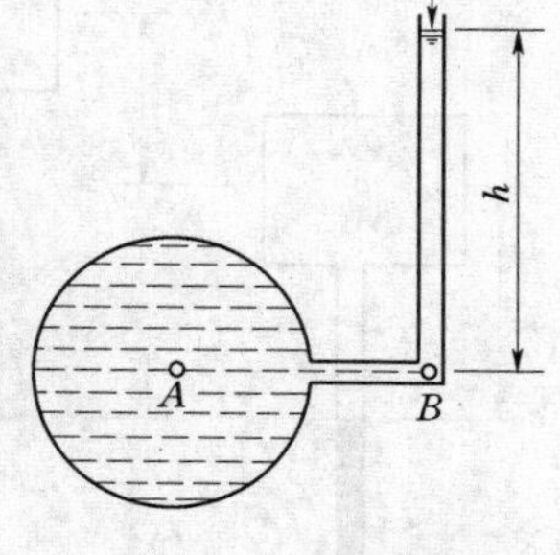

图 2-18　测压管

式中：h 为测压管高度或压强高度。

如果 A 点压强较小，为提高测量精度，增大测压管标尺读数，可在测压管中放入轻质液体（如油），也可以把测压管倾斜放置（图 2-19），此时用于计算压强的测压管高度 $h=L\sin\alpha$，A 点的相对压强则为

$$p_A=\gamma L\sin\alpha \tag{2-53}$$

2. U 形水银测压计

当被测点压强很大时，利用上述测压管测量压强，所需测压管很长，在操作上很不方便，这时可以改用 U 形水银测压计（图 2-20）。U 形水银测压计是一个内装水银的 U 形管，管子一端与大气相通，另一端则与需测量的地方相连接。当一端与被测点 A 接通以后，在水压力作用下，U 形管右支水银面就会上升。令被测点 A 与左支水银面的高差为 b，右支水银面与左支水银面高差为 h。

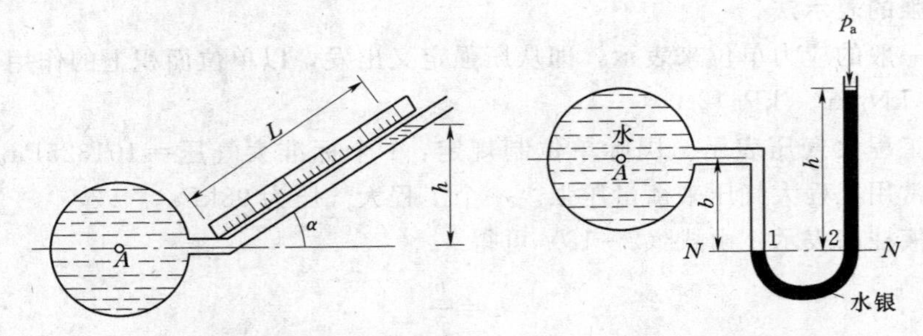

图 2-19　倾斜放置的测压管　　图 2-20　U 形水银测压计

在 U 形管内，水银面 $N—N$ 为等压面，因而点 1 和点 2 压强相等，即

$$p'_1 = p'_2 \tag{2-54}$$

对测压计右支
$$p'_2 = p_a + \gamma_m h \tag{2-55}$$

对测压计左支
$$p'_1 = p'_A + \gamma b \tag{2-56}$$

由式（2-54）～式（2-56）可得

A 点的绝对压强
$$p'_A = p_a + \gamma_m h - \gamma b$$

A 点的相对压强
$$p_A = \gamma_m h - \gamma b \tag{2-57}$$

式中：γ 与 γ_m 分别为水和水银的重度。

3. 差压计

差压计是直接测量两点压强差的装置。若被量测点之间压差较大，可使用 U 形水银差压计。图 2-21中，左、右两容器内各盛一种介质（液体或气体），其容重分别为 γ_A、γ_B，使用水银 U 形差压计测量两容器中 A、B 两点之压差。测量时将差压计安放直立，当把差压计与容器连通后，差压计中水银面之高差为 h，其余有关数据见图中说明。因 $c—c$ 平面是等压面，于是

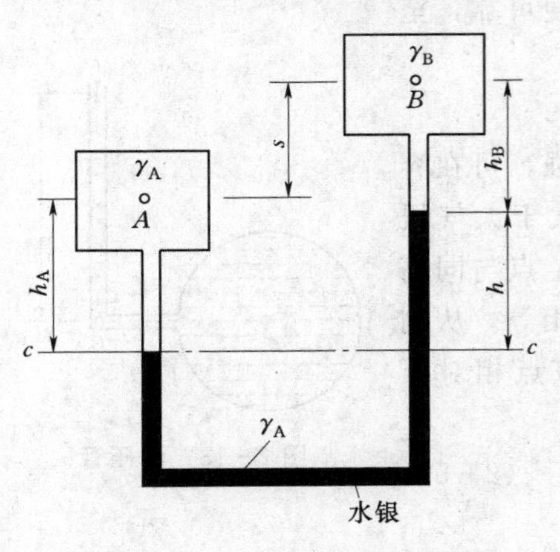

图 2-21　U形水银差压计

$$p_A + \gamma_A h_A = p_B + \gamma_B h_B + \gamma_m h$$

$$p_A - p_B = \gamma_m h + \gamma_B h_B - \gamma_A h_A$$

又因
$$h_A + s = h_B + h$$

则
$$h_A = h + h_B - s$$

所以
$$p_A - p_B = (\gamma_m - \gamma_A) h + (\gamma_B - \gamma_A) h_B + \gamma_A s \tag{2-58}$$

式（2-58）是 A、B 两点压差的计算公式。

当两容器中盛有同种介质时（即 $\gamma_A=\gamma_B=\gamma$），A、B 两点的压差为

$$p_A-p_B=(\gamma_m-\gamma)h+\gamma s \tag{2-59}$$

当两容器中盛有同种介质，且 A、B 位于同一高程（$s=0$）时，A、B 间压差为

$$p_A-p_B=(\gamma_m-\gamma)h \tag{2-60}$$

若被测点 A、B 之间压差甚小，为了提高测量精度，可将 U 形差压计倒装（图 2-22），并在 U 形管中注入不与容器中介质相混合的轻质液体，然后按同样方法建立 A、B 两点间压差的计算公式

$$p_B-p_A=(\gamma_A-\gamma_n)h+(\gamma_B-\gamma_A)h_B-\gamma_A s \tag{2-61}$$

当 $\gamma_A=\gamma_B=\gamma$ 时

$$p_B-p_A=(\gamma-\gamma_n)h-\gamma s$$

当 $\gamma_A=\gamma_B$，$s=0$ 时

$$p_B-p_A=(\gamma-\gamma_n)h$$

【例 2-7】 有一水塔如图 2-23 所示，为了量出塔中水位，在地面上装置一 U 形水银测压计，测压计左支用软管与水塔相连通。令测出测压计左支水银面高程 ∇_1 为 502.00m，左右两支水银面高差 h_1 为 1.16cm，试求此时塔中水面高程 ∇_2。

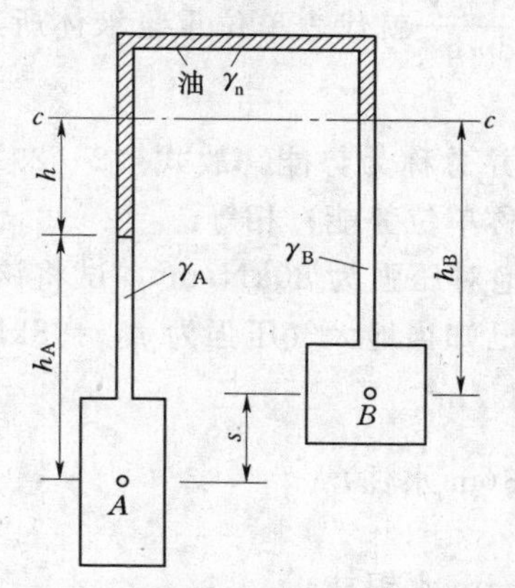

图 2-22 倒置的 U 形水银差压计

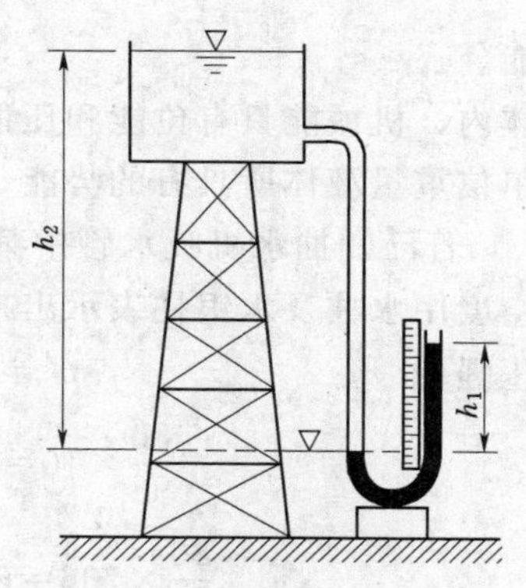

图 2-23 ［例 2-7］图

解 令塔中水位与水银测压计左支水银面高差为 h_2，$h_2=\nabla_2-\nabla_1$。

从测压计左支来看，∇_1 高程处的相对压强为

$$p=\gamma(\nabla_2-\nabla_1)=\gamma h_2$$

从测压计右支来看 $p=\gamma_m h_1$。所以

$$h_2=\frac{\gamma_m h_1}{\gamma}=\frac{133.28\times1.16}{9.8}=15.78(\text{m})$$

塔中水位 $\nabla_2=\nabla_1+h_2=502.00+15.78=517.78(\text{m})$。

四、压强的水头和单位势能

在前面曾导出了静水压强的基本方程式 $z+\dfrac{p}{\gamma}=C$，见式（2-17）。在上述讨论的基础上可进一步来解释它的物理意义。

该式中 z 为静止液体内任意点在参考坐标平面以上的几何高度，称为位置水头；$\frac{p}{\gamma}$ 为该点的压强高度，称为压强水头；而 $z+\frac{p}{\gamma}$ 则称为测压管水头。故式（2-17）表明：静止液体内各点，测压管水头等于常数。

不难证明，静止液体内各点的测压管水头为常数，反映了静止液体内的能量守恒规律。设质量为 dm 的液体质点，其重心位于参考平面以上的几何高度为 z，则该质点所具有的位能为 $dmgz$，故 $z=\frac{dmgz}{dmg}$ 代表了单位重量液体所具有的位能。

而压强高度 $\frac{p}{\gamma}$，则代表单位重量液体所具有的压能。若液体中某点的压强为 p，当在该处设置一开口的测压管时，液体在压强 p 的作用下，将沿测压管上升一个高度 $\frac{p}{\gamma}$ 才静止下来；此时液体的压能转化成高度为 $\frac{p}{\gamma}$ 的位置势能。压强为 p，质量为 dm 的液体，由压能转化来的位置势能为 $dmg\,\frac{p}{\gamma}$；所以 $\frac{p}{\gamma}=\frac{dmg\,\frac{p}{\gamma}}{dmg}$ 就代表单位重量液体所具有的压强势能，或简称压能。

在静止液体内，机械能只有位能和压能，并总称为势能。故式（2-29）表明：静止液体内各点，单位重量液体所具有的势能（简称单位势能）相等。

【例 2-8】 若已知抽水机吸水管中某点绝对压强为 $80kN/m^2$，试将该点绝对压强、相对压强和真空度用水柱及水银柱表示出来（已知当地大气压强为 $p_a=98kN/m^2$）。

解 绝对压强为

$$p'=80kN/m^2$$

或

$$\frac{80}{98}\times 10=8.16(\text{m 水柱})$$

或

$$\frac{80}{98}\times 736=601(\text{mm 水银柱})$$

相对压强

$$p=p'-p_a=80-98=-18(kN/m^2)$$

或

$$-\frac{18}{98}\times 10=-1.84(\text{m 水柱})$$

或

$$-\frac{1840}{13.6}=135(\text{mm 水银柱})$$

真空度

$$p_v=p_a-p'=98-80=18(kN/m^2)$$

或为 1.84m 水柱，或为 135mm 水银柱。

第六节　平面上的静水总压力

水工建筑物常常都与水体直接接触。所以计算某一受压面上的静水压力是经常遇到的实际问题。

静止液体对固体壁面的作用力，通常称为静水总压力。

一、作用于任意平面上的静水总压力

当受压面为任意形状，即为无对称轴的不规则平面时，静水总压力的计算较为复杂。

如图 2-24 所示，有一任意形状平面 EF，倾斜置放于水中，与水平面的夹角为 α，平面面积为 A，平面形心点在 C。下面研究作用于该平面上的静水总压力大小和压力中心位置。

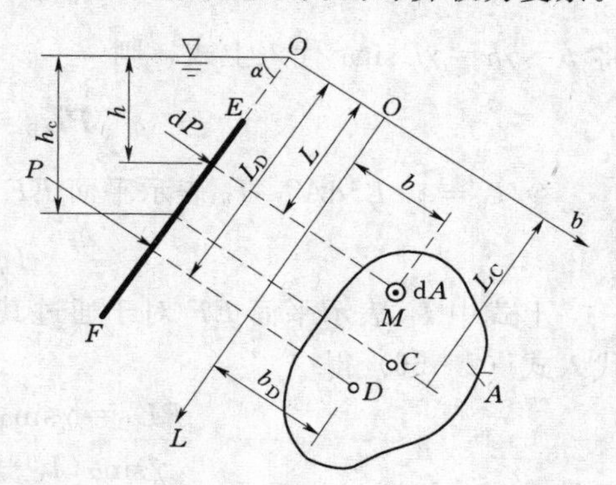

图 2-24 平面上总压力

为了分析方便，以平面 EF 的延长面与水面的交线 Ob，以及与 Ob 相垂直的 OL 为一组参考坐标系。

1. 总压力的大小

因为静水总压力是由每一部分面积上的静水压力所构成，先在 EF 平面上任选一点 M，围绕点 M 取一微分面积 $\mathrm{d}A$。设 M 点在液面下的淹没深度为 h，故 M 点的静水压强 $p=\gamma h$，微分面 $\mathrm{d}A$ 上各点压强可视为与点 M 相同，在 $\mathrm{d}A$ 面上所作用的静水压力 $\mathrm{d}P=p\,\mathrm{d}A=\gamma h\,\mathrm{d}A$；整个 EF 平面上的静水总压力则为

$$P=\int_A \mathrm{d}P=\int_A \gamma h\,\mathrm{d}A$$

设 M 点在 bOL 参考坐标系上的坐标为（b，L），由图 2-24 可知

$$h=L\sin\alpha$$

于是

$$P=\gamma\sin\alpha\int_A L\,\mathrm{d}A \tag{2-62}$$

式（2-47）中 $\int_A L\,\mathrm{d}A$ 表示平面 EF 对 Ob 轴的面积矩，并且

$$\int_A L\,\mathrm{d}A=L_C A \tag{2-63}$$

式中：L_C 为平面 EF 形心点 C 至 Ob 轴的距离。

将式（2-48）代入式（2-47），可得

$$P=\gamma\sin\alpha L_C A$$

或

$$P=\gamma h_C A \tag{2-64}$$

式中：h_C 为平面 EF 形心点 C 在液面下的淹没深度，$h_C=L_C\sin\alpha$；而 γh_C 为形心点 C 的静水压强 p_C。

故式（2-64）又可写作

$$P=p_C A \tag{2-65}$$

式（2-65）表明：作用于任意平面上的静水总压力，等于平面形心上的静水压强与平面面积的乘积。形心点压强 p_C，可理解为整个平面的平均静水压强。

2. 总压力的作用点（压力中心）

设总压力作用点的位置在 D，它在坐标系中的坐标值为（L_D，b_D）。由理论力学可知，合力对任一轴的力矩等于各分力对该轴力矩的代数和。按照这一原理，现在来考察静

水压力分别对 Ob 轴及 OL 轴的力矩。

对 Ob 轴：

$$PL_D=\int_A Lp\,dA$$

将 $p=\gamma h=\gamma L\sin\alpha$ 代入上式，则

$$PL_D=\gamma\sin\alpha\int_A L^2\,dA \tag{2-66}$$

令 $I_b=\int_A L^2\,dA$，I_b 表示平面 EF 对 Ob 轴的惯性矩。由平行移轴定理：

$$I_b=I_C+L_C^2A$$

上式中 I_C 表示平面 EF 对于通过其形心 C 且与 Ob 轴平行的轴线的惯性矩。将上式代入式（2-66）得

$$PL_D=\gamma\sin\alpha I_b=\gamma\sin\alpha(I_C+L_C^2A)$$

于是

$$L_D=\frac{\gamma\sin\alpha(I_C+L_C^2A)}{P}=\frac{\gamma\sin\alpha(I_C+L_C^2A)}{\gamma L_C\sin\alpha A}$$

化简后得

$$L_D=L_C+\frac{I_C}{L_CA} \tag{2-67}$$

由此看出 $L_D>L_C$，即总压力作用点 D（压力中心）在平面形心点 C 之下。

再将静水压力对 OL 轴取矩：

$$Pb_D=\int_A bp\,dA$$

将 $p=\gamma L\sin\alpha$ 代入上式，得

$$Pb_D=\gamma\sin\alpha\int_A bL\,dA \tag{2-68}$$

令 $I_{bL}=\int_A bL\,dA$，I_{bL} 称为 EF 平面对 Ob 及 OL 轴的惯性积。将 I_{bL} 代入式（2-68）可得

$$b_D=\frac{\gamma\sin\alpha I_{bL}}{\gamma L_C\sin\alpha A}=\frac{I_{bL}}{L_CA} \tag{2-69}$$

只要根据式（2-67）及式（2-69）求出 L_D 及 b_D，则压力中心 D 的位置即可确定。很显然，若平面 EF 有纵向对称轴则不必计算 b_D 值，因为 D 点必定落在纵向对称轴上。为了使用方便，表 2-3 中列出几种有纵向对称轴的常见平面静水总压力和压力中心位置的计算式。

二、作用在矩形平面上的静水总压力

矩形平面的形状规则，在水工上最为常见。计算矩形平面上所受的静水总压力，最方便的方法是利用静水压强分布图，所以常称此法为压力图法。

1. 静水压强分布图的绘制

由计算静水压强的基本公式可知，压强与水深成线性函数关系。把某一受压面上压强随水深的这种函数关系表示成图形，称为静水压强分布图。其绘制规则是：

（1）按一定比例，用线段长度代表该点静水压强的大小。

（2）用箭头表示静水压强的方向，并与作用面垂直。

表 2-3　　几种有纵向对称轴的常见平面静水总压力和压力中心位置计算表

平面在水中位置①	平面形式		静水总压力 P 值	压力中心距水面的斜距
	矩形		$P=\frac{\gamma}{2}Lb(2L_1+L)\sin\alpha$	$L_D=L_1+\frac{(3L_1+2L)L}{3(2L_1+L)}$
	等腰梯形		$P=\gamma\sin\alpha[3L_1(B+b)+L(B+2b)]/6$	$L_D=L_1+\frac{\left[\begin{array}{l}2(B+2b)L_1\\+(B+3b)L\end{array}\right]L}{\left[\begin{array}{l}6(B+b)L_1\\+2(B+2b)L\end{array}\right]}$
	圆形		$P=\frac{\pi}{8}D^2(2L_1+D)\gamma\sin\alpha$	$L_D=L_1+\frac{D(8L_1+5D)}{8(2L_1+D)}$
	半弧形		$P=\frac{D^2}{24}(3\pi L_1+2D)\gamma\sin\alpha$	$L_D=L_1+\frac{D(32L_1+3\pi D)}{16(3\pi L_1+2D)}$

① 当闸门为铅垂置放时，$\alpha=90°$，此时 L_1 为 h_1，L_D 为 h_D。

因为 p 与 h 为一次方的关系，故在深度方向静水压强呈直线分布，只要绘出两个点的压强即可确定此直线。在图 2-25（a）中，A 点在自由面上，其相对压强 $p_A=0$，B 点的淹没深度为 H，其相对压强 $p_B=\gamma H$，用带箭头线段 EB 表示 p_B。连接直线 AE，则 AEB 即表示 AB 面上的相对压强分布图。如果在 A 点及 B 点分别加上当地大气压 p_a，得 G、F 点，则 $AGFB$ 即为 AB 面上的绝对压强分布图。

在实际工程中，建筑物的迎水面及背水面均受有大气压强，其作用可互相抵消，故一般只需绘制相对压强分布图。图 2-25（b）～图 2-25（d）中绘出了几种有代表性的相对压强分布图。

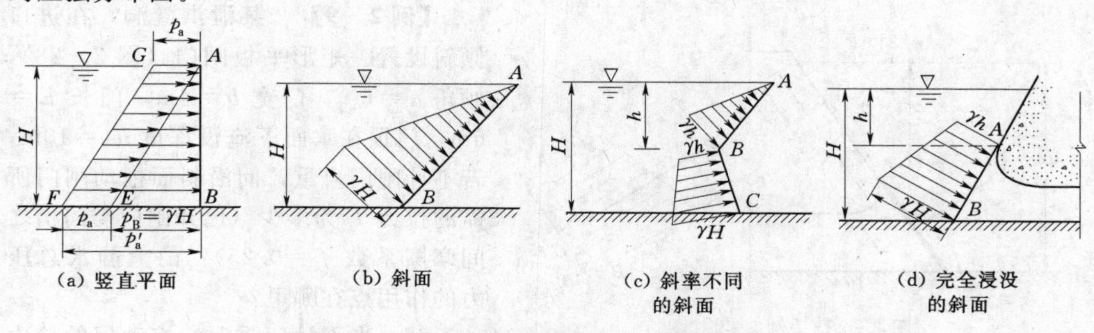

图 2-25　几种有代表性的相对压强分布图

2. 静水总压力的计算

平面上静水总压力的大小，应等于分布在平面上各点静水压强的总和。因而，作用在单位宽度上的静水总压力，应等于静水压强分布图的面积；整个矩形平面的静水总压力，则等于平面宽度乘以压强分布图的面积。

图 2-26 表示一任意倾斜放置的矩形平面 $CBEF$，平面长为 L，宽为 b，并令其压强分布图的面积为 A，则作用于该矩形平面上的静水总压力为

$$P=bA \tag{2-70}$$

因为压强分布图为梯形，$A=\frac{1}{2}(\gamma h_1+\gamma h_2)L$，故

$$P=\frac{\gamma}{2}(h_1+h_2)bL \tag{2-71}$$

3. 总压力的作用点（压力中心）

矩形平面有纵向对称轴，P 的作用点 D（又称压力中心）必位于纵向对称轴 $O—O$ 上，同时，总压力 P 的作用点还应通过压强分布图的形心点 Q。

当压强为三角形分布时，如图 2-27 所示，压力中心 Q 离底部距离为 $e=\frac{1}{3}L$；当压强为梯形分布时，压力中心 Q 离底的距离（图 2-26）为

$$e=\frac{L(2h_1+h_2)}{3(h_1+h_2)}$$

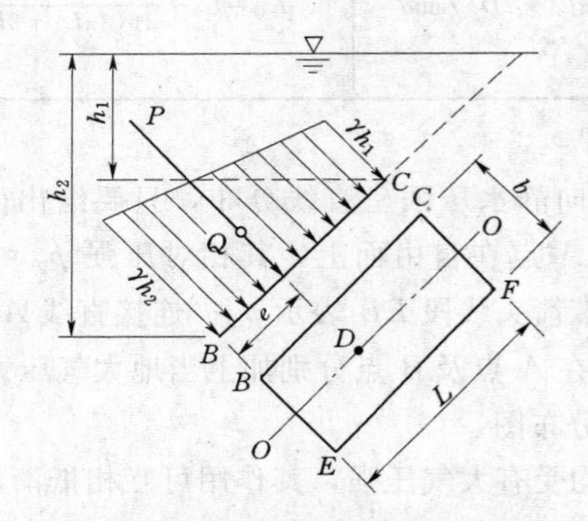

图 2-26　压强分布面为梯形的斜面

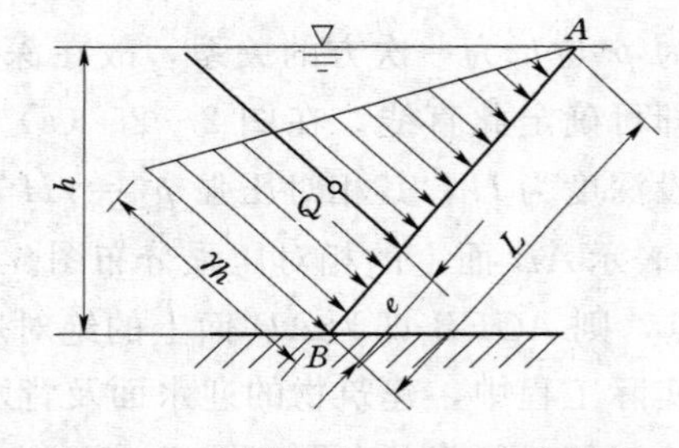

图 2-27　压强分布面为三角形的斜面

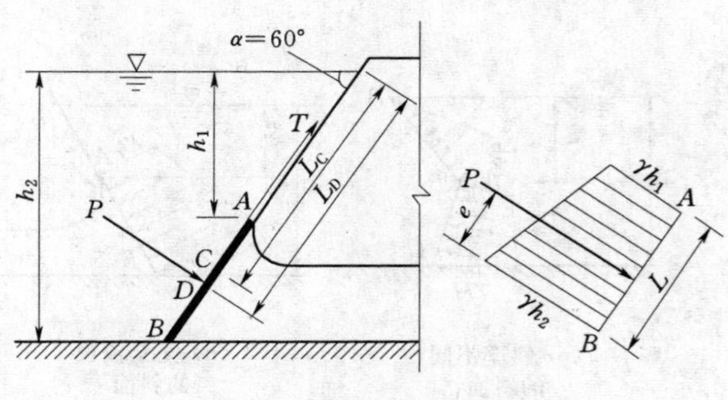

图 2-28 ［例 2-9］图

【例 2-9】　某泄洪隧洞，在进口倾斜设置一矩形平板闸门（图 2-28），倾角 $\alpha=60°$，门宽 $b=4$m，门长 $L=6$m，门顶在水面下淹没深度 $h_1=10$m，若不计闸门自重，问沿斜面拖动闸门所需的拉力 T 为多少（已知闸门与门槽之间摩擦系数 $f=0.25$）？门上静水总压力的作用点在哪里？

解　当不计门重时，拖动门的拉力

至少需克服闸门与门槽间的摩擦力，故 $T=Pf$。为此需首先求出作用于门上静水总压力 P。

（1）用压力图法求 P 及作用点位置。

首先画出闸门 AB 上静水压强分布图。门顶处静水压强为：$\gamma h_1=9.8\times10=98(\text{kN/m}^2)$；门底处静水压强为：$\gamma h_2=\gamma(h_1+L\sin60°)=9.8\times\left(10+6\times\frac{\sqrt{3}}{2}\right)=9.8\times15.22=149(\text{kN/m}^2)$。压强分布图为梯形，其面积 $A=\frac{1}{2}(\gamma h_1+\gamma h_2)L=\frac{1}{2}(98+149)\times6=741(\text{kN/m})$，静水总压力 $P=bA=4\times741=2964(\text{kN})$。

静水总压力作用点距闸门底部的斜距为

$$e=\frac{L(2h_1+h_2)}{3(h_1+h_2)}=\frac{6\times\left(2\times10+10+6\times\frac{\sqrt{3}}{2}\right)}{3\times\left(10+10+6\times\frac{\sqrt{3}}{2}\right)}=2.79(\text{m})$$

总压力 P 距水面的斜距为

$$L_D=\left(L+\frac{h_1}{\sin60°}\right)-e=\left(6+\frac{10}{0.87}\right)-2.79$$

$$=17.5-2.79=14.71(\text{m})$$

（2）用解析法计算 P 及 L_D 以便比较。

由式（2-50），$P=p_C A=\gamma h_C bL$，则

$$h_C=h_1+\frac{L}{2}\sin60°=10+\frac{6}{2}\times0.87=12.61(\text{m})$$

$$P=9.8\times12.61\times4\times6=2966(\text{kN})$$

由式（2-52）求 P 的作用点距水面的斜距为

$$L_D=L_C+\frac{I_C}{L_C A}$$

$$L_C=\frac{L}{2}+\frac{h_1}{\sin60°}=3+11.5=14.5(\text{m})$$

对矩形平面，绕形心轴的惯性矩为

$$I_C=\frac{1}{12}bL^3=\frac{1}{12}\times4\times6^3=72(\text{m}^4)$$

$$L_D=14.5+\frac{72}{14.5\times4\times6}=14.5+0.21=14.71(\text{m})$$

可见，采用上述两种方法计算的结果完全相同。

（3）沿斜面拖动闸门的拉力。

$$T=Pf=2964\times0.25=741(\text{kN})$$

【例 2-10】 一垂直放置的圆形平板闸门（图 2-29），已知闸门半径 $R=1\text{m}$，形心在水下的淹没深度 $h_C=8\text{m}$，求作用于闸门上静水总压力的大小及作用点位置。

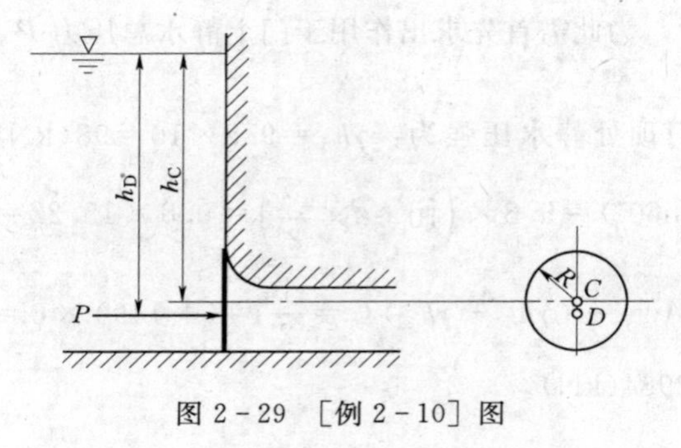

图 2-29 [例 2-10] 图

解 由式（2-50）计算总压力

$$P=p_CA=\gamma h_C\pi R^2$$

$$=9.8\times8\times3.14\times1^2$$

$$=246(\text{kN})$$

作用点 D 应位于纵向对称轴上，故仅需求出 D 点在纵向对称轴上的位置。在本题情况下，式（2-52）中 $L_C=h_C$，$L_D=h_D$。

故
$$h_D=h_C+\frac{I_C}{h_CA}$$

圆形平面绕圆心轴线的面积惯矩 $I_C=\frac{1}{4}\pi R^4$，则

$$h_D=8+\frac{\frac{1}{4}\pi R^4}{8\pi R^2}=8+\frac{1^2}{32}=8.03(\text{m})$$

第七节 曲面上的静水总压力

在水利工程上常遇到受压面为曲面的情况，如拱坝坝面、弧形闸墩或边墩、弧形闸门等，这些曲面多数为二向曲面（或称柱面），所以这里着重分析二向曲面的静水总压力计算。

作用在曲面上任意点处的相对静水压强，其大小仍等于该点的淹没深度乘以液体的容重，即 $P=\gamma h$，其方向也是垂直指向作用面。二向曲面上的压强分布如图 2-30 所示。

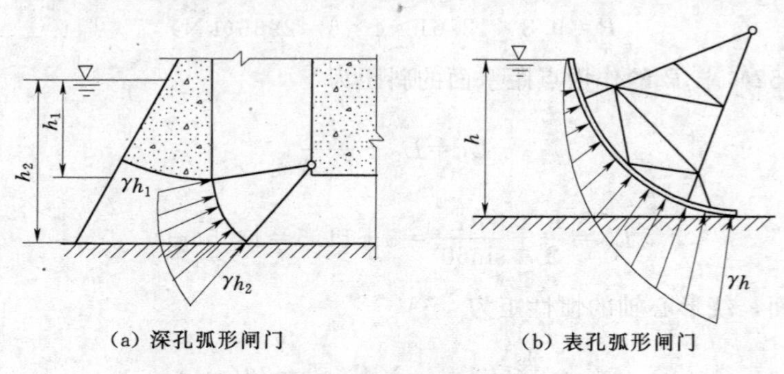

(a) 深孔弧形闸门　(b) 表孔弧形闸门

图 2-30 二向曲面的压强分布图

图 2-31 为一母线与 Oy 轴平行的二向曲面，母线长为 b，曲面在 xOy 面上的投影为曲线 EF，曲面左侧受静水压力的作用。

在计算平面上静水总压力大小时，可以把各部分上所受水压力直接求其代数和，这相当于求一个平行力系的合力。然而对于曲面，由于各部分面积上所受静水压力的大小及方向均各不相同，故不能用求代数和的方法来计算静水总压力。为了把它变成一个求平行力系的合力问题，只能分别计算作用在曲面上静水总压力的水平分力 P_x 和垂直分力 P_z，最后再将 P_x 与 P_z 合成为总压力 P。

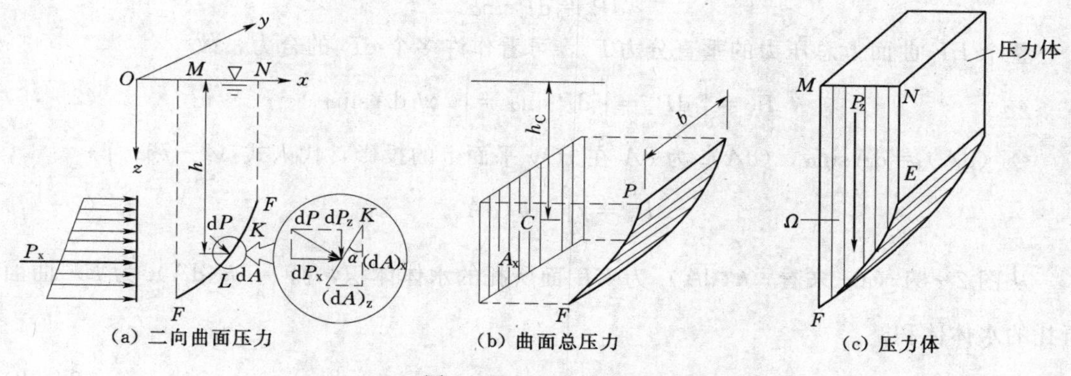

图 2-31　压力实体图

一、静水总压力的水平分力

今在曲面 EF 上取一微分柱面 KL，其面积为 dA，对微分柱面 KL，可视为倾斜平面，设它与铅垂面的夹角为 α，作用于 KL 面上的静水压力为 dP，由图 2-31（a）可见，dP 在水平方向的分力为

$$dP_x = dP\cos\alpha$$

总压力的水平分力可看作是无限多个 dP_x 的合力，故

$$P_x = \int dP_x = \int dP\cos\alpha \tag{2-72}$$

根据平面静水压力计算公式：

$$dP = p\,dA = \gamma h\,dA$$

式中：h 为 dA 面形心点在液面下的淹没深度。

于是
$$dP\cos\alpha = \gamma h\,dA\cos\alpha$$

令 $dA\cos\alpha = (dA)_x$，$(dA)_x$ 为 dA 在 yOz 坐标平面的投影面积。则

$$P_x = \int \gamma h\,dA\cos\alpha = \gamma\int_{A_x} h(dA)_x \tag{2-73}$$

由理论力学可知

$$\int_{A_x} h(dA)_x = h_C A_x \tag{2-74}$$

式中：A_x为曲面 EF 在 yOz 坐标面上的投影面积；h_C为 A_x面形心点 C 在液面下的淹没深度。

将式（2-74）代入式（2-73）得

$$P_x = \gamma h_C A_x = p_c A_x \tag{2-75}$$

式（2-75）表明：作用在曲面上静水总压力 P 的水平分力 P_x，等于曲面在 yOz 平面上的投影面 A_x上的静水总压力。这样，把求曲面上静水总压力的水平分力转化为求另一铅垂平面 A_x的静水总压力问题。很明显，水平分力 P_x的作用线应通过 A_x平面的压力中心。

二、静水总压力的垂直分力

如图 2-31（a）所示，在微分柱面 KL 上，静水压力 dP 沿铅垂方向的分力为

$$dP_z = dP\sin\alpha$$

整个 EF 曲面上总压力的垂直分力 P_z，可看作许多个 dP_z的合力，故

$$P_z = \int dP_z = \int dP\sin\alpha = \int_A \gamma h\, dA\sin\alpha \qquad (2-76)$$

令 $(dA)_z = dA\sin\alpha$，$(dA)_z$ 为 dA 在 xOy 平面上的投影，代入式（2-76）得

$$P_z = \gamma\int_{A_z} h(dA)_z \qquad (2-77)$$

从图 2-31（a）来看，$h(dA)_z$ 为 KL 面所托的水体体积，而 $\int_{A_z} h(dA)_z$ 为 EF 曲面所托的水体体积。

令
$$V = \int_{A_z} h(dA)_z \qquad (2-78)$$

则式（2-77）可改写为

$$P_z = \gamma V \qquad (2-79)$$

式中：V 是代表以面积 $EFMN$ 为底、长为 b 的柱体体积，该柱体称为压力体。

式（2-79）表明：作用于曲面上的静水总压力 P 的垂直分力 P_z，等于压力体内的水体重。

令压力体底面积（即 $EFMN$ 的面积）为 Ω，则

$$V = b\Omega \qquad (2-80)$$

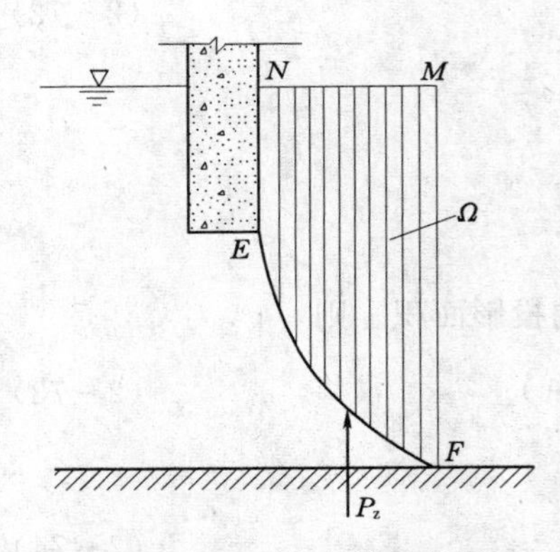

图 2-32　压力虚体示意图

压力体只是作为计算曲面上垂直压力的一个数值当量，它不一定是由实际水体所构成。对图 2-31（b）所示的曲面，压力体为水体所充实；但在另外一些情况下，式（2-78）所表达的压力体内，不一定存在水体，如图 2-32 所示的曲面，其相应的压力体（图中阴影部分）内并无水体。

压力体应由下列周界面所围成：

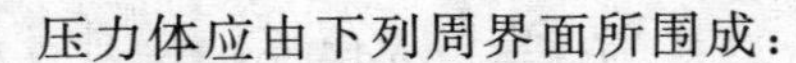
（1）受压曲面本身。

（2）液面［图 2-31(c)］或液面的延长面(图 2-32)。

（3）通过曲面的 4 个边缘向液面或液面的延长面所作的铅垂平面。

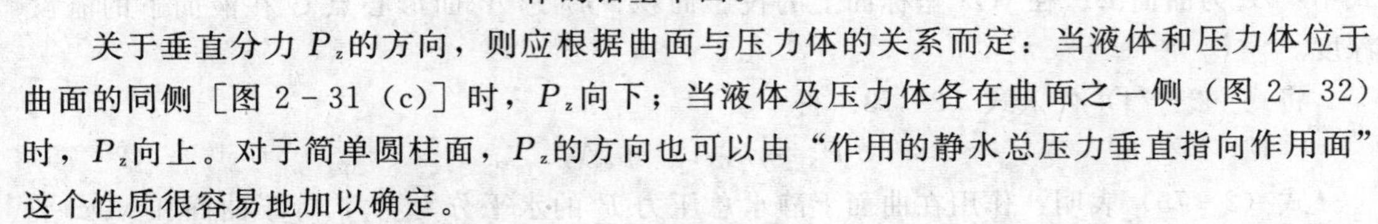
关于垂直分力 P_z的方向，则应根据曲面与压力体的关系而定：当液体和压力体位于曲面的同侧［图 2-31（c）］时，P_z向下；当液体及压力体各在曲面之一侧（图 2-32）时，P_z向上。对于简单圆柱面，P_z的方向也可以由“作用的静水总压力垂直指向作用面”这个性质很容易地加以确定。

当曲面为凹凸相间的复杂柱面时，可在曲面与铅垂面相切处将曲面分开，分别绘出各部分的压力体，并定出各部分垂直水压力的方向，然后合成起来即可得出总的垂直压力的方向。图2-33的曲面 $ABCD$，可分成 AC 及 CD 两部分，其压力体及相应 P_z的方向分别如图 2-33（a）、（b）所示，合成后的压力体则如图2-33（c）所示。曲面 $ABCD$ 所受静水总压力的垂直分力 P_z的大小及其方向，即不难由图 2-33（c）定出。

垂直分力 P_z的作用线，应通过压力体的体积形心。

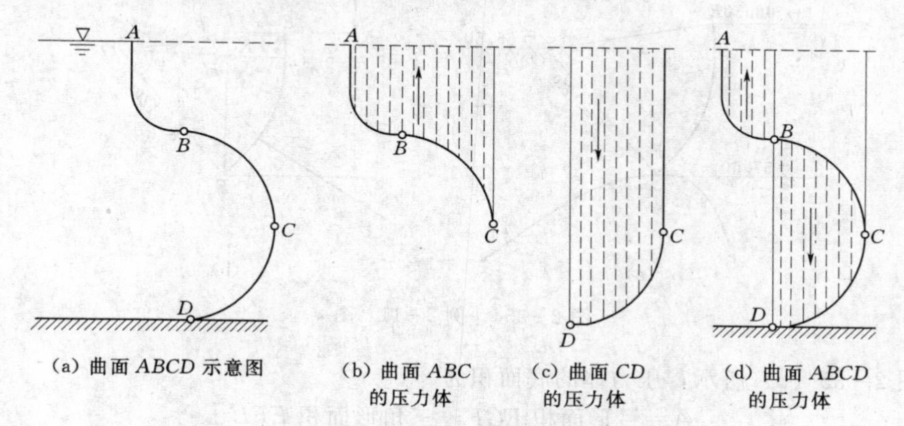

图 2-33　凹凸相间的复杂曲面压力体

三、静水总压力

由二力合成定理，曲面所受静水总压力的大小为

$$P=\sqrt{P_x^2+P_z^2} \tag{2-81}$$

为了确定总压力 P 的方向，可以求出 P 与水平面的夹角 α 值（图 2-34）：

$$\tan\alpha=\frac{P_z}{P_x} \tag{2-82}$$

或

$$\alpha=\arctan\frac{P_z}{P_x} \tag{2-83}$$

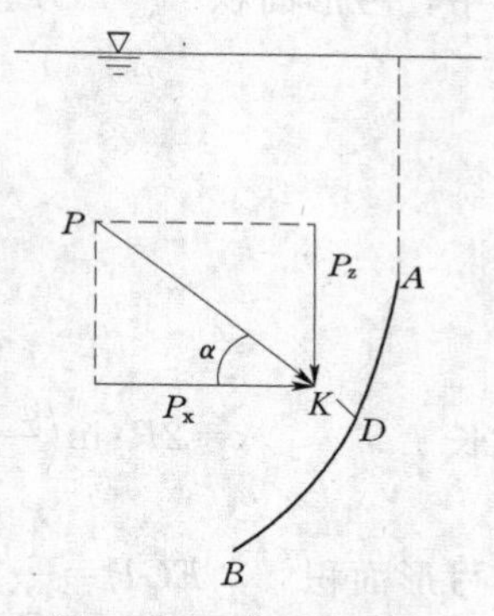

图 2-34　曲面总压力方向示意图

总压力 P 的作用线应通过 P_x与 P_z的交点 K（图 2-34），过 K 点沿 P 的方向延长交曲面于 D，D 点即为总压力 P 在曲面 AB 上的作用点。最后，再把三向曲面上静水总压力的计算问题略微提示一下：当受压面为三向曲面时，曲面不仅在 yOz 平面上有投影，而且在 xOz 平面上也有投影，故曲面上所受的水平分力，除有与 x 轴方向平行的力 P_x外，还存在与 y 轴方向平行的分力 P_y。P_y的计算原则与 P_x相同，它等于曲面在 xOz 平面的投影面上的静水总压力。至于垂直分力 P_z则和二向曲面计算方法一样。全部总压力应由 P_x、P_y、P_z 3 个分力合成。

【例 2-11】　韶山灌区引水枢纽泄洪闸共装 5 孔弧形闸门，每孔门宽 $b=10\text{m}$，弧门半径 $R=12\text{m}$，其余尺寸如图 2-35 所示。试求当上游为正常引水位 66.50m、闸门关闭情况下，作用于一孔弧形门上静水总压力大小及方向。

解　(1) 首先求水平分力 P_x。由式 (2-75)：

$$P_x=\gamma h_C A_x=9.8\times4.5\times10\times9=3969(\text{kN})$$

(2) 求垂直分力 P_z，由式 (2-64)：

$$P_z=\gamma V$$

$$V=b\Omega$$

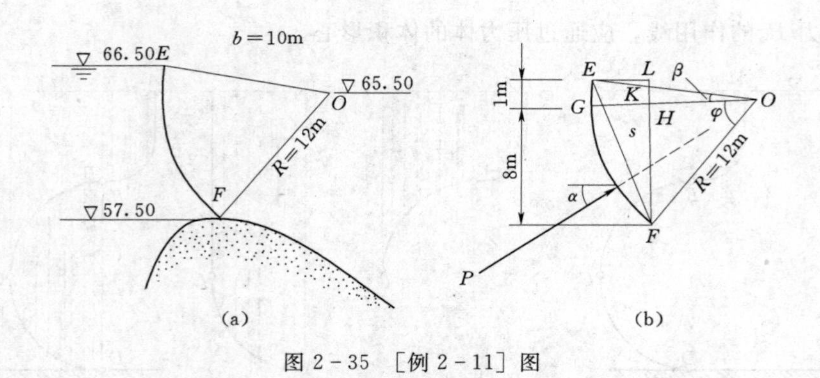

图 2-35 [例 2-11] 图

如图 2-35（b）所示，压力体的底面积为

$$A=\text{弓形面积 } EGF+\text{三角形面积 } EFL$$

其中，弓形面积 $\quad EGF=\frac{1}{2}R^2\frac{\pi}{180°}\times(\beta+\varphi)-\frac{1}{2}s\sqrt{R^2-\left(\frac{s}{2}\right)^2}$

$$\sin\varphi=\frac{FH}{OF}=\frac{8}{12}=0.667,\varphi=38°12'$$

$$\sin\beta=\frac{1}{OE}=\frac{1}{12}=0.083,\beta\approx4°46'$$

$$\varphi+\beta=41°48'+4°47'=46°35'=46.58°$$

弦长 $\quad s=2R\sin\left(\frac{\varphi+\beta}{2}\right)=2\times12\sin\left(\frac{46.58°}{2}\right)=9.49(\text{m})$

故弓形面积 $\quad EGF=\frac{1}{2}\times12^2\times\frac{\pi}{180°}\times46.58°-\frac{9.49}{2}\sqrt{12^2-\left(\frac{9.49}{2}\right)^2}\approx6.24(\text{m}^2)$

三角形面积 $\quad EFL=\frac{1}{2}EL\times LF$

$$LF=9\text{m}$$

$$EL=\sqrt{EF^2-LF^2}=\sqrt{s^2-9^2}=\sqrt{9.49^2-9^2}\approx3.01(\text{m})$$

故三角形面积 $\quad EFL=\frac{1}{2}\times3.01\times9\approx13.55(\text{m}^2)$

则 $\quad A=6.24+13.55=19.79(\text{m}^2)$

$$P_z=\gamma bA=9.8\times10\times19.79\approx1939(\text{kN})$$

因压力体与液体分别位于曲面之一侧，故 P_z 的方向向上。

总压力 $\quad P=\sqrt{P_x^2+P_z^2}=\sqrt{3969^2+1939^2}\approx4417(\text{kN})$

总压力 P 与水平方向的夹角为 α，$\tan\alpha=\frac{1939}{3969}=0.489$，则 $\alpha=28°1'$

因为曲面为圆柱面的一部分，各点压强均垂直于柱面并通过圆心，故总压力 P 也必通过圆心 O 点。

【例 2-12】 有一薄壁金属压力管，管中受均匀水压力作用，其压强为 p（图 2-36），管内径为 D，当管壁允许拉应力为［σ］时，求管壁厚 δ 为多少？（不考虑由于管道自重和水重而产生的应力)。

解 因水管在内水压力作用下，管壁将受到拉应力，此时外荷载为水管内壁（曲面）上的水压力。

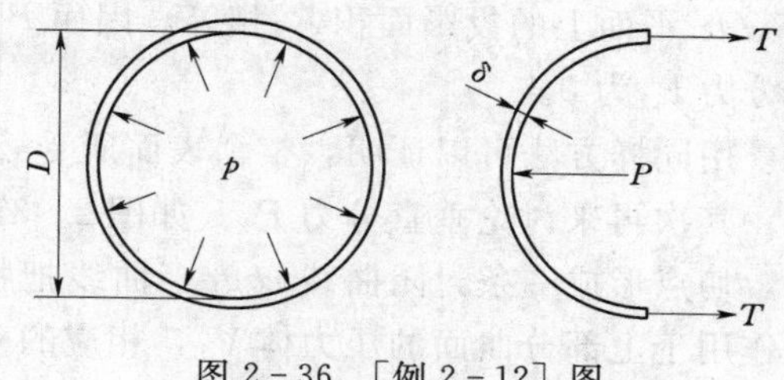

图 2-36 [例 2-12] 图

为了分析水管内力与外荷载的关系，沿管轴方向取单位长度的管段，从直径方向剖开，在该剖面上管壁所受总内力为 $2T$，并且

$$2T=2\delta\times1\times\sigma=2\delta\sigma$$

式中：σ 为管壁上的拉应力。

令 P 为作用于曲面内壁上总压力沿内力 T 方向的分力，由曲面总压力水平分力计算公式：

$$P=p_C A_x=p\times D\times1=pD$$

外荷载与总内力应相等：

$$2\delta\sigma=pD$$

若令管壁所受拉应力恰好等于其允许拉应力 $[\sigma]$，则所需要的管壁厚度为

$$\delta=\frac{pD}{2[\sigma]} \tag{2-84}$$

第八节 浮力及水中物体的稳定性

一、作用于物体上的静水总压力——阿基米德 (Archimedes) 原理

当物体淹没于静止液体之中时，作用于物体上的静水总压力，等于该物体表面上所受静水压力的总和。

如图 2-37 所示，有一任意形状物体淹没于水下。与计算曲面静水总压力一样，假定整个物体表面（看作是三向曲面）上的静水总压力可分为 3 个方向的分力：P_x、P_y、P_z。

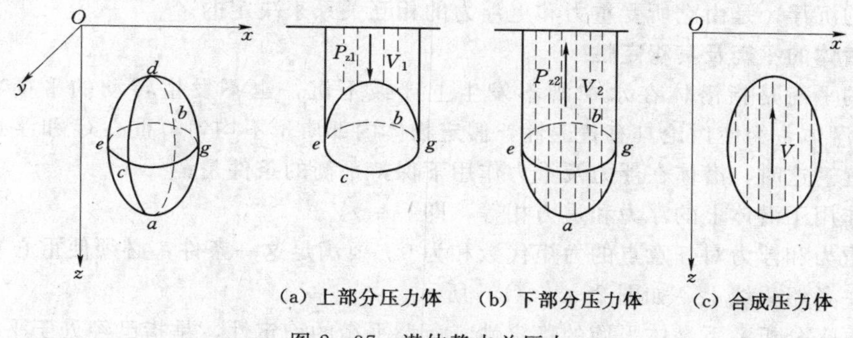

图 2-37 潜体静水总压力

首先计算水平分力 P_x 和 P_y。如图 2-37 所示，取坐标系 xOy 平面与液面重合。今以平行于 Ox 轴的直线与物体表面相切，其切点构成一根封闭曲线 $abdc$，曲线 $abdc$ 将物体表面分成左右两半，作用于物体表面静水总压力的水平分力 P_x，应为左半部表面上水

平分力 P_{x1} 和右半部表面上水平分力 P_{x2} 之和。但是不难看出，左半部表面和右半部表面在 yOz 平面上的投影面积 A_x 相等，因而 P_{x1} 和 P_{x2} 大小相等，方向相反，合成后在 Ox 方向分力 P_x 为 0。

用同样方法可以证明，整个表面所受 Oy 方向的静水压力 P_y 也等于 0。

其次再来讨论垂直分力 P_z。如图 2－37 所示，今以与 Oz 轴平行的直线与物体表面相切，切点形成一条封闭曲线 $ebgc$，曲线把物体表面分成上、下两部分。图 2－37（a）表示作用于上部分曲面的压力体 V_1，相应的垂直压力 $P_{z1}=\gamma V_1$，方向向下；图 2－37（b）表示作用于下部分曲面的压力体 V_2，相应的垂直压力 $P_{z2}=\gamma V_2$，方向向上；合成后的压力体 V 见图 2－37（c），γV 就表示液体对淹没在水中物体的静水总压力 P，方向向上。其表达式为

$$P=\gamma(V_2-V_1)=\gamma V \tag{2-85}$$

以上讨论表明：作用于淹没物体上的静水总压力只有一个铅垂向上的力，其大小等于该物体所排开的同体积的水重。这一原理是古希腊科学家阿基米德于公元前 250 年所发的，故称阿基米德原理。

液体对淹没物体的作用力，由于方向向上故也称上浮力，上浮力的作用点在物体被淹没部分体积的形心，该点称为浮心。

在证明阿基米德原理的过程中，假定物体全部淹没于水下，但所得结论，对部分淹没于水中的物体，也完全适用。

二、物体在静止液体中的浮沉

物体在静止液体中，除受重力作用外，还受到液体上浮力的作用。若物体在空气中的自重为 G，其体积为 V，则物体全部淹没于水下时，物体所受的上浮力为 γV。

当 $G>\gamma V$ 时，物体将会下沉，直至沉到底部才停止下来，这样的物体称为沉体。

当 $G<\gamma V$ 时，物体将会上浮，一直要浮出水面，且使物体所排开的液体重量和自重刚好相等后，才保持平衡状态，这样的物体我们称为浮体。

当 $G=\gamma V$ 时，物体可以潜没于水中的任何位置而保持平衡，这样的物体称为潜体。

物体的沉浮，是由它所受重力和上浮力的相互关系来决定的。

三、潜体的平衡及其稳定性

潜体的平衡是指潜体在水中既不发生上浮或下沉，也不发生转动的平衡状态。图 2－38为一潜体，为使讨论具有普遍性，假定物体内部质量不均匀，重心 C 和浮心 D 并不在同一位置。这时，潜体在浮力及重力作用下保持平衡的条件是：

（1）作用于潜体上的浮力和重力相等，即 $G=\gamma V$。

（2）重力和浮力对任意点的力矩代数和为 0。要满足这一条件，必须使重心 C 和浮心 D 位于同一条铅垂线上，如图 2－38（a）所示。

其次再来分析一下潜体平衡的稳定性。所谓平衡的稳定性，是指已经处于平衡状态的潜体，如果因为某种外来干扰使之脱离平衡位置时，潜体自身恢复平衡的能力。

图 2－38（b）、（c）表示一个重心位于浮心之下的潜体，原来处于平衡状态，由于外来干扰，使潜体向左或向右侧倾斜，因而有失去平衡的趋势。但倾斜以后，由重力和上浮力所形成的力偶可以反抗其继续倾倒。当外来干扰撤除后，自身有恢复平衡的能力，这样

的平衡状态称为稳定平衡。

相反，如图 2－39 所示，一个重心位于浮心之上的潜体，原来处于平衡状态，由于外来干扰使潜体发生倾斜。当倾斜以后，由重力和上浮力所构成的力偶，有使潜体继续扩大其倾覆的趋势，这种平衡状态，即使在干扰撤除以后，仍可以遭到破坏，因而为不稳定平衡。

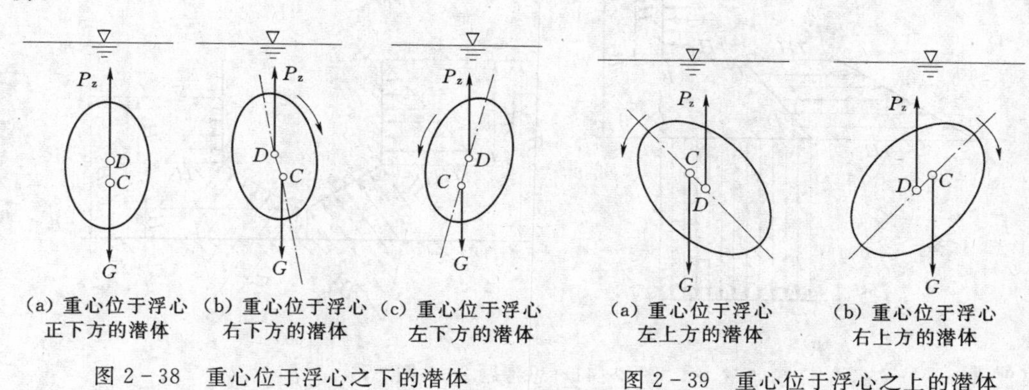

图 2－38　重心位于浮心之下的潜体　　图 2－39　重心位于浮心之上的潜体

综上所述，潜体平衡的稳定条件是要使重心位于浮心之下。

当潜体的重心与浮心重合时，潜体处于任何位置都是平衡的，此种平衡状态称为随遇平衡。

四、浮体的平衡及其稳定性

一部分淹没于水下、一部分暴露于水上的物体，称为浮体。浮体的平衡条件和潜体一样，但浮体平衡的稳定要求和潜体有所不同。浮体重心在浮心之上时，其平衡仍有可能是稳定的。下面来做具体分析。

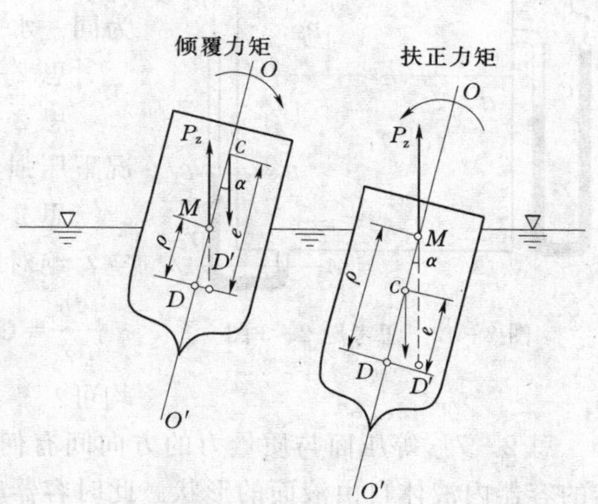

图 2－40　浮体的平衡及其稳定性

图 2－40 表示一横向对称的浮体，重心 C 位于浮心 D 之上。通过浮心 D 和重心 C 的直线 $O—O'$ 称为浮轴，在平衡状态下，浮轴为一条铅垂直线。当浮体受到外来干扰（如风吹、浪打）发生倾斜时，浮体被淹没部分的几何形状改变，从而使浮心 D 移至新的位置 D'，此时浮力 P_z 与浮轴有一交点 M，M 称为定倾中心，MD 的距离称为定倾半径，以 ρ 表示。在倾角 α 不大的情况下，实用上可近似认为 M 点的位置不变。

假定浮体的重心 C 点也不变，令 C、D 之间的距离为 e，称 e 为重心与浮心的偏心距，由图 2－40 不难看出，当 $\rho>e$（即定倾中心高于重心）时，浮体平衡是稳定的，此时浮力与重力所产生的力偶可以使浮体平衡恢复，故此力偶称为扶正力偶；若当 $\rho<e$（即定倾中心低于重心）时，浮力与重力构成了倾覆力偶，使浮体有继续倾倒的趋势。

综上所述，浮体平衡的稳定条件为定倾中心要高于重心，或者说，定倾半径大于偏心距。

思考题

思 2-1　试分析图 2-41 中点压强分布图错在哪里？

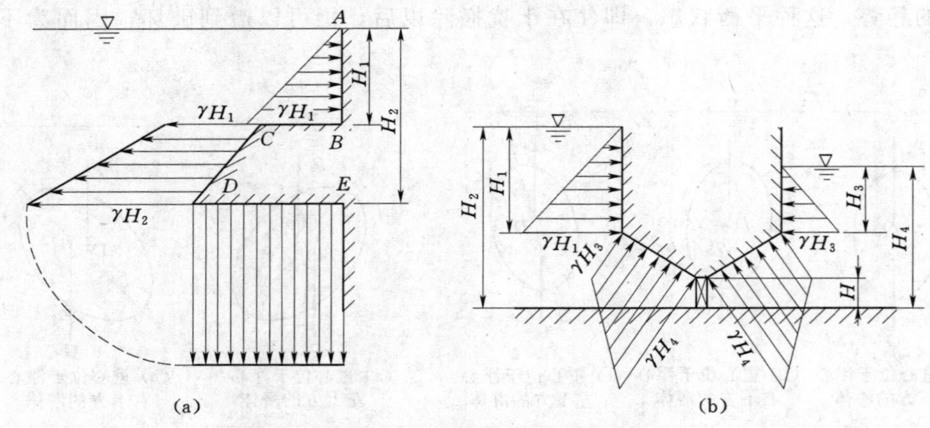

图 2-41　思考题 2-1 图

思 2-2　什么是等压面？它具有什么形状？

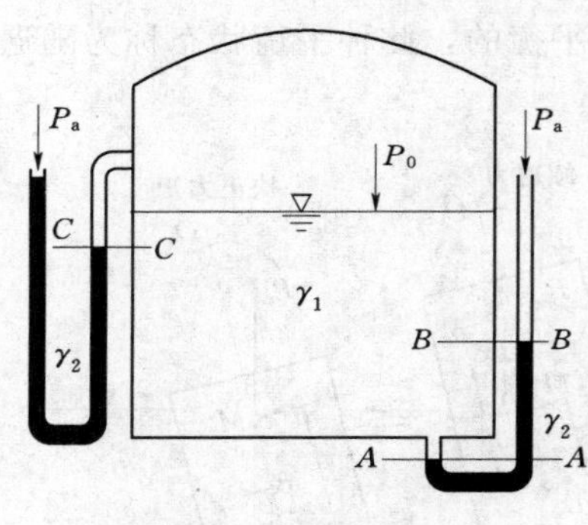

图 2-42　思考题 2-3 图

思 2-3　图 2-42 为一密闭水箱。试分析水平面 A—A、B—B、C—C 是否皆为等压面？使等压面成为同一水平面的条件有哪些？

思 2-4　静水压强有哪些特征？

思 2-5　压强分布图的斜率应等于什么？什么情况下压强分布图是矩形？

思 2-6　什么是绝对压强、相对压强？什么是真空？绝对压强是否可为负值？最大真空为多少？公式 $z+\dfrac{p}{\gamma}=C$ 中的 p 是绝对压强还是相对压强？或者两者均可？

思 2-7　等压面与质量力的方向间有何关系？如何论证？试定性地说明绕铅垂轴旋转的容器内液体自由液面的形状。此时容器底面是不是等压面？

思 2-8　在水平桌面上放置 5 个形状不同，但底面积及水深 H 均相同的容器，如图 2-43 所示，试分析比较各容器底面上所受到的静水压力及桌面所受到的力。

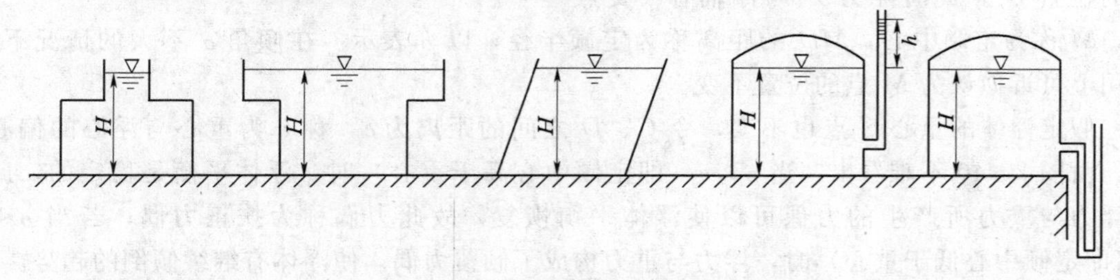

图 2-43　思考题 2-8 图

思 2-9　欧拉液体平衡微分方程的形式是什么？其各项意义是什么？

思 2-10　怎样确定平面静水压力的大小、方向及作用点？对于任意形状平面，图解分析法是否适用？为什么？

思 2-11　生活和生产中有没有利用真空把水抽吸到高处的实例，试列举之。

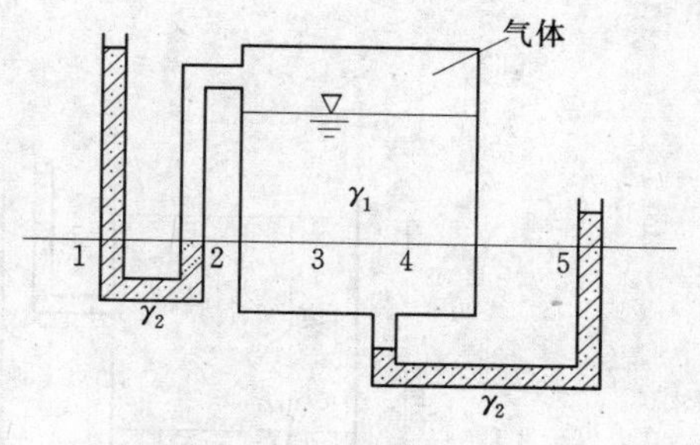

图 2-44　思考题 2-12 图

思 2-12　图 2-44 中所示 γ_1 和 γ_2 两种液体，试问处于同一水平线上的点 1、2、3、4、5 哪点压强最大？哪点最小？哪些相等？

习　题

2-1　图 2-45 为一密闭容器，两侧各装一测压管，右管上端封闭，其中水面高出容器水面 3m，管内液面压强 P_0 为 7.8N/cm²，左管与大气相通。求：(1) 容器内液面压强 P_c；(2) 左侧管内水面距容器液面高度 h。

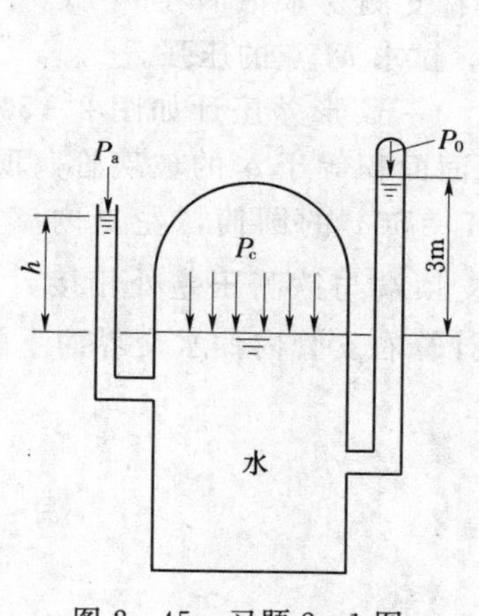

图 2-45　习题 2-1 图

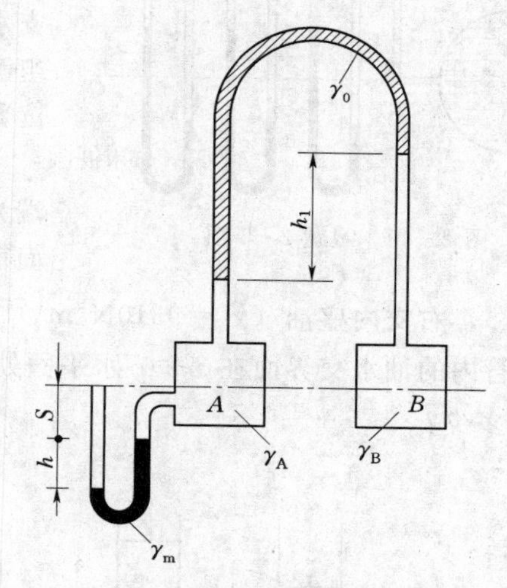

图 2-46　习题 2-2 图

2-2　盛有同种介质（重度 $\gamma_A = \gamma_B = 11.1\text{kN/m}^3$）的两容器，其中心点 A、B 位于同一高程，今用 U 形差压计测定 A、B 点之差（差压计内盛油，重度 $\gamma_0 = 8.5\text{kN/m}^3$），$A$ 点还装有一水银测压计，如图 2-46 所示。其中 $S = 4\text{cm}$，$h_1 = 20\text{cm}$，$h = 4\text{cm}$。

求：(1) A、B 两点之压差为多少？

(2) A、B 两点中有无真空存在，其值为多少？

2-3　图 2-47 为一圆柱形油桶，内装轻油及重油。轻油重度 γ_1 为 6.5kN/m³，重油容重 γ_2 为 8.7kN/m³，当两种油重量相等时，求：(1) 两种油的深度 h_1 及 h_2；(2) 两测压管内油面将上升至什么高度？

2-4　在盛满水的容器盖上，加上 6154N 的荷载 G（包括盖重），若盖与容器侧壁完全密合，试求 A、B、C、D 各点的相对静水压强（尺寸如图 2-48 所示）。

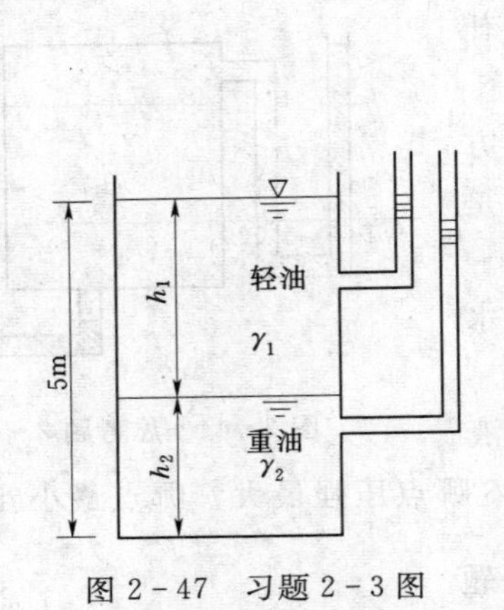

图 2-47　习题 2-3 图

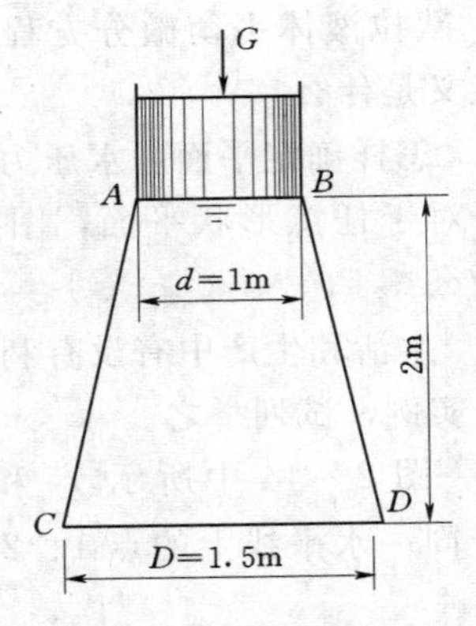

图 2-48　习题 2-4 图

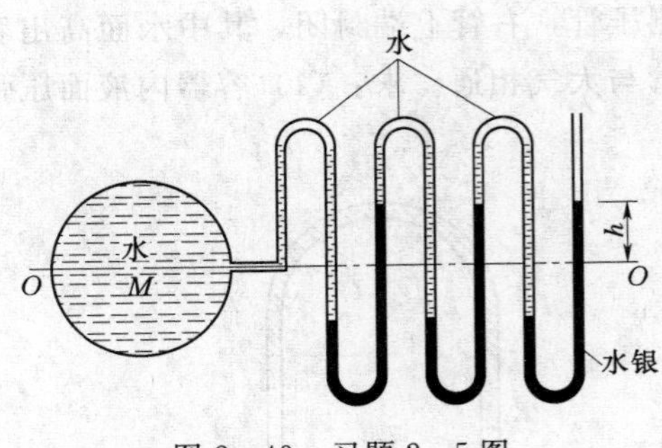

图 2-49　习题 2-5 图

2-5　今采用三组串联的 U 形水银测压计测量高压水管中压强，测压计顶端盛水，如图 2-49所示。当 M 点压强等于大气压强时，各支水银面均位于 $O—O$ 水平面上。今从最末一组测压计右支测得水银面在 $O—O$ 平面以上的读数为 h，试求 M 点的压强。

2-6　一 U 形差压计如图 2-50 所示，下端为横截面面积等于 a 的玻璃管，顶端为横截面面积 $A=50a$ 的圆筒，左支内盛水（$\gamma_w=9800\text{N/m}^3$），右支内盛油（$\gamma_0=9310\text{N/m}^3$）左右支顶端与欲测压差处相接。当 $p_1=p_2$ 时，右支管内的油水交界面在 $x—x$ 水平面处，试计算右支管内油水交界面下降 25cm 时 p_1-p_2 为多少？

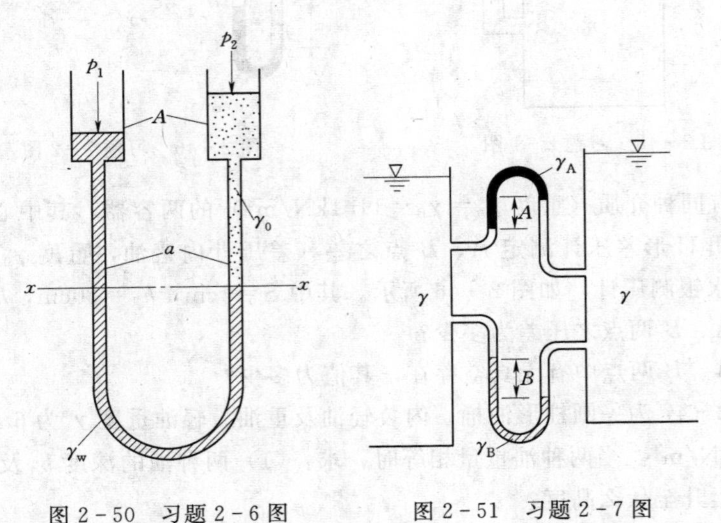

图 2-50　习题 2-6 图　　图 2-51　习题 2-7 图

2-7　盛同一种液体的两容器，用两根 U 形差压计连接，如图 2-51 所示，上部差

压计 A 内盛重度为 γ_A 的液体，液面高差为 A，下部差压计内盛容重为 γ_B 的液体，液面高差为 B。求容器内液体的容重 γ（用 γ_A、γ_B 及 A、B 表示）。

2-8　一容器内盛有容重 $\gamma=9114\text{N/m}^3$ 的液体，该容器长 $L=1.5\text{m}$，宽为 1.2m，液体深度 h 为 0.9m。试计算下述情况下液体作用于容器底部的总压力，并绘出容器侧壁及底部的压强分布图：(1) 容器以等加速度 9.8m/s^2 垂直向上运动；(2) 容器以 9.8m/s^2 的等加速度垂直向下运动。

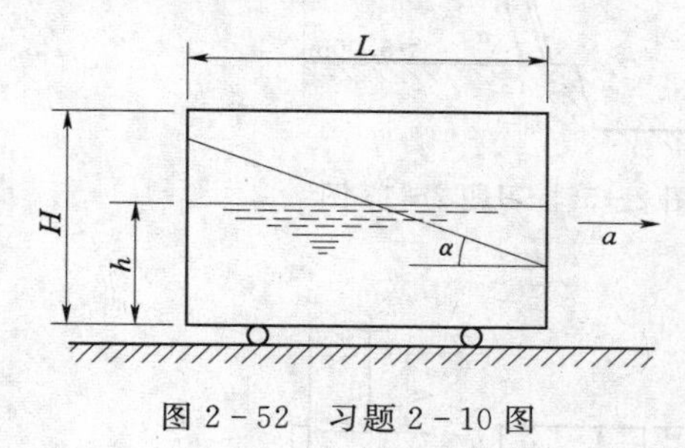

图 2-52　习题 2-10 图

2-9　一圆柱形容器静止时盛水深度 $H=0.225\text{m}$，筒深为 0.3m，内径 $D=0.1\text{m}$，若把圆筒绕中心轴作等角速度旋转，试问：(1) 为不使水溢出容器，最大角速度为多少？(2) 为不使器底中心露出，最大角速度为多少？

2-10　图 2-52 所示有一小车，内盛液体，车内纵横剖面均为矩形，试证明当小车以等加速度 a 直线行驶后，液面将成为与水平面相交成 α 角的倾斜面，导出倾角 α 的表达式以及静水压强的计算公式。若静止时原水深为 h，水箱高为 H，长为 L，问要使水不溢出水箱，小车最大的加速度 a 为多少？

2-11　画出图 2-53 中各标有文字的受压面上的静水压强分布图。

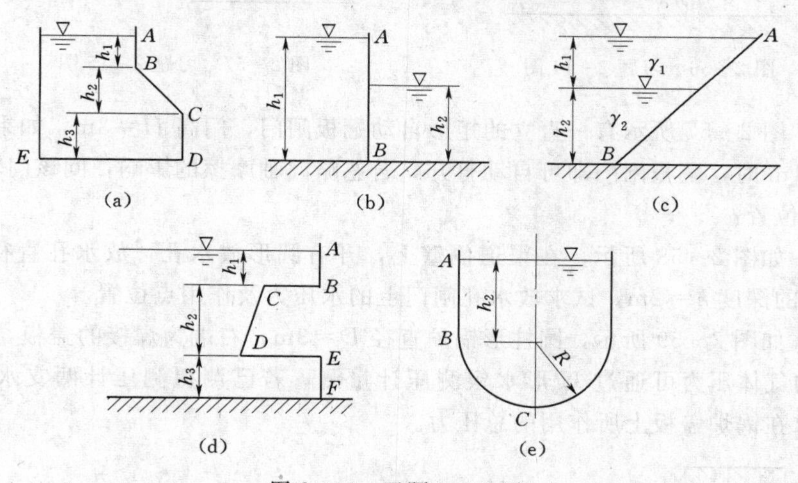

图 2-53　习题 2-11 图

2-12　如图 2-54 所示为一混凝土重力坝，为了校核坝的稳定性，试分别计算下游有水和下游无水两种情况下，作用于 1m 长坝体上水平方向的水压力及垂直水压力。

2-13　如图 2-55 所示，小型水电站前池进入压力管道的进口处装有一矩形平板闸门，长 $L=1.8\text{m}$，宽 $b=2.5\text{m}$，闸门重 1860N，倾角 $\alpha=75°$，闸门与门槽之间摩擦系数 f 为 0.35，求启动闸门所需的拉力？

2-14　如图 2-56 所示，一矩形平板闸门 AB，门的转轴位于 A 端，已知门宽 3m，门重 9800N（门厚均匀），闸门与水平面夹角 $\alpha=60°$，$h_1=1.0\text{m}$，$h_2=1.73\text{m}$，若不计门轴摩擦，在门的 B 端用铅垂方向钢索起吊。试求：(1) 当下游无水，即 $h_3=0$ 时启动闸

门所需的拉力 T；(2) 当下游有水，$h_3=h_2$时启动所需的拉力 T。

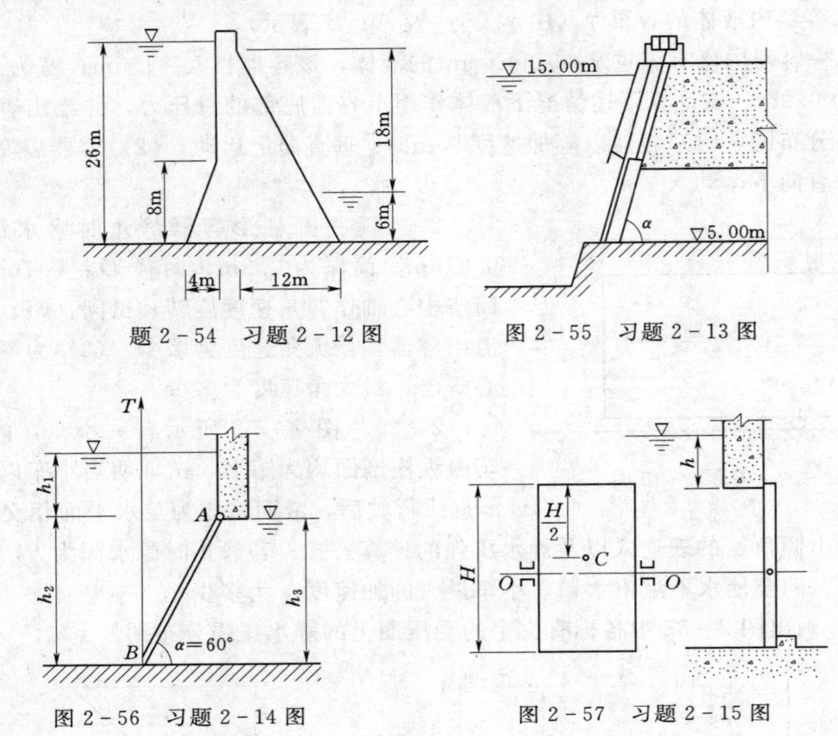

题 2-54　习题 2-12 图　　图 2-55　习题 2-13 图

图 2-56　习题 2-14 图　　图 2-57　习题 2-15 图

2-15　图 2-57 所示有一直立的矩形自动翻板闸门，门高 $H=3\text{m}$，如果要求水面超过门顶 $h=1\text{m}$ 时，翻板闸门即可自动打开，若忽略门轴摩擦的影响，问该门转动轴O—O应放在什么位置？

2-16　如图 2-58 所示，在渠道侧壁上，开有圆形放水孔，放水孔直径 $d=0.5\text{m}$，孔顶至水面的深度 $h=2\text{m}$，试求放水孔闸门上的水压力及作用点位置。

2-17　如图 2-59 所示，圆柱形锅炉直径 $D=3\text{m}$，右端为焊接的盖板，其中水深为 1.5m，炉内气体压力可通过 U 形水银测压计量测，若已测得测压计两支水银面差 $h=0.6\text{m}$，试求在锅炉盖板上所作用的总压力。

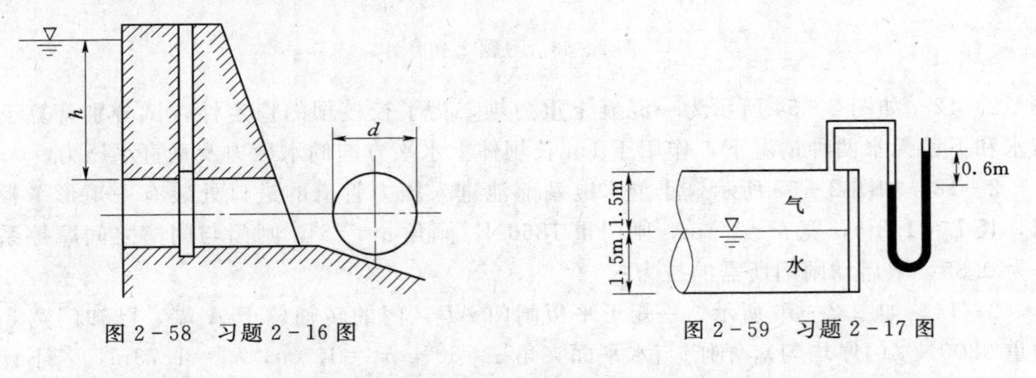

图 2-58　习题 2-16 图　　图 2-59　习题 2-17 图

2-18　试画出图 2-60 中各曲面上的压力体图，并指出垂直压力的方向。

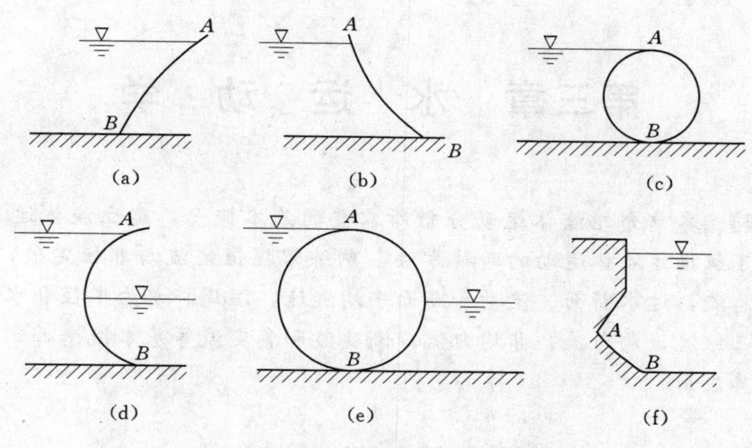

图 2-60 习题 2-18 图

2-19 图 2-61 所示为一弧形闸门，门前水深 $H=3\text{m}$，$\alpha=45°$，半径 $R=4.24\text{m}$，试计算 1m 宽的门面上所受的静水总压力并确定其方向。

2-20 图 2-62 所示为由 3 个半圆弧联结成的 $ABCD$，其 $R_1=0.5\text{m}$，$R_2=1\text{m}$，$R_3=1.5\text{m}$，曲面宽 $b=2\text{m}$，试求该曲面所受水压力的水平分力及垂直分力各为多少？并指出垂直水压力的方向。

2-21 图 2-63 为水箱圆形底孔采用锥形自动控制阀，锥形阀以钢丝悬吊于滑轮上，钢丝的另一端系有 $W=12000\text{N}$ 的金属块，锥阀自重 $G=310\text{N}$，若不计滑轮摩擦，问箱中水深 H 为多大时锥形阀即可自动开启？

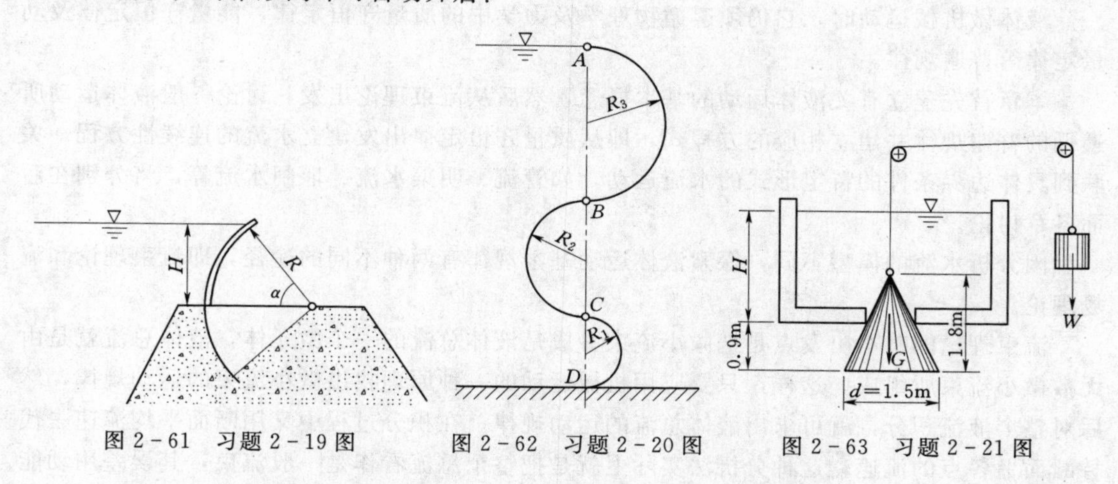

图 2-61 习题 2-19 图　　图 2-62 习题 2-20 图　　图 2-63 习题 2-21 图

2-22 电站压力输水管，$D=2000\text{mm}$，管材允许抗拉强度 $[\sigma]=13720\text{N/cm}^2$，若管内作用水头 $H=140\text{m}$，试计算管壁所需要的厚度 δ。

第三章 水 运 动 学

【本章导读】 本章介绍液体运动分析所需要的基本概念，建立液体运动的连续性方程。学习中应了解描述液体运动的两种方法，熟练掌握恒定流与非恒定流，迹线、流线，流管、元流和总流，过水断面、流量和断面平均流速，湿周、水力半径和水力直径，一维流、二维流、三维流，均匀流、非均匀流，渐变流和急变流等基本概念，掌握恒定总流的连续性方程及其应用。

第一节 引 言

第二章已经介绍了有关水静力学的基本原理及其应用。但是，在实际工程中经常遇到的是运动状态的液体，静止的液体只是一种特殊的存在形式。只有对运动状态的液体进行深入的分析研究才能得出表征液体运动规律的一般的原理。从本章开始将讨论水运动学和水动力学的一些基本理论及其应用。

液体的运动特性可用流速、加速度等物理量来表征，这些物理量通称为液流的运动要素。水运动学的基本任务就是研究这些运动要素随时间和空间的变化情况，以及建立这些运动要素之间的关系式，并用这些关系式来解决工程上所遇到的实际问题。

液体做机械运动时，它仍须遵循物理学及力学中的质量守恒定律、能量守恒定律及动量定律等普遍规律。

本章首先建立有关液体运动的基本概念，然后从流束理论出发，讨论一般液体运动所遵循的普遍规律并建立相应的方程式，即从质量守恒定律出发建立水流的连续性方程，关联到具体边界条件的特定形式的水流运动，如管流、明渠水流、堰闸水流等，将分别在后面各章讨论。

因分析水流的模型不同，探索液体运动基本规律有两种不同的途径，即流束理论和流场理论。

流束理论的基本出发点是把微小流束看成是液体总流的一个微元体，液体总流就是由无数微小流束所组成。这样，只要应用机械运动的一种原理找出微小流束的运动规律，然后对整个液流积分，就可求出液体总流的运动规律。在积分过程中又用断面平均流速去代替断面上各点的流速，这种分析法实际上就是把整个总流看作是一股流束，其误差用动能修正系数、动量修正系数等进行修正。这一方法是把液体运动看作一元流动，只考虑沿流束轴线方向的运动，而忽略与轴线垂直方向的横向运动，所以求得的结果在应用上有一定的局限性，并不是液体运动的普遍理论。

流场理论是把液体运动看作是充满一定空间而由无数液体质点组成的连续介质运动。运动液体所占的空间称为流场。不同时刻，流场中每个液体质点都有它一定的空间位置、流速、加速度、压强等，研究液体运动规律就是求解流场中这些运动要素的变化情况。分析的方法是在流场中任意取出一个微小平行六面体来研究，应用机械运动的一般原理，求出表达液体运动规律的微分方程式。这一方法把液体运动看作是三元流动，在空间 x、y、z 3个坐标轴方向，均有各运动要素的分量，所以研究的是液体最普遍的运动形式。由于求得的是一组偏微分方程，而且是非线性的，应用它来求解边界条件比较复杂的问题，尚有一定的困难。但至今由于计算流体力学的发展，用它来求解一些复杂的水流问题已成为可能。讲述本章的目的是为读者今后进一步学习、研究提供必要的理论基础。

第二节　液体运动的两种描述方法

液体流动时，表征运动特征的运动要素一般都随着时间和空间位置而变化，而液体又是由为数众多的质点所组成的连续介质，怎样来描述整个液体的运动规律呢？解决这个问题一般有两种方法，即拉格朗日法（Lagrange Method）与欧拉法（Euler Method）。

一、拉格朗日法

拉格朗日法以研究个别液体质点的运动为基础，通过对每个液体质点运动规律的研究来获得整个液体运动的规律性。所以这种方法又可称为质点系法。

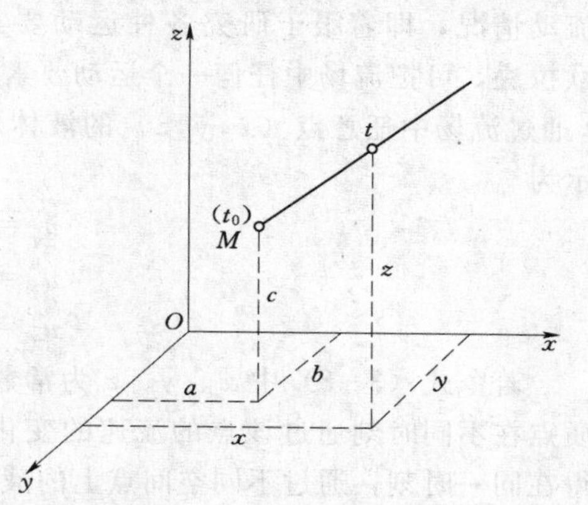

图 3-1　拉格朗日法

如某一液体质点 M（图 3-1），在 $t=t_0$ 时刻占有空间坐标为 (a,b,c)，该坐标称为起始坐标；在任意 t 时刻所占有的空间坐标为 (x,y,z)，该坐标称为运动坐标；则运动坐标可表示为时间 t 与确定该点的起始坐标的函数，即

$$\left.\begin{aligned}x&=x(a,b,c,t)\\y&=y(a,b,c,t)\\z&=z(a,b,c,t)\end{aligned}\right\}\tag{3-1}$$

式中：a、b、c、t 为拉格朗日变数。

若给定方程中 a、b、c 值，就可以得到某一特定质点的轨迹方程。

若要知道任一液体质点在任意时刻的速度，可将式（3-1）对时间 t 取偏导数，可得出该质点的速度在 x、y、z 轴方向的分量为

$$\left.\begin{aligned}u_x&=\frac{\partial x}{\partial t}=\frac{\partial x(a,b,c,t)}{\partial t}\\u_y&=\frac{\partial y}{\partial t}=\frac{\partial y(a,b,c,t)}{\partial t}\\u_z&=\frac{\partial z}{\partial t}=\frac{\partial z(a,b,c,t)}{\partial t}\end{aligned}\right\}\tag{3-2}$$

同理，若将式（3-2）对时间取导数，可得出液体质点运动的加速度。

在以上的讨论中，所描述的是液体质点的运动。这里所指的液体质点，是指具有无限

小的体积的液体质量，它既不是液体分子，也不同于数学上的空间点。空间点是一个几何概念，既没有大小也没有质量，而这里所说的液体质点，它在尺寸的大小上比所研究的运动空间来说小得类似于一个点，但其中确又包含了很多的液体分子。

拉格朗日法，在概念上简明易懂，它和研究固体质点运动的方法没有什么不同之处，但由于液体质点的运动轨迹非常复杂，要寻求为数众多的个别质点的运动规律，除了较简单的个别运动情况以外，将会在数学上导致难以克服的困难。而从实用的观点来看，常常并不需要知道每个个别质点的运动情况，因此这种方法在水力学上很少采用。在水力学上普遍采用的是欧拉法。

二、欧拉法

欧拉法是以考察不同液体质点通过固定的空间点的运动情况来了解整个流动空间内的流动情况，即着眼于研究各种运动要素的分布场，所以这种方法又称为流场法。采用欧拉法，可把流场中任何一个运动要素，表示为空间坐标和时间的函数。例如，任意时刻 t 通过流场中任意点 (x,y,z) 的液体质点的流速在各坐标轴上的投影 u_x、u_y、u_z 可表示为

$$\left.\begin{aligned}u_x=u_x(x,y,z,t)\\u_y=u_y(x,y,z,t)\\u_z=u_z(x,y,z,t)\end{aligned}\right\}\tag{3-3}$$

若令式 (3-3) 中 x、y、z 为常数，t 为变数，即可求得在某一固定空间点上，液体质点在不同时刻通过该点的流速的变化情况。若令 t 为常数，x、y、z 为变数，则可求得在同一时刻，通过不同空间点上的液体质点的流速的分布情况（即流速场）。

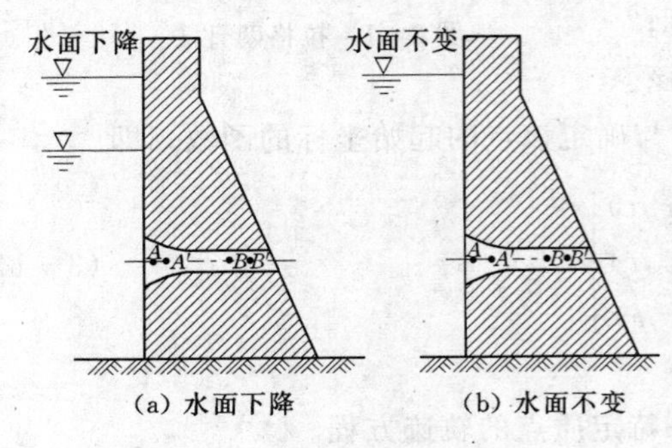

图 3-2　坝身泄水孔泄水情况

现在再来讨论加速度。在流速场中同一空间定点上不同液体质点通过该点时流速是不同的，即在同一空间定点上流速随时间而变。另外，在同一瞬间不同的空间点上流速也是不同的。因此欲求某一液体质点在空间定点上的加速度时，应同时考虑以上两种变化的影响。例如图 3-2 (a) 为坝身中的一个泄水孔，水库内水面随水流外泄而下降。在时刻 t，某一液体质点通过渐变段上的 A 点，经过时间 $\mathrm{d}t$，该液体质点运动到新的位置 A'。在时刻 t，A 点流速为 u_x，A' 点的流速为 $u_x+\frac{\partial u_x}{\partial x}\mathrm{d}x$。在时刻 $t+\mathrm{d}t$，A 点的流速变为 $u_x+\frac{\partial u_x}{\partial t}\mathrm{d}t$，而 A' 点的流速则变为 $\left(u_x+\frac{\partial u_x}{\partial x}\mathrm{d}x\right)+\frac{\partial}{\partial t}\left(u_x+\frac{\partial u_x}{\partial x}\mathrm{d}x\right)\mathrm{d}t=u_x+\frac{\partial u_x}{\partial x}\mathrm{d}x+\frac{\partial u_x}{\partial t}\mathrm{d}t$（略去高阶微量）。在时刻 t，通过 A 点的液体质点的流速为 u_x，经过时刻 $\mathrm{d}t$，该液体质点运动到 A' 点，此时该液体质点的流速即为 A' 点在 $t+\mathrm{d}t$ 时的流速 $u_x+\frac{\partial u_x}{\partial x}\mathrm{d}x+\frac{\partial x}{\partial t}\mathrm{d}t$，因此该液体质点通过 A 点时的加速度应为

$$a_x=\frac{\left(u_x+\frac{\partial u_x}{\partial x}\mathrm{d}x+\frac{\partial u_x}{\partial t}\mathrm{d}t\right)-u_x}{\mathrm{d}t}=\frac{\partial u_x}{\partial t}+u_x\frac{\partial u_x}{\partial x}$$

式中：第 1 项$\frac{\partial u_x}{\partial t}$代表空间定点上流速随时间的变化率，称为时变加速度，也称当地加速度；第 2 项$u_x\frac{\partial u_x}{\partial x}$代表在同一时刻流速随位置的变化率，称为位变加速度，也称迁移加速度。所以一个液体质点在空间某定点上的加速度应该是时变加速度与位变加速度之和。

图 3-2 的实例是液体质点运动的轨迹与 x 轴重合的情况。在一般情况下，任一液体质点在空间定点上的加速度在 3 个坐标轴上的投影为

$$\left.\begin{aligned}a_x&=\frac{\mathrm{d}u_x}{\mathrm{d}t}\\a_y&=\frac{\mathrm{d}u_y}{\mathrm{d}t}\\a_z&=\frac{\mathrm{d}u_z}{\mathrm{d}t}\end{aligned}\right\}\tag{3-4}$$

因u_x、u_y、u_z是x、y、z的连续函数，在微分时段$\mathrm{d}t$中液体质点将运动到新的位置，所以x、y、z又是t的函数，利用复合函数微分的规则，则得加速度表达式为

$$\left.\begin{aligned}a_x&=\frac{\mathrm{d}u_x}{\mathrm{d}t}=\frac{\partial u_x}{\partial t}+\frac{\partial u_x}{\partial x}\frac{\mathrm{d}x}{\mathrm{d}t}+\frac{\partial u_x}{\partial y}\frac{\mathrm{d}y}{\mathrm{d}t}+\frac{\partial u_x}{\partial z}\frac{\mathrm{d}z}{\mathrm{d}t}\\a_y&=\frac{\mathrm{d}u_y}{\mathrm{d}t}=\frac{\partial u_y}{\partial t}+\frac{\partial u_y}{\partial x}\frac{\mathrm{d}x}{\mathrm{d}t}+\frac{\partial u_y}{\partial y}\frac{\mathrm{d}y}{\mathrm{d}t}+\frac{\partial u_y}{\partial z}\frac{\mathrm{d}z}{\mathrm{d}t}\\a_z&=\frac{\mathrm{d}u_z}{\mathrm{d}t}=\frac{\partial u_z}{\partial t}+\frac{\partial u_z}{\partial x}\frac{\mathrm{d}x}{\mathrm{d}t}+\frac{\partial u_z}{\partial y}\frac{\mathrm{d}y}{\mathrm{d}t}+\frac{\partial u_z}{\partial z}\frac{\mathrm{d}z}{\mathrm{d}t}\end{aligned}\right\}\tag{3-5}$$

因$\frac{\mathrm{d}x}{\mathrm{d}t}=u_x$，$\frac{\mathrm{d}y}{\mathrm{d}t}=u_y$，$\frac{\mathrm{d}z}{\mathrm{d}t}=u_z$，代入上式得

$$\left.\begin{aligned}a_x&=\frac{\mathrm{d}u_x}{\mathrm{d}t}=\frac{\partial u_x}{\partial t}+u_x\frac{\partial u_x}{\partial x}+u_y\frac{\partial u_x}{\partial y}+u_z\frac{\partial u_x}{\partial z}\\a_y&=\frac{\mathrm{d}u_y}{\mathrm{d}t}=\frac{\partial u_y}{\partial t}+u_x\frac{\partial u_y}{\partial x}+u_y\frac{\partial u_y}{\partial y}+u_z\frac{\partial u_y}{\partial z}\\a_z&=\frac{\mathrm{d}u_z}{\mathrm{d}t}=\frac{\partial u_z}{\partial t}+u_x\frac{\partial u_z}{\partial x}+u_y\frac{\partial u_z}{\partial y}+u_z\frac{\partial u_z}{\partial z}\end{aligned}\right\}\tag{3-6}$$

式（3-4）～式（3-6）中等号右边第 1 项$\frac{\partial u_x}{\partial t}$、$\frac{\partial u_y}{\partial t}$、$\frac{\partial u_z}{\partial t}$表示在每个固定点上流速对时间的变化率，即为时变加速度。等号右边第 2～4 项之和$u_x\frac{\partial u_x}{\partial x}+u_y\frac{\partial u_x}{\partial y}+u_z\frac{\partial u_x}{\partial z}$、$u_x\frac{\partial u_y}{\partial x}+u_y\frac{\partial u_y}{\partial y}+u_z\frac{\partial u_y}{\partial z}$、$u_x\frac{\partial u_z}{\partial x}+u_y\frac{\partial u_z}{\partial y}+u_z\frac{\partial u_z}{\partial z}$是表示流速随坐标的变化率，即为位变加速度。因此，一个液体质点在空间点上的全加速度应为两加速度之和。这个概念同样适用于液体的密度与压强，即

$$
\left.\begin{aligned}
\frac{\mathrm{d}\rho}{\mathrm{d}t}&=\frac{\partial\rho}{\partial t}+u_x\frac{\partial\rho}{\partial x}+u_y\frac{\partial\rho}{\partial y}+u_z\frac{\partial\rho}{\partial z}\\
\frac{\mathrm{d}p}{\mathrm{d}t}&=\frac{\partial p}{\partial t}+u_x\frac{\partial p}{\partial x}+u_y\frac{\partial p}{\partial y}+u_z\frac{\partial p}{\partial z}
\end{aligned}\right\}\tag{3-7}
$$

第三节　液体运动的一些基本概念

一、恒定流与非恒定流

用欧拉法描述液体运动时，一般情况下，将各种运动要素都表示为空间坐标和时间的连续函数。

如果在流场中任何空间点上所有的运动要素都不随时间而改变，这种水流称为恒定流。也就是说，在恒定流的情况下，任一空间点上，无论哪个液体质点通过，其运动要素都是不变的，运动要素仅仅是空间坐标的连续函数，而与时间无关。例如对流速而言：

$$
\left.\begin{aligned}
u_x&=u_x(x,y,z)\\
u_y&=u_y(x,y,z)\\
u_z&=u_z(x,y,z)
\end{aligned}\right\}\tag{3-8}
$$

因此，所有的运动要素对于时间的偏导数应等于 0，即

$$
\left.\begin{aligned}
&\frac{\partial u_x}{\partial t}=\frac{\partial u_y}{\partial t}=\frac{\partial u_z}{\partial t}=0\\
&\frac{\partial p}{\partial t}=0\\
&\frac{\partial \rho}{\partial t}=0
\end{aligned}\right\}\tag{3-9}
$$

如图 3－3 所示，在水库的岸边设置一泄水隧洞，当水库水位保持恒定不变（不随时间而变化）时，隧洞中水流（在隧洞中任何位置）的所有运动要素都不会随时间而改变，因而通过隧洞的水流为恒定流。

如果流场中任何空间点上有任何一个运动要素是随时间而变化的，这种水流称为非恒定流。

如图 3－4 所示，当水库中水位随着时间而改变（上升或下降），那么隧洞中水流的运动要素也必然随时间而改变，此时洞内水流为非恒定流。天然河道中洪水的涨落，进水闸在调节流量过程中渠道中的水流等，都是非恒定流的例子。

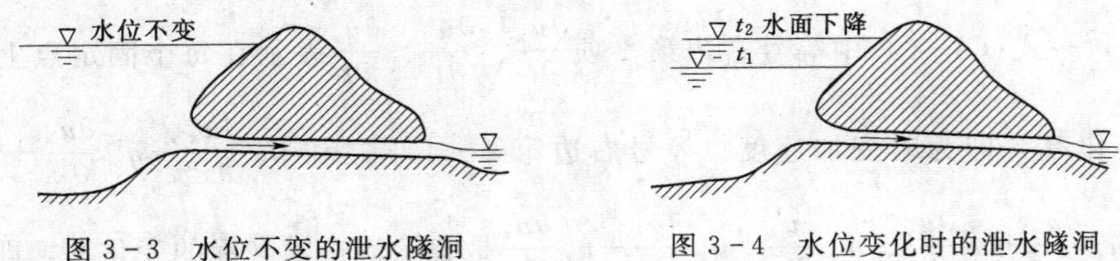

图 3－3　水位不变的泄水隧洞　　　　图 3－4　水位变化时的泄水隧洞

研究每一个实际水流运动，首先需要分清水流属于恒定流还是非恒定流。在恒定流问题中，不包括时间的变量，对于水流运动的分析比较简单；而在非恒定流的情况下，由于

增加了时间的变量，对于水流运动的分析就比较复杂。本章只研究恒定流。

二、迹线与流线

（一）迹线与流线的概念

前已述及，描述液体运动有两种不同的方法。拉格朗日法是研究个别液体质点在不同时刻的运动情况，欧拉法是考察同一时刻液体质点在不同空间位置的运动情况，前者引出了迹线的概念，后者引出了流线的概念。

某一液体质点在运动的过程中，不同时刻所流经的空间点所连成的线称为迹线，即迹线就是液体质点运动时所走过的轨迹。

流线与迹线不同，它是某一瞬时在流场中绘出的一条曲线，在该曲线上所有各点的速度向量都与该曲线相切。所以说流线表示出了瞬时的流动方向，其绘制方法如下：

设在某时刻 t_1 流场中有一点 A_1，该点的流速向量为 u_1（图 3-5），在这个向量上取与点 A_1 相距为 ΔS_1 的点 A_2；在同一时刻，点 A_2 的流速向量设为 u_2，在向量 u_2 上取与 A_2 点相距为 ΔS_2 的点 A_3；若该时刻 A_3 点的流速向量为 u_3，在向量 u_3 上再取与 A_3 点相距为 ΔS_3 的点 A_4…如此继续，可以得出一条折线 $A_1A_2A_3A_4$…若让所取各点距离 ΔS 趋近于零，则折线变成一条曲线，这条曲线就是 t_1 时刻通过空间点 A_1 的一条流线。同样，可以作出 t_1 时刻通过其他各点的流线，这样一簇流线就反映了 t_1 时刻流场内的流动图像。如果水流为非恒定流，当时刻变为 t_2 时，又可以重新得到在 t_2 时刻的一簇新的流线，时间改变了，反映流场流动图像的流线也就改变了。所以对于非恒定流，流线只具有瞬时的意义。

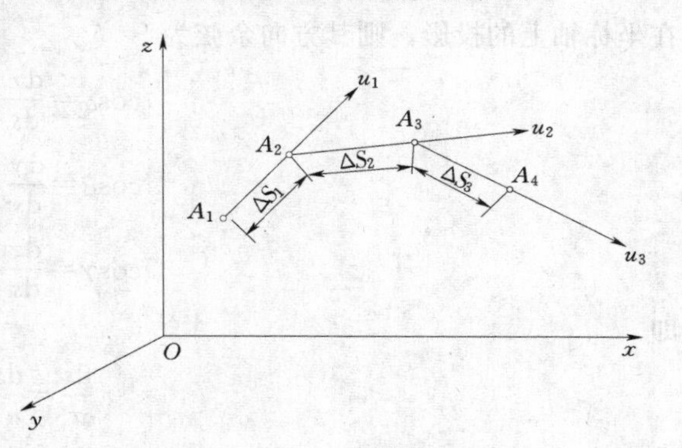

图 3-5　流线的绘制

对于一个具体的实际水流，可以根据流线方程式，采用实验方法或逐步近似法来绘出它的流线。这些将在本书后面的有关部分讲述。

（二）流线的基本特性

根据上述流线的概念，可以看出流线具有以下几个基本特性。

(1) 恒定流时，流线的形状和位置不随时间而改变。因为整个流场内各点流速向量均不随时间而改变，显然，不同时刻的流线的形状和位置应是固定不变的。

(2) 恒定流时液体质点运动的迹线与流线相重合。如图 3-5 所示，假定 $A_1A_2A_3A_4$…近似地代表一条流线（当 ΔS 趋近于零时即为流线），在时刻 t_1 有一个质点从 A_1 点开始运动，经过 Δt_1 后达到 A_2 点；到达 A_2 点后虽然时刻变成 $t_1+\Delta t_1$，但因恒定流的流线形状和位置均不改变，此时 A_2 点的流速仍与 t_1 时刻相同，仍然为 u_2 方向，于是质点从 A_2 点沿 u_2 方向运动，再经过 Δt_2 又到达 A_3 点；在到达 A_3 点后又沿 A_3 点处的流速 u_3 方向运动；如此继续下去，质点所走的轨迹完全与流线重合。

相反，若水流为非恒定流，不同的时刻，各点的流速方向均与原来不同，此时迹线一般与流线不相重合。

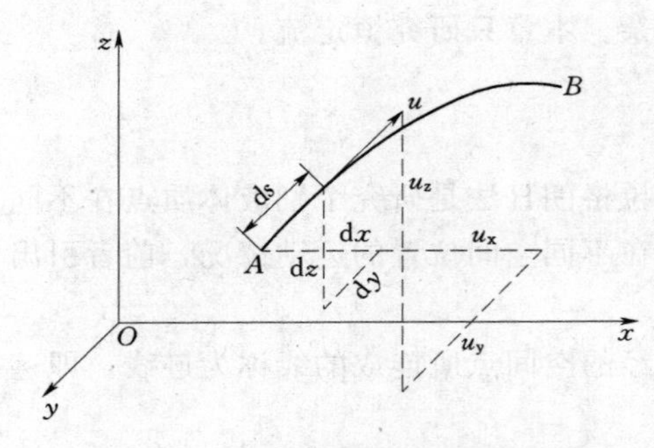

图 3-6　流线要素示意图

(3) 流线不能相交。如果流线相交，那么交点处的流速向量应同时与这两条流线相切；显然，一个液体质点在同一时刻只能有一个流动方向，而不能有两个流动方向，所以流线是不能相交的。

(三) 流线、迹线的微分方程

如图 3-6 所示，若在流线 AB 上取一微分段 ds，因其无限小，可看作是直线。由流线定义可知流速向量 u 与此流线微分段相重合。分别以 u_x、u_y、u_z 和 dx、dy、dz 表示流速向量 u 和流线段 ds 在坐标轴上的投影，则其方向余弦为

$$\left.\begin{aligned}\cos\alpha=\frac{dx}{ds}=\frac{u_x}{u}\\ \cos\beta=\frac{dy}{ds}=\frac{u_y}{u}\\ \cos\gamma=\frac{dz}{ds}=\frac{u_z}{u}\end{aligned}\right\}$$

即

$$\left.\begin{aligned}\frac{ds}{u}=\frac{dx}{u_x}\\ \frac{ds}{u}=\frac{dy}{u_y}\\ \frac{ds}{u}=\frac{dz}{u_z}\end{aligned}\right\}\tag{3-10}$$

式 (3-10) 就是流线的微分方程式。式中 u_x、u_y、u_z 都是变量 x、y、z 和 t 的函数。因流线是某一指定时刻的曲线，所以这里的时间 t 不应作为独立变数，只能作为一个参变数出现。欲求某一指定时刻的流线，需把 t 当作常数代入式 (3-10)，然后进行积分。

迹线是液体流动时，某一液体质点在不同时刻所流经的路线。如果图 3-6 中的曲线 AB 代表某一液体质点运动的迹线时，则所取微分段 ds 即代表液体质点在 dt 时间内的位移，dx、dy、dz 代表位移 ds 在坐标轴上投影，故

$$\left.\begin{aligned}dx=u_x dt\\ dy=u_y dt\\ dz=u_z dt\end{aligned}\right\}$$

由此可得迹线的微分方程式为

$$\frac{dx}{u_x}=\frac{dy}{u_y}=\frac{dz}{u_z}=dt\tag{3-11}$$

这里的自变量是时间 t，而液体质点的坐标 x、y、z 是时间的函数。在恒定流时，各运动要素与时间无关，流速只是坐标的函数，所以迹线方程式与流线方程式相同，都可用下列微分方程式表示

$$\frac{dx}{u_x}=\frac{dy}{u_y}=\frac{dz}{u_z} \quad 或 \quad \frac{u_x}{dx}=\frac{u_y}{dy}=\frac{u_z}{dz} \tag{3-12}$$

三、流管、元流、总流、过水断面、流量与断面平均流速

1. 流管

在水流中任意取一微分面积 dA（图 3-7），通过该面积的周界上的每一个点，均可作一根流线，这样就构成一个封闭的管状曲面，该管状曲线称为流管。

2. 元流

充满以流管为边界的一束液流，称为微小流束。按照流线不能相交的特性，微小流束内的液体不会穿过流管的管壁向外流动，流管外的液体也不会穿过流管的管壁向流束内流动。当水流为恒定流时，微小流束的形状和位置不会随时间而改变。在非恒定流中，微小流束的形状和位置将随时间而改变。

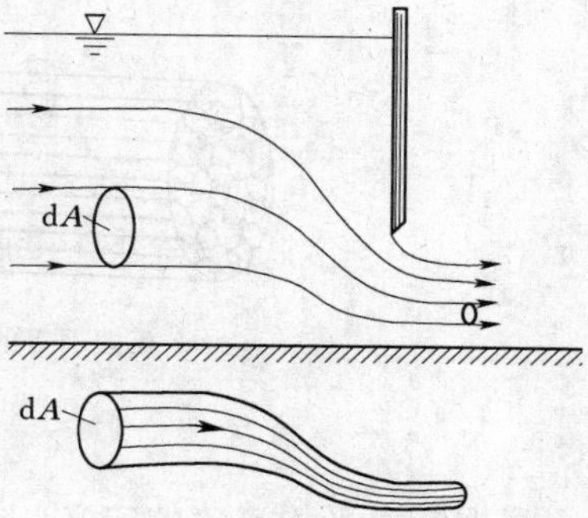

由于微小流束的横断面积是很小的，一般在其横断面上各点的流速或动水压强可看作是相等的。

图 3-7 流管

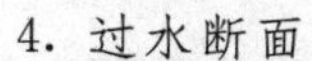

3. 总流

任何一个实际水流都具有一定规模的边界，这种有一定大小尺寸的实际水流称为总流。总流可以看作是由无限多个微小流束所组成。

4. 过水断面

与微小流束或总流的流线成正交的横断面称为过水断面，该面积 dA 或 A 称为过水断面面积，单位为 m^2。

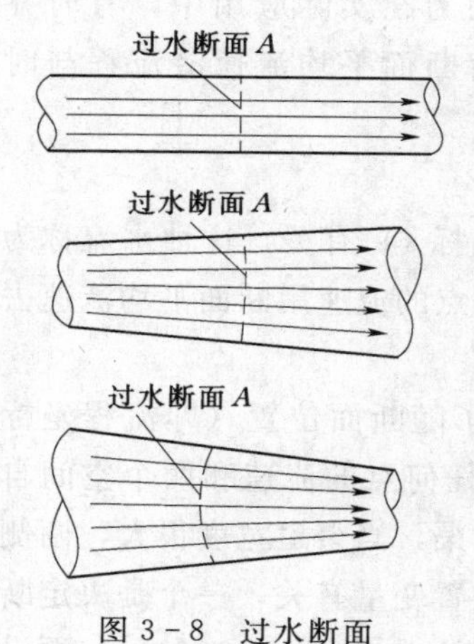

图 3-8 过水断面

如果水流的所有流线互相平行时，过水断面为平面，否则就是曲面（图 3-8）。

5. 流量

单位时间内通过某一过水断面的液体体积称为流量。流量常用的单位为 m^3/s，流量一般以 Q 表示。

设在总流中任取一微小流束，其过水断面面积为 dA，因微小流束过水断面上各点流速可认为相等，令 dA 面上流速为 u，由于把过水断面定义为与水流方向成垂直，故单位时间内通过过水断面 dA 的液体体积为

$$u dA = dQ \tag{3-13}$$

式中：dQ 为微小流束的流量。

通过总流过水断面 A 的流量，应等于无限多个微小流束的流量之和，即

$$Q=\int_Q dQ=\int_A u dA \tag{3-14}$$

6. 断面平均流速

总流过水断面上的平均流速 v，是一个想象的流速，如果过水断面上各点的流速都相

等并等于 v，此时所通过的流量与实际上流速为不均匀分布时所通过的流量相等，则流速 v 就称为断面平均流速。如图 3-9（a）所示，因过水断面上的流速不等，各为 u_1、u_2、u_3、…，根据式（3-14），通过过水断面的流量为 $\int_A u\mathrm{d}A$，其中 $u\mathrm{d}A$ 为微小流束的流量，积分后即为图 3-9（a）的体积。现若将各点的流速截长补短，使过水断面上各点流速均相等，都等于 v，如图 3-9（b）所示，使其体积与图 3-9（a）中的体积相等，则流速 v 就是断面平均流速。

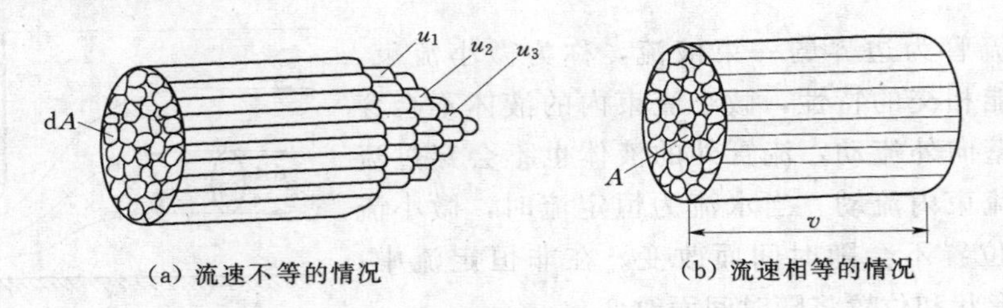

图 3-9　管流中的流速分布

根据断面平均流速的定义：

$$Q = \int_A u\mathrm{d}A = \int_A v\mathrm{d}A = v\int_A \mathrm{d}A = vA \tag{3-15}$$

由此可见，通过总流过水断面的流量等于断面平均流速与过水断面面积的乘积。按照这样的概念，可以认为过水断面上各点的水流均以同一平均流速而运动着。所以引入断面平均流速的概念，可以使水流运动的分析得到简化，因为在实际应用中，有时并不一定需要知道总流过水断面上的流速分布，仅仅需要了解断面平均流速沿流程与时间的变化情况。

四、一元流、二元流、三元流

凡水流中任一点的运动要素只与一个空间自变量（流程坐标 s）有关，这种水流称为一元流。微小流束就是一元流。对于总流，若把过水断面上各点的流速用断面平均流速去代替，这时总流也可视为一元流。

如果在水流中任取一过水断面，断面上任一点流速，除了随断面位置（即流程坐标 s）变化外，还和另外一个空间坐标变量有关，这样，流场中任何点的流速和两个空间自变量有关，此种水流称为二元流。例如一断面为矩形的顺直明渠，当渠道宽度很大，两侧边界影响可以忽略不计时，水流中任意点的流速与两个空间位置变量有关，一个是决定断面位置的流程坐标 s，另一个是该点在断面上距渠底的铅垂距离 z［图 3-10（a）］。而沿横向（y 方向）流速是没有变化的。因而沿水流方向任意取一纵剖面来分析流动情况，都代表了其他任何纵剖面的水流情况。

若水流中任一点的流速，与 3 个空间位置变量有关，这种水流称为三元流。例如一矩形明渠，当宽度由 b_1 突然扩大为 b_2，在扩散以后的相当长范围内，水流中任意点的流速，不仅与断面位置坐标 s 有关，还和该点在断面上的坐标 y 及 z 均有关［图 3-10（b）］。

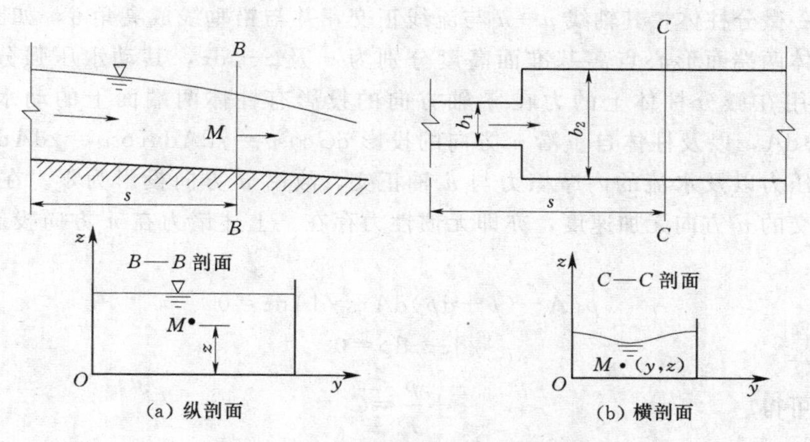

图 3-10　顺直矩形明渠水流示意图

严格地说，任何实际液体的运动都是三元流。但用三元流来分析，需要考虑运动要素在三个空间坐标方向的变化，问题非常复杂，还会遇到许多数学上的困难。所以水力学中常采用简化的方法，引入断面平均流速的概念，把总流视为一元流，用一元分析法来研究实际水流运动的规律。但实际水流过水断面上各点的流速是不相等的，用断面平均流速去代替实际流速所产生的误差，需要加以修正，修正系数可用试验求得。实践证明，水利工程中的一般水力学问题，把水流看作是一元流或二元流来处理是可以满足生产上的要求的。但对有些水力学问题（如高速水流的掺气、气蚀、脉动和泥沙输移规律的研究等）都与水流内部结构有关，用一元流来分析是不能满足要求的，因为一元分析法回避了水流内部结构和运动要素在空间的分布，但目前对水流内在结构的研究还很不够，远远不能解决生产上的实际问题，因而多用理论与试验相结合的方法来解决。

为了遵循从简单到复杂的认识规律，本书在讨论水流运动规律时，首先从研究一元流着手，初步掌握了一元流的基本概念和原理以后，再去讨论更为普遍的三元流问题。

五、均匀流与非均匀流、渐变流与急变流

（一）均匀流

当水流的流线为相互平行的直线时，该水流称为均匀流，直径不变的直线管道中水流就是均匀流的典型例子。基于上述定义，均匀流应具有以下特性：

（1）均匀流的过水断面为平面，且过水断面的形状和尺寸沿程不变。

（2）均匀流中，同一流线上不同点的流速应相等，从而各过水断面上的流速分布相同，断面平均流速相等。

（3）均匀流过水断面上的动水压强分布规律与静水压强分布规律相同，即在同一过水断面上各点测压管水头为一常数。如图 3-11 所示，在管道均匀流中，任意选择1—1及2—2两过水断面，分别在两过水断面上装上测压管，则同一断面上各个测压管水面必上升至同一高程，即 $z+\frac{p}{\gamma}=C$，但不同断面上测压管水面所上升的高程是不相同的，对 1—1 断面，$\left(z+\frac{p}{\gamma}\right)_1=C_1$，对 2—2 断面，$\left(z+\frac{p}{\gamma}\right)_2=C_2$。为了证明这一特性，今在均匀流过

水断面上取一微分柱体，其轴线 $n—n$ 与流线正交，并与铅垂线成夹角 α，如图 3－12 所示。微分柱体两端面形心点离基准面高度分别为 z 及 $z+\mathrm{d}z$，其动水压强分别为 p 及 $p+\mathrm{d}p$。作用在微分柱体上的力在 n 轴方向的投影有柱体两端面上的动水压力 $p\mathrm{d}A$ 与 $(p+\mathrm{d}p)\mathrm{d}A$，以及柱体自重沿 n 方向的投影 $\mathrm{d}G\cos\alpha=\gamma\mathrm{d}A\,\mathrm{d}n\cos\alpha=\gamma\mathrm{d}A\,\mathrm{d}z$。柱体侧面上的动水压力以及水流的内摩擦力与 n 轴正交，故沿 n 方向投影为零。在均匀流中，与流线成正交的 n 方向无加速度，亦即无惯性力存在。上述诸力在 n 方向投影的代数和为零，于是：

$$p\mathrm{d}A-(p+\mathrm{d}p)\mathrm{d}A-\gamma\mathrm{d}A\,\mathrm{d}z=0$$

简化后得

$$\gamma\mathrm{d}z+\mathrm{d}p=0$$

对上式积分可得

$$z+\frac{p}{\gamma}=C \tag{3-16}$$

式（3－16）表明，均匀流过水断面上的动水压强分布规律与静水压强分布规律相同，因而过水断面上任一点动水压强可以按照静水压强的公式来计算。

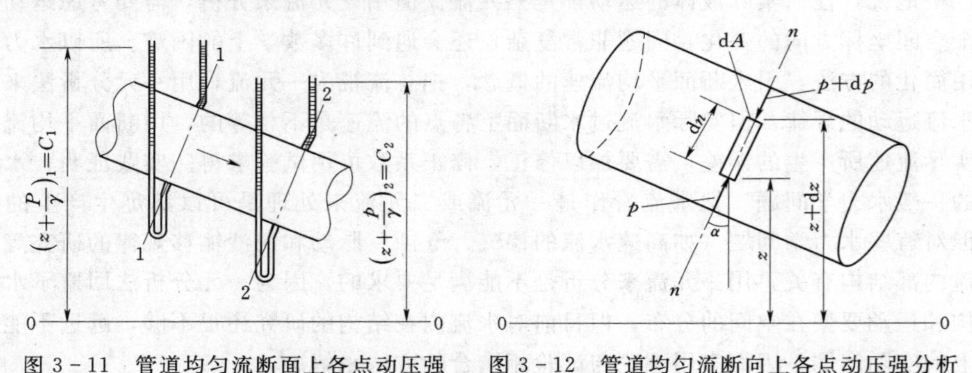

图 3－11　管道均匀流断面上各点动压强　图 3－12　管道均匀流断向上各点动压强分析

（二）非均匀流

若水流的流线不是互相平行的直线，该水流称为非均匀流。如果流线虽然互相平行但不是直线（如管径不变的弯管中水流），或者流线虽为直线但不互相平行（如管径沿程缓慢均匀扩散或收缩的渐变管中水流）都属于非均匀流。

按照流线不平行和弯曲的程度，可将非均匀流分为两种类型，即渐变流和急变流。

1. 渐变流

当水流的流线虽然不是互相平行的直线，但几乎近于平行直线时称为渐变流（或缓变流）。所以渐变流的极限情况就是均匀流。如果一个实际水流，其流线之间夹角很小，或流线曲率半径很大，则可将其视为渐变流。但究竟夹角要小到什么程度，曲率半径要大到什么程度才能视为渐变流，一般无定量标准，要看对于一个具体问题所要求的精度。由于渐变流的流线近似于平行直线，在过水断面上动水压强的分布规律，可近似地看作与静水压强分布规律相同。如果实际水流的流线不平行程度和弯曲程度太大，在过水断面上，沿垂直于流线方向就存在着离心惯性力，这时，再把过水断面上的动水压强按静水压强分布规律看待所引起的偏差就会很大。

水流是否可看作渐变流与水流的边界有密切关系，当边界为近于平行的直线时，水流往往是渐变流。管道转弯、断面扩大或收缩以及明渠中由于建筑物的存在使水面发生急剧变化处的水流都是急变流的例子，如图 3-13 所示。

应当指出，前面关于均匀流或渐变流的过水断面上动水压强遵循静水压强分布规律的结论，必须是对于有固体边界约束的水流才适用。如由孔口或管道末端射入空气的射流，虽然在出口断面处或距出口断面不远处，水流的流线也近似于平行的直线，可视为渐变流（图 3-14），但因该断面的周界上均与气体接触，断面上各点压强均为气体压强，从而过水断面上的动水压强分布不服从静水压强的分布规律。

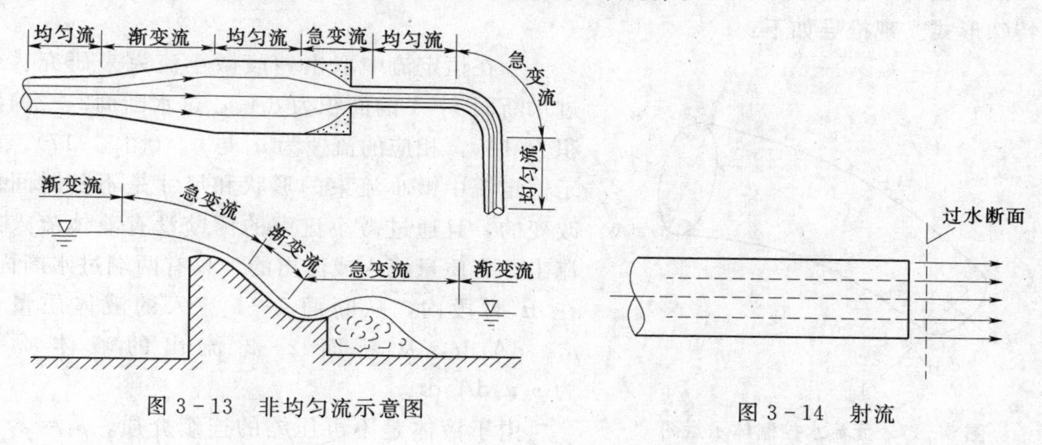

图 3-13　非均匀流示意图　　图 3-14　射流

2. 急变流

若水流的流线之间夹角很大或者流线的曲率半径很小，这种水流称为急变流。

现在来简要地分析一下在急变流情况下，过水断面上动水压强分布特性。图 3-15 为一流线上凸的急变流，为简单起见，设流线为一簇互相平行的同心圆弧曲线。如果仍然像分析渐变流过水断面上动水压强分布的方法那样，在过水断面上取一微分柱体来研究它的受力情况。很显然，急变流与渐变流相比，在平衡方程式中，多了一个离心惯性力。离心惯性力的方向与重力沿 $n—n$ 轴方向的分力相反，因此使过水断面上动水压强比静水压强要小，图 3-15 的虚线部分表示静水压强分布图，实线部分为实际的动水压强分布情况。

假如急变流为一下凹的曲线流动（图 3-16），由于液体质点所受的离心惯性力方向

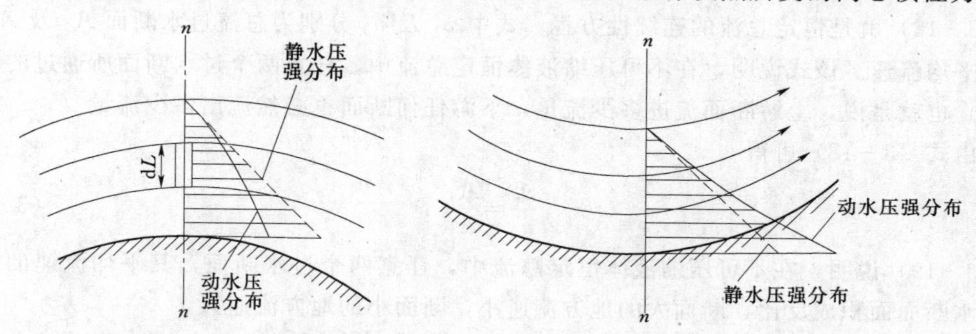

图 3-15　流线向下凹的急变流动水压强　　图 3-16　流线向上凸的急变流动水压强

与重力作用方向相同，因此过水断面上动水压强比按静水压强计算所得的数值要大，图中虚线部分仍代表按静水压强分布图，实线为实际动水压强分布图。

由上所述可知，当水流为急变流时，其动水压强分布规律，与静水压强分布规律不同。

第四节　恒定一元流的连续性方程

液体运动必须遵循质量守恒的普遍规律，液流的连续性方程式就是质量守恒定律的一种特殊形式。现推导如下：

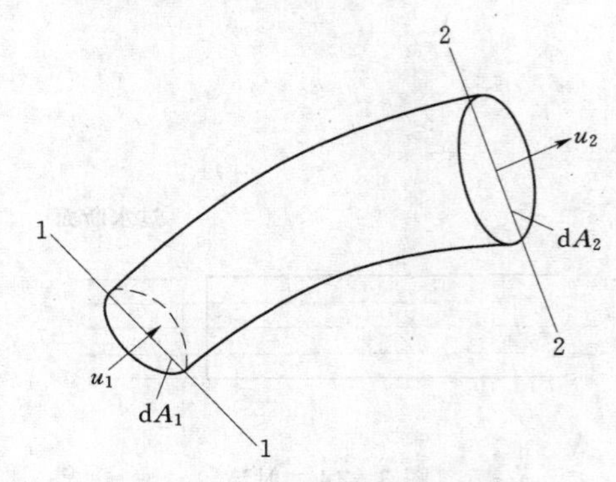

图 3-17　元流水控制体示意图

今在恒定流中取出一段微小流束来研究。令过水断面 1—1 的面积为 dA_1，过水断面2—2的面积为 dA_2，相应的流速为 u_1 与 u_2（图 3-17）。由于恒定流中微小流束的形状和尺寸是不随时间而改变的，且通过微小流束的侧壁没有液体流入或流出。有质量流入或流出的，只有两端过水断面。在 dt 时段内，从断面 1—1 流入的液体质量为 $\rho_1 u_1 dA_1 dt$，从断面 2—2 流出的液体质量为 $\rho_2 u_2 dA_2 dt$。

由于液体是不可压缩的连续介质，$\rho_1=\rho_2=\rho$，根据质量守恒定律，在 dt 时段内流入的质量应与流出质量相等，即

$$\rho u_1 dA_1 dt=\rho u_2 dA_2 dt$$

化简得

$$u_1 dA_1=u_2 dA_2$$

或写成

$$dQ=u_1 dA_1=u_2 dA_2 \tag{3-17}$$

式（3-17）就是不可压缩液体恒定一元流微小流束的连续性方程。若将式（3-17）对总流过水断面积分

$$\int_Q dQ=\int_{A1} u_1 dA_1=\int_{A2} u_2 dA_2$$

得

$$Q=A_1 v_1=A_2 v_2 \tag{3-18}$$

式（3-18）就是恒定总流的连续性方程。式中 v_1 及 v_2 分别为总流过水断面 A_1 及 A_2 的断面平均流速。该式说明，在不可压缩液体恒定总流中，任意两个过水断面所通过的流量相等。也就是说，上游断面流进多少流量，下游任何断面也必然流出多少流量。

由式（3-18）可得

$$\frac{v_2}{v_1}=\frac{A_1}{A_2} \tag{3-19}$$

式（3-19）说明，在不可压缩液体恒定总流中，任意两个过水断面，其平均流速的大小与过水断面面积成反比，断面大的地方流速小，断面小的地方流速大。

连续性方程是水力学上三大基本方程之一，是用以解决水力学问题的重要公式，它总结和反映了水流的过水断面面积与断面平均流速沿流程变化的规律性。

第五节　液体质点运动的基本形式

在一般情况下，刚体的运动是由移动及绕某一瞬间轴的转动所组成的，而液体的运动由于质点间没有刚性联系，所以更为复杂。

一、概念模型

设想在液流中取一个微分平行六面体，各边长为 $\mathrm{d}x$、$\mathrm{d}y$、$\mathrm{d}z$，如图 3-18 所示，接近坐标轴原点的一个角点为 $P(x,y,z)$，令该点在各坐标轴上的分速度为 u_x、u_y、u_z。其他各角点的速度假设都与 P 点不同，其间的变化可用泰勒级数去表达。例如 Q 点在各坐标轴上的分速度为

沿 x 方向　　$u_x+\dfrac{\partial u_x}{\partial x}\mathrm{d}x$

沿 y 方向　　$u_y+\dfrac{\partial u_y}{\partial x}\mathrm{d}x$

沿 z 方向　　$u_z+\dfrac{\partial u_z}{\partial x}\mathrm{d}x$

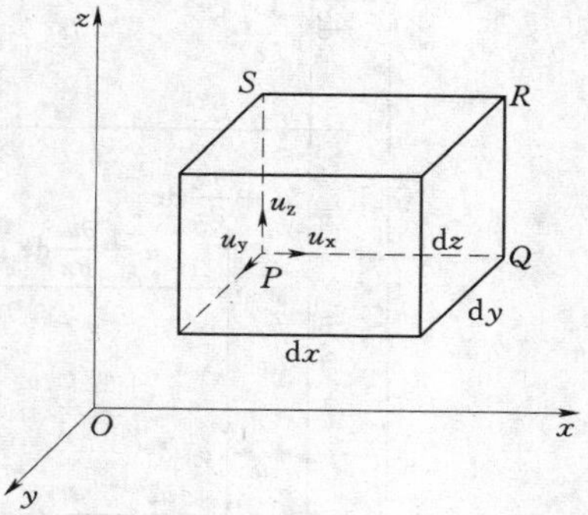

图 3-18　正交六面体控制体示意图

同理，可以写出微分平行六面体每个角点的分速度。

二、基本运动分析

由于微分平行六面体各点的运动速度不同，因此经过 $\mathrm{d}t$ 时间以后，这个六面体不但位置要发生移动，而且它的形状也将发生变化。作为组成六面体的每一个面也将发生这种变化，因此只要分析其中的一个面，例如 $PQRS$，就可以了解整个微分六面体的运动情况。如图 3-19 所示，经过时间 $\mathrm{d}t$ 后，矩形平面 $PQRS$ 将达到新位置而变成 $P'Q'R'S'$ 的形状。它的整个变化过程可以看作是由下列几种基本运动形式所组成的。

1. 位置平移

由图 3-19 可以看出，P 的分速度 u_x、u_z 是矩形平面其他各角点 Q、R、S 相应分速度的组成部分。若暂不考虑 Q、R、S 各点的分速度与 P 点的相差部分，则经过时间 $\mathrm{d}t$ 后，整个矩形平面 $PQRS$ 将向右移动一个距离 $u_x\mathrm{d}t$，向上移动一个距离 $u_z\mathrm{d}t$，达到 $P'Q_1R_1S_1$ 的位置，但其形状和大小并没有改变。由此知：u_x、u_y、u_z 是整个微分平行六面体在 x、y、z 各方向的位移速度。

2. 线变形

由于矩形平面 $PQRS$ 各角点在 x 方向的分速度不同，Q 对 P 与 R 对 S 在 x 方向均有相对运动，因 P、Q 与 R、S 在 x 方向分速度的差值是相等的，均等于 $\dfrac{\partial u_x}{\partial x}\mathrm{d}x$，所以在 $\mathrm{d}t$ 时间内边线 PQ 与 RS 在 x 方向的伸长均为 $\dfrac{\partial u_x}{\partial x}\mathrm{d}x\mathrm{d}t$。同理，边线 PS 与 QR 在 z 方向的伸长均为 $\dfrac{\partial u_z}{\partial z}\mathrm{d}z\mathrm{d}t$。因此，经过时间 $\mathrm{d}t$ 后，矩形平面 $PQRS$ 因位置平移及边线伸长将变成矩形 $P'Q_2R_2S_2$。

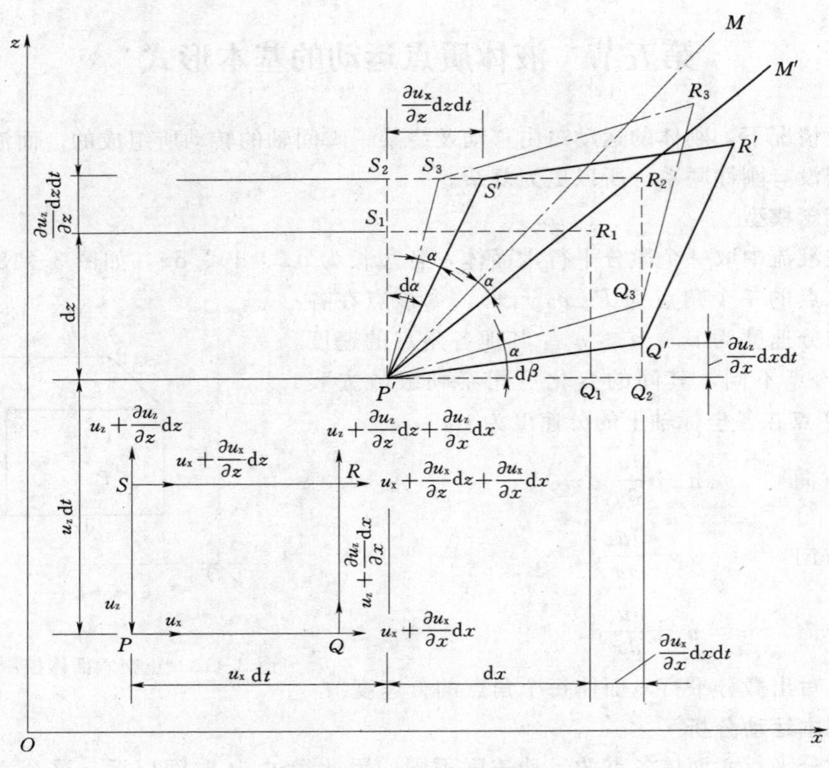

图 3-19　$PQRS$ 面变化情况

在各坐标轴方向单位时间内边线单位长度的伸长称为各坐标轴方向的线变形速率，简称线变率。由定义可求得微分平行六面体各坐标轴方向的线变率为

$$
\left.\begin{aligned}
&x\ 方向 \qquad \varepsilon_{xx}=\frac{\dfrac{\partial u_x}{\partial x}\mathrm{d}x\,\mathrm{d}t}{\mathrm{d}x\,\mathrm{d}t}=\frac{\partial u_x}{\partial x}\\
&y\ 方向 \qquad \varepsilon_{yy}=\frac{\dfrac{\partial u_y}{\partial y}\mathrm{d}y\,\mathrm{d}t}{\mathrm{d}y\,\mathrm{d}t}=\frac{\partial u_y}{\partial y}\\
&z\ 方向 \qquad \varepsilon_{zz}=\frac{\dfrac{\partial u_z}{\partial z}\mathrm{d}z\,\mathrm{d}t}{\mathrm{d}z\,\mathrm{d}t}=\frac{\partial u_z}{\partial z}
\end{aligned}\right\} \tag{3-20}
$$

3. 边线偏转

现在再来分析矩形平面各角点上与边线相正交方向的分速度的差异对运动的影响。Q 在 z 方向的分速度大于 P 点在 z 方向的分速度一个数值 $\dfrac{\partial u_z}{\partial x}\mathrm{d}x$，因此经过时间 $\mathrm{d}t$ 后 Q 点将比 P 点向上多移动一个距离 $\dfrac{\partial u_z}{\partial x}\mathrm{d}x\,\mathrm{d}t$，致使 PQ 发生逆时针的偏转，偏转角度为 $\mathrm{d}\beta$。同理，S 点将比 P 点向右多移动一个距离 $\dfrac{\partial u_x}{\partial z}\mathrm{d}z\,\mathrm{d}t$，致使 PS 发生顺时针的偏转，偏转角度

为$d\alpha$。最后矩形平面 $PQRS$ 经过平移、线变形及边线偏转变成平行四边形$P'Q'R'S'$。

由图 3－19 可知

$$d\alpha \approx \tan\alpha = \frac{\frac{\partial u_x}{\partial z}dz\,dt}{dz + \frac{\partial u_z}{\partial z}dz\,dt}$$

上式分母中第 2 项与第 1 项相比为高阶微量，可略去不计，于是

$$d\alpha = \frac{\partial u_x}{\partial z}dt \quad 或 \quad \frac{d\alpha}{dt} = \frac{\partial u_x}{\partial z} \tag{3-21}$$

同理

$$d\beta = \frac{\partial u_z}{\partial x}dt \quad 或 \quad \frac{d\beta}{dt} = \frac{\partial u_z}{\partial x} \tag{3-22}$$

由图 3－19 可以看出，由矩形平面 $P'Q_2R_2S_2$变成平行四边形 $P'Q'R'S'$的过程可以分解为两部分：首先使 $P'S_2$顺时针偏转一个角度 $d\alpha-\alpha$，$P'Q_2$逆时针偏转一个角度 $d\beta+\alpha$，且令该两偏转角相等，这样矩形平面 $P'Q_2R_2S_2$将变成平行四边形 $P'Q_3R_3S_3$，此时平行四边形 $P'Q_3R_3S_3$的等分角线 $P'M$ 与矩形平面 $P'Q_2R_2S_2$的等分角线是重合的，因此矩形平面只有直角纯变形，没有旋转运动发生；其次再将整个平行四边形 $P'Q_3R_3S_3$绕通过 P'点的 y 方向的轴顺时针旋转一个角度 α（这样原等分角线 $P'M$ 也将旋转一个角度 α 而到 $P'M$ 的位置）变成平行四边形 $P'Q'R'S'$。

由以上分析可知，矩形平面边线的偏转结果产生直角纯变形和整体旋转运动，现分述如下：

（1）角变形。角变形两边线的偏转角是相等的，即

$$d\alpha - \angle\alpha = d\beta + \angle\alpha$$

故

$$\angle\alpha = \frac{d\alpha - d\beta}{2}$$

即每一直角边的偏转角为

$$d\alpha - \angle\alpha = d\beta + \frac{d\alpha - d\beta}{2} = \frac{d\alpha + d\beta}{2}$$

由此可知，并将式（3－21）、式（3－22）代入可得绕 y 方向直角边的变形角速度为

$$\theta_y = \frac{d\alpha - \angle\alpha}{dt} = \frac{1}{2}\left(\frac{d\alpha + d\beta}{dt}\right) = \frac{1}{2}\left(\frac{\partial u_x}{\partial z} + \frac{\partial u_z}{\partial x}\right)$$

同理，可写出绕 x 及 z 方向直角边的变形角速度（又称角变率）。最后可得

$$\left.\begin{aligned} \theta_x &= \frac{1}{2}\left(\frac{\partial u_z}{\partial y} + \frac{\partial u_y}{\partial z}\right) \\ \theta_y &= \frac{1}{2}\left(\frac{\partial u_x}{\partial z} + \frac{\partial u_z}{\partial x}\right) \\ \theta_z &= \frac{1}{2}\left(\frac{\partial u_y}{\partial x} + \frac{\partial u_x}{\partial y}\right) \end{aligned}\right\} \tag{3-23}$$

（2）旋转运动。旋转是由于 $d\alpha$ 和 $d\beta$ 不等所产生的，所考虑矩形平面的纯旋转角为

$\angle\alpha=\frac{1}{2}(\mathrm{d}\alpha-\mathrm{d}\beta)$，故旋转角速度（又称角转速）为

$$\omega_y=\frac{\angle\alpha}{\mathrm{d}t}=\frac{1}{2}\frac{\mathrm{d}\alpha-\mathrm{d}\beta}{\mathrm{d}t}=\frac{1}{2}\left(\frac{\partial u_x}{\partial z}-\frac{\partial u_z}{\partial x}\right)$$

同理，可写出绕 x 及 z 方向的旋转角速度。最后可得

$$\left.\begin{aligned}\omega_x&=\frac{1}{2}\left(\frac{\partial u_z}{\partial y}-\frac{\partial u_y}{\partial z}\right)\\ \omega_y&=\frac{1}{2}\left(\frac{\partial u_x}{\partial z}-\frac{\partial u_z}{\partial x}\right)\\ \omega_z&=\frac{1}{2}\left(\frac{\partial u_y}{\partial x}-\frac{\partial u_x}{\partial y}\right)\end{aligned}\right\}\qquad(3-24)$$

由以上分析可知：微分平行六面体最普遍的运动形式由平移、线变形、角变形及旋转等 4 种基本形式所组成。实际运动也可能遇到只有其中的某几种形式所组成。例如：直角两边线的偏转角为异向等值时，则只有直角变形，没有旋转运动发生；若直角两边线的偏转角为同向等值时，则只有旋转运动而无直角变形。

若微分平行六面体的各边 $\mathrm{d}x$、$\mathrm{d}y$、$\mathrm{d}z$ 无限缩小，则微小六面体的极限就变成质点，这样，以上所述的运动状态即代表在某一瞬时位于 P 点的一个液体质点的运动状态。由此可知，一个液体质点的运动也是由平移、线变形、角变形及旋转等 4 种基本形式所组成。

三、无涡流与有涡流

在水力学中常按液体质点本身有无旋转，将液体运动分为有涡流与无涡流两种。有涡流也称有旋流，无涡流也称有势流或无旋流。若液体流动时每个液体质点都不存在绕自身轴的旋转运动，即 $\omega=\omega_x=\omega_y=\omega_z=0$，则此种运动称为无涡流。若液体流动时有液体质点存在绕自身轴的旋转运动，则此种运动称为有涡流。这是两种不同性质的液体运动。

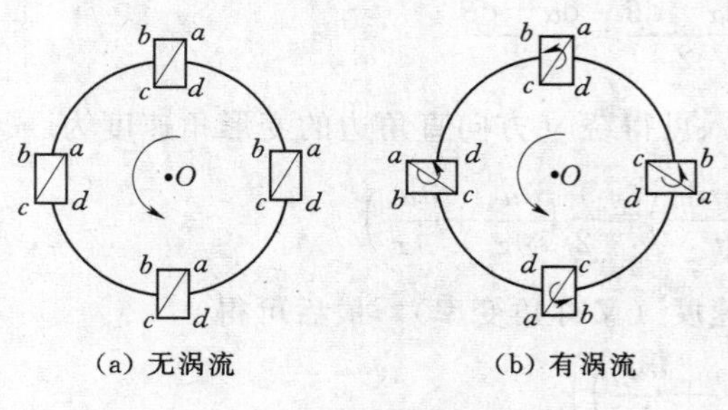

图 3-20　无涡流与有涡流

涡是指液体质点绕其自身轴旋转的运动，不要把涡与通常的旋转运动混淆起来。例如图 3-20（a）所示的运动，液体质点相对于 O 点做圆周运动，其轨迹是一圆周，但仍是无涡的，因为液体质点本身并没有旋转运动，只是它移动的轨迹是圆罢了。图 3-20（b）所示的运动，液体质点除绕 O 点在圆周上运动外，自身又有旋转运动，这种运动才是有涡的。所以液体运动是否有涡不能单从液体质点运动的轨迹来看，而要看液体质点本身是否有旋转运动而定。

无涡流是液体质点没有绕自身轴旋转的运动，也就应满足下列条件：

$$\left.\begin{aligned}\omega_x=\frac{1}{2}\left(\frac{\partial u_z}{\partial y}-\frac{\partial u_y}{\partial z}\right)=0\\ \omega_y=\frac{1}{2}\left(\frac{\partial u_x}{\partial z}-\frac{\partial u_z}{\partial x}\right)=0\\ \omega_z=\frac{1}{2}\left(\frac{\partial u_y}{\partial x}-\frac{\partial u_x}{\partial y}\right)=0\end{aligned}\right\}$$

即
$$\left.\begin{aligned}\frac{\partial u_z}{\partial y}=\frac{\partial u_y}{\partial z}\\ \frac{\partial u_x}{\partial z}=\frac{\partial u_z}{\partial x}\\ \frac{\partial u_y}{\partial x}=\frac{\partial u_x}{\partial y}\end{aligned}\right\} \tag{3-25}$$

在流动场中任意一点的分速度为 u_x、u_y、u_z，假设这些分速度可以用某个函数 $\varphi(x,y,z,t)$ 在相应坐标轴上的偏导数来表示，即

$$\left.\begin{aligned}u_x=\frac{\partial \varphi}{\partial x}\\ u_y=\frac{\partial \varphi}{\partial y}\\ u_z=\frac{\partial \varphi}{\partial z}\end{aligned}\right\} \tag{3-26}$$

这个函数 φ 称为流速势函数，分别对上式取导数：

$$\frac{\partial u_x}{\partial y}=\frac{\partial^2 \varphi}{\partial x \partial y},\quad \frac{\partial u_y}{\partial x}=\frac{\partial^2 \varphi}{\partial y \partial x},\quad \frac{\partial u_y}{\partial z}=\frac{\partial^2 \varphi}{\partial y \partial z}$$
$$\frac{\partial u_z}{\partial y}=\frac{\partial^2 \varphi}{\partial z \partial y},\quad \frac{\partial u_z}{\partial x}=\frac{\partial^2 \varphi}{\partial z \partial x},\quad \frac{\partial u_x}{\partial z}=\frac{\partial^2 \varphi}{\partial x \partial z}$$

因为函数的导数值与微分次序无关，所以，如果流速势函数存在，是能满足式（3-25)的，由此可得出结论：如果流场中所有液体质点的旋转角速度都等于零，即无涡流，则必有流速势函数存在，所以无涡流又称有势流。

式（3-26）依次在等号两边乘以 dx、dy、dz，然后相加可得

$$\frac{\partial \varphi}{\partial x}dx+\frac{\partial \varphi}{\partial y}dy+\frac{\partial \varphi}{\partial z}dz=u_x dx+u_y dy+u_z dz$$

若时间 t 给定时，上式左边是函数 φ 对变量 x、y、z 的全微分

故
$$d\varphi=u_x dx+u_y dy+u_z dz \tag{3-27}$$

若流速为已知，利用上式即可求出有势流的流速势函数。

【例 3-1】 有一液流，已知

$$\left.\begin{aligned}u_x=v\cos\alpha\\ u_y=v\sin\alpha\\ u_z=0\end{aligned}\right\}$$

试分析液体运动的特征。

解 由所给条件可知流速与时间无关，故液流为恒定流，流线与迹线重合。

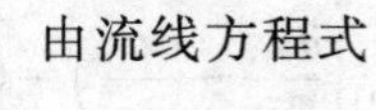

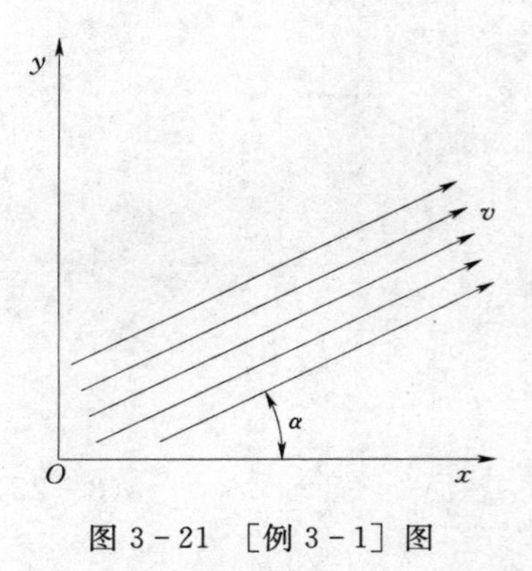

图 3-21 ［例 3-1］图

由流线方程式

$$\frac{u_x}{\mathrm{d}x}=\frac{u_y}{\mathrm{d}y}=\frac{u_z}{\mathrm{d}z}$$

可得
$$\frac{v\cos\alpha}{\mathrm{d}x}=\frac{v\sin\alpha}{\mathrm{d}y}=\frac{0}{\mathrm{d}z}$$

由上式积分可得

$$(v\cos\alpha)y-(v\sin\alpha)x=C \quad 或 \quad y=(\tan\alpha)x+C'$$

所以流线是一组与 x 轴成 α 角的平行线，液流为平面直线均匀流（图 3-21）。

因$\frac{\partial u_x}{\partial x}=0$，$\frac{\partial u_y}{\partial y}=0$，$\frac{\partial u_z}{\partial z}=0$，所以，液体质点无线变形。

因
$$\theta_x=\frac{1}{2}\left(\frac{\partial u_z}{\partial y}+\frac{\partial u_y}{\partial z}\right)=0,\theta_y=\frac{1}{2}\left(\frac{\partial u_x}{\partial z}+\frac{\partial u_z}{\partial x}\right)=0,\theta_z=\frac{1}{2}\left(\frac{\partial u_y}{\partial x}+\frac{\partial u_x}{\partial y}\right)=0$$

所以，液体质点无角变形

因
$$\omega_x=\frac{1}{2}\left(\frac{\partial u_z}{\partial y}-\frac{\partial u_y}{\partial z}\right)=0,\omega_y=\frac{1}{2}\left(\frac{\partial u_x}{\partial z}-\frac{\partial u_z}{\partial x}\right)=0,\omega_z=\frac{1}{2}\left(\frac{\partial u_y}{\partial x}-\frac{\partial u_x}{\partial y}\right)=0$$

所以，液体质点自身无旋转运动。

由此可知，该液流为无涡平面直线均匀流，在运动过程中液体质点无变形运动。

无涡流必有流速势函数 $\varphi(x,y,t)$ 存在，在给定时刻

$$\mathrm{d}\varphi=u_x\mathrm{d}x+u_y\mathrm{d}y=v\cos\alpha\mathrm{d}x+v\sin\alpha\mathrm{d}y=v(\cos\alpha\mathrm{d}x+\sin\alpha\mathrm{d}y)$$

将上式积分即可求出流速势函数

$$\varphi=(v\cos\alpha)x+(v\sin\alpha)y+C$$

$$\varphi=u_x x+u_y y+C$$

式中：C 为积分常数。

【例 3-2】 有一液流，已知

$$\left.\begin{aligned}u_x&=-ky\\u_y&=kx\\u_z&=0\end{aligned}\right\}$$

试分析液体的运动特征。

解 因该液流流速与时间无关，故为恒定流，流线与迹线重合。由流线方程式可得

$$\frac{-y}{\mathrm{d}x}=\frac{x}{\mathrm{d}y}=\frac{0}{\mathrm{d}z}$$

积分得

$$x^2+y^2=C$$

由此可知，流线是同心圆族，液体质点做圆周运动。因$\frac{\partial u_x}{\partial x}=0$、$\frac{\partial u_y}{\partial y}=0$、$\frac{\partial u_z}{\partial z}=0$，所以，液体质点无线变形

因
$$\theta_x=\frac{1}{2}\left(\frac{\partial u_z}{\partial y}+\frac{\partial u_y}{\partial z}\right)=0,\theta_y=\frac{1}{2}\left(\frac{\partial u_x}{\partial z}+\frac{\partial u_z}{\partial x}\right)=0,\theta_z=\frac{1}{2}\left(\frac{\partial u_y}{\partial x}+\frac{\partial u_x}{\partial y}\right)=0$$

所以，液体质点无角变形

$$\omega_x=\frac{1}{2}\left(\frac{\partial u_z}{\partial y}-\frac{\partial u_y}{\partial z}\right)=0,\omega_y=\frac{1}{2}\left(\frac{\partial u_x}{\partial z}-\frac{\partial u_z}{\partial x}\right)=0,\omega_z=\frac{1}{2}\left(\frac{\partial u_y}{\partial x}-\frac{\partial u_x}{\partial y}\right)=k$$

液体质点有旋转运动。

由此可知，该液体运动的形式如图 3-20（b）所示，液体质点一面做圆周运动，同时自身又有旋转运动，但在运动过程中液体质点并不变形，即形状和大小不变。

有涡流可用旋转角速度的矢量来表征，所以有涡运动的几何描述可以类似描述流速场一样，引用涡线、涡束等概念。

涡线是某一瞬时在涡流场的一条几何曲线，在这条曲线上各质点在同一瞬时的旋转角速度的矢量都与该曲线相切。涡线的做法与流线相似，如图 3-21 所示。与流线类似，涡线的微分方程式为

$$\frac{dx}{\omega_x}=\frac{dy}{\omega_y}=\frac{dz}{\omega_z} \tag{3-28}$$

式中，ω_x、ω_y、ω_z 一般说来是 x、y、z、t 的函数，但在积分上式时，t 应作参变数。与流线一样涡线本身也不会相交，在恒定流时涡线的形状也保持不变。

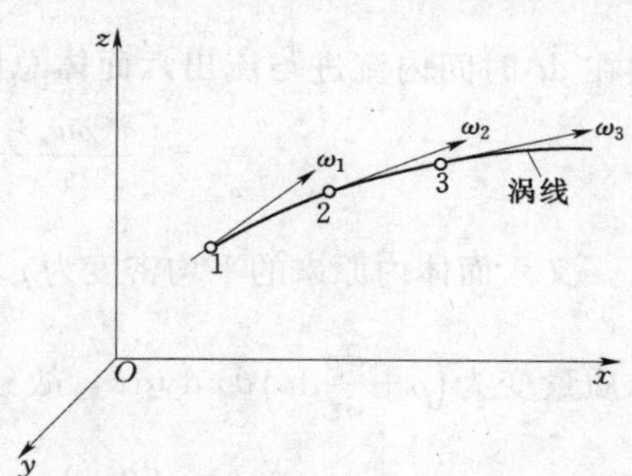

图 3-22　涡线示意图

与流束相类似，任意取一微小面积，通过该面积各点作出一束涡线，称为微小涡束。在微小涡束断面上各点的旋转角速度可认为是相等的。

类似于流量，若微小的涡束的横断面积为 $d\sigma$，旋转角速度为 ω，则 $\omega d\sigma$ 称为微小涡束的涡旋通量，或称为涡旋强度。

第六节　液体运动的连续性微分方程式

因液体是连续介质，若在流场中任意划定一个封闭曲面，在某一给定时段中流入封闭曲面的液体质量与流出的液体质量之差应与该封闭曲面内因密度变化而引起的质量总变化相等。如果液体是不可压缩的均质液体，则流进与流出的液体质量应相等。以上结果用数学分析表达成微分方程式，就称为液体运动的连续性微分方程式。

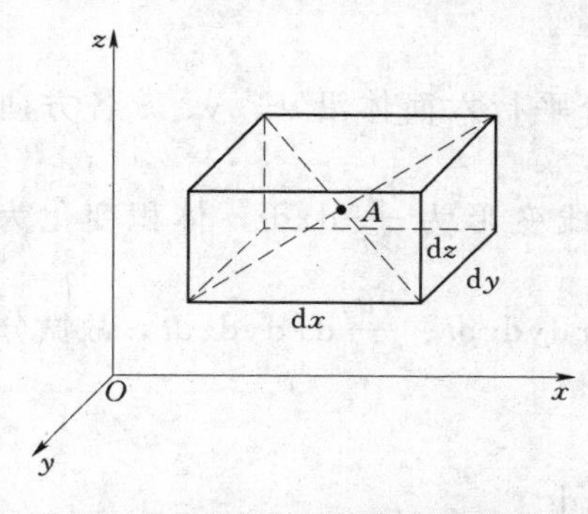

图 3-23　正交六面体控制体示意图

现设想在流场中取一空间微分平行六面体（图 3-23），六面体的边长为 dx、dy、dz，其形心为 $A(x,y,z)$，A 点的流速在各坐标轴的投影为 u_x、u_y、u_z，密度为 ρ。

经一微小时段 dt 自左面流进的液体质量为

$$\left(\rho-\frac{\partial \rho}{\partial x}\frac{dx}{2}\right)\left(u_x-\frac{\partial u_x}{\partial x}\frac{dx}{2}\right)dydzdt$$

自右面流出的液体质量为

$$\left(\rho+\frac{\partial \rho}{\partial x}\frac{dx}{2}\right)\left(u_x+\frac{\partial u_x}{\partial x}\frac{dx}{2}\right)dydzdt$$

故 dt 时段内在 x 方向流进与流出六面体的液体质量之差为

$$\left(\rho-\frac{\partial\rho}{\partial x}\frac{dx}{2}\right)\left(u_x-\frac{\partial u_x}{\partial x}\frac{dx}{2}\right)dydzdt-\left(\rho+\frac{\partial\rho}{\partial x}\frac{dx}{2}\right)\left(u_x+\frac{\partial u_x}{\partial x}\frac{dx}{2}\right)dydzdt$$

$$=-\left(u_x\frac{\partial\rho}{\partial x}+\rho\frac{\partial u_x}{\partial u_y}\right)dydzdt=-\frac{\partial(\rho u_x)}{\partial x}dxdydzdt$$

同理，在 dt 时段内流进与流出六面体的液体质量之差为

y 方向 $$-\frac{\partial(\rho u_y)}{\partial y}dxdydzdt$$

z 方向 $$-\frac{\partial(\rho u_z)}{\partial z}dxdydzdt$$

故在 dt 时间内流进与流出六面体总的液体质量的变化为

$$-\left[\frac{\partial(\rho u_x)}{\partial x}+\frac{\partial(\rho u_y)}{\partial y}+\frac{\partial(\rho u_z)}{\partial z}\right]dxdydzdt$$

又六面体内原来的平均密度为 ρ，总质量为 $\rho dxdydz$；经 dt 时段后平均密度为$\rho+\frac{\partial\rho}{\partial t}dt$，总质量变为$\left(\rho+\frac{\partial\rho}{\partial t}dt\right)dxdydz$，故经过 dt 出时段后六面体内质量总变化为

$$\left(\rho+\frac{\partial\rho}{\partial t}dt\right)dxdydz-\rho dxdydz=\frac{\partial\rho}{\partial t}dxdydzdt$$

在同一时段内，流进与流出六面体总的液体质量的差值应与六面体内因密度变化所引起的总的质量变化相等，即

$$\frac{\partial\rho}{\partial t}dxdydzdt=-\left[\frac{\partial(\rho u_x)}{\partial x}+\frac{\partial(\rho u_y)}{\partial y}+\frac{\partial(\rho u_z)}{\partial z}\right]dxdydzdt$$

除以 $dxdydzdt$ 以后得

$$\frac{\partial\rho}{dt}+\left[\frac{\partial(\rho u_x)}{\partial x}+\frac{\partial(\rho u_y)}{\partial y}+\frac{\partial(\rho u_z)}{\partial z}\right]=0 \tag{3-29}$$

式（3-29）就是可压缩液体非恒定流的连续性微分方程式。

对不可压缩液体，ρ=常数，因此得连续性方程式为

$$\frac{\partial u_x}{\partial x}+\frac{\partial u_y}{\partial y}+\frac{\partial u_z}{\partial z}=0 \tag{3-30}$$

或写作 $\mathrm{div}u=0$，式中 $\mathrm{div}u$ 称为速度散量，u 为标量。

由式（3-20）可知，$\frac{\partial u_x}{\partial x}$、$\frac{\partial u_y}{\partial y}$、$\frac{\partial u_z}{\partial z}$分别表示微分平行六面体沿 x、y、z 各方向的线变形速率。所以，微分平行六面体沿 x 方向的线变形为$\frac{\partial u_x}{\partial x}dxdt$，体积变化为$\frac{\partial u_x}{\partial x}dxdydzdt$；同理，沿 y 和 z 方向的体积变化为$\frac{\partial u_y}{\partial y}dxdydzdt$、$\frac{\partial u_z}{\partial z}dxdydzdt$，故微分平行六面体的体积总变化为

$$\left(\frac{\partial u_x}{\partial x}+\frac{\partial u_y}{\partial y}+\frac{\partial u_z}{\partial z}\right)dxdydzdt$$

由式（3-30）可知，此体积总变化等于零。这说明液体微分平行六面体虽有平移和线变形，但其体积大小保持不变。也就是说，如果一个方向有拉伸，则另一个方向必有压缩。

对不可压缩液体，可从连续性方程式（3-30）得到

$$\iiint_V \mathrm{div}u\,\mathrm{d}V=\iiint_V\left(\frac{\partial u_x}{\partial x}+\frac{\partial u_y}{\partial y}+\frac{\partial u_z}{\partial z}\right)\mathrm{d}x\,\mathrm{d}y\mathrm{d}z=0 \tag{3-31}$$

根据高斯定理，式（3-31）的体积积分可用曲面积分来表示

$$\iiint_V \mathrm{div}u\,\mathrm{d}V=\iint_S u_n\mathrm{d}S \tag{3-32}$$

式中：S 为体积 V 的封闭表面；u_n 为封闭表面上各点处流速在其外法线方向的投影；曲面积分 $\iint_S u_n\mathrm{d}S$ 称为通过封闭表面的速度通量。

由式（3-31）及式（3-32）可得

$$\iint_S u_n\mathrm{d}S=0 \tag{3-33}$$

恒定流时，流管的全部表面积 S 包括两端断面和四周侧表面，在流管的侧表面上 $u_n=0$，于是式（3-33）的曲面积分简化为

$$-\iint_A u_1\mathrm{d}A_1+\iint_{A_2} u_2\mathrm{d}A_2=0 \tag{3-34}$$

式中：A_1 为流管的流入断面面积；A_2 为流管的流出断面面积。

式（3-34）第1项取负号是因为流速 u_1 的方向与 $\mathrm{d}A_1$ 的外法线的方向相反。由此可得

$$\iint_A u_1\mathrm{d}A_1=\iint_{A_2} u_2\mathrm{d}A_2$$

或

$$Q=v_1A_1=v_2A_2$$

这就是说，恒定流时流管一端有流量 Q 流入，对不可压缩液体，另一端必有同样的流量流出。此与式（3-18）的不可压缩液体恒定流的连续性方程式完全一样。

第七节　恒定平面势流

如前述，液体运动可分为有涡流及无涡流。无涡流一定有流速势存在，所以也称有势流。实际液体由于具有黏滞性，故流动方式一定不是优势流动，而理想液体的流动方式则不一定是优势流动。但一般的液流都是从静止状态开始的（如在水库或容器中），在这种情况下，理想液体的流动都将是有势流。在求解实际液体的运动问题时，根据边界层的概念，在边界层以外，可以看作理想液体的流动，因此，欲求解实际液体的运动问题，也需要求出边界层以外势流部分各运动要素的分布规律。此外在某些情况下，如雷诺数极大的水流，惯性作用占主导地位，黏滞性对水流的作用可以忽略，这样就可近似地把实际液体看作理想液体，用势流理论来求近似解。尤其是平面势流的理论在现代水力学中有一定的实用价值，例如孔口、内插管嘴、闸孔出流、深式底孔的进口、波浪、渗流及高坝溢流等

问题都可以应用势流理论来求解，且其正确性已为试验所证实。

势流必有流速势 $\varphi(x,y,z)$ 存在，对平面势流来说，根据式（3-26）流速势 φ 与流速的关系为

$$\left.\begin{aligned} u_x &= \frac{\partial \varphi}{\partial x} \\ u_y &= \frac{\partial \varphi}{\partial y} \end{aligned}\right\} \tag{3-35}$$

对不可压缩液体，$\rho=$常数，根据式（3-30）平面流动的连续性方程式可写成

$$\frac{\partial u_x}{\partial x}+\frac{\partial u_y}{\partial y}=0 \tag{3-36}$$

将式（3-35）代入式（3-36）得

$$\frac{\partial^2 \varphi}{\partial x^2}+\frac{\partial^2 \varphi}{\partial y^2}=0 \tag{3-37}$$

式（3-26）就是拉普拉斯（Laplace）方程。

平面势流的流速场完全由流速势 φ 来确定，若能求得流速势 φ，应用式（3-34）就可求出各点的流速在各坐标轴方向的分量及流速本身，这样就求得了流速场。再应用能量方程式就可求得压强场，所以求解平面势流问题归根到底还是如何求解满足一定边界条件（非恒定流时还有起始条件）下拉普拉斯方程式的问题。拉普拉斯方程式的解法在水力学中最常用的有流网法、势流叠加法、复变函数法、数值解法等，本章仅介绍流网法。

一、恒定平面势流的流速势及流函数

（一）流函数及其性质

求解平面流就是要探求它的流动场和流动图形，要研究平面流的流动图形，首先要研究流线。在 x—y 平面内的平面流，其流线方程式为

$$\frac{\mathrm{d}x}{u_x}=\frac{\mathrm{d}y}{u_y}$$

或写作

$$u_x\mathrm{d}y-u_y\mathrm{d}x=0 \tag{3-38}$$

很自然会提出这样的问题：上述流线方程式可否积分成普通方程式呢？由式（3-38）可知，在某一确定时刻，若式（3-37）左边为某一函数 $\psi(x,y)$ 的全微分，则可积分，即

$$\mathrm{d}\psi=u_x\mathrm{d}y-u_y\mathrm{d}x \tag{3-39}$$

此函数 $\psi(x,y)$ 称为平面流的流函数。

在某一确定时刻，两个自变量的函数 $\psi(x,y)$ 的全微分可写作

$$\mathrm{d}\psi=\frac{\partial \psi}{\partial x}\mathrm{d}x+\frac{\partial \psi}{\partial y}\mathrm{d}y \tag{3-40}$$

比较式（3-39）及式（3-40）可知，流函数 $\psi(x,y)$ 存在的充分必要条件为

$$\left.\begin{aligned} u_x &= \frac{\partial \psi}{\partial y} \\ u_y &= -\frac{\partial \psi}{\partial x} \end{aligned}\right\} \tag{3-41}$$

将式（3-41）中 u_x 对 x 取导数，u_y 对 y 取导数，并相加得

$$\frac{\partial u_x}{\partial x}+\frac{\partial u_y}{\partial y}=\frac{\partial^2 \psi}{\partial y \partial x}-\frac{\partial^2 \psi}{\partial x \partial y}=0 \tag{3-42}$$

式（3-42）就是平面流的连续性方程式。由此可知：流函数存在的充分必要条件就是不可压缩液体的连续性方程式，所以不可压缩液体做平面的连续运动时就有流函数存在。

为了说明流函数在研究平面流中的实用意义，先说明流函数的性质。

1. 同一流线上各点的流函数为常数，或流函数相等的点连成的曲线就是流线

在某一确定时刻，ψ 是平面位置 (x, y) 的函数，在 $x—y$ 平面内，每个点 (x, y) 都给出 ψ 的一个数值，把 ψ 相等的点连接起来所得曲线，其方程式为

$$\psi(x, y)=常数$$

或

$$\mathrm{d}\psi=0 \tag{3-43}$$

由式（3-39）、式（3-40）及式（3-43）可知

$$\mathrm{d}\psi=\frac{\partial \psi}{\partial x}\mathrm{d}x+\frac{\partial \psi}{\partial y}\mathrm{d}y=u_x\mathrm{d}y-u_y\mathrm{d}x=0 \tag{3-44}$$

式（3-44）实际上就是流线方程式（3-38）。由此可知：流函数相等的点连接起来的曲线就是流线。若流函数的方程式能找出，则令$\psi=$常数，即可求得流线的方程式，不同的常数代表不同的流线。

2. 两流线间所通过的单宽流量等于该两流线的流函数值之差

在平面流中任意两根流线上各取点 a 和 b，通过 ab 任意连一曲线 ab，在该曲线上任意取一点 M，令 M 点流速在 x、y 方向的分量各为 u_x、u_y，通过 M 点在 ab 上取一微分段 ds，ds 在 x、y 方向的分量为 dx、dy。由图 3-24 可以看出，通过 ds 段的微小流量

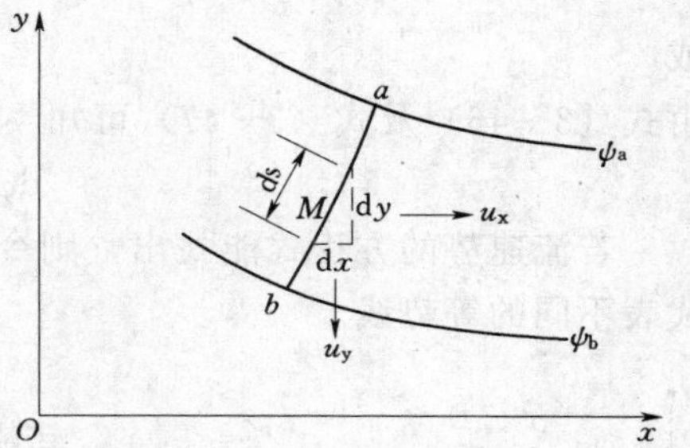

图 3-24　两流线之间的单宽流量

$$dq=u_x dy-u_y dx$$

所以通过曲线$\overset{\frown}{ab}$的流量

$$q_{\widehat{ab}}=\int_a^b \mathrm{d}q=\int_a^b (u_x\mathrm{d}y-u_y\mathrm{d}x)$$

由式（3-39）可知，$u_x\mathrm{d}y-u_y\mathrm{d}x=\mathrm{d}\psi$，故上式可写作

$$q_{\widehat{ab}}=\int_a^b \mathrm{d}\psi=\psi_a-\psi_b$$

由此可得出结论：任何两条流线之间通过的单宽流量等于该两条流线的流函数数值之差。

3. 平面势流的流函数是一个调和函数

上述两个性质不管是涡流或势流都是适用的。当平面流为势流时，则

$$\omega_z=\frac{1}{2}\left(\frac{\partial u_y}{\partial x}-\frac{\partial u_x}{\partial y}\right)=0$$

即

$$\frac{\partial u_y}{\partial x}-\frac{\partial u_x}{\partial y}=0$$

将式（3-41）代入上式得

$$\frac{\partial^2 \psi}{\partial x^2}+\frac{\partial^2 \psi}{\partial y^2}=0$$

上式就是拉普拉斯方程式。所以平面势流的流函数与流速势一样是一个调和函数。

（二）流速势及等势线

平面势流必有流速势 $\varphi(x,y)$ 存在，且

$$\left.\begin{aligned} u_x=\frac{\partial \varphi}{\partial x} \\ u_y=\frac{\partial \varphi}{\partial y}\end{aligned}\right\}$$

函数 $\varphi(x,y)$ 的全微分为

$$\mathrm{d}\varphi=\frac{\partial \varphi}{\partial x}\mathrm{d}x+\frac{\partial \varphi}{\partial y}\mathrm{d}y \tag{3-45}$$

将式（3-35）代入上式得

$$\mathrm{d}\varphi=u_x\mathrm{d}x+u_y\mathrm{d}y \tag{3-46}$$

φ 是平面位置（x,y）的函数，在 x—y 平面内每个点（x,y）都给出 φ 的一个数值，把 φ 值相等的点连接起来所得的曲线就称为等势线，所以等势线的方程式为

$$\varphi(x,y)=常数$$

或

$$\mathrm{d}\varphi=0 \tag{3-47}$$

由式（3-46）及式（3-47）可知

$$\mathrm{d}\varphi=u_x\mathrm{d}x+u_y\mathrm{d}y=0 \tag{3-48}$$

若流速势的方程式能找出，则令 φ 为常数，即可求得等势线的方程式，不同的常数代表不同的等势线。

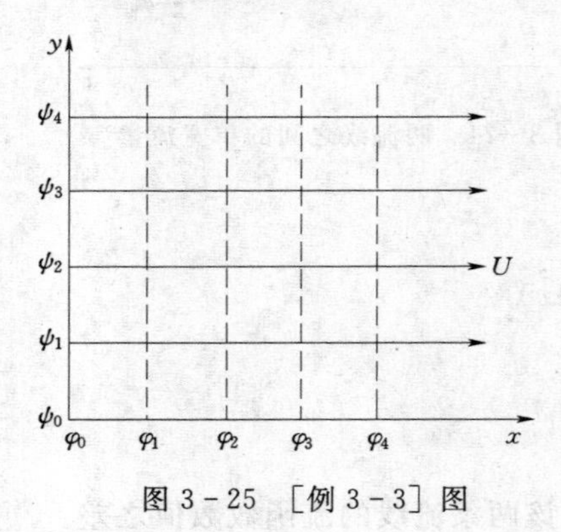

图 3-25 ［例 3-3］图

【例 3-3】 图 3-25 为一平行于 x 轴的均匀等速流，其流速为均匀分布，各点均为 U。(1) 证明该平面流为势流；(2) 求其流线方程式；(3) 求其等势线方程式。

解 (1) 因 $u_x=U$，$u_y=0$，故 $\omega_z=\frac{1}{2}\left(\frac{\partial u_y}{\partial x}-\frac{\partial u_x}{\partial y}\right)=0$，为平面势流。

(2) 由式（3-39）$\mathrm{d}\psi=u_x\mathrm{d}y-u_y\mathrm{d}x=U\mathrm{d}y$，积分得

$$\psi=Uy+C_1$$

式中：C_1 为积分常数。

同一流线上 $\psi=常数=C_2$，即在同一流线上：

$$\psi=Uy+C_1=C_2$$

故

$$y=\frac{C_2-C_1}{U}=\frac{C}{U}$$

上式即为流线方程式。不同的 C 值代表不同的流线，如图 3-23 中的实线所示。

(3) 由式（3-46）得

$$\mathrm{d}\varphi=u_x\mathrm{d}x+u_y\mathrm{d}y=U\mathrm{d}x$$

积分得 $$\varphi=Ux+C_1'$$

式中：C_1' 为积分常数。

同一等势线上 $\varphi=Ux+C_1'=C_2'$，故

$$x=\frac{C_2'-C_1'}{U}=\frac{C'}{U}$$

上式即为等势线方程式，不同的 C' 值代表不同的等势线，如图 3-25 的虚线所示。

（三）流函数与流速势的关系

1. 流函数与流速势为共轭函数

由前面分析可知在平面势流中任何一点都有一个流函数 ψ 及流速势 φ，且

$$u_x=\frac{\partial\varphi}{\partial x},u_y=\frac{\partial\varphi}{\partial y}$$

$$u_x=\frac{\partial\psi}{\partial y},u_y=-\frac{\partial\psi}{\partial x}$$

由此可得

$$\left.\begin{aligned}u_x=\frac{\partial\varphi}{\partial x}=\frac{\partial\psi}{\partial y}\\ u_y=\frac{\partial\varphi}{\partial y}=-\frac{\partial\psi}{\partial x}\end{aligned}\right\} \tag{3-49}$$

在高等数学中满足这种关系的两个函数称为共轭函数。所以在平面势流中流函数 ψ 与流速势 φ 是共轭函数。利用式（3-49），只要知道 u_x、u_y，就可推求 ψ 及 φ，或知道其中一个函数就可推求另一个函数。

2. 等流函数线与等流速势线相正交，即流线与等势线相正交

等流函数线就是流线，其方程式为式（3-44），即

$$\mathrm{d}\psi=u_x\mathrm{d}y-u_y\mathrm{d}x=0$$

流线上任意一点的斜率

$$m_1=\frac{\mathrm{d}y}{\mathrm{d}x}=\frac{u_y}{u_x}$$

等流速势线就是等势线，其方程式为式（3-48），即

$$\mathrm{d}\varphi=u_x\mathrm{d}x+u_y\mathrm{d}y=0$$

在同一定点上等势线的斜率

$$m_2=\frac{\mathrm{d}y}{\mathrm{d}x}=-\frac{u_x}{u_y}$$

故 $$m_1m_2=\frac{u_y}{u_x}\left(-\frac{u_x}{u_y}\right)=-1$$

由此可知，流线与等势线在该定点上是相互正交的。

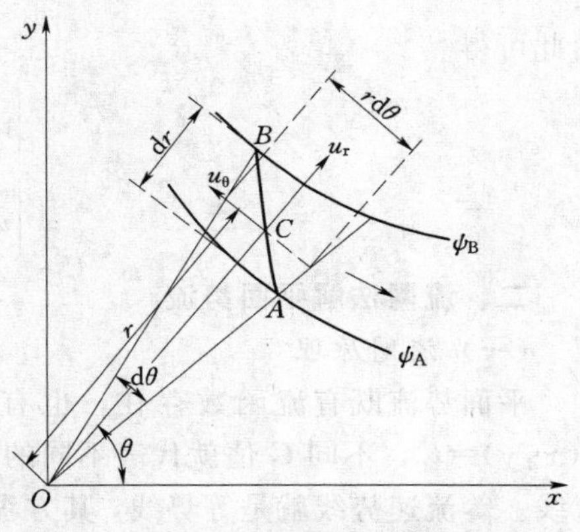

图 3-26 不同坐标下平面势流的表示方式

（四）流函数与流速势的极坐标表示法

有些平面势流采用极坐标来分析要方便得多。极坐标用 r 及 θ 来表示，如图 3-26 中 C 点的坐标

为（r,θ），C 点的流速沿 r 方向用 u_r 来表示，与 r 正交方向用 u_θ 来表示。由图 3－26 可以看出，直角坐标与极坐标的关系如下：

$$x=r\cos\theta$$

$$y=r\sin\theta$$

$$r=\sqrt{x^2+y^2}$$

$$\theta=\arctan\frac{y}{x}$$

现在来讨论一下流函数与流速势的极坐标表示法：如图 3－26 所示，A 点的极坐标为 $\left(r-\frac{\mathrm{d}r}{2},\ \theta-\frac{\mathrm{d}\theta}{2}\right)$，其流函数为 ψ_A；B 点的极坐标为 $\left(r+\frac{\mathrm{d}r}{2},\ \theta+\frac{\mathrm{d}\theta}{2}\right)$，其流函数为 ψ_B。两流线之间流函数的变化为

$$\mathrm{d}\psi=\psi_B-\psi_A=\text{通过}\widehat{AB}\text{的流量}$$

流速 u_r 沿 r 方向自 $\widehat{AB}$ 流出的流量为 $u_r r\mathrm{d}\theta$，流速 u_θ 沿与 r 正交方向向 AB 流进的流量为 $-u_\theta\mathrm{d}r$，故上式可改写成

$$\mathrm{d}\psi=\text{通过}\widehat{AB}\text{的流量}=u_r r\mathrm{d}\theta-u_\theta\mathrm{d}r \tag{3-50}$$

又因

$$\mathrm{d}\psi=\frac{\partial\psi}{\partial\theta}\mathrm{d}\theta+\frac{\partial\psi}{\partial r}\mathrm{d}r=\frac{1}{r}\frac{\partial\psi}{\partial\theta}r\mathrm{d}\theta+\frac{\partial\psi}{\partial r}\mathrm{d}r \tag{3-51}$$

比较式（3－50）和式（3－51）可得

$$\left\{\begin{aligned}u_r&=\frac{1}{r}\frac{\partial\psi}{\partial\theta}\\u_\theta&=-\frac{\partial\psi}{\partial r}\end{aligned}\right. \tag{3-52}$$

同样对流速势 φ 可得

$$\left\{\begin{aligned}u_r&=\frac{\partial\varphi}{\partial r}\\u_\theta&=\frac{1}{r}\frac{\partial\varphi}{\partial\theta}\end{aligned}\right. \tag{3-53}$$

由此可得

$$\left\{\begin{aligned}u_r&=\frac{\partial\varphi}{\partial r}=\frac{1}{r}\frac{\partial\psi}{\partial\theta}\\u_\theta&=\frac{1}{r}\frac{\partial\varphi}{\partial\theta}=-\frac{\partial\psi}{\partial r}\end{aligned}\right. \tag{3-54}$$

二、流网法解平面势流

（一）流网原理

平面势流既有流函数存在，也有流速势存在。等流函数线就是流线，其方程式为 $\psi(x,y)=C$，不同 C 值就代表不同的流线，给以不同的 C 值如 C_1、C_2、C_3 等将获得一组流线。等流速势线就是等势线，其方程式为 $\varphi(x,y)=D$，不同的 D 值代表不同的等势线，给以不同的 D 值如 D_1、D_2、D_3 等将获得一组等势线，且已证明流线与等势线是互相正

交的。这两组曲线所构成的正交的网状图形就称为平面势流的流网，如图 3-27 所示。

这里，提出两个问题：

(1) 流网中流函数 ψ 与流速势 φ 的增值方向如何确定？

(2) 在平面势流的流速场中，按理可以绘制无数根流线及等势线，在实用上只能绘制几根来代表它，那么到底应该根据什么原则来选绘呢？

首先，探讨一下流网中流函数 ψ 及流速势 φ 的增值方向问题。在平面势流的流速场中任意选取一点 A，通过 A 点必可作出一根等势线 φ 和一根流线 ψ，并绘出其相邻的等势线 $\varphi+\mathrm{d}\varphi$ 和流线 $\psi+\mathrm{d}\psi$，令两等势线之间的距离为 $\mathrm{d}n$，两流线之间的距离为 $\mathrm{d}m$，如图 3-28所示。

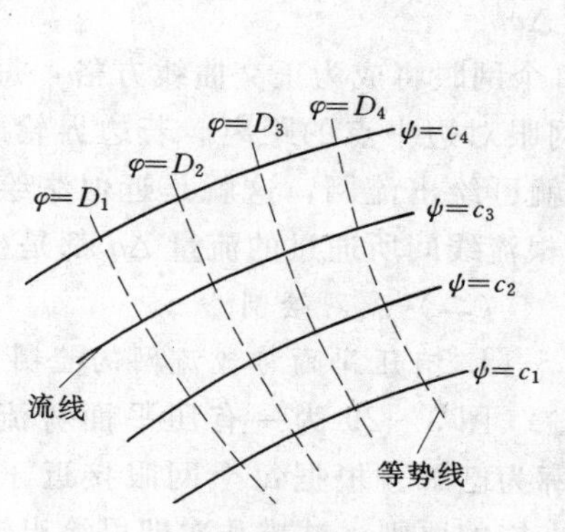

图 3-27 平面势流的流网

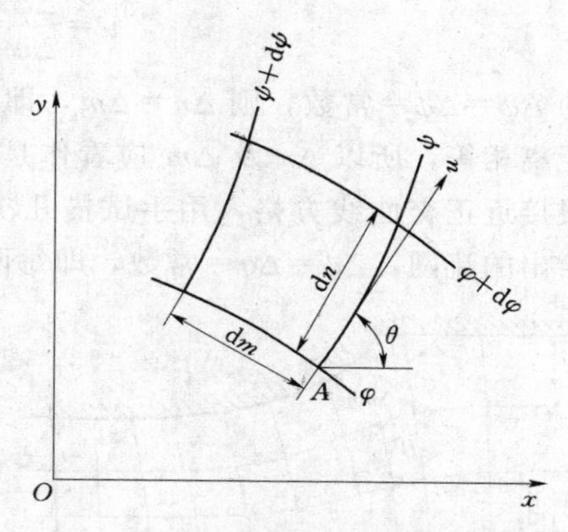

图 3-28 A 点的流函数及流速势增值

A 点流速 u 的方向必为该点流线的切线方向，也一定是该点等势线的法线方向。若以流速的方向作为 n 的增值方向，将 n 的增值方向逆时针旋转 90°作为 m 的增值方向，则

$$\begin{aligned}\mathrm{d}\varphi &= u_x\mathrm{d}x+u_y\mathrm{d}y=u\cos\theta\mathrm{d}n\cos\theta+u\sin\theta\mathrm{d}n\sin\theta\\ &=u\mathrm{d}n(\cos^2\theta+\sin^2\theta)=u\mathrm{d}n\end{aligned}\tag{3-55}$$

由式 (3-55) 可知，当 $\mathrm{d}n$ 为正值时，$\mathrm{d}\varphi$ 也为正值，即流速势 φ 的增值方向与 n 的增值方向是相同的。

由于

$$\begin{aligned}\mathrm{d}\psi &= u_x\mathrm{d}y-u_y\mathrm{d}x=u\cos\theta\mathrm{d}m\cos\theta-u\sin\theta(-\mathrm{d}m\sin\theta)\\ &=u\mathrm{d}m(\cos^2\theta+\sin^2\theta)=u\mathrm{d}m\end{aligned}\tag{3-56}$$

由式 (3-56) 可以看出，流函数 ψ 的增值方向与 m 的增值方向是相同的。

由此可得出结论：在平面势流的流速场中，流速势 φ 的增值方向与流速 u 的方向一致；将流速方向逆时针旋转 90°方向即为流函数 ψ 的增值方向。这一法则称为儒可夫斯基法则。利用这一法则，只要知道水流方向就可确定 φ 及 ψ 的增值方向。

其次，讨论绘制流网时流线及等势线根据什么原则来选绘。

由式 (3-55) 可得 $$u=\frac{\mathrm{d}\varphi}{\mathrm{d}n}$$

由式 (3-54) 可得 $$u=\frac{\mathrm{d}\psi}{\mathrm{d}m}$$

故
$$u=\frac{d\varphi}{dn}=\frac{d\psi}{dm}$$

若绘制无数条的流线及等势线，并取每一个网眼相邻两流线间流函数的差值与相邻两等势线间流速势的差值相等，则 $d\varphi=d\psi$，则 $dn=dm$，即每个微小网眼将成为正交方格。在实用上绘制流网时，不可能绘制无数条的流线及等势线，因此上式应改为差分式

$$u=\frac{\Delta\varphi}{\Delta n} \tag{3-57}$$

$$u=\frac{\Delta\psi}{\Delta m} \tag{3-58}$$

$$u=\frac{\Delta\varphi}{\Delta n}=\frac{\Delta\psi}{\Delta m} \tag{3-59}$$

若取所有的 $\Delta\varphi=\Delta\psi=$常数，则 $\Delta n=\Delta m$，即每个网眼将成为正交曲线方格，每一网眼对边的中点距离相等，所以 Δn 及 Δm 应看作是网眼对边中点的距离。若边界轮廓为已知，使每一网眼接近正交曲线方格，用手试描几次就可绘出流网，这就是近似法绘流网的原理。这样绘出的流网，$\Delta\psi=\Delta q=$常数，即每两根流线间所通过的流量 Δq 都是相等的。

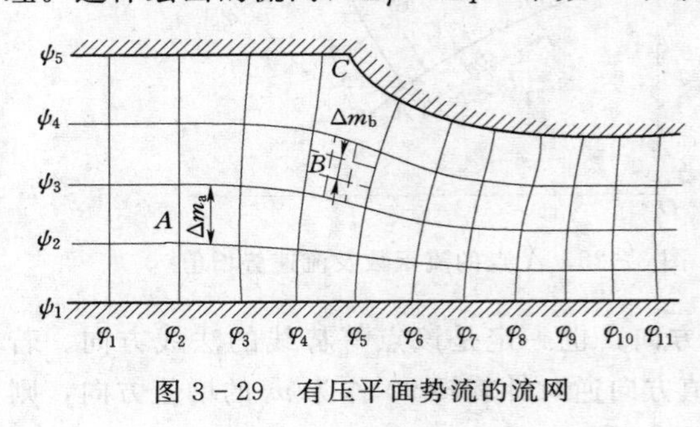

图 3-29　有压平面势流的流网

（二）流网绘制

1. 有压平面势流流网的绘制

图 3-29 为一有压平面势流，边界轮廓为已知。根据每个网眼接近于正交曲线方格的原则，试描几次即可绘出流网。

试描时一般均先绘流线，然后再绘等势线，沿边界液体质点的流速方向必与边界相切，所以上下两边界都是流线，所有等势线应与边界正交。因流线不能转折，如图 3-29 中的 C 点必为驻点，此处网格并非方格（若网格分成无穷小时，则该处应为方格）。试描等势线时应先绘 C 点两侧的等势线，然后再分别向上下游描绘其他等势线。

若水流方向为自左向右，则根据儒可夫斯基法则，流速势的增值方向为自左至右，流函数的增值方向为自下向上。

如图 3-29 所示，流线有 5 根，流线之间的间隔有 4 个，若流量为 q 时，则 $\Delta\psi=\Delta q=\frac{q}{4}$，故各流线的流函数的数值为

$$\left.\begin{aligned}
&\psi_1=a\\
&\psi_2=\psi_1+\Delta\psi=a+\frac{q}{4}\\
&\psi_3=\psi_2+\Delta\psi=a+\frac{2q}{4}\\
&\psi_4=\psi_3+\Delta\psi=a+\frac{3q}{4}\\
&\psi_5=\psi_5+\Delta\psi=a+q
\end{aligned}\right\} \tag{3-60}$$

式（3-60）中 a 可取任意数值对绘制流网及解平面势流问题并无影响，显然令 $a=0$ 最为

方便。

如果第一根等势线为

$$\varphi_1=b$$

式中 b 可取任意数值，其他各等势线的流速势的数值即可求出：

$$\varphi_2=\varphi_1+\Delta\varphi=b+\Delta\psi=b+\frac{q}{4}$$

$$\varphi_3=\varphi_2+\Delta\varphi=\varphi_2+\Delta\psi=b+\frac{2q}{4}$$

$$\varphi_4=\varphi_3+\Delta\varphi=\varphi_2+\Delta\psi=b+\frac{3q}{4}$$

$$\cdots$$

用近似法绘制流网时并不需要将 φ 及 ψ 的数值求出。流网绘出后，即可应用式(3-57)求任何点的流速。例如 A 点的流速

$$u_{\mathrm{A}}=\frac{\Delta\psi_{\mathrm{A}}}{\Delta m_{\mathrm{A}}}=\frac{\Delta q}{\Delta m_{\mathrm{A}}}=\frac{q}{4\Delta m_{\mathrm{A}}}$$

Δm_{A} 可由图 3-29 中量出。又如欲求 B 点的流速，只要在 B 点所在的网眼中绘制更小的网眼，如虚线所示，则 B 点的流速

$$u_{\mathrm{B}}=\frac{\Delta\psi_{\mathrm{B}}}{\Delta m_{\mathrm{B}}}=\frac{q}{12\Delta m_{\mathrm{B}}}$$

这样就可求出流速场，根据能量方程式又可求出压强场，即可解整个平面势流问题。

2. 有自由表面的平面势流流网的绘制

有自由表面的平面势流流网的绘制关键在于自由表面边界的确定。若自由表面的边界能确定，则与有压平面势流解法完全一样。例如图 3-30 所示的二元矩形薄壁堰流，假设液体为理想液体，在自由表面未开始降落以前取一断面 0—0，在断面0—0上流速为均匀分布，该断面自由表面上的流速为 u_0（与断面平均流速相等)。在自由表面上任意一点的流速为 u，则由理想液体流线的能量方程式可得

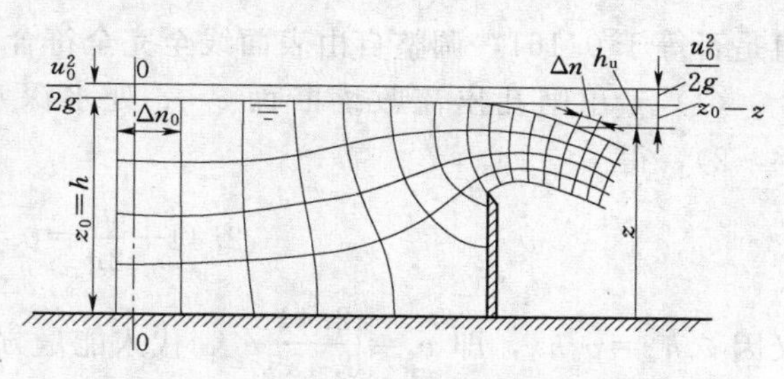

图 3-30　二元矩形薄壁堰流的流网

$$z_0+\frac{u_0^2}{2g}=z+\frac{u^2}{2g}$$

即

$$z_0-z+\frac{u_0^2}{2g}=\frac{u^2}{2g}$$

若令

$$z_0-z+\frac{u_0^2}{2g}=h_{\mathrm{u}}$$

如图 3-30 所示，h_{u} 为自由表面线上任意点自总水头线降落的铅垂距离，则

$$u=\sqrt{2gh_{\mathrm{u}}}\tag{3-61}$$

由流网原理可知

$$u=\frac{\Delta\varphi}{\Delta n}$$

且 $\Delta\varphi=u\Delta n=\sqrt{2gh_{u}}\Delta n=$ 常数，此常数应等于断面 0—0 处的 $\sqrt{2gh_{u0}}\Delta n_{0}$，式中 $h_{u0}=\frac{u_0^2}{2g}$，Δn_0 可由流网中量得。因此只要先试描自由表面的边界，并绘出其流网，在流网中量出 Δn_0，即可求出 $\sqrt{h_{u0}}\Delta n_0$ 的数值，然后检验自由表面上各点至总水头线的铅垂距离的平方根与 Δn 的乘积是否等于 $\sqrt{h_{u0}}\Delta n_0$，若不相等，则需修正自由表面线直至符合为止。这样就可确定自由表面的边界并绘得流网，利用流网即可解平面势流问题。

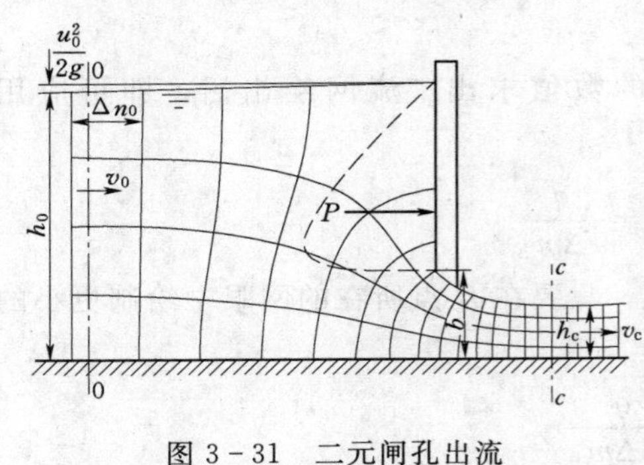

图 3-31　二元闸孔出流

【例 3-4】 有一二元闸孔出流（图 3-31），已知 $h_0=2.44$m，闸孔开度 $b=0.76$m。(1) 求通过闸孔的流量；(2) 求闸孔出流的垂直收缩系数；(3) 绘出作用在闸门上的动水压强分布图，并求出作用在闸门上的动水总压力。

解 先试描闸门上下游自由表面线，并绘出近似流网。假设 $\frac{v_0^2}{2g}=0.07$m，在断面 0—0 处网格上量出 $\Delta n_0=0.61$m，求得 $\sqrt{h_{u0}}\Delta n_0=0.161$，然后检验自由表面线上各网格中点的 $\sqrt{h_u}\Delta n$ 值是否等于 0.161，调整自由表面线至完全符合为止。

(1) 量出闸孔出流收缩断面 c—c 处水深 $h_c=0.455$m，由理想液体的能量方程式(4-2)，得

$$2.44+\frac{v_0^2}{2g}=0.455+\frac{v_c^2}{2g}$$

又因 $v_c h_c=v_0 h_0$，即 $v_c=\frac{2.44}{0.455}v_0$，代入能量方程式得

$$\frac{v_0^2}{2g}=\frac{1.985}{27.8}=0.071(\text{m})$$

与假设基本符合，故

$$v_0=\sqrt{2gh_u}=\sqrt{2\times9.8\times0.072}=1.18(\text{m/s})$$

单宽流量

$$q=v_0h_0=1.19\times2.44=2.90\text{m}^3/(\text{s}\cdot\text{m})$$

(2) 闸孔出流垂直收缩系数

$$C_c=\frac{h_c}{b}=\frac{0.455}{0.76}=0.6$$

(3) 根据流网求出沿闸门各点处的流速 u，再根据能量方程式 $z=\frac{p}{\gamma}+\frac{u^2}{2g}=h_0+\frac{u_0^2}{2g}$ 求出相应点的动水压强 p，闸门上的动水压强分布如图 3-31 所示，由动水压强的压力图

求得作用在闸门上的动水总压力 $P=13230\text{N}$。

思　考　题

思 3-1　"恒定流与非恒定流""均匀流与非均匀流""渐变流与急变流"等 3 对概念是如何定义的？它们之间有什么联系？渐变流具有什么重要的性质？

思 3-2　图 3-32（a）为一水闸正在提升闸门放水，图 3-32（b）为一水管正在打开阀门放水，若它们的上游水位均保持不变，问此时的水流是否符合 $A_1v_1=A_2v_2$ 的连续方程？为什么？

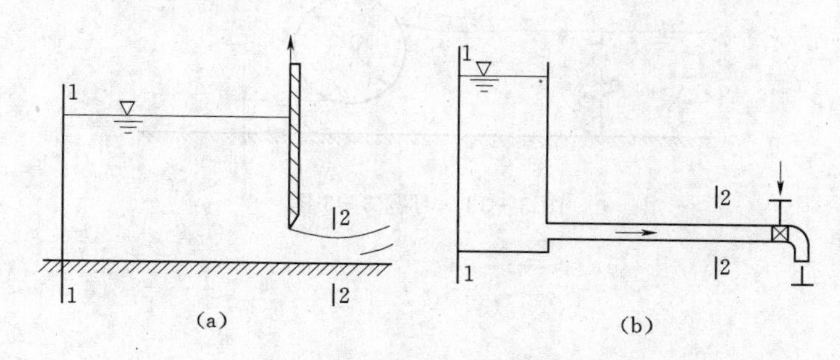

图 3-32　思考题 3-2 图

思 3-3　用分析法分析液体质点运动的基本方法有哪两种？为什么常采用欧拉法？

思 3-4　什么是时变加速度？什么是位变加速度？

思 3-5　液体运动的基本形式有哪几种？写出它们的数学表达式。

思 3-6　什么是无涡流？什么是有涡流？它们的基本特征是什么？判别条件是什么？

思 3-7　连续性方程 $\frac{\partial u_x}{\partial x}+\frac{\partial u_y}{\partial y}+\frac{\partial u_z}{\partial z}=0$，对可压缩液体或非恒定流动是否成立，为什么？

思 3-8　有势流和流函数存在的充分必要条件是什么？

思 3-9　什么是流网？流网的特征是什么？绘制流网的原理是什么？

思 3-10　利用流网图可以进行哪些基本计算？

习　　题

3-1　已知有一液流：

$$\left.\begin{aligned}u_x&=-\frac{ky}{x^2+y^2}\\u_y&=\frac{ky}{x^2+y^2}\\u_z&=0\end{aligned}\right\}$$

试分析液体运动特性：（1）是恒定流还是非恒定流；（2）液体质点有无变形运动；（3）液体微团有无旋转运动；（4）求其流线方程式。

3-2　已知某流场的流速势为

$$\varphi=\frac{a}{2}(x^2-y^2)$$

式中 a 为常数，试求：(1) u_x 及 u_y；(2) 流函数方程。

3-3　有一圆筒闸门如图 3-33 所示，闸门直径 $D=2\text{m}$，上游水深 $H=2\text{m}$，下游水深 $h=0.6\text{m}$，上游来水流速为均匀分布，$v_0=2.2\text{m/s}$，试绘制平面流网图及 AB 曲面上的压强分布图。

3-4　题同［例 3-3］，试绘制流网及闸底的压强分布图。

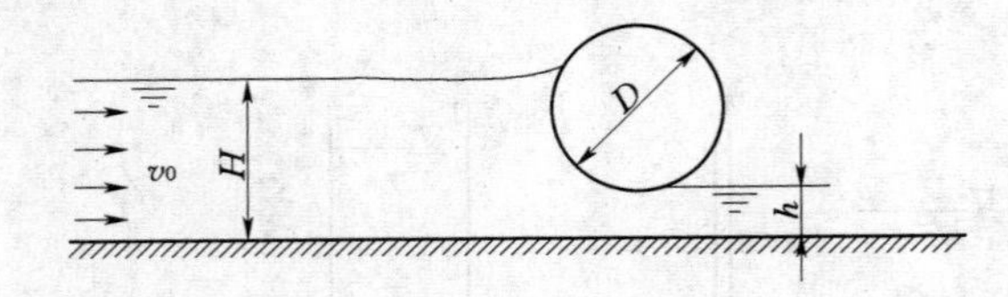

图 3-33　习题 3-3 图

第四章　水动力学基础

【本章导读】 本章主要讲述液体流动时流速和压力的变化规律。水力学的连续性方程、能量方程、动量方程是描述水力学规律的三大基本方程式。前两个方程反映了流体的压力、流速与流量之间的关系，动量方程用来解决流动流体与固体壁面间的作用力问题。重点掌握水动力学三大基本方程式中的能量方程和动量方程及其在工程实际中的应用。

第一节　引　言

液体运动学没有涉及作用于液体上的力，要研究液体的运动规律与作用力之间的关系，还需要从动力学方面入手建立各个运动要素之间的关系。由于实际液体具有黏滞性，致使问题比较复杂，所以先从理想液体入手研究。虽然实际中并不存在理想液体，但在有些问题中，如黏滞性的影响很小，可以忽略不计时，则对理想液体运动研究所得的结果可用于实际液体。另外，如黏滞性的影响不能忽略时，则再对黏性的作用进行分析，对理想液体运动所得的结论加以修正、补充，然后应用于实际液体。

第二节　恒定流元流的能量方程

一、理想液体元流的能量方程

在物理学中，动能定理是某一运动物体在某一时段内的动能增量，等于在该时段内作用于此物体上所有的力所做的功之和。现根据动能定理来推导均质不可压缩理想液体恒定流元流的能量方程。

在理想液体恒定流中任取一元流，并取过水断面 1—1 及 2—2 为控制面，如图 4-1 所示。断面 1—1 和断面 2—2 的面积、速度、压强、形心点位置高度、密度分别为 dA_1、u_1、p_1、z_1、ρ_1 和 dA_2、u_2、p_2、z_2、ρ_2，并且 $\rho_1=\rho_2$。液体从断面 1—1 流向断面 2—2，两断面之间没有汇流或分流。

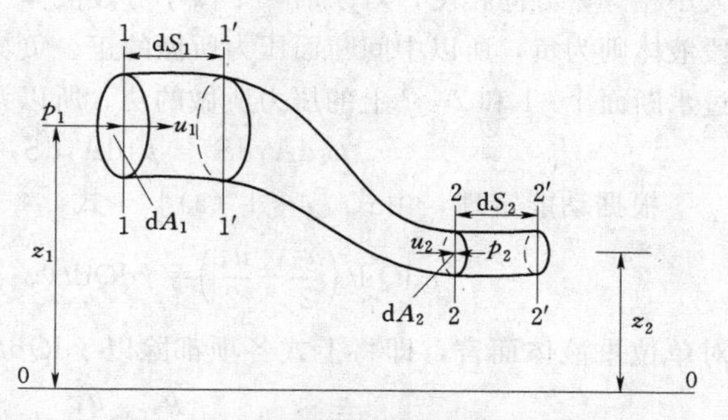

图 4-1　理想液体元流模型分析图

因为是恒定流，元流流管的位置和形状不随时间而改变。经过 dt 时段后，所取元流 1—2 流动到 1′—2′的位置，即断面 1—1 和 2—2 分别移动到断面 1′—1′和 2′—2′的位置，移动距离分别为 $ds_1=u_1dt$ 和 $ds_2=u_2dt$，如图 4-1 所示，在 dt 时段内元流的动能有变化。因为液体只能在流管内流动，而且没有汇流和分流，所以元流 1—2 段所具有的动能可视为 1—1′段和 1′—2 段的动能之和；元流 1′—2′段所具有的动能可视为 1′—2 段和 2—2′段的动能之和。由于是恒定流，各空间点的运动要素不随时间变化，所以1′—2 段液体所具有的动能不因经过 dt 时段而改变。经过 dt 时段后，元流段的动能增量即为 2—2′段和 1—1′段液体动能之差，即

$$\Delta\left(\frac{1}{2}mu^2\right)=\frac{1}{2}\rho \mathrm{d}S_2\mathrm{d}A_2u_2^2-\frac{1}{2}\rho \mathrm{d}S_1\mathrm{d}A_1u_1^2$$

$$=\frac{1}{2}\rho u_2^2\mathrm{d}Q\mathrm{d}t-\frac{1}{2}\rho u_1^2\mathrm{d}Q\mathrm{d}t$$

$$=\rho \mathrm{d}Q\mathrm{d}t\left(\frac{u_2^2}{2}-\frac{u_1^2}{2}\right) \qquad [4-1\ (\mathrm{a})]$$

作用于元流段上的力包括质量力和表面力。质量力只考虑重力，表面力只有动水压力。重力所做的功，实际上是在 dt 时段内元流的各微小分段（图 4-1 所示的 1—1′段）液体重力乘以各微小分段液体重心沿流向移动微小距离（如 dS_1 段）在铅垂方向上的高差所做功的总和（逐段所做功的叠加）；相当于在 dt 时段内 1—1′段液体移动到 2—2′处，该微小分段液体重力所做的功。需要提醒的是这只是相当于该微小分段液体重力做的功，因为，如果 dt 时间很短，两个过水断面 1—1 和 2—2 之间的距离又很长，过水断面 1—1 上的微小分段液体没有足够的时间，怎么会移动到了过水断面 2—2 呢。下面所提到的压力所做的功，亦是类似的情况。当微小分段无限小时，它的重心高度就可用断面的形心高度来表示。元流段两端过水断面形心点的高差为 (z_1-z_2)，所以元流段在 dt 时段内重力所做的功为

$$\gamma \mathrm{d}A_1\mathrm{d}S_1(z_1-z_2)=\gamma \mathrm{d}Q\mathrm{d}t(z_1-z_2) \qquad [4-1\ (\mathrm{b})]$$

作用于元流段侧面的压力垂直于流动方向，故沿流动方向不做功；表面力做功的只有过水断面上的压力。上述压力所做的功，实际上是在 dt 时段内元流段的各微小分段（如 1—1′段）液体两端过水断面所受压力乘以各微小分段液体两端过水断面压力沿流动方向移动的微小距离（如 dS_1 段）所做功的总和（逐段所做功的叠加）。因为作用力和反作用力大小相等，方向相反，对于前一个微小分段液体所做的功若为正，对于其相邻的后一微小分段液体则为负，所以中间断面压力所做的正、负功互相抵消，剩下的即为作用于元流段两端过水断面 1—1 和 2—2 上的压力所做的功。所以元流段在 dt 时段内压力所做的功为

$$p_1\mathrm{d}A_1\mathrm{d}S_1-p_2\mathrm{d}A_2\mathrm{d}S_2=\mathrm{d}Q\mathrm{d}t(p_1-p_2) \qquad [4-1\ (\mathrm{c})]$$

根据动能定理，由式［4-1（a)］～式［4-1（c)］可得

$$\rho \mathrm{d}Q\mathrm{d}t\left(\frac{u_2^2}{2}-\frac{u_1^2}{2}\right)=\gamma \mathrm{d}Q\mathrm{d}t(z_1-z_2)+\mathrm{d}Q\mathrm{d}t(p_1-p_2)$$

对单位重液体而言，即将上式各项都除以 $\gamma \mathrm{d}Q\mathrm{d}t$，化简移项后可得

$$z_1+\frac{p_1}{\gamma}+\frac{u_1^2}{2g}=z_2+\frac{p_2}{\gamma}+\frac{u_2^2}{2g} \qquad (4-1)$$

因为在式（4-1）的推导过程中，过水断面 1—1 和 2—2 是任取的，所以可将式（4-1）推广到元流的任意过水断面，即

$$z+\frac{p}{\gamma}+\frac{u^2}{2g}=常数 \qquad (4-2)$$

式（4-1）和式（4-2）即为均质不可压缩理想液体元流的能量方程，是由瑞士科学家伯努利（Bernoulli）于1738年首先推导出来的，所以又称为理想液体恒定元流的伯努利方程。由于元流的过水断面面积很小，所以沿元流的伯努利方程对流线同样适用。

二、理想液体元流能量方程的意义

1. 物理意义

由以上分析可知，式（4-1）是由不同外力做功得出的，因此伯努利方程中各项具有能量的意义。由水静力学基本方程可知：$\left(z+\dfrac{p}{\gamma}\right)$是单位重液体所具有的势能，其中$z$代表位能；$\dfrac{p}{\gamma}$代表压能；而$\dfrac{u^2}{2g}$是单位重液体所具有的动能。这是因为质量为$\mathrm{d}m$的液体质点，若流速为$u$，该质点所具有的动能为$\dfrac{1}{2}u^2\mathrm{d}m$，则单位重液体所具有的动能为$\dfrac{\frac{1}{2}u^2\mathrm{d}m}{g\mathrm{d}m}=\dfrac{u^2}{2g}$。所以$\left(z+\dfrac{p}{\gamma}+\dfrac{u^2}{2g}\right)$就是单位重液体所具有的总机械能，通常用$H$来表示。式（4-1）表明：在不可压缩理想液体恒定流情况下，元流中不同的过水断面上，无论这3种形式的能量如何转换，单位重液体所具有的总机械能始终保持不变。由此可知，式（4-1）是能量守恒原理在水力学中的具体表达式，故此称式（4-1）为能量方程。

2. 几何意义

理想液体元流的伯努利方程的各项均具有长度的量纲，可以用几何线段表示。在水静力学中已阐明，z代表位置水头，$\dfrac{p}{\gamma}$代表压强水头，$\left(z+\dfrac{p}{\gamma}\right)$则代表测压管水头。式（4-2）中的第三项$\dfrac{u^2}{2g}$的量纲为$\dfrac{[\mathrm{L/T}]^2}{[\mathrm{L/T^2}]}=[\mathrm{L}]$，同样具有长度的量纲。从物理学可知，它表示在不计外界阻力的情况下，液体质点以铅垂向上的速度u所能到达的高度，故称$\dfrac{u^2}{2g}$为速度水头。所以$\left(z+\dfrac{p}{\gamma}+\dfrac{u^2}{2g}\right)$代表了总水头。从几何意义上来看，式（4-2）表明：在不可压缩理想液体恒定流情况下，在元流不同的过水断面上，位置水头、压强水头和速度水头之间可以互相转化，但其之和为一常数，即总水头沿程不变。

三、毕托管测流速原理

毕托管是一种常用的测量液体点流速的仪器。它是法国工程师亨利·毕托（Henri Pitot）在1730年首创的，其测量流速的原理就是液体的能量转换和守恒原理。

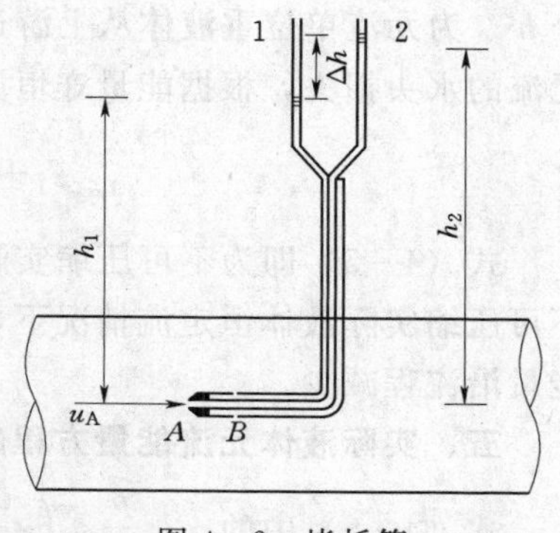

图4-2　毕托管

简单的毕托管是一根很细的90°弯管，它由双层套管组成，并在两管末端连接测压管（或测压计），如图4-2所示。弯管顶端A处开一小孔与内套管相连，直通测压管 2。在弯管前端 B 处，沿外套管周界均匀地开一排与外管壁相垂直的小孔，直通测压管 1。测量流速时，将毕托管前端放置在被测点 A 处，并且正对水流方向，只要读出这两根测压管的液面差 Δh，即可求得所测点的流速。现将其原理分析如下。

毕托管放入后，A 点处的水流质点沿顶端处的小孔进入内套管，受弯管的阻挡流速变为 0，动能全部转化为压能，使测压管 2 中水面上升至高度 h_2。若以通过 A 点的水平面为基准面，h_2 代表了 A 点处水流的总能量。外套管 B 处的小孔与流向垂直，由于 A、B 两点很近，测压管 1 的液面上升高度 h_1 代表了 A 点的动水压强。所以 $h_1+\frac{u_A^2}{2g}$ 又代表了 A 点处水流的总能量。根据伯努利方程可得

$$h_2=h_1+\frac{u_A^2}{2g}$$

由此可求得 A 点流速

$$u_A=\sqrt{2g(h_2-h_1)}=\sqrt{2g\Delta h} \tag{4-3}$$

式中：Δh 为两根测压管的液面差。

实际上，由于液体具有黏滞性，能量转化时有损失。另外，毕托管顶端小孔与侧壁小孔的位置不同，因而测得的不是同一点上的能量。再加上考虑毕托管放入水流中所产生的扰动影响，使得测压管液面差 Δh 不恰好等于实际值，所以要对式（4-3）加以修正，一般需要乘以校正系数 c，即

$$u_A=c\sqrt{2g\Delta h} \tag{4-4}$$

式中：c 为毕托管校正系数，需通过对毕托管进行专门的率定来确定，一般为 0.98～1.04。

四、实际液体元流的能量方程

由于实际液体存在着黏滞性，在流动过程中液体内部要产生摩擦阻力，液体运动时克服摩擦阻力要消耗一定的机械能。而且是转化为热能而散逸，不再恢复为其他形式的机械能。对水流来说就是损失了一定的机械能，液体在流动过程中机械能要沿流程而减少。因此，对实际液体而言，总是

$$z_1+\frac{p_1}{\gamma}+\frac{u_1^2}{2g}>z_2+\frac{p_2}{\gamma}+\frac{u_2^2}{2g}$$

令 h'_w 为元流单位重液体从上游过水断面 1—1 到下游过水断面 2—2 的能量损失，也称为元流的水头损失，根据能量守恒原理可得

$$z_1+\frac{p_1}{\gamma}+\frac{u_1^2}{2g}=z_2+\frac{p_2}{\gamma}+\frac{u_2^2}{2g}+h'_w \tag{4-5}$$

式（4-5）即为不可压缩实际液体恒定元流的能量方程（伯努利方程）。它表明：在不可压缩实际液体恒定流情况下，元流中不同的过水断面上总能量是不相等的，而且是总能量沿流程减少。

五、实际液体元流能量方程的意义

式（4-5）中的 z、$\frac{p}{\gamma}$、$\left(z+\frac{p}{\gamma}\right)$、$\frac{u^2}{2g}$ 各项的物理意义在理想液体元流能量方程中均

已讨论。h'_w 项是单位重量液体由过水断面 1—1 流动到过水断面 2—2 时的能量损失。因此，方程的物理意义是：元流各过水断面上单位重量液体所具有的总机械能沿流程减小，部分机械能转化为热能或声能等而损失；同时，亦表示了各项能量之间沿程可以相互转化的关系。

式（4-5）中各项的几何意义在理想液体元流能量方程中亦作了阐述。h'_w 同样具有长度的量纲，在水力学中习惯上称为水头损失。因此，方程的几何意义是：元流各过水断面上总水头沿流程减小。同时，方程也表示了沿流程位置水头、压强水头、速度水头之间相互转化的关系。

第三节　实际液体总流的能量方程

在实际中，所考虑的水流运动都是总流，而总流可以看成是由流动边界内无数元流所组成。要应用能量方程来解决工程实际问题，可将实际液体元流的能量方程对总流过水断面积分，从而推广为实际液体恒定总流的能量方程。

一、实际液体总流的能量方程

若通过元流过水断面的流量为 $\mathrm{d}Q$，单位时间内通过元流过水断面的液体重量为 $\gamma\mathrm{d}Q$，将式（4-5）各项乘以 $\gamma\mathrm{d}Q$，得到实际液体元流的总能量方程，即

$$\left(z_1+\frac{p_1}{\gamma}+\frac{u_1^2}{2g}\right)\gamma\mathrm{d}Q=\left(z_2+\frac{p_2}{\gamma}+\frac{u_2^2}{2g}\right)\gamma\mathrm{d}Q+h'_w\gamma\mathrm{d}Q$$

设总流过水断面 1—1、2—2 的面积分别为 A_1、A_2，将上式对总流过水断面面积积分，可得总流的能量方程为

$$\int_{A_1}\left(z_1+\frac{p_1}{\gamma}+\frac{u_1^2}{2g}\right)\gamma u_1\mathrm{d}A_1=\int_{A_2}\left(z_2+\frac{p_2}{\gamma}+\frac{u_2^2}{2g}\right)\gamma u_2\mathrm{d}A_2+\int h'_w\gamma\mathrm{d}Q \qquad (4-6)$$

或

$$\int_{A_1}\left(z_1+\frac{p_1}{\gamma}\right)\gamma u_1\mathrm{d}A_1+\int_{A_1}\frac{u_1^2}{2g}\gamma u_1\mathrm{d}A_1$$

$$=\int_{A_2}\left(z_2+\frac{p_2}{\gamma}\right)\gamma u_2\mathrm{d}A_2+\int_{A_2}\frac{u_2^2}{2g}\gamma u_2\mathrm{d}A_2+\int_Q h'_w\gamma\mathrm{d}Q \qquad [4-6\ (a)]$$

现在分别讨论式［4-6（a）］中 3 种类型积分式的积分。

1. 第一类积分 $\int_A\left(z+\frac{p}{\gamma}\right)\gamma u\mathrm{d}A$

这类积分与 $\left(z+\frac{p}{\gamma}\right)$ 在过水断面上的分布有关。如果总流的过水断面取在渐变流区域，根据渐变流特性，同一过水断面上的动水压强分布规律与静水压强分布规律近似相同，即 $\left(z+\frac{p}{\gamma}\right)=$ 常数。因此，若选取的总流过水断面位于均匀流或渐变流区域，则这类积分能够表示为

$$\int_A\left(z+\frac{p}{\gamma}\right)\gamma u\mathrm{d}A=\left(z+\frac{p}{\gamma}\right)\gamma\int_A u\mathrm{d}A=\left(z+\frac{p}{\gamma}\right)\gamma Q \qquad (4-7)$$

2. 第二类积分 $\int_A \frac{u^2}{2g}\gamma u \mathrm{d}A$

这类积分与流速在过水断面上的分布有关。实际水流中，流速在过水断面上的分布一般是不均匀的，而且不易求得。若引进断面平均流速 v，则 v 可能大于或小于各点的实际流速 u，显然

$$\int_A u^3 \mathrm{d}A \neq v^3 A$$

若引入修正系数 α，而且定义为

$$\alpha = \frac{1}{v^3 A}\int_A u^3 \mathrm{d}A \tag{4-8}$$

这类积分就能够表示为

$$\int_A \frac{u^2}{2g}\gamma u \mathrm{d}A = \frac{\gamma}{2g}\int_A u^3 \mathrm{d}A = \frac{\alpha v^2}{2g}\gamma Q \tag{4-9}$$

如果设总流同一过水断面上各点的流速 u 与该断面平均流速 v 的差值为 $\Delta u = u - v$，Δu 值是可正可负的，则得

$$\begin{aligned}\alpha &= \frac{1}{v^3 A}\int_A u^3 \mathrm{d}A \\ &= \frac{1}{v^3 A}\int_A (v+\Delta u)^3 \mathrm{d}A \\ &= \frac{1}{v^3 A}\left(v^3 A + 3v^2\int_A \Delta u \mathrm{d}A + 3v\int_A \Delta u^2 \mathrm{d}A + \int_A \Delta u^3 \mathrm{d}A\right)\end{aligned} \tag{4-10}$$

因为 $$Q = \int_A u \mathrm{d}A = \int_A (v+\Delta u)\mathrm{d}A = vA + \int_A \Delta u \mathrm{d}A$$

所以 $$\int_A \Delta u \mathrm{d}A = 0$$

另外，$\int_A \Delta u^3 \mathrm{d}A = \int_A (\Delta u)^2(\Delta u \mathrm{d}A)$ 应用分部积分法，上式化为

$$\int_A \Delta u^3 \mathrm{d}A = \Delta u^2 \int_A \Delta u \mathrm{d}A - \int\left[\int_A \Delta u \mathrm{d}A\right]\mathrm{d}(\Delta u^2) = 0$$

进而，式（4-10）可简化为

$$\alpha = 1 + 3\frac{\int_A \Delta u^2 \mathrm{d}A}{v^2 A} \tag{4-10 (a)}$$

系数 α 称为动能修正系数。它表示同一过水断面上的实际动能与按断面平均流速计算的动能之比。由式［4-10（a）］可知，α 值永远大于 1.0。α 值的大小取决于过水断面上流速分布的均匀程度，流速分布越不均匀，α 值越大。对于一般的渐变流，$\alpha = 1.05 \sim 1.10$，为计算简便，通常取 $\alpha \approx 1.0$。实践证明，当动能在总能量中所占比重不大时，简化带来的误差是很小的。

3. 第三类积分 $\int_Q h'_{\mathrm{w}}\gamma \mathrm{d}Q$

这类积分代表单位时间内总流过水断面 1—1 与 2—2 之间的总机械能损失。它的直接

积分是很困难的。由于各单位重量液体沿流程的能量损失不同，若令 h_w 为单位重量液体从过水断面 1—1 到断面 2—2 之间能量损失的平均值，该积分可表示为

$$\int_Q h'_w \gamma \mathrm{d}Q = h_w \gamma Q \tag{4-11}$$

h_w 又称总流单位重量液体的水头损失。一般来说，影响 h_w 的因素较为复杂，除与流速、过水断面的形状及尺寸有关外，还与边壁的粗糙程度等因素有关。关于 h_w 的分析和计算将在第五章中详细讨论。

将式（4－7）、式（4－9）及式（4－11）代入式［4－6（a）］中的对应项，可得

$$\left(z_1+\frac{p_1}{\gamma}\right)\gamma Q+\frac{\alpha_1 v_1{}^2}{2g}\gamma Q=\left(z_2+\frac{p_2}{\gamma}\right)\gamma Q+\frac{\alpha_2 v_2{}^2}{2g}\gamma Q+h_w \gamma Q \tag{4-12}$$

将式（4－12）各项同除以 γQ，则得总流单位重量液体的能量方程

$$z_1+\frac{p_1}{\gamma}+\frac{\alpha_1 v_1^2}{2g}=z_2+\frac{p_2}{\gamma}+\frac{\alpha_2 v_2^2}{2g}+h_w \tag{4-13}$$

式（4－13）即为实际液体恒定总流的能量方程（或称为伯努利方程）。它反映了总流中不同过水断面上 $\left(z+\frac{p}{\gamma}\right)$ 值和断面平均流速 v 的变化规律，是水动力学中三大基本方程中的第二个重要方程，是分析水力学问题最重要最常用的公式。能量方程与连续方程联合应用，可以解决一维恒定流的许多水力学计算问题。

实际液体恒定总流能量方程中各项的物理意义类似于实际液体元流的能量方程中的对应项，所不同的是各项均指平均值。总流能量方程的物理意义是：总流各过水断面上单位重液体所具有的平均势能与平均动能之和沿流程减小，亦即总机械能的平均值沿流程减小，水流在运动过程中部分机械能转化为热能而损失。另外，总流的能量方程式揭示了水流运动中各种能量之间的相互转化关系。

如果用 H 表示单位重液体的总机械能，即

$$H=z+\frac{p}{\gamma}+\frac{\alpha v^2}{2g} \tag{4-14}$$

则能量方程式（4－13）可以简写为

$$H_1=H_2+h_w \tag{4-15}$$

对于理想液体，由于没有能量损失，则

$$H_1=H_2$$

即理想液体沿流程总机械能保持不变。

二、能量方程的图示——水头线

总流能量方程中的各项都具有长度的量纲，因此就可以用几何线段来表示各项的值。为了直观形象地反映总流沿流程各种能量的变化规律及相互关系，可以把能量方程沿流程用几何线段图形来表示。

图 4－3 是总流能量方程的图示。在实际液体恒定总流中截取一个流段，以 0—0 为基准面，以水头为纵坐标，按一定比例尺沿流程将各过水断面的 z、$\frac{p}{\gamma}$ 及 $\frac{\alpha v^2}{2g}$ 分别绘于图上，

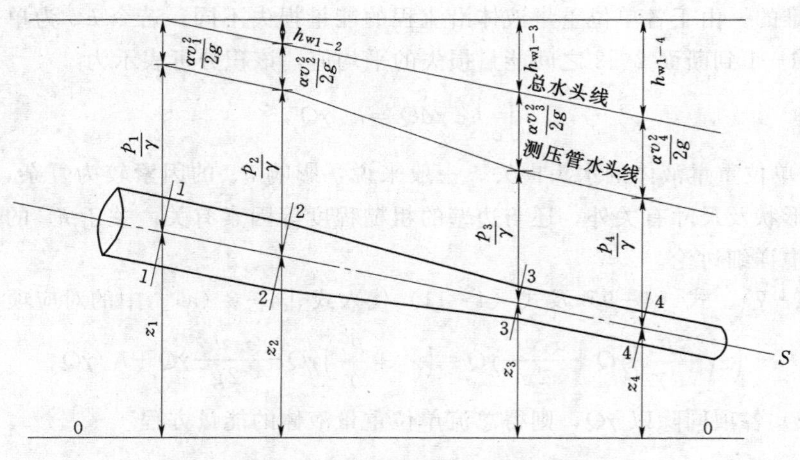

图 4－3　实际流体总水头线示意图

而且每个过水断面上的 z、$\frac{p}{\gamma}$及$\frac{\alpha v^2}{2g}$是从基准面画起铅垂向上依次连接的。

因过水断面上各点的 z 值不等，对于管道水流，一般选取断面形心点的 z 值来描绘。所以总流各断面中心点距基准面的高度就是位置水头 z，总流的中心线就表示了位置水头 z 沿流程的变化。

各过水断面上的$\frac{p}{\gamma}$亦选用形心点的动水压强来描绘。从断面形心点铅垂向上画出线段$\frac{p}{\gamma}$，得到测压管水头$\left(z+\frac{p}{\gamma}\right)$，它就是测压管液面距基准面的高度，连接各断面的测压管水头$\left(z+\frac{p}{\gamma}\right)$得到一条线，称为测压管水头线。它表示了水流中势能的沿流程变化。测压管水头线与总流中心线之间的铅垂距离反映了各断面压强水头的沿流程变化，测压管水头线位于中心线以上，压强为正；反之，压强为负。

从过水断面的测压管水头再铅垂向上画出线段$\frac{\alpha v^2}{2g}$，就得到该断面的总水头 $H=z+\frac{p}{\gamma}+\frac{\alpha v^2}{2g}$。连接各断面的总水头 H 得到一条线，称为总水头线。它表示了水流总机械能沿流程的变化。总水头线与测压管水头线之间的铅垂距离反映了各断面流速水头的沿流程变化。

对于实际液体，随着流程的增加，水头损失不断增大，总水头不断减小，所以实际液体的总水头线一定是沿流程下降的（除非有外加能量）。任意两个过水断面之间总水头线的降低值，就是这两个断面之间的水头损失 h_w。总水头线坡度称为水力坡度，用 J 表示，它表示单位流程上总水头的降低值或单位流程上的水头损失。如果用 s 表示流动方向的坐标，当总水头线是直线时，水力坡度为

$$J=\frac{H_1-H_2}{s}=\frac{h_w}{s} \tag{4-16}$$

式中：h_w 为两个过水断面之间的水头损失；s 为相应的流程长度。

当总水头线是曲线时，水力坡度为变值。在某一过水断面处可表示为

$$J=-\frac{\mathrm{d}H}{\mathrm{d}s}=\frac{\mathrm{d}h_w}{\mathrm{d}s} \tag{4-17}$$

在水力学中把水力坡度规定为正值，因总水头的增量 $\mathrm{d}H$ 沿流程始终为负值，为使 J 为正值，故在式（4-17）中加负号。

由于动能和势能之间可以互相转化，测压管水头线沿流程可升可降，甚至可能是一条水平线。在断面平均流速不变的流段，测压管水头线与总水头线平行。如果测压管水头线坡度用 J_P 表示，若规定沿流程下降的测压管水头线坡度 J_P 为正，则

$$J_P=-\frac{\mathrm{d}\left(z+\frac{p}{\gamma}\right)}{\mathrm{d}s} \tag{4-18}$$

因为沿流程测压管水头线可任意变化，所以 J_P 值可正、可负或者为零。

能量方程的图示，可以清晰地反映水流各项单位能量沿流程的转化情况。在长距离有压输水管道的设计中，常用这种方法来分析压强水头的沿流程变化。

三、能量方程的应用条件和注意事项

实际液体恒定总流的能量方程是水力学中最常用的基本方程之一。从该方程的推导过程可以看出，能量方程式（4-13）有一定的适用范围，应用时必须满足下列条件：

（1）水流必须是恒定流，并且液体是均质不可压缩的。

（2）作用于液体上的质量力只有重力。

（3）所取的过水断面 1—1 及 2—2 应在渐变流或均匀流区域，以符合断面上各点测压管水头等于常数这一条件，但两个断面之间可以是急变流。在实际应用中，有时对不符合渐变流条件的过水断面也可使用能量方程，但在这种情况下，一般是已知该断面的平均势能或者动水压强的分布规律。

（4）所取的过水断面 1—1 及 2—2 之间，除了水头损失以外，没有其他机械能的输入或输出。

（5）所取的过水断面 1—1 及 2—2 之间，没有流量的汇入或分出，即总流的流量沿流程不变。

在实际工程中，常常会遇到流程中途有流量改变或外加机械能的情况。这时的水流运动仍然遵循能量守恒原理，只是能量方程的具体形式有所变化，现简要分析如下。

1. 有流量汇入或分出时的能量方程

图 4-4 为一个分叉流动，每支的流量各为 Q_2 和 Q_3。根据能量守恒原理，单位时间内，从断面 1—1 流入的液体总能量，应等于从断面 2—2 及 3—3 流出的总能量之和再加上两支水流的能量损失，即

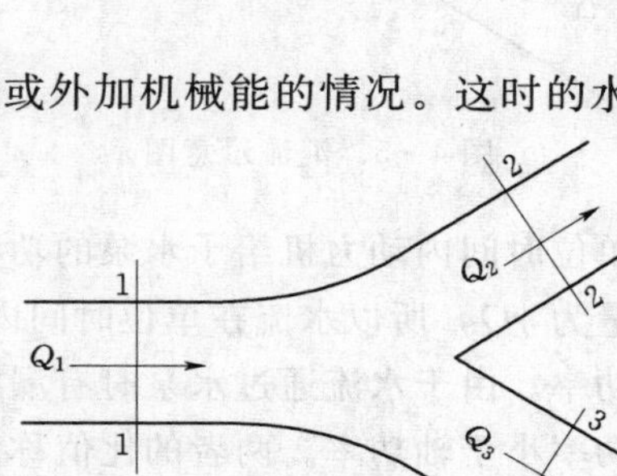

图 4-4　分流示意图

$$\gamma Q_1 H_1=\gamma Q_2 H_2+\gamma Q_3 H_3+\gamma Q_2 h_{w1-2}+\gamma Q_3 h_{w1-3} \tag{4-19}$$

因为 $Q_1=Q_2+Q_3$，式（4-19）可整理成

$$(\gamma Q_2 H_1-\gamma Q_2 H_2-\gamma Q_2 h_{w1-2})+(\gamma Q_3 H_1-\gamma Q_3 H_3-\gamma Q_3 h_{w1-3})=0 \tag{4-20}$$

上式等价于

$$\gamma Q_2(H_1-H_2-h_{w1-2})=0 \tag{4-21}$$

$$\gamma Q_3(H_1-H_3-h_{w1-3})=0 \tag{4-22}$$

将式（4-21）及式（4-22）分别除以 γQ_2 和 γQ_3，得到每支水流单位重量液体的能量方程，即

$$H_1=H_2+h_{w1-2} \tag{4-23}$$

$$H_1=H_3+h_{w1-3} \tag{4-24}$$

同理，对于流程中途有流量汇入的情况（图 4-5），每支水流单位重量液体的能量方程可写成

$$H_1=H_3+h_{w1-3} \tag{4-25}$$

$$H_2=H_3+h_{w2-3} \tag{4-26}$$

2. 有能量输入或输出时的能量方程

若在管道系统中有一水泵，如图 4-6 所示。水泵工作时，通过水泵叶片转动对水流做功，使管道水流能量增加。设单位重水体通过水泵后所获得的外加能量为 H_P，则总流的能量方程式（4-15）可修改为

$$H_1+H_P=H_2+h_{w1-2} \tag{4-27}$$

式中：H_P 又称作管道系统所需的水泵扬程；h_{w1-2} 为断面 1—1 与断面 2—2 之间全部管道系统单位重量液体的能量损失，但不包括水泵内部水流的能量损失。

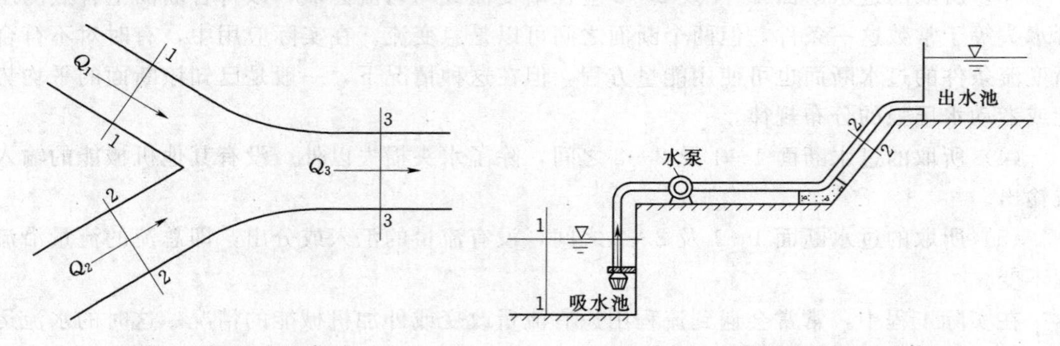

图 4-5　汇流示意图　　　图 4-6　水泵管道系统示意图

单位时间内动力机给予水泵的功称为水泵的轴功率 N_P。单位时间内通过水泵的水流总重量为 γQ，所以水流在单位时间内从水泵中实际获得的总能量为 $\gamma Q H_P$，称为水泵的有效功率。由于水流通过水泵时有漏损和水头损失，水泵本身也有机械磨损，所以水泵的有效功率小于轴功率。两者的比值称为水泵效率 η_P，因为 $\eta_P<1$，所以

$$\gamma Q H_P=\eta_P N_P$$

故

$$H_P=\frac{\eta_P N_P}{\gamma Q} \tag{4-28}$$

式中：γ 为水的容量，N/m^3；Q 为单位时间流量，m^3/s；H_P 为水头差，m；N_P 为水泵轴功率，W（瓦特）（即 N·m/s）。功率也常用马力作单位，1马力=735W。

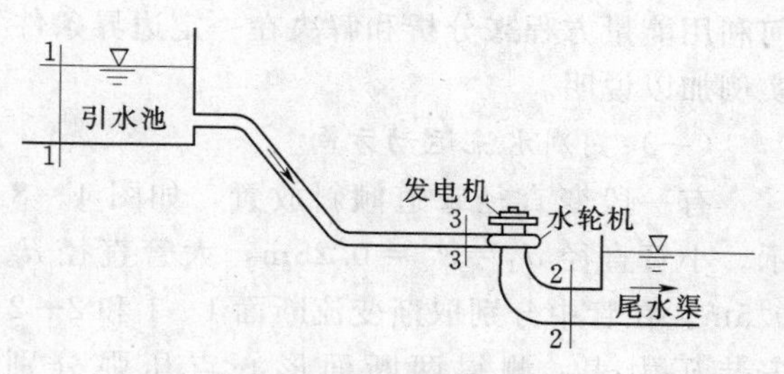

图 4-7　水轮机管道系统示意图

若在管道系统中有一水轮机，如图 4-7所示。由于水流驱使水轮机转动，水流对水轮机做功必然要消耗能量，使管道水流能量减少。设单位重水体给予水轮机的能量为 H_t，则总流的能量方程式（4-15）应改写为

$$H_1-H_t=H_2+h_{w1-2} \tag{4-29}$$

式中：H_t 又称为水轮机的作用水头。h_{w1-2} 是断面 1—1 与 2—2 之间全部管道系统单位重量液体的能量损失，但不包括水轮机系统内部水流的能量损失。也就是指从上游水面到水轮机进口前断面 3—3 之间这段管道的水头损失。

由水轮机主轴发出的功率又称为水轮机的出力 N_P。单位时间内通过水轮机的水流总重量为 γQ，所以单位时间内水流对水轮机作用的总能量为 γQH_t。由于水流通过水轮机时同样有漏损和水头损失，水轮机本身也有机械磨损，所以水轮机的出力要小于水流给水轮机的功率。两者的比值称为水轮机效率 η_t，同样 $\eta_t<1$，因此

$$N_t=\eta_t\gamma QH_t$$

故

$$H_t=\frac{N_t}{\eta_t\gamma Q} \tag{4-30}$$

式（4-30）中各项的单位与式（4-28）相同。

为了更方便快捷地应用能量方程解决实际问题，能量方程在具体应用时应注意以下几点：

（1）首先要弄清液体运动的类型，判别是否能应用能量方程。

（2）尽量选择未知量个数少的过水断面，当$\frac{\alpha v^2}{2g}$与其他各项相比很小时，可以忽略不计。

（3）基准面可任意选择，但在同一方程中 z 值必须对应同一个基准面。

（4）压强 p 一般采用相对压强，亦可采用绝对压强。但在同一方程中必须采用同一个标准。

（5）因为渐变流同一过水断面上各点的$\left(z+\frac{p}{\gamma}\right)$值近似相等，具体选择哪一点为参考点，以计算简单和方便为宜。对于有压管道水流，通常取在管轴线上；对于明渠水流，最好选在自由表面上。

（6）严格地讲，不同过水断面上的动能修正系数 α 是不相等的，而且不等于 1.0。在实用上，对渐变流的多数情况，可取 $\alpha_1=\alpha_2=1.0$。

四、能量方程应用举例

水流在运动过程中总是符合能量转化与守恒规律的。由于实际水流运动复杂多样，如

何利用能量方程来分析和解决在一定边界条件下的具体水力学问题，可通过以下几个应用实例加以说明。

(一) 判别水流运动方向

有一段变直径管道倾斜放置，如图 4-8 所示。小管直径 $d_1=d_2=0.25\text{m}$，大管直径 $d_3=0.5\text{m}$。在管中分别取渐变流断面 1—1 和 2—2 并安装压力表，测得两断面形心点压强分别为 $p_1=9.8\text{kN/m}^2$，$p_2=-4.9\text{kN/m}^2$。断面 1—1 和 2—2 形心点的高差 $\Delta z=1\text{m}$，通过管道的流量 $Q=0.24\text{m}^3/\text{s}$。那么水流的运动方向如何？

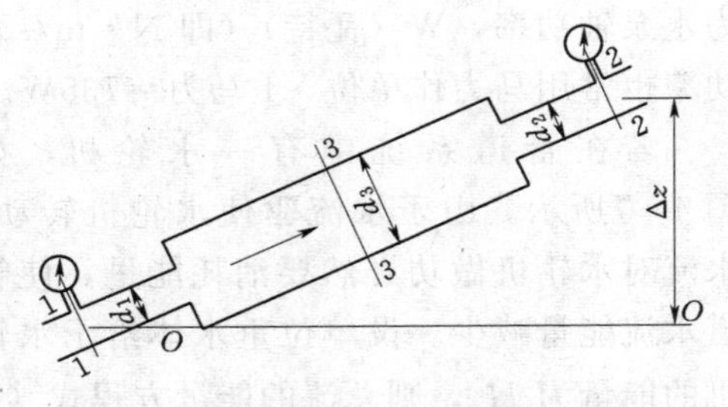

图 4-8　变直径管道系统示意图

由于实际水流在运动过程中存在着能量损失，即 $h_w>0$，根据恒定总流的能量方程，水流一定是从总机械能高处流向总机械能低处。

以通过断面 1—1 形心点的水平面为基准面，断面 1—1 和 2—2 的总机械能为

$$H_1=z_1+\frac{p_1}{\gamma}+\frac{\alpha_1 v_1^2}{2g}=0+\frac{9800}{9800}+\frac{\alpha_1 v_1^2}{2g}=1+\frac{\alpha_1 v_1^2}{2g}$$

$$H_2=z_2+\frac{p_2}{\gamma}+\frac{\alpha_2 v_2^2}{2g}=1+\frac{-4900}{9800}+\frac{\alpha_2 v_2^2}{2g}=0.5+\frac{\alpha_2 v_2^2}{2g}$$

由于 $d_1=d_2$，故 $v_1=v_2$。对渐变流断面，取 $\alpha_1=\alpha_2=1.0$，所以$\frac{\alpha_1 v_1^2}{2g}=\frac{\alpha_2 v_2^2}{2g}$，因此

$$H_1>H_2$$

由于断面 1—1 的总机械能高于断面 2—2 的总机械能，该段管道水流是从断面 1—1 流向断面 2—2。两断面间的水头损失

$$h_w=H_1-H_2=0.5\text{m}$$

如果再分析一下断面上的位能、压能和动能，位能 $z_1<z_2$；压能$\frac{p_1}{\gamma}>\frac{p_2}{\gamma}$；动能$\frac{\alpha_1 v_1^2}{2g}=\frac{\alpha_2 v_2^2}{2g}>\frac{\alpha_3 v_3^2}{2g}$，所以判别水流运动方向不能简单地根据位置的高低、流速的大小来决定，总机械能沿流程一定是减少的。

(二) 文丘里流量计

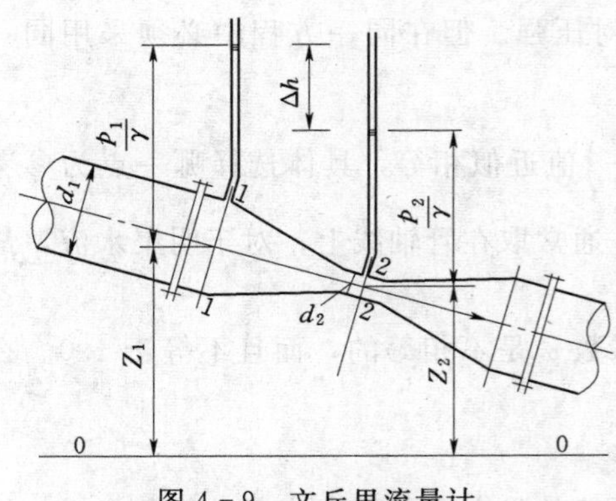

图 4-9　文丘里流量计

文丘里流量计是用于测量管道中流量大小的一种装置，它包括“收缩段”“喉管”和“扩散段”三部分，安装在需要测定流量的管段当中。在收缩段进口前断面 1—1 和喉管断面 2—2 上分别设测压孔，并接上测压管，如图 4-9所示。通过测量断面 1—1 及 2—2 的测压管水头差 Δh 值，就能计算出管道中通过的流量 Q，其基本原理就是恒定总流的能量方程。

若管道倾斜放置，取水平面 0—0 为基准面，对渐变流断面 1—1 及 2—2 写出总流的能量方程，即

$$z_1+\frac{p_1}{\gamma}+\frac{\alpha_1 v_1^2}{2g}=z_2+\frac{p_2}{\gamma}+\frac{\alpha_2 v_2^2}{2g}+h_w$$

因断面 1—1 与 2—2 相距很近，暂不计能量损失。若取 $\alpha_1=\alpha_2=1.0$，上式可整理为

$$\left(z_1+\frac{p_1}{\gamma}\right)-\left(z_2+\frac{p_2}{\gamma}\right)=\frac{v_2^2-v_1^2}{2g}$$

因为$\left(z_1+\frac{p_1}{\gamma}\right)-\left(z_2+\frac{p_2}{\gamma}\right)=\Delta h$，故

$$\Delta h=\frac{v_2^2-v_1^2}{2g} \tag{4-31}$$

根据连续方程式（3-18）可得

$$\frac{v_1}{v_2}=\frac{A_2}{A_1}=\left(\frac{d_2}{d_1}\right)^2$$

或

$$v_1=\left(\frac{d_2}{d_1}\right)^2 v_2 \tag{4-32}$$

将式（4-32）代入式（4-31），得

$$\Delta h=\frac{v_2^2}{2g}-\frac{v_2^2}{2g}\left(\frac{d_2}{d_1}\right)^4$$

则

$$v_2=\frac{1}{\sqrt{1-\left(\frac{d_2}{d_1}\right)^4}}\sqrt{2g\Delta h} \tag{4-33}$$

因此，通过文丘里流量计的流量为

$$Q'=A_2 v_2=\frac{\pi}{4}d_2^2\times\frac{\sqrt{2g}}{\sqrt{1-\left(\frac{d_2}{d_1}\right)^4}}\sqrt{\Delta h}$$

令

$$k=\frac{\pi}{4}d_2^2\times\frac{\sqrt{2g}}{\sqrt{1-\left(\frac{d_2}{d_1}\right)^4}} \tag{4-34}$$

则

$$Q'=k\sqrt{\Delta h} \tag{4-35}$$

因以上分析没有考虑水头损失，而实际上由于 1—1 和 2—2 两个断面之间有能量损失存在，通过文丘里流量计的实际流量 Q 应小于式（4-35）的值。通常在式（4-35）中乘以一个小于 1 的系数 μ 来修正，则实际流量为

$$Q=\mu k\sqrt{\Delta h} \tag{4-36}$$

式中：μ 为文丘里管流量系数。

μ 值随流动情况和管道收缩的几何形状而不同，使用文丘里管时应事先加以率定。k 值取决于水管直径 d_1 和管直径 d_2，可以预先算出。当已知 μ 和 k 值，通过实测断面 1—1 和 2—2 的测压管液面差 Δh，由式（4-36）即可算出管道中通过的流量。实用上，通常

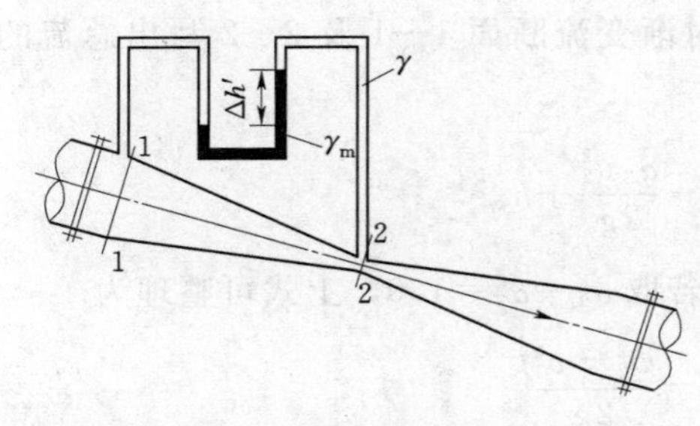

图 4-10　安装水银压差计的文丘里流量计

是通过试验来绘制 $Q-\Delta h$ 关系曲线，以备直接查用。

如果断面 1—1 及 2—2 的动水压强很大，这时在文丘里管上可直接安装水银压差计，如图 4-10 所示。如果管道中的液体是水，压差计中的液体为水银，由压差计原理可得

$$\Delta h=12.6\Delta h'$$

此时式（4-36）可写成

$$Q=\mu k\sqrt{12.6\Delta h'} \tag{4-37}$$

式中：$\Delta h'$ 为水银压差计中的两支水银液面高差。

（三）孔口恒定出流

在盛有液体的容器上开孔后，液体会通过孔口流出容器，这种流动现象称为孔口出流。例如，水利工程中水库多级卧管的放水孔，船闸闸室的充水或放水孔，给水排水工程中的各类取水、泄水孔口中的水流等。当容器中的液面保持恒定不变时（有液体补充），通过孔口的流动是恒定流。在工程上，通常需要确定孔口的过水能力，即孔口出流的流量。应用恒定总流的能量方程即可确定孔口恒定出流的流量。

如图 4-11 所示，在水箱侧壁上开一个直径为 d 的孔口，在水头 H 的作用下，水流从孔口流出。当水箱的容积很大时，远离孔口的地方流速较小，而且流线近似于平行直线，水流流向孔口时流线发生急剧收缩。如果水箱壁厚较小，孔壁与水股的接触面只有一条周界线，孔壁厚度不影响孔口出流，这种孔口称为薄壁孔口。水流通过孔口时，由于流线不能是折线，水股继续收缩。若水流经孔口后直接流入大气（即自由出流），水股在距孔口 $\frac{1}{2}d$ 的断面 c—c 处收缩到最小值。随后由于空气阻力的影响，流速减小，水股断面又开始扩散。断面 c—c 称为收缩断面，该断面上流线是近似平行直线，可视为渐变流断面。当水箱水位保持不变时，属孔口恒定出流，以通过孔口中心的水平面为基准面 0—0，选渐变流过水断面 1—1 及 c—c，写出能量方程，即

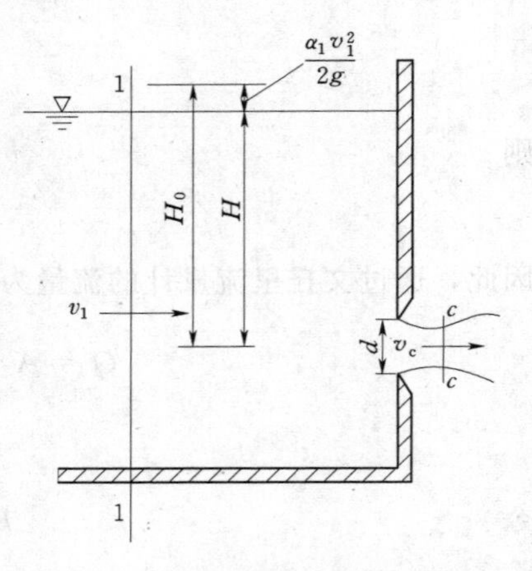

图 4-11　孔口恒定出流示意图

$$z_1+\frac{p_1}{\gamma}+\frac{\alpha_1 v_1^2}{2g}=z_c+\frac{p_c}{\gamma}+\frac{\alpha_c v_c^2}{2g}+h_{w1-c}$$

对断面 1—1，取自由面上一点计算，$z_1=H$，$\frac{p_1}{\gamma}=0$。断面 c—c 取中心点计算，$z_c=0$，对于小孔口$\left(\frac{d}{H}\leqslant 0.1\right)$断面 c—c 上各点压强近似等于大气压强，于是$\frac{p_c}{\gamma}=0$，上式可写为

$$H+\frac{\alpha_1 v_1^2}{2g}=\frac{\alpha_c v_c^2}{2g}+h_{w1-c} \tag{4-38}$$

h_{w1-c}是孔口出流的水头损失，一般可用一个系数与流速水头的乘积来表示，即

$$h_{w1-c}=\zeta_c\frac{v_c^2}{2g} \tag{4-39}$$

ζ_c称为孔口出流的水头损失系数

令
$$H+\frac{\alpha_1 v_1^2}{2g}=H_0 \tag{4-40}$$

H_0又称为孔口总水头。将式（4-39）、式（4-40）代入式（4-38），得

$$H_0=(\alpha_c+\zeta_c)\frac{v_c^2}{2g}$$

或
$$v_c=\frac{1}{\sqrt{\alpha_c+\zeta_c}}\sqrt{2gH_0}=\varphi\sqrt{2gH_0} \tag{4-41}$$

其中$\varphi=\frac{1}{\sqrt{\alpha_c+\zeta_c}}\approx\frac{1}{\sqrt{1+\zeta_c}}$称为流速系数，表示无能量损失时断面 $c—c$ 的流速值$\sqrt{2gH_0}$与实际流速 v_c之比。设 A 为孔口面积，A_c为收缩断面 $c—c$ 的面积，两者之比$\frac{A_c}{A}=\varepsilon<1.0$，称 ε 为孔口收缩系数。因此，利用式（4-41）得孔口出流的流量为

$$Q=A_c v_c=\varepsilon A\varphi\sqrt{2gH_0}=\mu A\sqrt{2gH_0} \tag{4-42}$$

式中：μ 为孔口出流的流量系数，$\mu=\varepsilon\varphi$。对于小孔口的自由出流，通过实验测得 $\varepsilon=0.63\sim0.64$，$\varphi=0.97\sim0.98$，$\mu=0.61\sim0.63$。一般可取流量系数 $\mu=0.62$。不同边界形式孔口出流的 ε、φ 及 μ 值可通过实验确定或参考有关手册选取。

（四）管嘴恒定出流

在容器孔口处接上断面与孔口形状相同，长度为 $(3\sim4)d$ 的短管（d 为短管内径），这样的短管称为管嘴。液体流经管嘴并且在出口断面满管流出的流动现象称为管嘴出流。在与孔口直径相同的情况下，管嘴的过水能力比孔口要大。所以，在实际工程中，常用管嘴来增加泄流量。如坝内的泄水孔、渠道侧壁上的放水孔及水力机械喷枪中的流动等。若容器内液面保持不变，则为管嘴恒定出流。

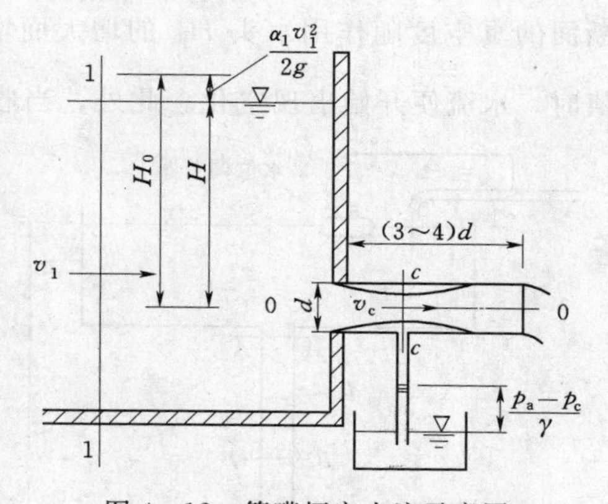

图 4-12　管嘴恒定出流示意图

在图 4-11 中接一个直径为 d 的圆柱形外管嘴，如图 4-12 所示。与孔口出流类似，水流进入管嘴后流线继续收缩，在断面 $c—c$ 处形成收缩断面，然后流股再逐渐扩散到全断面，从管嘴出口满管流出。在断面 $c—c$ 处，流股与管壁脱离形成环状真空区，动水压强 p_c 小于大气压强 p_a。现采用孔口出流的分析方法，以过管嘴中心的水平面为基准面 0—0，写出断面 1—1 及 $c—c$ 的能量方程

$$H+\frac{p_a}{\gamma}+\frac{\alpha_1 v_1^2}{2g}=0+\frac{p_c}{\gamma}+\frac{\alpha_c v_c^2}{2g}+\zeta_c\frac{v_c^2}{2g} \tag{4-43}$$

同样，令 $H+\frac{\alpha_1 v_1^2}{2g}=H_0$，$\varphi=\frac{1}{\sqrt{\alpha_c+\zeta_c}}$，$\frac{A_c}{A}=\varepsilon$，$\varphi\varepsilon=\mu$，则从式（4-43）解出

$$v_c=\varphi\sqrt{2g\left(H_0+\frac{p_a-p_c}{\gamma}\right)} \tag{4-44}$$

通过管嘴的流量为

$$Q=A_c v_c=\varepsilon A\varphi\sqrt{2g\left(H_0+\frac{p_a-p_c}{\gamma}\right)}$$

或

$$Q=\mu A\sqrt{2g\left(H_0+\frac{p_a-p_c}{\gamma}\right)} \tag{4-45}$$

将管嘴出流的式（4-45）与孔口出流的式（4-42）进行比较。在水头 H 一定，孔口的形状、面积相同的情况下，其收缩系数 ε、流速系数 φ 及流量系数 μ 两者基本相同，而管嘴的有效水头增大了 $\frac{p_a-p_c}{\gamma}$，故管嘴出流的流量比孔口出流要大。因 $\frac{p_a-p_c}{\gamma}$ 是断面 $c—c$ 上的真空度，可见管嘴流量增大的原因是由于管内真空区的存在，对水箱来流产生抽吸作用的结果。为了保证收缩断面处有真空存在，管嘴必须有一定长度。但如果管嘴过长，由于管段的阻力加大，管嘴增大流量的作用会减弱。为了保持管嘴正常出流，管嘴长度应取 $(3\sim4)d$。

对于圆柱形外管嘴，理论分析及实验研究的结果表明 $\frac{p_a-p_c}{\gamma}=0.75H_0$。可见，收缩断面的真空度随作用水头 H_0 的增大而增加。当 $\frac{p_a-p_c}{\gamma}$ 小于饱和蒸汽压的真空值一定数值时，水流便开始出现空化。此外，当收缩断面压强较低时，将会从管嘴出口处吸入空气，从而使收缩断面处的真空值遭到破坏，管嘴内的流动变为孔口自由出流，出流能力降低。根据实验研究，管嘴正常工作时收缩断面的最大真空度 $\frac{p_a-p_c}{\gamma}\leqslant 7\text{m}$。因此，作用水头应该满足的条件为 $H_0\leqslant 9.33\text{m}$。

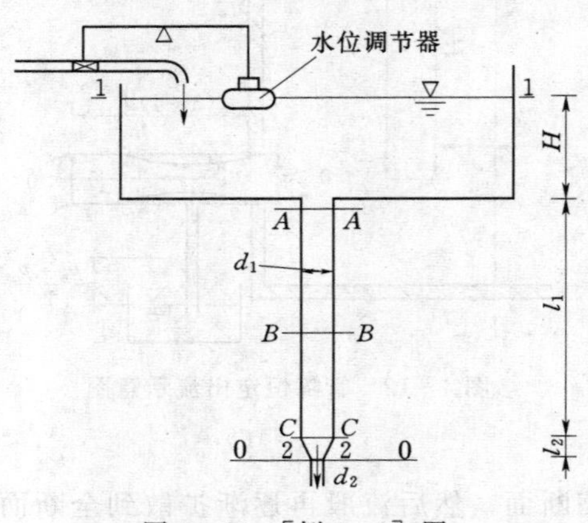

图 4-13 ［例 4-1］图

【例 4-1】 设水流从水箱经铅垂圆管流入大气，如图4-13所示。水箱储水深度由水位调节器控制，已知 $H=3\text{m}$，管径 $d_1=75\text{mm}$，管长 $l_1=16\text{m}$，锥形管出口直径 $d_2=50\text{mm}$，管长 $l_2=0.1\text{m}$。水箱水面面积很大，若不计流动过程中的能量损失，试求断面 $A—A$、$B—B$、$C—C$ 的压强水头各为多少？（注，$A—A$ 位于管道进口，$B—B$ 位于竖管 l_1 中间，$C—C$ 位于锥形管进口前。）

解 取过水断面1—1及2—2，以通过锥形管出口处的水平面为基准面0—0，写出恒定总流的能量方程：

$$(H+l_1+l_2)+0+\frac{\alpha_1 v_1^2}{2g}=0+0+\frac{\alpha_2 v_2^2}{2g}+h_{w1-2}$$

取$\alpha_1=\alpha_2=1.0$，因$A_1\gg A_2$，$\frac{\alpha_1 v_1^2}{2g}$可略去不计，且取$h_{w1-2}=0$，得

$$H+l_1+l_2=\frac{v_2^2}{2g}$$

锥形管出口处水流速度为

$$v_2=\sqrt{2g(H+l_1+l_2)}=\sqrt{2\times 9.8(3+16+0.1)}=19.35(\text{m/s})$$

根据恒定总流连续方程$v_A A_A=v_2 A_2$，断面$A—A$的平均流速为

$$v_A=v_2\left(\frac{d_2}{d_1}\right)^2=19.35\times\left(\frac{0.05}{0.075}\right)^2=8.60(\text{m/s})$$

对断面1—1及$A—A$写总流能量方程，得断面$A—A$压强水头为

$$\frac{p_A}{\gamma}=H-\frac{\alpha v_A^2}{2g}=3-\frac{1.0\times 8.60^2}{2\times 9.8}=-0.77(\text{m})$$

由于竖管过水断面面积$A_A=A_B=A_C$，根据恒定总流的连续方程得$v_A=v_B=v_C$。同理，对断面1—1及$B—B$写总流能量方程，可得断面$B—B$压强水头为

$$\frac{p_B}{\gamma}=\left(H+\frac{l_1}{2}\right)-\frac{\alpha v_B^2}{2g}=3+\frac{16}{2}-\frac{1.0\times 8.60^2}{2\times 9.8}=7.23(\text{m})$$

对断面1—1及$C—C$写总流能量方程，得断面$C—C$压强水头为

$$\frac{p_c}{\gamma}=(H+l_1)-\frac{\alpha v_C^2}{2g}=3+16-\frac{1.0\times 8.60^2}{2\times 9.8}=15.23(\text{m})$$

根据以上计算结果，请进一步分析水流运动过程中，位能、压能和动能之间的相互转化关系。如果计入能量损失，情况又会如何？

【例4-2】 有一股水流从直径$d_2=25\text{mm}$的喷嘴垂直向上射出，如图4-14所示。水管直径$d_1=100\text{mm}$，压力表读数M为29400N/m^2。若水流经过喷嘴的能量损失为0.5m，且射流不裂碎分散。求喷嘴的射流量Q及水股最高能达到的高度h（不计水股在空气中的能量损失）。

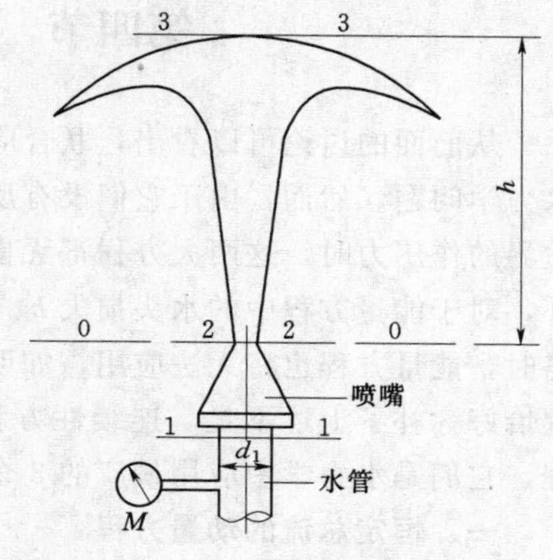

图4-14 ［例4-2］图

解 取喷嘴进口前的过水断面1—1及出口后的过水断面2—2，以过断面2—2的水平面为基准面0—0，因断面1—1和2—2相距很近，可不计两断面间的高差。写出恒定总流的能量方程：

$$0+\frac{p_1}{\gamma}+\frac{\alpha_1 v_1^2}{2g}=0+0+\frac{\alpha_2 v_2^2}{2g}+h_{w1-2}$$

利用连续方程 $v_1A_1=v_2A_2$，得 $v_1=v_2\left(\frac{d_2}{d_1}\right)^2$。取 $\alpha_1=\alpha_2=1.0$，上式可写成

$$\frac{v_2^2}{2g}\left[\left(\frac{d_2}{d_1}\right)^4-1\right]=h_{w1-2}-\frac{p_1}{\gamma}$$

代入已知数据解得喷嘴出口流速：

$$v_2=\sqrt{2g\frac{h_{w1-2}-\frac{p_1}{\gamma}}{\left(\frac{d_2}{d_1}\right)^4-1}}=\sqrt{2\times 9.8\frac{0.5-\frac{29400}{9800}}{\left(\frac{0.025}{0.10}\right)^4-1}}=7.01(\text{m/s})$$

喷嘴射流量：

$$Q=A_2v_2=\frac{\pi}{4}d_2^2v_2=\frac{3.14}{4}\times 0.025^2\times 7.01=3.44(\text{L/s})$$

取水股喷至最高点为过水断面 3—3，该断面上水质点流速为零。仍以 0—0 为基准面，对断面 2—2 及 3—3 写出能量方程：

$$0+0+\frac{\alpha_2 v_2^2}{2g}=h+0+\frac{\alpha_3 v_3^2}{2g}+0$$

因为

$$\frac{\alpha_3 v_3^2}{2g}=0$$

所以水股喷射高度：

$$h=\frac{\alpha_2 v_2^2}{2g}=\frac{1.0\times 7.01^2}{2\times 9.8}=2.51(\text{m})$$

请进一步思考：如果将喷嘴旋转到与水平线成夹角 $\alpha=30°$位置，如图 4-15 所示，请问喷嘴射流量 Q 及水股喷射到最高点的高度 h 是否变化？为什么？

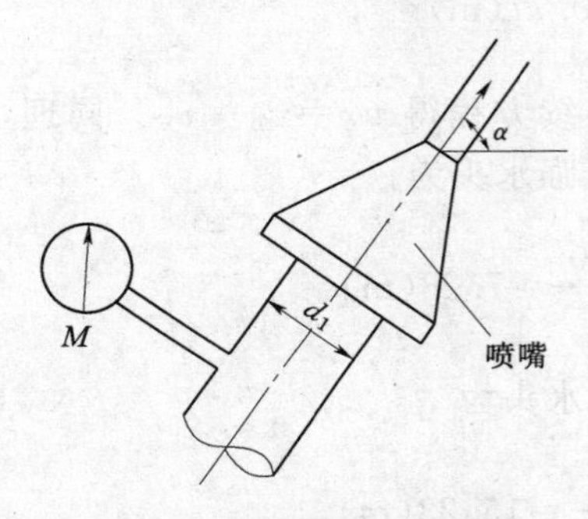

图 4-15　喷嘴倾斜示意图

第四节　恒定总流动量方程

从前面的讨论可以看出，联合应用恒定总流的连续性方程和能量方程，可以解决许多水力学问题。然而，由于它们没有反映水流与边界作用力之间的关系，在需要确定水流对边界的作用力时，这两大方程都无能为力，如求解水流对弯管的作用力（图 4-16）。另外，对于能量方程中的水头损失 h_w，当某种流动的 h_w 难以确定，而其数值较大又不能忽略时，能量方程也将无法应用，如明渠中水跃的计算（图 4-17）。而恒定总流的动量方程恰好弥补了上述不足。连续性方程、能量方程和动量方程又统称为水力学三大基本方程，它们是水力学中应用最广的 3 个主要方程。

一、恒定总流的动量方程

由物理学已知，动量定律可表述为：单位时间内物体的动量变化等于作用于该物体所

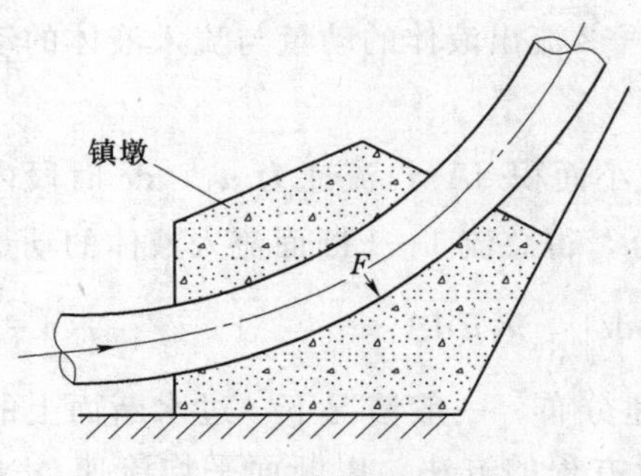

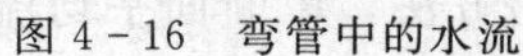

图 4-16　弯管中的水流

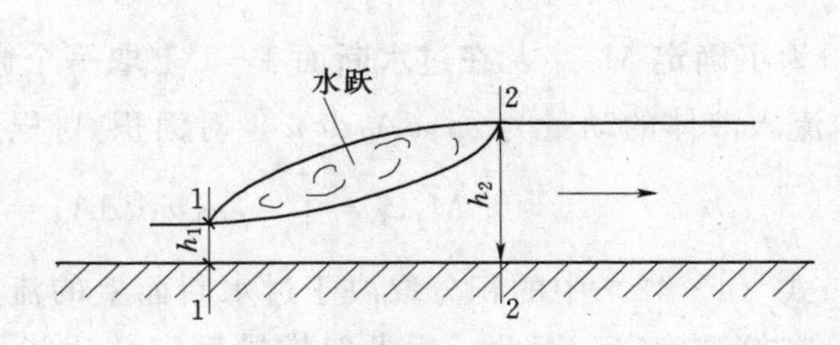

图 4-17　水跃示意图

有外力的合力。以 m 表示物体的质量，$\vec{v}$ 表示物体运动的速度，则物体的动量为 $\vec{M}=m\vec{v}$。动量的变化就是 $(\vec{M}_2-\vec{M}_1)=(m\vec{v}_2-m\vec{v}_1)$，若以 $\sum\vec{F}$ 表示作用于物体上所有外力的合力。那么动量定律可写为

$$\frac{\vec{M}_2-\vec{M}_1}{\Delta t}=\sum\vec{F}$$

或

$$\Delta\vec{M}=\sum\vec{F}\Delta t \tag{4-46}$$

依据动量定律式（4-46），现推导恒定总流的动量方程。

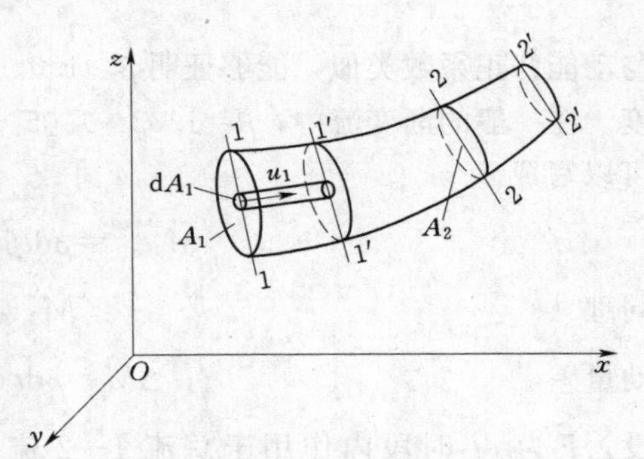

图 4-18　恒定总流动量方程分析图

设有一恒定总流，取渐变流过水断面 1—1 及 2—2 为控制断面，面积分别为 A_1 和 A_2，断面平均流速为 v_1 和 v_2，液体由断面 1—1 流向断面 2—2，两断面间没有汇流或分流，如图 4-18 所示。在 dt 时刻初，用断面 1—1 及 2—2 截取出一个流段 1—2（或称为控制体），它所具有的动量为 $\vec{M}_{1-2}$。经过微小时段 dt 后，该流段运动到新的位置 1′—2′，此时它所具有的动量为 $\vec{M}_{1'-2'}$。dt 时段内该流段动量的变化为

$$\Delta\vec{M}=\vec{M}_{1'-2'}-\vec{M}_{1-2}$$

$\vec{M}_{1'-2'}$ 可以看作是 1′—2 和 2—2′两个流段的动量之和，即

$$\vec{M}_{1'-2'}=\vec{M}_{1'-2}+\vec{M}_{2-2'}$$

同理

$$\vec{M}_{1-2}=\vec{M}_{1-1'}+\vec{M}_{1'-2}$$

虽然 $\vec{M}_{1'-2}$ 分别相应于两个不同时刻，因流动是不可压缩液体的恒定流，在断面 1′—1′与断面 2—2 之间的液体，其质量和流速均不随时间改变，即动量 $\vec{M}_{1'-2}$ 不随时间改变，所以 1—2 流段在 dt 时间内的动量变化实际上可写为

$$\Delta\vec{M}=\vec{M}_{2-2'}-\vec{M}_{1-1'} \tag{4-47}$$

$\vec{M}_{2-2'}$ 是 dt 时段内从断面 2—2 流出液体的动量；而 $\vec{M}_{1-1'}$ 是 dt 时段内由断面 1—1 流入液

体的动量。因此，$\Delta \vec{M}$就等于 $\mathrm{d}t$ 时段内从控制体 1—2 流出液体的动量与流入液体的动量之差。

为了确定 $\vec{M}_{1-1'}$，在过水断面 1—1 上取一个微小面积 $\mathrm{d}A_1$，流速为 u_1，$\mathrm{d}t$ 时段内由 $\mathrm{d}A_1$流入液体的动量为 $\rho u_1 \mathrm{d}A_1 \mathrm{d}t\, \vec{u}$，对面积 A_1 积分，得总流 1—1 断面流入液体的动量为

$$\vec{M}_{1-1'} = \int_{A_1} \rho u_1 \vec{u}\, \mathrm{d}t\, \mathrm{d}A_1 = \rho \mathrm{d}t \int_{A_1} u_1 \vec{u}\, \mathrm{d}A_1 \tag{4-48}$$

式（4-48）中的积分取决于过水断面上的流速分布。一般情况下，过水断面上的流速分布较难确定。因此，用类似推导恒定总流能量方程的方法，以断面平均流速 v 来代替 u，所造成的误差以动量修正系数 β 来修正。

令
$$\beta = \frac{\int_A u\vec{u}\, \mathrm{d}A}{v\vec{v}A} \tag{4-49}$$

β 代表了实际动量与按断面平均流速计算的动量之比。在渐变流过水断面上，各点的流速 u 几乎平行且和断面平均流速 v 的方向基本一致，故

$$\beta = \frac{\int_A u^2 \mathrm{d}A}{v^2 A} \tag{4-50}$$

与动能修正系数类似，能够证明 $\beta \geqslant 1.0$。β 值的大小也取决于过水断面上流速分布的均匀程度。在一般的渐变流中，$\beta = 1.02 \sim 1.05$。为计算方便，通常取 $\beta = 1.0$。这样式（4-48）就可以写成

$$\vec{M}_{1-1'} = \rho \mathrm{d}t \beta_1 \vec{v}_1 v_1 A_1 = \rho \mathrm{d}t \beta_1 \vec{v}_1 Q_1$$

同理
$$\vec{M}_{2-2'} = \rho \mathrm{d}t \beta_2 \vec{v}_2 Q_2$$

动量差
$$\Delta \vec{M} = \rho \mathrm{d}t (\beta_2 \vec{v}_2 Q_2 - \beta_1 \vec{v}_1 Q_1) \tag{4-51}$$

设$\sum \vec{F}$为 $\mathrm{d}t$ 时段内作用于总流 1—2 流段上所有外力之和。因为流量 $Q_1 = Q_2 = Q$，将式（4-51）代入式（4-46）得

$$\rho Q (\beta_2 \vec{v}_2 - \beta_1 \vec{v}_1) = \sum \vec{F} \tag{4-52}$$

这就是不可压缩液体恒定总流的动量方程。它表示两个控制断面之间的恒定总流，在单位时间之内流出该段的液体所具有的动量与流入该段的液体所具有的动量之差，等于作用在所取控制体上各外力的合力。

总流的动量方程是一个矢量方程式。为了计算方便，在直角坐标中常采用分量形式，即

$$\left.\begin{aligned} \rho Q (\beta_2 v_{2x} - \beta_1 v_{1x}) &= \sum F_x \\ \rho Q (\beta_2 v_{2y} - \beta_1 v_{1y}) &= \sum F_y \\ \rho Q (\beta_2 v_{2z} - \beta_1 v_{1z}) &= \sum F_z \end{aligned}\right\} \tag{4-53}$$

式中：ρ 为液体的密度；v_{1x}、v_{1y}、v_{1z} 和 v_{2x}、v_{2y}、v_{2z} 分别为 v_1、v_2 在 x、y、z 轴方向的分量；$\sum F_x$、$\sum F_y$、$\sum F_z$ 为作用在控制体上所有外力分别在 x、y、z 轴投影的代数和，不考虑 β 在 x、y、z 轴方向的变化。

从恒定总流动量方程的推导过程可知，该方程的应用条件为：

(1) 不可压缩液体，恒定流。

(2) 两端的控制断面必须选在均匀流或渐变流区域，但两个断面之间可以有急变流存在。

(3) 在所取的控制体中，有动量流进流出的过水断面各自只有一个，否则，动量方程式（4-52）不能直接应用。

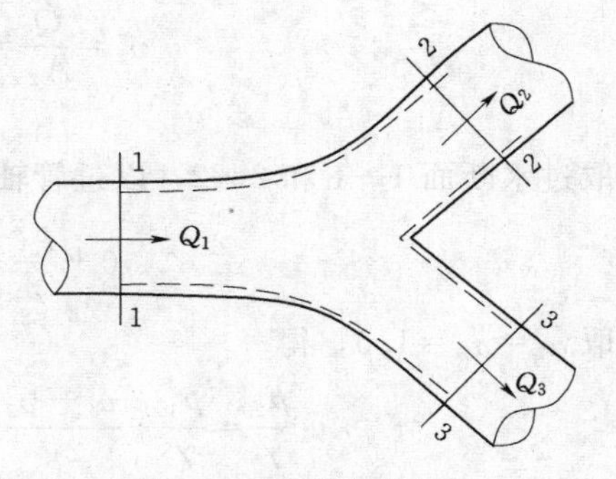

图4-19　分流示意图

图4-19为一个分叉管道，取控制体如图4-19中虚线所示，可见，有动量流出的断面是两个，即断面2—2及3—3，有动量流入的是断面1—1，在这种情况下，动量方程可以修改为

$$(\rho Q_2\beta_2\vec{v}_2+\rho Q_3\beta_3\vec{v}_3)-\rho Q_1\beta_1\vec{v}_1=\sum\vec{F} \tag{4-54}$$

式（4-54）也可写成坐标轴上的投影形式。

二、动量方程的应用

动量方程是水力学中最主要的基本方程之一。由于它是一个矢量方程，在应用中要注意以下几点：

(1) 首先要选取控制体。一般是取总流的一段来研究，其过水断面应选在均匀流或渐变流区域。因控制体的周界上均作用着大气压强，而任何一个大小相等的应力分布对任一封闭体的合力为零，所以动水压强用相对压强计算。

(2) 全面分析控制体的受力情况。既要做到所有的外力一个不漏，又要考虑哪些外力可以忽略不计。对于待求的未知力，可以预先假定一个方向，若计算结果该力的数值为正，表明原假设方向正确；当所求得的数值为负时，表明实际方向与原假设方向相反。为了便于计算，应在控制体上标出全部作用力的方向。

(3) 实际计算中，一般采用动量方程在坐标轴的投影形式。所以写动量方程时，必须先确定坐标轴，然后要弄清流速和作用力投影的正负号。凡是与坐标轴的正向一致者取正号，反之取负号。坐标轴是可以任意选择的，以计算简便为宜。

(4) 方程式中的动量差，必须是流出的动量减去流入的动量，两者切不可颠倒。

(5) 动量方程只能求解一个未知数。当有两个以上未知数时，应借助于连续性方程及能量方程联合求解。在计算中，一般可取 $\beta_1=\beta_2=1.0$。

下面举例说明动量方程的应用。

1. 确定水流对弯管的作用力

【例4-3】　某有压管道中有一段渐缩弯管，如图4-20（a）所示。弯管的轴线位于水平面内，已知断面1—1形心点的压强 $p_1=98\text{kN/m}^2$，管径 $d_1=200\text{mm}$，管径 $d_2=150\text{mm}$，转角 $\theta=60°$，管道中流量 $Q=100\text{L/s}$。若不计弯管的水头损失，求水流对弯管的作用力。

解　由连续性方程 $v_1A_1=v_2A_2=Q$，得

$$v_1=\frac{Q}{A_1}=\frac{100\times10^{-3}}{\frac{3.14}{4}\times0.2^2}=3.18(\text{m/s})$$

$$v_2=\frac{Q}{A_2}=\frac{100\times10^{-3}}{\frac{3.14}{4}\times0.15^2}=5.66(\mathrm{m/s})$$

取过水断面 1—1 和 2—2，以过管轴线的水平面为基准面，写出能量方程为

$$0+\frac{p_1}{\gamma}+\frac{\alpha_1 v_1^2}{2g}=0+\frac{p_2}{\gamma}+\frac{\alpha_2 v_2^2}{2g}+0$$

取 $\alpha_1=\alpha_2=1.0$，得

$$\frac{p_2}{\gamma}=\frac{p_1}{\gamma}+\frac{v_1^2-v_2^2}{2g}=\frac{98000}{9800}+\frac{3.18^2-5.66^2}{2\times9.8}=8.88(\mathrm{m})$$

故断面 2—2 形心点的压强为

$$p_2=8.88\times9800=87.02(\mathrm{kN/m^2})$$

(1) 在弯管内，取过水断面 1—1 与 2—2 之间的水体为控制体，且选取水平面为 xOy 坐标平面，如图 4-20 (b) 所示。

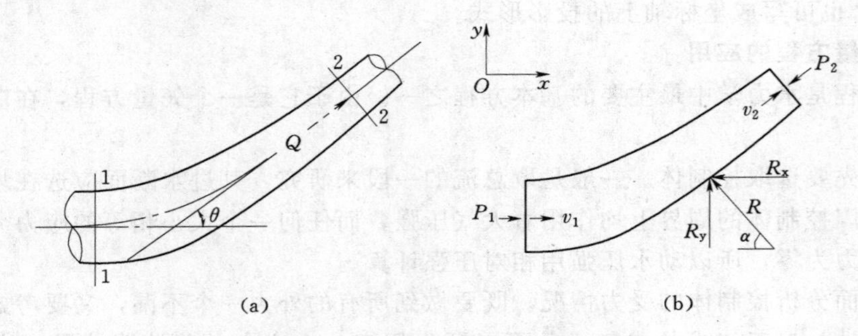

图 4-20 ［例 4-3］图

(2) 分析控制体所受的全部外力，并且在控制体上标出各力的作用方向。因控制体的重力 G 沿铅垂方向，故在 xOy 平面上的投影为零。两端过水断面上的动水压力 P_1 及 P_2 为

$$P_1=p_1A_1=98000\times\frac{\pi}{4}\times0.2^2=3077.2(\mathrm{N})$$

$$P_2=p_2A_2=87020\times\frac{\pi}{4}\times0.15^2=1537.0(\mathrm{N})$$

管壁对控制体的作用力 $\vec{R}$。这是待求力的反作用力，以相互垂直的分量 R_x、R_y 表示，假定其方向如图 4-20 (b) 所示。

(3) 用动量方程计算管壁对控制体的作用力 $\vec{R}$。写 x 方向的动量方程，有

$$\rho Q(\beta_2 v_2\cos\theta-\beta_1 v_1)=P_1-P_2\cos\theta-R_x$$

取 $\beta_1=\beta_2=1.0$，得

$$\begin{aligned}R_x&=P_1-P_2\cos\theta-\rho Q(v_2\cos\theta-v_1)\\&=3077.2-1537.0\cos60^\circ-1000\times0.1(5.66\cos60^\circ-3.18)\\&=2343.7(\mathrm{N})\end{aligned}$$

写 y 方向的动量方程，有

$$\rho Q(\beta_2 v_2 \sin\theta - 0) = -P_2 \sin\theta + R_y$$

取 $\beta_2=1.0$，得

$$\begin{aligned} R_y &= \rho Q v_2 \sin\theta + P_2 \sin\theta \\ &= 1000\times0.1\times5.66\sin60° + 1537.0\sin60° \\ &= 1821.3(\text{N}) \end{aligned}$$

R_x、R_y的计算结果均为正值，说明管壁对控制体作用力的实际方向与假定方向相同。合力的大小

$$R=\sqrt{R_x^2+R_y^2}=\sqrt{2343.7^2+1821.3^2}=2968.2(\text{N})$$

合力与 x 轴的夹角

$$\alpha=\arctan\frac{R_y}{R_x}=\arctan\frac{1821.3}{2343.7}=37°51'$$

(4) 计算水流对弯管的作用力$\vec{F}$。$\vec{F}$与$\vec{R}$大小相等，方向相反，而且作用线相同。作用力 $\vec{F}$ 直接作用在弯管上，对管道有冲击破坏作用，为此应在弯管段设置混凝土支座来抵抗这种冲击力。

2. 确定水流对平板闸门的作用力

【例 4-4】 在某平底矩形断面渠道中修建水闸，闸门与渠道同宽，采用矩形平板闸门且垂直启闭，如图 4-21 (a)所示。已知闸门宽度 $b=6\text{m}$，闸前水深 $H=5\text{m}$，当闸门开启高度 $e=1\text{m}$ 时，闸后收缩断面水深 $h_c=0.6\text{m}$，水闸泄流量 $Q=33.47\text{m}^3/\text{s}$。若不计水头损失，求过闸水流对平板闸门的推力。

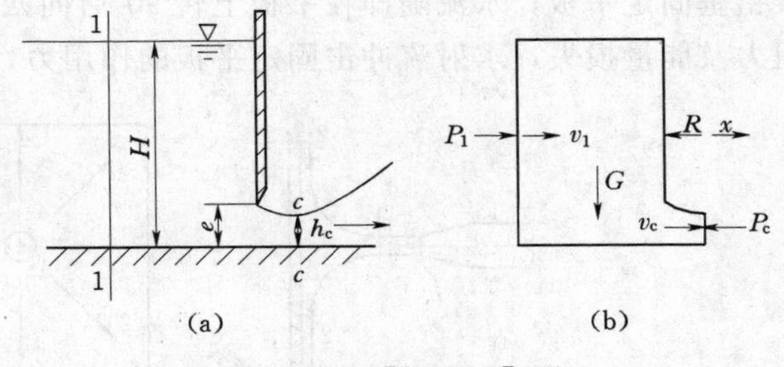

图 4-21 ［例 4-4］图

解 取渐变流过水断面 1—1 及 c—c，根据连续性方程 $v_1A_1=v_cA_c=Q$，可得

$$v_1=\frac{Q}{bH}=\frac{33.47}{6\times5}=1.12(\text{m/s})$$

$$v_c=\frac{Q}{bh_c}=\frac{33.47}{6\times0.6}=9.3(\text{m/s})$$

(1) 取过水断面 1—1、c—c 之间的全部水体为控制体，沿水平方向选取坐标 x 轴，如图 4-21 (b) 所示。

(2) 分析控制体的受力，并标出全部作用力的方向。

重力 G 沿垂直方向，故在 x 轴上无投影。断面 1—1 动水压力为

$$P_1=\frac{1}{2}\gamma H^2 b=\frac{1}{2}\times9800\times5^2\times6=735(\text{kN})$$

断面 c—c 动水压力为

$$P_c=\frac{1}{2}\gamma h_c^2 b=\frac{1}{2}\times9800\times0.6^2\times6=10.584(\text{kN})$$

设闸门对水流的反作用力为 $\vec{R}$，方向水平向左。

(3) 利用动量方程计算反作用力 $\vec{R}$。

写 x 方向的动量方程，有

$$\rho Q(\beta_2 v_c - \beta_1 v_1) = P_1 - P_c - R$$

取 $\beta_1 = \beta_2 = 1.0$，得

$$\begin{aligned} R &= P_1 - P_c - \rho Q(v_c - v_1) \\ &= 735 - 10.584 - 1 \times 33.47 \times (9.3 - 1.12) \\ &= 450.63(\text{kN}) \end{aligned}$$

因为求得的 $\vec{R}$ 为正值，说明假定的方向即为实际方向。

(4) 确定水流对平板闸门的推力 $\vec{R}'$。

$\vec{R}'$与 $\vec{R}$ 大小相等，方向相反，即 $\vec{R}' = 450.63\text{kN}$，方向水平向右。

下面请将本例题作进一步分析：当其他条件不变时，与按静水压强分布计算的结果进行比较，水流对闸门的作用力 $\vec{R}'$是否相同？原因何在？

3. 确定射流冲击固定表面的作用力

【例 4-5】 如图 4-22 (a) 所示，水流从管道末端的喷嘴水平射出，以速度 v 冲击某铅垂固定平板，水流随即在平板上转 90°后向四周均匀散开。若射流量为 Q，不计空气阻力及能量损失，求射流冲击固定平板的作用力。

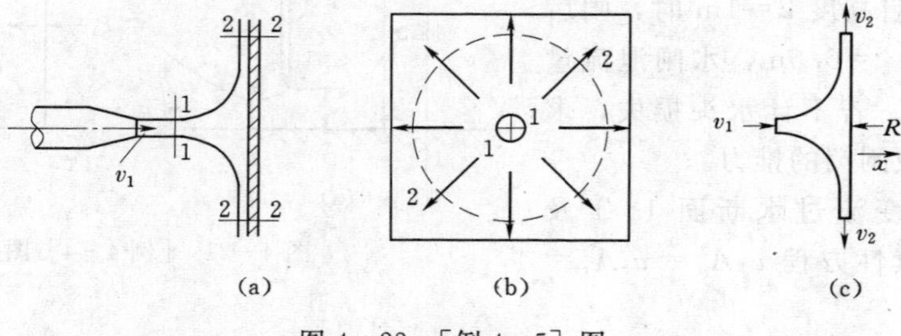

图 4-22 [例 4-5] 图

解 射流转向以前取过水断面 1—1，射流完全转向以后取过水断面 2—2 [是一个圆筒面，如图 4-22 (b) 所示]，取 1—1 与 2—2 之间的全部水体为控制体。沿水平方向取 x 轴，如图 4-22 (c) 所示。

写 x 方向的动量方程，有

$$\rho Q(\beta_2 v_{2x} - \beta_1 v_{1x}) = \sum F_x$$

因不计能量损失，由能量方程可得 $v_1 = v_2 = v$，流速在 x 轴上的投影 $v_{1x} = v$，$v_{2x} = 0$。分析控制体的受力，由于射流的周界及转向后的水流表面都处在大气中，可认为断面 1—1、2—2 的动水压强等于大气压强，故动水压力 $P_1 = P_2 = 0$。不计水流与空气、水流与平板的摩擦阻力。重力 G 与 x 轴垂直，$G_x = 0$。设平板作用于水流的反力为 $\vec{R}$，方向水平向左。取 $\beta_1 = \beta_2 = 1.0$。因此可得

$$\rho Q(0 - v) = -R$$

即 $$\vec{R}=\rho Qv$$

因计算结果 $\vec{R}$ 为正值，说明原假定方向即为实际方向。射流作用在固定平板上的冲击力 $\vec{R}'$ 与 $\vec{R}$ 大小相等，方向相反，即 $\vec{R}'$ 水平向右且与射流速度 $\vec{v}$ 的方向一致。

如果射流冲击的是一块垂直固定的凹面板（图 4-23），取射流转向以前的过水断面 1—1 和完全转向后的过水断面 2—2（是一个环形断面）之间的全部水体为控制体，写出 x 方向的动量方程，有

$$\rho Q(\beta_2 v_{2x}-\beta_1 v_{1x})=\sum F_x$$

同样分析可得

$$R=\rho Qv(1-\cos\theta)$$

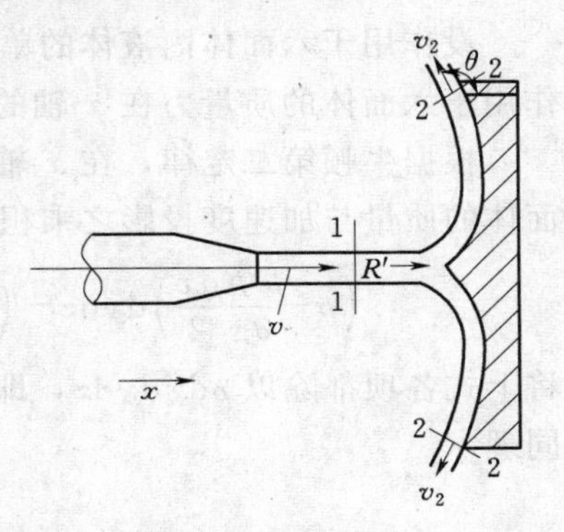

图 4-23 射流示意图

射流作用在凹面板上的冲击力 $\vec{R}'$ 与 $\vec{R}$ 大小相等，方向相反，即 $\vec{R}'$ 水平向右且与射流速度 v 的方向一致，如图 4-23 所示。θ 是指凹面板末端切线与 x 轴的夹角，由于 $\theta>\frac{\pi}{2}$，故 $\cos\theta$ 为负值，所以作用于凹面板上的冲击力大于作用于平板上的冲击力。当 $\theta=\pi$ 时，即射流转向 180°，此时射流对凹面板的冲击力是平板的 2 倍。

第五节 理想液体运动微分方程及积分

液体的运动规律涉及力，在研究理想液体运动时，首先要了解理想液体中的应力。因为理想液体没有黏滞性，所以液体运动时不产生切应力，表面力只有压应力，即动水压强。理想液体的动水压强与静水压强一样亦具有两个特性：第一，动水压强的方向总是沿着作用面的内法线方向；第二，任意一点的动水压强大小与作用面的方位无关，即一点上各方向的动水压强大小相等。动水压强只是位置坐标和时间的函数，即 $p=p(x,y,z,t)$。证明从略。

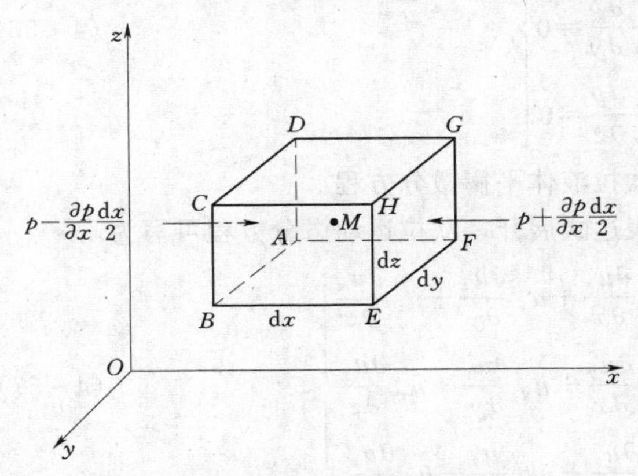

图 4-24 理想液体运动微分方程分析示意图

一、理想液体的运动微分方程

液体是一种物质，在运动过程中亦必须遵循牛顿第二定律。下面应用牛顿第二定律建立理想液体的运动微分方程。

设在理想液体流场中，任取一点 $M(x,y,z)$，该点的动水压强为 $p(x,y,z,t)$，速度为 (u_x,u_y,u_z)。以 M 为中心，取微小平行六面体，如图 4-24 所示。六面体的各边长分别为 dx、dy、dz，分别平行于 x、y、z 轴。设液体为均质，密度为 ρ。

作用于六面体上的力有两种：表面力和质量力。

因为是理想液体，表面力只有动水压力。六面体上形心点的压强仍采用泰勒级数并略去二阶以上小量而得。作用于六面体 $ABCD$ 和 $EFGH$ 面上的压力分别为 $\left(p-\frac{\partial p}{\partial x}\frac{\mathrm{d}x}{2}\right)\mathrm{d}y\mathrm{d}z$ 和 $\left(p+\frac{\partial p}{\partial x}\frac{\mathrm{d}x}{2}\right)\mathrm{d}y\mathrm{d}z$。

设作用于六面体内液体的单位质量力在 x、y、z 轴上的分量分别为 f_x、f_y、f_z，则作用于六面体的质量力在 x 轴的分量为 $f_x\rho\mathrm{d}x\mathrm{d}y\mathrm{d}z$。

根据牛顿第二定律，在 x 轴方向，所有作用于六面体上的力投影的代数和应等于六面体的质量与加速度投影之乘积，即

$$\left(p-\frac{\partial p}{\partial x}\frac{\mathrm{d}x}{2}\right)\mathrm{d}y\mathrm{d}z-\left(p+\frac{\partial p}{\partial x}\frac{\mathrm{d}x}{2}\right)\mathrm{d}y\mathrm{d}z+f_x\rho\mathrm{d}x\mathrm{d}y\mathrm{d}z=\rho\mathrm{d}x\mathrm{d}y\mathrm{d}z\ \frac{\mathrm{d}u_x}{\mathrm{d}t}$$

将上式各项都除以 $\rho\mathrm{d}x\mathrm{d}y\mathrm{d}z$，即对单位质量而言，化简得
同理

$$\left.\begin{aligned}f_x-\frac{1}{\rho}\frac{\partial p}{\partial x}=\frac{\mathrm{d}u_x}{\mathrm{d}t}\\ f_y-\frac{1}{\rho}\frac{\partial p}{\partial y}=\frac{\mathrm{d}u_y}{\mathrm{d}t}\\ f_z-\frac{1}{\rho}\frac{\partial p}{\partial z}=\frac{\mathrm{d}u_z}{\mathrm{d}t}\end{aligned}\right\}\tag{4-55}$$

式（4-55）即为理想液体的运动微分方程，是由欧拉在1775年首先推导出来的，所以又称欧拉运动微分方程。它表示了液体质点运动和作用力之间的相互关系，适用于不可压缩的液体或可压缩的气体。对前者密度 ρ 值为常量，而后者 ρ 值为变量。

对于静止液体，$u_x=u_y=u_z=0$，代入式（4-55）得

$$\left.\begin{aligned}f_x-\frac{1}{\rho}\frac{\partial p}{\partial x}=0\\ f_y-\frac{1}{\rho}\frac{\partial p}{\partial y}=0\\ f_z-\frac{1}{\rho}\frac{\partial p}{\partial z}=0\end{aligned}\right\}\tag{4-56}$$

式（4-56）即为液体的平衡微分方程——欧拉液体平衡微分方程。

若将式（4-55）中等号右边的加速度表达式展开，欧拉运动微分方程可写为

$$\left.\begin{aligned}f_x-\frac{1}{\rho}\frac{\partial p}{\partial x}=\frac{\partial u_x}{\mathrm{d}t}+u_x\frac{\partial u_x}{\partial x}+u_y\frac{\partial u_x}{\partial y}+u_z\frac{\partial u_x}{\partial z}\\ f_y-\frac{1}{\rho}\frac{\partial p}{\partial y}=\frac{\partial u_y}{\mathrm{d}t}+u_x\frac{\partial u_y}{\partial x}+u_y\frac{\partial u_y}{\partial y}+u_z\frac{\partial u_y}{\partial z}\\ f_z-\frac{1}{\rho}\frac{\partial p}{\partial z}=\frac{\partial u_z}{\mathrm{d}t}+u_x\frac{\partial u_z}{\partial x}+u_y\frac{\partial u_z}{\partial y}+u_z\frac{\partial u_z}{\partial z}\end{aligned}\right\}\tag{4-57}$$

对于不可压缩的均质理想液体而言，ρ 为已知常数，单位质量力的分量为 f_x、f_y、f_z 虽是坐标的函数，但通常是已知的，式（4-57）中的未知数仅为 p、u_x、u_y、u_z。由于式（4-57）中有4个未知数，必须与第三章第六节中的连续性微分方程式联合构成封闭的方程组，结合具体问题的定解条件，才能求得不可压缩理想液体运动的解。也就是

说，求得在给定的定解条件下的压强和流速在流场中的空间分布以及它们随时间的变化规律，这样也就得到了所要求解的给定条件下的不可压缩理想液体的运动规律。但是，式（4-57）的求解是很困难的，因为它具有非线性的惯性项，是一个非线性偏微分方程，目前在数学上尚难求得它的通解。为了便于分析液体的运动规律，下面给出几种特殊情况下理想液体运动微分方程式的积分。

二、葛罗米柯运动微分方程

为了使理想液体运动微分方程式便于积分，葛罗米柯将式（4-57）变换成包含有旋转角速度 ω 项的形式。

因 $u^2=u_x^2+u_y^2+u_z^2$，由此可写出 $\left(\frac{u^2}{2}\right)$ 对 x 轴偏导数的表达式：

$$\frac{\partial}{\partial x}\left(\frac{u^2}{2}\right)=\frac{\partial}{\partial x}\left(\frac{u_x^2+u_y^2+u_z^2}{2}\right)=u_x\frac{\partial u_x}{\partial x}+u_y\frac{\partial u_y}{\partial x}+u_z\frac{\partial u_z}{\partial x}$$

故

$$u_x\frac{\partial u_x}{\partial x}=\frac{\partial}{\partial x}\left(\frac{u^2}{2}\right)-u_y\frac{\partial u_y}{\partial x}-u_z\frac{\partial u_z}{\partial x}$$

将上式代入方程组（4-57）的第一式，整理为

$$f_x-\frac{1}{\rho}\frac{\partial p}{\partial x}-\frac{\partial u_x}{\mathrm{d}t}=\frac{\partial}{\partial x}\left(\frac{u^2}{2}\right)-u_y\left(\frac{\partial u_y}{\partial x}-\frac{\partial u_x}{\partial y}\right)+u_z\left(\frac{\partial u_x}{\partial z}-\frac{\partial u_z}{\partial x}\right)$$

因 $\omega_y=\frac{1}{2}\left(\frac{\partial u_x}{\partial z}-\frac{\partial u_z}{\partial x}\right)$，$\omega_z=\frac{1}{2}\left(\frac{\partial u_y}{\partial x}-\frac{\partial u_x}{\partial y}\right)$，代入上式整理后得

同理

$$\left.\begin{aligned}
f_x-\frac{1}{\rho}\frac{\partial p}{\partial x}-\frac{\partial}{\partial x}\left(\frac{u^2}{2}\right)-\frac{\partial u_x}{\partial t}&=2(u_z\omega_y-u_y\omega_z)\\
f_y-\frac{1}{\rho}\frac{\partial p}{\partial y}-\frac{\partial}{\partial y}\left(\frac{u^2}{2}\right)-\frac{\partial u_y}{\partial t}&=2(u_x\omega_z-u_z\omega_x)\\
f_z-\frac{1}{\rho}\frac{\partial p}{\partial z}-\frac{\partial}{\partial z}\left(\frac{u^2}{2}\right)-\frac{\partial u_z}{\partial t}&=2(u_y\omega_x-u_x\omega_y)
\end{aligned}\right\}\qquad(4-58)$$

式（4-58）是葛罗米柯在1881年提出的，称为葛罗米柯运动微分方程，又称兰姆（Lamb）运动微分方程。它只是欧拉运动微分方程的另一种数学表达形式，在物理本质上并没有什么改变，仅把旋转角速度引入了方程中。对于无旋流，可令 $\omega_x=\omega_y=\omega_z=0$ 直接代入方程式中，应用十分简便。

三、理想液体运动微分方程的积分

葛罗米柯运动微分方程只有在质量力是有势的条件下才能实现积分。若作用于液体上的单位质量力 f_x、f_y、f_z 是有势的，由理论力学可知，力势场中的力在 x、y、z 3个坐标轴上的分量可用某一函数 $U(x,y,z)$ 的相应坐标轴的偏导数来表示，即

$$\left.\begin{aligned}
f_x&=\frac{\partial U}{\partial x}\\
f_y&=\frac{\partial U}{\partial y}\\
f_z&=\frac{\partial U}{\partial z}
\end{aligned}\right\}\qquad(4-59)$$

式中：U 为势函数或力势函数，而具有势函数的质量力称为有势力，例如重力和惯性力。

若液体是不可压缩均质的，密度 ρ 为常数，则$\frac{1}{\rho}\frac{\partial p}{\partial x}$、$\frac{1}{\rho}\frac{\partial p}{\partial y}$、$\frac{1}{\rho}\frac{\partial p}{\partial z}$可分别写为$\frac{\partial}{\partial x}\left(\frac{p}{\rho}\right)$、$\frac{\partial}{\partial y}\left(\frac{p}{\rho}\right)$、$\frac{\partial}{\partial z}\left(\frac{p}{\rho}\right)$。

若为恒定流，则$\frac{\partial u_x}{\partial t}=\frac{\partial u_y}{\partial t}=\frac{\partial u_z}{\partial t}=0$。将以上条件代入式（4-60），可化简为

$$\left.\begin{aligned}\frac{\partial}{\partial x}\left(U-\frac{p}{\rho}-\frac{u^2}{2}\right)=2(u_z\omega_y-u_y\omega_z)\\ \frac{\partial}{\partial y}\left(U-\frac{p}{\rho}-\frac{u^2}{2}\right)=2(u_x\omega_z-u_z\omega_x)\\ \frac{\partial}{\partial z}\left(U-\frac{p}{\rho}-\frac{u^2}{2}\right)=2(u_y\omega_x-u_x\omega_y)\end{aligned}\right\}\tag{4-60}$$

将以上各式分别乘以坐标任意增量 dx、dy、dz，并将它们相加，得

$$\frac{\partial}{\partial x}\left(U-\frac{p}{\rho}-\frac{u^2}{2}\right)\mathrm{d}x+\frac{\partial}{\partial y}\left(U-\frac{p}{\rho}-\frac{u^2}{2}\right)\mathrm{d}y+\frac{\partial}{\partial z}\left(U-\frac{p}{\rho}-\frac{u^2}{2}\right)\mathrm{d}z$$
$$=2[(u_z\omega_y-u_y\omega_z)\mathrm{d}x+(u_x\omega_z-u_z\omega_x)\mathrm{d}y+(u_y\omega_x-u_x\omega_y)\mathrm{d}z]$$

因为恒定流时各运动要素与时间无关，所以上式等号左边为$\left(U-\frac{p}{\rho}-\frac{u^2}{2}\right)$对空间坐标的全微分，等号右边可用行列式的形式来表示，即

$$\mathrm{d}\left(U-\frac{p}{\rho}-\frac{u^2}{2}\right)=2\begin{vmatrix}\mathrm{d}x & \mathrm{d}y & \mathrm{d}z\\ \omega_x & \omega_y & \omega_z\\ u_x & u_y & u_z\end{vmatrix}\tag{4-61}$$

显然，当行列式等于零时，式（4-61）即可积分。积分后得

$$\left(U-\frac{p}{\rho}-\frac{u^2}{2}\right)=\text{常数}\tag{4-62}$$

式（4-62）就是理想液体恒定流的能量方程。这个方程式是瑞士科学家伯努利（Bernoulli）在 1738 年提出的，该方程又称伯努利方程。从推导过程可知，应用式（4-62）必须满足下列条件：

（1）液体是不可压缩均质的理想液体，密度 ρ 为常数。

（2）作用于液体上的质量力是有势的。

（3）液体运动是恒定流。

（4）行列式$\begin{vmatrix}\mathrm{d}x & \mathrm{d}y & \mathrm{d}z\\ \omega_x & \omega_y & \omega_z\\ u_x & u_y & u_z\end{vmatrix}=0$。

根据行列式的性质，满足下列条件之一都能使该行列式的值为零：

1）$\omega_x=\omega_y=\omega_z=0$，为有势流。当液体为有势流时，式（4－62）适用于全部流场，不限于在同一条流线上。

2）$u_x=u_y=u_z=0$，为静止液体。式（4－62）适用于静止液体。

3）$\dfrac{dx}{\omega_x}=\dfrac{dy}{\omega_y}=\dfrac{dz}{\omega_z}=0$，这是涡线微分方程。它说明式（4－62）适用于有旋流的同一条涡线上。

4）$\dfrac{dx}{u_x}=\dfrac{dy}{u_y}=\dfrac{dz}{u_z}=0$，这是流线微分方程。式（4－62）适用于同一条流线上，无论液体是否有旋。

5）$\dfrac{u_x}{\omega_x}=\dfrac{u_y}{\omega_y}=\dfrac{u_z}{\omega_z}=0$，为螺旋流。涡线微分方程和流线微分方程相同，流线和涡线相重合，液体质点沿流线移动，在移动过程中同时又围绕着流线转动。式（4－62）适用于整个螺旋流。

四、绝对运动和相对运动的能量方程

在实际应用能量方程式（4－62）时，还需确定式中的力势函数 U 值。力势函数与质量力有关，根据质量力的性质不同，常见的有两种情况。

1. 绝对运动的能量方程

绝对运动是指液流的固体边界对地球没有相对运动，作用在液体上的质量力只有重力而没有其他惯性力。

若质量力是有势的，则

$$f_x=\frac{\partial U}{\partial x},f_y=\frac{\partial U}{\partial y},f_z=\frac{\partial U}{\partial z}$$

故

$$dU=\frac{\partial U}{\partial x}dx+\frac{\partial U}{\partial y}dy+\frac{\partial U}{\partial z}dz=f_x dx+f_y dy+f_z dz$$

当质量力只有重力时，并取 z 轴铅垂向上，则

$$f_x=0,f_y=0,f_z=-g$$

因此

$$dU=-g\,dz$$

积分得

$$U=-gz+C$$

式中：C 为积分常数。

将上式代入式（4－62），可得

$$z+\frac{p}{\gamma}+\frac{u^2}{2g}=常数 \tag{4-63}$$

对式（4－62）适用范围内液体中的任意两点，上式可写为

$$z_1+\frac{p_1}{\gamma}+\frac{u_1^2}{2g}=z_2+\frac{p_2}{\gamma}+\frac{u_2^2}{2g} \tag{4-64}$$

式（4－63）或式（4－64）称为不可压缩均质理想液体恒定流的绝对运动能量方程，又称为绝对运动的伯努利方程。上两式在本章第一节的讨论中已经得到。

2. 相对运动的能量方程

相对运动是指液流沿固体边界运动的同时，固体边界相对于地球是运动的，例如水泵

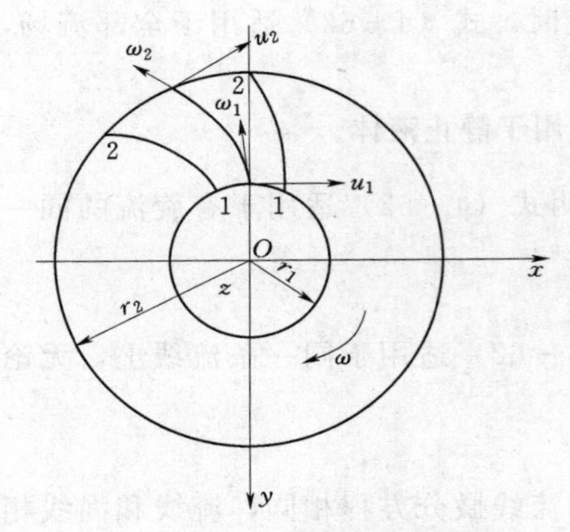

图 4-25　离心泵叶轮示意图

叶轮内水流的运动就是这种情况。

图 4-25 为离心泵叶轮示意图。一方面液体在叶片之间由中心向外运动，另一方面叶轮以等角速度 ω 绕中心轴做旋转运动。假定液体沿叶片的对称线方向运动，也就是说叶轮入口断面1—1处的相对速度 ω_1 与叶轮出口断面 2—2 处的相对速度 ω_2 均与叶片对称线相切。以 u_1 及 u_2 分别表示断面 1—1 及 2—2 处的圆周速度，以 r_1 及 r_2 表示断面 1—1 及 2—2 处的半径，则

$$u_1=\omega r_1, u_2=\omega r_2$$

单位质量力的分量为

$$f_x=\omega^2 r\cos\alpha=\omega^2 x, f_y=\omega^2 r\sin\alpha=\omega^2 y, f_z=-g$$

所以

$$dU=f_x dx+f_y dy+f_z dz=\omega^2 x dx+\omega^2 y dy-g dz$$

积分得

$$U=\frac{1}{2}\omega^2 x^2+\frac{1}{2}\omega^2 y^2-gz+C$$

$$=\frac{\omega^2}{2}(x^2+y^2)-gz+C$$

$$=\frac{\omega^2 r^2}{2}-gz+C \tag{4-65}$$

在相对运动的情况下，式（4-62）中流速 u 应该用相对速度 ω 代替，将式（4-65）代入式（4-62），并整理得

$$z+\frac{p}{\gamma}+\frac{\omega^2}{2g}-\frac{(\omega r)^2}{2g}=C$$

因圆周速度 $u=\omega r$，故

$$z+\frac{p}{\gamma}+\frac{\omega^2}{2g}-\frac{u^2}{2g}=C \tag{4-66}$$

将式（4-66）应用于同一条流线上的任意两点，则

$$z_1+\frac{p_1}{\gamma}+\frac{\omega_1^2}{2g}-\frac{u_1^2}{2g}=z_2+\frac{p_2}{\gamma}+\frac{\omega_2^2}{2g}-\frac{u_2^2}{2g} \tag{4-67}$$

式（4-67）即为相对运动的能量方程，它常用来分析流体机械，如离心泵及水轮机中的液体运动。

第六节　实际液体运动微分方程

在本章第五节中，已经推导出理想液体运动微分方程，可用于分析一些忽略黏滞性影响的液体运动规律。在实际工程中，绝大部分液体运动其黏滞性是不能忽略的，因此，在本节将导出实际液体的运动微分方程。

一、液体质点的应力状态

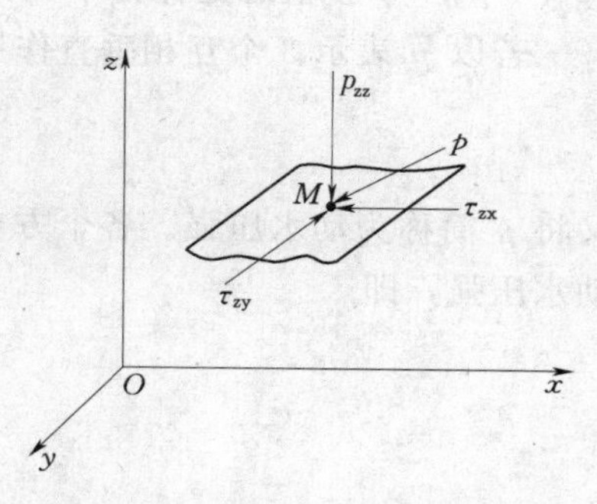

图 4-26 质点的应力状态示意图

设在实际液体的流场中任取一点 M，过 M 点作一垂直于 z 轴的平面，如图 4-26 所示。作用在该平面 M 点上的应力为 p，在 x、y、z 轴都有分量，正应力为 p_{zz}，也称动水压强；切应力为 τ_{zx} 和 τ_{zy}。应力分量的第一个下角标，表示作用面的法线方向，第二个下角标，代表应力的作用方向。可见，平面上一个点的应力由 3 个分量决定。过流场中某一点可做 3 个互相垂直的平面，显然，空间上一个点的应力可由 9 个应力分量来决定，有 3 个正应力 p_{xx}、p_{yy}、p_{zz} 和 6 个切应力 τ_{xy}、τ_{yx}、τ_{zx}、τ_{xz}、τ_{yz}、τ_{zy}，这 9 个应力分量就反映了该点的应力状态。

由切应力互等定理可得

$$\tau_{xy}=\tau_{yx},\tau_{xz}=\tau_{zx},\tau_{yz}=\tau_{zy}$$

因此，在 9 个应力分量中，实际上只有 6 个是相互独立的。

二、应力与变形的关系

牛顿内摩擦定律给出二维平行直线流动中，切应力大小为 $\tau=\mu\dfrac{\mathrm{d}u}{\mathrm{d}y}$，速度梯度$\dfrac{\mathrm{d}u}{\mathrm{d}y}$实际上又代表了液体的切应变率（又称剪切变形速率或角变形率），即$\dfrac{\mathrm{d}u}{\mathrm{d}y}=\dfrac{\mathrm{d}\theta}{\mathrm{d}t}$。将这个结论推广到一般的空间流动，称为广义牛顿内摩擦定律。由第三章第五节可知，在 xOy 平面上的角变形速率为

$$\frac{\mathrm{d}\theta}{\mathrm{d}t}=\frac{\mathrm{d}\theta_2}{\mathrm{d}t}+\frac{\mathrm{d}\theta_1}{\mathrm{d}t}=2\varepsilon_{zx}=\frac{\partial u_x}{\partial z}+\frac{\partial u_z}{\partial x}$$

则切应力

$$\tau_{zx}=\mu\frac{\mathrm{d}\theta}{\mathrm{d}t}=2\mu\varepsilon_{zx}=\mu\left(\frac{\partial u_x}{\partial z}+\frac{\partial u_z}{\partial x}\right)=\tau_{xz} \tag{4-68}$$

同理可得

$$\left.\begin{aligned}\tau_{xy}=\tau_{yx}=\mu\left(\frac{\partial u_x}{\partial y}+\frac{\partial u_y}{\partial x}\right)\\ \tau_{yz}=\tau_{zy}=\mu\left(\frac{\partial u_y}{\partial z}+\frac{\partial u_z}{\partial y}\right)\\ \tau_{zx}=\tau_{xz}=\mu\left(\frac{\partial u_z}{\partial x}+\frac{\partial u_x}{\partial z}\right)\end{aligned}\right\} \tag{4-69}$$

式（4-69）即为实际液体中切应力的普遍表达式，表明切应力与角变形速率成线性关系。

关于正应力，即动水压强，可以证明（从略）：在同一点上，3 个互相垂直作用面上的动水压强之和，与那组垂直作用面的方位无关，也就是说，无论直角坐标系如何转动，

$(p_{xx}+p_{yy}+p_{zz})$值总是保持不变。

若以 p 表示 3 个互相垂直作用面上动水压强的平均值，即

$$p=\frac{1}{3}(p_{xx}+p_{yy}+p_{zz}) \tag{4-70}$$

又将 p 简称为动水压强。各个方向的动水压强可以认为等于这个动水压强加上一个附加动水压强，即

$$\left.\begin{aligned} p_{xx}&=p+p'_{xx} \\ p_{yy}&=p+p'_{yy} \\ p_{zz}&=p+p'_{zz} \end{aligned}\right\} \tag{4-71}$$

这些附加动水压强可认为是由液体的黏滞性引起的，因而和液体的变形有关。对于不可压缩液体，通过分析可得附加动水压强和线变形速率之间有下列关系

$$\left.\begin{aligned} p'_{xx}&=-2\mu\varepsilon_{xx}=-2\mu\frac{\partial u_x}{\partial x} \\ p'_{yy}&=-2\mu\varepsilon_{yy}=-2\mu\frac{\partial u_y}{\partial y} \\ p'_{zz}&=-2\mu\varepsilon_{zz}=-2\mu\frac{\partial u_z}{\partial z} \end{aligned}\right\} \tag{4-72}$$

将式（4－72）代入式（4－71）得

$$\left.\begin{aligned} p_{xx}&=p-2\mu\frac{\partial u_x}{\partial x} \\ p_{yy}&=p-2\mu\frac{\partial u_y}{\partial y} \\ p_{zz}&=p-2\mu\frac{\partial u_z}{\partial z} \end{aligned}\right\} \tag{4-73}$$

式（4－73）即为实际液体中 3 个互相垂直方向动水压强的表达式，说明法向应力与线变形速率成线性关系。

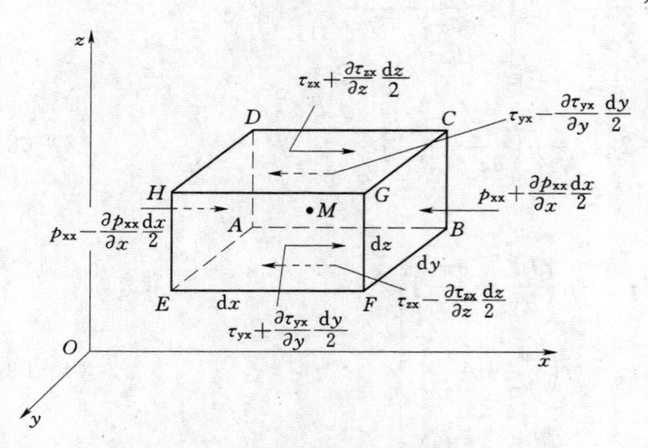

图 4－27　实际液体运动微分方程分析示意图

三、实际液体运动微分方程

设在实际液体流场中，取一个以任意点 $M(x,y,z)$ 为中心的微小正六面体作为控制体，如图4－27所示。各边长分别为 dx、dy、dz。设液体是均质的，其密度为 ρ，单位质量力在 3 个坐标轴上的分量分别为 f_x、f_y、f_z。作用于六面体表面上的应力可以认为是均匀分布的，其形心点的应力相应于中心点 M 按泰勒级数展开，并略去级数中二阶以上的各项得到。假设包含 A 点的 3 个面上的切应力为负值，则包含 G 点的 3 个面上的切应力必为正值。

沿 x 轴方向，作用于六面体上的质量力为 $f_x \mathrm{d}x\mathrm{d}y\mathrm{d}z$，表面力有压力和切力，可由作用于表面的应力乘以相应的面积得出。现根据牛顿第二定律，写出 x 轴方向的分式为

$$\left(p_{xx}-\frac{\partial p_{xx}}{\partial x}\frac{\mathrm{d}x}{2}\right)\mathrm{d}y\mathrm{d}z-\left(p_{xx}+\frac{\partial p_{xx}}{\partial x}\frac{\mathrm{d}x}{2}\right)\mathrm{d}y\mathrm{d}z+\left(\tau_{zx}+\frac{\partial \tau_{zx}}{\partial z}\frac{\mathrm{d}z}{2}\right)\mathrm{d}x\mathrm{d}y$$

$$-\left(\tau_{zx}-\frac{\partial \tau_{zx}}{\partial z}\frac{\mathrm{d}z}{2}\right)\mathrm{d}x\mathrm{d}y+\left(\tau_{yx}+\frac{\partial \tau_{yx}}{\partial y}\frac{\mathrm{d}y}{2}\right)\mathrm{d}x\mathrm{d}z-\left(\tau_{yx}-\frac{\partial \tau_{yx}}{\partial y}\frac{\mathrm{d}y}{2}\right)\mathrm{d}x\mathrm{d}z$$

$$+f_x\rho\mathrm{d}x\mathrm{d}y\mathrm{d}z=\rho\mathrm{d}x\mathrm{d}y\mathrm{d}z\frac{\mathrm{d}u_x}{\mathrm{d}t}$$

同理可得 y 轴和 z 轴方向的分量式。并将各项都除以 $\rho\mathrm{d}x\mathrm{d}y\mathrm{d}z$，即对单位质量而言，化简整理后可得

$$\left.\begin{aligned}
f_x+\frac{1}{\rho}\left(-\frac{\partial p_{xx}}{\partial x}+\frac{\partial \tau_{yx}}{\partial y}+\frac{\partial \tau_{zx}}{\partial z}\right)=\frac{\mathrm{d}u_x}{\mathrm{d}t}\\
f_y+\frac{1}{\rho}\left(-\frac{\partial p_{yy}}{\partial y}+\frac{\partial \tau_{xy}}{\partial x}+\frac{\partial \tau_{zy}}{\partial z}\right)=\frac{\mathrm{d}u_y}{\mathrm{d}t}\\
f_z+\frac{1}{\rho}\left(-\frac{\partial p_{zz}}{\partial z}+\frac{\partial \tau_{xz}}{\partial x}+\frac{\partial \tau_{yz}}{\partial y}\right)=\frac{\mathrm{d}u_z}{\mathrm{d}t}
\end{aligned}\right\}\qquad(4-74)$$

这就是以应力表示的实际液体运动微分方程。

若将应力与变形的关系式（4-69）、式（4-73）以及不可压缩液体连续性微分方程式代入式（4-74），并将加速度项以展开式表示，式（4-74）可整理为

$$\left.\begin{aligned}
f_x-\frac{1}{\rho}\frac{\partial p}{\partial x}+\nu\left(\frac{\partial^2 u_x}{\partial x^2}+\frac{\partial^2 u_x}{\partial y^2}+\frac{\partial^2 u_x}{\partial z^2}\right)=\frac{\partial u_x}{\partial t}+u_x\frac{\partial u_x}{\partial x}+u_y\frac{\partial u_x}{\partial y}+u_z\frac{\partial u_x}{\partial z}\\
f_y-\frac{1}{\rho}\frac{\partial p}{\partial y}+\nu\left(\frac{\partial^2 u_y}{\partial x^2}+\frac{\partial^2 u_y}{\partial y^2}+\frac{\partial^2 u_y}{\partial z^2}\right)=\frac{\partial u_y}{\partial t}+u_x\frac{\partial u_y}{\partial x}+u_y\frac{\partial u_y}{\partial y}+u_z\frac{\partial u_y}{\partial z}\\
f_z-\frac{1}{\rho}\frac{\partial p}{\partial z}+\nu\left(\frac{\partial^2 u_z}{\partial x^2}+\frac{\partial^2 u_z}{\partial y^2}+\frac{\partial^2 u_z}{\partial z^2}\right)=\frac{\partial u_z}{\partial t}+u_x\frac{\partial u_z}{\partial x}+u_y\frac{\partial u_z}{\partial y}+u_z\frac{\partial u_z}{\partial z}
\end{aligned}\right\}\qquad(4-75)$$

这就是不可压缩均质实际液体运动微分方程。它由法国工程师纳维（Navier）于1821年首先提出，后由英国工程师斯托克斯（Stokes）于1845年完善而成，故称为纳维-斯托克斯方程，又简称N-S方程。N-S方程是研究液体运动最基本的方程之一，方程组中的液体密度 ρ，运动黏滞系数 ν，单位质量力的分量 f_x、f_y、f_z。一般均是已知量，未知量有动水压强 p，速度分量 u_x、u_y、u_z 4个。N-S方程组与连续性方程联合共有4个方程，从理论上讲，在一定的初始条件和边界条件下，任何一个不可压缩均质实际液体的运动问题是可以求解的。但实际上N-S方程是二阶非线性非齐次的偏微分方程，求其普遍解在数学上是很困难的，仅对某些简单问题才能求得解析解，例如两平行板之间和圆管中的层流运动等问题。但是，随着计算机的广泛应用和数值计算技术的发展，对于许多工程实际问题已能够求得其近似解。N-S方程的精确解虽然不多，但能揭示实际液体运动的本质特征，同时也作为检验和校核其他近似方法的依据，探讨复杂问题和新的理论问题的参照点和出发点，所以，N-S方程有其重要的理论价值和实践意义。

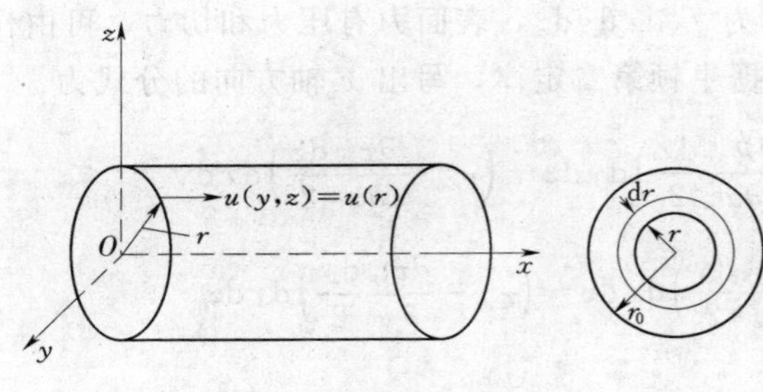

图 4-28 [例 4-6] 图

【例 4-6】 实际液体在很长的水平圆管内作有压恒定均匀流（层流），如图 4-28所示。已知管径为 d，速度分量为 $u_x=u(y,z)$，$u_y=0$，$u_z=0$。试用N-S方程求解过水断面上速度分布及流量的表达式。

解 由连续性方程可得$\frac{\partial u_x}{\partial x}=\frac{\partial u}{\partial x}=0$。

水流为恒定流，$\frac{\partial u}{\partial t}=0$。质量力只有重力时，$f_x=0$。因 $u_y=u_z=0$，所以 $u_y\frac{\partial u_x}{\partial y}=0$，$u_z\frac{\partial u_x}{\partial z}=0$。

将以上结果代入N-S方程第一式，可简化为

$$-\frac{1}{\rho}\frac{\partial p}{\partial x}+\nu\left(\frac{\partial^2 u}{\partial y^2}+\frac{\partial^2 u}{\partial z^2}\right)=0 \tag{4-76}$$

因$\frac{\partial u}{\partial x}=0$，说明 u 沿 x 轴保持不变，由式（4-76）可知$\frac{\partial p}{\partial z}=0$ 与 x 无关，即动水压强沿 x 轴方向的变化率$\frac{\partial p}{\partial x}$是一个常数，可写为

$$\frac{\partial p}{\partial x}=常数=-\frac{\Delta p}{L} \tag{4-77}$$

式中：Δp 为沿 x 轴方向长度为 L 流段上的压强降落值。

由于压强是沿水流方向下降的，故应在 Δp 前加一负号。因为圆管中的液流是轴对称的，$\frac{\partial^2 u}{\partial y^2}$与$\frac{\partial^2 u}{\partial z^2}$相同，而且 y 与 z 都是沿圆管的径向，可将 y、z 换成用极坐标 r 表示。因 u 与 x 无关，仅为 r 的函数，所以 u 对 r 的偏导数可直接写成全导数，即

$$\frac{\partial^2 u}{\partial y^2}=\frac{\partial^2 u}{\partial z^2}=\frac{\partial^2 u}{\partial r^2}=\frac{\mathrm{d}^2 u}{\mathrm{d}r^2} \tag{4-78}$$

将式（4-77）和式（4-78）代入式（4-76），整理后可得

$$\frac{\mathrm{d}^2 u}{\mathrm{d}r^2}=-\frac{\Delta p}{2L\rho\nu}=-\frac{\Delta p}{2L\mu} \tag{4-79}$$

将式（4-79）积分可得

$$\frac{\mathrm{d}u}{\mathrm{d}r}=-\frac{\Delta p}{2L\mu}r+C_1 \tag{4-80}$$

利用管轴线处，$r=0$，$\frac{\mathrm{d}u}{\mathrm{d}r}=0$，得积分常数 $C_1=0$。代入式（4-80）再积分，可得

$$u=-\frac{\Delta p}{4L\mu}r^2+C_2$$

由管壁处的边界条件，$r=r_0$，$u=0$，得积分常数 $C_2=\frac{\Delta p}{4L\mu}r_0{}^2$。将 C_2 代入上式可得

流速分布为

$$u=\frac{\Delta p}{4L\mu}(r_0^2-r^2) \tag{4-81}$$

式（4-80）表明：圆管中有压恒定层流过水断面上的流速是按旋转抛物面的规律分布的。由图4-13分析可知

$$dQ=u2\pi r dr$$

积分可得通过圆管层流过水断面流量的表达式

$$Q=\int_0^{r_0} u2\pi r dr=\frac{\pi\Delta p}{2L\mu}\int_0^{r_0}(r_0^2-r^2)r dr=\frac{\pi\Delta p}{8L\mu}r_0^2 \tag{4-82}$$

思 考 题

思4-1　N-S方程的物理意义是什么？适用条件是什么？

思4-2　理想液体运动微分方程式的伯努利积分，其应用条件是什么？

思4-3　N-S方程中的动水压强 p 与坐标轴的选取是否有关？

思4-4　为什么说N-S方程是液体运动最基本的方程之一，目前在水力学中应用如何？

思4-5　动能修正系数 α、动量修正系数 β 的物理意义是什么？为何引入该系数，其值的大小取决于什么因素？

思4-6　能量方程式各项的意义是什么？应用中需注意哪些问题？

思4-7　何谓总水头线和测压管水头线？水头坐标为何取铅垂向上？

思4-8　水力坡度的意义是什么？有何物理意义？

思4-9　如何确定水流运动方向？试用基本方程式论证说明。

思4-10　恒定总流动量方程 $\sum\vec{F}=\rho Q(\beta_2\vec{v}_2-\beta_1\vec{v}_1)$，$\sum\vec{F}$ 中包括哪些力？动水压强必须采用相对压强表示吗？

思4-11　何谓单位重量水体的总机械能？何谓断面的总机械能？

习　题

4-1　某管道如图4-29所示，已知过水断面上流速分布为 $u=u_{\max}\left[1-\left(\frac{r}{r_0}\right)^2\right]$，$u_{\max}$为管轴线处的最大流速，$r_0$ 为圆管半径，u 是距管轴线 r 点处的流速。试求断面平均流速 v。

4-2　有一底坡非常陡的渠道如图4-30所示。设水流为恒定均匀流，A 点距水面的铅垂水深为3.5m。试求 A 点的位置水头、压强水头和测压管水头。并以过 B 点的水平面为基准面标在图4-30上。

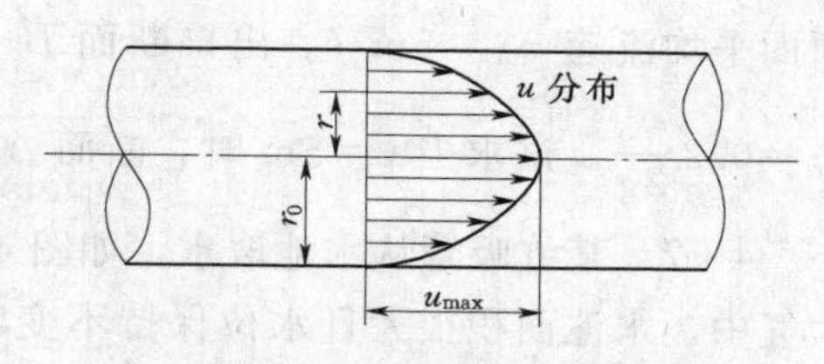

图4-29　习题4-1图

4-3　有一倾斜放置的渐粗管如图4-31所

示，A—A 与 B—B 两个过水断面形心点的高差为 1.0m。断面 A—A 管径 $d_A=150$mm，形心点压强 $p_A=68.5$ kN/m²。断面 B—B 管径 $d_B=300$mm，形心点压强 $p_B=58$ kN/m²，断面平均流速 $v_B=1.5$m/s，试求：(1) 管中水流的方向；(2) 两断面之间的能量损失；(3) 通过管道的流量。

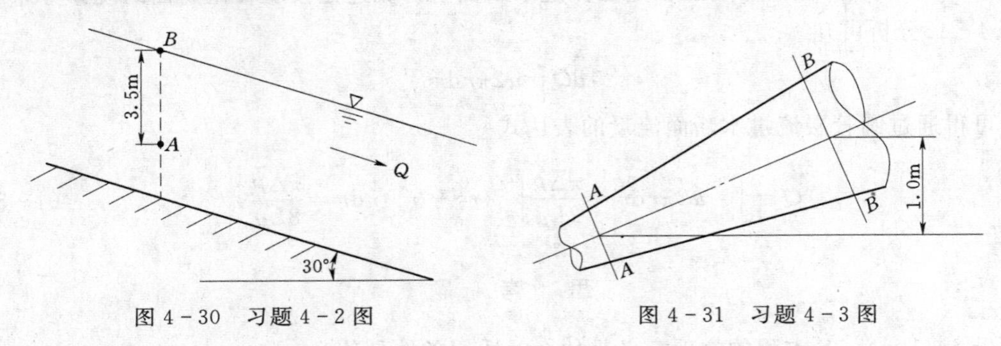

图 4-30　习题 4-2 图　　　　图 4-31　习题 4-3 图

4-4　图 4-32 为一管路突然缩小的流段。由测压管测得断面 1—1 压强水头 $\frac{p_1}{\gamma}=1.0$m，已知 1—1、2—2 过水断面面积分别为 $A_1=0.03$m²、$A_2=0.01$m²，形心点位置高度 $z_1=2.5$m、$z_2=2.0$m，管中通过流量 $Q=20$L/s，两断面间水头损失 $h_w=0.3\frac{v_2^2}{2g}$。试求断面 2—2 的压强水头及测压管水头，并标注在图 4-32 上。

4-5　图 4-33 为一矩形断面平底渠道。宽度 $B=2.7$m，河床在某处抬高 $\Delta z=0.3$m，若抬高前的水深 $H=2.0$m，抬高后水面跌落 $\Delta h=0.2$m，不计水头损失，求渠道中通过的流量 Q。

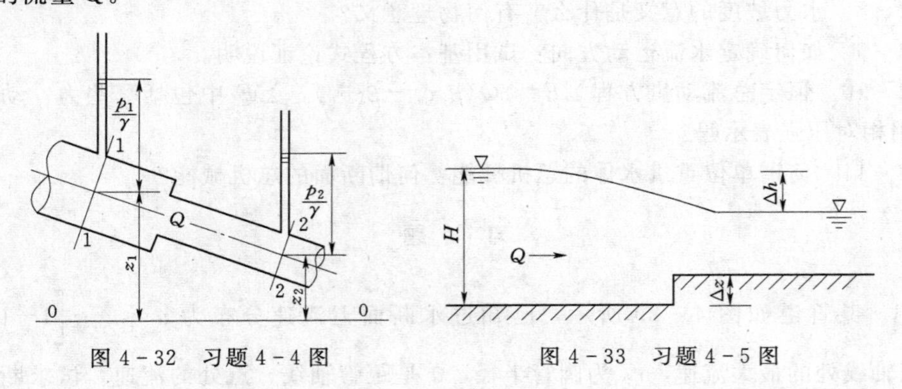

图 4-32　习题 4-4 图　　　　图 4-33　习题 4-5 图

4-6　水轮机的锥形尾水管如图 4-34 所示。已知断面 A—A 的直径 $d_A=600$mm，断面平均流速 $v_A=5$m/s。出口断面 B—B 的直径 $d_B=900$mm，由 A 到 B 的水头损失 $h_w=0.2\frac{v_A^2}{2g}$。试求当 $z=5$m 时，断面 A—A 的真空度。

4-7　某虹吸管从水池取水，如图 4-35 所示。已知虹吸管直径 $d=150$mm，出口在大气中。水池面积很大且水位保持不变，其余尺寸如图 4-35 所示，不计能量损失。试求：(1) 通过虹吸管的流量 Q；(2) 图 4-35 中 A、B、C 各点的动水压强；(3) 如果考虑能量损失，定性分析流量 Q 如何变化。

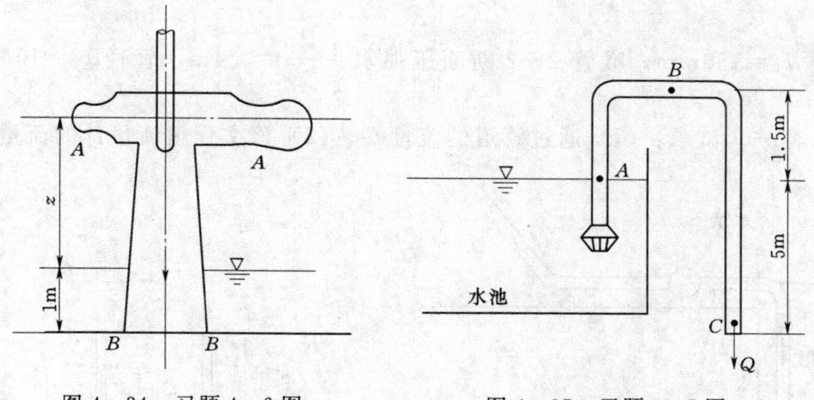

图 4-34　习题 4-6 图　　　　图 4-35　习题 4-7 图

4-8　水箱侧壁接一段水平管道，水由管道末端流入大气。在喉管处接一段铅垂向下的细管，下端插入另一个敞口的盛水容器中，如图 4-36 所示。水箱面积很大，水位 H 保持不变，喉管直径为 d_2，管道直径为 d，若不计水头损失，问当管径之比 $\frac{d}{d_2}$ 为何值时，容器中的水将沿细管上升到 h 高度。

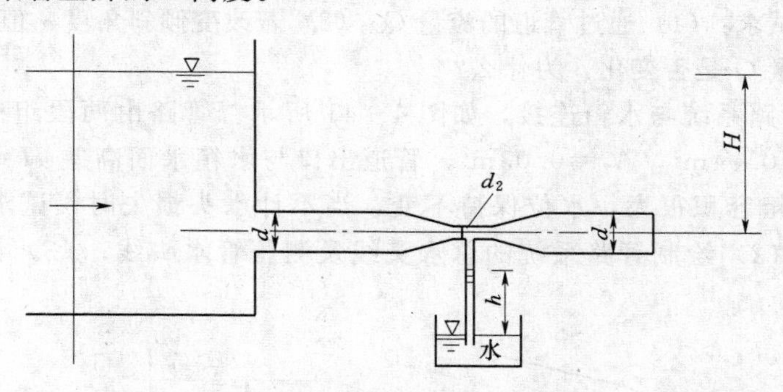

图 4-36　习题 4-8 图

4-9　测定水泵扬程的装置如图 4-37 所示。已知水泵吸水管直径 $d_1=200\text{mm}$，水泵进口真空表读数为 4m 水柱。压水管直径 $d_2=150\text{mm}$，水泵出口压力表读数为 2at（工程大气压 1at=98000Pa），1—1、2—2 两断面之间的位置高差 $\Delta z=0.5\text{m}$，若不计水头损失，测得流量 $Q=0.06\ \text{m}^3/\text{s}$，水泵的效率 $\eta=0.8$。试求：(1) 水泵的扬程 H_P；(2) 轴功率 N_P。

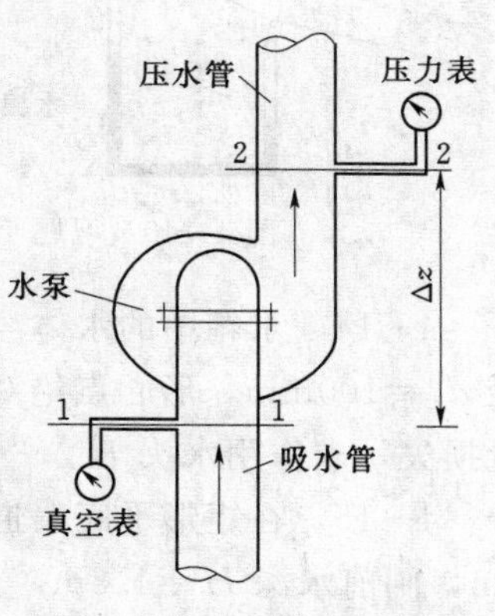

图 4-37　习题 4-9 图

4-10　某泵站的吸水管路如图 4-38 所示，已知管径 $d=150\text{mm}$，流量 $Q=40\text{L/s}$，水头损失（包括进口）$h_w=1.0\text{m}$，若限制水泵进口前断面 A—A 的真空值不超过 7m 水柱，试确定水泵的最大安装高程 h_s。

4－11　图4－39为一水平安装的文丘里流量计。已知管道1—1断面压强水头$\frac{P_1}{\gamma}=1.1\text{m}$，管径$d_1=150\text{mm}$，喉管2—2断面压强水头$\frac{P_2}{\gamma}=0.4\text{m}$，管径$d_2=100\text{mm}$，水头损失$h_w=0.3\frac{v_1^2}{2g}$。试求：(1) 通过管道的流量$Q$；(2) 该文丘里流量计的流量系数$\mu$。

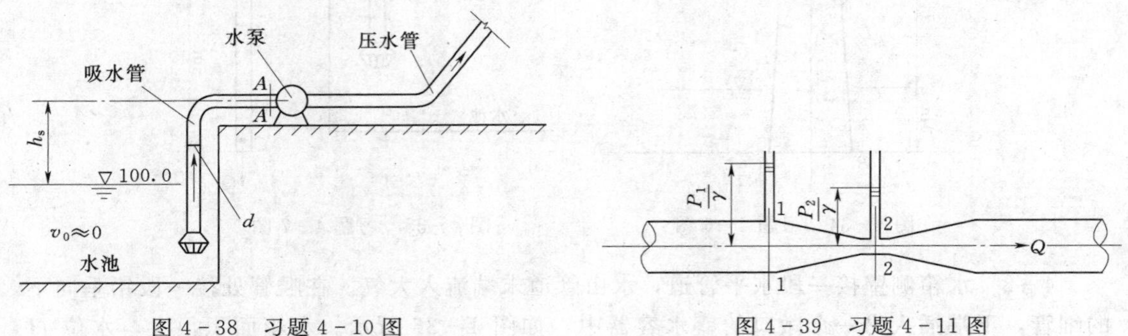

图4－38　习题4－10图　　　　图4－39　习题4－11图

4－12　如图4－40所示一倾斜安装的文丘里流量计。管轴线与水平面的夹角为α，已知管道直径$d_1=150\text{mm}$，喉管直径$d_2=100\text{mm}$，测得水银压差计的液面差$\Delta h=20\text{cm}$，不计水头损失。试求：(1) 通过管道的流量Q；(2) 若改变倾斜角度α值，当其他条件均不改变时，问流量Q是否变化，为什么？

4－13　某管路系统与水箱连接，如图4－41所示。管路由两段组成，其过水断面面积分别为$A_1=0.04\text{m}^2$，$A_2=0.03\text{m}^2$，管道出口与水箱水面高差$H=4\text{m}$，出口水流流入大气。若水箱容积很大，水位保持不变，当不计水头损失时，试求：(1) 出口断面平均流速v_2；(2) 绘制管路系统的总水头线及测压管水头线；(3) 说明是否存在真空区域。

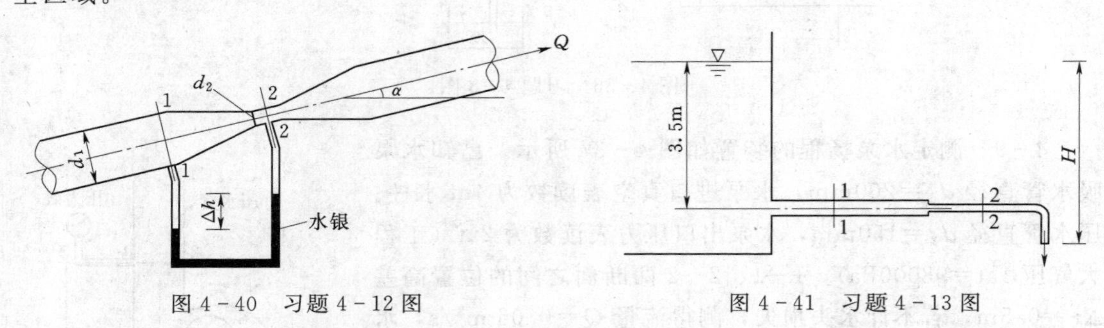

图4－40　习题4－12图　　　　图4－41　习题4－13图

4－14　水箱中的水体经扩散短管流入大气中，如图4－42所示。若1—1过水断面直径$d_1=100\text{mm}$，形心点绝对压强$p_1=39.2\text{kN/m}^2$，出口断面直径$d_2=150\text{mm}$，不计能量损失，求作用水头H。

4－15　在矩形平底渠道中设平板闸门，如图4－43所示。已知闸门与渠道同宽$B=3\text{m}$，闸前水深$H=4.5\text{m}$，当流量$Q=37\text{m}^3/\text{s}$时，闸孔下游收缩断面水深$h_c=1.6\text{m}$，不计渠底摩擦阻力。试求水流作用于闸门上的水平推力。

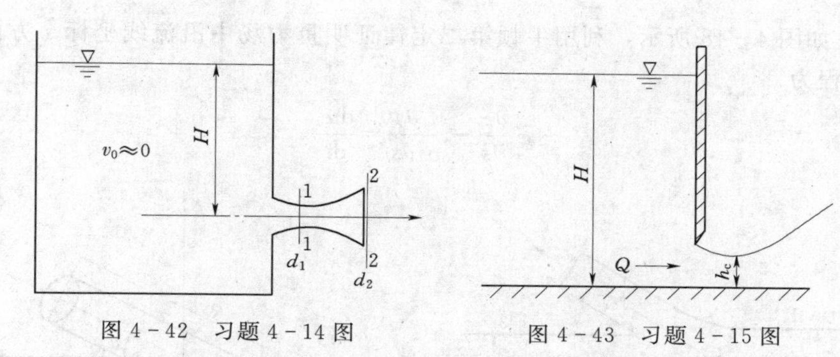

图 4-42　习题 4-14 图　　图 4-43　习题 4-15 图

4-16　水流经变直径弯管从 A 管流入 B 管，管轴线均位于同一水平面内，弯管转角 $\alpha = 45°$，如图 4-44 所示。已知 A 管直径 $d_A = 250\text{mm}$，断面 $A—A$ 形心点相对压强 $p_A = 150\text{kN/m}^2$，B 管直径 $d_B = 200\text{mm}$，流量 $Q = 0.1\text{m}^3/\text{s}$，若不计水头损失，试求水流对弯管的作用力。

4-17　某压力输水管道的渐变段由镇墩固定，管道水平放置，管径由 $d_1 = 1500\text{mm}$ 渐缩到 $d_2 = 1000\text{mm}$，如图 4-45 所示。若过水断面 1—1 形心点相对压强 $p_1 = 392\text{kN/m}^2$，通过的流量 $Q = 1.8\text{m}^3/\text{s}$。不计水头损失，试确定镇墩所受的轴向推力。如果考虑水头损失，其轴向推力是否改变？

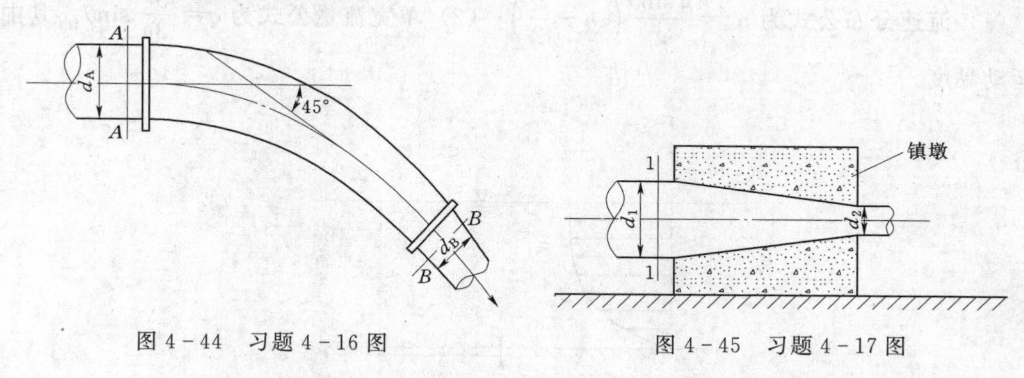

图 4-44　习题 4-16 图　　图 4-45　习题 4-17 图

4-18　有一水平射流从喷嘴射出，冲击在相距很近的一块光滑平板上，平板与水平面的夹角为 α，如图 4-46 所示。已知喷嘴出口流速 v_1，射流流量 Q_1，若不计能量损失和重力的作用，试求：(1) 分流后的流量分配，即 $\dfrac{Q_2}{Q_1}$ 和 $\dfrac{Q_3}{Q_1}$ 各为多少；(2) 射流对平板的冲击力。

4-19　图 4-47 为一四通分叉管，其管轴线均位于同一水平面内。水流从断面 1—1、3—3 流入，流量分别为 Q_1 和 Q_3，形心点相对压强为 p_1 和 p_3，水流从断面 2—2 流入大气中，其余尺寸如图 4-47所示，试确定水流对叉管的作用力。

4-20　根据习题 4-1 的已知条件，求过水断面上的动能修正系数 α 及动量修正系数 β 值。

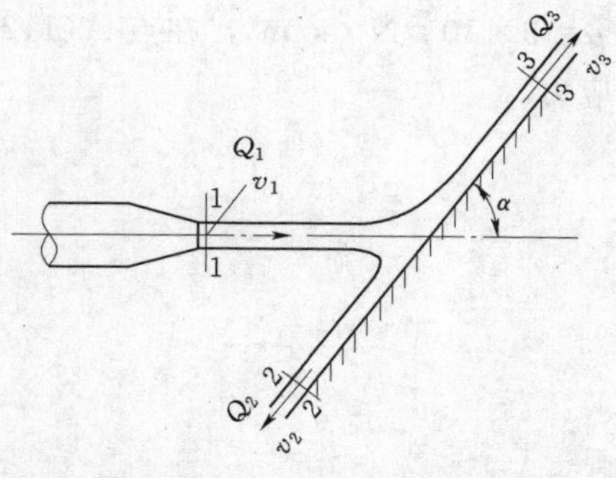

图 4-46　习题 4-18 图

4－21　如图 4－48 所示，利用牛顿第二定律证明重力场中沿流线坐标 s 方向的欧拉运动微分方程为

$$-g\frac{\partial z}{\partial s}-\frac{1}{\rho}\frac{\partial p}{\partial s}=\frac{\mathrm{d}u_{s}}{\mathrm{d}t}$$

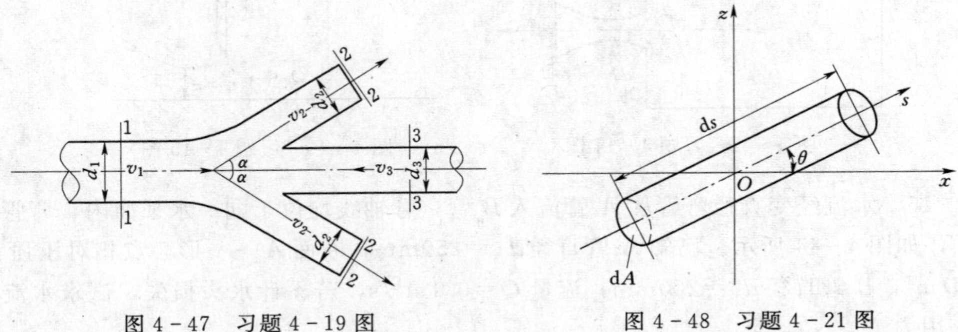

图 4－47　习题 4－19 图　　　　图 4－48　习题 4－21 图

4－22　试应用 N－S 方程证明实际液体渐变流在同一过水断面上的动水压强符合静水压强分布规律。

4－23　有一恒定二元明渠均匀层流，如图 4－49 所示，试应用 N－S 方程式证明：(1) 流速分布公式为 $u_{x}=\frac{g\sin\theta}{\nu}\left(zh-\frac{z^{2}}{2}\right)$；(2) 单宽流量公式为 $q=\frac{gh^{3}}{3\nu}\sin\theta$。其中 ν 为运动黏度。

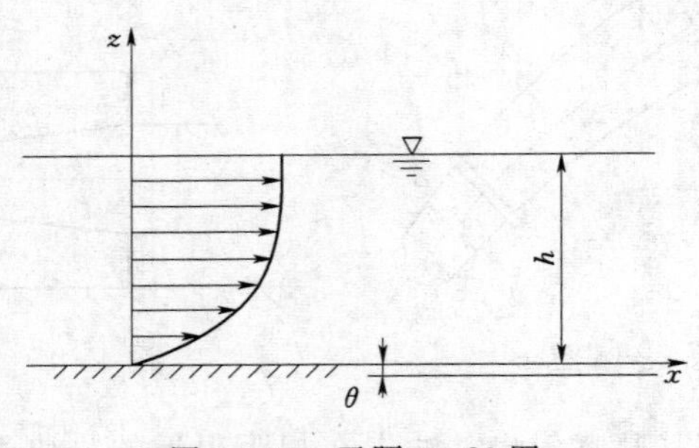

图 4－49　习题 4－23 图

4－24　已知某实际液体的速度为 $u=5x^{2}yi+3xyzj-8xz^{2}k$ (m/s)，液体的动力黏度 $\mu=3\times10^{-3}\mathrm{N\cdot s/m^{2}}$，在点 $A(1,2,3)$ 处的正应力 $p_{xx}=-2\mathrm{N/m^{2}}$，试求该点处的其他各应力。

第五章 液流型态及水头损失

【本章导读】 本章讲述水头损失的两种形式（即沿程水头损失和局部水头损失）、两种流动形态（即层流和紊流及两种流态）在有压管流和明渠流两种流动环境中水头损失的计算等内容，最后还对边界层、绕流阻力作了简单介绍。本章要求掌握两种流态和雷诺数概念，掌握两种流态特性及流态辨别方法，了解圆管层流的运动规律，了解圆管紊流特征、混合长度概念、紊流流速分布，理解管路沿程阻力系数的变化规律，掌握管路沿程水头损失及局部水头损失的计算方法，了解边界层概念和边界层分离现象及绕流阻力。

第一节 引 言

在第四章阐述液流能量转化和守恒原理时，得到了水力学中最重要的基本方程——恒定总流能量方程，它是解决工程中许多水力学问题的理论基础。在应用能量方程求解问题时，水头损失 h_w 的确定是一个比较复杂的问题，它与液体的物理性质、流动形态及边界状况等许多因素有关，本章首先阐明由于液体具有黏滞性，使液体流动具有两种不同的型态，即层流和紊流，分析其特性，详细阐述不同液流形态下沿程水头损失的影响因素及计算方法，并简要介绍确定液流局部水头损失的方法。

鉴于液体流动过程中，流动边界通过边界层对水流结构产生影响，进而影响水流阻力和水头损失；同时，液体在运动过程中，对固体边界除了产生摩擦阻力之外还存在法向作用力，水流对边界的作用力就由这两种作用力组成，而水流作用力是研究水流运动和工程设计所必需的，因此，本章还将对边界层理论和水流作用力进行简要介绍。

第二节 水头损失及其分类

一、水头损失的物理概念及其分类

实际液体在运动过程中，过水断面上流速分布不均，流层之间有相对运动，由于液流具有黏滞性，液体在运动过程中各流层之间产生内摩擦力，水力学中把这种内摩擦阻力称为水流阻力。液流克服这种阻力做功而引起的机械能损失即为液流的能量损失。单位重量液体的机械能损失即为水头损失。

根据液流边界状况的不同，液流阻力和水头损失可分为两类：

（1）液体流过比较平直的边界时产生的阻力和水头损失。这种阻力主要是由液层间摩擦作用而引起的，其大小与流动距离成正比，故称沿程阻力。单位重量液体克服沿程阻力做功而引起的能量损失称为沿程水头损失，用 h_f 表示。例如等直径直管和断面大小、形状不变的直渠中的均匀流的阻力和水头损失属于此类（图 5－1）。

（2）液体流过形状急剧改变的边界时产生的阻力和水头损失。由于边界形状的急剧变化，液体相应地发生急剧变形，加剧了液体质点间的摩擦和碰撞，从而引起了附加的阻力。因这种阻力产生在边界局部变化的区域，故称局部阻力，单位重量液体克服局部阻力做功而引起的能量损失称为局部水头损失，用 h_j 表示。例如通过管、渠进口段、弯段、扩大段、收缩段及阀门等处的水流属于此类（图 5-1）。

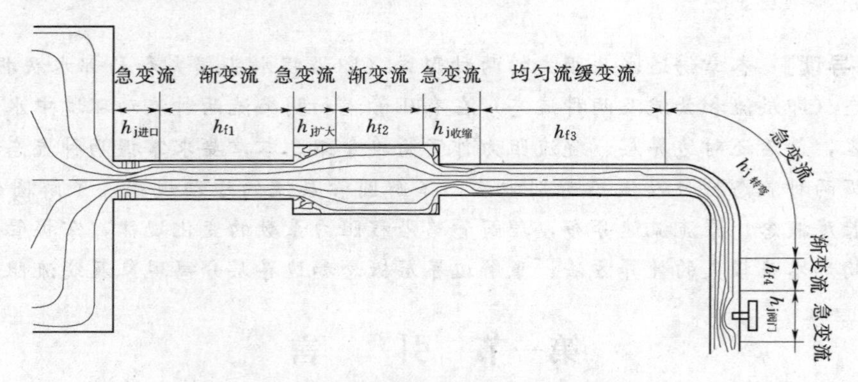

图 5-1　沿程水头损失和局部水头损失示意图

对于某一流段，其全部水头损失 h_w 等于各流段沿程水损失与局部水头损失之和，即

$$h_w=\sum h_f+\sum h_j \tag{5-1}$$

对图 5-1 所示的管流，其水头损失可写为

$$h_w=h_{j进口}+h_{f1}+h_{j扩大}+h_{f2}+h_{j收缩}+h_{f3}+h_{j转弯}+h_{f4}+h_{j阀门}$$

二、液流边界几何条件对水头损失的影响

产生水头损失的根源是实际液体具有黏滞性，但固体边界纵横方向的几何条件（即边界轮廓的形状和大小）对水头损失也有很大影响。

1. *液流边界横向轮廓的形状和大小对水头损失的影响*

液流边界横向轮廓的形状和大小对水流的影响可用过水断面的水力要素来表征，如过水断面的面积 A、湿周 χ 及水力半径 R 等。

单靠过水断面面积的大小还不足以说明液流边界横向轮廓的几何形状和大小对水流的影响。例如两个不同形状的断面，一为正方形，一为扁长矩形，虽其过水断面面积相等，而且其他条件也相同，但扁长矩形渠槽中的液流所受到的阻力要大些，因而水头损失也要大些，这是因为扁长矩形渠槽中的液流与固体边界接触的周界要长些。液流过水断面与固体边界接触的周界线称为湿周，常用 χ 表示。湿周也是过水断面的重要水力要素之一。湿周越大，水流阻力及水头损失也越大。

两个过水断面的湿周相等，而形状不同，则过水断面面积一般是不相等的，虽通过同样大小的流量，水流阻力和水头损失也不相等，因为面积较小的过水断面液流通过的流速较大，流速大，水流阻力及水头损失也大。

所以，以过水断面面积 A 或湿周 χ 中任何一个水力要素来表征过水断面的水力特征都是不够全面的，只有把两者互相结合起来才较为合理。过水断面的面积 A 与湿周 χ 的比值称为水力半径，即

$$R=A/\chi$$

水力半径是过水断面的一个非常重要的水力要素，几乎许多重要的水力学公式中都包含有这个要素。水力半径的量纲是长度 L，常用米（m）或厘米（cm）为单位。

例如直径为 d 的圆管，当充满液流时，$A=\pi d^2$，$\chi=\pi d$，故水力半径为

$$R=\frac{A}{\chi}=\frac{\frac{\pi d^2}{4}}{\pi d}=\frac{d}{4}$$

2. 液流边界纵向轮廓对水头损失的影响

因边界纵向轮廓的不同，有两种不同形式的液流：均匀流与非均匀流。

按均匀流的定义可知沿水流长度方向上各过水断面的水力要素及断面平均流速都是保持不变的。所以均匀流时只有沿程水头损失，而且各单位长度上的沿程水头损失也是相等的，总水头线应为一直线。又因为各过水断面平均流速相等，所以各过水断面上的流速水头也是相等的。由此可知，均匀流时总水头线和测压管水头线是相互平行的直线(图 5-2)。

非均匀流与均匀流不同，沿水流长度方向上各断面的形状及大小是不相等的，各过水断面上的流速也不相等，所以非均匀流单位长度上的水头损失也不相等，总水头线和测压管水头线是互不平行的曲线（图 5-3）。

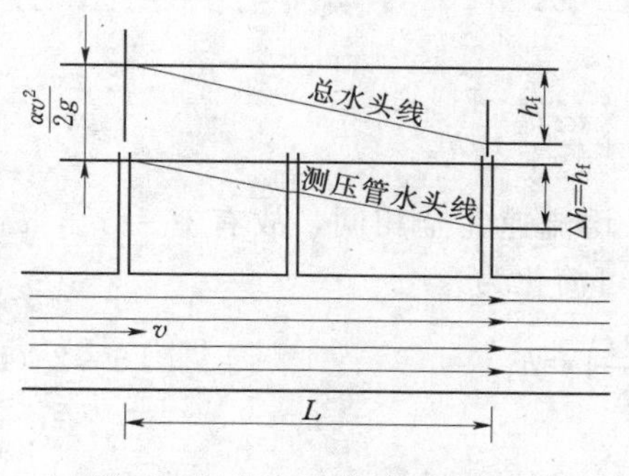

图 5-2　均匀流的流动示意图

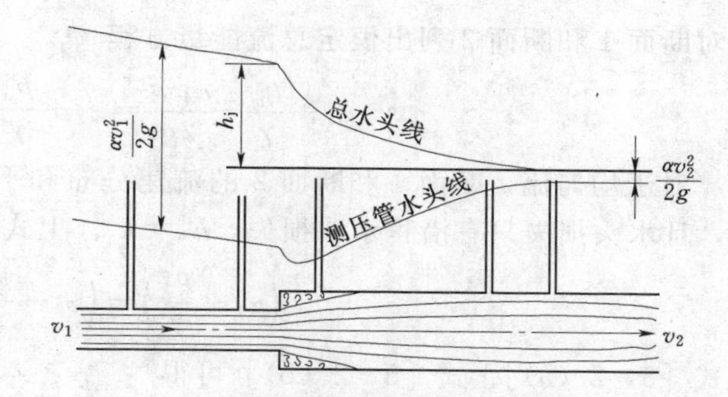

图 5-3　非均匀流的流动示意图

均匀流时无局部水头损失，非均匀渐变流时局部水头损失可忽略不计，非均匀急变流时两种水头损失均有。下面先研究沿程水头损失，然后再讨论局部水头损失。因为均匀流时只有沿程水头损失，所以研究沿程水头损失以均匀流为例。

第三节　均匀流中的沿程水头损失

一、均匀流切应力公式

由于沿程水头损失主要是液流克服摩擦阻力做功而引起的，为此，先建立沿程水头损失 h_f 与切应力 τ 之间的关系式。现以管道恒定均匀流为例进行推导，其结论也适用于明渠恒定均匀流。

在管道恒定均匀流中取流段 1—2，如图5-4所示。流段长度为 l，过水断面面积为 A，湿周为 χ，管轴线与水平线的夹角为 θ，取基准面 0—0。断面 1 和断面 2 的形心点的

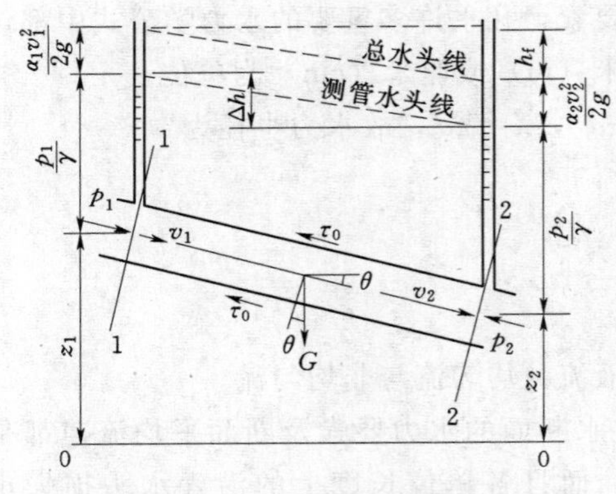

图 5-4　管道均匀流示意图

位置高度和动水压强分别为 z_1、z_2 和 p_1、p_2。断面 1 和断面 2 的平均流速分别为 v_1 和 v_2。流段 1—2 侧表面上的平均应力为 τ_0。作用于流段上的外力有：

(1) 断面 1 和断面 2 的动水压力分别为 $P_1=p_1A$ 和 $P_2=p_2A$。

(2) 流段侧面的动水压力 P，其方向与流动方向垂直。

(3) 流段侧面的切力 $T=\tau_0\chi l$。

(4) 流段的重量 $G=\gamma Al$。

对于恒定均匀流，加速度为 0，作用于流段的外力处于平衡状态。各力沿流动方向的动力平衡方程为 $P_1-P_2-T+G\sin\theta=0$，即

$$p_1A-p_2A-\tau_0\chi l+\gamma Al\sin\theta=0$$

上式除以 γA，并将 $\sin\theta=\dfrac{z_1-z_2}{l}$ 代入，整理得

$$\left(z_1+\frac{p_1}{\gamma}\right)-\left(z_2+\frac{p_2}{\gamma}\right)-\frac{\tau_0\chi l}{\gamma A}=0 \qquad [5-2\ (a)]$$

再对断面 1 和断面 2 列出恒定总流能量方程

$$z_1+\frac{p_1}{\gamma}+\frac{\alpha_1v_1^2}{2g}=z_2+\frac{p_2}{\gamma}+\frac{\alpha_2v_2^2}{2g}+h_w$$

对于均匀流，断面 1 和断面 2 的流速分布和平均流速完全相同，故有 $v_1=v_2$，$\alpha_1=\alpha_2$，且水头损失只有沿程水头损失，$h_w=h_f$。上式可简化为

$$\left(z_1+\frac{p_1}{\gamma}\right)-\left(z_2+\frac{p_2}{\gamma}\right)=h_f \qquad [5-2\ (b)]$$

解式 [5-2 (a)]、式 [5-2 (b)] 可得

$$\tau_0=\gamma\frac{A}{\chi}\frac{h_f}{l} \qquad [5-2\ (c)]$$

$R=\dfrac{A}{\chi}$ 为水力半径，又均匀流的水力坡度 $J=\dfrac{h_f}{l}$，则

$$\tau_0=\gamma RJ \qquad (5-3)$$

式 (5-3) 为恒定均匀流切应力的一般关系，它表达了均匀流沿程水头损失与切应力之间的关系，并为进一步寻找沿程水头损失的具体表达式提供了一定的基础。

二、均匀流切应力分布

图 5-5 所示的圆管恒定均匀流可看作由许多同心圆筒形的液层所组成的流动，由于圆管液流的对称性，每一圆筒形液层上各点的切应力 τ 均相等，根据均匀流切应力公式 (5-3)，任一点的切应力 τ 及管壁切应力 τ_0 可分别写为

$$\tau=\gamma R'J'$$

和

$$\tau_0=\gamma RJ$$

式中：R'、R 分别为所取圆管形液层的水力半径和水力坡度；J、J' 分别为所取圆管的水

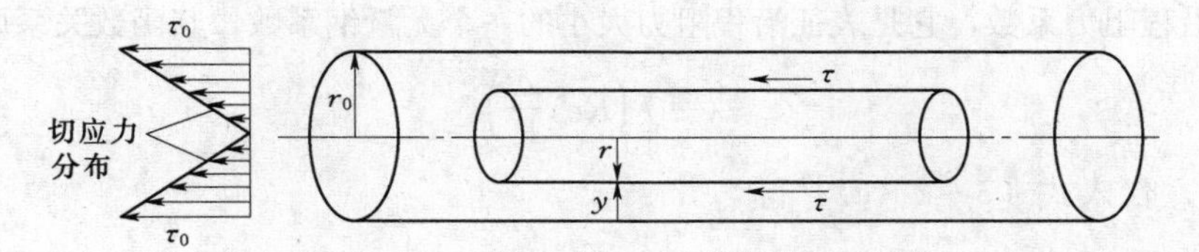

图 5-5　圆管均匀流切应力示意图

力半径和水力坡度。

在均匀流中，沿程水头损失 $h_f=\left(z_1+\frac{p_1}{\gamma}\right)-\left(z_2+\frac{p_2}{\gamma}\right)$，且同一断面上各点的测压管水头 $\left(z+\frac{p}{\gamma}\right)$ 为常数，因此在同一流段中各圆筒层流的沿程水头损失相等，既有 $h_f'=h_f$。$J'=\frac{h_f'}{l}$，$J=\frac{h_f}{l}$，$J'=J$，设圆管半径为 r_0，任一圆筒液层的半径为 r，则水力半径 $R=\frac{r_0}{2}$，$R'=\frac{r}{2}$。分别代入 τ 及 τ_0 的关系式可得

$$\frac{\tau}{\tau_0}=\frac{r}{r_0} \tag{5-4}$$

设管壁至任一圆管液层的距离为 y，则 $r=r_0-y$，代入式（5-4）得

$$\tau=\tau_0\left(1-\frac{y}{r_0}\right) \tag{5-5}$$

式（5-5）表明圆管恒定均匀流断面上的切应力随 y 呈线性变化。在管壁处，$y=0$，$\tau=\tau_0$；在管轴处，$y=r_0$，$\tau=0$。其切应力分布如图 5-5 所示。

对于二元明渠均匀流，水深为 h，从渠底计算的横向坐标为 y，同理可得任一点 y 处的切应力

$$\tau=\tau_0\left(1-\frac{y}{h}\right) \tag{5-6}$$

式（5-6）表明二元明渠恒定均匀流断面上的切应力亦随 y 呈线性变化。

三、沿程水头损失计算公式

欲应用上述公式求切应力 τ 或求沿程水头损失 h_f，必须先知道 τ_0，因此现在的问题就归结到液流阻力规律的讨论了。

许多水力学家试验研究发现，τ_0 与下列各因素有关系：断面平均流速 v、水力半径 R、液体密度 ρ，液体的动力黏滞系数 μ 及粗糙表面的凸出高度 Δ，即

$$\tau_0=f(R,v,\rho,\mu,\Delta)$$

利用量纲分析方法，可以得到

$$\tau_0=F\left(\frac{1}{Re},\frac{\Delta}{R}\right)\rho v^2$$

若令 $\lambda=8F\left(\frac{1}{Re},\frac{\Delta}{R}\right)$，则

$$\tau_0=\frac{\lambda}{8}\rho v^2 \tag{5-7}$$

式中，λ 为沿程阻力系数，它是表征沿程阻力大小的一个无量纲系数，其函数关系可表示为

$$\lambda=f\left(Re,\frac{\Delta}{R}\right) \tag{5-8}$$

将式（5-7）代入式［5-2（c）］得

$$h_f=\lambda\frac{l}{4R}\frac{v^2}{2g} \tag{5-9}$$

式（5-9）就是计算均匀流沿程水头损失的一个基本公式，也称达西（Darcy）公式。

对圆管来说，水力半径 $R=\frac{d}{4}$，即 $d=4R$，故达西公式也可写作

$$h_f=\lambda\frac{l}{d}\frac{v^2}{2g} \tag{5-10}$$

液体流动的水流阻力和沿程水头损失都与液流型态有关，所以求解 τ_0、λ 或 h_f 都必须研究液流型态。

第四节　实际液流运动的两种型态

一、雷诺试验

1883 年，雷诺从一个简单的试验中发现液流存在层流和紊流两种流态，这就是著名的雷诺试验。图 5-6 为雷诺试验装置示意图。从水箱一侧引出一根长玻璃直管，水箱顶部有一内盛红颜色水的玻璃瓶，并用一根细导管将红颜色水引至玻璃管喇叭形进口的中心。水箱设有溢流设备，使箱内水位保持不变，以保证管中水流为恒定流。导管进口和玻璃管末端均设有阀门，用以调节颜色水和管中水流的流量和流速。

试验时，先打开玻璃管末端阀门，箱内的水立即从玻璃管流出。然后打开导管阀门，红颜色水也在管中流动。

当玻璃管阀门开度较小时，管中流速也较小，此时可以看到管中的红色液流呈一直线状，并不与周围的水流相混合［图 5-7（a）］。这说明管中水流质点均以规则的、不相混杂的形式分层流动，这种流动型态称为层流。

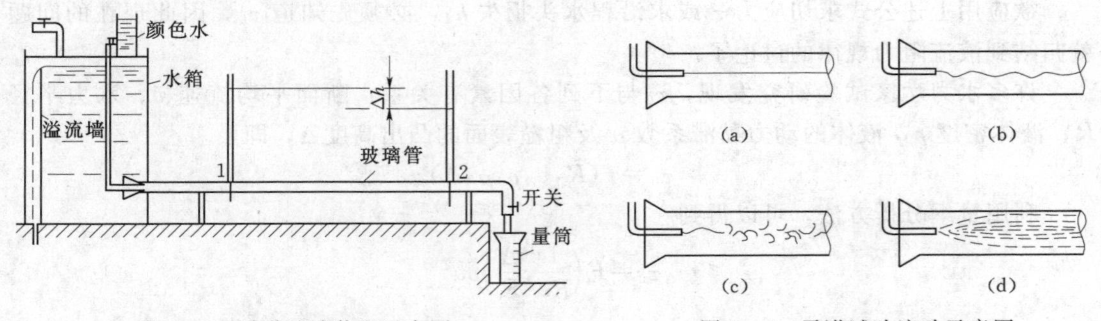

图 5-6　雷诺试验装置示意图

图 5-7　雷诺试验流动示意图

随着玻璃管阀门的逐渐开大，管中流速亦相应增大。当流速增大到一定程度时，红颜色水开始颤动，由原来的直线变为波形曲线［图 5-7（b）］。流速再稍增大，红颜色水动

荡加剧，并发生断裂卷曲［图 5-7（c）］。

当流速增大至某一数值，红颜色水迅速分裂成许多小漩涡，并脱离原来的流动路线而向四周扩散，与周围的水流相混合，使全部水流染色［图 5-7（d）］。这说明管中水流质点已不能保持原来规则的流动状态，而以不规则的、相互混杂的形式流动，这种流动型态称为紊流（或称湍流）。

二、层流和紊流的判别

在等直径的断面 1 和断面 2 各设一根测压管，如图 5-6 所示。设断面 1 和断面 2 的测压管水面高差为 Δh，则根据能量方程，此为 1—2 流段的沿程水头损失 h_f：

$$h_f=\left(\frac{p_1}{\gamma}-\frac{p_2}{\gamma}\right)=\Delta h$$

从雷诺试验可知，不同的流速将形成不同的液流型态。若以 $\lg v$ 为横轴，以 $\lg h_f$ 为纵轴，将实验数据绘出，如图 5-8 所示。图中 $ABCDE$ 线为流速从小到大时的实测曲线，$EDBA$ 线则为流速从大到小时的实测曲线，两线不完全重合。图中的曲线可表示为

$$\lg h_f=\lg k+m\lg v$$

或

$$h_f=kv^m \tag{5-11}$$

式中：$\lg k$ 为曲线在纵轴上的截距；m 为曲线的斜率。

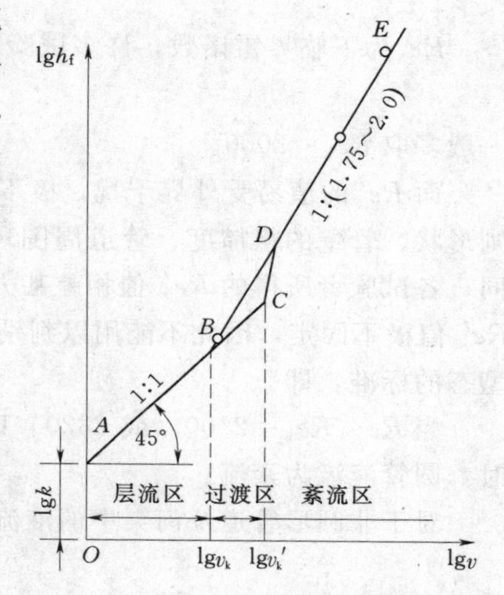

图 5-8　雷诺试验结果图

由图 5-8 可知，ABC 线为一斜率为 1 的直线，即流速较小时，h_f与 v 成正比；而 DE 线为一斜率为 1.75～2.0 的曲线，即流速较大时，h_f与 $v^{1.75\sim2.0}$成正比。这说明只有在流速较大时 h_f才与 v^2成正比。而试验结果表明，流速较小时为层流，流速较大时为紊流。

液流型态发生转变时的相应流速称为临界流速 v_k。试验表明，层流转变为紊流的临界流速大于紊流转变为层流的临界流速，前者称为上临界流速，用 v_k'表示；后者称为下临界流速，仍用 v_k表示。流速 v 小于 v_k'而大于v_k的区域称为过渡区，图 5-8 中的 D、B 两点相应的流速即为 v_k'和 v_k。因此，AB 线的区域为层流区，DE 线的区域为紊流区，B、D 之间的区域则为过渡区。显然，当液流流速 $v<v_k$时，为层流；当$v>v_k'$时，为紊流；当 $v_k<v<v_k'$时，层流和紊流均可能出现。

是否可以用临界流速作为判别液流型态的标准呢？雷诺通过大量试验表明，圆管均匀流的临界流速并不是固定不变的，它与管径大小和液体种类有关，因为不同种类的液体有不同的黏滞性，黏滞系数越大的液体，阻滞质点间进行相对运动的能力也越大，质点间要进行相互混杂的不规则运动较为困难，因此要求有较大的流速才能使液流从层流转变为紊流，即临界流速随黏滞系数的增大而增大；而管径越大，管壁对液流的影响和约束作用则愈小，液体质点间较易进行相互混杂的不规则运动，这就使得液流能在较小流速的条件下实现液流型态的转变，故临界流速随管径的增大而减小。据此提出液流型态可用下列无量纲数来判断：

$$Re=\frac{\rho vd}{\mu}=\frac{vd}{\nu}$$

式中：ν 为液体运动黏滞系数；d 为管径；Re 为雷诺数。

液流型态开始转变时的雷诺数称为临界雷诺数，即

$$Re_{\mathrm{k}}=\frac{v_{\mathrm{k}}d}{\nu}$$

因为临界流速有上临界流速和下临界流速，则相应的临界雷诺数亦有上临界雷诺数和下临界雷诺数，上临界雷诺数为

$$Re'_{\mathrm{k}}=\frac{v'_{\mathrm{k}}d}{\nu}$$

Re_{k}为下临界雷诺数，许多试验表明，Re_{k}的值比较固定，对于圆管均匀流，试验得

$$Re_{\mathrm{k}}=2000\sim2320$$

一般多取 $Re_{\mathrm{k}}=2000$。

而 Re'_{k}的值易受外界干扰，极不稳定，如液体进入管道前受外界的扰动、进口的不规则形状、管壁的粗糙度、管道周围环境发生的振动等均对其发生影响。由于试验条件不同，各试验者所得的 Re'_{k} 值相差甚大。目前圆管均匀流的最大 Re'_{k}值已达到 50000。由于 Re'_{k} 值极不固定，因此不能用以判别液流型态；而 Re_{k}有比较确定的值，可作为判别液流型态的标准，即

当 $Re<Re_{\mathrm{k}}=2000$（或 2320）时，圆管液流为层流；当 $Re>Re_{\mathrm{k}}=2000$（或 2320）时，圆管液流为紊流。

对于非圆形管道及河渠中的液流，雷诺数可写为

$$Re=\frac{vR}{\nu}$$

式中：R 为水力半径。

对于人工渠道，下临界雷诺数与断面形式等因素有关，可近似取 $Re_{\mathrm{k}}=500$。

三、雷诺数的物理意义

雷诺数可解释为液流的惯性力与黏滞力之比。这可以从惯性力与黏滞力的量纲进行分析。

设液体体积为 V，质量为 M，流速为 v，加速度为 a，则液体的惯性力为 $Ma=\rho V\frac{\mathrm{d}v}{\mathrm{d}t}$。惯性力量纲为

$$[Ma]=\left[\rho V\frac{\mathrm{d}v}{\mathrm{d}t}\right]=[\rho][L]^3\frac{[v]}{[t]}=[\rho][L]^2[v]^2$$

由牛顿内摩擦定律，液体的黏滞力 $F=\mu A\frac{\mathrm{d}v}{\mathrm{d}y}$。黏滞力的量纲为

$$[F]=\left[\mu A\frac{\mathrm{d}v}{\mathrm{d}y}\right]=[\mu][L]^2\left[\frac{v}{L}\right]=[\mu][L][v]$$

惯性力与黏滞力量纲之比为

$$\frac{[Ma]}{[F]}=\frac{[\rho][L]^2[v]^2}{[\mu][L][v]}=\frac{[v][L]}{[\nu]}=[Re]$$

既然雷诺数可以看作液流惯性力与黏滞力之比，当雷诺数较小时（如 $Re<Re_k$），黏滞力相对较大，对液体运动起控制作用，使液体质点受到约束而保持层流状态；当雷诺数较大时（如 $Re>Re_k$），黏滞力相对较小，对液体运动已失去控制作用，因而形成了质点相互混杂的紊流运动状态。

【例 5-1】 已知某输水管道的直径 $d=5\text{cm}$，通过流量 $Q=2.5\text{L/s}$，水温 $T=20℃$。试判别管中的液流型态。

解 管道平均流速 $v=\dfrac{Q}{A}=\dfrac{Q}{\frac{1}{4}\pi d^2}=\dfrac{2500}{\frac{1}{4}\pi\times5^2}=127.3\text{cm/s}$，按 $T=20℃$，水的运动黏滞系数 $\nu=1.007\times10^{-6}\text{m}^2/\text{s}$。则水流雷诺数

$$Re=\frac{vd}{\nu}=\frac{1.273\times0.05}{1.007\times10^{-6}}=63208$$

因 $Re>Re_k=2000\sim2320$，管中水流为紊流。

第五节 圆管层流中的沿程水头损失

圆管中的层流运动，可以看作是由许多无限薄的同心圆筒层一个套一个地运动着，因此每一圆筒层表面的切应力都可按牛顿内摩擦定律来计算：

$$\tau=-\mu\frac{\mathrm{d}u_x}{\mathrm{d}r} \tag{5-12}$$

因各圆筒层的流速 u_x 是随半径 r 而递减的，故$\dfrac{\mathrm{d}u_x}{\mathrm{d}r}$为负值。

由式 $\tau=\gamma R'J$ 可知圆筒层表面的切应力为

$$\tau=\gamma R'J=\frac{\gamma rJ}{2} \tag{5-13}$$

由式（5-12）及式（5-13）得

$$\frac{\gamma rJ}{2}=-\mu\frac{\mathrm{d}u_x}{\mathrm{d}r}$$

两边积分整理后，可得

$$u_x=-\frac{\gamma J}{4\mu}r^2+C$$

式中：C 为积分常数。

当 $r=r_0$ 时，$u_x=0$，代入上式得 $C=\dfrac{\gamma J}{4\mu}r_0^2$。

将 C 值代入，得流速分布公式

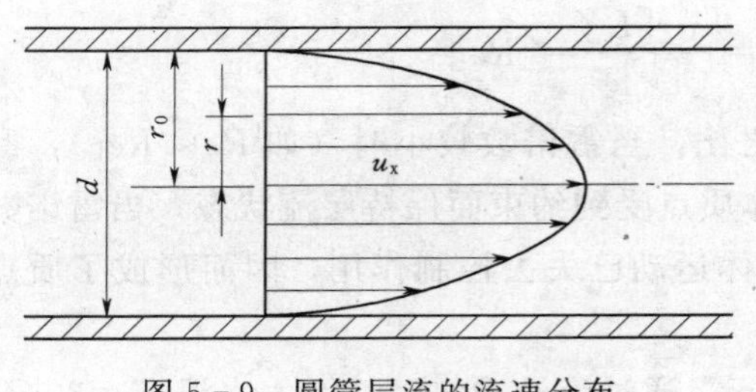

图 5-9　圆管层流的流速分布

$$u_x=\frac{\gamma J}{4\mu}(r_0^2-r^2) \qquad (5-14)$$

式（5-14）表明，圆管层流的流速分布呈抛物线型（图 5-9）。

圆管层流的断面最大流速为

$$u_{max}=\frac{\gamma J}{4\mu}r_0^2=\frac{\gamma J}{16\mu}d^2$$

圆管层流的断面平均流速为

$$v=\frac{\int_A u_x \mathrm{d}A}{A}=\frac{\int_0^{r_0} u_x 2\pi r \mathrm{d}r}{\pi {r_0}^2}=\frac{\gamma J}{4\mu}\cdot\frac{\int_0^{r_0}(r_0^2-r^2)2\pi r\mathrm{d}r}{\pi {r_0}^2}=\frac{\gamma J}{8\mu}r_0^2=\frac{\gamma J}{32\mu}d^2$$

故

$$J=\frac{h_f}{l}=\frac{32\mu v}{\gamma d^2}$$

或

$$h_f=\frac{32\mu vl}{\gamma d^2} \qquad (5-15)$$

式（5-15）就是计算圆管层流沿程水头损失的公式。由此表明：在圆管层流中，沿程水头损失与断面平均流速的一次方成比例，这与雷诺试验的结果完全一致。

若用达西公式的形式来表示圆管层流的沿程水头损失，则由

$$h_f=\lambda\frac{l}{d}\frac{v^2}{2g}=\frac{32\mu vl}{\gamma d^2}$$

可得

$$\lambda=\frac{64}{Re} \qquad (5-16)$$

由此可见，圆管层流中沿程阻力系数 λ 仅为雷诺数的函数，且与雷诺数成反比。

第六节　紊流中的沿程水头损失

一、紊流的形成过程

由雷诺试验可知，层流与紊流的主要区别在于紊流时各流层之间有液体质点的交换和混掺，而层流则无。涡体的形成是混掺作用产生的根源，下面讨论涡体的形成过程。

由于液体的黏滞性和边界面的滞水作用，液流过水断面上的流速分布总是不均匀的，因此相邻各流层之间的液体质点就有相对运动发生，使各流层之间产生内摩擦切应力。对于某一选定的流层来说，流速较大的邻层加于它的切应力是顺流向的，流速较小的邻层加于它的切应力是逆流向的（图 5-10），因此该选定的流层所承受的切应力，有构成力矩、使流层发生旋转的倾向。由于外界的微小干扰或来流中残存的扰动，该流层将不可避免地出现局部性的波动，随同这种波动

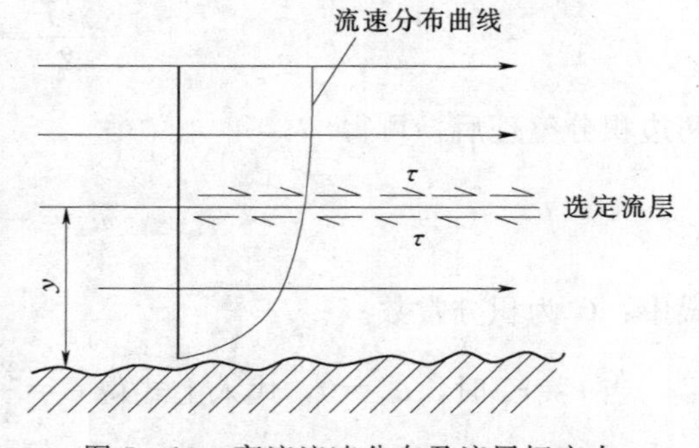

图 5-10　紊流流速分布及流层切应力

而来的是局部流速和压强的重新调整，如图5-11（a）所示。

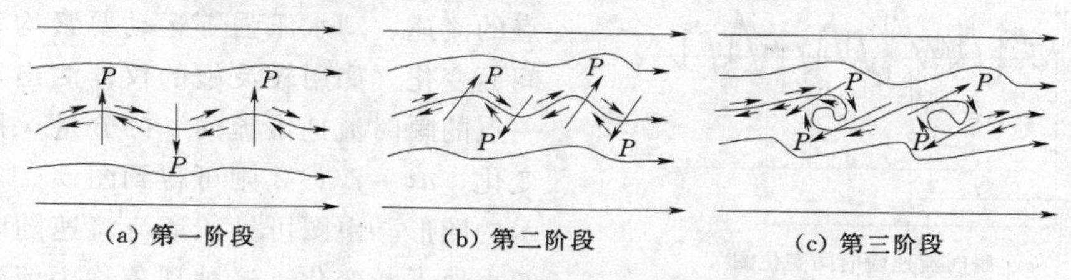

图5-11 紊流形成过程示意图

最初的层流各流层之间无液体质点交换，根据伯努利方程，波峰附近由于发生流线间距变化，在波峰上面，微小流束过水断面变小，流速变大，压强要减小；而在波峰下面，微小流束过水断面增大，流速变小，压强就增大。在波谷附近流速和压强也有相应的变化，但与波峰处的情况相反。这样就使发生微小波动的流层各段承受不同方向的横向压力P。显然，这种横向压力将使波峰越凸，波谷越凹，促使波幅更加增大［图5-11（b）］。波幅增大到一定程度以后，由于横向压力与切应力的综合作用，最后，使波峰与波谷重叠，形成涡体［图5-11（c）］。涡体形成以后，涡体旋转方向与水流流速方向相同的一边流速变大，相反一边流速变小。流速大的一边压强小，流速小的一边压强大，这样就使涡体上下两边产生压差，形成作用于涡体的升力（图5-12）。

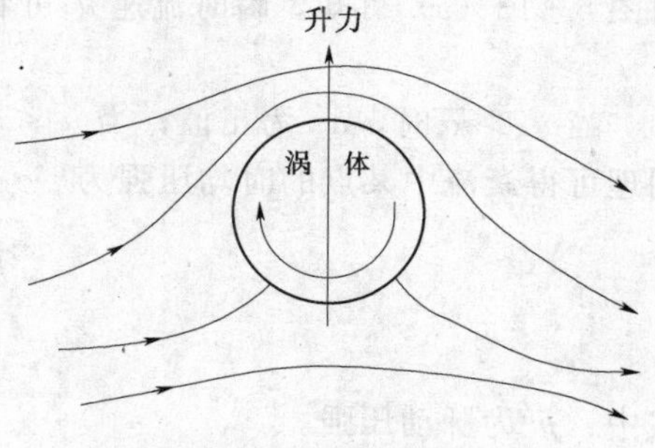

图5-12 涡体升力示意图

这种升力就有可能推动涡体脱离原流层而掺入流速较高的邻层，从而扰动邻层进一步产生新的涡体。如此发展下去，层流即转化为紊流。

涡体形成并不一定就能形成紊流。一方面因为涡体由于惯性保持其本身运动的倾向，另一方面因为液体是有黏滞性的，黏滞作用又要约束涡体运动，所以涡体能否脱离原流层而掺入邻层，就要看惯性作用与黏滞作用两者的对比关系。只有当惯性作用与黏滞作用相比强大到一定程度时，才可能形成紊流。而前已述及，雷诺数是表征惯性力与黏滞力的比值，这就是可以用雷诺数来判别液流型态的道理。

由以上分析可知：紊流形成的先决条件是涡体的形成，其次是雷诺数要达到一定的数值。如果没有外界干扰形成涡体，即使雷诺数达到一定的数值，也不可能产生紊流，所以自层流转变为紊流时，上临界雷诺数是极不稳定的。反之，自紊流转变为层流时，只要雷诺数降低到某一数值，即使涡体继续存在，若惯性力不足以克服黏滞力，混掺作用即行消失，所以不管有无扰动，下临界雷诺数是比较稳定的。

雷诺试验结果表明，不同液流型态沿程水头损失的规律是不同的。在实际水利工程中所遇到的水流大多数是紊流。

二、紊流及其水力特征

（一）紊流运动要素的脉动现象及时均概念

由雷诺试验可知，紊流的基本特征是液体质点之间互相混掺、碰撞，其运动轨迹极不

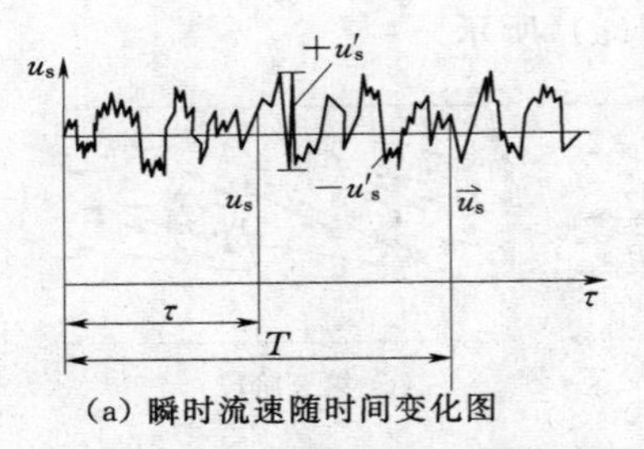

(a) 瞬时流速随时间变化图

(b) 实测的紊流动水压强脉动图

图 5-13　时均恒定紊流示意图

规则。由于紊流的这一特点，使液流中任一点的流速、动水压强等运动要素均不断随时间而变化。如用较灵敏的仪器测出紊流中任一点的瞬时流速沿流向 s 的分量 u_s 随时间的变化，$u_s=f(t)$，则可得到图 5-13（a）所示的图形。由图可见，紊流流速随时间忽大忽小地不断变化，这种现象称为流速脉动现象。紊流中任一点的动水压强同样存在脉动现象。图 5-13（b）为实测的紊流动水压强脉动图。

在某一时段 T 内，求出紊流某点各个瞬时的流速 u_s 的平均值 $\overline{u_s}$，称为时间平均流速，简称时均流速［图 5-13（a）］，则

$$\overline{u_s}=\frac{1}{T}\int_0^T u_s \mathrm{d}t \tag{5-17}$$

由图 5-13（a）可知，瞬时流速 u_s 可看作时均流速与脉动流速 u'_s 之和，即

$$u_s=\overline{u_s}+u'_s \tag{5-18}$$

当 $u_s>\overline{u_s}$ 时，u'_s 为正值；当 $u_s<\overline{u_s}$ 时，u'_s 为负值。

同理可得紊流中某点的时均压强为

$$\overline{p}=\frac{1}{T}\int_0^T p\,\mathrm{d}t \tag{5-19}$$

$$p=\overline{p}+p' \tag{5-20}$$

式中：p' 为脉动压强。

在确定紊流各运动要素的时均值时，所取时段 T 不应太短，以能包括各类变化图形为宜，这样才能求得该点真正的时均值。在一般工程问题中，常不考虑液流脉动的影响，而取各运动要素的时均值进行计算。

由于紊流的运动要素随时间不断变化，严格地说，紊流中不存在恒定流。但是，如果在紊流中所取各个时段的运动要素时均值均不变，如图 5-13（a）所示，则称为时均恒定流。如果运动要素时均值随所取时段而变化，如图 5-14 所示，则为时均非恒定流。由于紊流采用了时均的概念，前述有关液体运动的概念和研究方法对紊流仍然适用。例如对于紊流，流线是指时均流线，恒定流和非恒定流是指时均恒定流和时均非恒定流，均匀流和非均匀流是指时均均匀流和时均非均匀流等。

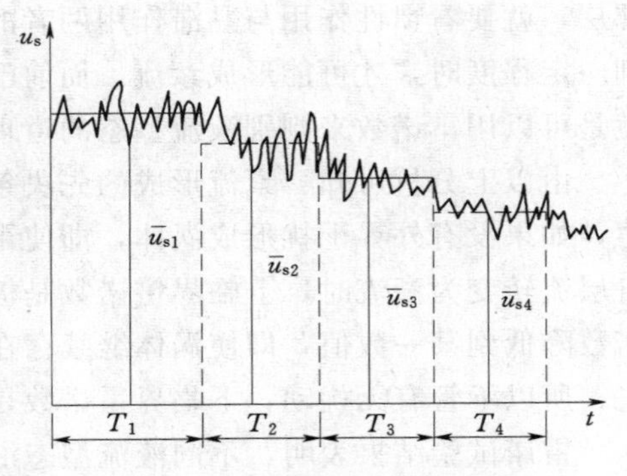

图 5-14　时均非恒定紊流示意图

紊流运动要素的脉动现象是由液流的紊动（液体质点的混掺运动）引起的，紊动越剧烈，则脉动越强烈。液流的紊动和运动要素的脉动对工程问题有较大影响，现简述如下：

（1）使水头损失增大。由于液体质点的混掺作用，使各质点间发生动量交换，增加了质点间的摩擦和碰撞，从而使紊流的阻力和水头损失比层流时大得多。层流时 $h_f \propto v^{1.0}$，紊流时 $h_f \propto v^{1.75 \sim 2.0}$ 就说明了这一点。

（2）使断面流速分布均匀化。由于质点混掺作用，增强了质点间的相互阻滞作用，使快层液体流速减慢，慢层液体流速加快，以致紊流的断面流速分布要比层流均匀得多。图 5-15（a）为圆管层流流速按抛物线规律分布，图 5-15（b）为圆管紊流时均流速近似按对数规律分布，显然后者比前者要均匀得多。

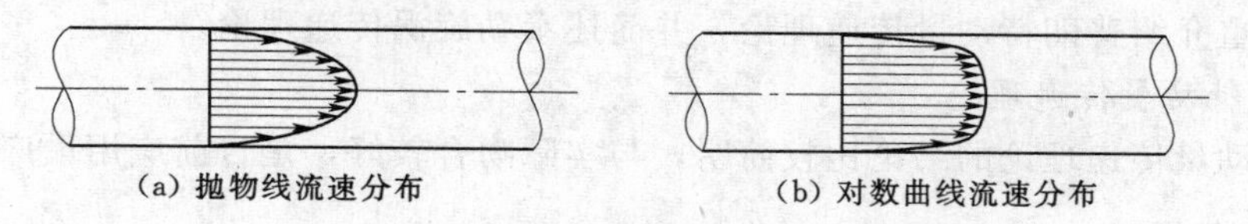

图 5-15　层流和紊流流速分布

（3）使河渠水流挟沙能力增加。水流的紊动能掀起河床泥沙，并使泥沙随水流而运动，这种水流称为挟沙水流，紊动越剧烈，水流中的泥沙含量越多。在河道的中、下游，流速减慢，水流紊动减弱，水流挟沙能力减小，又使部分泥沙沉积下来。因此，水流的紊动是引起河床冲刷和淤积的一个重要因素。

（4）增加瞬时荷载，引起建筑物的振动。动水压强的强烈脉动，可使脉动压强达到时均压强的百分之几十，大大增加了水流作用于建筑物上的瞬时压力。当压强脉动频率接近于建筑物（如轻型溢流坝坝面、挡水闸门等）的自振频率时，则可能引起建筑物的共振，使建筑物遭到破坏。这些都是进行某些水工建筑物设计时所必须考虑的问题。

（二）紊流运动中的附加应力

除少数情况外（如土壤中的渗流），水利工程中遇到的液流多属于紊流。例如，直径 $d=5\text{cm}$ 的输水管道，管中平均流速 $v=0.1\text{m/s}$，水的运动黏滞系数 $\nu=1\times10^{-6}\text{m}^2/\text{s}$，其雷诺数 $Re=5000>Re_k=2000$，管中水流已属紊流；实际工程中的流速常比上述数值大得多，故一般可认为通过管道、河渠及各种水工建筑物的水流都是紊流。可见对于紊流问题的研究具有重要的实际意义。

描述紊流流动的基本方程是 1895 年雷诺提出的紊流运动方程——雷诺方程。由于雷诺方程中包含了由紊流脉动引起的 9 个附加应力，使方程的未知数增加了 6 个，未知数多于方程数目，方程不封闭，因而无法求解。近百年来，许多学者致力于紊流问题的研究，主要是寻求紊流附加切应力的具体关系式，以求解决紊流问题。自 20 世纪 30 年代以来，关于紊流研究的理论大致有以下两种：一是紊流的统计理论，它采用较为严格的统计方法来分析紊流的内部结构，研究紊流中各脉动量的相关矩和谱函数。由于紊流结构的复杂性，目前统计理论只局限于研究理想化了的而实际上并不存在的各向同性均匀紊流。因此，这种理论尚难以用来解决实际工程中的紊流问题。二是紊流的半经验理论，它是在某些假设的基础上，结合理论分析和试验研究，补充了某些方程，使方程封闭，从而可以求解某些工程实际中的紊流问题（如管道、河渠中的紊流等）。

目前，紊流半经验理论有多种模式，即零方程模式、一方程模式、二方程模式、多方程模式等。例如，1925 年普朗特（L. Prandtl）提出的动量传递理论、1930 年卡门

(T. Von Karman）提出的相似理论、1932 年泰勒（G. L. Tayler）提出的漩涡传递理论等都属于零方程模式；1945 年普朗特提出 $K-\varepsilon$ 方程模式属于一方程模式、1972 年朗道（Launder）和史普丁（Spalding）提出的 $K-\varepsilon$ 方程模式则为二方程模式。虽然紊流半经验理论的某些假定不完全合理，在理论上还不够完善，但其结果与实际却比较符合，因而在解决实际紊流问题方面起着重要作用。近年来，由于电子计算技术的迅速发展，用数值计算方法求解紊流问题的范围日益扩大，已能对一些较为复杂的紊流问题作出具有一定精度的估算。

本节着重介绍普朗特动量传递理论，并简述泰勒旋涡传递理论。

1. 普朗特动量传递理论

普朗特动量传递理论的结论比较简明，与实际吻合较好，是目前应用最广的紊流半经验理论。

下面应用这些理论来解决紊流附加切应力。

在紊流中，由液体黏滞性引起的黏滞切应力为

$$\tau_1=\mu\frac{\mathrm{d}u}{\mathrm{d}y}$$

而由质点间相互混掺碰撞而引起的附加切应力为 τ_2，因此紊流中的总切应力 $\tau=\tau_1+\tau_2$。紊流附加切应力 τ_2 可根据普朗特的动量传递理论导出。

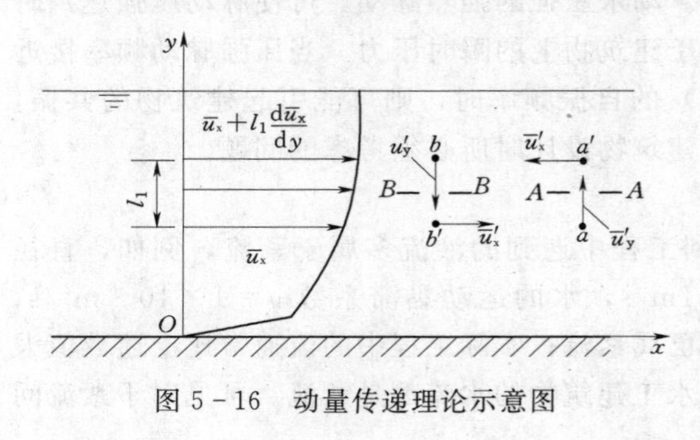

图 5-16　动量传递理论示意图

如图 5-16 所示的 xOy 平面上的二元恒定均匀紊流，图中给出了时均流速分布图，由于是二元均匀流，其时均流速只有一个分量$\overline{u_x}$，而$\overline{u_y}=\overline{u_z}=0$，其脉动流速只有沿 x 向和 y 向的分量 u'_x 和 u'_y，而 $u'_z=0$。由于各液层的流速$\overline{u_x}$不等，各层质点沿 x 方向的动量亦不等。因紊流流速存在横向（即 y 向）脉动，各相邻液层的质点之间将不断地进行动量的交换。

在图 5-16 中任取一与 x 轴相平行的微小截面 $A—A$，其面积为 ΔA。由于截面上下质点间的动量交换而在截面上产生了附加切应力。

设某瞬时位于低流速层的 a 点处的质点以脉动流速 u'_y（正值）向上运动，并穿过截面 $A—A$ 到达高流速层的 a'点。在 Δt 时段内通过该截面的液体质量 $\Delta m=\rho u'_y\Delta A\Delta t$。由于 a 点的时均流速小于 a'点的时均流速，当 a 点处的质点到达 a'点时，对该点处原有的质点起向后拖拽的作用，并在 a'点产生沿 x 负向的脉动流速 u'_x（负值），因而动量发生变化。Δt 时间内 $A—A$ 面上液体沿 x 向的动量变化等于通过该面的液体质量 Δm 与 x 向流速增量 u'_x的乘积，即

$$\Delta m u'_x=\rho u'_x u'_y\Delta A\Delta t$$

根据动量定理，作用于截面 $A—A$ 上沿 x 向的作用力 ΔF_x的冲量应等于 Δt 时间内该截面的动量变化，即

$$\Delta F_x\Delta t=\rho u'_x u'_y\Delta A\Delta t$$

ΔF_x就是由于紊流脉动而在截面 $A—A$ 上产生的附加切力。因此紊流附加切应力为

$$\tau_2=\frac{\Delta F_x}{\Delta A}=\rho u'_x u'_y$$

同理，某瞬时位于高流速层 b 的液体质点以脉动流速 u'_y（负值）向下运动，并穿过截面 $B—B$（其面积亦为 ΔA）到达低流速层的 b' 点时，对该点处原有的液体质点起向前推动的作用，并产生一个沿 x 正向的脉动流速 u'_x（正值），因而发生动量变化，用同样的方法亦可得到与上式相同的 τ_2 的关系式，由于脉动流速 u'_x 和 u'_y 总是有相反的符号，而切应力通常取正值，故 τ_2 的关系式应写为

$$\tau_2=-\rho u'_x u'_y$$

紊流附加切应力的时均值可写为

$$\overline{\tau_2}=-\rho\overline{u'_x u'_y} \tag{5-21}$$

式（5-21）表明紊流附加切应力的大小与脉动流速及液体的密度有关。

由于脉动流速不断随时间而变化，其变化又是不规则的，因此直接应用式（5-21）求紊流附加切应力是很困难的，为了使紊流附加切应力与时均流速联系起来，普朗特引用气体分子运动自由程的概念，把液体质点比拟为气体分子，假定液体质点以脉动流速 u'_y 而做横向运动，经过距离 l_1到达新的位置后，其本身所具有的运动特性（如速度、动量等）在该处交换完毕，但在运动过程中却与周围的液体质点没有任何交换。该距离 l_1称为混合长度，如图 5-16 所示。若低流速层的时均流速为$\overline{u_x}$，由于l_1很小，在 l_1范围内时均流速可看作线性变化，则高流速层的时均流速为

$$\overline{u_x}+l_1\frac{\mathrm{d}\overline{u_x}}{\mathrm{d}y}$$

二者的时均流速差为

$$\delta\overline{u_x}=\left(\overline{u_x}+l_1\frac{\mathrm{d}\overline{u_x}}{\mathrm{d}y}\right)-\overline{u_x}=l_1\frac{\mathrm{d}\overline{u_x}}{\mathrm{d}y}$$

普朗特又假定纵向脉动流速 u'_x 是两层液体的流速差引起的，其绝对值等于时均流速差，即

$$|u'_x|=l_1\frac{\mathrm{d}\overline{u_x}}{\mathrm{d}y}$$

他还假定横向脉动流速 u'_y 与 u'_x 为同一数量级，并与 u'_x 成正比，即

$$|u'_y|=k_1|u'_x|=k_1 l_1\frac{\mathrm{d}\overline{u_x}}{\mathrm{d}y}$$

将以上两式代入式（5-21）可得

$$\overline{\tau_2}=-\rho k_1 l_1^2\left(\frac{\mathrm{d}\overline{u_x}}{\mathrm{d}y}\right)^2$$

令 $k_1 l_1^2=l^2$，则上式可写为

$$\overline{\tau_2}=-\rho l^2\left(\frac{\mathrm{d}\overline{u_x}}{\mathrm{d}y}\right)^2$$

式中：l 也称混合长度，但它已不像 l_1 那样有比较明确的物理意义。

因为今后所讨论的各种紊流运动要素均指时均值，为简便起见，不再注明“时均”二

字和不用时均的符号，且以 u 代表主流方向的流速 u_x，同时考虑到上式右边各项均为正值，无须加一负号，则紊流附加切应力可写为

$$\tau_2=\rho l^2\left(\frac{\mathrm{d}u}{\mathrm{d}y}\right)^2 \tag{5-22}$$

因此紊流总切应力表达式为

$$\tau=\tau_1+\tau_2=\mu\frac{\mathrm{d}u}{\mathrm{d}y}+\rho l^2\left(\frac{\mathrm{d}u}{\mathrm{d}y}\right)^2 \tag{5-23}$$

混合长度 l 是个未知量。由于边界面上的液体质点无混掺运动，$l=0$；离边界越远，混掺越剧烈；因此普朗特假定它与横向坐标 y 成正比，即

$$l=ky$$

式中：k 为比例系数，称为卡门常数，尼古拉兹的试验得到圆管紊流的 $k\approx0.4$。

式（5－23）中的两部分切应力的大小随液流雷诺数的变化而变化。当雷诺数较小时，紊动较弱，紊流附加切应力 τ_2 较小，黏滞切应力 τ_1 相对较大；当雷诺数增大时，紊动加剧，τ_2 亦随之增大；当雷诺数很大时，紊动异常剧烈，τ_2 也很大，τ_1 则相对很小，以致可以忽略。

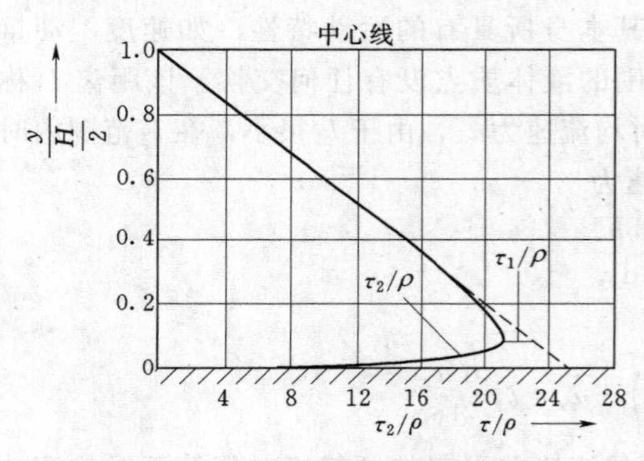

图 5－17 矩形断面风洞紊流附加切应力示意图

在同一过水断面上各点处，τ_1 与 τ_2 的比例也不相同。在边壁附近，紊动较弱，则 τ_1 相对较大；在远离边壁处，紊动强烈，则 τ_2 相对较大。图 5－17 为矩形断面风洞中实测的紊流附加切应力沿断面中垂线的分布图。图 5－17 中纵坐标为 $\frac{y}{\frac{H}{2}}$（H 为矩形断面高度；y 为从壁面计算的横向坐标），横坐标为 $\frac{\tau_2}{\rho}$ 及 $\frac{\tau}{\rho}$。图 5－17 中的曲线（实线）及斜直线（虚线）分别为 $\frac{\tau_2}{\rho}$ 及 $\frac{\tau}{\rho}$ 沿垂线的分布，而 $\frac{\tau}{\rho}-\frac{\tau_2}{\rho}=\frac{\tau_1}{\rho}$。由图 5－17 可见，在边壁处，$y=0$，$\tau_2=0$，$\tau=\tau_1$，总切应力等于黏滞切应力，且切应力达到最大值；$y$ 增大时，τ_2 迅速增大；当 y 增大到一定数值后，黏滞性影响可以忽略，$\tau_1\approx0$，$\tau\approx\tau_2$，即紊流附加切应力可代表总切应力；在断面中心处，$y=\frac{H}{2}$，全部切应力均为零，这是因为该处的 $\frac{\mathrm{d}u}{\mathrm{d}y}$ 等于零的缘故。

2. 泰勒旋涡传递理论

前面介绍的普朗特动量传递理论假定液体质点的动量在横向运动距离 l_1 内保持不变。泰勒认为由于压强脉动必然产生局部压差，而在局部压差影响下，紊动交换过程中的动量很难保持不变，但旋涡强度则可能保持不变。

在二元恒定均匀紊流中，设某一质点在横向脉动流速 u'_y 的影响下从坐标为 y 的液层

运动到坐标为 $y+l'_{\omega}$ 的液层，并把 y 处的旋涡强度 ω 传递给 $y+l'_{\omega}$ 处的质点，使该处发生旋涡强度 ω' 的脉动，但质点在到达 $y+l'_{\omega}$ 点之前的运动过程中旋涡强度 ω 保持不变，l'_{ω} 称为旋涡混合长度。

泰勒在上述假定及其他假定条件下，根据紊流时均附加切应力一般表达式 $\overline{\tau_2}=\overline{-\rho u'_x u'_y}$，应用旋涡强度与流速梯度的关系，导出了紊流时均附加切应力的表达式为

$$\overline{\tau_2}=\frac{1}{2}\rho l_{\omega}^2\left(\frac{\mathrm{d}\overline{u_x}}{\mathrm{d}y}\right)^2$$

省略时均符号，并以 u 代替 u_x 则有

$$\tau_2=\frac{1}{2}\rho l_{\omega}^2\left(\frac{\mathrm{d}u}{\mathrm{d}y}\right)^2 \tag{5-24}$$

式中：l_{ω} 也称旋涡混合长度，但不具有 l'_{ω} 原来的物理意义。

式（5－24）与普朗特 τ_1 关系式（5－22）具有相同的形式。旋涡混合长度 l_{ω} 与普朗特混合长度 l 的关系为

$$l_{\omega}=\sqrt{2}\,l \tag{5-25}$$

由于 l_{ω} 在一般情况下不大可能为常数，而与坐标 y 有关，如取

$$l_{\omega}=k_{\omega}y \tag{5-26}$$

则泰勒与普朗特的关系式有较大差别。实测资料表明，可取 $k_{\omega}\approx0.2$。

不论是普朗特的动量传递理论还是泰勒的旋涡传递理论都没有完全解决紊流附加切应力与时均流速场之间的关系，因为在这些理论中又出现了新的未知量 l 或 l_{ω}，为了确定这些未知量还必须再作补充假定。卡门在解决这一问题时于 1930 年提出了相似假说。

（三）紊流中的黏性底层

紊流中，紧靠固体边界附近的地方，因脉动流速很小，所以由脉动流速产生的附加切应力也很小，而流速梯度很大，所以黏滞切应力起主导作用，其流速基本上属于层流。因此紊流中并不是整个液流都是紊流，在紧靠固体边界表面有一层极薄的层流层存在，该层流层称为黏性底层（或层流底层）。在黏性底层以外的液流才是紊流（图 5－18）。

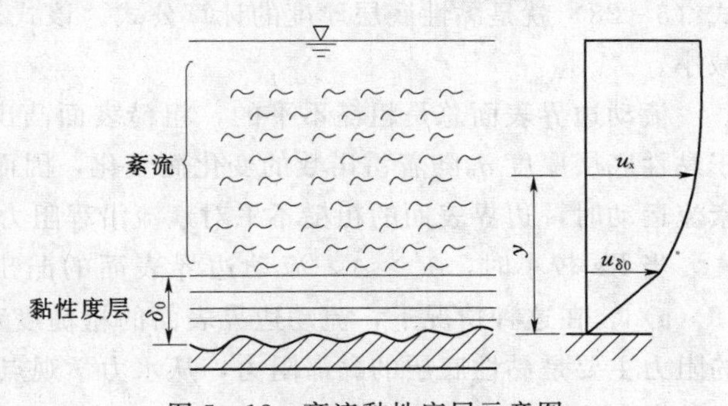

图 5－18　紊流黏性底层示意图

在这两液流之间还存在着一层极薄的过渡层，因其实际意义不大，可以不加考虑。

边界对紊流的影响是通过黏性底层实现的，因此黏性底层对紊流沿程阻力规律的影响极大。现在先来研究一下黏性底层的厚度 δ_0。

黏性底层的性质既然与层流一样，其切应力 $\tau=\mu\dfrac{\mathrm{d}u_x}{\mathrm{d}y}$，其流速按抛物线规律分布。因黏性底层极薄，其流速分布可看作是按直线变化。即自 $y=0$，$u_x=0$，变化到 $y=\delta_0$，$u_x=u_{\delta0}$，式中 $u_{\delta0}$ 为黏性底层上边界的流速。这样

$$\frac{u_{\delta 0}}{\delta_0}=\frac{\mathrm{d}u_x}{\mathrm{d}y}$$

故

$$\tau_0=\mu\frac{\mathrm{d}u_x}{\mathrm{d}y}=\mu\frac{u_{\delta 0}}{\delta_0}$$

整理后可得

$$\frac{u_{\delta 0}}{\delta_0}=\frac{\dfrac{\tau_0}{\rho}}{\dfrac{\mu}{\rho}}$$

令$\sqrt{\dfrac{\tau_0}{\rho}}=u_*$，则上式可写作$\dfrac{u_{\delta 0}}{u_*}=\dfrac{u_*\delta_0}{\nu}$，式中$u_*$具有与流速相同的量纲，称为摩阻流速。

因$\dfrac{u_{\delta 0}}{u_*}$为一无量纲数，常用符号$N$表示，可得

$$\delta_0=\frac{N\nu}{u_*} \tag{5-27}$$

尼库拉兹（J. Nikuradse）试验结果是$N=11.6$，根据$\sqrt{\dfrac{\tau_0}{\rho}}=u_*$、$Re=\dfrac{vd}{\nu}$和$\tau_0=\dfrac{\lambda}{8}\rho v^2$，则式（5-27）为

$$\delta_0=\frac{32.8d}{Re\sqrt{\lambda}} \tag{5-28}$$

式（5-28）就是黏性底层厚度的计算公式。该式表明，黏性底层厚度随雷诺数的增加而减小。

流动边界表面总是粗糙不平的，粗糙表面凸出高度称为绝对粗糙度，用Δ表示。由于黏性底层厚度δ_0随着雷诺数的变化而变化，因而δ_0与Δ的大小关系也要发生变化，即紊流运动时，边界表面的粗糙不平对紊流沿程阻力的影响是变化的。

当Re较小时，$\delta_0 \gg \Delta$，流动边界表面的凸出高度完全淹没在黏性底层中［图5-19（a）］。在这种情况下，流动边界表面的粗糙度对紊流不起任何作用，边界表面对水流的阻力主要是黏性底层的黏滞阻力，从水力学观点来看，这种粗糙表面与光滑的表面是一样的，紊流是在光滑的水面上流动，把这种紊流现象称为水力光滑面。称此时紊流处于紊

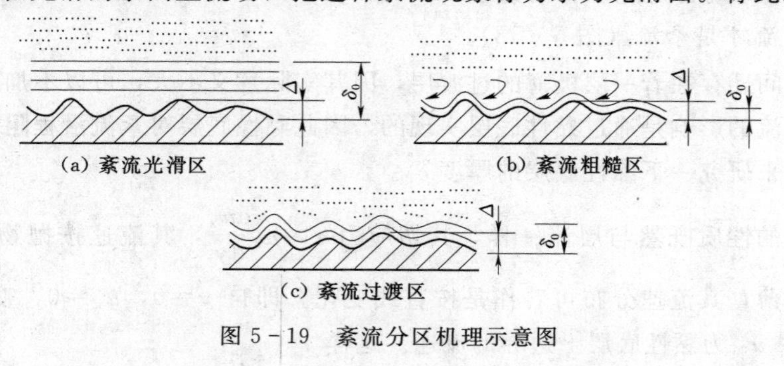

图5-19　紊流分区机理示意图

流光滑区。

当 Re 较大时，$\delta_0 \ll \Delta$，流动边界表面的凸出高度突出黏性底层进入到紊流中[图 5-19(b)]。在这种情况下，紊流绕过流动边界表面的凸出高度时形成小旋涡，边界表面对水流的阻力主要是由这些小旋涡造成的，而黏性底层的黏滞力只占次要地位，与前者相比，几乎可忽略不计，把这种紊流现象称为水力粗糙面。称此时紊流处于紊流粗糙区。

介于以上两者之间的情况，黏性底层已不足以完全掩盖住流动边界粗糙度的影响[图 5-19 (c)]，但粗糙度并不能起主导作用，把这种紊流现象称为过渡粗糙面。称此时紊流处于紊流过渡区。

由以上讨论可知，水力光滑面和水力粗糙面是依据黏性底层厚度与流动边界绝对粗糙度的大小关系来决定的，即使同一流动边界表面，当 Re 发生变化时，流动边界对紊流的影响也要发生变化，这不决定于流动边界本身是否光滑或粗糙。

（四）紊流运动的流速分布

由上可知，紊流运动时，沿流动边界的外法线方向依次为黏滞底层、过渡层和紊流核心区三个部分。在黏性底层内，流速应按抛物线规律分布，但因其厚度很薄，可近似认为按直线分布。其相对流速关系式为

$$\frac{u}{u_*}=\frac{u_* y}{\nu}$$

对于过渡层，目前尚无适当的流速关系式。对于紊流核心区，因黏滞切应力很小，可以忽略，其流速关系式可以直接应用紊流附加切应力的关系式 $\tau_2=\rho l^2\left(\frac{\mathrm{d}u}{\mathrm{d}y}\right)^2$ 积分求得，并以 $l=ky$ 代入得

$$\mathrm{d}u=\frac{1}{k}\sqrt{\frac{\tau_2}{\rho}}\frac{\mathrm{d}y}{y}$$

为了积分上式，普朗特假定 τ_2 沿断面均匀分布，为常量，并等于边壁切应力 τ_0，代入上式得

$$\mathrm{d}u=\frac{1}{k}\sqrt{\frac{\tau_2}{\rho}}\frac{\mathrm{d}y}{y}=\frac{u_*}{k}\frac{\mathrm{d}y}{y}$$

式中：u_* 为摩阻流速。

积分上式可得

$$u=\frac{u_*}{k}\ln y+C \tag{5-29}$$

式 (5-29) 表明紊流核心区的断面流速按对数规律分布。式中 C 为积分常数，由边界条件决定。

对于圆管，当以 $y=r_0$（半径）时，$u=u_{\max}$ 代入式 (5-29) 可得 $C=u_{\max}-\frac{u_*}{k}\ln r_0$。于是得圆管紊流流速为

$$u=u_{\max}-\frac{u_*}{k}\ln\frac{r_0}{y} \tag{5-30}$$

以 $k=0.4$ 代入式（5-30）得

$$\frac{u_{\max}-u}{u_*}=5.75\lg\frac{r_0}{y} \tag{5-31}$$

式（5-31）称为相对流速差（或速缺）公式或相对速差定律。

式（5-29）～式（5-31）适用于紊流各区。对于紊流光滑区，液流阻力和流速与雷诺数（或液体的黏滞性）有关，如令式（5-29）中的积分常数 $C=\frac{u_*}{k}\ln\frac{u_*}{\nu}+u_*C_1$（$\nu$ 为运动黏滞系数），则该式可写为

$$\frac{u}{u_*}=\frac{1}{k}\ln\frac{u_*y}{\nu}+C_1 \tag{5-32}$$

对于圆管，尼库拉兹试验得 $k=0.4$，$C_1=5.5$。因此有

$$\frac{u}{u_*}=2.5\ln\frac{u_*y}{\nu}+5.5 \tag{5-33}$$

或

$$\frac{u}{u_*}=5.75\lg\frac{u_*y}{\nu}+5.5 \tag{5-34}$$

对于紊流粗糙区，黏滞性影响可以忽略，液流阻力和流速主要取决于流动边界表面粗糙度。如令 $C=-\frac{u_*}{k}\ln\Delta+u_*C_2$（$\Delta$ 为绝对粗糙度），则式（5-29）可写为

$$\frac{u}{u_*}=\frac{1}{k}\ln\frac{y}{\Delta}+C_2 \tag{5-35}$$

对于圆管，尼库拉兹试验得 $k=0.4$，$C_2=8.5$，因此得式（5-35）为

$$\frac{u}{u_*}=2.5\ln\frac{y}{\Delta}+8.5 \tag{5-36}$$

或

$$\frac{u}{u_*}=5.75\lg\frac{y}{\Delta}+8.5 \tag{5-37}$$

根据尼古拉兹的试验资料绘制的不同雷诺数 Re 的圆管紊流流速分布如图 5-20 所示。图 5-20 中纵坐标为相对流速 $\frac{u}{u_{\max}}$，横坐标为 $\frac{y}{r_0}$，此外，根据 $u=\frac{\gamma J}{4\mu}(r_0^2-r^2)$ 和 $u_{\max}=\frac{\gamma J}{4\mu}r_0^2=\frac{\gamma J}{16\mu}d^2$，可得圆管层流的相对流速为

$$\frac{u}{u_{\max}}=\frac{\gamma J}{4\mu}(r_0^2-r^2)\Big/\frac{\gamma J}{4\mu}r_0^2=1-\left(\frac{r}{r_0}\right)^2$$

$$=1-\left(\frac{r_0-y}{r_0}\right)^2=1-\left(1-\frac{y}{r_0}\right)^2$$

由上式绘制的圆管层流流速分布理论曲线一并绘于图 5-20 中（虚线）。由图 5-20 可见，按对数规律的紊流流速分布比按抛物线规律的层流流速分布要均匀得多。这是由于紊流液

体质点之间的混掺作用和动量交换而使流速分布趋于均匀化的缘故。由图 5-20 还可看出，雷诺数 Re 越大，液体紊动越剧烈，紊流流速分布越均匀。

对于二元明渠恒定均匀紊流，式（5-33)、式（5-34)、式（5-36)、式（5-37）仍可近似地应用。

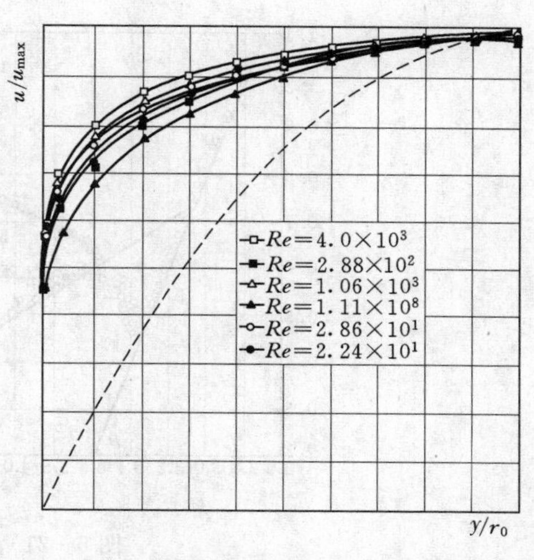

图 5-20　圆管层流与紊流流速分布曲线

三、半经验半理论公式计算紊流运动的沿程水头损失

在阐述了层流和紊流两种流态及其判别方法之后，即可进一步分析恒定均匀流沿程水头损失系数 λ 的变化规律。关于 λ 许多学者进行了大量的试验研究和理论分析工作。对于层流理论分析比较完善，与试验成果甚为吻合。对于紊流，由于液体质点紊动过程的复杂性，理论分析尚较困难，λ 值主要由试验来确定。

（一）管道沿程水头损失系数试验

1. 人工粗糙管道沿程水头损失系数试验

1933 年，尼库拉兹发表了他对人工粗糙管道进行试验研究的成果。所谓人工粗糙管道是先在管道内壁涂一层漆，用相同粒径的砂粒均匀地粘贴在管壁上，形成一定粗糙度的壁面。取砂粒粒径为绝对粗糙度 Δ，则管道的相对粗糙度为$\frac{\Delta}{d}$。尼库拉兹对$\frac{\Delta}{d}$分别为$\frac{1}{30}$、$\frac{1}{61.2}$、$\frac{1}{120}$、$\frac{1}{252}$、$\frac{1}{504}$和$\frac{1}{1014}$的 6 种管道进行了试验，得到了大量有价值的资料。

在进行资料分析时，他考虑了无量纲的雷诺数 Re 和相对粗糙度$\frac{\Delta}{d}$对沿程水头损失系数 λ 的影响，因为 $Re=\frac{vd}{\nu}$。所以它实际上反映了流速、黏滞性、管径等因素对 λ 的影响。他以 $\lg Re$ 为横坐标，$\lg(100\lambda)$ 为纵坐标，$\frac{\Delta}{d}$为参变数，用试验资料绘制了 $\lg(100\lambda)$-$\lg Re$-$\frac{\Delta}{d}$关系图（图 5-21）。

根据图 5-21，λ 与 Re 的关系可分为以下几区来说明：

（1）层流区（第Ⅰ区）。$\lg Re<3.36$（即 $Re<2320$）。在此区中，不同相对粗糙度的试验点子都落在斜直线 ab 上，这说明层流时 λ 只与 Re 有关，而与$\frac{\Delta}{d}$无关，即$\lambda=f(Re)$。由图 5-21 可知，直线 ab 的斜率为 1，截距为 lg6400，其方程为

$$\lg(100\lambda)=\lg6400-\lg Re$$

可得

$$\lambda=\frac{64}{Re} \tag{5-38}$$

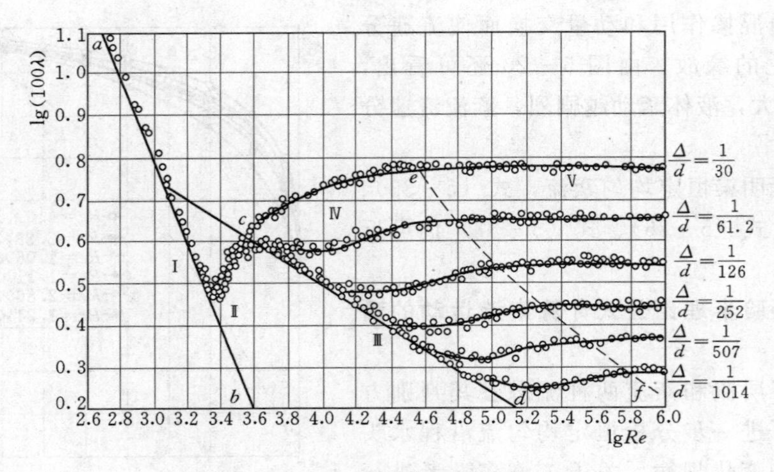

图 5-21 尼库拉兹试验结果图

式（5-38）为圆管层流沿程水头损失系数公式，它与理论分析结果完全一致。

将式（5-38）代入达西公式可得

$$h_{\mathrm{f}}=\frac{64}{Re}\frac{l}{d}\frac{v^2}{2g}=\frac{64}{\frac{vd}{\nu}}\frac{l}{d}\frac{v^2}{2g}=\frac{32l\nu}{d^2g}v$$

上式说明层流沿程水头损失与平均流速的一次方成比例。

（2）层流转变为紊流的过渡区（第Ⅱ区）。此区范围为 $3.36<\lg Re<3.6$（即 $2320<Re<4000$）。在此区中，不同相对粗糙度的试验点基本集中在 bc 曲线上，说明此区的 λ 只与 Re 有关，而与 $\frac{\Delta}{d}$ 无关。因为此区属于流态转变的区域，流动情况较复杂，且范围不大，一般不作详细分析。

（3）紊流区。当 $\lg Re>3.6$（即 $Re>4000$）时，属于紊流区。根据 λ 与 Re 及 $\frac{\Delta}{d}$ 关系，紊流区又分为光滑区、过渡粗糙区和粗糙区 3 个流区。现分述如下：

1）紊流光滑区（第Ⅲ区）。此区为图 5-21 中的斜直线，cd 在此区中，不同相对粗糙度的试验点均落在 cd 线上，说明此区的 λ 也和 $\frac{\Delta}{d}$ 无关，只是 Re 的函数，即 $\lambda=f(Re)$。由图 5-21 可见，对于 $\frac{\Delta}{d}$ 值不同的管道，其光滑区的范围也不同，$\frac{\Delta}{d}$ 值越小，光滑区范围越大。例如，$\frac{\Delta}{d}=\frac{1}{30}$ 的管道，试验点与 cd 线完全不重合，说明该管道不存在光滑区；而 $\frac{\Delta}{d}=\frac{1}{1014}$ 的管道，试验点与 cd 线的重合段最长，说明该管道的光滑区范围最大。

普朗特根据图 5-21 中的尼库拉兹试验资料作出 $\frac{1}{\sqrt{\lambda}}-2\lg\frac{r_0}{\Delta}$ 与 $\lg\frac{u_*\Delta}{\nu}$ 的关系曲线

(图 5-22)，其中 r_0 为圆管半径，$u_*=\sqrt{\frac{\tau_0}{\rho}}$，$\tau_0$ 为管壁切应力。由图 5-22 可见，不同相对粗糙度的试验点子均集中在一条曲线上。当 $\lg\frac{u_*\Delta}{\nu}<0.6\left(\text{即}\frac{u_*\Delta}{\nu}<4\right)$时，属于紊流光滑区，试验点子均落在斜直线 AB 上。因为 $\tau_0=\gamma RJ$，而水力坡度 $J=\frac{h_f}{l}=\frac{\lambda}{d}\frac{v^2}{2g}$，圆管水力半径 $R=\frac{d}{4}$，则

$$u_*=\sqrt{\frac{\tau_0}{\rho}}=\sqrt{\frac{\gamma RJ}{\rho}}=\sqrt{g\ \frac{d}{4}\frac{\lambda}{d}\frac{v^2}{2g}}=\sqrt{\frac{\lambda}{8}}v$$

$$\frac{u_*\Delta}{\nu}=\sqrt{\frac{\lambda}{8}}\frac{v\Delta}{\nu}=\sqrt{\frac{\lambda}{8}}\frac{vd}{\nu}\frac{\Delta}{d}=\sqrt{\frac{\lambda}{8}}Re\left(\frac{\Delta}{d}\right)$$

而不等式$\frac{u_*\Delta}{\nu}<4$ 可写为 $Re<\frac{11.3}{\sqrt{\lambda}}\left(\frac{d}{\Delta}\right)$。因此可得紊流光滑区的范围为

$$4000<Re<\frac{11.3}{\sqrt{\lambda}}\left(\frac{d}{\Delta}\right) \tag{5-39}$$

紊流光滑区的沿程水头损失系数 λ 可按下列经验公式计算。

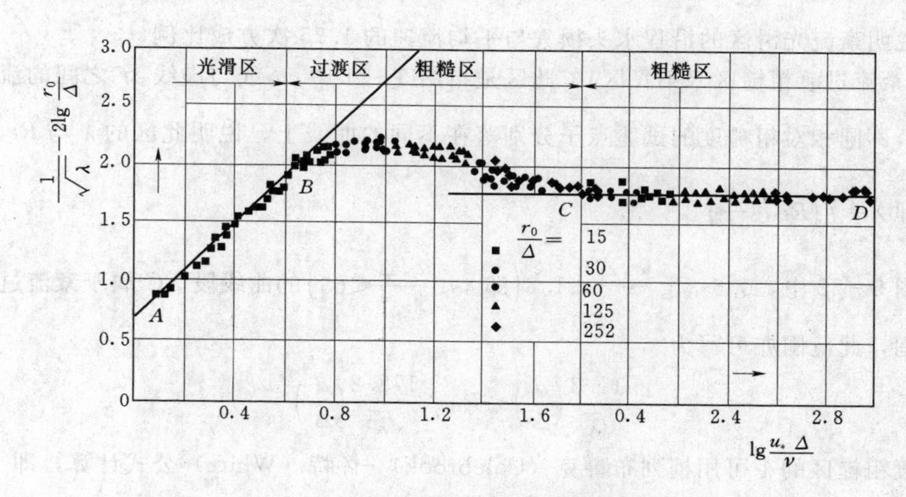

图 5-22　普朗特流动分区的结果图

1932 年，普朗特由图 5-22 得到直线 AB 的方程为

$$\frac{1}{\sqrt{\lambda}}-2\lg\frac{r_0}{\Delta}=2\lg\frac{u_*\Delta}{\nu}+0.7$$

因为$\frac{u_*r_0}{\nu}=\sqrt{\frac{\lambda}{8}}\frac{vr_0}{\nu}=\sqrt{\frac{\lambda}{8}}\frac{v\frac{d}{2}}{\nu}=\frac{Re\sqrt{\lambda}}{2\sqrt{8}}$，代入上式可得 λ 的公式为

$$\frac{1}{\sqrt{\lambda}}=2\lg(Re\sqrt{\lambda})-0.8 \tag{5-40}$$

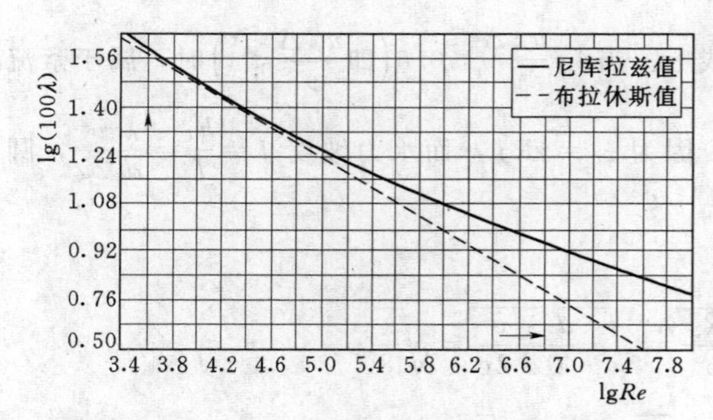

图 5-23 尼库拉兹的紊流光滑曲线图

1932 年，尼库拉兹根据自己的试验资料提出的 λ 公式（图5-23中的实线）为

$$\lambda=0.0032+\frac{0.211}{Re^{0.237}} \tag{5-41}$$

1912 年，布拉休斯（Blasius）根据前人的试验资料提出的 λ 公式为

$$\lambda=\frac{0.3164}{Re^{1/4}} \tag{5-42}$$

图 5-23 中的虚线即为式（5-42）。由图 5-23 可见，当 $Re>10^5$，式(5-42)与实测资料有一定偏差，说明该式只适用于 $Re<10^5$。当 $Re>10^5$ 时，应用式（5-40）或式（5-41）进行计算较为适宜。

如将式（5-42）代入达西公式中，可得

$$h_{\mathrm{f}}=\frac{0.3164}{Re^{1/4}}\frac{l}{d}\frac{v^2}{2g}=\frac{0.3164}{\left(\frac{vd}{\nu}\right)^{1/4}}\frac{l}{d}\frac{v^2}{2g}=\frac{0.1582\nu^{1/4}l}{d^{5/4}g}v^{1.75}$$

这说明紊流光滑区的沿程水头损失与平均流速的 1.75 次方成比例。

2）紊流过渡粗糙区（第Ⅳ区）。此区是指图 5-21 中 cd 线与虚线 ef 之间的流区。在此区中，不同相对粗糙度的试验点子分别落在不同的曲线上，说明此区的 λ 与 Re 及 $\frac{\Delta}{d}$ 均有关，即 $\lambda=f\left(Re,\frac{\Delta}{d}\right)$。

在图 5-22 中，$0.6<\lg\frac{u_*\Delta}{\nu}<1.8\left(\text{即 } 4<\frac{u_*\Delta}{\nu}<63\right)$ 的曲线段 BC 属于紊流过渡粗糙区的范围，此范围亦可写为

$$\frac{11.3}{\sqrt{\lambda}}\left(\frac{d}{\Delta}\right)<Re<\frac{178.2}{\sqrt{\lambda}}\left(\frac{d}{\Delta}\right) \tag{5-43}$$

紊流过渡粗糙区的 λ 可用柯列布鲁克（Colebrook）-怀特（White）公式计算，即

$$\frac{1}{\sqrt{\lambda}}=-2\lg\left(\frac{2.51}{Re\sqrt{\lambda}}+\frac{\Delta}{3.7d}\right) \tag{5-44}$$

该式可变为

$$\frac{1}{\sqrt{\lambda}}=1.74-2\lg\left(\frac{\lambda}{r_0}+\frac{18.7}{Re\sqrt{\lambda}}\right) \qquad [5-44\ (a)]$$

齐恩（A. K. Jain）将式［5-44（a)］改为显示表达

$$\frac{1}{\sqrt{\lambda}}=1.14-2\lg\left(\frac{\Delta}{d}+\frac{21.25}{Re^{0.9}}\right) \qquad [5-44\ (b)]$$

根据验算，式（5-44）用于人工粗糙管道时，与试验资料有一定偏差；而用于自然粗糙管道时，则较为符合。

3）紊流粗糙区（第Ⅴ区）。此区是指图5-21中虚线 ef 以右的流区。在此区中，不同相对粗糙度的试验点子分别落在不同的水平直线上，这说明 λ 只与 $\frac{\Delta}{d}$ 有关，而与 Re 无关，即 $\lambda=f\left(\frac{\Delta}{d}\right)$。由于 λ 与 Re 无关，即 λ 与 u 无关，由式 $h_f=\lambda\ \frac{l}{d}\frac{v^2}{2g}$ 可知，沿程水头损失与平均流速的平方成比例，因此紊流粗糙区又称紊流阻力平方区。又由图5-21可知，$\frac{\Delta}{d}$ 值越大的管道，水平直线起点的 Re 值越小，即进入紊流粗糙区越早。

在图5-22中，$\lg\frac{u_*\Delta}{\nu}>1.8\left(\text{即}\frac{u_*\Delta}{\nu}>63\right)$ 的水平直线段 CD 属于紊流粗糙区的范围，此区范围也可写为

$$Re>\frac{178.2}{\sqrt{\lambda}}\left(\frac{d}{\Delta}\right) \tag{5-45}$$

由图5-22中直线 CD 的方程：$\frac{1}{\sqrt{\lambda}}-2\lg\frac{r_0}{\Delta}=1.74$，将 $r_0=\frac{d}{2}$ 代入，整理可得紊流粗糙区的沿程水头损失系数公式为

$$\frac{1}{\sqrt{\lambda}}=2\lg\frac{d}{2\Delta}+1.74$$

进一步整理为

$$\frac{1}{\sqrt{\lambda}}=-2\lg\frac{\Delta}{3.7d} \tag{5-46}$$

根据过渡粗糙区的式（5-44），当管道的 $\frac{\Delta}{d}$ 很小时，即 $\frac{\Delta}{d}\approx0$，式（5-44）可变为光滑区的式（5-40）；当液流的 Re 很大时，$\frac{2.51}{Re\sqrt{\lambda}}\approx0$，则式（5-44）又可变为粗糙区的式（5-46）。因此，式（5-44）满足光滑区和粗糙区是过渡粗糙区的两种极限情况的条件。

2. 自然粗糙管道沿程水头损失系数试验

1944年，莫迪（Moody）发表了他对各种自然粗糙管道（钢管、铁管、混凝土管、木管、玻璃管等）沿程水头损失系数的试验成果（图5-24）；1953年，谢维列夫（Ф. А. Шевелёв）发表了他对新旧钢管和铸铁管的沿程水头损失系数的试验成果（图5-25为新钢管试验成果），这些成果同样反映了与图5-21相似的 λ 随 Re 及 $\frac{\Delta}{d}$ 变化规律。图5-24、图5-25与图5-21相比较，其不同点在于紊流过渡粗糙区的曲线形式不同。在图5-24和图5-25中，该区的 λ 随 Re 的增大而减小；而在图5-21中，该区的 λ 先随

Re 的增大而稍有减小$\left(\dfrac{\Delta}{d}=\dfrac{1}{30}\text{的管道除外}\right)$，然后又随 Re 的增大而增大。至于引起上述差异的原因，可能是自然粗糙管道与人工粗糙管道壁面粗糙情况（如粗糙突起物的形状、分布等）不同所致，但还没有比较满意的解释。

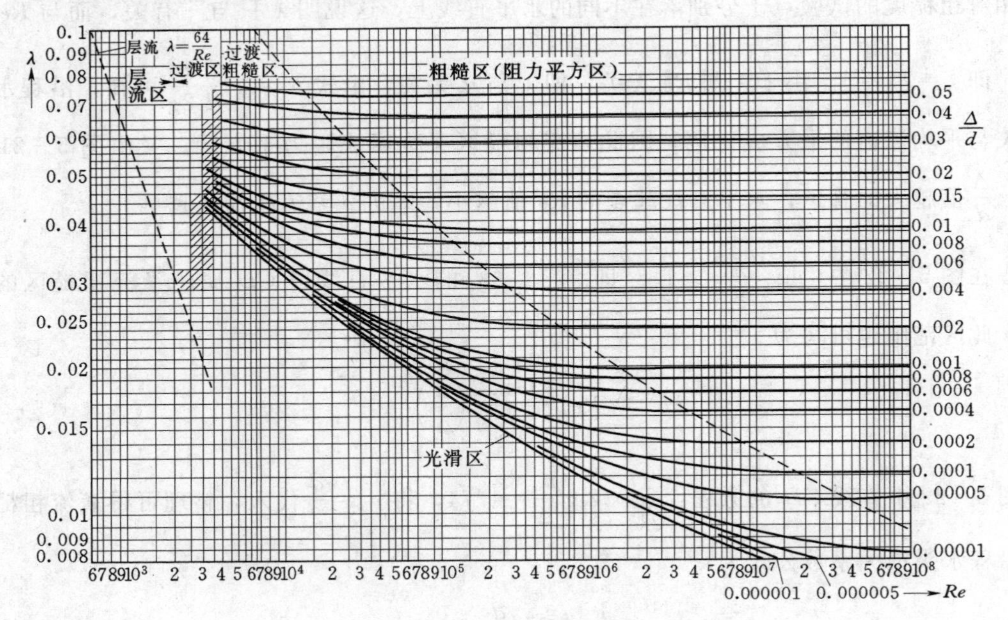

图 5-24 莫迪图

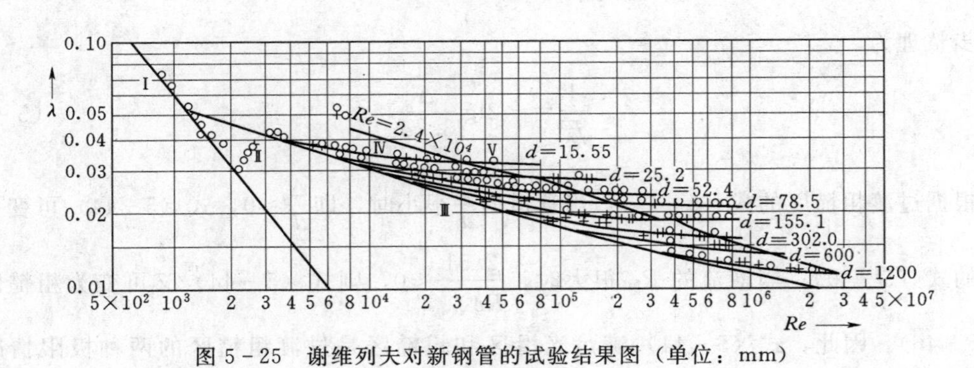

图 5-25 谢维列夫对新钢管的试验结果图（单位：mm）

对于人工粗糙管道，壁面砂粒的大小、形状和分布比较均匀，绝对粗糙度 Δ 值便于量测［图 5-26（a）］；对于自然粗糙管道，壁面粗糙物的突起高度、形状和分布都是不规则的，其 Δ 值难以量测［图 5-26（b）］。目前的办法是将自然粗糙管道与人工粗糙管道的试验成果相比较，把具有同一 λ 值的人工粗糙管道的 Δ 值作为自然粗糙管道的绝对粗糙度，并称为自然粗糙管道的等效粗糙度（亦称当量粗糙度），以 k_s 表

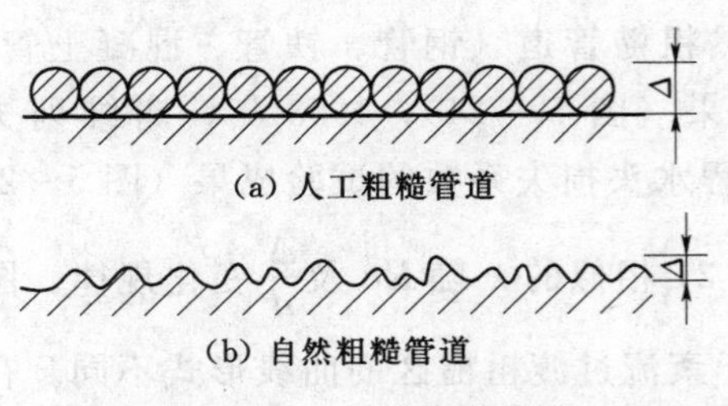

图 5-26 管壁粗糙状况

示（或仍以 Δ 表示）。现将常用管道的等效粗糙度 k_s 值列于表 5－1，以便查用。

表 5－1　　常用管道的等效粗糙度 k_s 值

管道种类	加工使用状况	k_s/mm	
		变化范围	平均值
玻璃管、铜管、铅管	新的、光滑的、整体拉制的	0.001～0.01	0.005
铝管	新的、光滑的、整体拉制的	0.0015～0.06	0.03
无缝钢管	1. 新的、清洁的、敷设良好的。	0.02～0.05	0.03
	2. 用过几年后加以清洗的；涂沥青的；轻微锈蚀的；污垢不多的	0.15～0.3	0.2
焊接和铆接钢管	1. 小口径焊接钢管（只有纵向焊缝的钢管）：	0.03～0.1	0.05
	（1）新的、清洁的。	0.1～0.2	0.15
	（2）经清洗后锈蚀不显著的旧管。	0.2～0.7	0.5
	（3）轻度锈蚀的旧管。	0.8～1.5	1.0
	（4）中等锈蚀的旧管。	2.0～4.0	3.0
	（5）严重锈蚀的或污垢的旧管。		
	2. 大口径钢管：	0.3～1.0	0.7
	（1）纵缝和横缝都是焊接的，但都不束窄断面。	≤1.8	1.2
	（2）纵焊缝接，横缝铆接，一排铆钉。		
	（3）纵焊缝接，横缝铆接，二排铆钉或二排以上铆钉。	1.2～2.8	1.8
	（4）纵横缝都是铆接，一排铆钉，且板厚 $\delta \leqslant 11$mm。	0.9～2.8	1.4
	（5）纵横缝都铆接，二排铆钉或二排以上铆钉，或板厚 $\delta > 12$mm	1.8～5.8	2.8
镀锌钢管	1. 镀锌面光滑清洁的新管。	0.07～0.1	0.08
	2. 镀锌面一般的新管。	0.1～0.2	0.15
	3. 用过几年后的旧管	0.4～0.7	0.5
铸铁管	1. 新管。	0.2～0.5	0.3
	2. 涂沥青的新管。	0.1～0.15	0.13
	3. 涂沥青的旧管。	0.12～0.3	0.18
	4. 有锈蚀或污垢旧管。	1.0～1.5	1.3
	5. 严重锈蚀和污垢的旧管	2.0～4.0	3.0
混凝土及钢筋混凝土管	1. 无抹灰面层：		
	（1）钢模板，施工质量良好，接缝平滑。	0.03～0.9	0.7
	（2）木模板，施工质量一般。	1.0～1.8	1.2
	（3）木模板，施工质量不佳，模板错缝跑浆。	3.0～9.0	4.0
	2. 有抹灰面层，且经过抹光。	0.25～1.8	0.7
	3. 有喷浆面层：		
	（1）表面用钢丝刷刷过并经仔细抹光。	0.7～2.8	1.2
	（2）表面用钢丝刷刷过，但未经抹光。	≥4.0	8.0
	（3）表面未用钢丝刷刷过，且未经抹光。	≤36.0	11.0
	4. 离心法预制管	0.15～0.45	0.3
石棉水泥管	1. 新管。	0.05～0.1	0.09
	2. 旧管	0.6	0.6

续表

管道种类	加工使用状况	k_s/mm	
		变化范围	平均值
木管	1. 仔细刨光。 2. 一般加工。 3. 未刨光	0.1～0.3 0.3～1.0 1.0～2.5	0.15 0.5 2.0
橡胶软管			0.03
岩石泄水管道	1. 未衬砌的岩石： (1) 表面经整修的。 (2) 表面未整修的。 2. 部分衬砌岩石面（部分有喷浆面层、抹灰面层或衬砌面层）	 60～320 1000 ≥30	 180 1000 180

根据验算，自然粗糙管道各区的分界和 λ 值可用人工粗糙管道的相应公式以 k_s 代替 Δ 进行计算，也可直接从图 5-24 查得。对于一般管道，相对粗糙度 k_s/d 的大致变化范围为 0.001～0.01，由图 5-24 可知 λ 的变化范围为 0.02～0.04。具体确定管道值的方法见[例 5-2]。

【例 5-2】 某水电站引水管采用新铸铁管，管长 $L=100$m，管径 $d=0.25$m，水温 $T=20$℃。当管道引水流量 $Q=0.05\text{m}^3/\text{s}$ 时，求管道沿程水头损失。

解 先判别管中水流的流态。管道平均流速为

$$v=\frac{Q}{\frac{1}{4}\pi d^2}=\frac{0.05}{\frac{1}{4}\pi\times0.25^2}=1.02(\text{m/s})$$

$T=20$℃时水的运动黏滞系数 $\nu=1.003\times10^{-6}\text{m}^2/\text{s}$，则雷诺数为

$$Re=\frac{vd}{\nu}=\frac{1.02\times0.25}{1.003\times10^{-6}}=2.54\times10^5$$

因为 $Re>2000$，所以管中水流为紊流。

再判别属于紊流的那一区。因为沿程水头损失系数 λ 尚不知道，必须用试算法求解，即先假设 λ，再行判别，然后进行校核。现假设 $\lambda=0.02$，由表 5-1 可查得新铸铁管的等效粗糙度 $k_s=0.3$mm，则

$$\frac{11.3}{\sqrt{\lambda}}\left(\frac{d}{k_s}\right)=\frac{11.3}{\sqrt{0.02}}\left(\frac{250}{0.3}\right)=6.66\times10^4$$

$$\frac{178.2}{\sqrt{\lambda}}\left(\frac{d}{k_s}\right)=\frac{178.2}{\sqrt{0.02}}\left(\frac{250}{0.3}\right)=1.05\times10^6$$

因 $\frac{11.3}{\sqrt{\lambda}}\left(\frac{d}{k_s}\right)<Re<\frac{178.2}{\sqrt{\lambda}}\left(\frac{d}{k_s}\right)$，由式（5-43）可知，管中水流属于紊流过渡粗糙区，可用式（5-44）计算 λ，则

$$\frac{1}{\sqrt{\lambda}}=-2\lg\left(\frac{2.51}{Re\sqrt{\lambda}}+\frac{k_s}{3.7d}\right)$$

$$=-2\lg\left(\frac{2.51}{2.53\times10^5\sqrt{0.02}}+\frac{0.3}{3.7\times250}\right)=6.808$$

可求得 $\lambda=0.0216$，说明假设的 λ 值偏小。再假设 $\lambda=0.0215$，则

$$\frac{11.3}{\sqrt{\lambda}}\left(\frac{d}{k_s}\right)=\frac{11.3}{0.0215}\left(\frac{250}{0.3}\right)=6.42\times10^4$$

$$\frac{178.2}{\sqrt{\lambda}}\left(\frac{d}{k_s}\right)=\frac{178.2}{0.0215}\left(\frac{250}{0.3}\right)=1.01\times10^6$$

因 $\frac{11.3}{\sqrt{\lambda}}\left(\frac{d}{k_s}\right)<Re<\frac{178.2}{\sqrt{\lambda}}\left(\frac{d}{k_s}\right)$，仍属紊流过渡粗糙区，仍用式（5-44）计算 λ，则

$$\frac{1}{\sqrt{\lambda}}=-\lg\left(\frac{2.51}{2.53\times10^5\sqrt{0.0215}}+\frac{0.3}{3.7\times250}\right)=6.815$$

可求得 $\lambda=0.0215$，与假设的 λ 相等，说明该 λ 即为所求。

除用试算法求 λ 外，也可用图 5-24 直接求解，更为简便。根据 $\frac{k_s}{d}=\frac{0.3}{250}=0.0012$ 和 $Re=2.53\times10^5$，由图 5-24 可查得 $\lambda=0.0215$。

管道沿程水头损失：

$$h_f=\lambda\frac{l}{d}\frac{v^2}{2g}=0.0215\times\frac{100}{0.25}\times\frac{1.02^2}{2\times9.8}=0.457\text{m}$$

（二）明渠沿程水头损失系数试验

1938 年，蔡克士大发表了他对人工粗糙矩形明渠均匀流沿程水头损失系数的试验研究成果，试验中明渠壁面的相对光滑度 $\frac{R}{\Delta}$ $\left(\text{相对粗糙度}\frac{\Delta}{R}\text{的倒数}\right)$ 分别为 5、7、10、20、40、60 和 80 等 7 种。其 λ 与 Re 的关系如图 5-27 所示。由图 5-27 可见，明渠均匀流沿程水头损失系数的变化规律与管道均匀流基本相同。

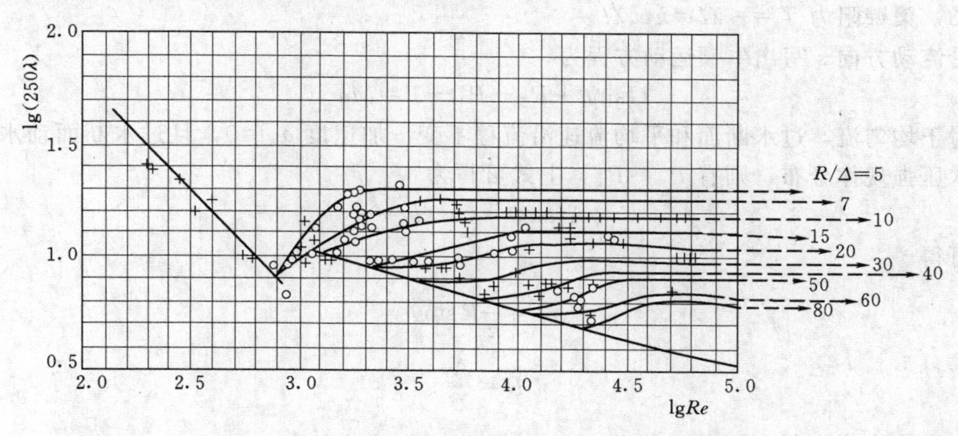

图 5-27　矩形明渠的沿程水头损失系数试验结果图

1959 年，周文德发表了他所收集的各种断面形式的人工粗糙和自然粗糙明渠均匀流沿程水头损失系数的试验成果，这些试验成果同样反映了上述沿程水头损失系数的变化规律。但不同的是无论在层流区或紊流各区（光滑区、过渡粗糙区及粗糙区）中的 λ-Re 曲线的位置均随明渠断面形式及壁面粗糙度而变化，其变化规律大致是 λ 值按矩形、三角

形、梯形、圆形断面的顺序而递减，随壁面粗糙度的增大而增大。

由于影响明渠水流沿程水头损失系数的因素较多，目前尚无满意的λ表达式。根据试验资料，层流区沿程水头损失系数的变化约为$\lambda=\frac{14}{Re}\sim\frac{60}{Re}$，层流与紊流的过渡区的范围约为$Re=500\sim2000$，其中明渠水流的雷诺数$Re=\frac{vR}{\nu}$，$R$为水力半径。因此，可取明渠水流的下临界雷诺数$Re_k=500$。

四、谢才公式及谢才系数

以上关于沿程水头损失的分析是近几十年的研究成果。但早在200多年前，人们就通过生产实践总结出了计算沿程水头损失的经验公式，这就是目前工程中广泛应用的谢才公式。

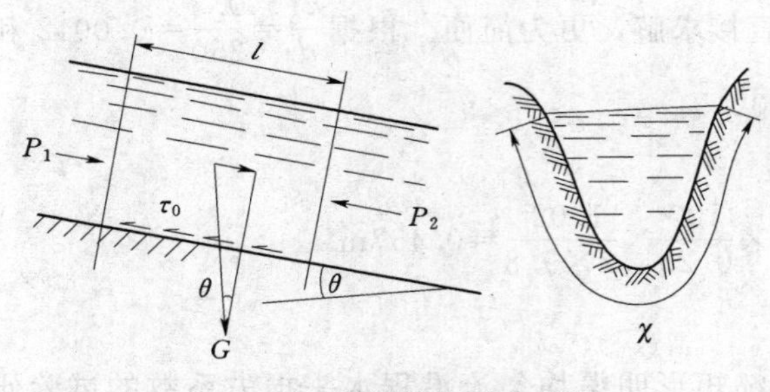

图5-28　明渠均匀流分析图

1769年，谢才总结了河渠均匀流的实测资料，认为河渠壁面的切应力τ_0与断面平均流速v的平方成正比，即$\tau_0=kv^2$，k为比例系数。

在明渠均匀流中，取过水断面1和断面2，如图5-28所示。两断面之间的距离为l，渠底与水平面的夹角为θ，过水断面面积为A，湿周为χ，作用于两断面间水流上的力有：

(1) 重力$G=\gamma Al$。

(2) 断面1和断面2上的动水压力P_1和P_2。

(3) 渠壁阻力$T=\tau_0\chi l=kv^2\chi l$。

沿流动方向s写出牛顿运动方程为

$$G\sin\theta+P_1-P_1-T=Ma_s$$

对于均匀流，过水断面和平均流速沿流程不变，加速度$a_s=0$，且过水断面动水压强按静水压强规律分布，则有$P_1=P_2$，上式可写为

$$\gamma Al\sin\theta-kv^2\chi l=0$$

于是可得

$$v^2=\frac{\gamma}{k}R\sin\theta$$

其中

$$R=\frac{A}{\chi}$$

式中：R为水力半径。

因渠道底坡$i=\sin\theta$，且均匀流的水深和平均流速沿流不变，则渠底线、测管水头线（即水面线）与总水头线三者互相平行，即底坡i、测管水头线坡度J_P、水力坡度J三者相等（$i=J_P=J=\sin\theta$），代入上式得

$$v=\sqrt{\frac{\gamma}{k}RJ}$$

令$\sqrt{\frac{\gamma}{k}}=C$，则上式为

$$v=C\sqrt{RJ} \tag{5-47}$$

式（5-47）就是明渠均匀流中常用的流速公式，称为谢才公式。式中的系数 C 称为谢才系数，它是一个具有量纲的系数，其量纲为$[L]^{0.5}/[T]$，其单位规定用 $m^{0.5}/s$。

将均匀流水力坡度 J 代入式（5-47），则有

$$h_f=\frac{1}{C^2}\frac{l}{R}v^2=\frac{8g}{C^2}\frac{l}{4R}\frac{v^2}{2g}=\lambda\ \frac{l}{4R}\frac{v^2}{2g}$$

上式即为均匀流沿程水头损失公式——达西公式：

$$\lambda=\frac{8g}{C^2} \tag*{[5-48 (a)]}$$

或

$$C=\sqrt{\frac{8g}{\lambda}} \tag*{[(5-48 (a)]}$$

可见谢才公式是均匀流沿程水头损失计算公式的另一表达式，谢才系数 C 实际上是与沿程水头损失有关的系数。

谢才曾认为系数 C 是个常数，并取其值为 $50m^{0.5}/s$。但经后人的大量试验和实测资料表明 C 值不是常数，而与过水断面形状、壁面粗糙度以及雷诺数等因素有关。计算谢才系数的经验公式很多，常用的有以下几种。

（1）曼宁（Manning，1890）公式：

$$C=\frac{1}{n}R^{1/6} \tag{5-49}$$

式中：R 为水力半径，m；n 为考虑壁面粗糙对水流影响的无量纲系数，称为粗糙系数或糙率，由实测或查表确定。

各种管道的糙率 n 值列于表 5-2。人工渠道及天然河道的 n 值将在有关章节介绍。n 值的选择正确与否，对计算成果影响较大，故必须慎重选取。对于重要工程，n 值应由实测来确定。

表 5-2　　　管道糙率 n

管道种类	壁面状况	n		
		最小值	正常值	最大值
有机玻璃管		0.008	0.009	0.010
玻璃管		0.009	0.010	0.013
黄铜管	光滑的	0.009	0.010	0.013
黑铁皮管		0.012	0.014	0.015
白铁皮管		0.013	0.016	0.017
铸铁管	1. 有护面层	0.010	0.013	0.014
	2. 无护面层	0.011	0.014	0.016

续表

管道种类	壁面状况	n		
		最小值	正常值	最大值
钢管	1. 纵缝和横缝都是焊接的，但都不束窄过水断面	0.011	0.012	0.0125
	2. 纵缝焊接，横缝铆接（搭接），一排铆钉	0.0115	0.013	0.0140
	3. 纵缝焊接，横缝铆接（搭接），二排或二排以上铆钉	0.013	0.014	0.015
	4. 纵横都是铆接（搭接），一排铆钉且板厚 $\delta \leqslant 11\text{mm}$	0.0115	0.0135	0.015
	5. 纵横缝都是铆接（有垫板），二排或二排以上铆钉，或者板厚 $\delta > 12\text{mm}$	0.014	0.015	0.017
水泥管	表面洁净	0.010	0.01	0.013
混凝土管及钢筋混凝土管	1. 无抹灰面层			
	（1）钢模板，施工质量良好，接缝平滑	0.012	0.013	0.014
	（2）光滑木模，施工质量良好，接缝平滑		0.013	
	（3）光滑木模板，施工质量一般	0.012	0.014	0.016
	（4）粗糙木模，施工质量不佳，错缝跑浆	0.015	0.017	0.020
	2. 有抹灰面层，且经过抹光	0.010	0.012	0.014
	3. 有喷浆面层			
	（1）用钢丝刷仔细处理面层并经仔细抹光	0.012	0.013	0.015
	（2）用钢丝刷刷过，且无喷浆脱落体凝结于衬砌面上		0.016	0.018
	（3）仔细喷浆，但未用钢丝刷刷过，也未经抹光		0.019	0.023
水管	由木板条拼成	0.010	0.011	0.012
陶土管	1. 不涂釉	0.010	0.013	0.017
	2. 涂釉	0.011	0.012	0.014
岩石泄水管道	1. 未衬砌的岩石			
	（1）条件中等，即壁面有所整修	0.025	0.030	0.033
	（2）条件差的，即壁面很不平整，断面稍有超挖	—	0.040	0.045
	2. 部分衬砌的岩石（部分有喷浆面层，抹灰面层或衬砌面层）	0.022	0.030	—

（2）巴甫洛夫斯基（Pavlovsky，1884—1937）公式：

$$C=\frac{1}{n}R^{y} \tag{5-50}$$

式中：n 为糙率；R 为水力半径，m；指数 y 按下式计算：

$$y=2.5\sqrt{n}-0.13-0.75(\sqrt{n}-0.10)\sqrt{R} \tag{5-51}$$

近似计算时可取

$$\left.\begin{aligned}&当 R<1.0\text{m} 时，y=1.5\sqrt{n}\\&当 R>1.0\text{m} 时，y=1.3\sqrt{n}\end{aligned}\right\} \tag{5-52}$$

式（5－50）的适用范围为：0.1m⩽R⩽3.0m；0.011⩽n⩽0.040。

美国陆军工程兵团水道试验站根据矩形和梯形断面混凝土明渠室内试验和实际工程观测资料，绘制了谢才系数 C 与雷诺数 Re，相对光滑度 R/k_s 的关系图（图 5－29）。该图所示的 C 与 Re、R/k_s的关系，同样说明明渠中的紊流亦存在光滑区、过渡粗糙区和粗糙区 3 个流区。当$\frac{k_s\sqrt{Ri}}{\nu}<1.6$ 时（i 为明渠底坡；ν 为运动黏滞系数），属于紊流光滑区，其 C 值与 R/k_s 无关，只是 Re 的函数，可按下式计算：

$$C=18\lg\left(2.87\frac{Re}{C}\right) \tag{5-53}$$

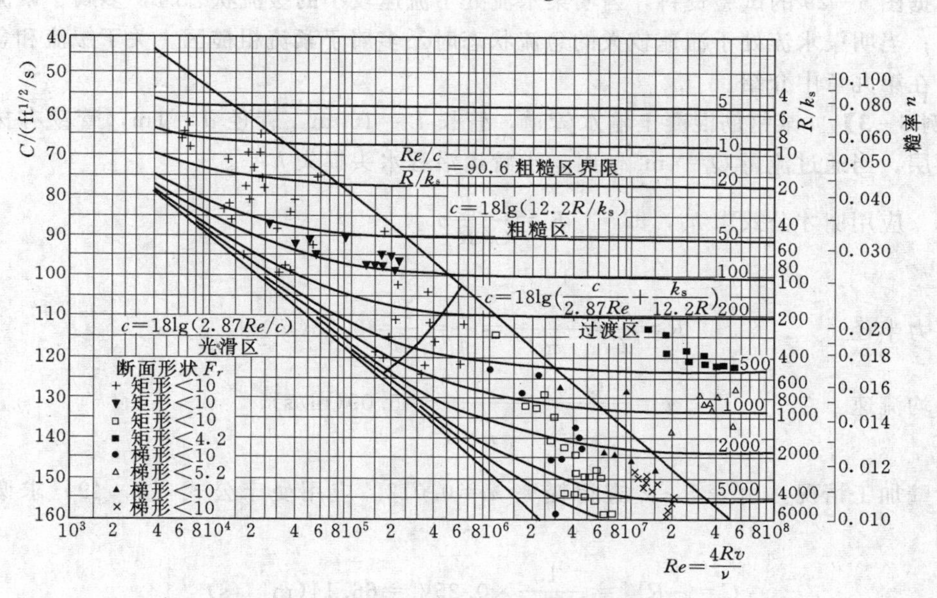

图 5－29　谢才系数 C 的试验结果图

当$1.6<\frac{k_s\sqrt{Ri}}{\nu}<22.65$ 时，属于紊流过渡粗糙区，其 C 值为 Re 及 R/k_s的函数，可按下式计算：

$$C=18\lg\left(\frac{C}{2.87Re}+\frac{k_s}{12.2R}\right) \tag{5-54}$$

当$\frac{k_s\sqrt{Ri}}{\nu}>22.65$ 时，属于紊流粗糙区，其 C 值与 Re 无关，只是 R/k_s的函数，可按下式计算：

$$C=18\lg\left(12.2\frac{R}{k_s}\right) \tag{5-55}$$

式（5－53）～式（5－55）中，R 为水力半径；$Re=\frac{4vR}{\nu}$为雷诺数；k_s为等效粗糙度。由于目前尚无详细的明渠 k_s资料，其 k_s值可由明渠糙率 n 求得。如令式（5－49）与

式（5-55）右边相等，可得

$$k_s=\frac{12.2R}{10^{\frac{R1/6}{18n}}} \tag{5-56}$$

式（5-56）中，水力半径 R 和 k_s 均以 m 计。

谢才公式原来只用于明渠恒定均匀流，但后来也用于管道恒定均匀流，甚至在明渠渐变流和非恒定流也近似地应用，所以它是水力学中的一个重要公式。

由于谢才公式中的 C 和达西公式中的 λ 是从不同的试验成果总结出来的，因此用这两个公式分别计算同一问题时，其结果是不完全一致的。

根据图 5-29 的试验资料，当明渠水流处于流速较小的缓流状态时，多属于紊流过渡粗糙区；当明渠水流处于流速较大的急流状态时，多属于紊流粗糙区。关于缓流和急流的概念将在第九章中介绍。

【例 5-3】 某钢筋混凝土输水管道，管长 $L=150\text{m}$，管径 $d=1\text{m}$，管壁有抹光的抹灰面层。当通过流量 $Q=4\text{m}^3/\text{s}$ 时，求管道沿程水头损失 h_f。

解 应用谢才公式求 h_f，即 $h_f=\frac{1}{C^2}\frac{L}{R}v^2$

管道水力半径 $$R=\frac{A}{\chi}=\frac{\frac{1}{4}\pi d^2}{\pi d}=\frac{d}{4}=\frac{1}{4}=0.25(\text{m})$$

管道平均流速 $$v=\frac{Q}{\frac{1}{4}\pi d^2}=\frac{4}{\frac{1}{4}\pi\times1^2}=5.09(\text{m/s})$$

根据管壁加工情况，由表 5-2 查得糙率 $n=0.012$。应用曼宁公式（5-49）求谢才系数，即

$$C=\frac{1}{n}R^{1/6}=\frac{1}{0.012}\times0.25^{1/6}=66.14(\text{m}^{0.5}/\text{s})$$

管道沿程水头损失为

$$h_f=\frac{1}{C^2}\frac{L}{R}v^2=\frac{150\times5.09^2}{66.14^2\times0.25}=3.55(\text{m})$$

第七节 局部水头损失

一、边界层的概念及其分离现象

（一）边界层的概念

普朗特于 1904 年提出了液流边界层的理论，对研究水流阻力和水头损失等问题起到重要的作用。

设有一与流动方向平行的薄平板，液体以均匀速度 U 流过平板，如图 5-30 所示。在平板起点 A 的上游，流速保持为 U。当液体流过平板时，由于附着力的作用，紧贴平板表面的液体流速为零。由于黏滞性的作用，平板表面附近的流速从 0 逐渐增大，在离平板某一距离 δ 处流速增大至接近于 U。δ 为流速受平板影响的范围，即黏滞性起作用的范

围，这一范围内的液层称为边界层或附面层，δ 称为边界层厚度。一般将流速从 0 增至 $0.99U$ 时的液层厚度定义为边界层厚度。

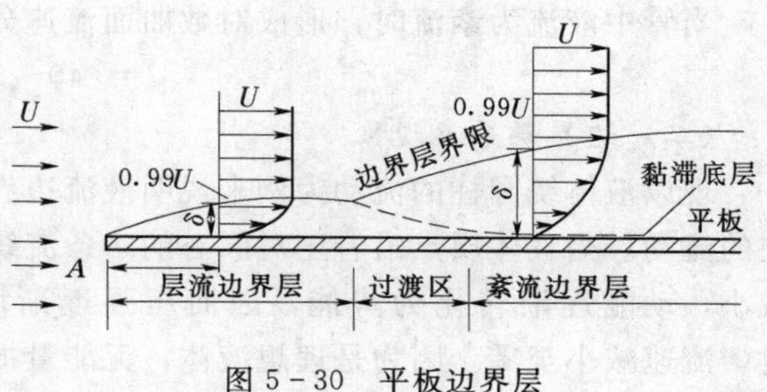

图 5-30 平板边界层

试验表明，边界层厚度与来流速度 U、考察点至点 A 的距离 x 以及液体黏滞系数 ν 等因素有关，并随 x 和 ν 的增大而增大，随 U 的增大而减小。如取边界层的雷诺数 $Re_x=\frac{Ux}{\nu}$，当 Re_x 值增大，即流速 U 或距离 x 增大时，边界层内的流态可以从层流经过渡区转变为紊流，如图 5-30 所示。因此边界层内的流态可以为层流或紊流。由于紊流质点的混掺作用和流速分布的均匀化，使紊流边界层的厚度比层流有所增大。经分析和试验验证，平板层流边界层厚度为

$$\delta=\frac{5x}{Re_x^{1/2}} \tag{5-57}$$

平板紊流边界层厚度为

$$\delta=\frac{0.37x}{Re_x^{1/5}} \tag{5-58}$$

边界层内的液流由层流转变为紊流的雷诺数范围为 $Re=3.0\times10^5\sim3.0\times10^6$。

边界层这一概念的重要性在于将液流划分为边界层内和边界层外两部分。边界层内的液流称为内流，边界层外的液流称为外流，在紊流边界层内，靠近壁面仍然存在黏性底层。研究液体黏滞性对物体引起的阻力时，就要应用边界层理论。在边界层外的液流可以看作理想液体，可按势流来处理，这样可使问题得到简化。

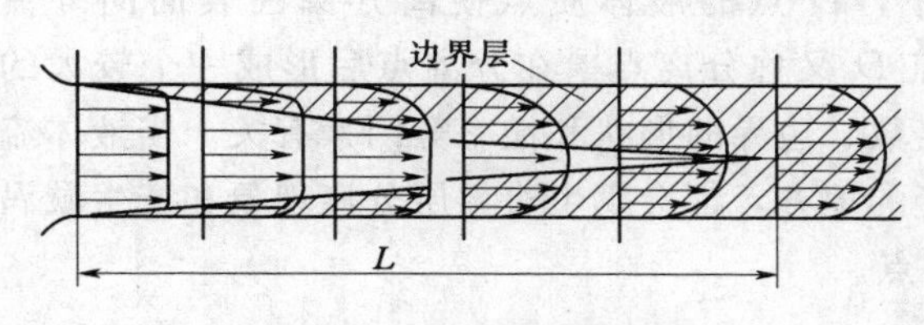

图 5-31 进口对边界的影响

上面以绕平板的流动为例说明了液流边界层的概念。液体流经其他不同的固体边界时同样存在着边界层。例如，圆管中的流速并不是一开始就形成抛物线或对数曲线分布的。图 5-31 为进口较平顺的圆管中的液流。当液流刚进入管道时，断面流速分布是比较均匀的，只在紧靠边壁处形成一个极薄的边界层。在黏滞性的影响下，随着离进口距离的增大，边界层的厚度逐渐加大，边界层内的流速也相应地逐渐减小。与此相反，管道中心部分的流速将逐渐增大，断面流速分布也逐渐变得不均匀了。当液流离管口达到某一距离 l，边界层已发展至管道中心，此时全管液流均处于边界层内，断面流速分布已达到固定的形式，不再随距离的增大而改变。从进口至流速分布开始固定不变的流段称为过渡段。距离 l 称为过渡段长度。当管中液流为层流时，形成抛物面流速分布的过渡段长度为

$$l=0.065dRe \tag{5-59}$$

式中：d 为管径；Re 为管道雷诺数。

当管中液流为紊流时，形成对数曲面流速分布的过渡段长度为

$$l=(40\sim50)d \quad (5-60)$$

（二）边界层分离现象

现以液体绕圆柱的流动为例来说明液流边界层的分离现象。图 5－32 为理想液体绕圆柱的流动。当液体质点沿着正对圆心的一条流线流向圆柱时，因流线逐渐扩散，流速逐渐减小，动能逐渐转化为势能，因而压强逐渐增大。当液体质点到达圆柱面上的 A 点时，流速减小至零。因为是理想液体，无能量损失，且流动过程中位能保持不变，则全部动能转化为压能，所以 A 点处的压强达到最大值。A 点称为停滞点。液体质点到达停滞点后便停滞不前。

由于液体的不可压缩性，随之而来的液体使停滞点处的质点改变原来的流动方向，沿着圆柱两侧继续向前流动。由于流线集中，流速逐渐增大，压强逐渐减小，至 C 点处，流速最大，压强最小。质点由 C 点流向 B 点时，流线重新扩散，水流又恢复减速增压状态。因理想液体不存在黏滞性，也没有能量损失，所以当质点到达 B 点时，其流速和压强将恢复到 A 点处的值。

实际液体的情况则完全不同（图 5－33）。当液体质点由停滞点 A 向圆柱侧面流动时，由于黏滞性的作用而形成边界层。在 C 点以前，因流线趋于集中，边界层内的液体处于加速减压状态，在压力的作用下可以保持边界层内的液体向前流动。但过了 C 点以后，因流线扩散，边界层内的液体处于减速加压状态，同时液体为克服阻力作功而消耗部分动能，所以质点从 C 点向 B 点流动时，不可能像理想液体那样有足够的动能去恢复原来的压能。当质点到达某一位置 D 时，其动能已全部转化和消耗完毕，流速减小到零，于是在 D 点处形成新的停滞点。由于下游 B 点的压强大于 D 点的压强，在逆向压差作用下，使圆柱后部的液体发生倒流，即 B 点的液体向 D 点流动。同时 D 点上游的液体仍继续向 D 点流动。在前后液体的挤压下，D 点的液体质点便离开圆柱表面向外流动，这种现象称为边界层分离现象。停滞点 D 又称分离点。在分离点后形成一个较大的漩涡区。边界层分离点的位置与液流的雷诺数、边界的形状和糙率等因素有关。当液体流经管道或渠道的扩散段、弯段或边界有突变的地方，都会发生边界层分离现象和产生漩涡区，如图5－34所示。图中的 D 点均为分离点。

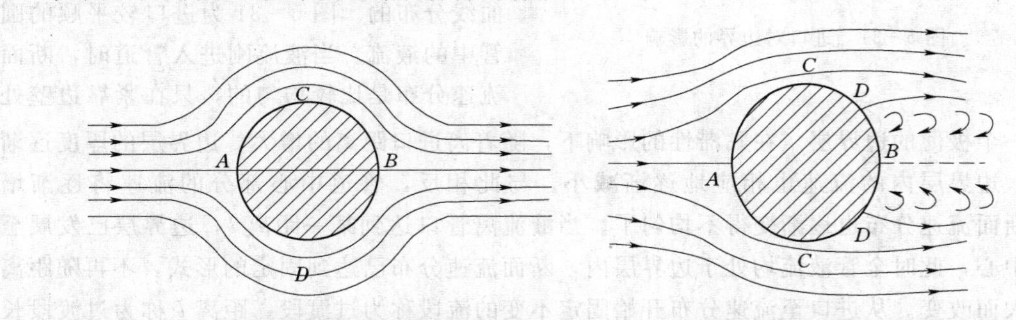

图 5－32　理想液体绕圆柱的流动示意图　　　图 5－33　实际液体绕圆柱的流动示意图

（三）绕流阻力

前面已说明液体绕圆柱体及边界变化较大的物体流动时，在靠近物体后部会发生边界

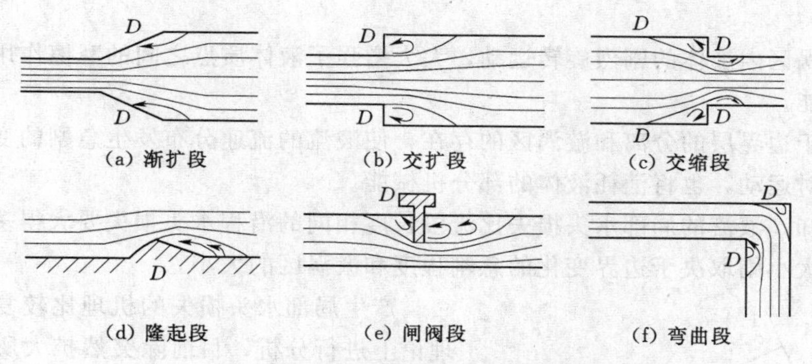

图 5-34 管道与渠道中的边界层分离

层分离现象和产生漩涡区，由于漩涡区的存在会增加液体绕物体流动时的阻力，简称绕流阻力。现对液体的绕流阻力作简单说明。

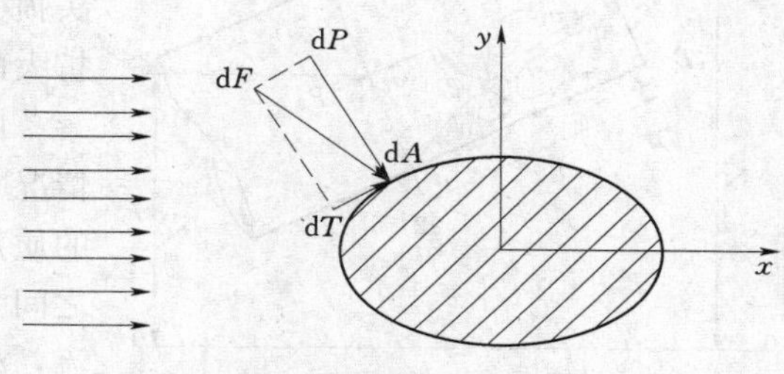

图 5-35 液体绕流受力示意图

设液体绕某一物体流动（图 5-35），在物体表面上任取一微小面积 dA。液体作用在 dA 上的力 dF 可分解为垂直于物体表面的压力 dP 和平行于物体表面的切力 dT。dF 在流动方向 x 的投影为

$$\begin{aligned} dF_x &= dP_x + dT_x \\ &= p\,dA\cos(p,x) + \tau\,dA\cos(\tau,x) \end{aligned}$$

式中：p 为物体表面上的压强；τ 为切应力；$\cos(p,x)$、$\cos(\tau,x)$ 分别为 p 和 τ 与 x 轴夹角的余弦。

将上式对物体的全部表面积 A 积分，可得液体绕物体流动时的绕流阻力为

$$F_x = \int_A p\,dA\cos(p,x) + \int_A \tau\,dA\cos(\tau,x) \tag{5-61}$$

式（5-61）说明绕流阻力可分为两部分：①由物体表面的切应力所形成的阻力，称为摩擦阻力；②由物体表面的压强所形成的阻力，称为压强阻力。对于边界较平直的物体，例如沿着流向放置的平板（图 5-30），其绕流阻力主要表现为摩擦阻力。单位重量液体克服这种摩擦阻力做功而损失的能量即为沿程水头损失。对于边界变化较大的物体，常在后部发生边界层分离和产生漩涡区，由于漩涡区的压强小于不发生分离处的压强，这样就在物体的前后形成压强差，产生压强阻力。因此这种物体的绕流阻力主要表现为压强阻力。液流的局部水头损失主要是由于液体克服压强阻力做功而引起的。

二、局部水头损失的计算

以前所讨论的是液体做均匀流动时克服摩擦阻力做功而引起的沿程水头损失问题，这类损失多发生在边界平直的流段中。此外，在边界局部变化较大的地方，如管道和渠道断面的突然扩大、突然收缩、转弯和阀门等处，由于边界层的分离和漩涡区的存在，都会使液体因克服压强阻力做功而引起较大的局部水头损失。局部水头损失主要表现在两个

方面：

（1）漩涡区内液体的剧烈旋转运动，大大增强了液体质点之间的摩擦作用，从而消耗大量的机械能。

（2）由于边界层的分离和漩涡区的存在，使液流的流速分布发生急剧的变化，加剧了液层间的相对运动，也将消耗液体的部分机械能。

由此可知，液流的局部水头损失比流段长度相同的沿程水头损失要大得多，至于局部水头损失的大小则取决于边界变化的急剧程度和漩涡区的大小。

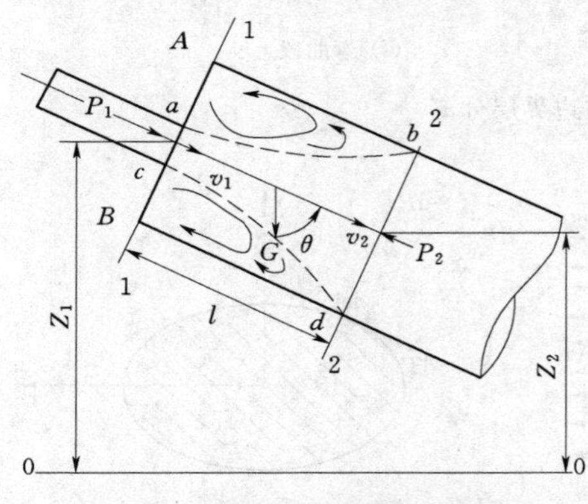

图 5－36　突扩圆管的流动示意图

产生局部水头损失的机理比较复杂，很难从理论上进行分析，目前除突然扩大所引起的局部水头损失可进行理论分析外，其他形式的局部水头损失只能通过试验来解决。下面推导圆管突然扩大的局部水头损失公式。

图 5－36 为液体流过圆管断面突然扩大处的情况。在扩大处，液流边界层发生分离，边界上的质点将沿流线 ab 和 cd 流动。ab、cd 与管壁之间为漩涡区。漩涡区段 l 以内的液流为急变流，l 段以外的液流则为渐变流。取渐变流断面 ac 与 bd 写出总流能量方程为

$$z_1+\frac{p_1}{\gamma}+\frac{\alpha_1 v_1^2}{2g}=z_2+\frac{p_2}{\gamma}+\frac{\alpha_2 v_2^2}{2g}+h_w$$

式中的水头损失 h_w 即为突然扩大段的局部水头损失 h_j。则上式可写为

$$h_j=\left(z_1+\frac{p_1}{\gamma}+\frac{\alpha_1 v_1^2}{2g}\right)-\left(z_2+\frac{p_2}{\gamma}+\frac{\alpha_2 v_2^2}{2g}\right)$$

式中：p_1 为断面 ac 的形心点的压强；p_2 为断面 bd 的形心点的压强；v_1 为小管的平均流速；v_2 为大管的平均流速。

由于 p_1 和 p_2 为未知量，还须应用动量方程求解。

取断面 AB 和断面 bd 之间的液体为控制体，分析作用于控制体上的外力。因断面 ac 和断面 bd 为渐变流断面，动水压强按静水压强规律分布。但环形断面（图 5－36 中 Aa 和 cB 部分）与漩涡区相接触，其压强分布规律为未知，现假定环形断面上的动水压强也符合静水压强分布规律（这一假定已被试验验证是符合实际的），则作用于断面 AB 和断面 bd 上的动水压力分别为 $P_1=p_1A_2$、$P_2=p_2A_2$（A_2 为大管断面面积）。重力 G 沿流动方向的分量为

$$G\cos\theta=\gamma A_2 l\cos\theta=\gamma A_2(z_1-z_2)$$

式中：θ 为重力与流动方向的夹角。

因管道 l 较短，边壁摩擦阻力可以忽略。则沿流动方向的总流动量方程为

$$p_1A_2-p_2A_2+\gamma A_2(z_1-z_2)=\beta\rho v_2A_2(v_2-v_1)$$

化简得

$$\left(z_1+\frac{p_1}{\gamma}\right)-\left(z_2+\frac{p_2}{\gamma}\right)=\frac{\beta v_2(v_2-v_1)}{g}$$

将上式代入 h_j 的关系式得

$$h_j=\frac{\beta v_2(v_2-v_1)}{g}+\frac{\alpha_1 v_1^2}{2g}-\frac{\alpha_2 v_2^2}{2g}$$

如取 $\alpha_1\approx\alpha_2\approx\beta\approx1$，则

$$h_j=\frac{(v_1-v_2)^2}{2g} \tag{5-62}$$

式（5－62）也可写为

$$h_j=\frac{(v_1-v_2)^2}{2g}=\left(1-\frac{v_2}{v_1}\right)\frac{v_1^2}{2g}=\left(1-\frac{A_1}{A_2}\right)^2\frac{v_1^2}{2g} \tag{5-63}$$

或

$$h_j=\frac{(v_1-v_2)^2}{2g}=\left(\frac{v_1}{v_2}-1\right)\frac{v_2^2}{2g}=\left(\frac{A_2}{A_1}-1\right)^2\frac{v_2^2}{2g} \tag{5-64}$$

式中：A_1 为小管的断面面积；A_2 为大管的断面面积，如令 $\left(1-\frac{A_1}{A_2}\right)^2=\zeta_1$，$\left(\frac{A_2}{A_1}-1\right)^2=\zeta_2$，则以上二式可写为

$$h_j=\zeta_1\frac{v_1^2}{2g} \tag{5-65}$$

和

$$h_j=\zeta_2\frac{v_2^2}{2g} \tag{5-66}$$

式中：ζ_1 和 ζ_2 均为管道突然扩大局部水头损失系数。

式（5－65）和式（5－66）均为管道突然扩大局部水头损失的表达式。前者以扩大前的流速水头 $\frac{v_1^2}{2g}$ 的倍数来表示，后者则以扩大后的流速水头 $\frac{v_2^2}{2g}$ 的倍数来表示。

其他形式的局部水头损失均可用某一流速水头的倍数来表示，因此局部水头损失的通用公式可写为

$$h_j=\zeta\frac{v^2}{2g} \tag{5-67}$$

式中：ζ 为局部水头损失系数。

不同的边界变化情况，有不同的 ζ 值，应通过试验来确定，表 5－3 列出了各种常用管道的局部水头损失系数 ζ 值，以便查用，更详细的 ζ 值可查阅有关水力计算方面的手册。应用表 5－3 时，必须注意表中的 ζ 值是对应于该局部水头损失区的上游断面的流速 v_1 还是下游断面的流速 v_2，因为 ζ 值是随选用流速的不同而异的。

表 5－3　　常用管道的局部水头损失系数 ζ 值

边界	简　图	ζ	公　式
管道进口	斜管 θ v_2 v_1	$\zeta=0.5+0.3\cos\theta+0.2\cos^2\theta$	$h_j=\zeta\frac{v_2^2}{2g}$

续表

边界	简图	ζ	公式

管道进口

圆锥状进口

θ	l/d					
	0.025	0.05	0.075	0.1	0.25	0.5
10	0.47	0.44	0.42	0.38	0.36	0.28
20	0.44	0.39	0.34	0.31	0.26	0.18
40	0.41	0.32	0.26	0.21	0.16	0.10
60	0.40	0.30	0.23	0.18	0.15	0.14
90	0.45	0.42	0.39	0.37	0.35	0.33

方角进口

ζ = 0.5

圆角进口

r/d	0	0.02	0.06	0.10	0.16	0.22
ζ	0.50	0.35	0.20	0.11	0.05	0.03

公式：$h_j=\zeta\frac{v_2^2}{2g}$

出口

出口淹没在水面下（$v_2\approx 0$）

ζ = 1.0

公式：$h_j=\zeta\frac{v_1^2}{2g}$

圆角转管

$$\zeta=\left[0.131+0.163\left(\frac{d}{R}\right)^{3.5}\right]\left(\frac{\theta}{90}\right)^{1/2}$$

折角转管

$$\zeta=0.964\sin^2\left(\frac{\theta}{2}\right)+2.05\sin^4\left(\frac{\theta}{2}\right)$$

闸阀

在各种关闭度时

a/d	0	1/8	2/8	3/8	4/8	5/8	6/8	7/8
ζ	0.00	0.15	0.26	0.81	2.06	5.52	17.0	97.8

滤水网

没有底阀

ζ = 2～3

有底阀

d/mm	40	50	75	100	150	200	250	300	350～450	500～600
ζ	12	10	8.5	7.0	6.0	5.2	4.4	3.7	3.6	3.5

公式：$h_j=\zeta\frac{v^2}{2g}$（v 为管中流速）

续表

<table>
<tr><th>边界</th><th>简　图</th><th>ζ</th><th>公　式</th></tr>
<tr><td>拦污栅</td><td></td><td>$$\zeta=K\left(\frac{b}{b+s}\right)^{1.6}\left(2.3\frac{l}{s}+8+2.9\frac{s}{l}\right)\sin\theta$$
式中：K 为与拦污栅杆条断面形状有关的系数，矩形 $K=0.504$，圆弧形 $K=0.182$；θ 为水流与栅杆的夹角</td><td>$h_j=\zeta\frac{v^2}{2g}$</td></tr>
<tr><td rowspan="2">碟　阀</td><td>部分开启</td><td>
<table>
<tr><td>θ</td><td>5°</td><td>10°</td><td>15°</td><td>20°</td><td>25°</td><td>30°</td><td>35°</td><td>40°</td></tr>
<tr><td>ζ</td><td>0.24</td><td>0.52</td><td>0.90</td><td>1.54</td><td>2.51</td><td>3.91</td><td>6.22</td><td>10.8</td></tr>
</table>
<table>
<tr><td>θ</td><td>45°</td><td>50°</td><td>55°</td><td>60°</td><td>65°</td><td>70°</td><td>90°</td></tr>
<tr><td>ζ</td><td>18.7</td><td>32.6</td><td>58.8</td><td>118</td><td>256</td><td>751</td><td>∞</td></tr>
</table>
</td><td rowspan="2">$h_j=\zeta\frac{v^2}{2g}$
（v 为管中流速）</td></tr>
<tr><td>全开</td><td>0.10～0.30</td></tr>
<tr><td>突然扩大</td><td></td><td>$$\zeta=\left(\frac{A_2}{A_1}-1\right)^2$$</td><td></td></tr>
<tr><td>突然收缩</td><td></td><td>$$\zeta=0.5\left(1-\frac{A_2}{A_1}\right)$$</td><td></td></tr>
<tr><td>管道逐渐扩大</td><td></td><td>1. 当扩大段较短时 $\zeta=k\left(\frac{A_2}{A_1}-1\right)^2$
<table>
<tr><td>θ</td><td>8°</td><td>10°</td><td>12°</td><td>15°</td><td>20°</td><td>25°</td></tr>
<tr><td>k</td><td>0.14</td><td>0.16</td><td>0.22</td><td>0.30</td><td>0.42</td><td>0.62</td></tr>
</table>
式中：k 为与扩散角 θ 有关的系数。
2. 当扩大段较长时 $\zeta=k\left(\frac{A_2}{A_1}-1\right)^2+\frac{\bar{\lambda}}{8\tan\frac{\theta}{2}}\left(\frac{A_2}{A_1}-1\right)^2$
式中：$\bar{\lambda}=\frac{\lambda_1-\lambda_2}{2}$，$\lambda_1$ 为小管的沿程水头损失系数；λ_2 为大管的沿程水头损失系数</td><td>$h_j=\zeta\frac{v_2^2}{2g}$</td></tr>
<tr><td>管道逐渐收缩</td><td></td><td>1. 当收缩段较短时 $\zeta=k\left(\frac{1}{\delta}-1\right)^2$
式中：$\delta=0.57+\frac{0.043}{1.1-A_2/A_1}$
<table>
<tr><td>α</td><td>10°</td><td>20°</td><td>40°</td><td>60°</td><td>80°</td><td>100°</td><td>140°</td></tr>
<tr><td>k</td><td>0.40</td><td>0.25</td><td>0.20</td><td>0.20</td><td>0.30</td><td>0.40</td><td>0.60</td></tr>
</table>
2. 当收缩较长时 $\zeta=k\left(\frac{1}{\delta}-1\right)^2+\frac{\bar{\lambda}}{8\tan\frac{\alpha}{2}}\left[1-\left(\frac{A_2}{A_1}\right)^2\right]$
式中：$\bar{\lambda}=\frac{\lambda_1+\lambda_2}{2}$，$\lambda_1$ 为小管的沿程水头损失系数；λ_2 为大管的沿程水头损失系数</td><td>$h_j=\zeta\frac{v_2^2}{2g}$</td></tr>
</table>

名称	简　图	ζ	公　式
平面闸门槽	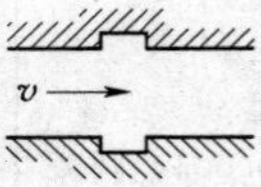	0.05～0.20（一般用0.10）	$h_j=\zeta\frac{v^2}{2g}$
矩形变圆形	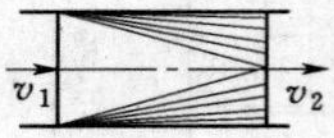	0.05	$h_j=\zeta\frac{v_m^2}{2g}$ $v_m=\frac{1}{2}(v_1+v_2)$
圆形变矩形	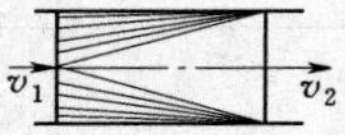	0.10	$h_j=\zeta\frac{v_m^2}{2g}$ $v_m=\frac{1}{2}(v_1+v_2)$
斜角分岔		0.05	$h_j=\zeta\frac{v^2}{2g}$
		0.15	
		1.00	
		0.50	
		3.00	
直角分岔	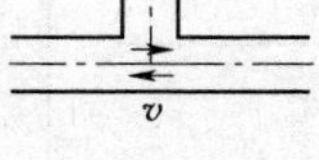	0.10	
	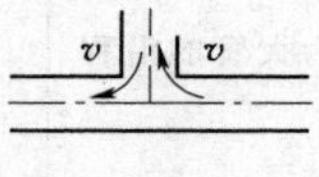	1.5	

续表

名称	简　图	ζ	公　式
直角分流		$\zeta_{1-2}=2.0$	$h_{j1-2}=\zeta_{1-2}\dfrac{v_2^2}{2g}$
		$\zeta_{1-3}=1.0$	$h_{j1-3}=\zeta_{1-3}\dfrac{v_1^2-v_3^2}{2g}$

第八节　边界层理论简介

前面在讨论局部水头损失时，提出了边界层的概念及边界层厚度的定义，并以绕平板的流动为例说明了液流边界层的概念。边界层将液流划分为内流和外流两部分，并指出边界层外的液流可以看作理想液体，按势流来处理。

实际上，在边界层理论未提出前，针对大雷诺数液流，由于黏滞作用与惯性作用相比可忽略不计，液体沿固体边界滑动面无阻力，从而得出物体在液体内运动时所受阻力为零的结论，而实际上阻力不能为零，这就是著名的达朗贝尔疑题。直至 1904 年普朗特提出边界层理论后，才对这个问题给予了解释。

一、边界层的几种厚度定义

前面定义了从平板表面速度为零至流速达到 $0.99U$ 时的液层厚度为边界层厚度。下面进一步定义几个有明确意义的边界层的有关厚度。

1. 位移厚度 δ_d

在边界层中，由于流速受到边界的阻滞而使流速降低，如图 5－37 所示，比理想液体流动时这个区域内的流量减小。减小的量挤入边界层外部，使边界层向外移动了一定距离，这个距离就称为位移厚度。

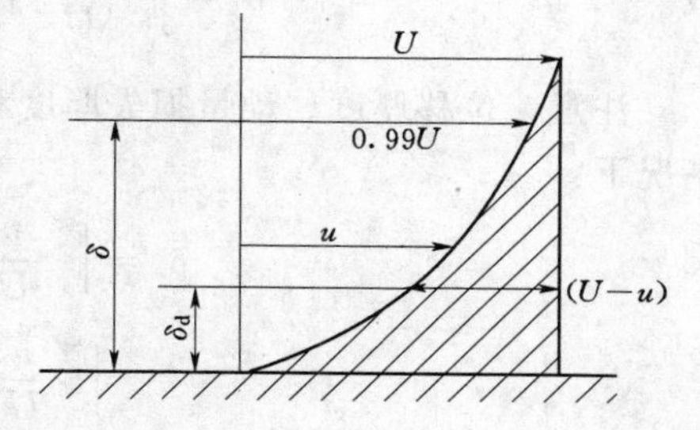

图 5－37　边界层的速度及厚度示意图

从图 5－37 可知，设想厚度 δ_d 的水层，以流速 U 运动，其流量恰好等于由于边界层存在而减少的那一部分流量，也就是图中阴影部分面积所代表的，即

$$U\delta_d=\int_0^{\delta}(U-u)\mathrm{d}y$$

位移厚度为

$$\delta_d=\int_0^{\delta}\left(1-\frac{u}{U}\right)\mathrm{d}y \tag{5-68}$$

2. 动量损失厚度 δ_m

平板阻滞使边界层内流速降低，动量减小，边界层内单位时间实际通过的动量为

$\rho\int_0^\infty u\mathrm{d}yu=\rho\int_0^\infty u^2\mathrm{d}y$，设想没有阻滞，理想液体所具有的动量为$\rho\int_0^\infty u\mathrm{d}yU$，两者之差即为损失之动量，即

$$\rho\int_0^x (uU-u^2)\mathrm{d}y$$

它相当于一个厚度为δ_{m}的水层当流速为U时所具有的动量，即

$$\rho\delta_{\mathrm{m}}U^2=\rho\int_0^\infty (uU-u^2)\mathrm{d}y$$

或
$$\delta_{\mathrm{m}}=\int_0^\infty \frac{u}{U}\left(1-\frac{u}{U}\right)\mathrm{d}y \tag{5-69}$$

3. 能量损失厚度δ_{e}

边界层内流速降低，使通过水流的能量损失一部分，边界层内的流量为$\int_0^\infty u\mathrm{d}y$，单位时间动能为$\rho\int_0^\infty u\mathrm{d}y\frac{u^2}{2}=\rho\int_0^\infty \frac{u^3}{2}\mathrm{d}y$，未受平板阻滞之能量为$\rho\int_0^\infty u\mathrm{d}y\frac{U^2}{2}$，两者之差为$\frac{1}{2}\rho\int_0^\infty uU^2\mathrm{d}y-\frac{1}{2}\rho\int_0^\infty \frac{u^3}{2}\mathrm{d}y$，相当于一个厚度$\delta_{\mathrm{e}}$流速为$U$的水层所具有的能量，即

$$\rho\delta_{\mathrm{e}}U\left(\frac{1}{2}U^2\right)=\frac{1}{2}\rho\int_0^\infty uU^2\mathrm{d}y-\frac{1}{2}\rho\int_0^\infty u^3\mathrm{d}y$$

$$\delta_{\mathrm{e}}U^3=\int_0^\infty (uU^2-u^3)\mathrm{d}y$$

或
$$\delta_{\mathrm{e}}=\int_0^\infty \left(\frac{u}{U}-\frac{u^3}{U^3}\right)\mathrm{d}y=\int_0^\infty \frac{u}{U}\left(1-\frac{u^2}{U^2}\right)\mathrm{d}y \tag{5-70}$$

注意，位移厚度、动量损失厚度和能量损失厚度的积分上限均为无穷大，在$y>\delta$的情况下：

$$\begin{aligned}\delta_e&=\int_0^\infty \frac{u}{U}\left(1-\frac{u^2}{U^2}\right)\mathrm{d}y\\&=\int_0^\infty \frac{u}{U}\left(1-\frac{u^2}{U^2}\right)\mathrm{d}y+\int_0^\infty \frac{u}{U}\left(1-\frac{u^2}{U^2}\right)\mathrm{d}y\end{aligned}$$

当$y=\infty$时，u已经接近于$0.99U$，则$\int_0^\infty \frac{u}{U}\left(1-\frac{u^2}{U^2}\right)\mathrm{d}y$之值很小，所以从计算和实用角度来说可用$y=\delta$代替$y=\infty$。

【例5-4】 如已知流速分布为线性分布$\frac{u}{U}=\frac{y}{\delta}$，求位移厚度、动量损失厚度和能量损失厚度。

解

(1) 位移厚度。

$$\delta_{\mathrm{e}}=\int_0^\delta \left(1-\frac{u}{U}\right)\mathrm{d}y=\int_0^\delta \left(1-\frac{y}{\delta}\right)\mathrm{d}y=\delta-\frac{\delta^2}{2\delta}=\frac{\delta}{2}$$

（2）动量损失厚度。

$$\delta_{\mathrm{m}}=\int_0^\delta \frac{u}{U}\left(1-\frac{u}{U}\right)\mathrm{d}y=\int_0^\delta \frac{y}{\delta}\left(1-\frac{y}{\delta}\right)\mathrm{d}y$$

$$=\frac{\delta^2}{2\delta}-\frac{\delta^3}{3\delta^2}=\frac{\delta}{2}-\frac{\delta}{3}=\frac{\delta}{6}$$

（3）能量损失厚度。

$$\delta_{\mathrm{e}}=\int_0^\delta \frac{u}{U}\left(1-\frac{u^2}{U^2}\right)\mathrm{d}y=\int_0^\delta \frac{y}{\delta}\mathrm{d}y-\int_0^\delta \frac{y^3}{\delta^3}\mathrm{d}y$$

$$=\frac{\delta}{2}-\frac{\delta}{4}=\frac{\delta}{4}$$

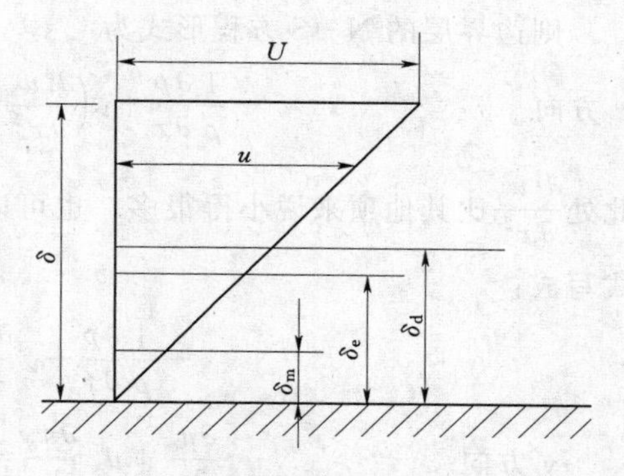

图 5-38　理想液体边界层速度示意图

二、边界层微分方程

对黏性液体的纳维-斯托克斯方程（N-S方程），加以适当地简化可得到边界层微分方程，由于边界层在 y 坐标方向（图 5-30 中平板表面的外法线方向即为 y）的厚度 δ 较之 x 坐标方向的长度甚小，可对边界层内的液流作如下一些简化假定：

（1）质量力分量很小，可不计。

（2）为二元恒定流。

（3）通过数量级相互比较可以简化 N-S 方程。u_x 及 x 的数量级为 l，l 为 x 方向的特征长度；u_y 及 y 数量级很小，为 δ；u_y 及 y 从数量级上来看比 u_x 及 x 小得多，可不计。

N-S方程为

$$f_x-\frac{1}{p}\frac{\partial p}{\partial x}+\nu\left(\frac{\partial^2 u_x}{\partial x^2}+\frac{\partial^2 u_x}{\partial y^2}+\frac{\partial^2 u_x}{\partial z^2}\right)$$

$$=\frac{\partial u_x}{\partial t}+u_x\frac{\partial u_x}{\partial x}+u_y\frac{\partial u_x}{\partial y}+u_z\frac{\partial u_x}{\partial z}$$

$$f_y-\frac{1}{p}\frac{\partial p}{\partial y}+\nu\left(\frac{\partial^2 u_y}{\partial x^2}+\frac{\partial^2 u_y}{\partial y^2}+\frac{\partial^2 u_y}{\partial z^2}\right)$$

$$=\frac{\partial u_y}{\partial t}+u_x\frac{\partial u_y}{\partial x}+u_y\frac{\partial u_y}{\partial y}+u_z\frac{\partial u_y}{\partial z}$$

$$f_z-\frac{1}{p}\frac{\partial p}{\partial z}+\nu\left(\frac{\partial^2 u_z}{\partial x^2}+\frac{\partial^2 u_z}{\partial y^2}+\frac{\partial^2 u_z}{\partial z^2}\right)$$

$$=\frac{\partial u_z}{\partial t}+u_x\frac{\partial u_z}{\partial x}+u_y\frac{\partial u_z}{\partial y}+u_z\frac{\partial u_z}{\partial z}$$

第一项假定，质量力很小，f_x、f_y、f_z 可以忽略。第二项假定，边界层内为二元流，则

$$u_x=f_1(x,y),u_y=f_2(x,y),u_z=0$$

恒定流时

$$\frac{\partial \varphi}{\partial t}=0$$

式中：φ 为任意水力要素。

则边界层的 N－S 方程形式为

x 方向
$$-\frac{1}{\rho}\frac{\partial p}{\partial x}+\nu\left(\frac{\partial^2 u_x}{\partial x^2}+\frac{\partial^2 u_x}{\partial y^2}\right)=u_x\frac{\partial u_x}{\partial x}+u_y\frac{\partial u_x}{\partial y} \tag{5-71}$$

此处$\frac{\partial^2 u_x}{\partial x^2}$比其他项来说小得很多，也可以略去不计。$\frac{\partial p}{\partial x}$其数值未知，仍须保留，为此上式写成：

$$-\frac{1}{\rho}\frac{\partial p}{\partial x}+\nu\frac{\partial^2 u_x}{\partial y^2}=u_x\frac{\partial u_x}{\partial x}+u_y\frac{\partial u_x}{\partial y} \tag{5-72}$$

y 方向
$$u_x\frac{\partial u_y}{\partial x}+u_y\frac{\partial u_y}{\partial y}=-\frac{1}{\rho}\frac{\partial p}{\partial y}+\nu\left(\frac{\partial^2 u_y}{\partial x^2}+\frac{\partial^2 u_y}{\partial y^2}\right)$$

第三项假定，u_y可不计，其他项除去，只剩下$-\frac{1}{\rho}\frac{\partial p}{\partial y}$一项其大小虽不知，但是变化甚微，为简化起见，设

$$\frac{\partial p}{\partial y}=0 \tag{5-73}$$

其意义就是压强仅随 x 变化，即

$$p=f(x) \tag{5-74}$$

即
$$\frac{\partial p}{\partial x}=\frac{\mathrm{d}p}{\mathrm{d}x} \tag{5-75}$$

式（5－72）、式（5－73）、式（5－75）三式称为普朗特边界层方程。除了上述 3 个方程，再加上二元连续方程

$$\frac{\partial u_x}{\partial x}+\frac{\partial u_y}{\partial y}=0$$

就可对边界层方程求解。

三、边界层动量方程

用边界层微分方程解决生产问题时仍比较复杂，因此往往采用近似方法，不去研究每一点上如何满足微分方程，而采用积分关系式来求解，这就是 1921 年西奥多·冯·卡门提出的沿平板边界的动量方程，从而计算出平板壁面的切应力和阻力。这个方程对平板层流和紊流边界层都适用。

自来流速度为U 的流体流入平板，形成一边界层，如图 5－39 所示，以垂直于水流方向平板单位宽度来进行讨论。取一微小控制体 $ABCD$，单位时间经断面 AD 流入控制体的质量为 $\int_0^\delta \rho u\mathrm{d}y$，单位时间由断面 BC 流出控制体的质量为 $\int_0^\delta \rho u\mathrm{d}y+\frac{\mathrm{d}}{\mathrm{d}x}\left(\int_0^\delta \rho u\mathrm{d}y\right)\mathrm{d}x$，流出、流入质量之差为$\frac{\mathrm{d}}{\mathrm{d}x}\left(\int_0^\delta \rho u\mathrm{d}y\right)\mathrm{d}x$。

根据质量守恒，这部分质量就是从边界层界面 CD 面流入的质量。

在 x 方向单位时间通过AD 面输入脱离体动量为$\int_0^\delta \rho u^2\mathrm{d}y$，通过 CD 面输入的动量为$U\frac{\mathrm{d}}{\mathrm{d}x}\left(\int_0^\delta \rho u\mathrm{d}y\right)\mathrm{d}x$；单位时间在同一方向输出动量为$\int_0^\delta \rho u^2\mathrm{d}y+\frac{\mathrm{d}}{\mathrm{d}x}\left(\int_0^\delta \rho u^2\mathrm{d}y\right)\mathrm{d}x$，流出与

流入的动量之差为 $\frac{d}{dx}\left(\int_0^\delta \rho u^2 dy\right) dx + U \frac{d}{dx}\left(\int_0^\delta \rho u dy\right) dx$。$x$ 方向动量方程为

x 方向合力＝单位时间流出动量－单位时间流入动量

作用于控制体上的力有压力和切力，如图 5－40 所示。

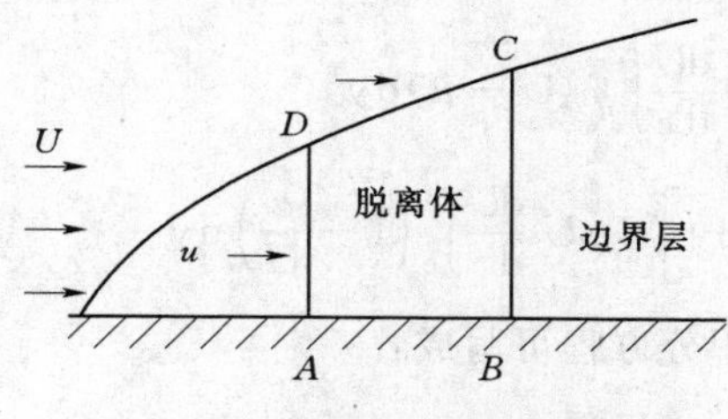

图 5－39　平板边界层示意图

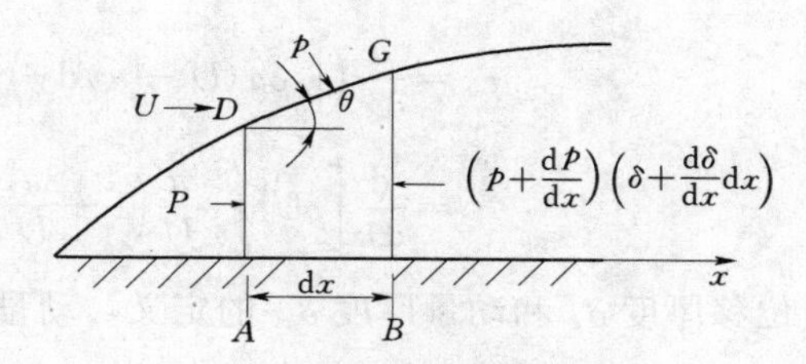

图 5－40　边界层动量方程解析图

边界层界面 CD 上因没有流速梯度，无切力，压力合力为 $p\,ds$（其中 $ds=CD$），它在 x 轴方向投影为 $p\,ds\sin\theta$（θ 为 CD 与 x 轴的夹角），$p\,ds\sin\theta = p\,d\delta$。

而
$$\left(p+\frac{dp}{dx}\right)\left(\delta+\frac{d\delta}{dx}dx\right) \approx p\delta + \frac{dp}{dx}dx\delta + p\frac{d\delta}{dx}dx$$

在 x 方向合力为

$$\sum F_x = p\delta + p\,d\delta - \left(p\delta + \frac{dp}{dx}dx\delta + p\frac{d\delta}{dx}dx\right) - \tau_0 dx = -\delta dp - \tau_0 dx$$

列 x 方向动量方程

$$-\delta dp - \tau_0 dx = \frac{d}{dx}\left(\int_0^\delta \rho u^2 dy\right) dx - U\frac{d}{dx}\left(\int_0^\delta \rho u dy\right) dx$$

上式化简后得到

$$\tau_0 = U\frac{d}{dx}\left(\int_0^\delta \rho u dy\right) - \frac{d}{dx}\left(\int_0^\delta \rho u^2 dy\right) - \delta\frac{dp}{dx} \tag{5-76}$$

式（5－76）就是动量积分方程。

因为 U 是 x 的函数，对于式（5－76）右边第一项按分部积分法可写成

$$U\frac{d}{dx}\left(\int_0^\delta \rho u dy\right) = \frac{d}{dx}\left(\int_0^\delta \rho u U dy\right) - \frac{dU}{dx}\int_0^\delta \rho u dy$$

而压力项 $\frac{dp}{dx}$ 可由伯努利方程

$$\frac{p}{\gamma} + \frac{U^2}{2g} = 常量，即\ p + \frac{1}{2}\rho U^2 = 常量$$

对 x 方向微分可得

$$\frac{dp}{dx} = -\rho U\frac{dU}{dx}$$

将上两式代入式（5-76），得

$$\tau_0=\frac{\mathrm{d}}{\mathrm{d}x}\left(\int_0^\delta \rho u U \mathrm{d}y\right)-\frac{\mathrm{d}U}{\mathrm{d}x}\int_0^\delta \rho u \,\mathrm{d}y-\frac{\mathrm{d}}{\mathrm{d}x}\left(\int_0^\delta \rho u^2 \mathrm{d}y\right)+\rho\delta U\frac{\mathrm{d}U}{\mathrm{d}x}$$

将 δ 写为 $\int_0^\delta \mathrm{d}y$，化简上式可得

$$\tau_0=\frac{\mathrm{d}}{\mathrm{d}x}\left(\int_0^\delta \rho u(U-u)\mathrm{d}y\right)+\frac{\mathrm{d}U}{\mathrm{d}x}\int_0^\delta \rho(U-u)\mathrm{d}y$$

$$=\frac{\mathrm{d}}{\mathrm{d}x}\left[\rho U^2\int_0^\delta \frac{u}{U}\left(1-\frac{u}{U}\right)\mathrm{d}y\right]+\rho U\frac{\mathrm{d}U}{\mathrm{d}x}\int_0^\delta\left(1-\frac{u}{U}\right)\mathrm{d}y$$

由位移厚度 δ_{d} 和动量厚度 δ_{m} 的定义，动量积分方程可写成：

$$\tau_0=\frac{\mathrm{d}}{\mathrm{d}x}\rho U^2\delta_{\mathrm{m}}+\rho U\frac{\mathrm{d}U}{\mathrm{d}x}\delta_{\mathrm{d}}$$

对于流过平板的边界层，U 为常量，$\frac{\mathrm{d}U}{\mathrm{d}x}=0$，上式写为

$$\frac{\tau_0}{\rho U^2}=\frac{\mathrm{d}\delta_{\mathrm{m}}}{\mathrm{d}x} \tag{5-77}$$

式中：δ_{m} 为动量损失厚度；τ_0 为边界层内壁面切应力。

式（5-77）又称为冯·卡门边界层动量方程。应用这个方程可求光滑平板层流和紊流边界层摩擦阻力。

任何一项流速分布假定，必须满足下列边界条件：

（1）在板面，$y=0$，$u=0$，$\frac{\mathrm{d}U}{\mathrm{d}y}=$有限值。

（2）边界层外端，$y=\delta$，$u=U$，$\frac{\mathrm{d}u}{\mathrm{d}y}=0$。

四、平板层流边界层

普朗特假定层流边界层内流速分布为

$$\frac{u}{U}=\frac{3}{2}\frac{y}{\delta}-\frac{1}{2}\frac{y^3}{\delta^3}$$

将上式代入动量方程式（5-77），可得

$$\tau_0=\rho U^2\frac{\mathrm{d}}{\mathrm{d}x}\left[\int_0^\delta\left(\frac{3}{2}\frac{y}{\delta}-\frac{1}{2}\frac{y^3}{\delta^3}\right)\times\left(1-\frac{3}{2}\frac{y}{\delta}+\frac{1}{2}\frac{y^3}{\delta^3}\right)\mathrm{d}y\right]$$

$$=0.139\rho U^2\frac{\mathrm{d}\delta}{\mathrm{d}x} \tag{5-78}$$

此外

$$\tau_0=\mu\left(\frac{\mathrm{d}u}{\mathrm{d}y}\right)_{y=0}=\frac{3}{2}\mu\frac{U}{\delta} \tag{5-79}$$

将式（5-79）代入式（5-78）可得

$$\delta\mathrm{d}\delta=10.79\frac{\mu\mathrm{d}x}{\rho U}$$

进一步积分得

$$\frac{\delta^2}{2}=10.79\frac{\nu x}{U}+C$$

由 $x=0$ 处 d=0，知 $C=0$，则

$$\delta=\frac{4.65x}{\sqrt{\frac{Ux}{\nu}}}=\frac{4.65x}{\sqrt{Re_x}} \tag{5-80}$$

式（5-80）表明层流边界层厚度，随离平板端的距离增加而增厚，随来流速度增大而减小。

将式（5-80）代入式（5-79）可得切应力为

$$\tau_0=0.322\sqrt{\frac{\mu\rho U^3}{x}} \tag{5-81}$$

通常将壁面切应力与自由来流动水压力之比定义为当地摩阻系数 C_f。自由来流动水压强可由理想液体能量方程求得，即

$$\frac{p}{\gamma}+\frac{U^2}{2g}=C$$

$$C_f=\frac{\tau_0}{\frac{\rho U^2}{2}}=\frac{0.644}{\sqrt{Re_x}} \tag{5-82}$$

长度为 L，单位宽度平板上的总阻力（双面）F_D 为

$$F_D=\int_0^L\tau_0\mathrm{d}x=\frac{1.288}{\sqrt{\frac{\rho UL}{\mu}}}\frac{\rho U^2}{2}L=\frac{1.288}{\sqrt{Re_L}}\frac{\rho U^2}{2}L \tag{5-83}$$

式中：$Re_L=\frac{\rho UL}{\mu}$为平板总长雷诺数。

引进表面阻力系数 C_D后，式（5-83）写为

$$F_D=C_D\frac{\rho U^2}{2}A \tag{5-84}$$

式中：C_D 为平均阻力系数；A 为平板受水流作用的面积，此处 $A=L$。

$$C_D=\frac{1.288}{\sqrt{Re_L}} \tag{5-85}$$

以上关于 τ_0、C_f、C_D 等的计算是在普朗特流速分布假设基础上推导出来的，对其他的基本形式流速分布假定将有不同的 τ_0、C_f、C_D。

五、平板紊流边界层

平板紊流边界层内流动与圆管中光滑管紊流相同，管的半径 r_0 相当于边界层厚度，最大流速 U_{max} 相对于来流流速 U，这样紊流边界层用布拉休斯乘幂流速分布：

$$\frac{u}{u_*}=8.74\left(\frac{u_* y\rho}{\mu}\right)^{1/7}$$

边界层上端 $y=\delta$，$u=U$，则

$$\frac{U}{u_*}=8.74\left(\frac{u_*\delta\rho}{\mu}\right)^{1/7} \tag{5-86}$$

以上两式相除可得

$$\frac{u}{U}=\left(\frac{y}{\delta}\right)^{1/7} \tag{5-87}$$

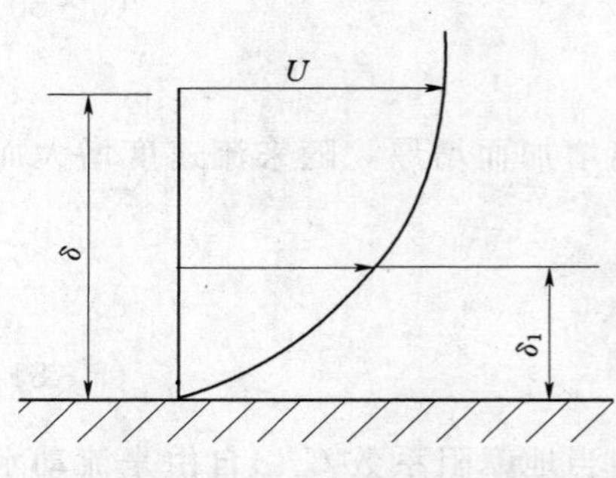

图 5-41　平板紊流边界层速度分布曲线

此式不能用于板面，因为该处流速梯度为无穷大$\left(\frac{\mathrm{d}u}{\mathrm{d}y}=\frac{U}{7\delta^{1/2}y^{6/7}}\right)$，由此得出切应力也为无穷大，实际不可能，因而可将近壁处黏性底层 δ_1 除去以后，与七分之一乘幂流速分布曲线相切，如图 5-41 所示。

式（5-87）中 $u_*=\sqrt{\frac{\tau_0}{\rho}}$，从此式可得

$$\tau_0=0.0225\rho U^2\left(\frac{\mu}{U\delta\rho}\right)^{1/4} \tag{5-88}$$

将式（5-88）代入动量方程式（5-77）可得

$$\frac{0.0225\rho U^2\left(\frac{\nu}{U\delta}\right)^{1/4}}{\rho U^2}=\frac{\mathrm{d}\delta_{\mathrm{m}}}{\mathrm{d}x}$$

由动量损失厚度计算公式（5-69）和式（5-87）可知

$$\delta_{\mathrm{m}}=\int_0^{\delta}\left(\frac{y}{\delta}\right)^{1/7}\left[1-\left(\frac{y}{\delta}\right)^{1/7}\right]\mathrm{d}y=\frac{7}{72}\delta$$

即

$$0.0225\left(\frac{\nu}{U\delta}\right)^{1/4}=\frac{7}{72}\frac{\mathrm{d}\delta}{\mathrm{d}x}$$

分离变量后

$$\delta^{1/4}\mathrm{d}\delta=0.232\left(\frac{\nu}{U}\right)^{1/4}\mathrm{d}x$$

假定紊流边界层从平板端点开始，$x=0$ 时，$\delta=0$，上式积分后得到

$$\delta=\frac{0.37x}{\left(\frac{Ux}{\nu}\right)^{1/5}}=\frac{0.37x}{Re_{\mathrm{x}}^{1/5}} \tag{5-89}$$

当地摩阻系数

$$C_{\mathrm{f}}=\frac{\tau_0}{\rho\frac{U^2}{2}}=\frac{0.0576}{(Re_{\mathrm{x}})^{1/5}} \tag{5-90}$$

整个平板长度为 L、宽度为 B 的平均表面阻力系数：

$$C_{\mathrm{D}}=\frac{\text{阻力}}{\frac{1}{2}\rho U^2\times\text{面积}}=\frac{\int_0^L\tau_0 B\mathrm{d}x}{\frac{1}{2}\rho U^2 LB}=\frac{0.072}{(Re_{\mathrm{L}})^{1/5}} \tag{5-91}$$

平板上的总阻力 F_D 为

$$F_D = C_D \frac{\rho U^2}{2} A \tag{5-92}$$

上述结论在雷诺系数 $Re_L = 5\times10^5 \sim 10^7$ 时，与试验结果比较一致。在雷诺数更大时与试验出入较大，这可能是由于布拉休斯光滑管流速分布只能适用于此范畴。

六、绕流阻力的计算

从力学观点来看，液体对所绕流物体的阻力即绕流阻力可分为两部分：①由物体表面的切应力所形成的阻力，称为摩擦阻力；②由物体表面的压强所形成的阻力，称为压强阻力。

摩擦阻力表示为

$$F_D = C_D A_D \frac{\rho U^2}{2}$$

式中：A_D 为所绕流物体的特性面积，通常是指切应力作用的投影面积；C_D 为表面阻力系数。

由于物体尾部有漩涡发生以致作用在物体表面的压强分布不对称，是水流方向有压差导致的，这一压差就是漩涡阻力。所以漩涡阻力也就是压强阻力。由于这一阻力与被绕流物体的形状及放置方位有关，故又有人称为形状阻力。压强阻力也可用与摩擦阻力相类似的公式表示为

$$F_P = C_P A_P \frac{\rho U^2}{2}$$

式中：A_P 为与流速方向垂直的迎流投影面积；C_P 为压强阻力系数。

因此液体对所绕流物体的总阻力也可用下列公式表示：

$$D = C_d A_d \frac{\rho U^2}{2} \tag{5-93}$$

式中：A_d 为与流速方向垂直的迎流投影面积；C_d 为绕流阻力系数。

绕流阻力系数至今尚不能完全用理论计算，主要是依靠试验确定，可参考有关手册和文献。

思　考　题

思 5－1　雷诺数 Re 物理意义是什么？为什么它能起到判别流态的作用？

思 5－2　为什么用下临界雷诺数而不用上临界雷诺数判别流态？

思 5－3　当输水管的流量一定时，随管径的加大雷诺数是加大还是减小？其原因何在？

思 5－4　水平管道中的均匀流沿程水头损失 h_f 与边壁切应力 τ_0 之间有什么关系？

思 5－5　在圆管均匀流中过水断面上的切应力 τ_0 呈直线变化，但半径不同的元流或总流却有相同的水头损失，两者之间是否存在矛盾？如何解释？

思 5-6　如果流动边界是由非常光滑的玻璃材料制成，则这种流动边界可称为水力光滑面？为什么？

思 5-7　谢才公式与达西公式有什么区别与联系？

思 5-8　有两根直径 d、长度 l 和绝对粗糙度 Δ 相同的管道，一根输送水，另一个输送油，试问：（1）两管道中液体的流速相等时其沿程水头损失 h_f 是否相等？（2）两管道中液体的雷诺数 Re 相等时其沿程水头损失 h_f 是否相等？

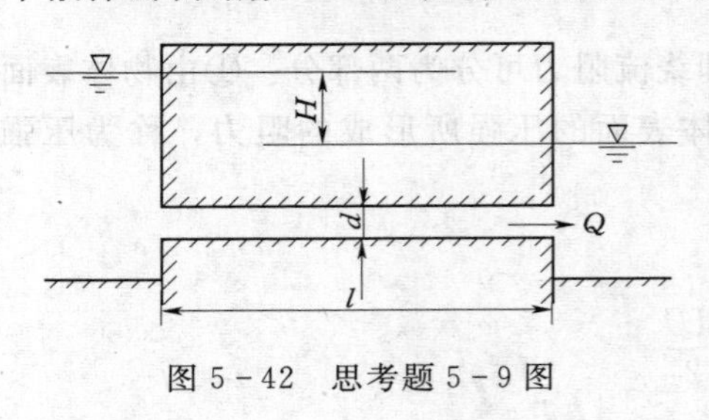

图 5-42　思考题 5-9 图

思 5-9　如图 5-42 所示，有一根管径为 d、管长为 l 的混凝土管道，试问：（1）已知流量 Q、管径 d 及管材的 k_s，如何确定两水池的水位差 H？（2）已知管材的 k_s、管径 d 及两水池的水位差 H，如何确定流量 Q？（3）已知流量 Q、两水池的水位差 H 及管径的 k_s，如何确定管径 d？（提示：注意流区的判别及相应 λ 的确定。）

思 5-10　（1）在图 5-43（a）、（b）中水流方向分别由小管到大管和大管到小管，它的局部水头是否相等？为什么？（2）图 5-43（c）、（d）为两个突然扩大管。粗管直径为 D，但两管直径不相等，$d_A > d_B$，两者通过的流量 Q 相等，哪个局部水头损失大？为什么？

思 5-11　如图 5-44 所示管道，已知水头为 H，管径为 d，沿程阻力系数为 λ，且流动在阻力平方区，若第一种情况：在铅直方向接一长度为 Δl 的同管径的水管，第二种情况：在水平方向接一长度为 Δl 的同管径的水管，试问：哪一种情况的流量大？为什么？（假定由于管路较长忽略其局部水头损失。）

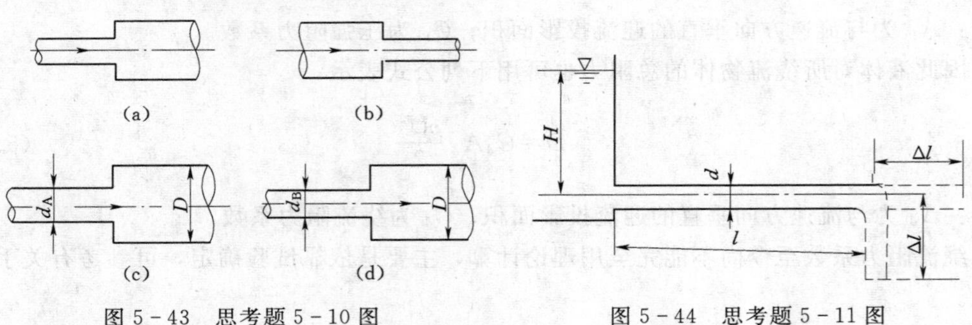

图 5-43　思考题 5-10 图　　图 5-44　思考题 5-11 图

思 5-12　如图 5-45 所示管路，管径为 d，管长为 l，试问：（1）假设不考虑水头损失，管中 A、B、C 三点的压强为多大？（2）假设进口的局部水头损失系数为 ξ_e，沿程水头系数为 λ，若考虑水头损失，A、B、C 三点压强各为多大？（3）同一管路增加沿程阻力以后各断面的压强是增大还是减小？

思 5-13　如图 5-46 所示管路装置，若阀门开度减小，则阀门前后两根测压管中的水面将如何变化？原因何在？

思 5-14　（1）绕流阻力是怎样形成的？（2）绕流阻力比动压力大还是比动压力小？为什么？（3）绕流阻力系数与哪些因素有关？

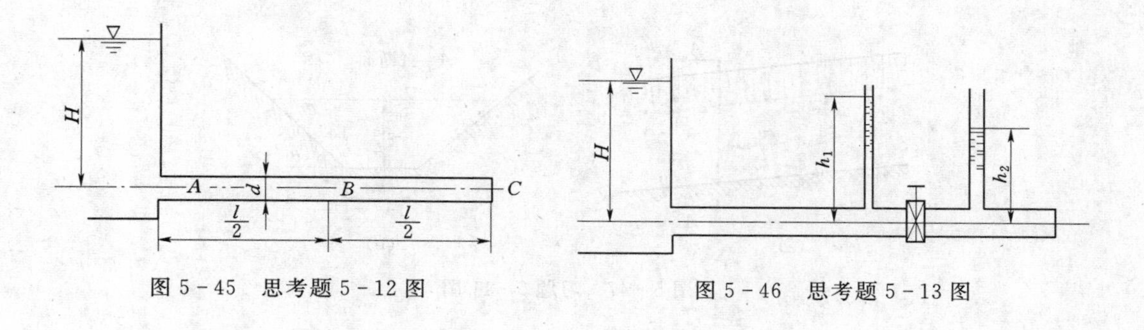

图 5-45　思考题 5-12 图　　　图 5-46　思考题 5-13 图

习　题

5-1　(1) 水管的直径 $d=100$mm，管中水流流速 $v=0.2$m/s，水温 $T=10$℃，试判别其流态。(2) 若流速与水温同上，管径改为 30mm，管中流态又如何？(3) 流速与水温同上，管流从层流转变为紊流的直径多大？

5-2　某油管输送流量 $Q=5.67\times10^{-2}\mathrm{m^3/s}$ 的中等燃料油，其运动黏滞系数 $\nu=6.08\times10^{-6}\mathrm{m^2/s}$，试求：保持为层流状态的最大管径 d。

5-3　某输油管道由 A 点到 B 点长 $L=500$m，测得 A 点的压强 $p_A=3$Pa，B 点压强 $p_B=2$Pa，通过的流量 $Q=0.016\mathrm{m^3/s}$，已知油的运动黏滞系数 $\nu=150\times10^{-6}\mathrm{m^2/s}$，试求：管径 d。

5-4　一新铸铁管直径 $d=100$mm，输水时在 100m 长的管路上水头损失为 2m，水温 20℃，试判别属于何种液流型态或流区。

5-5　设有一均匀流管路，直径 $d=0.2$m，长度 $l=100$m，水力坡度 $J=0.8\%$，试求：(1) 边壁上的切应力 τ_0；(2) 100m 长管路上的沿程水头损失 h_f。

5-6　有一管道，已知：半径 $r_0=15$cm，层流时水力坡度 $J=0.15$；紊流时水力坡度 $J=0.20$，试求：(1) 管壁处的切应力 τ_0；(2) 离管轴 $r=10$cm 处的切应力 τ_0。

5-7　一矩形断面明渠中流动为均匀流，已知：底坡 $i=0.0005$，水深 $h=3$m，底宽 $b=6$m，试求：(1) 渠底壁面上的切应力；(2) 水深 $h_1=2$m 处水流中的切应力。

5-8　设水流在某管道中通过 100m 的距离产生的水头损失 $h_f=5$m，壁面上的切应力 $\tau_0=30.6\mathrm{N/m^2}$，试求：该管道的直径 d。

5-9　某管道直径 $d=200$mm，流量 $Q=0.049\mathrm{m^3/s}$，水力坡度 $J=4.6\%$，试求：该管道的沿程阻力系数值。

5-10　一普通铸铁水管，直径 $d=500$mm，管壁的当量粗糙度 $k_s=0.5$mm，水温 $T=15$℃，试求：(1) 当 $Q_1=5$L/s 时的沿程阻力系数 λ_1；(2) 当 $Q_2=100$L/s 时的沿程阻力系数 λ_2；(3) 当 $Q_3=2000$L/s 时的沿程阻力系数 λ_3。

5-11　如图 5-47 所示，某梯形断面土渠中发生的均匀流动，已知：底宽 $b=2$m 边坡系数 $m=\cot\theta=1.5$，水深 $h=1.5$m，底宽 $i=0.0004$，土壤的粗糙系数 $n=0.0225$，试求：(1) 渠中流速 v；(2) 渠中流量 Q。

5-12　一压力钢管的当量粗糙度 $k_s=0.19$mm，水温 $T=10$℃，试求：下列各种情况下流态及水头损失 h_f。

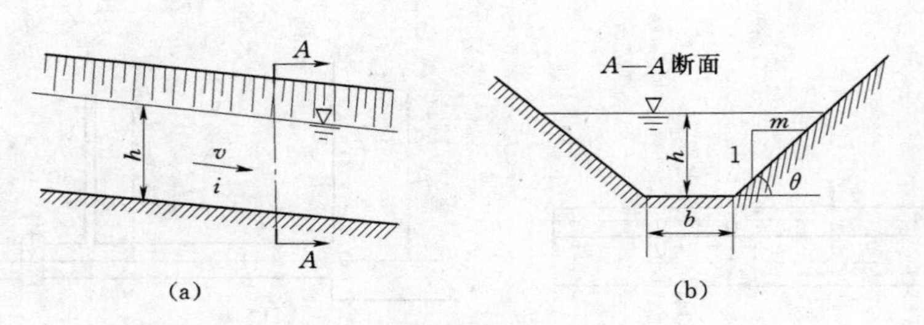

图 5-47　习题 5-11 图

（1）管长 $L=5\text{m}$，管径 $d=25\text{mm}$，流量 $Q=0.151\text{L/s}$ 时；（2）其他条件不变，如果管径改为 $d=75\text{mm}$ 时；（3）管径保持为 75mm，但流量增加为 50L/s 时。

5-13　一条新的铸铁输水管道，其直径 $d=200\text{mm}$，长度 $L=2000\text{m}$，当量粗糙度 $k_s=0.40\text{mm}$，沿程水头损失 $h_f=40\text{m}$，水温 $T=15℃$，使用试算法求管中流量。

5-14　如图 5-48 所示管路系统，水从 A 箱经底部连续水管流入 B 箱。已知：水管为一般的钢管，直径 $d=100\text{mm}$，长度 $L=50\text{m}$，流量 $Q=0.0314\text{m}^3/\text{s}$，转弯半径 $R=200\text{mm}$，折角 $\alpha=30°$，阀门的相对开度 $e/d=0.6$，两水箱水位保持不变，水温 $T=20℃$，试求：两水箱水面高度差 H。

5-15　某输水管中的流量 $Q=0.027\text{m}^3/\text{s}$，在 1000m 长度上的沿程水头损失为 20m，水温 $T=20℃$，为一般铸铁管，其当量粗糙度 $k_s=0.3\text{mm}$，试求：管径 d。

5-16　有一坚实的黏土渠道，梯形断面，已知：底宽 $b=10\text{m}$，均匀流水深 $h=3\text{m}$，边坡系数 $m=1\text{m}$，土壤的粗糙系数 $n=0.020$，通过的流量 $Q=39\text{m}^3/\text{s}$，试求：在 1km 渠道长度上的水头损失。

5-17　如图 5-49 所示水平突然扩大管路，已知：直径 $d_1=5\text{cm}$，直径 $d_2=10\text{cm}$，管中流量 $Q=20\text{L/s}$，试求：U 形水银比压计中的压差读数 Δh。

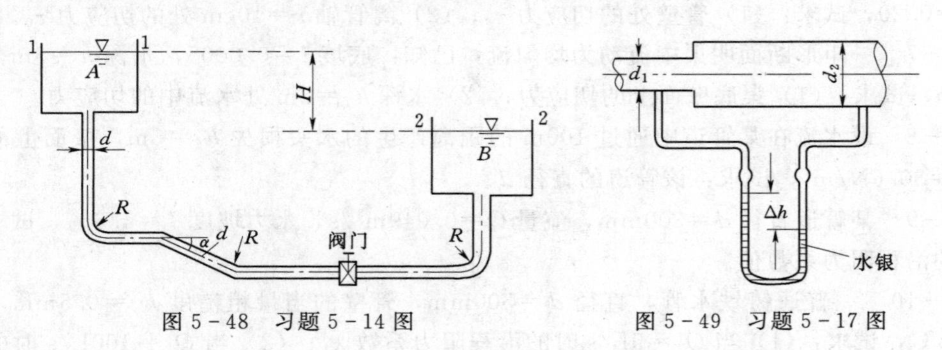

图 5-48　习题 5-14 图　　图 5-49　习题 5-17 图

5-18　如图 5-50 所示管路，首先由直径 d_1 缩小到 d_2，然后又突然扩大到直径 d_1，已知：直径 $d_1=20\text{cm}$，$d_2=10\text{cm}$，U 形水比压计读数 $\Delta h=50\text{cm}$。试求：管中流量 Q。

5-19　如图 5-51 所示管路，已知：管径 $d=10\text{cm}$，管长 $L=20\text{m}$ 当量粗糙度 $k_s=0.20\text{mm}$，阀门相对开度 $e/d=0.6$，水头 $H=5\text{m}$，水温 $T=20℃$，试求：管中流量 Q。

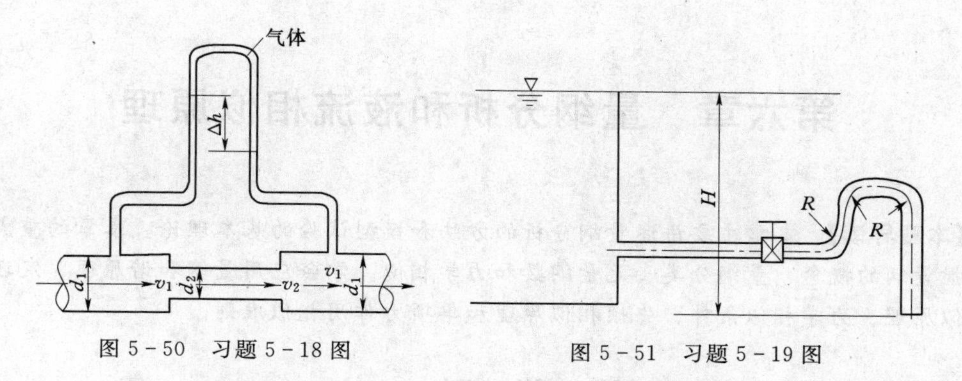

图 5-50　习题 5-18 图　　　　图 5-51　习题 5-19 图

5-20　如图 5-52 所示 A、B、C 三个水箱由两段普通钢管相连接，经过调节，管中产生恒定流。已知：A、C 箱水面差 $H=10\text{m}$，$l_1=50\text{m}$，$l_2=40\text{m}$，$d_1=250\text{mm}$，$d_2=200\text{mm}$，假设流动在阻力平方区，沿程阻力系数可以近似的用公式 $\lambda=0.11\left(\frac{k_s}{d}\right)^{1/4}$ 计算，管壁的当量粗糙度 $k_s=0.2$，试求：(1) 管中流量 Q；(2) 图中 h_1 和 h_2。

5-21　一直径 $d=1\text{cm}$ 的小球，在静水中以匀速 $v=0.4\text{m/s}$ 下降，水温 $T=20℃$，试求：(1) 小球的阻力 F_D；(2) 小球的比重 S。

5-22　如图 5-53 所示，某河道中有一圆柱形桥墩，其直径 $d=1\text{m}$，水深 $h=2\text{m}$，河中水流流速 $v=3\text{m/s}$，试求：桥墩受的作用力。

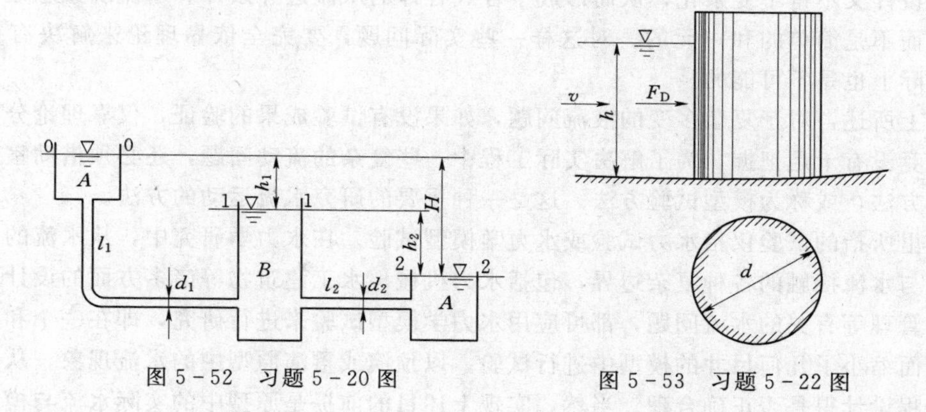

图 5-52　习题 5-20 图　　　　图 5-53　习题 5-22 图

第六章　量纲分析和液流相似原理

【本章导读】 本章主要讲述量纲分析的方法和模型试验的基本理论。本章的重点是熟练掌握量纲的概念、量纲分类、无量纲数和力学相似。学会应用量纲和谐原理、定理、流动相似原理、力学相似条件、牛顿相似原理和单项力作用相似准则。

第一节　引　　言

在本章以前所讲述的是应用水力学基本理论和计算公式来求解水力学问题。这些公式中，不仅有理论的、有经验的（试验的），还有半经验半理论的。在推导和分析理论公式的过程中，常常做了各式各样的假设，而这些假设是否正确，理论公式能不能使用，计算误差有多大等，都要通过室内的试验（有时也通过原型工程观测）才能做出验证。那些经验或半经验公式，只有少数是通过对原型工程的水流运动分析和实测资料整理而总结出来的，多数则是通过分析室内的模型试验资料得到的。此外，在实际工程设计中，原则上总是设法尽量设计得简单而实用。但由于考虑到地形、地质、经济、施工、技术诸因素，使得工程设计又不得不复杂化，从而形成了各式各样的水流边界条件。水流现象总是比较复杂的，而不是简单的和一元的。对这样一些实际问题，要完全依靠理论来解决有很多困难，实际上也是不可能的。

综上所述，对于复杂多变的液流问题，如果没有试验成果的验证，仅靠理论分析或计算，毕竟没有十足把握。为了解决实际工程中一些复杂的流动问题，还必须借助室内水力学试验方法，或称为模型试验方法。这是一种重要的研究水流运动的方法。

这里所指的试验仅指水力试验或水力学模型试验。在水力学研究中，从水流的内部机理直至与水流接触的各种复杂边界，包括水力机械、水工建筑物等诸多方面的设计、施工与运行管理等有关的水流问题，都可应用水力学模型试验来进行研究，即在一个和原形水流相似而缩小了几何尺寸的模型中进行试验。以预演或重演原型中的水流现象，从而检验原型工程设计得是否正确合理。当然，实现上述目的的前提是原型中的实际水流与模型中的水流达到完全的相似。

本章所研究的水力相似原理，就是研究两个水流现象相似应具有什么性质，两水流现象要达到相似应具备什么条件。根据相似原理进行水力模型试验研究，目的是解决在水工建筑物设计或施工中，以及水力机械中等有关水力学问题。一般水力试验的任务有：

（1）观察水流现象。为了了解水流运动内部机理，研究影响因素较多、边界条件较复杂的流动问题，在寻求理论解答之前，有必要对水流现象进行观察和分析。例如，层流和紊流运动、三元流、某些局部阻力、绕流阻力等问题。

（2）量测水流的参数和系数。在实际工程中，有些水流参数和系数还无法求得理论值，而只有通过实验来测定。如沿程阻力系数、粗糙系数、流量系数，二元流和三元流的流速分布与压强分布及其有关参数等。

(3) 对一些理论公式或计算结果做验证性试验。一般大中型水利工程在进行理论计算和设计以后，都应通过实验验证，以论证理论计算是否正确，或者说明其误差大小、工程设计是否合理等。

要达到上述要求，模型设计必须正确，各种物理量的转换关系必须正确。而水力相似原理正是解决这些问题的理论基础，也就是说水力模型设计是建立在相似理论的基础上的。

第二节　量纲分析的基本概念及方法

一、量纲分析的基本概念

当表征一个物理过程的方程已知时，则有关此过程的物理量之间的关系就确定了。任一物理过程，不仅各物理量之间关系具有规律性，而且这些物理量相应的量纲之间也存在规律性。量纲分析法就是利用量纲之间的规律性去推求各物理量之间的规律性的方法。

物理方程中各项物理量的量纲之间存在着下列规律性：

(1) 物理方程中各项的量纲应当相同。这一规律称为量纲和谐性（或齐次性），也称为量纲和谐原理。不难理解，在一个物理方程中，不能把以长度计的物理量和以时间计的物理量来相加或相减。

在前述关于能量方程的图示中，曾已阐明，能量方程中各项$\left(z、\dfrac{p}{\gamma}、\dfrac{\alpha v^2}{2g}\right)$均具有长度的量纲 [L]，它是符合量纲和谐性原则的。

利用量纲和谐原则可以从一个侧面来检验某一物理方程式的正确性。

(2) 任一有量纲的物理方程可以改写为无量纲项组成的方程而不会改变物理过程的规律性。

例如总流的能量方程，若等式两端各项用一量纲为长度 [L] 的某一水头 H 去除，则变为

$$\frac{z_1}{H}+\frac{p_1}{\gamma H}+\frac{\alpha_1 v_1^2}{2gH}=\frac{z_2}{H}+\frac{p_2}{\gamma H}+\frac{\alpha_2 v_2^2}{2gH}+\frac{h_w}{H} \tag{6-1}$$

显然，一个物理方程各项用同一量除，不会改变原方程的本质，但它在形式上却把原方程改换成了由无量纲项组成的方程式。利用量纲分析法去探求物理方程的形式时，常把物理方程用无量纲项形式来表达，这样更具有普遍性。

(3) 物理方程中各物理量之间的规律性以及相应各量纲之间的规律性，不会因所选择的基本量纲不同而发生改变。基本量纲可以由人们根据方便来加以选择，并没有特别的规定。对于力学问题，可分别选择 LTM 制和 LTF 制。

例如，对能量方程而言，若用 [L]、[T]、[F] 列作为基本量纲，则 z 及 h_w 的量纲都是 [L]；p 的量纲为$\left[\dfrac{F}{L^2}\right]$，$\gamma$ 的量纲为$\left[\dfrac{F}{L^3}\right]$，故$\dfrac{p}{\gamma}$的量纲也为 [L]；$v$ 的量纲为$\left[\dfrac{L}{T}\right]$，$g$ 的量纲为$\left[\dfrac{L}{T^2}\right]$，故$\dfrac{\alpha v^2}{2g}$的量纲也为 [L]，所以能量方程式各项的量纲都是 [L]。若改用

[L]、[T]、[M] 作为基本量纲，则 z 及 h_w 的量纲仍为 [L]；p 的量纲为 $\left[\frac{M}{LT^2}\right]$，$\gamma$ 的量纲为 $\left[\frac{M}{L^2T^2}\right]$，$\frac{p}{\gamma}$ 的量纲仍为 [L]；v 的量纲为 $\left[\frac{L}{T}\right]$，g 的量纲为 $\left[\frac{L}{T^2}\right]$，故 $\frac{\alpha v^2}{2g}$ 的量纲仍为 [L]。由此可见，选择的基本量纲发生改变，物理方程中各项的量纲并不会发生改变。

虽然人们可以根据方便来选择基本量纲，但应当注意的是：①它们必须是相互独立的量纲，即其中任一量纲都不可能由其余两个量纲诱导出来；②对于力学过程而言，这 3 个基本量纲所代表的物理量，必须是一个为几何量，一个为运动量，一个为动力量。因为只有这样才可能诱导出其他各物理量的量纲来。

二、量纲分析方法

（一）雷利法

雷利（L. Rayleigh）法的意义是直接应用量纲和谐原理建立物理方程式。其基本步骤通过下面的实例进行说明。

【例 6-1】 由试验观察得知，矩形量水堰流量 Q 与堰上水头 H_0、堰宽 b、重力加速度 g 等物理量之间存在着以下关系：

$$Q=Kb^{\alpha}g^{\beta}H_0^{\gamma}$$

式中：比例系数 K 为一系数，试用量纲分析法确定堰流流量公式的结构形式。

解 由已知关系式写出其量纲公式

$$[L^3T^{-1}]=[L]^{\alpha}[LT^{-2}]^{\beta}[L]^{\gamma}=[L]^{\alpha+\beta+\gamma}[T]^{-2\beta}$$

根据量纲一致性原则

$$[L]:\alpha+\beta+\gamma=3$$

$$[T]:-2\beta=-1$$

联解以上两式，可得 $\beta=1/2$，$\alpha+\beta=2.5$

根据经验，过堰流量 Q 与堰宽 b 的一次方成正比，即 $\alpha=1$，从而可得 $\gamma=3/2$。将 α、β、γ 的值代入量纲公式，并令 $m=K/\sqrt{2}$，得

$$Q=mb\sqrt{2g}H_0^{3/2}$$

此式为堰流流量公式，式中 m 为堰流流量系数，一般要由实验确定。堰流流量公式也可用能量方程推得，但堰流属急变流动，用能量方程进行推导，其过程比较复杂，而用量纲分析法进行推导，可以得到各主要物理量之间的基本关系。

【例 6-2】 紊流小涡体的长度尺度 η，应以分子黏性作用终止、涡体进一步分裂为界限。柯尔莫戈洛夫（Kolmogorov）认为小尺度涡体运动的参数，最少应包含单位质量流体单位时间内能量的损耗（又称单位质量流体的能量耗散率）ε（其量纲为 L^2T^{-3}）和流体运动黏度 ν。试用量纲分析法求小尺度涡体的长度尺度 η、时间尺度 τ 和速度尺度 v 的表达式。

解 根据题意，写出量纲表达式：

(1)

$$[\eta]=[\nu]^{\alpha}[\varepsilon]^{\beta}$$

即

$$[L]=[L^2T^{-1}]^{\alpha}[L^2T^{-3}]^{\beta}=[L]^{2\alpha+2\beta}[T]^{-\alpha-3\beta}$$

$$[L]: 2\alpha + 2\beta = 1$$

$$[T]: -\alpha - 3\beta = 0$$

联解以上两式得：$\alpha = \dfrac{3}{4}$，$\beta = -\dfrac{1}{4}$，所以 $\eta = \left(\dfrac{\nu^3}{\varepsilon}\right)^{1/4}$

（2）
$$[\tau] = [\nu]^x [\varepsilon]^y$$

即
$$[T] = [L^2T^{-1}]^x [L^2T^{-3}]^y$$

$$[L]: 2x + 2y = 0$$

$$[T]: -x - 3y = 1$$

联解得：$x = 1/2$，$y = -1/2$　　则 $\tau = \sqrt{\nu/\varepsilon}$

（3）
$$[v] = [\nu]^\gamma [\varepsilon]^\lambda$$

即
$$[LT^{-1}] = [L^2T^{-1}]^\gamma [L^2T^{-3}]^\lambda = [L]^{2\gamma - 2\lambda} [T]^{-\gamma - 3\lambda}$$

$$[L]: 2\gamma + 2\lambda = 0$$

$$[T]: -\gamma - 3\lambda = -1$$

联解得：$\gamma = \dfrac{1}{4}$，$\lambda = \dfrac{1}{4}$，则

$$v = [\nu\varepsilon]^{1/4}$$

由 η 与 ν 可确定小尺度涡体运动的雷诺数 $Re = v\eta/\nu = 1$，可见雷诺数的物理意义是流体质点的惯性力与黏性力之比。但是，Kolmogorov 的小尺度涡体的具体尺寸和速度不能用上述公式确定。工程实用的雷诺数必须按具体的流动图像来正确选定特征长度和特征流速。

（二）量纲分析的基本定理——π 定理

量纲分析法的更为普遍的理论是著名的 π 定理，或称布金汉（E. Buckingham）π 定理。这是量纲分析的主要组成部分。

任何一个物理过程，如包含有 n 个物理量，涉及 m 个基本量，则这个物理过程可由 n 个物理量组成（$n-m$）个无量纲量所表达的关系式来描述。因这些无量纲量用 π 来表示，就把这个定理称为 π 定理。

设影响物理过程的 n 个物理量为 x_1，x_2，…，x_n，则这个物理方程可用一完整的函数关系式表示如下：

$$f(x_1, x_2, x_3, \cdots, x_n) = 0 \tag{6-2}$$

设这些物理量包含有 m 个基本量纲。根据 π 定理，这个物理过程可用（$n-m$）个无量纲的组合量 π 表示的关系式来描述，即

$$F[\pi_1, \pi_2, \cdots, \pi_{n-m}] = 0 \tag{6-3}$$

π 定理可以用数学证明，此处从略。必要时可查阅有关专著。

应用 π 定理的步骤如下：

（1）根据对所研究的现象的认识，确定影响这个现象的各个物理量，即写成式（6-2）。这里所说的有影响的物理量，是指对所研究的现象起作用的所有各种独立因素。对水流现象来说，主要包括水的物理特性、流动边界的几何特性、流动的运动特征等。影响因素列举得是否全面和正确，将直接影响分析的结果。所以这一步非常重要，也是比较困难

的一步，只能靠对所研究现象的深刻认识和全面理解来确定。下面将通过举例来说明这一点。

仍需指明的是，在列举影响这一现象的所有物理量中，既有变量，也有常量。如水流现象中的水的密度和黏滞系数等一般都按常量对待，但也需列举进去。又如重力加速度g，一般也是常量，但在分析明槽水流时，却是重要的影响因素之一。

（2）从n个物理量中选取m个基本物理量，作为m个基本量纲的代表，m一般为3。因此，要求的这3个基本物理量在量纲上是独立的。所谓量纲上是独立的，是指其中任何一个物理量的量纲不能从其他两个物理量的量纲中诱导出来。或者更严格地讲，这3个物理量不能组合一个无量纲量。如用

$$[x_1]=[L^{\alpha_1}T^{\beta_1}M^{\gamma_1}]$$

$$[x_2]=[L^{\alpha_2}T^{\beta_2}M^{\gamma_2}]$$

$$[x_3]=[L^{\alpha_3}T^{\beta_3}M^{\gamma_3}]$$

来表示基本物理量的量纲式，则x_1，x_2，x_3不能形成无量纲量的条件是量纲式中的指数行列式不等于零，即

$$\begin{vmatrix} \alpha_1 & \beta_1 & \gamma_1 \\ \alpha_2 & \beta_2 & \gamma_2 \\ \alpha_3 & \beta_3 & \gamma_3 \end{vmatrix} \neq 0$$

（3）从3个基本物理量以外的物理量中，每次轮取1个，连同3个基本物理量组合成一个无量纲的π项：

$$\pi_1=\frac{x_4}{x_1^{a1}x_2^{b1}x_3^{c1}}$$

$$\pi_2=\frac{x_5}{x_1^{a2}x_2^{b2}x_3^{c2}}$$

$$\vdots$$

$$\pi_{n-3}=\frac{x_n}{x_1^{a_{n-3}}x_2^{b_{n-3}}x_3^{c_{n-3}}}$$

式中：a_i、b_i、c_i为各π项的待定指数。

（4）每个π项既是无量纲数，即$[\pi]=[L^0T^0M^0]$，因此可根据量纲和谐原理，求出各π项的指数a_i、b_i、c_i。

（5）写出描述现象的关系式：

$$F[\pi_1,\pi_2,\cdots,\pi_{n-3}]=0 \tag{6-4}$$

这样就把一个具有n个物理量的关系式简化成（$n-3$）个无量纲的表达式。如前所述，无量纲量才具有描述自然规律的绝对意义。所以，式（6-4）才是反映客观规律的正确形式，而且也是进一步分析研究的基础。由下面的实例可以清楚地了解量纲分析在这方面的重要作用。

【例6-3】 实验表明，液体中的边壁切应力τ_0与断面平均流速v、水力半径R、壁面粗糙度Δ、液体密度ρ和动力黏度μ有关，试用π定理导出边壁切应力τ_0的一般表达式。

解 根据题意，有

$$F(\tau_0, v, \mu, \rho, R, \Delta)=0$$

选定几何学量中的 R、运动学量中的 v、动力学量中的 ρ 为基本物理量，本题中物理量的个数 $n=6$，基本量纲数 $m=3$，因此，可以有 $n-m=6-3=3$ 个无量纲数组成的方程，即

$$F_1\left(\frac{\tau_0}{\rho^{a1} v^{b1} R^{c1}}, \frac{\mu}{\rho^{a2} v^{b2} R^{c2}}, \frac{\Delta}{\rho^{a3} v^{b3} R^{c3}}\right)=0$$

比较上式中每个因子的分子和分母的量纲，它们应满足量纲一致性原则。

第一个因子的量纲关系有

$$[\tau_0]=[\rho]^{a1}[v]^{b1}[R]^{c1}$$

即

$$[ML^{-1}T^{-2}]=[ML^{-3}]^{a1}[LT^{-1}]^{b1}[L]^{c1}$$

由等式两边量纲相等，得到

[M]：$a_1=1$

[L]：$-3a_1+b_1+c_1=-1$ 联解得：$\begin{cases} a_1=1 \\ b_1=2 \\ c_1=0 \end{cases}$，求得：$\pi_1=\dfrac{\tau_0}{\rho v^2}$

[T]：$-b_1=-2$

第二个因子的量纲关系为

$$[\mu]=[\rho]^{a2}[v]^{b2}[R]^{c2}$$

$$[ML^{-1}T^{-1}]=[ML^{-3}]^{a2}[LT^{-1}]^{b2}[L]^{c2}$$

由等式两边量纲相等，得

[M]：$a_2=1$

[L]：$-3a_2+b_2+c_2=-1$ 联解得：$\begin{cases} a_2=1 \\ b_2=1 \\ c_2=1 \end{cases}$，求得：$\pi_2=\dfrac{\mu}{\rho v R}$

[T]：$-b_2=-1$

仿此，再求得 $\pi_3=\dfrac{\Delta}{R}$。

因此，对于任意选取的独立的物理量 ρ，v，R，上述物理量之间的关系为

$$F_1(\pi_1, \pi_2, \pi_3)=0$$

无量纲数 $\rho v R/\mu$ 即雷诺数 Re，而 Δ/R 为相对粗糙度。上式也可以写成

$$\frac{\tau_0}{\rho v^2}=f\left(Re, \frac{\Delta}{R}\right)$$

或

$$\tau_0=f\left(Re, \frac{\Delta}{R}\right)\rho v^2$$

这就是液流中边壁切应力 τ_0 与流速 v、密度 ρ、雷诺数 Re、相对粗糙度 Δ/R 之间的关系式。这里只是由量纲分析求得它的正确形式，至于 $f(Re, \Delta/R)$ 具体关系，已在第五章讨论水头损失时，给出了它的实验研究成果。

、通过以上分析可知，在应用雷利法和π定理进行量纲分析时，都是以量纲和谐原理作为基础的。

在水力学中，当仅知道一个物理过程包含有哪些物理量而不能给出反映该物理量过程的微分方程或积分形式的物理方程时，量纲分析法可以用来导出该物理过程各主要物理量之间的函数关系式，并可在满足量纲和谐原理的基础上给出正确的物理公式的构造形式，这是量纲分析法的主要用处。

尽管量纲分析法具有如此明显和重要的优点，但其毕竟是一种数学分析方法，具体应用时还须注意以下几点：

（1）在选择物理过程的影响因素时，绝对不能遗漏重要的物理量，选得过多、重复或选得不完全时，都将导致错误的结论；此外也不要把不必要的因素考虑进去。

（2）在选择3个基本物理量时，一定要在几何学量、运动学量和动力学量中各选一个，如不满足这个要求，也将导致错误的结论。

（3）当通过量纲分析所得到物理过程的表达式存在无量纲系数时，量纲分析无法给出其具体数值，只能通过有关实验求得。

（4）量纲分析法无法区别那些量纲相同而物理意义不同的量。例如，流函数ψ、势函数φ、运动黏度ν，它们的量纲均为$[L^2/T]$，但其物理意义在公式中是不同的。

第三节　液流相似原理

实际工程中的水流现象往往是很复杂的，许多水力学问题单纯依靠理论分析来求解会遇到很大的困难，此时采用模型试验与理论分析相结合的方式是解决问题的有效途径。试验研究通常是在与原型相似而缩小了几何尺寸的模型上进行，在模型中观测流态和运动要素，然后把模型中的这些实测资料引申到原型上去，这样就产生了下面的问题：

（1）如何设计模型才能使模型和原型中的流动相似？

（2）如何把模型中观测的流动现象和数据换算到原型中去？

相似原理提供了解决这两个问题的理论基础。

下面将介绍相似原理和模型试验的基础。

流动相似的概念是由几何形状相似的概念推广和发展而来的。在两个几何图形中，若它们的相应长度都保持固定的比例关系，则这两个图形称为几何相似。但这种相似仅限于静态的相似。而液体运动时，问题要复杂得多，它属于机械运动的范畴。机械运动的流动相似，除要求静态的几何相似外，还要求动态相似；除要求形式相似外，还要求内容相似。

表征液体运动的量具有各种不同性质，主要有3种：表征流场几何形状的、表征运动状态的以及表征动力的物理量。因此，两个流动系统的相似，可以用几何相似、运动相似及动力相似来描述。现分别叙述于下。在叙述中原型中的物理量注以脚标“P”，模型中的物理量注以脚标“M”。

（一）几何相似

几何相似是指原型与模型保持几何形状和几何尺寸的相似，也就是原型和模型的任何一个相应线性长度保持一定的比例关系。设原型的线性长度为 L_P，模型的线性长度为 L_M，两者的比值用 λ_L 表示，称为几何相似的线性长度比尺，即

$$\lambda_L=\frac{L_P}{L_M} \tag{6-5}$$

因而，面积比尺

$$\lambda_A=\frac{L_P^2}{L_M^2}=\lambda_L^2 \tag{6-6}$$

体积比尺

$$\lambda_V=\frac{V_P}{V_M}=\frac{L_P^3}{L_M^3}=\lambda_L^3 \tag{6-7}$$

（二）运动相似

运动相似是指模型与原型两个流动中任何对应质点的流线是几何相似的，而且任何对应质点流过相应线段所需的时间又是具有同一比例的。或者说，两个流动的速度场（或加速度场）是几何相似的，那么这两个流动就是运动相似的。

设时间比尺

$$\lambda_t=\frac{t_P}{t_M} \tag{6-8}$$

则　速度比尺

$$\lambda_v=\frac{v_P}{v_M}=\frac{L_P/t_P}{L_M/t_M}=\frac{\lambda_L}{\lambda_t} \tag{6-9}$$

加速度比尺

$$\lambda_a=\frac{a_P}{a_M}=\frac{L_P/t_P^2}{L_M/t_M^2}=\frac{\lambda_L}{\lambda_t^2} \tag{6-10}$$

（三）动力相似及牛顿相似准则

1. 动力相似

原型和模型流动中任何对应点上作用着同名的力，各同名力互相平行且具有同一比值则称该两流动为动力相似。如果原型流动中有重力、阻力、表面张力的作用，则模型流动中在相应点上也必须有这 3 种力的作用，并且各同名力的比例应保持相等，否则多一种或少一种力作用或者比值不相等就不是动力相似的流动。

自然界的水流，一般作用在质点上同时有几种力，如重力、黏滞力、表面张力和弹性力等。如果这些力的合力不等于零，则质点将做加速运动。根据达朗贝尔原理，在这个不平衡力系上假想加上一个惯性力，便可变为一个平衡力系。这个平衡力系构成了一个封闭的力的多边形。这样，动力相似就表征为模型与原型流动中任意相应点上的力的多边形相似，相应边（即同名力）成比例。

若分别以 G、T、S、E 及 I 代表重力、黏滞力、表面张力、弹性力和惯性力，则

$$\frac{G_P}{G_M}=\frac{T_P}{T_M}=\frac{S_P}{S_M}=\frac{E_P}{E_M}=\frac{I_P}{I_M}$$

或

$$\lambda_G=\lambda_T=\lambda_s=\lambda_e=\lambda_I \tag{6-11}$$

以上 3 种相似是模型和原型保持完全相似的重要特征。它们是互相联系、互为条件的。几何相似是运动相似、动力相似的前提条件，动力相似是决定流动相似的主导因素，运动相似是几何相似和动力相似的表现，它们是一个统一的整体，是缺一不可的。

2. 牛顿相似准则

模型和原型的流动相似，它们的物理属性必须是相同的，尽管它们的尺度不同，但它们必须服从同一运动规律，并为同一物理方程所描述，才能做到几何、运动和动力的完全相似。今举受牛顿第二定律约束的相似现象为例，来阐明这一问题。

机械运动相似的两个系统都应受牛顿第二定律的约束，即应有

$$F=m\frac{\mathrm{d}u}{\mathrm{d}t} \tag{6-12}$$

式中：F 为作用力；m 为质量；u 为流速；t 为时间。

这一公式对于模型和原型中任意对应点都应该是适用的。

对原型来说
$$F_{\mathrm{P}}=m_{\mathrm{P}}\frac{\mathrm{d}u_{\mathrm{P}}}{\mathrm{d}t_{\mathrm{P}}} \tag{6-13}$$

对模型来说
$$F_{\mathrm{M}}=m_{\mathrm{M}}\frac{\mathrm{d}u_{\mathrm{M}}}{\mathrm{d}t_{\mathrm{M}}} \tag{6-14}$$

在相似系统中存在着下列的比尺关系

$$F_{\mathrm{P}}=\lambda_{\mathrm{F}}F_{\mathrm{M}},m_{\mathrm{P}}=\lambda_{\mathrm{m}}m_{\mathrm{M}},u_{\mathrm{P}}=\lambda_{\mathrm{u}}u_{\mathrm{M}},t_{\mathrm{P}}=\lambda_{\mathrm{t}}t_{\mathrm{M}}$$

代入式（6-13），整理后可得

$$\frac{\lambda_{\mathrm{F}}\lambda_{\mathrm{t}}}{\lambda_{\mathrm{m}}\lambda_{\mathrm{u}}}F_{\mathrm{M}}=m_{\mathrm{M}}\frac{\mathrm{d}u_{\mathrm{M}}}{\mathrm{d}t_{\mathrm{M}}} \tag{6-15}$$

这样，就有表述相同数量关系的两个不同方程式（6-14）及式（6-15），两者只有在下列条件下才能统一起来，即

$$\frac{\lambda_{\mathrm{F}}\lambda_{\mathrm{t}}}{\lambda_{\mathrm{m}}\lambda_{\mathrm{u}}}=1 \tag{6-16}$$

式（6-16）表明相似系统中4个物理量 F、m、u、t 的比尺之间的关系是受$\frac{\lambda_{\mathrm{F}}\lambda_{\mathrm{t}}}{\lambda_{\mathrm{m}}\lambda_{\mathrm{u}}}=1$约束的。因此4个相似比尺中只有3个是可以任意选定的，而第4个则必须由式（6-16）导出。所以相似系统中各物理量的比尺是不能任意选定的，而要受描述该运动现象的物理方程的制约。

因 $\lambda_{\mathrm{m}}=\frac{m_{\mathrm{P}}}{m_{\mathrm{M}}}=\frac{\rho_{\mathrm{P}}V_{\mathrm{P}}}{\rho_{\mathrm{M}}V_{\mathrm{M}}}=\lambda_{\rho}\lambda_{\mathrm{L}}^{3}$，又因相似系统中相应点的流速都是相似的，故可用某一特征流速 u（如断面平均流速）代表各点流速，即

$$\lambda_{\mathrm{u}}=\lambda_{\mathrm{v}}=\frac{\lambda_{\mathrm{L}}}{\lambda_{\mathrm{t}}}$$

把以上关系代入式（6-16），整理后可得

$$\frac{\lambda_{\mathrm{F}}}{\lambda_{\rho}\lambda_{\mathrm{L}}^{2}\lambda_{\mathrm{v}}^{2}}=1 \tag{6-17}$$

也可写作

$$\frac{F_{\mathrm{P}}}{\rho_{\mathrm{P}}L_{\mathrm{P}}^{2}v_{\mathrm{P}}^{2}}=\frac{F_{\mathrm{M}}}{\rho_{\mathrm{M}}L_{\mathrm{M}}^{2}v_{\mathrm{M}}^{2}} \tag{6-18}$$

在相似原理中把无量纲数$\frac{F}{\rho L^{2}v^{2}}$称为牛顿数，用 Ne 来表示，式（6-18）也可写作

$$Ne_{P}=Ne_{M} \tag{6-19}$$

这就是说，两个相似流动的牛顿数应相等，这是流动相似的重要判据，称为牛顿相似准则。

由以上推导过程可知，牛顿数是作用力 F 与惯性力 $m\dfrac{\mathrm{d}v}{\mathrm{d}t}$之比值，牛顿数相等就是模型与原型中两个流动的作用力与惯性力之比应相等。

第四节 模型相似准则

一、相似条件

与原型相似的模型不只一个，一系列大小不等的模型都可能与原型相似，但这些模型中的任何一个都必须与原型为同一物理方程所表述，这是实现相似的第一个条件。

物理方程有一般解，也有特定解。这里所考虑的模型只是一个特定的模型中的一个确定的相似现象。这个相似现象就相应于微分方程中的一个特定的单值解。所以两个流动相似就必须保持造成单值解的相似条件，造成单值解的条件称为单值条件。因此，模型和原型单值条件所包含的物理量相似是实现相似的第二个条件。在恒定流情况下，如果模型采用与原型同样液体，则单值条件就是几何条件和边界条件，即流场的几何形状、进出口断面的流动情况及边界的性质等。如果是非恒定流，则单值条件还应包括初始条件，即开始时刻的流动情况。如果模型采用与原型不同的液体，则单值条件还应包括物性条件如液体的密度、黏滞系数等。

单纯单值条件所包含的物理量相似，还不能认为模型与原型的流动就相似，因为相似现象中有关物理量的比尺是不能任意选定的，它们之间还必须受到比尺关系式的约束，所以有关的相似准数相等是实现相似的第三个条件。

上述 3 个条件是实现相似的必要和充分条件，满足了这 3 个条件，模型与原型的流动才能完全相似。

二、各单项力相似准则的推求

对水流来说，作用力可能同时有几种力，如重力、黏滞力、压力等，但牛顿数中的力只表示所有作用力的合力，而这个合力是由哪些力组成的并未揭示。因此牛顿相似准则只具有一般意义，要解决具体模型试验的比尺关系还必须根据描述特定运动现象的物理方程来导出特定相似准则。现以描述不可压缩黏性液体的纳维埃-司托克斯方程为例来推导相似准则。

根据纳维埃-司托克斯方程（x 方向），原型流动中任意点的运动必须遵循：

$$f_{xP}-\frac{1}{\rho_{P}}\frac{\partial p_{P}}{\partial x_{P}}+\nu_{P}\nabla^{2}u_{xP}=\frac{\partial u_{xP}}{\partial t_{P}}+u_{xp}\frac{\partial u_{xP}}{\partial x_{p}}+u_{yp}\frac{\partial u_{xP}}{2y_{P}}+u_{zP}\frac{\partial u_{xP}}{\partial z_{P}} \tag{6-20}$$

模型流动中任意点的运动必须遵循

$$f_{xM}-\frac{1}{\rho_{M}}\frac{\partial p_{M}}{\partial x_{M}}+\nu_{M}\nabla^{2}u_{xM}=\frac{\partial u_{xM}}{\partial t_{M}}+u_{xp}\frac{\partial u_{xM}}{\partial x_{m}}+u_{yp}\frac{\partial u_{xM}}{2y_{M}}+u_{zP}\frac{\partial u_{xM}}{\partial z_{M}} \tag{6-21}$$

两个相似流动之间存在下列各种比尺关系：

$$\rho_P=\lambda_\rho\rho_M \quad , \quad \nu_P=\lambda_\nu\nu_M \quad P_P=\lambda_P P_M$$

$$f_{xP}=\lambda_g f_{xM} \quad u_{xP}=\lambda_v u_{xM} \quad u_{yP}=\lambda_v u_{yM}$$

$$u_{zP}=\lambda_v u_{zM} \quad t_P=\lambda_t t_M \quad \lambda_x=\lambda_y=\lambda_z=\lambda_L$$

$$L_P=\lambda_L L_M$$

将这些关系代入式（6-20），可得

$$\lambda_g f_{xM}-\frac{\lambda_P}{\lambda_\rho\lambda_L}\frac{1}{\rho_M}\frac{\partial p_M}{\partial x_M}+\frac{\lambda_\nu\lambda_v}{\lambda_L^2}\nu_M\nabla^2 u_{xM}$$

$$=\frac{\lambda_v}{\lambda_t}\frac{\partial u_{xM}}{\partial t_M}+\frac{\lambda_v^2}{\lambda_L}\left(u_{xM}\frac{\partial u_{xM}}{\partial_{xM}}+u_{yM}\frac{\partial u_{xM}}{2y_M}+u_{zM}\frac{\partial u_{xM}}{\partial z_m}\right) \tag{6-22}$$

若两个流动相似，则式（6-21）与式（6-22）应恒等，由此可得

$$\lambda_g=\frac{\lambda_P}{\lambda_\rho\lambda_L}=\frac{\lambda_\nu\lambda_v}{\lambda_L^2}=\frac{\lambda_v}{\lambda_t}=\frac{\lambda_v^2}{\lambda_L}$$

或

$$\lambda_\rho\lambda_g=\frac{\lambda_P}{\lambda_L}=\frac{\lambda_\mu\lambda_v}{\lambda_L^2}=\frac{\lambda_\rho\lambda_v}{\lambda_t}=\frac{\lambda_\rho\lambda_v^2}{\lambda_L} \tag{6-23}$$

式（6-23）每一项分别表示作用在原型与模型对应点上同名力之间的比值。$\lambda_\rho\lambda_g$ 为重力之间的比值，$\frac{\lambda_P}{\lambda_L}$为动水压强之间的比值，$\frac{\lambda_\mu\lambda_v}{\lambda_L^2}$为黏滞力之间的比值，$\frac{\lambda_\rho\lambda_v}{\lambda_t}$为当地加速度产生的当地惯性力之间的比值，$\frac{\lambda_\rho\lambda_v^2}{\lambda_L}$为位移加速度产生的惯性力之间的比值。

式（6-23）中各项均以位移惯性力的比值$\frac{\lambda_\rho\lambda_v^2}{\lambda_L}$除之，则得

$$\frac{\lambda_g\lambda_L}{\lambda_v^2}=\frac{\lambda_P}{\lambda_\rho\lambda_v^2}=\frac{\lambda_\nu}{\lambda_L\lambda_v}=\frac{\lambda_L}{\lambda_t\lambda_v}=1 \tag{6-24}$$

式（6-24）也可写作

$$\left.\begin{aligned}\frac{\lambda_v^2}{\lambda_g\lambda_L}&=1\\ \frac{\lambda_P}{\lambda_\rho\lambda_v^2}&=1\\ \frac{\lambda_v\lambda_L}{\lambda_\nu}&=1\\ \frac{\lambda_L}{\lambda_v\lambda_t}&=1\end{aligned}\right\} \text{或} \left.\begin{aligned}\frac{v_P^2}{g_P L_P}&=\frac{v_M^2}{g_M L_M}\\ \frac{P_P}{\rho_P v_P^2}&=\frac{P_M}{\rho_M v_M^2}\\ \frac{v_P L_P}{\nu_P}&=\frac{v_M L_M}{\nu_M}\\ \frac{L_P}{v_P t_P}&=\frac{L_M}{v_M t_M}\end{aligned}\right\} \tag{6-25}$$

这样，就得到 4 个无量纲数$\frac{v^2}{gL}$、$\frac{P}{\rho v^2}$、$\frac{vL}{\nu}$、$\frac{L}{vt}$，第一个表征重力和位移惯性力的比值，称为弗劳德数；第二个表征动水压强与位移惯性力的比值，称为欧拉数；第三个表征黏滞力与位移惯性力的比值，称为雷诺数；第四个表征当地惯性力与位移惯性力的比值，称为斯特罗哈数（Strauhal Number）。这些无量纲数都称为相似准数。

由以上推导可知，由纳维埃-司托克斯方程所描述的模型与原型流动要保持相似，则上列 4 个相似准数必须同时相等，否则就不能保持几何、运动和动力的完全相似。这就是

不可压缩黏性液体运动的相似准则。

若描述某一特定水流现象的物理方程为已知，则均可应用与上述类似方法求出相似准数，从而导出相似的比尺关系。若表达水流现象的物理方程为未知时，也可应用量纲分析法，如 π 定理，求出以无量纲数表达的物理关系式，在这种情况下，所求得的无量纲数就是相似准数。

三、单项力作用下的相似准则

不同的水流现象中作用于质点上的力是不同的。一般自然界的水流总是同时作用着几种力，要想同时满足各种力的相似，事实上是很困难的。例如，在一个模型上要同时满足雷诺数相等和弗劳德数相等的条件就不易做到，这是因为由式（6－25）得到

$$\frac{v_P L_P}{\nu_P}=\frac{v_M L_M}{\nu_M} \quad 或 \quad v_M=v_P\lambda_L\frac{\nu_M}{\nu_P}$$

同时由式（6－25）得到

$$\frac{v_P^2}{g_P L_P}=\frac{v_M^2}{g_M L_M} \quad 或 \quad v_M=v_P\sqrt{\frac{1}{\lambda_L}}$$

同时满足上述两条件时，则

$$v_P\lambda_L\frac{\nu_M}{\nu_P}=\nu_P\sqrt{\frac{1}{\lambda_L}} \quad 或 \quad \lambda_L^{3/2}=\frac{\nu_P}{\nu_M}$$

因为 λ_L 是大于 1 的，所以 $\frac{\nu_P}{\nu_M}$ 也应大于 1，即模型中液体的 ν 应小于原型中液体 ν 的 $\lambda_L^{3/2}$ 倍。如果 λ_L 不大，则还有可能选择到一种合适的模型液体；如果 λ_L 大，要选择一种相似的模型液体几乎是不可能的。例如 $\lambda_L=50$，则 $\nu_M=\frac{1}{35.4}\nu_P$，运动黏滞系数这样小的液体在自然界中是不存在的。通常用原型液体作为模型液体，则 λ_L 必须等于 1，也就是说原型与模型的几何尺寸应完全相同，既不能放大也不能缩小，这就只能做原型实验。

在实际水流中，在某种具体条件下，总有一种作用力起主要作用，而其他作用力是次要的。因此在模型试验时可以把实际问题简化，只要使其研究问题起主要作用的一种力保证作用相似，使之满足该主要作用力的相似准则，而忽略其他较次要的力，这种相似虽是近似的，但实践证明是能满足要求的。现在来推导单项力作用下的相似准则。

（一）重力相似准则

例如流经闸、坝的水流，起主导作用的力是重力，只要用重力代替牛顿数中的 F，根据牛顿相似准则就可求出只有重力作用下液流相似的准则。

重力可表示为 $G=\rho g V$ 或 $\lambda_G=\frac{G_P}{G_M}=\lambda_\rho\lambda_g\lambda_L^3$

以 λ_G 代替式（6－17）中的 λ_F，则

$$\frac{\lambda_\rho\lambda_g\lambda_L^3}{\lambda_\rho\lambda_L^2\lambda_v^2}=1$$

或

$$\frac{\lambda_v^2}{\lambda_g\lambda_L}=1$$

也可写成

$$\frac{v_P^2}{g_P L_P}=\frac{v_M^2}{g_M L_M} \tag{6-26}$$

由此可知，作用力只有重力时，两个相似系统的弗劳德数应相等，这就是重力相似准则，或称弗劳德准则，所以要做到重力作用相似，模型与原型之间各物理量的比尺不能任意选择，必须遵守弗劳德准则。现将各种物理量的比尺与模型比尺 λ_L 的关系推导如下。

1. 流速比尺

在式（6-26）中，因 $g_P=g_M$，故

$$\lambda_v=\frac{v_P}{v_M}=\sqrt{\frac{L_P}{L_m}}=\lambda_L^{0.5} \tag{6-27}$$

2. 流量比尺

$$\lambda_Q=\frac{Q_P}{Q_M}=\frac{A_P v_P}{A_M v_M}=\lambda_A\lambda_V=\lambda_L^2\lambda_L^{0.5}=\lambda_L^{2.5} \tag{6-28}$$

3. 时间比尺

因
$$\lambda_Q\lambda_t=\lambda_V$$

式中：λ_V 为原型和模型的体积比。

故
$$\lambda_t=\frac{\lambda_V}{\lambda_Q}=\frac{\lambda_L^3}{\lambda_L^{2.5}}=\lambda_L^{0.5} \tag{6-29}$$

4. 力的比尺

$$\lambda_F=\frac{M_P a_P}{M_M a_M}=\frac{\rho_P V_P\left(\frac{dv}{dt}\right)_P}{\rho_M V_M\left(\frac{dv}{dt}\right)_M}=\lambda_\rho\lambda_L^3\frac{\lambda_v}{\lambda_t}=\lambda_\rho\lambda_L^3$$

若模型与原型液体一样，$\lambda_\rho=1$，则

$$\lambda_F=\lambda_L^3 \tag{6-30}$$

5. 压强比尺

$$\lambda_p=\frac{\lambda_F}{\lambda_A}=\frac{\lambda_\rho\lambda_L^3}{\lambda_L^2}=\lambda_\rho\lambda_L$$

当 $\lambda_\rho=1$ 时
$$\lambda_p=\lambda_L \tag{6-31}$$

6. 功的比尺

$$\lambda_W=\lambda_F\lambda_L=\lambda_\rho\lambda_L^4$$

当 $\lambda_\rho=1$ 时
$$\lambda_W=\lambda_L^4 \tag{6-32}$$

7. 功率的比尺

$$\lambda_N=\frac{\lambda_W}{\lambda_t}=\frac{\lambda_\rho\lambda_L^4}{\lambda_L^{0.5}}=\lambda_\rho\lambda_L^{3.5}$$

当 $\lambda_\rho=1$ 时
$$\lambda_N=\lambda_L^{3.5} \tag{6-33}$$

（二）阻力相似准则

阻力可表示为
$$T=\tau_0\chi L$$

式中：τ_0 为单位面积上阻力；χ 为湿周；L 为长度。

代入式（6-17）可得

$$\frac{\tau_0 \chi_P L_P}{\tau_0 \chi_M L_M}=\frac{\rho_P L_P^2 v_P^2}{\rho_M L_M^2 v_M^2}$$

因为 $\tau_0=\gamma RJ$，$\chi=\dfrac{A}{R}$，由上式可得

$$\frac{\gamma_P J_P A_P L_P}{\gamma_M J_M A_M L_M}=\frac{\rho_P L_P^2 v_P^2}{\rho_M L_M^2 v_M^2}$$

即

$$\lambda_\gamma \lambda_J \lambda_L^3=\lambda_\rho \lambda_L^2 \lambda_v^2$$

化简得

$$\lambda_\gamma \lambda_J \lambda_L=\lambda_\rho \lambda_v^2$$

因为

$$\gamma=\rho g$$

故

$$\lambda_\rho \lambda_g \lambda_J \lambda_L=\lambda_\rho \lambda_v^2$$

或

$$\frac{\lambda_v^2}{\lambda_g \lambda_L \lambda_J}=1$$

也可写作

$$\frac{v_P^2}{g_P L_P J_P}=\frac{v_M^2}{g_M L_M J_M} \tag{6-34}$$

或

$$\frac{Fr_P^2}{J_P}=\frac{Fr_M^2}{J_M} \tag{6-35}$$

式（6－35）为阻力相似准则。由此可看出，要阻力相似除保证重力相似所要求的 Fr 相等外，还必须保证模型与原型中水力坡度 J 相等。由此也可得出，如果 $J_M=J_P$，则可用重力相似准则设计阻力相似的模型，也就是说可以用式（6－27）～式（6－33）来决定原型与模型的各种物理量的比尺关系。

什么情况下才能满足式（6－35）呢？这就要根据水流的流态来研究。

（1）水流在阻力平方区。可用谢才公式计算：

$$J=\frac{v^2}{C^2 R}$$

若要求 $J_P=J_M$，则

$$\frac{v_P^2}{C_P^2 R_P}=\frac{v_M^2}{C_M^2 R_M}$$

即

$$\frac{\lambda_v^2}{\lambda_C^2 \lambda_R}=1$$

若按弗劳德准则设计模型比尺，则由式（6－27）可知，$\lambda_v^2=\lambda_L$，又因 $\lambda_R=\lambda_L$。代入上式得

$$\lambda_C^2=1$$

或

$$C_P=C_M \tag{6-36}$$

又因

$$C=\sqrt{\frac{8g}{\lambda_0}}$$

式中：λ_0 为沿程阻力系数。

故

$$\lambda_P=\lambda_M \tag{6-37}$$

在阻力平方区，$\lambda_0=f\left(\frac{\Delta}{R}\right)$

所以
$$\frac{\Delta_P}{R_P}=\frac{\Delta_M}{R_M} \tag{6-38}$$

这就是说，水流在阻力平方区时，只要模型与原型的相对粗糙度相等，就可做到模型与原型流动的阻力相似，这种流区称为自动模型区。就用弗劳德准则进行阻力作用相似模型的设计。

如用曼宁公式

$$C=\frac{1}{n}R^{1/6},\quad \lambda_C=\frac{1}{\lambda_n}\lambda_R^{1/6}=1$$

则
$$\lambda_n=\lambda_L^{1/6} \tag{6-39}$$

这样，模型粗糙系数按上式缩小后，就可用弗劳德准则设计阻力相似模型。

(2) 水流在层流区。层流时，阻力主要由水流的黏滞力引起，黏滞切应力 $\tau=\mu\frac{du}{dy}$，

又因
$$\tau=\gamma RJ$$

故
$$J=\frac{\mu}{\gamma R}\frac{du}{dy}=\frac{\nu}{gR}\frac{du}{dy}$$

若要求 $J_P=J_M$，则

$$\frac{\nu_P}{g_P R_P}\frac{du_P}{dy_P}=\frac{\nu_M}{g_M R_M}\frac{du_M}{dy_M}$$

有 $\lambda_u=\lambda_v$，即

$$\frac{\lambda_\nu\lambda_v}{\lambda_g\lambda_R\lambda_L}=1$$

因 $\lambda_g=1$，$\lambda_R=\lambda_L$，上式也可写作

$$\frac{\lambda_\nu\lambda_v^2}{\lambda_v\lambda_L^2}=1$$

若模型按弗劳德准则设计，由式（6-27）可知 $\lambda_v^2=\lambda_L$。

代入上式得

$$\frac{\lambda_\nu}{\lambda_v\lambda_L}=1 \tag{6-40}$$

或
$$\frac{\lambda_v\lambda_L}{\lambda_\nu}=1$$

即
$$Re_P=Re_M \tag{6-41}$$

由以上推证可知，水流为层流时，若模型按弗劳德准则设计，要使模型与原型的水流阻力相似，还必须要求两者的雷诺数相等：换句话说，水流为层流时，要使模型与原型水流阻力相似，两者的弗劳德数、雷诺数都必须相等，既要重力相似又要黏滞力相似。本节开始时曾讲过，这是很难做到的。

要黏滞力作用相似，则模型与原型的雷诺数必须相等，这称为雷诺准则。由雷诺准则推导模型与原型各物理量的比尺与模型比尺 λ_L 的关系如下。

1. 流速比尺

若模型与原型用同一种液体，则 $\lambda_\nu=1$，由式（6-40）可得

$$\lambda_v = \frac{1}{\lambda_L} \tag{6-42}$$

2. 流量比尺

$$\lambda_Q = \lambda_A \lambda_v = \frac{\lambda_L^2}{\lambda_L} = \lambda_L \tag{6-43}$$

3. 时间比尺

$$\lambda_t = \frac{\lambda_V}{\lambda_Q} = \frac{\lambda_L^3}{\lambda_L} = \lambda_L^2 \tag{6-44}$$

4. 力的比尺

$$\lambda_F = \frac{M_P a_P}{M_M a_M} = \frac{\rho_P V_P \left(\frac{dv}{dt}\right)_P}{\rho_M V_M \left(\frac{dv}{dt}\right)_M} = \lambda_\rho \lambda_L^3 \frac{\lambda_v}{\lambda_t} = \lambda_\rho \lambda_L^3 \frac{1}{\lambda_L \lambda_L^2} = \lambda_\rho$$

当 $\lambda_\rho = 1$ 时

$$\lambda_F = 1 \tag{6-45}$$

5. 压强比尺

$$\lambda_p = \frac{\lambda_F}{\lambda_A} = \frac{\lambda_\rho}{\lambda_L^2} = \lambda_\rho \lambda_L^{-2} \tag{6-46}$$

6. 功的比尺

$$\lambda_W = \lambda_F \lambda_L = \lambda_\rho \lambda_L$$

当 $\lambda_\rho = 1$ 时

$$\lambda_W = \lambda_L \tag{6-47}$$

7. 功率的比尺

$$\lambda_N = \frac{\lambda_F \lambda_L}{\lambda_t} = \frac{\lambda_\rho \lambda_L}{\lambda_L^2} = \lambda_\rho \lambda_L^{-1}$$

当 $\lambda_\rho = 1$ 时

$$\lambda_N = \lambda_L^{-1} \tag{6-48}$$

（三）惯性力相似准则

在非恒定流中由于在给定位置上的水力要素是随时间而变化的，因此在非恒定流中当地惯性力往往起主要作用。由当地加速度$\frac{\partial u}{\partial t}$所引起的惯性力为

$$I = m\frac{\partial u}{\partial t} = \rho V \frac{\partial u}{\partial t}$$

因此

$$\lambda_F = \lambda_I = \lambda_\rho \lambda_L^3 \lambda_v \lambda_t^{-1}$$

代入式（6-17）得

$$\frac{\lambda_v \lambda_t}{\lambda_L} = 1$$

或写作

$$\frac{v_P t_P}{L_P} = \frac{v_M t_M}{L_M} \tag{6-49}$$

式（6-49）等号两边的无量纲数称为斯特罗哈数，用 St 表示，式（6-49）也可写作

$$St_P = St_M$$

由此可知，要使两个流动的当地惯性力作用相似，则它们的斯特罗哈数必须相等，这称为惯性力相似准则，也称为斯特罗哈准则。

（四）弹性力相似准则

例如，管流中的水击其主要作用力就是弹性力。弹性力 $E=KL^2$，式中 K 为体积弹性系数。若主要作用力为弹性力，则 $F=E=KL^2$，即，代入式（6-17）得

$$\frac{\lambda_\rho \lambda_v^2}{\lambda_K}=1$$

或写作

$$\frac{\rho_P v_P^2}{K_P}=\frac{\rho_M v_M^2}{K_M} \tag{6-50}$$

式（6-50）等号两边的无量纲数称为柯西数（Cauchy Number），用 Ca 表示，式（6-50）也可写作

$$Ca_P=Ca_M$$

由此可知，要使两个流动的弹性力作用相似，它们的柯西数必须相等，这称为弹性力相似准则，或称为柯西准则。

（五）表面张力相似准则

例如，毛细管中的水流起主要作用的力是表面张力。表面张力 $S=\sigma L$，式中 σ 为单位长度的表面张力。如作用力主要是表面张力，则 $F=S=\sigma L$，于是

$$\lambda_F=\lambda_S=\lambda_\sigma \lambda_L$$

代入式（6-17）得

$$\frac{\lambda_\rho \lambda_L \lambda_v^2}{\lambda_\sigma}=1$$

或写作

$$\frac{\rho_P L_P v_P^2}{\sigma_P}=\frac{\rho_M L_P v_M^2}{\sigma_M} \tag{6-51}$$

式（6-51）等号两边的无量纲数称为韦伯数（Weber Number），用 We 表示，式（6-51）可写作

$$We_P=We_M$$

由此可知，要使两个流动的表面张力作用相似，则它们的韦伯数必须相等，这称为表面张力相似准则，也称韦伯准则。

（六）压力相似准则

压力 $P=pA$，p 为压强，A 为面积，则

$$\lambda_P=\lambda_p \lambda_L^2$$

若作用力主要是压力，则 $F=P=pA$，于是

$$\lambda_F=\lambda_P=\lambda_p \lambda_L^2$$

代入式（6-17），整理后得

$$\frac{\lambda_p}{\lambda_\rho \lambda_v^2}=1$$

或写作

$$\frac{p_{\mathrm{P}}}{\rho_{\mathrm{P}} v_{\mathrm{P}}^{2}}=\frac{p_{\mathrm{M}}}{\rho_{\mathrm{M}} v_{\mathrm{M}}^{2}} \tag{6-52}$$

式（6-52）等号两边的无量纲数称为欧拉数，用 Eu 表示，正式也可写作

$$Eu_{\mathrm{P}}=Eu_{\mathrm{M}}$$

由此可知，要使两个流动的压力相似，则它们的欧拉数必须相等，这称为压力相似准则，也称欧拉准则。

欧拉数中的动水压强 p 也可用压差 Δp 代替，这样欧拉数具有下列形式：

$$Eu=\frac{\Delta p}{\rho v^{2}} \tag{6-53}$$

在研究气穴现象时，欧拉数具有重要意义。通常 Δp 用某处的绝对压强与汽化压强的差来表示，并用欧拉数的两倍作为衡量气穴的指标：

$$K=2Eu=\frac{\Delta p}{\frac{1}{2}\rho v^{2}} \tag{6-54}$$

式中：K 为气穴指数。

在一般情况下，水流的表面张力、弹性力可以忽略，恒定流时没有当地惯性力，所以作用在液流上的主要作用力只有重力、摩擦力及动水压力。要使两个液流相似，则弗劳德数、雷诺数及欧拉数必须相等。事实上 3 个准则只要有两个得到满足，其余一个就会自动满足，因为作用在液体质点上的 3 个外力与其合力的平衡力（惯性力）构成一个封闭的多边形，只要对应点的各外力相似，则它们的合力就会自动相似；反之，若合力和其他任意两个同名力相似，则另一个同名力必定自动相似。通常动水压力是待求的量，只要对应点的弗劳德数和雷诺数相等，欧拉数就会自动相等。在这种情况下，弗劳德准则、雷诺准则称为独立准则，欧拉准则称为诱导准则。

第五节　相似原理的应用举例

牛顿相似原理是模型试验的理论基础，考虑单项力相似准则是模型设计、模型制作和进行模型试验，并将模型试验的成果换算到与之对应的原型中去的理论依据。

由于水力学模型设计涉及以后各章的专门知识，以及水工、河工等有关专业方面提出的试验任务和要求，因此，相似原理的应用目前只能对几种模型相似准则的比尺选取及模型与原型之间的换算关系进行举例，介绍一些模型设计的基本水力学概念。至于模型试验的专门知识，可参考有关专著。

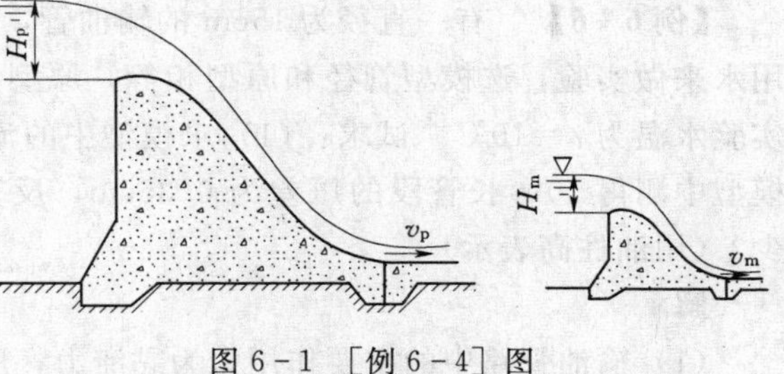

图 6-1 ［例 6-4］图

【例 6-4】 混凝土溢流坝如图 6-1 所示，其最大下泄流量 $Q_{\mathrm{p}}=1200\mathrm{m}^{3}/\mathrm{s}$，几何比尺 $\lambda_{l}=60$，试求模型中最大流量 Q_{m} 为多少？如在模型中测得坝上水头 $H_{\mathrm{m}}=8\mathrm{cm}$，模型中坝脚断面流速 $v_{\mathrm{m}}=1\mathrm{m/s}$，试求原模型溢流坝相应的坝上水

头 H_p 及收缩断面（坝脚处）流速 v_p 为多少？

解 溢流坝过坝水流主要受重力作用，按重力相似准则，其比尺关系为 $\lambda_{Fr}=1$

流量比尺 $\lambda_Q=\lambda_L^{2.5}$

流速比尺 $\lambda_v=\lambda_L^{1/2}$

模型流量 $Q_m=Q_P/\lambda_L^{5/2}=1200/60^{5/2}=0.043(m^3/s)=43(L/s)$

原型坝上水头 $H_p=H_m\lambda_L=8\times60=480(cm)=4.8(m)$

原型坝脚收缩断面处的流速 $v_p=v_m\lambda_v=v_m\lambda_L^{1/2}=1\times60^{1/2}=7.75(m/s)$

【例 6-5】 有一混凝土溢流坝的拟订坝宽 $b_p=210m$，根据调洪演算坝顶的设计泄洪流量 $Q_p=3500m/s$，坝面糙率 $n_p=0.018$。现需在一槽宽 $b_m=0.3m$ 且只能提供最大流量 20L/s 的玻璃水槽中做断面模型试验，试确定实验的有关比尺并用阻力相似准则校核模型的制造工艺是否满足要求。

解 由于溢流坝溢流的作用力主要为重力，模型设计按重力（弗劳德）相似准则决定比尺，但因原型溢流坝较长，现只需做断面试验。根据 $\lambda_Q=\lambda_L^{2.5}=\lambda_L^{1.5}\lambda_b$，$\lambda_q=\lambda_Q/\lambda_b$，故可先按单宽流量进行比较以确定长度比尺。

原型的单宽流量 $q_p=\dfrac{3500}{210}=16.67[m^3/(s\cdot m)]=166.7[L/(s\cdot cm)]$

模型水槽中的最大单宽流量 $q_m=\dfrac{20}{30}=0.667[L/(s\cdot cm)]$

因此有长度比尺 $\lambda_L=\left(\dfrac{166.7}{0.667}\right)^{2/3}=39.67$

选取 $\lambda_L=40$

由于坝面水流也受边壁的影响，因而在确定比尺后还应考虑阻力相似准则以核定模型的制造工艺是否满足糙率的要求：

$$n_m=\frac{n_p}{\lambda_L^{1/6}}=\frac{0.018}{40^{1/6}}=0.00973\approx0.01$$

模型的表面选用刨光的木板可以达到这一糙率要求，故选定 $\lambda_L=40$ 是可行的。

最后确定出相应的其他比尺： $\lambda_Q=\lambda_L^{5/2}=40^{2.5}=10119$

$$\lambda_v=\lambda_L^{1/2}=40^{1/2}=6.32,\lambda_t=\lambda_L^{1/2}=6.32$$

$$\lambda_F=\lambda_L^3=64000,\lambda_{(\Delta p/\gamma)}=\lambda_L=40$$

注意此时 30cm 宽的水槽相当于原型中的坝段宽度为

$$b_p=b_m\lambda_L=0.3\times40=12(m)$$

【例 6-6】 有一直径为 15cm 的输油管，管长 10m，通过流量为 $0.04m^3/s$ 的油。现用水来做实验，选模型管径和原型相等，原型中油的运动黏度 $\nu=0.13cm^2/s$，模型中的实验水温为 $t=10℃$。试求：(1) 求模型中的流量为多少才能达到与原型相似？(2) 若在模型中测得 10m 长管段的压差为 0.35cm，反算原输油管 1000m 长管段上的压强差为多少？(用油柱高表示)

解

(1) 输油管路中的主要作用力为黏滞力，所以相似条件应满足雷诺准则，即

$$\lambda_{Re}=\frac{\lambda_v\lambda_d}{\lambda_\nu}=1$$

因

$$\lambda_d=\lambda_L=1，可得\ \lambda_v=\lambda_\nu=\nu_p/\nu_m$$

已知 $\nu_p=0.13\text{cm}^2/\text{s}$，而10℃水的运动黏度查表1-1，得 $\nu_m=0.0131\text{cm}^2/\text{s}$。

当以水作模拟介质时，$$Q_m=\frac{Q_p}{\lambda_v\lambda_L^2}=\frac{Q_p}{\lambda_v}=\frac{0.04}{10}=0.004(\text{m}^3/\text{s})$$

(2) 要使黏滞力为主的原型与模型的压强高度相似，就要保证两种液流的雷诺数和欧拉数的比尺关系都等于1，即要求

$$\lambda_{\Delta p}=\lambda_\rho\lambda_v^2,\lambda_\nu=\lambda_v\lambda_L$$

或

$$\lambda_{(\Delta p/\gamma)}=\frac{\lambda_{\Delta p}}{\lambda_\gamma}=\frac{\lambda_\nu^2}{\lambda_g}=\frac{\lambda_\nu^2}{\lambda_g\lambda_L^2}$$

故原型压强用油柱高表示为

$$h_p=\frac{0.0035\times(0.13/0.0131)^2}{1\times1^2}=0.345(\text{m 油柱高})$$

因而在1000m长的输油管段中的压差为 $0.345\times1000/10=0=34.5$（m油柱高）。

（注：工程上往往根据每1km长管路中的水头损失来作为设计管路加压泵站扬程选择的依据。）

思　考　题

思6-1　进行水工模型实验的目的是什么？理论基础是什么？

思6-2　什么是相似原理？两种水流力学相似必须满足的条件是什么？

思6-3　重力相似准则的相似条件是什么？比尺换算关系是什么？

习　　题

6-1　已知物体做曲线运动时所受的离心力与物体的质量 m、切线速度 v、曲率半径 R 有关，试应用量纲分析法求出离心力的计算公式。

6-2　已知通过薄壁矩形堰的流量 Q 与堰口宽度 b、堰顶水头 H、密度 ρ、重力加速度 g、黏滞系数 μ、表面张力 σ 等因素有关，试用量纲分析法推求薄壁矩形堰的流量计算公式。

6-3　用比尺 $\lambda_L=20$ 的模型进行溢流坝的试验，今在模型中测得通过流量 $Q_M=0.18\text{m}^3/\text{s}$ 时，坝顶水头 $H_M=0.15\text{m}$，坝趾收缩断面处流速 $v_{CM}=3.35\text{m/s}$，试求原型相应的流量、坝顶水头及收缩断面处的流速？

6-4　若实验室最大供水流量为 $0.10\text{m}^3/\text{s}$，习题6-3中溢流坝模型试验比尺 λ_L 应采用多大？若用该比尺按重力相似准则来设计模型，试求流速比尺、流量比尺及时间比尺？

6-5　有一坝高 $P=12\text{m}$ 的溢流坝，坝顶水头 $H=3\text{m}$，坝剖面为WES型曲线，流量系数设计时采用 $m=0.49$，今欲通过断面模型试验验证其流量系数，问模型试验时应按单宽流量为多少来放水测量坝顶水头，以计算流量系数？（若采用 $\lambda_L=20$）

6-6　采用长度比尺为 1：20 的模型来研究弧形闸门下出流情况，如图 6-2 所示，重力为水流主要作用力，试求：

(1) 原型中如闸门前水深 $H_P=8\text{m}$，模型中相应水深为多少？

(2) 模型中若测得收缩断面流速 $v_m=2.3\text{m/s}$，流量为 $Q_m=45\text{L/s}$，原型中相应的流速和流量为多少？

(3) 若模型中水流作用在闸门上的力 $P_m=20\text{N}$，原型中的作用力是多少？

6-7　一座溢流坝如图 6-3 所示，泄流流量为 $150\text{m}^3/\text{s}$，按重力相似准则设计模型。如实验室水槽最大供水流量仅为 $0.08\text{m}^3/\text{s}$，原型坝高 $a_p=20\text{m}$，坝上水头 $H_p=4\text{m}$，问模型比尺如何选取，模型空间高度（P_m+H_m）最高为多少？

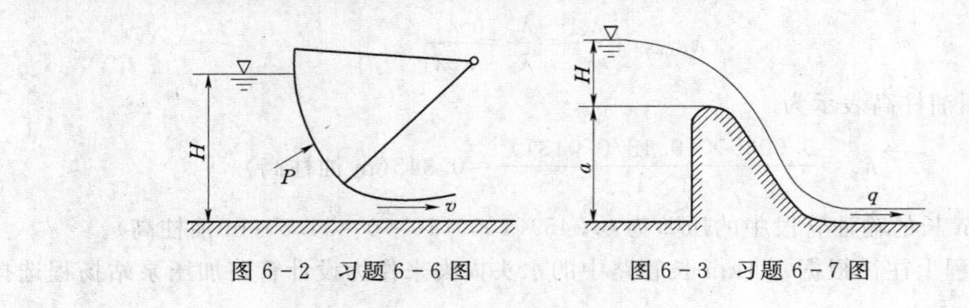

图 6-2　习题 6-6 图　　图 6-3　习题 6-7 图

第七章 管道恒定流

【本章导读】 本章首先将管道进行分类，然后介绍简单管道的水力计算，再介绍复杂管道的水力计算。本章要求掌握短管（放水管道、虹吸管、水泵系统等）和长管（串联管道、并联管道）的水力计算及水头线绘制，了解其他管网的计算原理。

第一节 引 言

在前面的几章中，研究了液体运动的基本规律，建立了水力学中的3个基本方程——连续方程、能量方程及动量方程，并阐述了水头损失的计算方法。应用这些规律和方法可以分析解决实际工程中各类常见的水流运动的问题。如有压管道、渠道及水工建筑物等水力学问题。本章主要对有压管道的恒定流问题进行分析和计算，至于无压管流问题可按明渠水流的方法计算，而有压管道非恒定流问题则在第十二章中介绍。

有压管道恒定流动水力计算的主要任务有：

(1) 计算管道输水能力，这是最主要的问题。即当管道布置、断面尺寸及作用水头已知时，要求确定管道通过的流量。

(2) 计算水头损失。即当管线布置、管道尺寸和输水能力已知时，计算相应的水头。

(3) 计算管道断面尺寸。即当管线布置、输水能力及作用水头已知时，计算管道的断面尺寸（对圆形管道即确定管道的直径）。

(4) 计算沿管线各断面的压强。即当管道尺寸、输水能力及作用水头已知时，分析沿管线各断面压强的变化情况。

第二节 管流的概念及其分类

在水利工程和我们的日常生活中，为了输水和排水，常常需要修建各种管道，如水利工程中的压力隧洞、压力钢管，供城市居民用水的自来水系统，供给城市工业用水的给水管网，农田水利工程中的滴灌、微灌管道，各种水泵装置，虹吸管以及在供热、供气、通风工程中输送液体（热水、空气、蒸汽、煤气）的管道等。

管道断面形状多为圆形。如果整个断面均被液体所充满，管内水流没有自由液面，断面的周界即是湿周，管道的边壁处处受到水流压力的作用，这种管道称为有压管道。有压管道中的水流称为有压管流，常简称为管流。如果整个断面未被液体所充满，管内水流存在自由液面，且过水断面上作用的相对压强为零的管道称为无压管道。无压管道中的水流称为无压管流，如未充满水的涵洞水流等。

压力管道中液体的流动（即管流）可分为恒定流和非恒定流。液体运动要素均不随时间而变化的称为有压管道的恒定流动或恒定管流；若任一运动要素随时间而变化的，则称为有压管道的非恒定流动或非恒定管流。

有压管道水力计算的主要内容之一是确定水头损失。水头损失包括沿程水头损失和局部水头损失两种。为了简化计算，通常根据这两种水头损失在总水头损失中所占比重的不同，而将管道分为短管和长管两种。

(1) 短管。局部水头损失和流速水头在总水头损失中所占比重均较大，倘若大于沿程水头损失的 5%～10%，计算时不能忽略的管道，称为水力短管。堤坝中的泄洪管与放水管，抽水机、吸水管与出水管，虹吸管、倒吸管等常属于短管。

(2) 长管。水头损失以沿程水头损失为主，其局部损失和流速水头在总损失中所占的比重很小，计算时可以忽略不计的管道，常称为水力长管。自来水管、喷灌引水管、引入水电厂的导水管等常属于长管。

必须指出，短管和长管不是简单地从长度上考虑的，而是按沿程水头损失与局部水头损失和流速水头的相对比例来区分的，在没有忽略局部水头损失和流速水头的充分依据或经验时，应先按短管计算。

此外，根据管道的布置，可以将管道系统分为简单管道和复杂管道。简单管道是指单一直径没有分支而且糙率不变的管道，如图 7-1 (a) 所示，水泵的吸水管，就是一种简单管道；而复杂管道是指由两根以上管道组合成的管系，如图 7-1 (b) 所示，空气冷却器供水管道系统就是一种复杂管道。在管系中，又可分为串联管路、并联管路和分支状管网、环状管网。

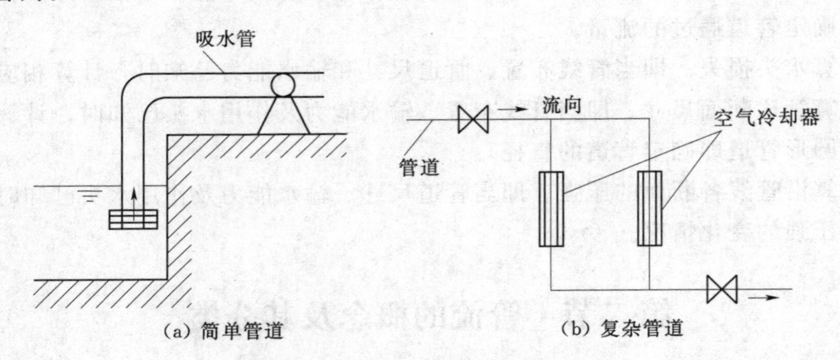

图 7-1　简单管道与笔杂管道

第三节　简单管道的水力计算

一、简单管道水力计算的基本公式

简单管道的截面形状大小不变，输送流量保持为一常数。简单管道的水力计算，按管道出口是否淹没在水面以下，可分为自由出流和淹没出流两种情况 [图 7-2 (a) 和图 7-2 (b)]。按短管进行计算，现推导其基本公式。

(一) 大气中的自由出流

管道出口水流流入大气中，水股四周都受大气压强的作用，称为自由出流。

图 7-2 (a) 为一简单管道和水池相接，末端流入大气。以通过管道出口中心点处的

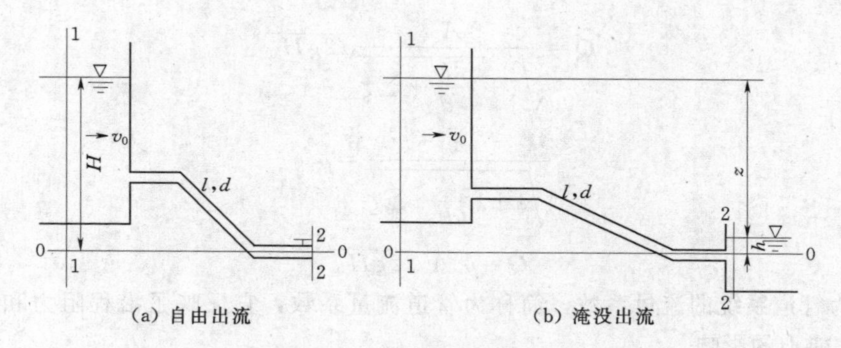

图 7-2 简单管道两种出流方式

水平面为基准面 0—0，断面 1—1 取在入口上游水流满足渐变流条件处，断面 2—2 则取在管流出口处，对断面 1—1 和断面 2—2 建立能量方程

$$H+0+\frac{\alpha_0 v_0^2}{2g}=0+0+\frac{\alpha v^2}{2g}+h_{w1-2}$$

以总水头 $H_0=H+\frac{\alpha_0 v_0^2}{2g}$代入上式得

$$H_0=\frac{\alpha v^2}{2g}+h_{w1-2} \tag{7-1}$$

式中：H 为管路出口断面中心与上游水池的水面高差，称为管路的作用水头；v 为管道内断面平均流速；v_0为水池中的行近流速；H_0为包括行进流速水头在内的总水头，也称为总水头；h_{w1-2}为水流由断面 1—1 至断面 2—2 的总水头损失。

由水头损失方程

$$h_{w1-2}=h_f+\sum h_j$$

且沿程水头损失

$$h_f=\lambda\frac{l}{d}\frac{v^2}{2g}$$

局部水头损失

$$\sum h_j=\sum\zeta\frac{v^2}{2g}$$

式中：$\sum\zeta$ 为管路中局部水头损失系数之和。

故
$$h_{w1-2}=\left(\lambda\frac{l}{d}+\sum\zeta\right)\frac{v^2}{2g} \tag{7-2}$$

由连续性方程可知，对于管路中任一断面，$vA=\text{const}$，因为整个管道断面大小不变，即 $v=\text{const}$，故管中的流速处处相等，即 $v=\text{const}$；取 $\alpha=1.0$，并将上述各关系代入式 (7-1)，并整理后得

$$v=\frac{1}{\sqrt{1+\lambda\frac{l}{d}+\sum\zeta}}\sqrt{2gH_0} \tag{7-3}$$

则
$$Q=\frac{A}{\sqrt{1+\lambda\ \frac{l}{d}+\sum\zeta}}\sqrt{2gH_0}$$

令
$$\frac{1}{\sqrt{1+\lambda\ \frac{l}{d}+\sum\zeta}}=\mu_c$$

则
$$Q=\mu_c A\sqrt{2gH_0} \tag{7-4}$$

式中：μ_c 为管道系统的流量系数，简称为管道流量系数，它反映了沿程阻力和局部阻力对管道输水能力的影响。

因为$\frac{\alpha_0 v_0^2}{2g}$一般很小，可以忽略不计，则 $H_0=H$，于是式（7-4）可写为

$$Q=\mu_c A\sqrt{2gH}$$

如果管道系统是由不同管径 d_i、不同管长 l_i 和不同沿程阻力系数 λ_i 的管段串联而成，则根据连续性方程任一管段的沿程水头损失和任一局部水头损失都可以用管道出口断面的流速水头表示为

$$\lambda_i\frac{l_i}{d_i}\frac{v_i^2}{2g}=\lambda_i\ \frac{l_i}{d_i}\left(\frac{A}{A_i}\right)^2\ \frac{v^2}{2g}$$

$$\zeta_i\ \frac{v_i^2}{2g}=\zeta_i\left(\frac{A}{A_i}\right)^2\ \frac{v^2}{2g}$$

由式（7-2），管系的水头损失为

$$h_w=\left[\sum\lambda_i\ \frac{l_i}{d_i}\left(\frac{A}{A_i}\right)^2+\sum\zeta_i\left(\frac{A}{A_i}\right)^2\right]\frac{v^2}{2g}$$

则管道流量系数应改为

$$\mu_c=\frac{1}{\sqrt{1+\sum\lambda_i\ \frac{l_i}{d_i}\left(\frac{A}{A_i}\right)^2+\sum\zeta_i\left(\frac{A}{A_i}\right)^2}}$$

式中：A 为管道出口的断面面积；λ_i 为第 i 段管道的沿程阻力系数；l_i 为第 i 段管道的管长；d_i 为第 i 段管道的管径；A_i 为第 i 段管道的断面面积；ζ_i 为第 i 段管道的局部阻力系数。

（二）淹没出流

如果管道出口完全淹没在水面以下，水股自出口射出后在下游水池中逐渐扩散，这种出流称为管道淹没出流，淹没出流输水能力和作用水头之间的关系同样可以根据能量方程、水头损失方程和连续性方程推导出来。

图 7-2（b）为管道淹没出流。基准面 0—0 仍取在管道出口中心的水平面，设管道出口断面的压强变化符合静水压强的分布规律，中心点压强 p_2 可认为等于该点在下游水面以下深度为 h 处的静水压强。取上游水池断面 1—1 和下游管路出口断面 2—2，列出能量方程式

$$Z+h+0+\frac{\alpha_0 v_0^2}{2g}=0+h+\frac{\alpha_2 v_2^2}{2g}+h_{w1-2}$$

式中：Z 为上下游水面差。

相对于管道断面面积来说，上下游水池过水断面面积一般都很大，所以$\frac{\alpha_0 v_0^2}{2g}$与$\frac{\alpha_2 v_2^2}{2g}$均可忽略不计，则

$$Z=h_{w1-2} \tag{7-5}$$

式（7-5）说明淹没出流时，它的作用水头完全消耗在克服沿程水头损失和局部水头损失上。

由水头损失方程

$$h_{w1-2}=h_f+\sum h_j=\left(\lambda\frac{l}{d}+\sum\zeta\right)\frac{v^2}{2g} \tag{7-6}$$

将式（7-6）代入式（7-5）则得

$$Z=\left(\lambda\frac{l}{d}+\sum\zeta\right)\frac{v^2}{2g}$$

进而

$$v=\frac{1}{\sqrt{\lambda\frac{l}{d}+\sum\zeta}}\sqrt{2gZ}=\mu_c\sqrt{2gZ} \tag{7-7}$$

$$Q=\frac{A}{\sqrt{\lambda\frac{l}{d}+\sum\zeta}}\sqrt{2gZ}=\mu_c A\sqrt{2gZ} \tag{7-8}$$

此时，管道流量系数

$$\mu_c=\frac{1}{\sqrt{\lambda\frac{l}{d}+\sum\zeta}}$$

比较式（7-3）和式（7-7）可以看出：首先，自由出流时的作用水头是上游水面与管道出口中心的高差 H，而淹没出流时的作用水头为上、下游水位差 Z；其次，在两种情况下的管道流量系数 μ_c 的计算公式在形式上虽然不同，但数值是相等的，因为淹没出流时，μ_c 计算公式的分母上虽较自由出流时少了一项 1，但前者的$\sum\zeta$ 比后者的$\sum\zeta$ 多一个出口局部阻力系数$\zeta_{出口}$，在出口流入水池的情况下 $\zeta_{出口}=1$，故其他条件相同时两者的 μ_c 值实际上是相等的。

在以上的讨论中同时考虑了管道的沿程水头损失和局部水头损失，这是按短管计算的情况。

若管道较长，局部水头损失及流速水头可以忽略，即所谓长管的情况，计算将大为简化。式（7-1）可写成

$$H=h_f=\lambda\frac{l}{d}\frac{v^2}{2g}$$

水利工程中的有压输水管道，水流一般属于紊流粗糙区，其水头损失可直接按谢才公式计算。用$\lambda=\frac{8g}{C^2}$代入上式，则

$$H=\frac{8g}{C^2}\frac{l}{d}\frac{v^2}{2g}=\frac{8gl}{C^2 4R}\frac{Q^2}{2gA^2}=\frac{Q^2}{A^2C^2R}l$$

令

$$K=AC\sqrt{R}$$

则

$$H=h_f=\frac{Q^2}{K^2}l \qquad [7-9\ (a)]$$

或

$$Q=K\sqrt{\frac{h_f}{l}}=K\sqrt{J} \qquad [7-9\ (b)]$$

由 $Q=K\sqrt{J}$ 可知，当水力坡度 $J=1$ 时，$Q=K$，且 K 具有和流量相同的单位，称为流量模数或特性流量。它综合反映管道断面形状、大小和粗糙等特性对输水流量的影响。在水力坡度相同的情况下，输水流量和流量模数成正比。对于粗糙系数 n 为定值的圆管，K 值为管径的函数。

给水管道中的水流，一般流速不太大，可能属于紊流粗糙区或紊流过渡粗糙区。可以近似认为当 $v<1.2\text{m/s}$ 时，管流属于紊流过渡粗糙区，h_f约与流速 v 的 1.8 次方成正比。故当按常用的经验公式计算谢才系数 C，并代入式［7－9（a)］时，应在右端乘以修正系数，即

$$H=h_f=k\frac{Q^2}{K^2}l \qquad (7-10)$$

按舍维列夫的实验，钢管和铸铁管的修正系数 k 值为：$k=0.852\times\left(1+\frac{0.867}{v}\right)^{0.3}$，当管内流速 $v\geqslant 1.2\text{m/s}$ 时；管流属于阻力平方区，其沿程水头损失系数 λ 值为：$\lambda=\frac{0.0210}{d^{0.3}}$。

以上是简单管道计算输水流量的基本公式，计算时可根据实际情况选用。

管道水力计算的主要问题之一是水头损失的确定，而水头损失与液体流动型态有关，不同的流态有不同的阻力系数。因此，在进行有压管道的水力计算时，应先按第五章的内容判别流态和流区，然后选用相应的公式计算阻力系数 λ。一般水工输水管道内的水流，绝大部分属于紊流粗糙区或紊流过渡粗糙区。对于水电站厂房内的油管，因进油管直径和排油管直径均较小，管中流速也较小，液流一般为层流。输送黏稠液体的管道，因为液体的黏性系数很大，也往往属于层流流态。

二、简单管道水力计算的基本类型

（一）输水能力的计算

已知管道布置、断面尺寸及作用水头，要求确定管道通过的流量。这类问题，对短管可应用式（7－4）或式（7－8）求解，对长管可应用式（7－9）或式（7－10）求解。

（二）作用水头的计算

已知管道尺寸和输水能力，要求确定管道通过某一流量时所必须的水头。具体解算步骤如［例 7－1］所示。

【例 7－1】 由水塔通过长度 $l=3500\text{m}$、管径 $d=300\text{mm}$ 的新铸铁管向工厂输水（图 7－3）。已知水塔所在地面标高 $Z_1=130\text{m}$，工厂地面标高为 110m，工厂所需水头 H_c

为 23m，若要保证工厂供水量 $Q=90\text{L/s}$，则水塔高度应为多少？

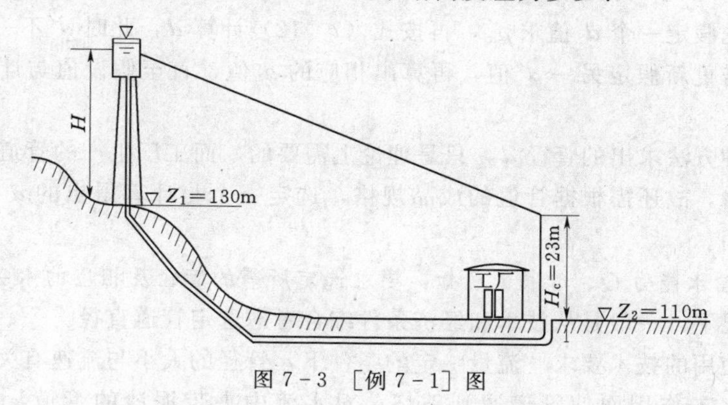

图 7-3 ［例 7-1］图

解 给水管道常按长管计算。由表 5-2 查得新铸铁管 $n=0.011$。

$$A=\frac{\pi d^2}{4}=\frac{3.14\times0.3^2}{4}=0.07065$$

$$R=\frac{d}{4}=\frac{0.3}{4}=0.075$$

$$C=\frac{1}{n}R^{\frac{1}{6}}=\frac{0.075^{\frac{1}{6}}}{0.011}=59.03608$$

$$K=AC\sqrt{R}=0.07065\times59.03608\times\sqrt{0.075}=1.142$$

管道内流速 $v=\dfrac{Q}{A}=\dfrac{4Q}{\pi d^2}=\dfrac{4\times0.090}{3.14\times0.3^2}=1.27\text{m/s}>1.2\text{m/s}$，故修正系数 $k=1$。

由式［7-9 (a)］计算水头损失

$$h_f=\frac{Q^2}{K^2}l=\frac{0.090^2}{1.142^2}\times3500=21.74(\text{m})$$

所需水塔高度为

$$H=Z_2+H_c+h_f-Z_1=110.00+23.00+21.74-130.00=24.74(\text{m})$$

（三）管道直径的设计

已知管线布置及输水能力，确定所需的断面尺寸（圆形管道即确定管道直径）。这类问题可分为下述两种情况。

1. 管道的输水能力 Q、管长 l 及管道的总水头 H 均为已知

在这种情况下，管道的管径 d 为一确定值，可完全依据水力学原理来确定。

若管道为长管，则应用式［7-9 (b)］可计算出与直径对应的流量模数：

$$K=\frac{Q}{\sqrt{\dfrac{H}{l}}} \tag{7-11}$$

按求得的流量模数 K，即可由表 $K=AC\sqrt{R}$ 确定所需的管道直径。

若管道属于短管，则应用式（7-4）可得

$$d=\sqrt{\frac{4Q}{\mu_c\pi\sqrt{2gH}}} \tag{7-12}$$

但式（7-12）中的流量系数μ_c随管径d而变化。因此，在确定短管的直径时必须采用试算法。即先假定一个d'值求μ_c'，再按式（7-12）计算d，此时d'不一定等于d。如果$d' \neq d$，则需重新假定另一d''值，再算出相应的d值，直至假设值与计算值相等时即为所求。

但上述两种方法求出的管径d，只是理论上需要的，而工厂生产的管道成品中不一定恰好有此种规格，故还需根据管道的成品规格，选定一个与计算得出的d值最相近的管径作为实际应用。

2. 管道的输水能力Q、管长l已知，要求选定所需的管径及相应的水头

在这种情况下，一般是从技术和经济条件综合考虑选定管道直径。

(1) 管道使用的技术要求。流量一定的条件下，管径的大小与流速有关。若管内流速过大，会由于水击作用而使管道遭到破坏；对水流中夹带泥沙的管道，流速又不宜过小，以免泥沙沉积。一般情况下，水电站引水管中流速不宜超过5～6m/s；给水管道中的流速不应大于2.5～3.0m/s，不应小于0.25m/s。

常见管道系统允许流速见表7-1。

表7-1　常见管道的允许流速范围

管道类型	允许流速/(m/s)	管道类型	允许流速/(m/s)
水泵式供水系统吸水管	1.2～2.0	水泵式供水系统压力管	1.5～2.5
自流式供水系统，水头H=15～60m	1.5～7.0	自流式供水系统，水头H<15m	0.6～1.5
一般给水管道	1.0～3.0	水电站引水管	5.0～6.0

(2) 管道的经济效益。由$Q=Av$的关系可明显看出，在同一流量下，若平均流速大，则可采用较小的管径，因此所用的材料较省，且较轻便易安装，能降低造价；但流速增加，水头损失增大很多，抽水耗费的电能也增加。反之，若流速较小，采用较大的管径，则水头损失可减小，运转费用也减小；但管道本身造价及其安装费用都要增大。因此生产实践中就提出了采用什么样的管径才最经济的问题，应选择几个方案进行技术经济比较，使管道投资与运转费用的总和最小，这样的流速称为经济流速，其相应的管径成为经济管径。

一般的给水管道，d为100～200mm，经济流速为0.6～1.0m/s；d为200～400mm，经济流速为1.0～1.4m/s。水电站压力隧洞的经济流速约为2.5～3.5m/s；压力钢管约为3～4m/s，甚至5～6m/s。经济流速涉及的因素较多，比较复杂，选用时应注意因时因地而异。常见管道系统的经济流速见表7-2。

表7-2　常见管道的经济流速范围

管道类型	经济流速/(m/s)	管道类型	经济流速/(m/s)
水泵吸水管	0.8～1.25	钢筋混凝土管	2～4
水泵压水管	1.5～2.5	水电站引水管	5～6
露天钢管	4～6	自来水管d=100～200mm	0.6～1.0
地下钢管	3～4.5	自来水管d=200～400mm	1.0～1.4

当根据技术要求及经济条件选定管道的流速后，管道直径即可由下式求得

$$d=\sqrt{\frac{4Q}{\pi v}}$$

管道直径确定后，通过已知流量所需的水头，即可按简单管道水力计算第二类问题的计算方法求得。

【例 7-2】 某供水管道采用新铸铁管进行输水，已知作用水头 $H=30\text{m}$，管长 $l=300\text{m}$，需水量 $Q=950\text{L/s}$，试选择铸铁管直径 d。

解 按长管进行计算，应用式（7-11）先求出 K 值：

$$K=\frac{Q}{\sqrt{\frac{H}{l}}}=\frac{950}{\sqrt{\frac{30}{300}}}=3004(\text{L/s})$$

按 $K=AC\sqrt{R}$ 可计算出所需的管道直径 $d=450\text{mm}$。

【例 7-3】 某渠道与河道相交，用钢筋混凝土的倒虹吸管穿过河道与下游渠道相连接，如图 7-4 所示。已知通过流量 $Q=3\text{m}^3/\text{s}$，上游水位为 110.0m，下游水位为 107.0m，管长 $l=50\text{m}$，其中经过两个 30°的折角转弯，其局部阻力系数 $\zeta_{弯}=0.2$，进口局部阻力系数 $\zeta_{进}=0.5$，出口局部阻力系数 $\zeta_{出}=1.0$，管壁粗糙系数 $n=0.014$。试确定倒虹吸管直径 d。

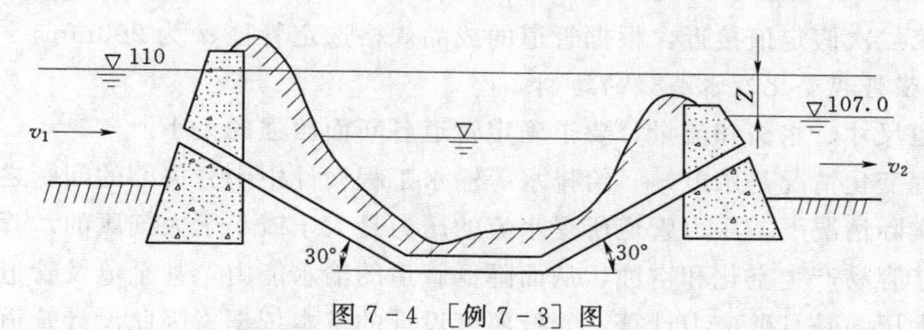

图 7-4 ［例 7-3］图

解 倒虹吸管一般作短管计算。本题管道出口淹没在下游水面以下，为管道淹没出流，故应按式（7-8）计算。

因为

$$Q=\mu_c A\sqrt{2gZ}=\mu_c\frac{\pi d^2}{4}\sqrt{2gZ}$$

所以

$$d=\sqrt{\frac{4Q}{\mu_c\pi\sqrt{2gZ}}}$$

其中

$$\mu_c=\frac{1}{\sqrt{\lambda\frac{l}{d}+\sum\zeta}}$$

因为沿程阻力系数或谢才系数 C 均为直径 d 的函数，因此需用试算法。

先假定 $d=0.8\text{m}$，计算沿程阻力系数：

$$C=\frac{1}{n}R^{\frac{1}{6}}=\frac{1}{0.014}\times\left(\frac{0.8}{4}\right)^{\frac{1}{6}}=54.62(\text{m}^{\frac{1}{2}}/\text{s})$$

故

$$\lambda=\frac{8g}{C^2}=\frac{8\times9.8}{54.62^2}=0.0263$$

又因为
$$\mu_c=\frac{1}{\sqrt{\lambda\,\dfrac{l}{d}+\zeta_{进}+2\zeta_{弯}+\zeta_{出}}}$$
$$=\frac{1}{\sqrt{0.0263\times\dfrac{50}{0.8}+0.5+2\times0.2+1.0}}$$
$$=0.531$$

可求得 $d=\sqrt{\dfrac{4\times3}{0.531\times3.14\times\sqrt{2\times9.8\times(110.0-107.0)}}}=0.97(\text{m})$，假设不符。故再假设 $d=0.95\text{m}$，重新计算：

先求得 $\lambda=0.0248$，得
$$\mu_c=\frac{1}{\sqrt{0.0248+\dfrac{50}{0.9}+0.5+2\times0.2+1.0}}=0.558$$

可求得 $d=\sqrt{\dfrac{4\times3}{0.558\times3.14\times\sqrt{2\times9.8\times(110.0-107.0)}}}=0.945(\text{m})$

所得直径和第二次假定值接近，根据管道的成品规格选定管径 d 为 900mm。

（四）压强沿程变化及水头线的绘制

已知管道尺寸、水头和流量，要求确定管道各断面压强的大小。

压强沿程变化情况是水电站、给排水等输水工程设计中十分关心的问题之一。我们已经知道，在实际情况下，压力管道所受水流的压力是大于或小于大气压的，管流中出现过大的真空值，容易产生空化和空蚀，从而降低管道的输水能力，甚至危及管道安全；管流中出现的最大压强是管壁应力计算、管壁厚度设计的基本依据。因此设计管道时，应注意了解及控制管道中的最大压强、最大真空值和各断面上的压强，以确保管道系统的正常运行并满足各用户的需求。

研究管道水流压强沿程分布问题一般是先分析沿管总流测管水头的变化，由此求得沿管各断面上的压强水头。具体步骤如下：

(1) 先画出管路的理想总水头线。管路的理想总水头线为一条水平直线。

(2) 绘制实际的总水头线。因为任一断面的测管水头 $\left(Z+\dfrac{p}{\gamma}\right)$ 等于该断面的总水头 $\left(Z+\dfrac{p}{\gamma}+\dfrac{\alpha v^2}{2g}\right)$ 与流速水头之差，所以在绘制测管水头线之前，常先绘制总水头线。

各个断面的总水头等于起始断面的总水头减去该断面上游管段的全部水头损失。在绘制总水头线时，局部水头损失可作为集中损失在边界突然变化的断面上，沿程水头损失则是沿程逐渐增加的。因此，总水头线在有局部水头损失的地方是突然下降的，而在有沿程水头损失的管段中是逐渐下降的。

(3) 绘制测压管水头线。从实际总水头线向下减去相应断面的流速水头值，便可绘制出测压管水头线。图 7－5 是按照上述方法绘出的沿管道的总水头线和测压管水头线的

示例。

当然也可以直接算出各断面的测管水头值。图 7-5 为一泄水管道的简图，取通过管道出口断面中心的水平面为基准面，进口前的总水头为 H_0，在泄放一定流量时，由进口至任一断面 $i—i$ 之间的水头损失为 h_{wi}，该断面的平均流速为 v_i，位置高度为 Z_i，则由能量方程可得任一断面$i—i$的测管水头为

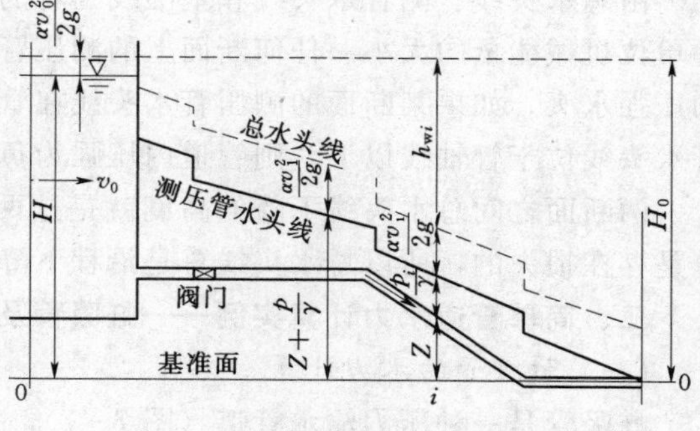

图 7-5　总水头线与测压管水头线

$$Z_i+\frac{p_i}{\gamma}=H_0-h_{wi}-\frac{\alpha v_i^2}{2g}$$

算出各断面的测压管水头后，即可绘出管道的测压管水头线。

绘制测压管水头线时，应特别注意在进出口处符合边界条件。常见管道进、出口边界的水头线如图 7-6 所示。

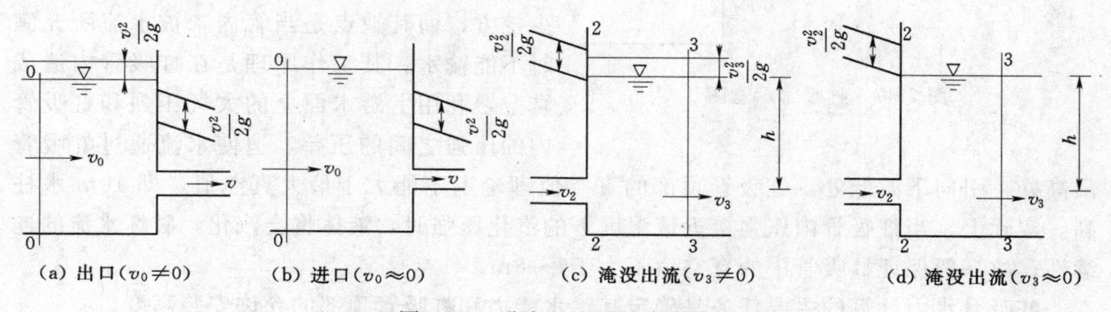

图 7-6　进出口边界的水头线

在自由出流时，管道出口断面的压强为零，则测压管水头线通过出口断面的中心(图 7-5)。在淹没出流时，若出口水池断面面积较大，$v_3\approx0$，则出口断面的压强 $p=\gamma h$，测压管水头 $Z+\frac{p}{\gamma}=h$，测管水头与下游水面相连接，如果$v_3\neq0$，则管道出口的测管水头 $Z+\frac{p}{\gamma}<h$，如图 7-6 (c) 所示，可作如下证明。

取断面 2—2 和 3—3，以 0—0 为基准面列出能量方程：

$$Z_2+\frac{p_2}{\gamma}+\frac{\alpha_2 v_2^2}{2g}=h+0+\frac{\alpha_3 v_3^2}{2g}+h_w$$

用突然放大能量损失关系式 $h_w=\frac{(v_2-v_3)^2}{2g}$ 代入能量方程，并取 $\alpha_2\approx\alpha_3\approx1.0$ 整理后得出口断面的测压管水头为

$$Z_2+\frac{p_2}{\gamma}=h-\frac{v_3(v_2-v_3)}{g}$$

由于 $v_3\neq0$，$v_2\gg v_3$，则 $Z_2+\frac{p_2}{\gamma}<h$，故管道出口处的测压管水头线低于下游水面。

由总水头线、测管水头线和基准线三者的相互关系可以明确地表示出管道任一断面各种单位机械能量的大小。任何断面上的测压管水头线与管轴线之间的垂直距离即为该断面的压强水头。如果某断面的测压管水头线在管轴线以上，则管道内压强为正；反之，测压管水头线位于管轴线以下，则管道内压强为负，其负压水头值为两者之间的垂直距离。

两断面之间总水头线下降的高度就是这两个断面之间的水头损失 h_w，由于实际水流总是存在损失的，所以总水头线总是沿程下降的（除非有外加的能量，如水泵）。

三、简单管道水力计算实例——虹吸管及离心泵抽水系统的水力计算

（一）虹吸管的水力计算

虹吸管是一种压力输水管道（图 7－7），顶部弯曲而且其高程高于上游供水水面。

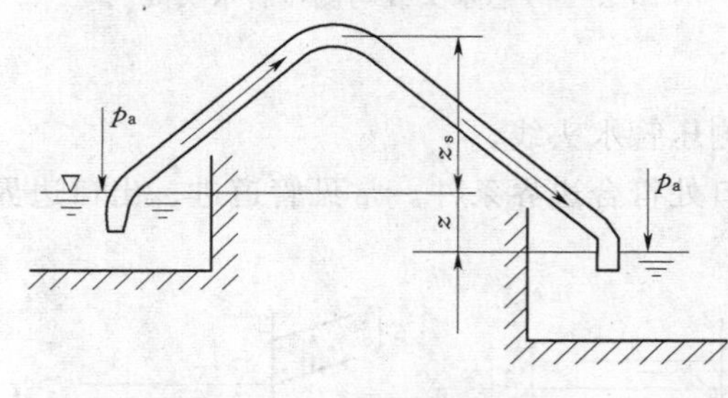

图 7－7　虹吸管示意图

虹吸管的应用很广，在水库或河流两岸，用虹吸管翻越堤顶引水，我国黄河沿岸一带常见利用虹吸管引水灌溉。在水利枢纽中也有应用虹吸管原理作为虹吸溢洪道。

采用虹吸管的优点在于能跨越高地，减少挖方，而其缺点是当管内未被水流所充满时不能输水。其工作原理是在虹吸管内造成真空，利用上游水面上的大气压强和虹吸管内的压强之间的压差，迫使水流通过虹吸管最高处，引向下游低处。虹吸管顶部的真空值理论上不能大于最大真空值，即 10m 水柱高。实际上，当虹吸管内压强接近该温度下的汽化压强时，液体将会汽化，破坏水流的连续性；故一般保证虹吸管中的真空值不大于7～8m。

虹吸管水力计算的主要任务是确定其输水能力和虹吸管顶部的允许安装高度。

【例 7－4】　有一渠道用直径 $d=0.9$m 的混凝土虹吸管自河中向渠道引水（图7－8）。河面高程 $\nabla_1=102.0$m，渠道中水面高程 $\nabla_2=96.0$m，虹吸管长度 $l_1=8$m，$l_2=12$m，$l_3=14$m，进口局部水头损失系数 $\zeta_e=0.5$，中间有两个弯头，每个弯头的局部水头损失系数 $\zeta_b=0.365$，出口局部水头损失系数 $\zeta_{ou}=1.0$。试求：

（1）虹吸管的输水能力。

（2）当虹吸管的最大允许真空度为 7m 时，虹吸管的最大安装高程是多少？

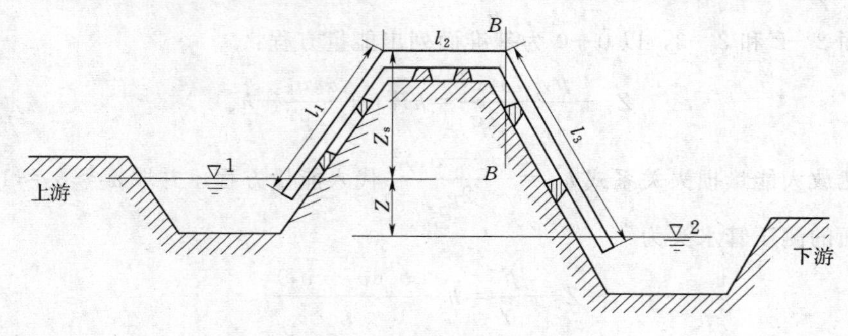

图 7－8 ［例 7－4］图

解

(1) 本题虹吸管的出口淹没在水面以下，忽略行进流速水头的影响，可按照淹没出流公式（7-8）来计算流量：

上下游水头差为 $$Z=\nabla_1-\nabla_2=102.0-96.0=6.0(\text{m})$$

确定管道的 λ 值：对于混凝土管道，$n=0.014$，用曼宁公式计算谢才系数 C，得

$$C=\frac{1}{n}R^{\frac{1}{6}}=\frac{1}{0.014}\times\left(\frac{0.90}{4}\right)^{\frac{1}{6}}=55.71(\text{m}^{\frac{1}{2}}/\text{s})$$

$$\lambda=\frac{8g}{C^2}=\frac{8\times 9.8}{55.71^2}=0.0253$$

则管道的流量系数：

$$\mu_c=\frac{1}{\sqrt{\lambda\dfrac{l_1+l_2+l_3}{d}+\zeta_e+2\zeta_b+\zeta_{ou}}}$$

$$=\frac{1}{\sqrt{0.0253\times\dfrac{8+12+14}{0.90}+0.5+2\times 0.365+1.0}}=0.560$$

虹吸管的输水能力：

$$Q=\mu_C A\sqrt{2gZ}=0.560\times\left(\frac{3.14\times 0.90^2}{4}\right)\times\sqrt{2\times 9.8\times 6.0}=3.86(\text{m}^3/\text{s})$$

(2) 虹吸管的最大真空必然发生在管道的最高位置。本题中最大真空值发生在第二个弯头前，即断面 B—B。

以上游河面为基准面 0—0，设断面 B—B 中心至上游河面高差为 Z_S，对断面 0—0 和断面 B—B 列能量方程：

$$0+\frac{p_a}{\gamma}+\frac{\alpha_0 v_0^2}{2g}=Z_S+\frac{p_B}{\gamma}+\frac{\alpha v^2}{2g}+h_{w0-B}$$

其中，$h_{w0-B}=\left(\lambda\dfrac{l_1+l_2}{d}+\zeta_e+\zeta_b\right)\dfrac{v^2}{2g}$，$v=\dfrac{Q}{A}=\dfrac{3.86}{\dfrac{3.14\times 0.9^2}{4}}=6.07(\text{m/s})$，取 $\alpha=1.0$，忽略上游行进流速，$v_0\approx 0$，则

$$\frac{p_a}{\gamma}-\frac{p_B}{\gamma}=Z_S+\left(1+\lambda\frac{l_1+l_2}{d}+\zeta_e+\zeta_b\right)\frac{v^2}{2g}$$

式中，$\dfrac{p_a}{\gamma}-\dfrac{p_B}{\gamma}$是断面 B—B 处的真空值，按照要求，它应不大于虹吸管的最大允许真空值，即$\dfrac{p_a}{\gamma}-\dfrac{p_B}{\gamma}\leqslant h_V=7\text{m}$，则

$$Z_S+\left(1+\lambda\frac{l_1+l_2}{d}+\zeta_e+\zeta_b\right)\frac{v^2}{2g}\leqslant h_V$$

即 $$Z_S\leqslant h_V-\left(1+\lambda\frac{l_1+l_2}{d}+\zeta_e+\zeta_b\right)\frac{v^2}{2g}$$

$$=7-\left(1+0.0253\times\frac{8+12}{0.9}+0.5+0.365\right)\times\frac{6.07^2}{2\times9.8}$$

$$=2.44(\mathrm{m})$$

故虹吸管的最大安装高程为$\nabla_1+Z_S=102.0+2.44=104.44(\mathrm{m})$。

（二）离心泵抽水系统的水力计算

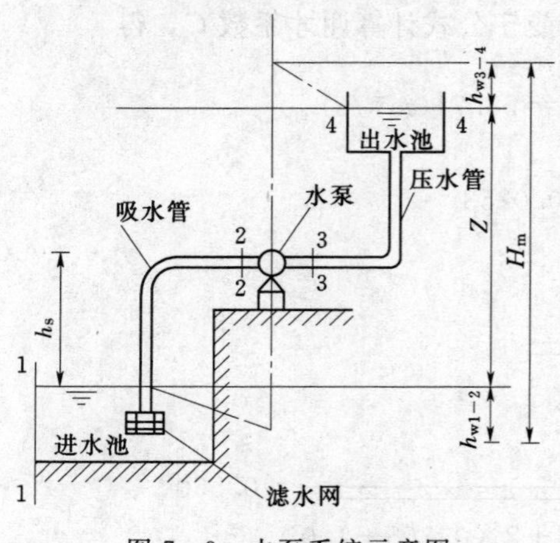

图7-9 水泵系统示意图

水泵是增加水流能量，把水从低处引向高处的一种水力机械。水泵应用很广，如水电站厂内的给、排水系统、抽水灌溉、工地上的基坑排水以及工地和农村的给水系统都需要有水泵装置。水泵的类型很多，这里主要对常用的离心式抽水系统水力计算加以阐述。如图7-9所示，抽水系统由离心泵、吸水管、压水管及其管路上的附件所组成。吸水管是指从滤水网到水泵进口（断面2—2）的一段管路；压水管是指从水泵出口（断面3—3）至出水池的一段管路。离心泵启动前，必须先使吸水管和泵壳内充满水，水泵叶轮转动时，在水泵进口处形成真空，水流在水池液面和水泵进口断面之间的压强差作用下，从吸水管流入水泵内。

离心泵抽水系统水力计算一般有下列4个问题。

1. 管道直径的选定

由流量公式$Q=Av$可知，在同一流量下，如果平均流速大，则可采用较小的管径；反之，则需采用较大的管径。若选用较小的管径，造价较低，但因为平均流速增加，相应的水头损失也会增大，因而动力费用增加；若选用较大的管径，水头损失可减小，但管道本身的造价却要增大；因此在实践中就存在如何选择最经济的管径问题。一般根据经验得出水泵的允许流速$v_{允}$，再由下式确定管径d，即

$$d=\sqrt{\frac{4Q}{\pi v_{允}}}$$

各种管道的$v_{允}$值可从表7-1和表7-2以及有关的规范或水力学手册查得。对于水泵的吸水管，$v_{允}=1.2\sim2.0\mathrm{m/s}$；对于水泵的压水管，$v_{允}=1.5\sim2.5\mathrm{m/s}$。

2. 计算离心泵的扬程H_m

单位重量液体从离心泵所获得的能量，称为离心泵的扬程，又称为离心泵的水头，以H_m表示。

如图7-9所示的离心泵抽水系统，以任意水平面为基准面，水泵吸水口处断面2—2上单位重量液体所具有的能量为

$$E_2=Z_2+\frac{p_2}{\gamma}+\frac{\alpha_2 v_2^2}{2g}$$

水泵出口处断面3—3上单位重量液体所具有的能量为

$$E_3=Z_3+\frac{p_3}{\gamma}+\frac{\alpha_3 v_3^2}{2g}$$

所以，离心泵的扬程，即液体从离心泵所获得的能量为

$$H_m = E_3 - E_2$$

或
$$H_m = (Z_3 - Z_2) + \frac{p_3 - p_2}{\gamma} + \frac{v_3^2 - v_2^2}{2g} \tag{7-13}$$

式中 p_2 和 p_3 都指绝对压强。在水泵进、出口断面 2—2 和断面 3—3 分别装有真空表和压力表的时候，因为表压强均以相对压强计算，则 $p_3 = p_a + p_压$，$p_2 = p_a - p_真$；而 $(Z_3 - Z_2)$ 为压力表和真空表中心的高程差，吸水管和压力管的管径相同，则 $Z_2 = Z_3$，$v_2 = v_3$，式（7-13）变为

$$H_m = \frac{p_压}{\gamma} + \frac{p_真}{\gamma} \tag{7-14}$$

式（7-14）是计算离心泵扬程的一种公式，表示正在运行中的水泵装置的扬程等于泵进水口真空表读数和出水口处压力表读数之和。

水泵的扬程还可以表达为另一种形式，如以进水池水面为基准面，对断面 1—1 和断面 4—4 列出能量方程：

$$0 + 0 + 0 + H_m = Z + 0 + 0 + h_{w1-2} + h_{w3-4}$$

即
$$H_m = Z + h_{w1-2} + h_{w3-4} \tag{7-15}$$

式中：Z 为进水池水面至出水池水面的垂直高度，称为提水高度，又称水泵的净扬程；h_{w1-2} 为吸水管路中的水头损失；h_{w3-4} 为压水管路中的水头损失。

由式（7-15）可看出：水泵向管路输水时所消耗的总扬程等于水泵净扬程加上吸水管和压水管水头损失之和。此式适用于泵站的设计，是根据外界条件来计算水泵应该具有的扬程，并且对于其他各种布置形式的水泵装置也同样适用。

3. 计算离心泵的安装高度 h_s

在实际应用中，由于技术和经济等原因，水泵常常安装在水源水面以上。离心泵转轮轴线超出水源水面的高度，称为离心泵安装高度，以 h_s 表示。正确设计安装高度，才能保证水泵的正常工作，这是因为水泵工作时，必须在它的进口处形成一定的真空，才能把水池的水经吸水管吸入。如果水泵内的真空值过大，会出现空化现象，导致水泵叶片空蚀，不能正常工作。为了避免空化现象，应限制水泵内的最大真空值，各种型号的离心泵出厂时一般都标有其规定的允许最大真空值（一般不超过 6～7m）。要保证水泵的真空值不超过规定的允许值，就必须按水泵最大允许真空值来计算水泵安装高度，即限制 h_s 值不能太大。如图 7-9 所示，对断面 1—1 和断面 2—2 列出能量方程

$$0 + 0 + 0 = h_s + \frac{p_2}{\gamma} + \frac{\alpha v_2^2}{2g} + h_{w1-2}$$

则
$$h_s = -\frac{p_2}{\gamma} - \frac{\alpha v_2^2}{2g} - h_{w1-2} \tag{7-16}$$

因为 $-\frac{p_2}{\gamma}$ 为水泵进口处的允许真空度，以 h_v 替代，则得

$$h_s = h_v - \frac{\alpha v_2^2}{2g} - h_{w1-2} \tag{7-17}$$

式中：h_v为水泵厂给定的最大允许真空度，此值是在大气压力等于10m水柱及水温为20℃时求得的。如果水泵安装高程处的大气压力与水温和标准情况不同时，则h_v值必须加以修正。

4. 计算离心泵的轴功率N

水泵轴功率就是动力机输送给水泵轴上的功率，也是水泵的输入功率，用N表示。单位时间内流过水泵的液体从水泵获得的能量，称为水泵的有效功率或水泵的输出功率，用N_e表示，即

$$N_e=\gamma Q H_m$$

由于传动时的能量损失，动力机的功率不可能全部转变为水泵的有效功率，即轴功率N大于有效功率N_e，N_e与N的比值称为水泵的总效率η，即

$$\eta=\frac{N_e}{N}$$

则水泵的轴功率为

$$N=\frac{\gamma Q H_m}{1000\eta}\quad (\text{kW}) \tag{7-18}$$

式中：Q为流量，m^3/s；γ为水容重，N/m^3；H_m为扬程，m。

而水泵的总效率又等于动力机效率$\eta_{动}$与水泵效率$\eta_{泵}$的乘积，即

$$\eta=\eta_{动}\eta_{泵}$$

【例7-5】 如图7-9所示的离心泵抽水系统。已知抽水流量$Q=19L/s$，提水高度$Z=18m$，吸水管长度$l_1=8m$，压水管长度$l_2=20m$，沿程阻力系数为0.042，吸水管进口局部水头损失系数为5.0，压水管出口局部水头损失系数为1.0，每个90°弯管局部水头损失系数为0.67，离心泵最大允许真空值为7m，水泵效率$\eta_{泵}=0.75$，电机效率$\eta_{动}=0.90$。试求：

(1) 确定吸水管和压水管的直径。

(2) 确定离心泵的最大安装高度。

(3) 计算离心泵的扬程。

(4) 计算离心泵的轴功率。

(5) 绘制管道系统的总水头线和测压管水头线。

解

(1) 管径的确定。根据表7-2，选取吸水管和压水管的允许流速分别为2.0m/s和2.5m/s，根据$d=\sqrt{\frac{4Q}{v\pi}}$，吸水管直径为$d_{吸}=\sqrt{\frac{4Q}{v\pi}}=110mm$，压水管直径为$d_{压}=\sqrt{\frac{4Q}{v\pi}}=98mm$，根据实际情况，选取吸水管直径为$d_{吸}=125mm$，压水管直径为$d_{压}=100mm$，相应的吸水管流速为$v_{吸}=1.55m/s$，压水管流速为$v_{压}=2.42m/s$。可以看出，管中流速满足允许流速要求，管中流态属于紊流粗糙区。

(2) 离心泵最大安装高度的确定。以水源水面为基准，忽略水源过水断面行近流速水头，根据水源断面和水泵进口断面之间的能量方程可以求得

$$h_s = h_V - \frac{v_2^2}{2g} - h_{w1-2}$$

$$h_s = h_V - \left(\alpha + \sum\lambda\frac{l}{d} + \sum\zeta\right)\frac{v_2^2}{2g}$$

$$= h_V - \left(1 + \lambda_{吸}\frac{l_{吸}}{d_{吸}} + \zeta_{弯} + \zeta_{进}\right)\frac{v_{吸}^2}{19.6}$$

$$= 7 - \left(1 + \frac{0.042\times 8}{0.125} + 0.67 + 5\right)\times\frac{1.55^2}{19.6} = 5.85$$

(3) 离心泵扬程的计算。以水源水面为基准，忽略水源过水断面和出水池断面流速水头，根据水源断面和出水池断面之间的能量方程可以求得

$$H_m = Z + h_{w1-2} + h_{w3-4}$$

$$= Z + \left(\lambda_{吸}\frac{l_{吸}}{d_{吸}} + \zeta_{弯} + \zeta_{进}\right)\frac{v_{吸}^2}{2g} + \left(\lambda_{压}\frac{l_{压}}{d_{压}} + \zeta_{弯} + \zeta_{出}\right)\frac{v_{压}^2}{2g}$$

$$= 18 + \left(0.042\times\frac{8}{0.125} + 0.67 + 5\right)\times\frac{1.55^2}{19.6}$$

$$+ \left(0.042\times\frac{20}{0.100} + 0.67 + 1\right)\times\frac{2.42^2}{19.6}$$

$$= 22.03(\text{m})$$

(4) 离心泵轴功率的计算。已知 $\eta_{动}=0.90$，$\eta_{泵}=0.75$，则 $\eta=\eta_{动}\eta_{泵}=0.90\times 0.75=0.68$。

将 $Q=19\text{L/s}$，$H_m=22.03\text{m}$，$\eta=0.68$ 代入式（7-18）可得离心泵的轴功率为

$$N = \frac{\gamma Q H_m}{1000\eta} = \frac{9800\times 19\times 10^{-3}\times 20.23}{1000\times 0.68} = 6.03(\text{kW})$$

(5) 水头线的绘制。根据总水头线和测压管水头线的特点，绘制离心泵抽水管道系统的总水头线和测压管水头线。

第四节　复杂管道的水力计算

工程中常遇到由几条不同直径、不同长度甚至不同糙率的管段组合而成的复杂管道。如给水管道、水电站压力管道末端将水引至几个水轮机组的分叉管道、实验室中实验管道系统等。

一般复杂管道系统都可以认为是有两种基本类型管道（串联管道与并联管道）组合而成。以下分别对这两类管道、枝状管网和环状管网以及沿程均匀泄流管道的水力计算进行讨论。

一、串联管道与并联管道的水力计算

（一）串联管道的水力计算

由直径不同或糙率不同（或直径和糙率均不同）的若干根简单管道首尾相接而组成的管道成为串联管道。串联管道内的流量可以是沿程不变的；也可以由于沿管道每隔一定距

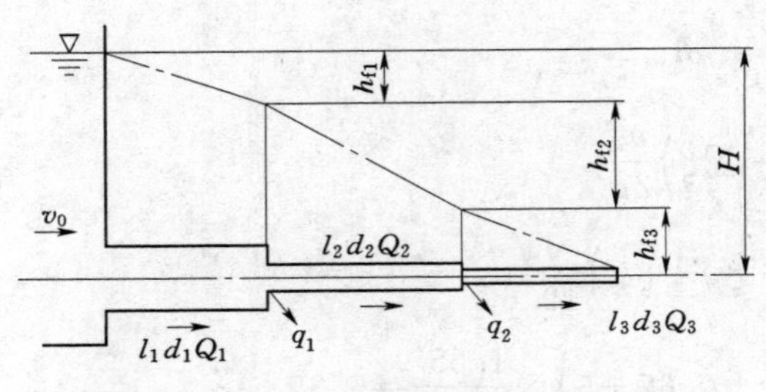

图 7-10　串联管道示意图

离有流量分出，从而各段有不同的流量。

图 7-10 为一各管段有不同流量的串联管道。因为各管段的直径、流量不同，因而各管段中的流速也不同，应分段计算其水头损失，然后将各管段的水头损失相加，即为整个管道的水头损失。给水工程中，串联管道常按长管计算，根据长管计算基本式［7-9（a）］，任一管段的水头损失可以写为

$$h_{fi}=\frac{Q_i^2}{K_i^2}l_i$$

串联管路总水头损失等于各管段水头损失之和，而且总水头损失应等于全管的作用水头，即

$$H=\sum_{i=1}^{n}h_{fi}=\sum_{i=1}^{n}\frac{Q_i^2}{K_i^2}l_i \tag{7-19}$$

式中：Q_i 为各管段所通过的流量；l_i 为各管段长度；K_i 为各管段的流量模数。

串联管道各管段的流量可由连续方程写为

$$Q_{i+1}=Q_i-q_i \tag{7-20}$$

式中：q_i 为在第 i 段管道末端分出的流量。

如管道的各节点无流量分出，$q_i=0$，则管道各段流量相同，$Q_i=Q$，则式（7-19）可简化为

$$H=\sum_{i=1}^{n}h_{fi}=Q^2\sum_{i=1}^{n}\frac{l_i}{K_i^2} \tag{7-21}$$

式（7-19）和式（7-20）是串联管道水力计算的基本公式，可进行流量 Q、管径 d、水头 H 等问题的计算。

按长管计算的情况下，忽略了局部水头损失与流速水头，因而测压管水头线与总水头线重合。串联管道各段的水力坡度不同，全管的测压管水头线呈折线形。

【例 7-6】　图 7-10 为由三段简单管道组成的串联管道。管道各节无分流量，即 $q_1=q_2=0$ 管道为铸铁管，糙率 $n=0.0125$，$d_1=250\text{mm}$，$l_1=400\text{m}$，$d_2=200\text{mm}$，$l_2=300\text{m}$，$d_3=150\text{mm}$，$l_3=500\text{m}$，总水头 $H=30\text{m}$。求通过管道的流量 Q 及各管段的水头损失。

解　由 $K=AC\sqrt{R}$ 可算得，$d_1=250\text{mm}$ 的 $K_1=618.5\text{L/s}$，$d_2=200\text{mm}$ 的 $K_2=341.0\text{L/s}$，$d_3=150\text{mm}$ 的 $K_3=158.4\text{L/s}$。

因
$$H=\frac{Q^2}{K_1^2}l_1+\frac{Q^2}{K_2^2}l_2+\frac{Q^2}{K_3^2}l_3$$

则
$$30=\frac{Q^2}{618.5^2}\times400+\frac{Q^2}{314.0^2}\times300+\frac{Q^2}{158.4^2}\times500$$

即
$$30=0.0236Q^2$$

故通过管道的流量

$$Q=\sqrt{\frac{30}{0.0236}}=35.65(\mathrm{L/s})$$

各管段的水头损失分别为

$$h_{f1}=\frac{Q^2}{K_1^2}l_1=\frac{35.65^2}{618.5^2}\times400=1.27(\mathrm{m})$$

$$h_{f2}=\frac{Q^2}{K_2^2}l_2=\frac{35.65^2}{341.0^2}\times300=3.3(\mathrm{m})$$

$$h_{f3}=\frac{Q^2}{K_3^2}l_3=\frac{35.65^2}{158.4^2}\times500=25.42(\mathrm{m})$$

（二）并联管道的水力计算

凡是两条或两条以上的管道从同一点分叉而又在另一点汇合所组成的管道称为并联管道。并联管道一般按长管计算。

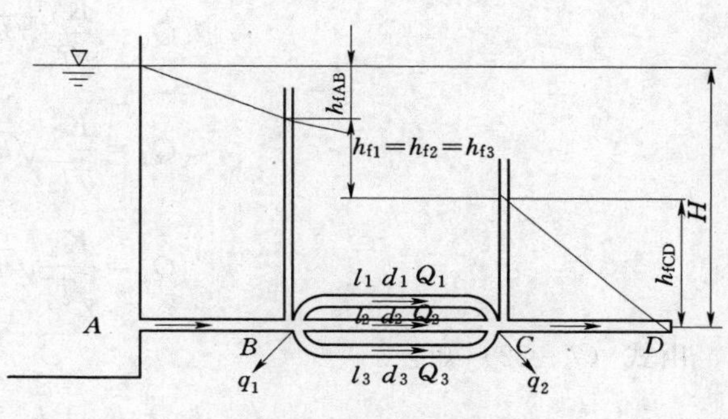

图 7-11　并联管道示意图

如图 7-11 所示，B、C 两点间的三条管道构成了一组并联管路，设各管段管径为 d_1、d_2、d_3，通过流量分别为 Q_1、Q_2、Q_3。对于 B、C 间的任何一条管道，其单位重量液体从 B 流到 C 点的水头损失都必须相等，否则在汇合点 C 处无法保持平衡。若并联管道由 n 段管道组成，以 h_{f1}、h_{f2}、h_{f3}、…、h_{fn} 分别表示各管的沿程水头损失，则当忽略局部水头损失时有

$$h_{f1}=h_{f2}=h_{f3}=\cdots=h_{fn}=h_f \tag{7-22}$$

式（7-22）代表了并联管中的水流应满足两端共同的边界条件；在断面平均意义上，即在相等的单位势能差的作用下流动。

各支管的水头损失可按谢才公式计算：

$$\left.\begin{aligned}h_{f1}&=\frac{Q_1^2}{K_1^2}l_1\\h_{f2}&=\frac{Q_2^2}{K_2^2}l_2\\h_{f3}&=\frac{Q_3^2}{K_3^2}l_3\\&\vdots\\h_{fn}&=\frac{Q_n^2}{K_n^2}l_n\end{aligned}\right\} \tag{7-23}$$

各支管的流量与总流量间应满足连续性方程

$$Q=Q_1+Q_2+Q_3+\cdots+Q_n \tag{7-24}$$

式（7-23）与式（7-24）共有（$n+1$）个方程，联立解（$n+1$）个方程组，可确

定（$n+1$）个未知数。此（$n+1$）个未知数通常为水头损失 h_f 与每一管道的流量 Q_i。

必须指出：各并联支管的水头损失相等，只表明通过每一并联支管的单位重量液体的机械能损失相等；但各支管的长度、直径及粗糙系数可能不同，因此通过的流量也不同，故各并联支管水流的总机械能损失是不等的，流量大的，其总机械能损失大。

【例 7-7】 有三段管道并联（图 7-11），已知总流量 $Q=0.26\text{m}^3/\text{s}$，管径 $d_1=0.3\text{m}$、$d_2=0.25\text{m}$、$d_3=0.225\text{m}$，管长 $l_1=100\text{m}$、$l_2=130\text{m}$ 和 $l_3=120\text{m}$，管道为铸铁管（$n=0.0125$）。求并联管道两节点 B、C 之间的水头损失 h_f 及各支管流量 Q_1、Q_2 和 Q_3。

解 由式（7-23）解出 Q_1、Q_2 和 Q_3 的表达式，即

$$Q_1=\frac{K_1}{\sqrt{l_1}}\sqrt{h_{f1}}$$

$$Q_2=\frac{K_2}{\sqrt{l_2}}\sqrt{h_{f2}}$$

$$Q_3=\frac{K_3}{\sqrt{l_3}}\sqrt{h_{f3}}$$

由式（7-22）知：

$$h_{f1}=h_{f2}=h_{f3}=h_f$$

将上两式代入式（7-24）中，有

$$Q=\left(\frac{K_1}{\sqrt{l_1}}+\frac{K_2}{\sqrt{l_2}}+\frac{K_3}{\sqrt{l_3}}\right)\sqrt{h_f}$$

根据 $n=0.0125$ 及 $d_1=0.3\text{m}$、$d_2=0.25\text{m}$、$d_3=0.225\text{m}$ 计算得相应的流量模数为 $K_1=1006\text{L/s}$、$K_2=618\text{L/s}$ 和 $K_3=467\text{L/s}$。

则
$$h_f=\frac{Q^2}{\left(\frac{K_1}{\sqrt{l_1}}+\frac{K_2}{\sqrt{l_2}}+\frac{K_3}{\sqrt{l_3}}\right)^2}=\frac{0.26^2}{\left(\frac{1.006}{\sqrt{100}}+\frac{0.618}{\sqrt{130}}+\frac{0.467}{\sqrt{120}}\right)^2}=1.734(\text{m})$$

由式（7-22）知：$h_{f1}=h_{f2}=h_{f3}=h_f=1.734(\text{m})$，代入各管段流量表达式，得

$$Q_1=\frac{K_1}{\sqrt{l_1}}\sqrt{h_{f1}}=\frac{1.006}{\sqrt{100}}\sqrt{1.734}=0.132(\text{m}^3/\text{s})$$

$$Q_2=\frac{K_2}{\sqrt{l_2}}\sqrt{h_{f2}}=\frac{0.618}{\sqrt{130}}\sqrt{1.734}=0.071(\text{m}^3/\text{s})$$

$$Q_3=\frac{K_3}{\sqrt{l_3}}\sqrt{h_{f3}}=\frac{0.467}{\sqrt{120}}\sqrt{1.734}=0.056(\text{m}^3/\text{s})$$

二、管网的水力计算

在给排水、灌溉、供气等管道系统中，常常将许多管路组合成管网，以便供给更多地区或用户，提高供水和供气的保障率。管网通常分为枝状管网和环状管网两种：枝状管网是一些独立的支管共同连接在一根干管上所组成的管网，如图 7-12 所示；环状管网是用

管道将枝状管网各尾端连接起来，形成闭合环路，如图 7-13 所示。

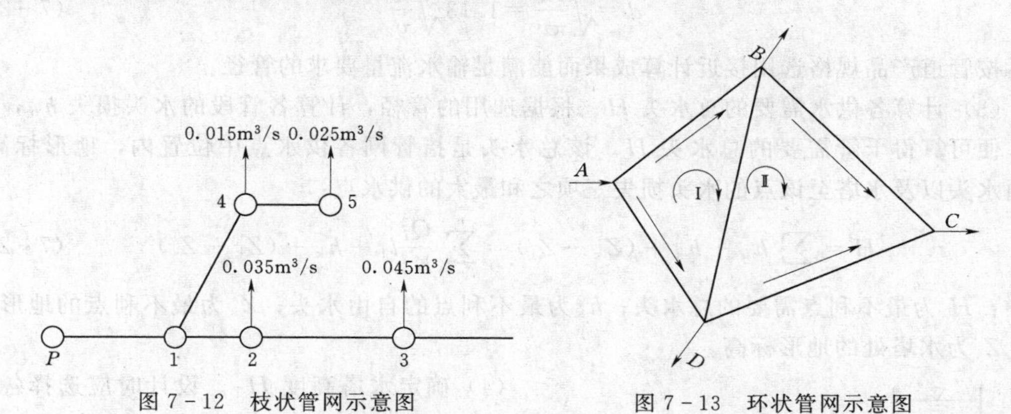

图 7-12 枝状管网示意图　　　　图 7-13 环状管网示意图

枝状管网总长度较环状管网短，建筑费用较低，但供水的可靠性差，一般适用于施工工地上的生活或施工用水、小型居民点上的生活用水，以及农田水利中的喷灌。环状管网的管路连成闭合环路，管线总长度较长，但供水可靠性较高，不会由于某一处发生故障而中断该点以后各用户供水，因此，对重要用水的地方多采用这种管网。

（一）枝状管网的水力计算

首先，简单说明水流在这种管网中流动的特点，然后再叙述水力计算的一般原理和方法。图 7-12 为一个枝状管网在输水过程中的工作情况。干管自水源 P 输水至各支管，在 P—1 段干管的输送流量为 0.120m³/s，经过第一分支点 1 以后，由于向支管 1—4 分送了 0.040m³/s 的流量，而干管 1—2 段流量则减少为 0.080m³/s；同样，经过第二分支点 2 以后，干管的流量减少为 0.045m³/s。很明显，若干管沿程还有支管，则干管流量将不断减少。因此，可以概括地说，在枝状管网中，干管的流量是随经过分支点的数目的增加而减少的，这说明水流运动必须遵循连续性原理。

在这种情况下，连续性原理可仍用式（7-20）表达：

$$Q_{i+1}=Q_i-q_i$$

式中：i 为管段的号数；q_i 为干管第 i 段末端分向支管的流量。

同时，在忽略局部水头损失和流速水头的情况下，应满足的能量平衡关系式（7-19）为

$$H=\sum_{i=1}^{n} h_{fi}=\sum_{i=1}^{n}\frac{Q_i^2}{K_i^2}l_i$$

在新建管网时，往往已知管道各段长度 l_i 及用户所需要的自由水头 H_C（是指满足最高处用水需要的水头，再加安全余量）和通过的流量 Q，求管径和水塔高度 H_T。计算时，从管网最末端的支管起，逆流而上，逐段向干管起点计算。一般计算步骤如下：

（1）确定各管段的流量。按节点流量平衡条件，由末稍节点向水塔近端推算各管段通过的流量。

（2）确定管径。根据经济流速 v，可由下式计算各管段管径：

$$d=\sqrt{\frac{4Q}{\pi v}}=1.13\sqrt{\frac{Q}{v}} \quad (7-25)$$

然后按管道产品规格选用接近计算成果而能满足输水流量要求的管径。

(3) 计算各供水需要的总水头 H。根据选用的管径，计算各管段的水头损失 h_{fi}，据此，便可算得干管需要的总水头 H。该总水头是指管网各供水点中位置内，地形标高、自由水头以及水塔至该点的水头损失三项之和最大的供水点：

$$H=\sum_{i=1}^{n}h_{fi}+h_k+(Z_k-Z_t)=\sum_{i=1}^{n}\frac{Q_i^2}{K_i^2}l_i+h_k+(Z_k-Z_t) \quad (7-26)$$

式中：H 为最不利点需要的总水头；h_k为最不利点的自由水头；Z_k为最不利点的地形标高；Z_t为水塔处的地形标高。

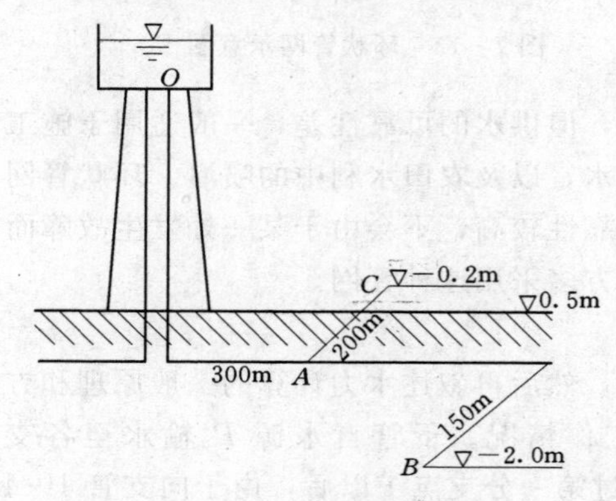

图 7-14 [例 7-8] 图

(4) 确定水塔高度 H_T。设计时应选择各供水点中的最不利点，即所需总水头 H 为最大的点，使水塔高度能满足所有用户的供水要求：

$$H_T \geqslant H_{max}$$

式中：H_{max}为最不利点所需要的总水头。

【例 7-8】 某厂区生产用水，由厂区水塔供应。已知管路布置情况（地形、各段管长如图 7-14所示）。采用铸铁管，设计流量 Q_B 为 $70m^3/h$，Q_C 为 $80m^3/h$，要求自由水头 h_B 为 25m，h_C为 20m。计算各段（O—A、A—B、A—C）管径及水塔高度。

解 本题属新建管网系统的水力计算问题，具体步骤为：

(1) 计算各管段流量。

$$Q_B=70m^3/h=0.0195m^3/s$$

$$Q_C=80m^3/h=0.0222m^3/s$$

$$Q_A=Q_B+Q_C=0.0417m^3/s$$

(2) 计算管径。按经济流速，取 $v=0.9m/s$ 代入式 (7-25) 得计算管径：

$$d_{AB}=1.13\sqrt{\frac{Q_B}{v}}=0.166(m)$$

$$d_{AC}=1.13\sqrt{\frac{Q_C}{v}}=0.177(m)$$

$$d_{OA}=1.13\sqrt{\frac{Q_A}{v_c}}=0.243(m)$$

选用管径：$d_{AB}=200mm$，$d_{AC}=200mm$，$d_{OA}=250mm$。

以选用管径计算各管段流速：

$$A_{AB}=\frac{\pi d_{AB}^2}{4}=0.0314m^2 \qquad v_{AB}=\frac{Q_B}{A_{AB}}=0.619m/s$$

$$A_{AC}=v_{AB}=0.0314\text{m}^2 \qquad v_{AC}=\frac{Q_C}{A_{AC}}=0.706\text{m/s}$$

$$A_{OA}=\frac{\pi d_{OA}^2}{4}=0.049\text{m}^2 \qquad v_{OA}=\frac{Q_A}{A_{OA}}=0.846\text{m/s}$$

各管段流速均在经济流速范围内。

(3) 计算各管段水头损失。由 $h_f=\frac{Q^2}{K^2}l$，并采用正常管 $n=0.0125$，可计算得到各管段相应的 $K=AC\sqrt{R}$ 值，代入公式计算：

$$h_{fAB}=\frac{(0.0195)^2}{(341.1\times10^{-3})^2}\times150=0.49(\text{m})$$

$$h_{fAC}=\frac{(0.0222)^2}{(341.1\times10^{-3})^2}\times200=0.85(\text{m})$$

$$h_{OA}=\frac{(0.0417)^2}{(618.5\times10^{-3})^2}\times300=1.36(\text{m})$$

(4) 计算各供水点需要的总水头。

$$\begin{aligned}H_B&=h_B+h_{fOB}+(Z_B-Z_t)\\&=25+(1.36+0.49)+(-2.0-0.5)\\&=24.35(\text{m})\end{aligned}$$

$$\begin{aligned}H_C&=h_C+h_{fOC}+(Z_C-Z_t)\\&=20+(1.36+0.85)+(-2.0-0.5)\\&=19.71(\text{m})\end{aligned}$$

(5) 计算水塔高度。由 $H_B\geqslant H_C$，最不利点为 B 点，即 $H_{max}=H_B=24.35\text{m}$。

(二) 环状管网的水力计算

根据连续性原理和能量损失理论，环状管网中的水流必须满足以下两个条件：

(1) 流出任一结点的流量之和（包括结点供水流量）减去流入该结点的流量之和等于0。

(2) 对于任一闭合环路，沿顺时针流动的水头损失之和减去沿逆时针流动的水头损失之和等于0。

为了程序编制和公式表达方便，设某环状管网的管段编号为 $i=1,\cdots,i_m$，环路编号为 $j=1,\cdots,j_m$，结点编号为 $k=1,\cdots,k_m$，各管段的流量和沿程水头损失分别为 Q_i、h_{fi}，各结点的供水流量为 q_k（流出结点流量为正）。上述两个条件可以表达为

$$\sum_{i=1}^{i_m}B_{ik}Q_i+q_k=0 \quad k=1,\cdots,k_m \tag{7-27}$$

$$\sum_{i=1}^{i_m}A_{ij}h_{fi}=0 \qquad j=1,\cdots,j_m \tag{7-28}$$

式中：A_{ij}、B_{ik} 为系数。

当环路 j 中没有管段 i，则 $A_{ij}=0$；当环路 j 中管段 i 的流动方向为顺时针方向，$A_{ij}=+1$，否则 $A_{ij}=-1$；当结点 k 处没有管段 i，则 $B_{ik}=0$；当结点 k 处管段 i 的水流方向为流出结点，$B_{ik}=+1$，否则 $B_{ik}=-1$。例如，在图 7-15 所示的环状管网中，$i_m=5$，$j_m=2$，$k_m=4$；对于环路，$j=1$，$A_{i1}=(1,0,1,-1,0)$，方程式（7-28）相应的表达式为

$$\sum_{i=1}^{i_m} A_{i1}h_{fi}=1\times h_{f1}+0\times h_{f2}+1\times h_{f3}+(-1)\times h_{f4}+0\times h_{f5}=h_{f1}+h_{f3}-h_{f4}=0$$

对于结点 $k=2$，$B_{i2}=(-1,+1,+1,0,0)$，方程式（7-27）相应的表达式为

$$\begin{aligned}\sum_{i=1}^{i_m} B_{i2}Q_i&=(-1)\times Q_1+(+1)\times Q_2+(+1)\times Q_3+0\times Q_4+0\times Q_5+q_2\\&=-Q_1+Q_2+Q_3+q_2=0\end{aligned}$$

其他系数和表达式请读者自行推出。

另外，各管段的流量和沿程水头损失之间应满足：

$$h_{fi}=\frac{1}{k_i^2}l_iQ_i\left|Q_i\right| \quad i=1,\cdots,i_m \tag{7-29}$$

式（7-27）～式（7-29）共包含 $i_m+j_m+k_m-1=2i_m$ 个独立方程，正好可以求解 $2i_m$ 个未知变量 Q_i、h_{fi}。下面介绍环状管网计算中常用的平差法。

首先根据已知的结点供水流量 q_k，初步假定各管段水流方向及流量大小 Q_i，并使之满足式（7-27）；由于初始流量分配比例不适当，由此计算出的环路水头损失不满足式（7-28），环路水头损失闭合差不等于 0，即

$$\Delta h_{fj}=\sum_{i=1}^{i_m} A_{ij}h_{fi}\neq 0 \quad j=1,\cdots,j_m \tag{7-30}$$

因此需要对初设流量进行修正。假设环路 j 的修正流量为 ΔQ_j，则修正后各管段的流量分别为

$$Q_i'=Q_i+\sum_{j=1}^{j_m} A_{ij}\Delta Q_j \quad i=1,\cdots,i_m \tag{7-31}$$

由 Q_i' 计算的环路水头损失应满足式（7-28）：

$$\sum_{i=1}^{i_m} A_{ij}\frac{1}{k_i^2}l_i\left(Q_i+\sum_{j=1}^{j_m}A_{ij}\Delta Q_j\right)\left|Q_i+\sum_{j=1}^{j_m}A_{ij}\Delta Q_j\right|=0 \quad j=1,\cdots,j_m \tag{7-32}$$

由于式（7-32）为非线性方程组，很难直接求出 ΔQ_j 的精确解。为了得到 ΔQ_j 的近似计算式，做如下假设：

(1) 在计算环路 j 的修正流量时，不考虑其他环路修正流量的影响。

(2) 忽略二次项 $\Delta Q_j\Delta Q_j$。

(3) 当水流处于紊流光滑区或过渡区时，忽略 k_i 计算式中含有 ΔQ_j 的项。

在以上假定条件下，可从式（7-32）中推出 ΔQ_j 的近似计算式：

$$\Delta Q_j=-\frac{\sum_{i=1}^{i_m}(A_{ij}h_{fi})}{2\sum_{i=1}^{i_m}(\left|A_{ij}\right|h_{fi}/Q_i)} \quad j=1,\cdots,j_m \tag{7-33}$$

如果流量修正后，仍不满足式（7-28），则需要继续修正，直至满足。这种迭代方法为 Hardy-Cross 方法。下面通过例题介绍 Hardy-Cross 方法的计算步骤和计算程序。

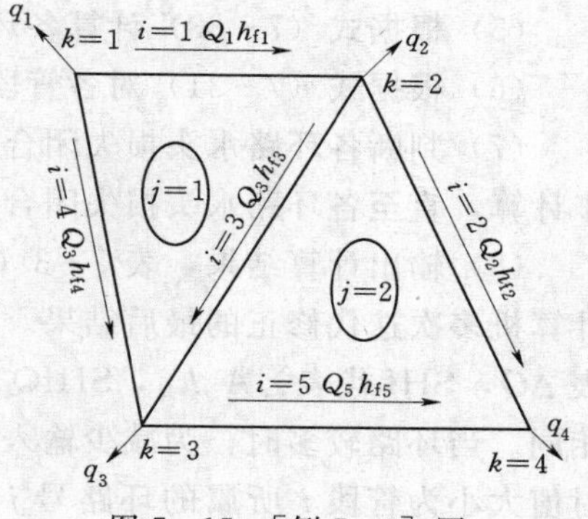

图 7-15 ［例 7-9］图

【例 7-9】 在图 7-15 所示的环状管网中，各管段的长度、管径见表 7-3（第 3 和第 4 行），糙率均为 0.0125，各结点的供水流量分别为 $q_1=-80\text{L/s}$，$q_2=15\text{L/s}$，$q_3=10\text{L/s}$，$q_4=55\text{L/s}$，试确定各管段的流量及水头损失。

解

（1）假定各管段水流方向（图 7-15）及流量大小 Q_i，并使之满足式（7-27），见表 7-3（第 4 行）。

表 7-3 环状管网平差表

编号	环号	$j=1$			$j=2$			行号
	管段号	$i=1$	$i=3$	$i=4$	$i=2$	$i=3$	$i=5$	
已知参数	l_i/m	450	500	400	500	500	550	1
	d_i/m	250	200	200	150	200	250	2
	A_{ij}	1	1	−1	1	−1	−1	3
初设值	Q_i/(L/s)	50	20	30	15	20	40	4
	h_{fi}/m	2.944	1.721	3.097	4.489	1.72	2.303	5
第一次修正计算	$\sum A_{ij}h_{fi}$/m		1.568			0.465		6
	ΔQ_j/(L/s)		−3.168			−0.525		7
	Q_i'/(L/s)	46.84	17.37	33.16	14.47	17.37	40.53	8
	h_{fi}/m	2.584	1.297	3.784	4.18	1.297	2.364	9
第二次修正计算	$\sum A_{ij}h_{fi}$/m		0.098			0.519		10
	ΔQ_j/(L/s)		−0.2			−0.615		11
	Q_i'/(L/s)	46.64	17.78	33.36	13.86	17.78	41.14	12
	h_{fi}/m	2.562	1.36	3.829	3.832	1.36	2.436	13
第三次修正计算	$\sum A_{ij}h_{fi}$/m		0.092			0.036		14
	ΔQ_j/(L/s)		−0.188			−0.044		15
	Q_i'/(L/s)	46.45	17.64	33.55	13.82	17.64	41.18	16
	h_{fi}/m	2.541	1.338	3.873	3.808	1.338	2.441	17
电算计算	Q_i/(L/s)	46.43	17.65	33.57	13.78	17.65	41.22	18
	h_{fi}/m	2.538	1.34	3.879	3.786	1.34	2.446	19

（2）根据水流方向确定系数 A_{ij}，见表 7-3（第 3 行）。

（3）根据式（7-29）计算各管段沿程水头损失 h_{fi}，见表 7-3（第 5 行）。

（4）根据式（7-28）计算各环路的水头损失闭合差 $\sum h_{fi}$，见表 7-3（第 6 行）。

（5）根据式（7-33）计算各环路的修正流量为 ΔQ_j，见表 7-3（第 7 行）。

（6）根据式（7-31）对各管段流量进行修正，见表 7-3（第 8 行）。

（7）判断各环路水头损失闭合差是否满足精度要求。若不满足，重复第（2）～（6）步计算，直至各环路水头损失闭合差满足精度要求。

（8）输出计算结果，表 7-3（第 6～17 行）为 3 次修正的计算结果，第 18～19 行为计算机多次迭代修正的最后结果。计算程序及程序说明如下：在计算程序中，除了 DQ 代表 ΔQ，SHf 代表 $\sum A_{ij}h_{fi}$，SHfQ 代表 $\sum(|A_{ij}|h_{fi}/Q_i)$外，其他符号均与教材中的符号相同。当环路较多时，为减少输入量，可以先输 f1(i)、f2(i)，再赋值给 A_{ij}。f1(i) 的绝对值大小为管段 i 所属的环路号 j，当管段 i 的水流方向在环路 j 中为顺时针方向取正号，否则取负号；当管段 i 同时属于两个环路时，另一个环路号输给 f2(i)，正负号选取方法同上。

```
C          计算程序
1     PARAMETER (Im=5, Jm=2)                                        \管路数环路数
2     DIMENSION Q (Im), D (Im), RL (Im), Hf (Im), Rn (Im), A (Im, Jm)
3     DIMENSIONDQ (Jm), SHF (Jm), SHFQ (Jm), S0 (Im), f1 (Im), f2 (Im)
4     DATA D/0.25, 0.15, 0.20, 0.20, 0.25/                          \输入管段直径
5     DATA RL/450, 500, 500, 400, 550/                              \输入管段长度
6     DATA Rn/Im*0.0125/                                            \输入管段糙率
7     DATA Q/0.01, 0.02, -0.025, 0.07, 0.035/                       \输入管段流量
8     DATA A/1, 0, 1  -1, 0, 0, 1  -1, 0, -1/                       \输入系数Aij
c81   data f1/1, 2, 1, -1, -2/  f2/0, 0, -2, 0, 0/                  \当环路较多时
c82   do 84 i=1, im                                                 \先输入f1, f2
c83   a (i, abs (f1 (i) ) ) =sign (1.0, f1 (i) )                    \在分解为Aij
c84   a (i, abs (f2 (i) ) ) =sign (1.0, f2 (i) )
9     DO 18 J=1, Jm
10    SHf (J) =O                                                    \求和变量初值置0
11    SHfQ (J) =0                                                   \求和变量初值置0
12    DO 16 I=1, Im                                                 \管段循环计算
13    S0 (I) =4**(10/3.0) /3.14**2*Rn (I) **2/D (I) **(16/3.0)
                                                                    \计算比阻S0
14    Hf (I) =SO (I) *RL (I) *Q (I) *ABS (Q (I) )                   \计算水头损失hfi
15    SHf (J) =SHf (J) +A (I, J) *Hf (I)                            \计算水头损失闭和差
16    SHfQ (J) =SHfQ (J) +ABS (A (I, J) ) *Hf (I) /Q (I)
17    DQ (J) =-SHf (J) /2/SHfQ (J)                                  \计算修正流量ΔQi
18    WRITE (*, *) J, SHf (J), DQ (J)                               \输出中间结果
19    DO 21 J=1, Jm
20    DO 21 1=1, Im
21    Q (I) =Q (I) +A (I, J) *DQ (J)                                \修正流量Qi
22    DO 23 J=l, Jm
23    IF (ABS (SHf (J) ) .GE. 0.001) GOTO 9                         \判断精度
```

```
24      WRITE (*, *) "管段号 管径 管段长 比阻 流量 水头损失"
25      DO 26 1=l, Im
26      WRITE (*, 27) I, D (I), RL (I), S0 (I), Q (I), Hf (I)  \输出结果
27      FORMAT (1XI4, F9.4, F7.1, 3F9.5)
28      END
```

（三）沿程均匀泄流的水力计算

在给排水、灌溉和其他工程方面，经常遇到沿程设有很多泄水孔的管道，例如灌溉工程和给水工程中的配水管和滤池冲洗管、人工降雨的管道等，这些管道都是沿程连续不断泄出流量，称为沿程均匀泄流管道。在计算这类管道的水头损失时，把实际上每隔一定距离开一孔的情况看作沿整个长度上连续均匀泄流，以简化分析。

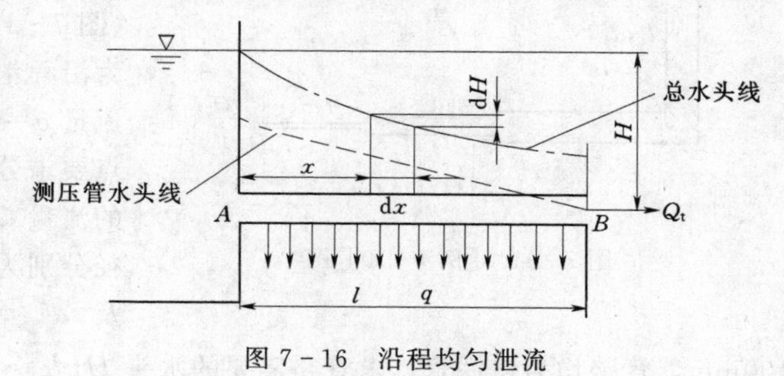

图 7-16 沿程均匀泄流

如图 7-16 所示，设管道全长为 l，作用水头为 H，单位长度的泄流量为 q，管道末端出流量为 Q_t，Q_t流经整个管道，称为贯通流量或转输流量，设 Q_x为距管道进口 x 处的流量，忽略局部水头损失，则长度为 dx 的微段上的水头损失为

$$dH=\frac{Q_x^2}{K^2}dx$$

又

$$Q_x=(Q_t+ql)-qx=Q_t+(l-x)q$$

代入上式得

$$dH=\frac{[Q_t+(l-x)q]^2}{K^2}dx$$

将上式对整个管道积分，则全部管长上的沿程水头损失为

$$h_f=H=\int_0^l\frac{[Q+(l-x)q]^2}{K^2}dx=\frac{l}{K^2}\left(Q_t^2+Q_tql+\frac{1}{3}q^2l^2\right) \tag{7-34}$$

式（7-14）可近似写为

$$h_f=H=\frac{l}{K^2}(Q_t+0.55ql)^2=\frac{Q_r^2}{K^2}l \tag{7-35}$$

式中：Q_r 为折算流量，$Q_r=Q_t+0.55ql$。

由式（7-35）可以看出，引用 Q_r进行计算时，可把沿程均匀泄流的管路按一般只有贯通流量的管路计算，这对于分析较复杂的组合管路就比较方便了。

当贯通流量 $Q_t=0$ 时，即只有沿程分泄流量而没有贯通流量时，沿程均匀泄流的水头损失为

$$h_f=H=\frac{1}{3}\frac{(ql)^2}{K^2}l \tag{7-36}$$

式（7-36）表明，当流量全部沿程均匀泄出时，其水头损失只等于全部流量集中在

管道末端泄出时的水头损失的1/3。

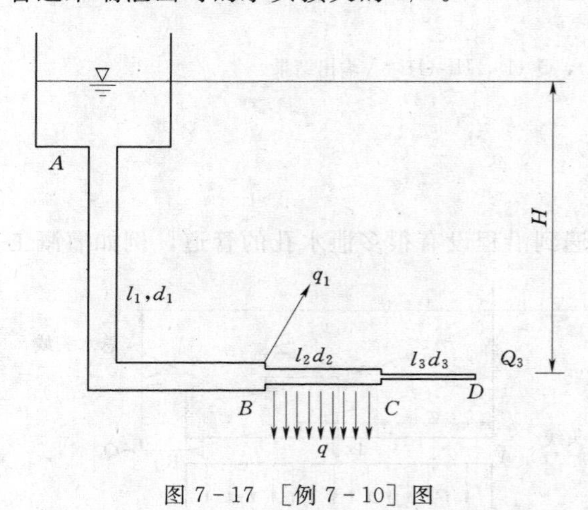

图7-17 ［例7-10］图

由于沿程均匀泄流的情况下，管中流量因沿管泄出而不断减少，管道断面不变，从而使管中流速沿程减小，水力坡度也沿程变化，不计局部水头损失时，其总水头线和测压管水头线都是曲线（图7-16）。

【例7-10】 由水塔供水的输水管段（图7-17），全管段包括3段，中间 BC 段为沿程泄流管路，每米长度上连续分泄的流量 $q=0.0001\text{m}^3/(\text{s}\cdot\text{m})$，在管道接头 B 点要求分泄流量 $q_1=0.015\text{m}^3/\text{s}$，管道末端的流量 $Q_3=0.01\text{m}^3/\text{s}$，各管段的长度及直径分别为 $l_1=300\text{m}$、$l_2=200\text{m}$、$l_3=100\text{m}$ 及 $d_1=200\text{mm}$、$d_2=150\text{mm}$、$d_3=100\text{mm}$，管路均为铸铁管，求管路需要的水头 H。

解 本题中 AB、BC、CD 3段管道为串联管道，因而整个管道的水头可按式（7-19）计算，即

$$H=\frac{Q_1^2}{K_1^2}l_1+\frac{Q_2^2}{K_2^2}l_2+\frac{Q_3^2}{K_3^2}l_3$$

其中 $$Q_1=Q_3+ql_2+q_1=0.01+0.001\times200+0.015=0.045(\text{m}^3/\text{s})$$

因为 BC 段为沿程均匀泄流管道，所以按只有贯通流量计算其折算流量为

$$Q_2=Q_r=Q_3+0.55ql_2=0.01+0.55\times0.0001\times200=0.021(\text{m}^3/\text{s})$$

铸铁管的 $n=0.0125$，$K_1=0.341\text{m}^3/\text{s}$，$K_2=0.1584\text{m}^3/\text{s}$，$K_3=0.0537\text{m}^3/\text{s}$，则管道所需的水头为

$$H=\frac{Q_1^2}{K_1^2}l_1+\frac{Q_2^2}{K_2^2}l_2+\frac{Q_3^2}{K_3^2}l_3=\frac{0.045^2}{0.341^2}\times300+\frac{0.021^2}{0.1584^2}\times200+\frac{0.01^2}{0.0537^2}\times100=12.21(\text{m})$$

思 考 题

思7-1 什么是管流？管流的分类有那些？

思7-2 什么是“长管”和“短管”？在水力计算上有什么区别？

思7-3 简单管道的水力计算基本公式是什么？试述利用简单管道的基本公式可解决哪些问题？

思7-4 管道流量系数 μ_c 的意义是什么？

思7-5 总水头线和测压管水头线的绘制原则和步骤如何？

思7-6 试述虹吸管的安装高度、水泵的安装高度、水泵的扬程是如何进行计算的？

思7-7 试述枝状管网和环状管网中流动的特点有哪些？

思7-8 引入折算流量对计算沿程均匀泄流管水力计算有何作用？

习　题

7-1　某建筑工地的供水由图 7-18 所示的水塔供应，水塔水面比地面高 8m，现由长度 $l=1000$m，直径 $d=400$mm 的旧铸铁管输水到用水点，用水点标高较水塔所在地面高 2m，求通过管中的流量（采用谢维列夫公式按长管计算）。

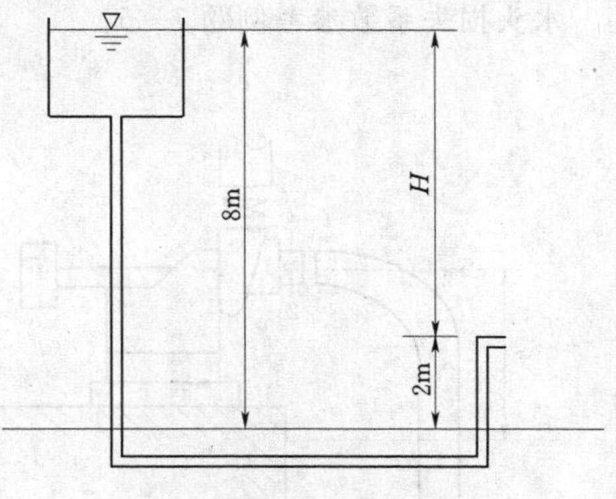

图 7-18　习题 7-1 图

7-2　工厂某车间耗水量为 $36\text{m}^3/\text{h}$，用直径 75mm、长 140m 的铸铁管供水（$n=0.013$）。水管接在水塔，设不计局部损失，求水塔水面和用水点的高差。

7-3　图 7-19 所示水平放置串联管路从 A 水池输水至 B 水池，游水位高出管轴 1.5m，已知 $l_1=30$m，$d_1=100$mm，$l_2=40$m，$d_2=250$mm，$l_3=20$m，$d_3=150$mm，设管材为铸铁管（采用 $n=0.013$），按长管计算，求流经管路的流量，并绘测压管水头线。

7-4　图 7-20 为倒虹吸管，截面为圆形，管长 $l=50$m，在上下游水位差 $H=2.24$m 时，要求通过流量 $Q=3\text{m}^3/\text{s}$。现设倒虹吸管的 $\lambda=0.02$，管子进口、弯头及出口的局部阻力系数分别为 $\zeta_{进}=0.5$、$\zeta_{弯}=0.25$ 及 $\zeta_{出}=1.0$，试选择其管径 d。

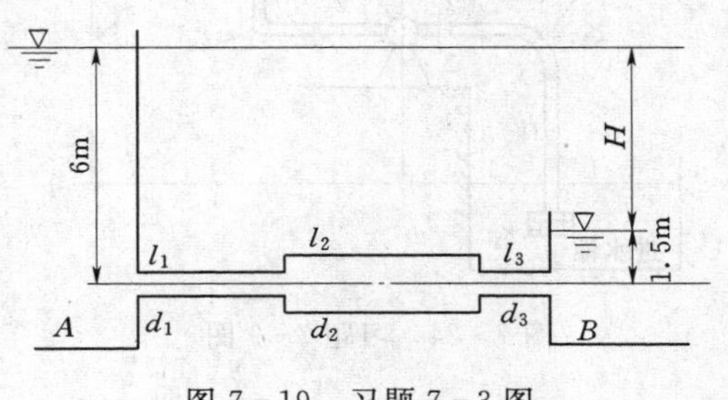

图 7-19　习题 7-3 图

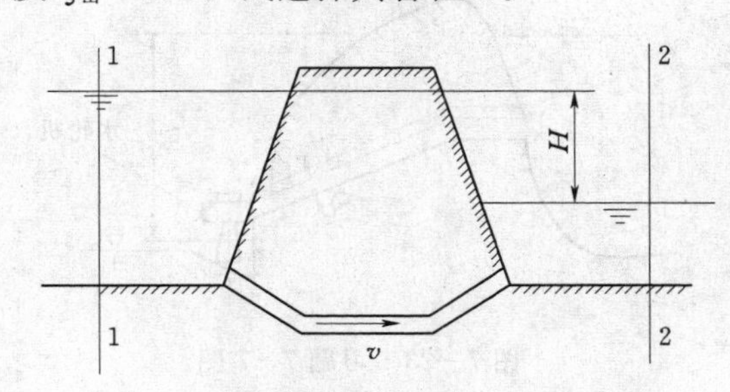

图 7-20　习题 7-4 图

7-5　图 7-21 为离心泵，实际抽水量 Q 为 8.11L/s，吸水管长度 l 为 7.5m，直径 d 为100mm，允许吸水真空高度 $[h_v]$ 为 5.7m，试确定其允许安装高度 h_s。

7-6　图 7-22 为虹吸管，上、下水池水位差 H 为 2m，管长 l_1 为 15m，l_2 为 20m，d 为200mm，入口阻力系数 $\zeta_{入}$ 为 1，转弯阻力系数 $\zeta_{弯}$ 为 0.2，沿程阻力系数 λ 为 0.025，管顶最大允许真空高度 h_v 为 7m。试确定：通过流量及管顶最大的允许安装高度。

7-7　水轮机装置如图 7-23 所示，已知水头 $H=180$m，引水的压力输水管长 $L=2200$m，直径 $D=1.2$m，水轮机效率 $\eta_m=88\%$，因管子较长，只考虑沿程损失。沿程阻力系数 $\lambda=0.02$。试求可能获得的最大功率及此时通过的流量 Q。

7-8　一圆形有压涵管，长 $l=50$m，在上下游水位高差 $H=3$m 时，要求通过流量 $Q=3\text{m}^3/\text{s}$，试选择其直径。沿程阻力系数 $\lambda=0.03$，总的局部阻力系数 $\sum\zeta=2.8$。

7-9　离心泵管路系统布置如图 7-24 所示。水泵流量 $Q=25\text{m}^3/\text{h}$。吸水管长度 $l_1=3.5\text{m}$，$l_2=1.5\text{m}$。压水管长度 $l_3=2.0\text{m}$，$l_4=15.0\text{m}$，$l_5=3.0\text{m}$。水泵提水高度 $Z=18\text{m}$，水泵最大真空度不超过 6m。试确定水泵的允许安装高度并计算水泵的总扬程。

水头损失系数参考例题 7-5。

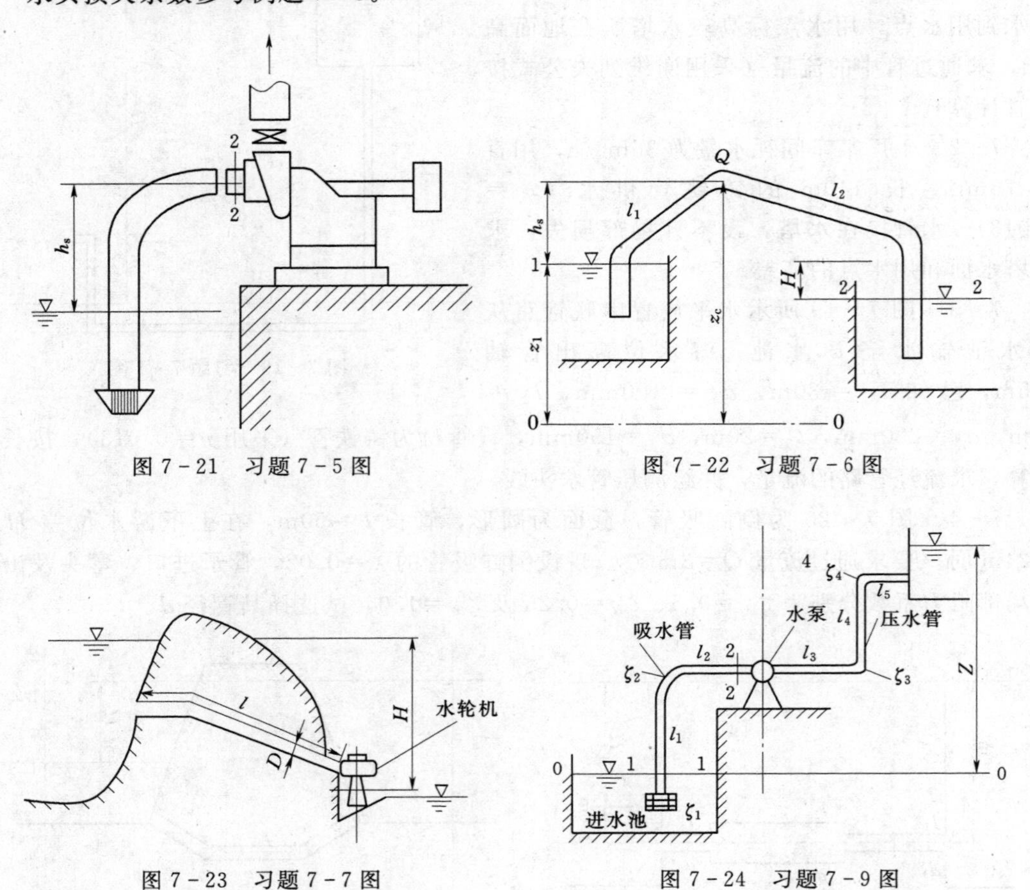

图 7-21　习题 7-5 图

图 7-22　习题 7-6 图

图 7-23　习题 7-7 图

图 7-24　习题 7-9 图

7-10　有两段管道并联，已知总流量 Q 为 80L/s，管径 d_1 为 200mm，管长 l_1 为 500m；管径 d_2 为 150mm，管长 l_2 为 300m，管道为铸铁管（$n=0.0125$）。求并联管道两节点间水头损失及支管流量 Q_1、Q_2。

7-11　一铸铁管（$n=0.013$）枝状管网如图 7-25 所示，已知点 1、2、3、4 与水塔地面标高相同，点 5 较它们高 2m，各点要求自由水头 $H_{cb}=8\text{m}$，管长 $l_{12}=200\text{m}$，$l_{23}=350\text{m}$，$l_{45}=200\text{m}$，$l_{14}=300\text{m}$，$l_{01}=400\text{m}$，试设计各管段管径及水塔高度。

7-12　如图 7-26 所示，有一清洁的铸铁并联管，流过的总流量 $Q=80\text{L/s}$，管的直径 $d_1=150\text{mm}$，$d_2=200\text{mm}$；长度 $l_1=500\text{m}$，$l_2=800\text{m}$，求并联管中的流量分配值及二集合点 A、B 间的水头损失（不计局部损失）。

7-13　图 7-27 为某管网，已知干管流量 $Q=120\text{L/s}$，各管段的长度分别为 $l_A=1000\text{m}$，$l_B=900\text{m}$，$l_C=300\text{m}$；直径 $d_A=250\text{mm}$，$d_B=300\text{mm}$，$d_C=250\text{mm}$；粗糙系

数 $n_A=0.011$，$n_B=0.0125$，$n_C=0.0143$。试求各支管流量 Q_A、Q_B、Q_C 及 MN 间水头损失 h_f（局部损失不计）。

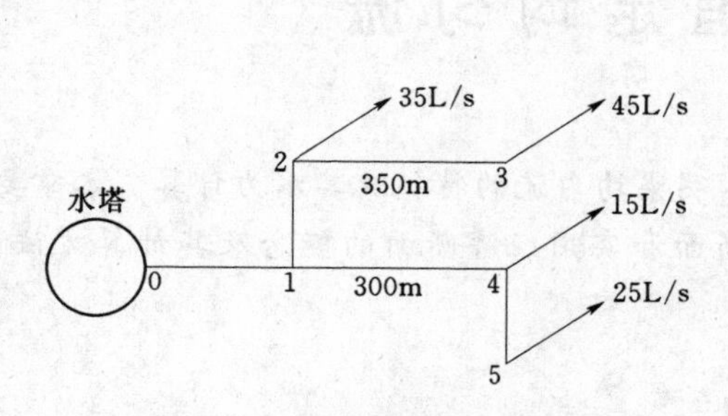

图 7-25　习题 7-11 图

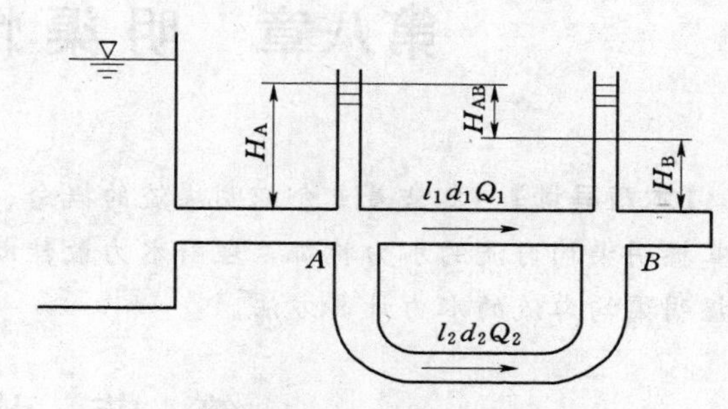

图 7-26　习题 7-12 图

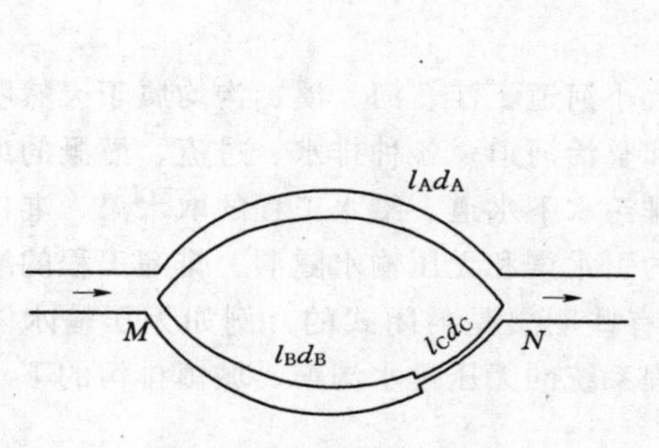

图 7-27　习题 7-13 图

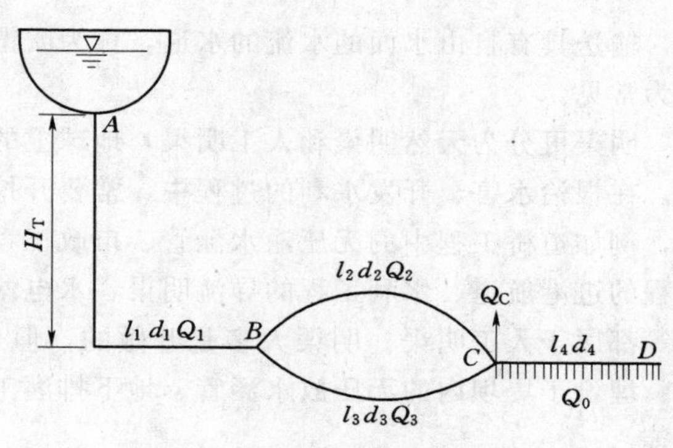

图 7-28　习题 7-14 图

7-14　复杂管网由水塔供水，管网 $B—C—D$ 位于同一水平地面，如图 7-28 所示。BC 为并联管段，C 处有集中泄流量 $Q_C=8\text{L/s}$，CD 段为沿程均匀泄流段，至 D 点流量全部泄完。已知 $l_1=200\text{m}$，$l_2=l_3=l_4=100\text{m}$；$d_1=125\text{mm}$，$d_2=d_3=d_4=100\text{mm}$；$Q_1=20\text{L/s}$，$Q_2=Q_3=10\text{L/s}$，$Q_0=12\text{L/s}$。管道全部采用铸铁管，试确定水塔的高度 H_T。

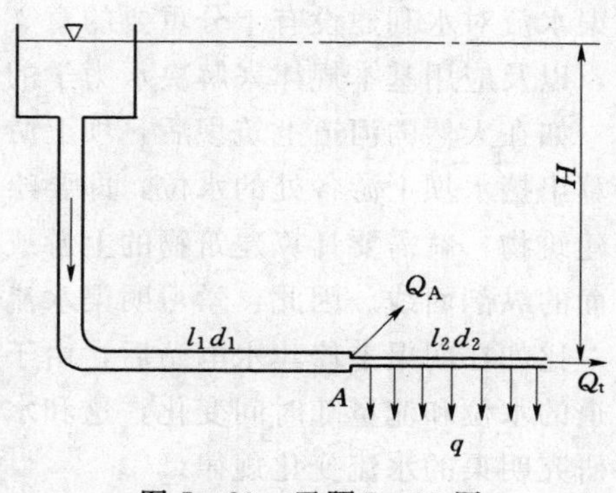

图 7-29　习题 7-15 图

7-15　由水塔供水的输水管道，全管包括两段，如图 7-29 所示。第一段管长 $l_1=800\text{m}$，$d_1=250\text{mm}$；第二段是均匀泄流管，管径 $d_2=150\text{mm}$，管长 $l_2=200\text{m}$，$n=0.0125$。每米长连续泄出流量 $q=0.10\text{L/s}$，在第一段、第二段管的接头 A 处，需要分出流量 $Q_A=20\text{L/s}$，管末端出口流量 $Q_t=10\text{L/s}$，求管路所需的水头。

第八章　明渠恒定均匀流

【本章导读】　本章着重介绍明渠流的概念、明渠均匀流的特征及其水力计算。本章要求掌握明渠均匀流的水力特征，理解水力最佳断面和实用经济断面的概念及其计算方法。掌握明渠均匀流的水力计算方法。

第一节　引　　言

输送具有自由水面的水流的水道，称为明渠，也称明槽。明渠在自然界和实际生活中极为常见。

明渠可分为天然明渠和人工明渠，地球上的大小河道，江、河、溪、沟均属于天然明渠。在根治水害、开发水利的过程中，常要开挖和整治河道。各种排水、过流、灌溉的渠道，例如道桥工程中的无压输水涵管、市政工程排污水下水道、给水工程的取水渠、港口工程的进港航道、水利工程的导流明渠、水电站的引水渠和无压输水隧洞、排灌工程的灌溉等都属于人工明渠。明渠大多是开敞的，但也有些明渠是封闭式的，例如无压输水隧洞、埋设于堤坝内的无压放水涵管、地下排灌工程系统的无压排水沟渠、城镇排污的下水道等。

天然河道和人工渠道的开发利用都对水力学提出了内容丰富的研究课题。因此，研究明渠水流对水利建设有十分重要的意义。研究明渠水流的目的就是探求明渠水流的基本规律，以及应用基本规律来解决水力学的计算问题。

如在天然的河道上筑坝后，坝上游地区要形成水库，为估算水库的淹没损失必须预先计算出挡水坝上游各处的水位，即要绘出水库的水面曲线；如在河渠上修建跌水、滚水坝等建筑物，就需要计算建筑物的上游或下游的河渠水面曲线。所谓河渠水面曲线就是河渠水面的纵剖面线。因此，学习明渠水流，必须学会分析和计算水面曲线。

比如在明渠上修建水电站后，由于水电站的日调节作用，要引起上游引水渠道和下游河道的水位和流量随时间变化，这和水轮机工作以及航运条件有密切的关系，因此，就需要研究明渠的水流变化规律。

再如为防止洪水为害，必须研究汛期河道中洪水运行规律，以便对洪水作出预报。

上述问题可概括为：对于明渠非恒定流问题，主要是确定流量 $Q(s,t)$［或速度 $v(s,t)$］和水位 $z(s,t)$［或水深 $h(s,t)$］两个函数；对于明渠恒定流问题，主要是确定 $Q(s)$［或 $h(s)$］一个函数。

本章主要研究明渠恒定流问题。在此前提下只限于研究下述条件的河渠水流：

（1）渐变流（对位置和时间），个别情况也研究急变流。

（2）阻力平方区紊流。

（3）不涉及掺气等复杂现象的高速水流。

（4）无泥沙运动，河床不变形。

第二节　明渠流的概念、底坡及其横断面

一、明渠流

（一）明渠流的一般概念

明渠水流是水在重力作用下沿渠道流动，具有自由面的水流，水面上各点的压强为大气压，其相对压强为零，所以明渠水流又称无压流。

（二）明渠流的特点

与以前所讲的管流（为固壁包围没有自由面的水流）相比，这两种水流之间虽然有许多共同之处，但也存在着重要的差别：

（1）包围流束的固体边界（或称湿周）是敞开的（“明”的）；而管流中是封闭的。

（2）明渠水流的自由面位置可以随时间和空间变化，因而过水断面的几何特性及各水力要素（如流速、过水断面、湿周、水力半径）也将相应地随时间和空间改变；对于管流，由于没有自由面，过水断面不变。

（3）明渠的横断面形状从人工制作或开挖的各种规则形状到天然渠道的不规则形状，变化很多；相对地说，管道断面形式很少，且常为圆形。

（4）由于明渠中沿流程的地形、土质及工程衬砌、管理养护等方面存在差别，对天然河道还有河床植被的差异，这就使得某些渠槽的糙率沿程且随水深不断变化。

因此，明渠中的水力计算要比有压管流复杂得多。

由于自由液面的存在，明渠流截面上沿垂直方向的速度分布和壁面切应力是非对称的，图 8-1 为常用的梯形截面明渠流截面等速度线分布图，最大速度不在液面上而是在液面下（约 1/5 深度处），在角隅处速度分布更不均匀（存在二次流）。为了便于分析，工程上取截面的速度平均值按一维流动处理。对于不可压缩的液体，连续性方程为

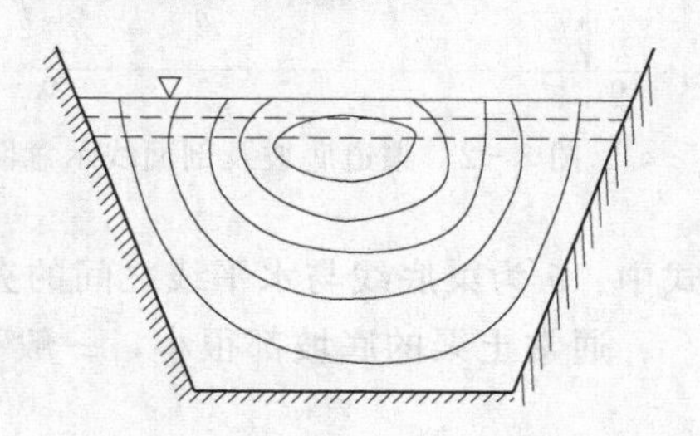

图 8-1　明渠流动横断面上纵向流速等值线图

$$Q = 常数 \tag{8-1}$$

（三）明渠流的分类

在第三章中曾介绍过流动的分类，这些分类的方法仍然适用于明渠水流。

1. 明渠恒定流与非恒定流——运动要素是否随时间变化

流速、水深、流量不随时间而变化的明渠水流称为明渠恒定流。农田水利中的渠道、水利枢纽中的河岸式溢洪道以及航运工程中的运河等，其中的水流多属于恒定流。描述明渠恒定流的方程是总流的能量方程和连续性方程。

流速、水深、流量随时间而变化的明渠水流称为明渠非恒定流。渠道闸门开启和关闭过程的水流、暴雨期城市排水渠道中的水流都属于明渠非恒定流。描述明渠非恒定流的运动方程和连续性方程称为圣维南方程。

本章只研究明渠恒定流。

2. 明渠均匀流与非均匀流

明渠均匀流的流线是一组平行于渠底的平行线。流速流线近似平直，其曲率半径相当大的流动称为渐变流。明渠渐变流的流速、水深沿程变化缓慢。

流线的曲率半径比较小的流动称为急变流。明渠急变流的流速、水深沿程变化急剧。急变流有水跃（如钱塘江涌潮）和水跌（如瀑布）之分等。本章仅讨论均匀流，均匀流可在等斜坡、等截面的长直渠道中实现，是一种常用的简化模型，分析均匀流对认识明渠流特点有典型意义。

二、明渠的底坡

1. 底坡

明渠渠底与纵剖面的交线称为渠底线，该纵剖面与水面的交线则称为水面线（图 8-2)，对于人工渠道渠底可看作是平面。这样，在纵剖面图上它就是一段直线或互相衔接的几段直线；对于天然河道，河底是起伏不平的，它的总趋势是沿水流方向降低的。所以在纵剖面图上，河底线是一条时有起伏而逐渐下降的曲线。渠底线沿流程单位长度的降低值称为明渠底坡，以符号 i 表示。

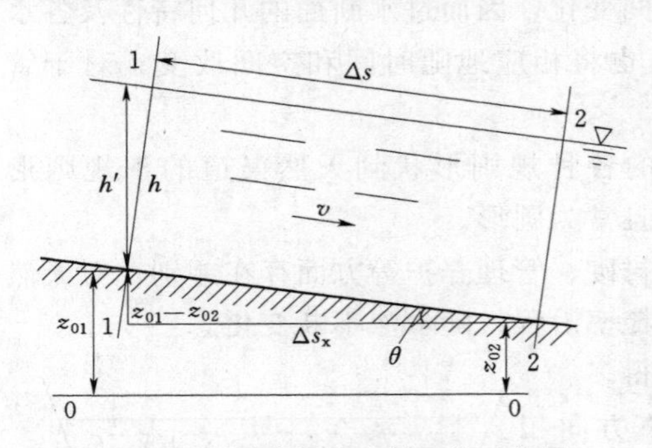

图 8-2 渠道底坡及剖面线示意图

如图 8-2 所示，如取两个断面的间距为 Δs，两个断面的底部高程分别为 z_{01}－z_{02}，则渠底高程的降落值为

$$z_{01}-z_{02}=-(z_{02}-z_{01})=-\Delta z_0 \quad (8-2)$$

按定义底坡可表示为

$$i=-\frac{\Delta z_0}{\Delta s}=\sin\theta \quad (8-3)$$

式中：θ 为渠底线与水平线之间的夹角。

通常土渠的底坡都很小，一般 $0<i<0.1$，相应地 θ 也很小，即有

$$i=\sin\theta\approx\tan\theta=-\frac{\Delta z_0}{\Delta s_x} \quad (8-4)$$

因而也常以两断面之间的水平距离 Δs_x 代替流程长度 Δs。由于两断面垂直于流动方向，因而水深 h 垂直于流向，由图可以看出 $h'=\dfrac{h}{\cos\theta}$。在底坡 $i\leqslant 0.1(\theta\approx 6°)$ 的情况下，采用铅垂水深 h' 代替实际水深 h，不会产生较大误差。为了量测和计算的方便，常取铅垂断面为过水断面，认为 $h'\approx h$。

2. 底坡的分类

明渠的底坡有下列 3 种：渠底高程沿水流方向降低的底坡称为正坡，此时 $\Delta z_0<0$，由式（8-3）或式（8-4）可见，$i>0$；渠底高程沿水流方向不变的称为平坡，此时 $\Delta z_0=0$，所以 $i=0$；渠底高程沿水流方向增加的则称为负坡，此时 $\Delta z_0>0$，所以 $i<0$。上述 3 种底坡如图 8-3 所示。

天然河道由于河底起伏不平，底坡沿流程起伏不平，底坡沿流是变化的，在进行河道

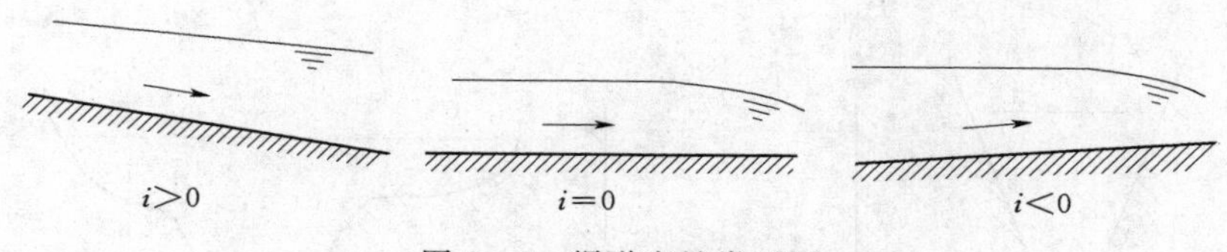

图 8-3 渠道底坡类型图

的水力计算时，可在一段河道内取底坡的平均值。

三、明渠的横断面

和渠道中心线垂直的平面与渠底及渠壁的交线构成明渠的横断面，如图 8-4 所示。

注意：这里讲的明渠的横断面是指渠道的轮廓，它与过水断面不同。后者是指与流向垂直的横断面，除了包括渠道的轮廓还包括水面轮廓。如图 8-4（a）所示，过水断面和渠底平面垂直，与铅垂面成一夹角 θ，如上所述，一般 θ 角很小，可近似地把过水断面认为是铅垂面。

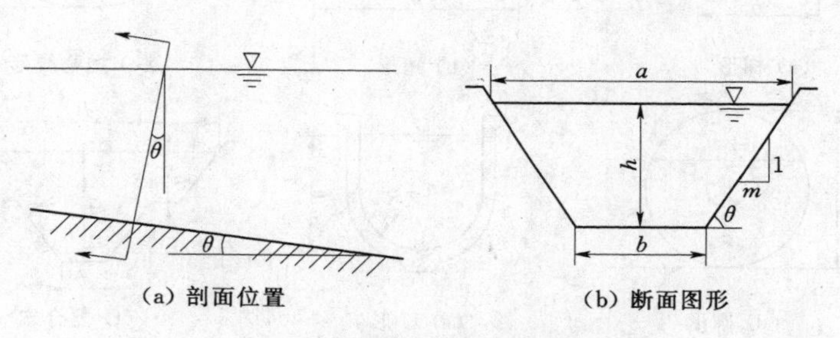

图 8-4 渠道过水断面示意图

四、明渠渠道的分类

渠道是约束明渠水流运动的外部条件，渠道边壁的几何特性和水力特性对明渠中的水流运动有着重要的影响。因此，必须对明渠自身的形式有所了解。渠道纵向几何特性是指渠道底坡及其变化情况；横向几何特性是指横断面的形状和尺寸。

（一）按形成原因分类

渠道可分为天然渠道、人工渠道。

（二）按底坡形式分类

渠道可分为顺坡渠道、平坡渠道、逆坡渠道。

（三）按横断面的形状分类

渠槽槽身形式按横断面的形状来分，有不规则断面槽和规则断面槽两大类。

1. 天然河道

横断面多为不规则的形状，一般河流上游水流急、冲刷力强，河道断面多呈 V 形［图 8-5（a）］；中下游水流较缓，渠底逐渐变缓，淤积逐渐加剧，断面多呈 U 形［图 8-5（b）］；平原地区地势平坦，河道断面多为复合式形状，主流区有一深槽，有时流量小水位低，水流集中于主槽中，当流量大时，水位上涨，漫至滩地，横断面就由主槽、滩地两部分组成［图 8-5（c）］。

2. 人工渠道

渠道横断面均为规则形状，如图 8-6 所示。

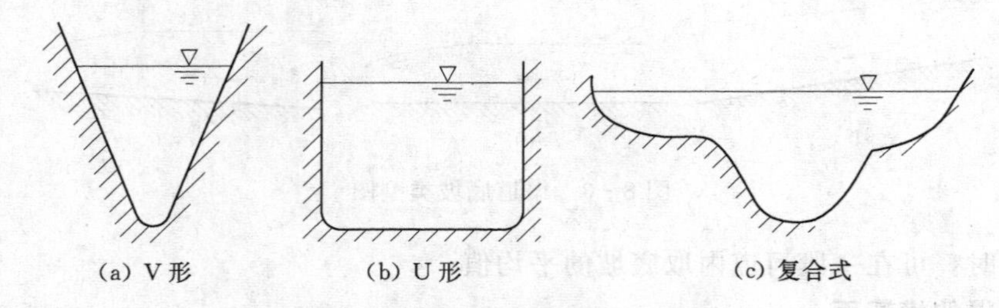

图 8-5　天然河道不同形式横断面图

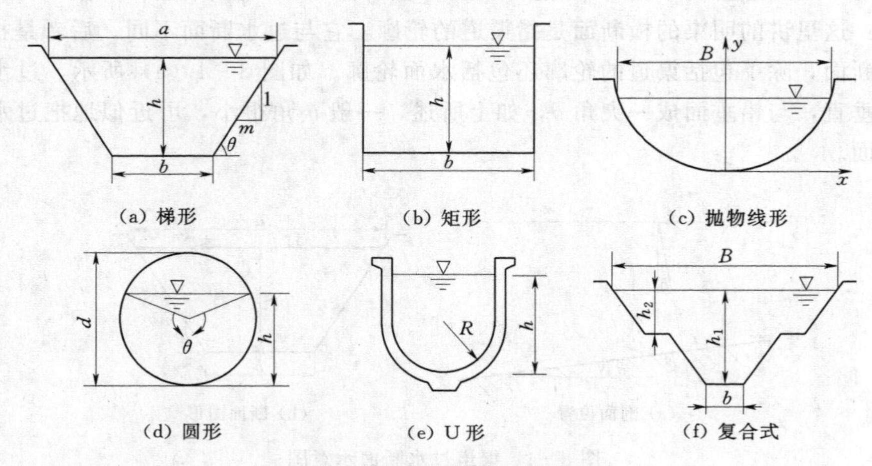

图 8-6　渠道断面形式

(1) 梯形断面。在土质地基上的明渠，两侧要承受冻土压力，使土向下滑动，土壤需要有一定的边坡才能阻止塌方。为了保持稳定，其断面多为等腰梯形，如图 8-6 (a) 所示。

(2) 矩形断面。在岩石开凿的渠道或用钢筋混凝土作衬砌材料的明渠，其断面多为矩形、梯形，如图 8-6 (b) 所示。

(3) 圆形断面。中小型的下水道和无压涵管，其断面多为圆形、梯形，如图 8-6 (d) 所示。

(4) U形断面。人工渡槽和小型渠道衬砌常用U形断面，如图 8-6 (e) 所示。

(5) 复合式断面。对于最大流量和最小流量相差较大的大型渠道，其断面多为复合式断面，如图 8-6 (f) 所示。

(四) 按断面形状、尺寸是否沿流程变化分类

在水利工程中，有时渠道断面形状需要沿着水流方向变化，如梯形渠道与矩形渡槽之间的衔接段就是常见的例子。这里 b 和 m 是沿流程变化的，即 $b=b(s)$，$m=m(s)$，$A=f(h,s)$，这种明渠称为非棱柱体明渠，如图 8-7 (a) 所示。

为了使水流平顺以及施工方便，一般将明渠横断面的形状和尺寸筑成沿程不变的。即 $b=c$，$m=c'$，$A=f(h)$，这种明渠称为棱柱体明渠。如轴线顺直且断面形状大小不变的人工渠道、渡槽等都属于棱柱体明渠，如图 8-7 (b) 所示。

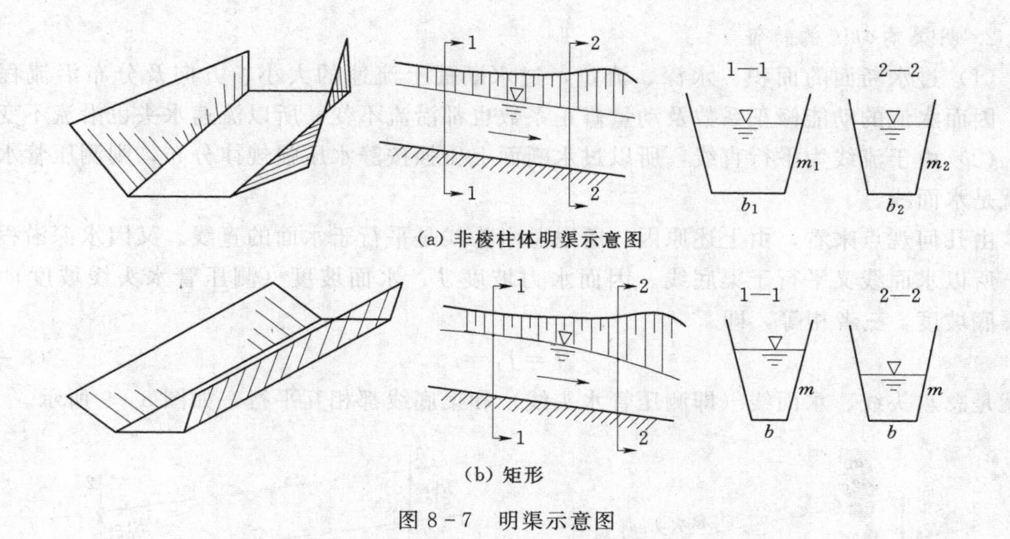

图 8－7　明渠示意图

第三节　明渠均匀流特性及其产生条件

一、明渠均匀流特性

明渠均匀流是流线为平行直线的明渠水流，也就是具有自由表面的等深、等速流，是明渠水流的最简单形态。它的理论是明渠水力计算的基础，同时也是研究明渠非均匀流问题的必备知识。

1. 水流通过明渠的运动过程

图 8－8 为通过一较长的正坡棱柱体渠道从水库引水的情况。当渠道进口闸门打开后，水由水库流入渠道。由于水是有黏滞性的，即水体与渠壁之间有摩阻力。所以渠道水流主要是在重力和阻力同时作用下运动的。重力促使水流流动，而阻力阻滞水流运动。阻力的大小与流速有关，在渠道入口附近流速不大，阻力也较小。此时重力沿流动方向的分量大于阻力，两者不平衡，于是水流加速。流速沿程增大，水深与过水断面沿程减小，这种流动就是非均匀流，如图 8－8 所示。

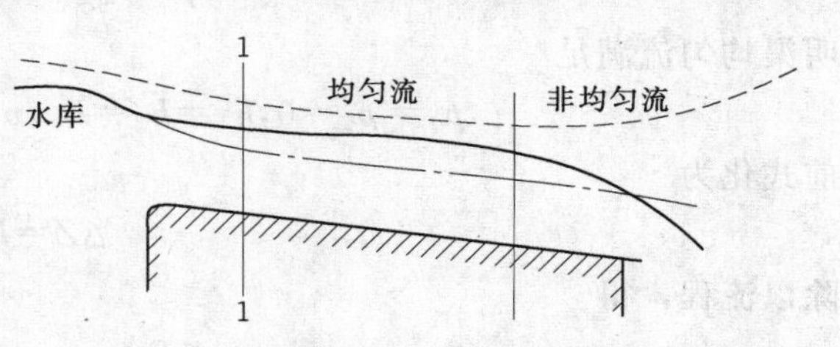

图 8－8　正坡棱柱体渠道水流示意图

自渠道进口至断面 1—1 之间的水流，随着流速的增加，阻力也相应增加，当阻力增大到和重力相平衡时，流速就不再增大，水流作等速运动。再往下游可能出现的情况有三种：①当底坡变大时，渠道末端水流渠底及边壁的支撑减小或失去，阻力减小，在重力作用下重新转为加速流并影响到上游一定的范围，水深再次沿流渐减，如图 8－8 中实线所示；②当底坡变小时，水流阻力增加，水深沿程增加，如图中虚线所示；③当底坡不变时，均匀流可以一直延续到渠道末端，如图 8－8 点划线所示。

2. 明渠均匀流的特征

（1）过水断面的面积、水深、流量，过水断面上流速的大小、方向及分布沿流程不变，因而水流的动能修正系数及动量修正系数也都沿流不变，所以流速水头也沿流不变。

（2）由于流线为平行直线，所以过水断面上压强按静水压强规律分布，则测压管水头线就是水面线。

由几何观点来看，由上述原因，所以总水头线是平行于水面的直线。又因水深沿程不变，所以水面线又平行于渠底线。因而水力坡度 J、水面坡度（测压管水头线坡度）J_P 和渠底坡度 i 三者相等，即

$$J=J_P=i \tag{8-5}$$

也就是总水头线、水面线（即测压管水头线）和渠底线都相互平行，如图 8-9 所示。

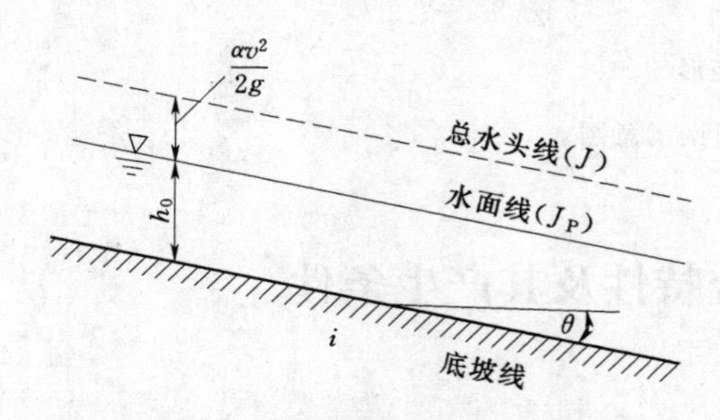

图 8-9　明渠均匀流纵剖面示意图

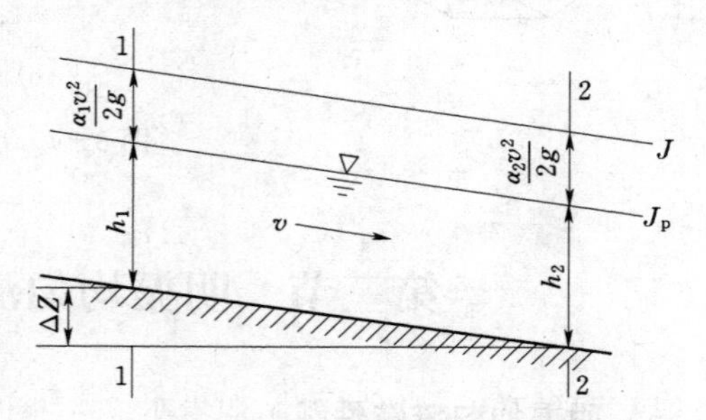

图 8-10　明渠均匀流运动学分析图

（3）由运动学和能量的观点来看，实现等深、等速流动是有条件的。为了说明明渠均匀流形成的条件，取如图 8-10 所示的断面 1—1 和 2—2 之间的水流为研究对象。

列断面 1—1、断面 2—2 的能量方程，即

$$h_1+\Delta z+\frac{p_1}{\gamma}+\frac{\alpha v_1^2}{2g}=h_2+\frac{p_2}{\gamma}+\frac{\alpha v_2^2}{2g}+h_W$$

明渠均匀流满足

$$p_1=p_2=0, h_1=h_2=h_0, v_1=v_2, \alpha_1=\alpha_2, h_W=h_f$$

前式化为

$$\Delta Z=h_f$$

除以流程，得

$$i=J \tag{8-6}$$

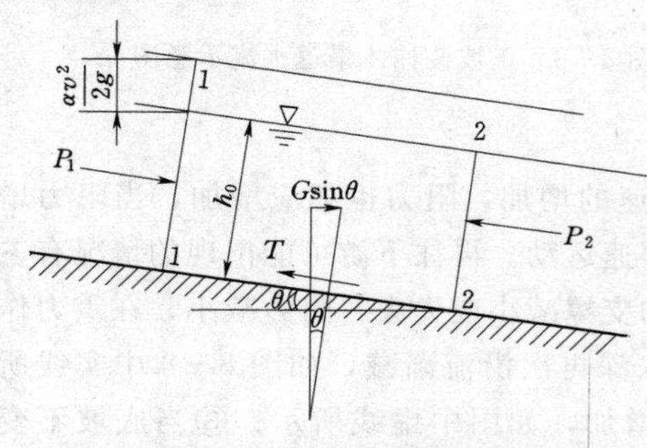

图 8-11　明渠均匀流运动力学分析图

式（8-6）表明，明渠均匀流的条件是因渠底降低所减少的位能等于沿程消耗的机械能而使水流的动能维持不变。

由动力学的观点来看，如图 8-11 所示。

对断面 1—1、断面 2—2 之间的水体进行分析，作用在水体上的力有重力 G、阻力 T、两端断面上的水压力 P_1 和 P_2。沿流动方向列平衡方程，得

$$P_1+G\sin\theta-T-P_2=0$$

由于均匀流中过水断面上动水压强按静水压强规律分布，而且明渠均匀流中过水断面形状、水深、面积沿程不变，故有 $P_1=P_2$。因而上式变为

$$G\sin\theta=T \tag{8-7}$$

式（8-7）表明，明渠水流为均匀流时，重力在水流方向的分力和阻力相平衡。若 $G\sin\theta\neq T$，则明渠水流变成为非均匀流动：$G\sin\theta>T$，水流做加速运动；$G\sin\theta<T$，水流做减速运动。

平底棱柱体明渠中，水体重力沿流向分量 $G\sin\theta=0$。逆坡棱柱形明渠中，水体重力沿流向分量 $G\sin\theta<0$，方向同边界阻力 T 相一致。这两种情况下，式（8-7）都不可能成立，即不可能形成均匀流。非棱柱体明渠中水流过水断面面积既是水深的函数，又沿程变化，显然不可能形成满足式（8-7）的均匀流。因此，明渠恒定均匀流只能发生在顺坡棱柱体明渠中。

二、明渠均匀流的形成条件

由明渠均匀流以上特性可知，明渠水流必须同时具备以下条件，才能形成恒定均匀流：

（1）明渠水流为恒定流。如果水流是非恒定流，沿流程各断面的水深，流速随时间变化，因而任一时刻各断面水深、流速等各不相等，不可能是均匀流。

（2）流量沿流程保持不变，没有水流汇入或分出。若流程上某处水流汇入或分出，根据连续性原理，其上下游各过水断面的水深和流速必然不同，不可能是均匀流。

（3）渠道必须是长而直的棱柱体顺坡明渠，并且在足够长距离上保持底坡大小不变。若是非棱柱体明渠，其水深和流速沿程改变，明渠中就不能形成均匀流。即使是底坡均一的棱柱体明渠，如不满足“直”这一条件，轴线弯曲，在弯道中各断面上的流速方向不同，水流不是等速直线运动。

明渠进出口影响和许多渠道中建筑物的干扰，形成的上下游非均匀流，都要经过一定流程上速度的调整，才能重新近似地形成均匀流。若明渠顺直段不够长时，不可能完成这种水流调整成均匀流。

底坡变化必然导致渠道中水体重力沿流动方向分量 $G\sin\theta$ 的变化，即底坡变化是对均匀流水流的一种干扰。

（4）明渠粗糙系数沿程不变。固体边界的粗糙程度直接影响水流阻力的大小，即使是底坡沿程不变的棱柱体明渠，只要粗糙系数沿程变化，边界对水流的阻力也将随之沿程变化，不可能满足明渠均匀流的力学条件。

（5）明渠段没有闸、坝、桥、涵、陡坡、跌水等建筑物对水流的局部干扰。在实际工作中绝对的均匀流不存在，但只要几个条件相差不大可近似看成明渠均匀流，人工渠道一般为沿程不变的棱柱体渠道，基本满足均匀流的条件；天然河道一般为非均匀流，但是个别河床稳定的河段，由于其河床断面较为顺直整齐，糙率基本一致，可视为均匀流段。

第四节　明渠均匀流的基本公式

一、过流断面的几何要素

（一）梯形断面的几何要素（图 8-12）

已知量：b 为底宽；h 为水深，均匀流的水深沿程不变，称为正常水深，习惯上以 h_0 表示；m 为边坡系数，是表示边坡倾斜程度的系数，以符号 m 表示，即 $m=\cot\theta$。

所修渠道边坡系数的大小取决于渠道土壤或护面的性质，见表 8-1。

表 8-1　各种土壤渠道的边坡系数

土壤种类	边坡系数	土壤种类	边坡系数
细粒砂土	3.0～3.5	重壤土、密实黄土、普通黏土	1.0～1.5
砂壤土或松散土壤	2.0～2.5	密实重黏土	1.0
密实砂壤土、轻黏壤土	1.5～2.0	各种不同硬度的岩石	0.5～1.0
砾石、砂砾石土	1.5		

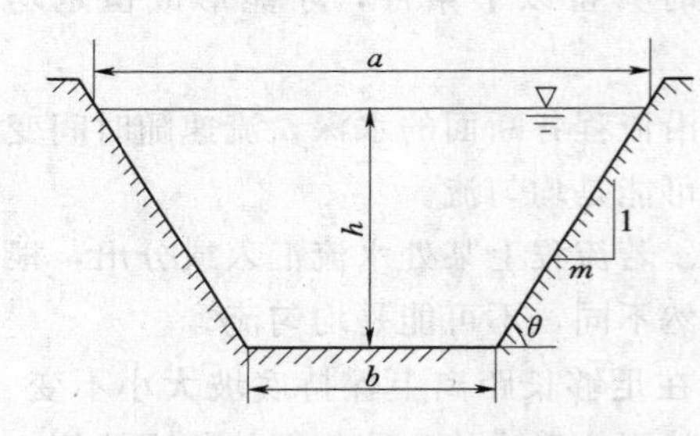

图 8-12　梯形断面几何要素示意图

导出量：

B 为水面宽，即

$$B=b+2mh \tag{8-8}$$

A 为过流断面面积，即

$$A=(b+mh)h \tag{8-9}$$

χ 为湿周，即

$$\chi=b+2h\sqrt{1+m^2} \tag{8-10}$$

R 为水力半径，即

$$R=\frac{A}{\chi} \tag{8-11}$$

如果梯形断面是不对称的，两边的边坡系数 $m_1\neq m_2$，则

$$A=\left(b+\frac{m_1+m_2}{2}h\right)h \tag{8-12}$$

$$B=b+m_1h+m_2h \tag{8-13}$$

$$\chi=b+\left(\sqrt{1+m_1^2}+\sqrt{1+m_2{}^2}\right)h \tag{8-14}$$

（二）矩形断面的几何要素（图 8-13）

导出量

$$A=bh \tag{8-15}$$

$$\chi=b+2h \tag{8-16}$$

$$R=\frac{A}{\chi}=\frac{bh}{b+2h} \tag{8-17}$$

对于宽矩形断面，当 $b/h\geqslant10$ 时，近似可取 $\chi=b$，$R=h$。

（三）抛物线形断面的几何要素（图 8-14）

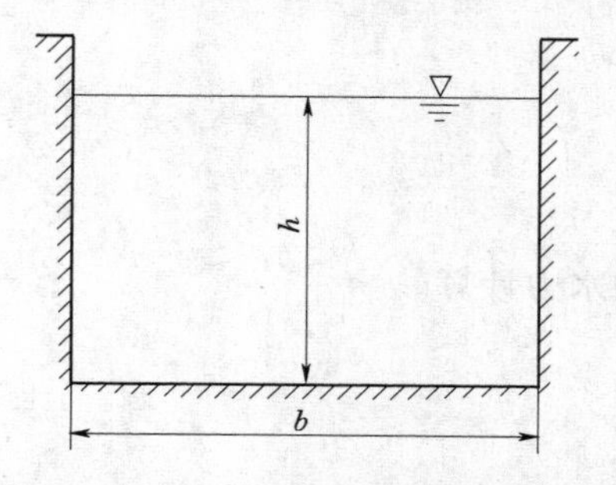

图 8-13 矩形断面的几何要素示意图

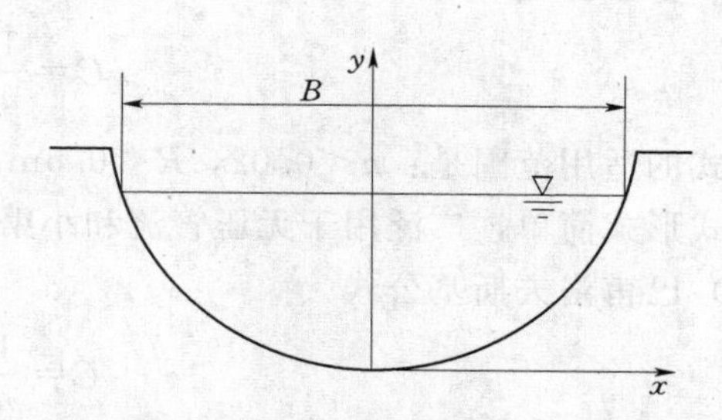

图 8-14 抛物线形断面的几何要素示意图

湿周为抛物线的过水断面，抛物线方程：

$$x^2=2py \tag{8-18}$$

式中：p 为抛物线的焦点参数。

过水断面的面积：

$$A=\frac{2}{3}Bh \tag{8-19}$$

式中：B 为水面宽度；当水深 h 已知时，抛物线形过水断面的水面宽度，可由抛物线方程式（8-18）求出：

$$B=2\sqrt{2ph} \tag{8-20}$$

抛物线形过水断面的湿周 χ，可根据 h/B 的比值，由下述各式计算

$$\left.\begin{array}{ll} h/B\leqslant 0.15 & \chi\approx B \\ h/B\leqslant 0.33 & \chi\approx B\left[1+\frac{8}{3}\left(\frac{h}{B}\right)^2\right] \\ 0.33<h/B<2 & \chi\approx 1.78h+0.61B \\ h/B\geqslant 2 & \chi\approx 2h \end{array}\right\} \tag{8-21}$$

二、明渠均匀流的计算基本公式

（一）公式形式

在第三章已得到均匀流动水头损失的计算公式——谢才公式，即 $v=C\sqrt{RJ}$，这一公式是均匀流的通用公式，既适用于有压管道均匀流，也适用于明渠均匀流。由于明渠均匀流中，水力坡度 J 与渠底坡度 i 相等，即 $J=i$，故有

$$v=C\sqrt{Ri} \tag{8-22}$$

流量

$$Q=Av=AC\sqrt{Ri}=K\sqrt{i} \tag{8-23}$$

式中：v 为明渠断面平均流速，m/s；R 为水力半径，m；K 为流量模数，$K=AC\sqrt{R}$，m^3/s；C 为谢才系数。

式（8-23）中的 K 综合反映了明渠断面的形状、尺寸和粗糙程度对过水能力的影响。当 $i=1$ 时，$Q=K$，表示渠道底坡为 1 时，渠道中能够通过的均匀流流量；当 $i=C$ 时，$Q\propto K$，表示在底坡一定的情况下，流量与流量模数成正比。在长期的试验和实测的

基础上，人们提出了许多计算谢才系数的经验公式，具体参见第五章。主要是两个公式：

（1）曼宁公式

$$C=\frac{1}{n}R^{\frac{1}{6}} \tag{8-24}$$

此式的适用范围是：$n<0.02$，$R<0.5\text{m}$。

此式形式简单，广泛用于无压管流和小渠道的水力计算。

（2）巴甫洛夫斯基公式

$$C=\frac{1}{n}R^{y} \tag{8-25}$$

其中

$$y=2.5\sqrt{n}-0.13-0.75\sqrt{R}(\sqrt{n}-0.10) \tag{8-26}$$

此式是巴甫洛夫斯基根据灌溉水渠的实测资料提出的，其适用范围是 $0.1\text{m}\leqslant R\leqslant 3\text{m}$，$0.011\leqslant n\leqslant 0.04$ 的河渠。

对土木工程、排水工程的明渠常用曼宁公式表示。

（二）谢才系数 C

谢才系数 C 是反映断面形状尺寸和粗糙程度的一个综合系数。从式（8-24）或式（8-25）中可以看出，它与水力半径 R 值和粗糙系数 n 值有关。须注意以下两个问题：

（1）与雷诺数无关。这是由于受到200多年前的科学技术发展水平的限制，对明渠水流的认识仅局限于部分实测或实验资料的结果。因此，曼宁公式或巴甫洛夫斯基公式仅限于水力粗糙区。工程上的明渠流都属于大雷诺数的紊流，因此，谢才公式被广泛使用。

（2）糙率 n 值影响远比 R 值大得多。对于不同材料的明渠，如（土渠、岩石渠等）有不同的糙率 n，即使是同一材料的明渠，由于运用管理情况不同，n 值也不同。因此，在明渠水力计算中，粗糙系数 n 值选得是否恰当，对计算结果和工程造价有很大影响，因此应该注意以下两点：

1）在设计中，明渠的横断面已确定，如果对明渠边壁粗糙程度估计过高，选用的 n 值比实际粗糙系数大，则按一定流量设计确定的过水断面面积或底坡就会偏大，也会因此增大建设工程量和造价；渠道建成后实际运行时，明渠中实际流速大于设计流速，可能会引起渠道冲刷，造成实际水深及水位降低，导致次级渠道的进水困难，减小经济效益（如减少自流灌溉面积）。

2）如果边壁粗糙系数估计过低，设计采用的 n 值比实际粗糙系数小，则按设计流量计算确定的过水断面面积或渠道底坡就偏小，当渠道建成后运行时，明渠中实际流速达不到设计值，不能满足要求的流量，可能导致挟沙水流中的泥沙淤积在渠道中。例如，苏北的淮沭河在规划时选用 n 值为0.02，竣工后实测的 n 值为0.0225，两者之差为0.0025，结果比原设计开挖的河道过水能力偏小11%，为了保证能通过设计流量，就需要加高堤岸，加高的土方量达几千万立方米。

（三）糙率 n 值选定

为了恰当地选定糙率 n 值，应遵循以下几个原则：

（1）对于人工渠道，多年来积累了较多的实验资料和工程经验，表8-2列出参考的

粗糙系数 n 值。选用 n 值时应根据具体明渠的实际情况（如按施工质量的好坏、使用年限的长短、养护条件和流量大小等）来选择：

1）施工质量较好，施工养护好，底坡小，表面也很平整，可以采用较低的 n 值，可减少土石方量。例如，土渠设计时一般选用 $n=0.025$，而国内某渠道，考虑了施工质量较好等各种因素，在设计中选用了 $n=0.02$，因而节省土石方量达数十万立方米。后来实际证明这一选择是正确的。

2）考虑到几年之后表面粗糙度可能稍增，则 n 值可选中等值。

3）如明渠的施工质量较差，则 n 值可选最大值。

（2）对于天然河道，实际情况要复杂得多。

1）河道本身：河槽、河床泥沙颗粒的大小；淤泥、砂粒、卵石、石块、河道形态、断面是否规则、沿流程是否变化、河道的弯曲程度；床面凸凹情况及有无深潭、石梁、人工建筑物等；植被高低、茂密状况等；水流因素、水位高低、洪水涨落等。

2）糙率 n 随 h 变化而变化。根据有关水文站的测量资料绘制的水位 Z 与 n 的关系曲线，表示平原河道 n 随 h 增加而减小，对有漫滩的平原河道（黄河、淮河等），水位漫滩后，n 反而随水位增加而加大。

3）在多泥沙河道中，n 与含沙量 $\bar{s}$ 的大小有关。n 的大小与 $\bar{s}$ 的大小、泥沙颗粒的粒径 d 有关，通常情况下，随 $\bar{s}$ 和 $d_{65}^{1/6}$ 而增加，但也有随 $\bar{s}$ 的增大，在河床形成了一个饱和含水层，起着“润滑”作用。同样，也会出现 n 减小的现象，这主要是由于水、沙质量不同，两者之间发生相对运动，削弱了水流的紊流作用。

故 n 的决定是很困难的，常要通过对实际河道的量测来测定，一般选取顺直河道，水面宽度和断面形状变化不大的河段，量测 Q、河段长度、水面高差，利用 $Q=\frac{\sqrt{i}}{n_{设}}\frac{A^{\frac{5}{3}}}{\chi^{\frac{2}{3}}}$ 来反求 n 值。

表 8-2　渠道及天然河道的粗糙系数 n 值

渠道和天然河道类型及状况	最小值	正常值	最大值
一、渠道			
（一）敷面或衬砌渠道的材料			
1. 金属			
（1）光滑钢表面	0.011	0.012	0.014
a. 不油漆的	0.012	0.013	0.017
b. 油漆的	0.021	0.025	0.030
（2）皱纹的			
2. 非金属			
（1）水泥			
a. 净水泥表面	0.010	0.011	0.013
b. 灰浆	0.011	0.013	0.015
（2）木材			
a. 未处理，表面刨光	0.010	0.012	0.014

续表

渠道和天然河道类型及状况	最小值	正常值	最大值
b. 用木馏油处理，表面刨光	0.011	0.012	0.015
c. 表面未刨光	0.011	0.013	0.015
d. 用狭木条拼成的木板	0.012	0.015	0.018
e. 铺满焦油纸	0.010	0.014	0.017
(3) 混凝土			
a. 用刮泥刀做平	0.011	0.013	0.015
b. 用板刮平	0.013	0.015	0.016
c. 磨光，底部有卵石	0.015	0.017	0.020
d. 喷浆，表面良好	0.016	0.019	0.023
e. 喷浆，表面波状	0.018	0.022	0.025
f. 在开凿良好的岩石上喷浆	0.017	0.020	
g. 在开凿不好的岩石上喷浆	0.022	0.027	
(4) 用板刮平的混凝土底的边壁			
a. 灰浆中嵌有排列整齐的石块	0.015	0.017	0.020
b. 灰浆中嵌有排列不规则的石块	0.017	0.020	0.024
c. 粉饰的水泥块石圬工	0.016	0.020	0.024
d. 水泥块石石圬工	0.020	0.025	0.030
e. 干砌块石	0.020	0.030	0.035
(5) 卵石底的边壁			
a. 用木板浇注的混凝土	0.017	0.020	0.025
b. 灰浆中嵌乱石块	0.020	0.023	0.026
c. 干砌块石	0.023	0.033	0.036
(6) 砖			
a. 加釉的	0.011	0.013	0.015
b. 在水泥灰浆中	0.012	0.015	0.018
(7) 圬工			
a. 浆砌块石	0.017	0.025	0.030
b. 干砌块石	0.023	0.032	0.035
(8) 修整的方石	0.013	0.015	0.017
(9) 沥青			
a. 光滑	0.013	0.013	
b. 粗糙	0.016	0.016	
(二) 开凿或挖掘而不敷面的渠道			
(1) 渠线顺直，断面均匀的土渠			
a. 清洁，最近完成	0.016	0.018	0.020
b. 清洁，经过风雨侵蚀	0.018	0.022	0.025
c. 清洁，有卵石	0.022	0.025	0.030
d. 有牧草和杂草	0.022	0.027	0.033
(2) 渠线弯曲，断面变化的土渠			
a. 没有植物	0.023	0.025	0.030
b. 有牧草和一些杂草	0.025	0.030	0.033

续表

渠道和天然河道类型及状况	最小值	正常值	最大值
c. 有密茂的杂草或在深槽中有水生植物	0.030	0.035	0.040
d. 土底，碎石边壁	0.028	0.030	0.035
e. 块石底，边壁为杂草	0.025	0.035	0.040
f. 圆石底，边壁清洁	0.030	0.040	0.050
(3) 用挖土机开凿或挖掘的渠道			
a. 没有植物	0.025	0.028	0.033
b. 渠岸有稀疏的小树	0.035	0.050	0.060
(4) 石渠			
a. 光滑而均匀	0.025	0.035	0.040
b. 参差不齐而不规则	0.035	0.040	0.050
(5) 没有加以维护的渠道，杂草和小树未清除			
a. 有与水深相等高度的浓密杂草	0.050	0.080	0.120
b. 底部清洁，两侧壁有小树	0.040	0.050	0.080
c. 在最高水位时，情况同上	0.045	0.070	0.110
d. 高水位时，有稠密的小树	0.080	0.100	0.140
e. 高水位时，有稠密的小树，水深较浅，河底坡度多变，平面上回流区较多	0.040	0.048	0.055
f. 同 d，但有较多的石块	0.045	0.050	0.060
g. 流动很慢的河段，多草，有深潭	0.050	0.070	0.080
h. 多杂草的河段、多深潭，或林木滩地的过洪	0.075	0.100	0.150
二、天然河道			
(一) 小河流（洪水位的水面宽小于 30m)			
(1) 平原河流部分			
a. 清洁，顺直，无沙滩和深潭	0.025	0.030	0.033
b. 清洁，多石及杂草	0.030	0.035	0.040
c. 清洁，弯曲，有深潭和浅滩	0.033	0.040	0.045
d. 清洁，但有些杂草和石块	0.035	0.045	0.050
e. 清洁，水深较浅，河底坡度多变，平面上回流区较多	0.040	0.048	0.055
f. 同 d，但有较多的石块	0.045	0.050	0.060
g. 流动很慢的河段，多草，有深潭	0.050	0.070	0.080
h. 多杂草的河段，多深潭，或林木滩地上的过洪	0.075	0.100	0.150
(2) 山区河流（河槽无草树，河岸较陡，岸坡树丛过洪时淹没）			
a. 河底有砾石、卵石间有孤石	0.030	0.040	0.050
b. 河底有卵石和大孤石	0.040	0.050	0.070
(二) 大河流（洪水位的水面宽大于 30m)			
相应于上述小河各种情况，由于河岸阻力较小，n 值略小			
a. 断面比较规整，无孤石或丛木	0.025	0.030	0.060
b. 断面不规整，床面粗糙	0.035	0.035	0.100
(三) 洪水时期滩地漫流			
(1) 草地，无丛木			
a. 短草	0.025	0.030	0.035

续表

渠道和天然河道类型及状况	最小值	正常值	最大值
b. 长草	0.030	0.035	0.050
(2) 耕种面积			
a. 未熟禾稼	0.020	0.030	0.040
b. 已熟成行禾稼	0.025	0.035	0.045
c. 已熟密植禾稼	0.030	0.040	0.050
(3) 矮丛木			
a. 稀疏，多杂草	0.035	0.050	0.070
b. 不密，夏季情况	0.040	0.060	0.080
c. 茂密，夏季情况	0.070	0.100	0.160
(4) 树木			
a. 平整田地，干树无枝	0.030	0.040	0.050
b. 平整田地，干树多新枝	0.050	0.060	0.080
c. 密林，树下少植物，洪水水位在枝下	0.080	0.120	0.160
d. 密林，树下少植物，洪水水位淹及树枝	0.100	0.120	0.160

在明渠均匀流中，均匀流时的实际水深为正常水深 h_0，相应于正常水深 h_0 算出的过水断面面积、湿周、水力半径、谢才系数、流量模数也同样属于均匀流状态。

三、水力最佳断面

（一）水力最佳断面的定义

水力最佳断面可由下式得出

$$Q=AC\sqrt{Ri}=\frac{1}{n}AR^{\frac{2}{3}}i^{\frac{1}{2}}=\frac{1}{n}\frac{A^{\frac{5}{3}}}{\chi^{\frac{2}{3}}}i^{\frac{1}{2}} \tag{8-27}$$

式（8-27）指出明渠均匀流输水能力的影响因素，一般可以写为 $Q=f(m, b, h, i, n)$，即其中底坡 i 依地形条件或其他技术上的要求而定，粗糙系数 n 则主要取决于渠槽选用的建筑材料。为了使渠槽可由通过一定的设计流量 Q，在底坡 i 及粗糙系数 n 已定的前提下，满足过水断面面积最小，以减少工程量，或者反过来说，在过水断面面积 A、粗糙系数 n 和渠底底坡 i 一定的条件下，满足渠道通过的流量 Q 最大，凡是符合这一条件的断面形式称为水力最佳断面。

（二）水力最佳断面的条件

分析式（8-27）可知：当渠道的底坡 i、粗糙系数 n 及过水断面积 A 一定时，要使流量 Q 最大，则须水力半径 R 最大，也就是湿周 χ 最小。

在各种几何形状中，各种形式的断面如矩形、梯形、抛物线形、圆形、半圆形、卵形、三角形等，在相同面积的条件下，湿周最小的是圆形或半圆形断面。对于渠道则为半圆形断面，如各地修建的钢筋混凝土或钢丝网水泥渡槽是采用底部为半圆的 U 形断面。但在天然的土壤中修建半圆形断面的渠道是不可能的，因为土壤要有一定的边坡才能稳定，所以土渠只能修建成接近于半圆形的梯形断面。

梯形断面的边坡系数 m 值由土壤的性质决定，故只能在一定的 m 值条件下调整底宽 b 和水深 h，使之具有最小的湿周 $\chi_{\min}$。那么，当边坡系数 m 值已知时，梯形断面的 b 与

h 的比值是多少，才是水力最佳断面呢？下面用高等数学中求极值的方法来求。

1. 梯形断面

$$A=(b+mh)h \tag{8-28}$$

$$\chi=b+2h\sqrt{1+m^2} \tag{8-29}$$

从式（8-28）中解得

$$b=\frac{A}{h}-mh \tag{8-30}$$

代入湿周的关系式（8-29）中：

$$\chi=\frac{A}{h}-mh+2h\sqrt{1+m^2} \tag{8-31}$$

对式（8-31）求导数，得

$$\frac{d\chi}{dh}=-\frac{A}{h^2}-m+2\sqrt{1+m^2}=0$$

其二阶导数 $\frac{d^2\chi}{dh^2}=2\frac{A}{h^3}>0$，故有 χ_{min} 存在。再将式（8-28）代入上式求解，便得到水力最佳断面的宽深比为

$$\beta_m=\left(\frac{b}{h}\right)_m=2(\sqrt{1+m^2}-m)=f(m) \tag{8-32}$$

可以看出：梯形水力最佳断面仅是边坡系数 m 的函数，对于不同的边坡，有不同的值。为了便于计算，将不同边坡系数 m 的最佳宽深比值列于表8-3。土质渠道最常用的边坡系数是 $m=1$，1.5，2，2.5，3，…。

将 β_m 分别代入 A 和 χ 的表达式：

$$\left.\begin{aligned}A_m&=(\beta_m+m)h^2=(2\sqrt{1+m^2}-m)h^2\\ \chi_m&=(\beta_m+2\sqrt{1+m^2})h=2(2\sqrt{1+m^2}-m)h\\ R_m&=\frac{A_m}{\chi_m}=\frac{h_m}{2}\end{aligned}\right\} \tag{8-33}$$

由此可知，在任何边坡系数 m 的情况下，梯形水力最佳断面的水力半径 R_m 等于水深 h_m 的一半。

表8-3　不同边坡系数 m 时的 β_m 值

m	0	0.25	0.50	0.75	1.0	1.5
β_m	2	1.562	1.236	1.00	0.828	0.606
m	2.0	2.5	3.0	3.5	4	5
β_m	0.472	0.385	0.325	0.280	0.246	0.198

水力最佳条件是从水力学的角度提出的，它仅仅是渠道最优化设计应考虑的一个因素。最优化应该包括通水量大、造价合理、施工方便等诸多因素。水力最佳条件得到满足，而其他条件不容易满足。由表8-3可知，当 $m\geqslant1$ 时，$\beta_m<1$，也就是说，对于常用的梯形渠道，如采用水力最佳断面，将是一种水深大、底宽小的窄深式断面。窄深式渠道断面施工不经济，维修管理也费工，而且窄深式断面渠道所控制的灌溉面积比宽浅式断面

的渠道要小。因此，水力最佳断面在工程实际中应用有很大的局限性。只有在一些有衬砌的渠道、石渠、混凝土渡槽和涵管中，为了经济，才采用水力最佳断面。特别地，在山高坡陡处修盘山渠时，为避免大量劈坡，有时还采用比水力最佳断面更为窄深的断面形式。

2. 矩形断面

$m=0$，由 $\beta_m=\left(\frac{b}{h}\right)_m=2(\sqrt{1+m^2}-m)$，得 $\beta_m=2$，则

$$b_m=2h_m \tag{8-34}$$

即矩形水力最佳断面的底宽 b_m 等于水深 h_m 的 2 倍。

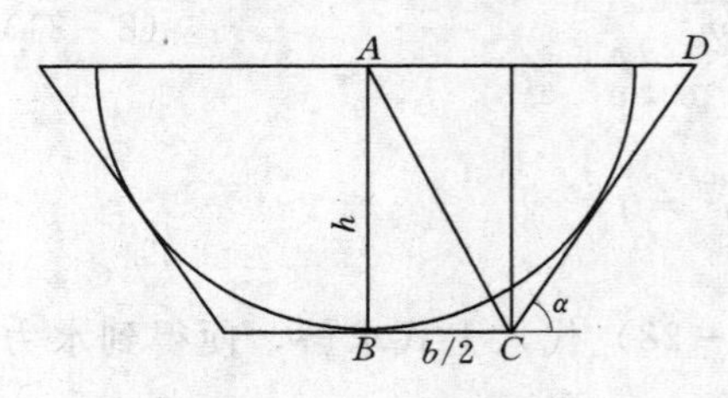

图 8-15 两腰和底切于半圆的梯形示意图

3. 两腰和底边切于半圆的梯形为水力最佳断面（图 8-15）

证明：AB 是内切圆半径，也是水深 h。α 是梯形的腰 DC 与底板的夹角。显然：

$$2\angle BCA+\alpha=\pi$$

$$\angle BCA+\angle BAC=\frac{\pi}{2}$$

因此

$$\angle BAC=\frac{\alpha}{2},\frac{b/2}{h}=\tan\frac{\alpha}{2}$$

又由三角函数公式，得

$$\frac{2\tan\frac{\alpha}{2}}{1-\tan^2\frac{\alpha}{2}}=\tan\alpha=\frac{1}{m}$$

$$\tan^2\frac{\alpha}{2}+2m\tan\frac{\alpha}{2}-1=0$$

$$\tan\frac{\alpha}{2}=\sqrt{1+m^2}-m$$

$$\frac{b}{h}=2(\sqrt{1+m^2}-m)$$

这就是梯形断面的水力最佳条件。同样可以证明，当过水断面是对称的多边形时，其各边必须相切于一个半圆。

四、实用经济断面

实际上一个工程"最优"应该从经济、技术和管理等方面进行综合考虑，这导致水力最佳断面在实际应用中有很大的局限性。为此，应求一个宽浅式的梯形断面，使其水深和底宽有一个较广的选择范围，以适应各种情况的需要，而在此范围内又能基本上满足水力最佳断面的要求（即其过水断面面积与水力最佳断面面积相接近），满足这些要求的断面称为实用经济断面。

当流量 Q、底坡 i、粗糙系数 n 及边坡系数 m 为已定的情况下，可导出某断面与水力最佳断面的水力要素之间有如下两个关系。

根据式（8－27）可得

$$\left(\frac{A}{A_{\mathrm{m}}}\right)^{\frac{5}{2}}=\frac{\chi}{\chi_{\mathrm{m}}}=\frac{h(\beta+2\sqrt{1+m^{2}})}{h_{\mathrm{m}}(\beta_{\mathrm{m}}+2\sqrt{1+m^{2}})}$$

又由式（8－33）可知：

$$\left(\frac{h}{h_{\mathrm{m}}}\right)^{2}-2\alpha^{\frac{5}{2}}\frac{h}{h_{\mathrm{m}}}+\alpha=0$$

$$\frac{A}{A_{\mathrm{m}}}=\frac{h^{2}(\beta+m)}{h_{\mathrm{m}}^{2}(\beta_{\mathrm{m}}+m)} \tag{8-35}$$

$$\beta=\frac{b}{h}=\frac{\alpha}{\left(\frac{h}{h_{\mathrm{m}}}\right)^{2}}(2\sqrt{1+m^{2}}-m)-m \tag{8-36}$$

上两式中：

$$\alpha=\frac{A}{A_{\mathrm{m}}}=\frac{v_{\mathrm{m}}}{v}=\left(\frac{R_{\mathrm{m}}}{R}\right)^{\frac{2}{3}}$$

具有脚标 m 的量表示水力最佳断面的水力要素。

式（8－35）和式（8－36）为实用经济断面的水力计算公式。由式（8－35）可知，当某一过水断面 A 为水力最佳断面面积 A_{m} 的 1.01～1.04 倍时，相应的水深 h 就是其相应 h_{m} 的 0.822～0.683 倍；再将此水深比代入式（8－36），则所求出的 β 值总大于 1。这就达到了上述实用经济断面提出的要求，而且使水深和相应的底宽有一选择范围。今将由公式所算出的对应于不同 α 和 m 值的 β 值列于表 8－4 中供选用。

表 8－4　　**实用经济断面水力计算 β 值**

m ＼ α	1.00	1.01	1.02	1.03	1.04
h/h_{m}	1.00	0.822	0.760	0.718	0.683
0.00	2.000	2.992	3.530	3.996	4.462
0.25	1.561	2.459	2.946	3.368	3.790
0.50	1.236	2.097	5.564	2.968	3.373
0.75	1.000	1.868	2.339	2.764	3.154
1.00	0.828	1.734	2.226	2.652	3.078
1.25	0.704	1.673	2.199	2.654	3.109
1.50	0.608	1.653	2.221	2.712	3.202
1.75	0.528	1.658	2.271	2.802	3.332
2.00	0.780	1.710	2.377	2.955	3.533
2.50	0.380	1.808	2.583	3.254	3.925
3.00	0.320	1.967	2.860	3.633	4.407

【例 8－1】 已知渠道流量 Q 为 $10\mathrm{m^3/s}$，渠道土质为轻壤土，粗糙系数 n 为 0.025，边坡系数 m 为 1.25，初步拟定底坡 i 为 0.0002，试求出几个断面尺寸以供选择。

解

(1) 水力最佳断面尺寸计算：将水力最佳断面的 A 值和 R 值即式（8－33）代入

式（8-27），整理后得

$$Q=4\left(2\sqrt{1+m^2}-m\right)\frac{\sqrt{i}}{n}\left(\frac{h_m}{2}\right)^{\frac{8}{3}}$$

由上式解得水深：

$$h_m=\left[\frac{2^{\frac{8}{3}}nQ}{4\left(2\sqrt{1+m^2}-m\right)\sqrt{i}}\right]^{\frac{3}{8}}$$

$$=\left[\frac{2^{\frac{8}{3}}\times 0.025\times 10}{4\left(2\sqrt{1+1.25^2}-1.25\right)\sqrt{0.0002}}\right]^{\frac{3}{8}}$$

$$=2.717(\mathrm{m})$$

进而得底宽为

$$b_m=2h_m\left(\sqrt{1+m^2}-m\right)=2\times 2.72\left(\sqrt{1+1.25^2}-1.25\right)=1.906(\mathrm{m})$$

断面平面流速为

$$v_m=\frac{Q}{(b_m+mh_m)h_m}=\frac{10}{(1.92+1.25\times 2.72)\times 2.72}=0.694(\mathrm{m/s})$$

（2）实用经济断面尺寸的计算：底坡与按水力最佳断面设计时的底坡一样。取 $\alpha=1.01$，由表 8-4 查得 $\frac{h}{h_m}=0.822$；同时根据 $m=1.25$，又得 $\beta=1.673$。故

$$h=0.822\times h_m=0.822\times 2.717=2.234(\mathrm{m})$$

$$b=\beta h=1.673\times 2.234=3.737(\mathrm{m})$$

断面平均流速 $$v=\frac{v_m}{\alpha}=\frac{0.694}{1.01}=0.687(\mathrm{m/s})$$

水力半径 $$R=\frac{R_m}{\alpha^{\frac{3}{2}}}=\frac{1.359}{1.01^{\frac{3}{2}}}=1.339(\mathrm{m})$$

以下分别取 $\alpha=1.02$、1.03、1.04，用同样方法计算，结果见表 8-5，应根据工程的具体条件从表 8-5 选取一组适当的 h、b 值作为设计断面。

表 8-5　　实用经济断面计算结果

α	$\frac{h}{h_m}$	$\frac{b}{h}$	h/m	b/m	v/(m/s)	R/m	A/m^2
1.00	1.000	0.704	2.717	1.906	0.694	1.359	14.410
1.01	0.822	1.673	2.234	3.737	0.687	1.339	14.587
1.02	0.760	2.199	2.065	4.541	0.688	1.319	14.582
1.03	0.718	2.654	1.951	5.178	0.673	1.300	14.861
1.04	0.683	3.109	1.856	5.770	0.666	1.281	15.015

五、渠道中的允许流速

从连续性原理知道，对于一定的流量，过水断面的大小和平均流速有关。因此，进行渠道的断面设计时，必须考虑渠道的允许流速。渠道的允许流速是根据它所担负的任务（灌溉、通航、水电站引水等）、渠槽表面材料的性质、水流含沙量的多少以及运用管理上

的要求确定的。为了保证技术上可靠、经济上合理，确定渠道允许流速时必须结合具体条件，考虑下列各种问题：

（1）渠道流速应不致引起渠槽冲刷，即允许流速应小于最大不冲允许流速 $v_{不冲}$。对于土渠，当渠道中流速超过某一数值时，渠底或边坡上的土壤颗粒就会冲动，引起渠道的冲刷，这个流速称为最大不冲允许流速 $v_{不冲}$。如有些山区渠道，因底坡较陡，流速太大而被冲毁。表 8-6 为陕西省水利厅 1965 年总结的渠道的最大不冲允许流速。

表 8-6　**陕西省水利厅 1965 年总结的渠道的最大不冲允许流速**

一、坚硬岩石和人工护面渠道

岩石或护面种类	渠道流量/(m^3/s)		
	<1.0	1～10	>10
软质水成岩（泥灰岩、页岩、软砾岩）	2.5	3.0	3.5
中等硬质水成岩（臻密砾岩、多孔石灰岩、层状石灰岩、白云石灰岩、灰质砂岩）	3.5	4.25	5.0
硬质水成岩（白云砂岩、砂质石灰岩）	5.0	6.0	7.0
结晶岩、火成岩	8.0	9.0	10.0
单层块石铺砌	2.5	3.5	4.0
双层块石铺砌	3.5	4.5	5.0
混凝土护面（水中不含砂和卵石）	6.0	8.0	10.0

二、土质渠道

	土质	不冲允许流速/(m/s)		说明
均质黏性土	轻壤土	0.60～0.80		（1）均质黏性土质渠道中各种土质的干容量为 12.74～16.66kN/m^3；（2）表中所列为水力半径 $R=1.0$m 的情况下，如果 $R\neq1.0$m，则应将表中数值乘以 R^{α} 才得到相应的不冲允许流速值。对于砂、砾石、石、疏松的壤土、黏土 $\alpha=1/3\sim1/4$，对于密实的壤土、黏土 $\alpha=1/4\sim1/5$
	中壤土	0.65～0.85		
	重壤土	0.70～1.00		
	黏　土	0.75～0.95		
	土质	粒径/mm	不冲允许流速/(m/s)	
均质无黏性土	极细砂	0.05～0.10	0.35～0.45	
	细砂、中砂	0.25～0.50	0.45～0.60	
	粗砂	0.50～2.00	0.60～0.75	
	细砾石	2.00～5.00	0.75～0.90	
	中砾石	5.00～10.00	0.90～1.10	
	粗砾石	10.00～20.00	1.10～1.30	
	小卵石	20.00～40.00	1.30～1.80	
	中卵石	40.00～60.00	1.80～2.20	

（2）渠道流速应不致引起水中悬砂的淤积，即允许流速应大于最小不淤允许流速 $v_{不淤}$。渠道中是否会发生淤积，与水流的挟沙能力（即水流在一定的条件下能挟带多少泥沙随水流前进）有关。如果渠水的含砂量超过渠道水流挟沙能力的数值，就会沉淀下来。影响水流挟沙能力的因素很复杂，不同地区一般均有从大量实测资料中总结出来的经验公式。建议可用式（8-37）计算 $v_{不淤}$，以 m/s 计，即

$$v_{不淤}=e\sqrt{R} \tag{8-37}$$

式中：R 为水力半径，m；e 为系数，其值与水中浮沙量及其颗粒成分和渠身的粗糙情况有关。

对普通土渠，当 $n=0.0225$，且水中悬移泥沙的平均直径小于0.25mm时，则在近似计算时，可采用 $e=0.5$。也可参照下列数据酌定：对于粗颗粒泥沙，$e\approx0.7$；中颗粒泥沙，$e\approx0.6$；细颗粒泥沙，$e\approx0.4$。

为了保证渠道正常工作，渠道流速应满足 $v_{不淤}<v<v_{不冲}$。否则应采取适当措施，如改变底坡或对渠床加以保护。

(3) 渠道流速不宜过小，以免渠中滋生杂草。一般对于大型渠道，$v_{不淤}$ 不得小于0.5m/s；对于小保护型渠道，$v_{不淤}$ 不得小于0.3m/s。

(4) 对于某些具有特殊要求的渠道，还可能对流速另有限制。渠道流速应尽可能保证冬季人类活动对于渠道流速的需要，一般流速超过0.6m/s，结冰就较困难，即使结冰，过程也较慢。在通航的渠道中，流速不能过大，否则不利于航行。同时渠道中流速大小的选择还涉及护面材料的种类及渠道工程量的大小。因此渠道流速的选择应保证技术经济的合理性，并有利于就地取材。

(5) 对于流量大于50m³/s的渠道，$v_{不冲}$ 应专门研究确定。

第五节　明渠均匀流的水力计算

明渠均匀流的水力计算的基本方程为

$$Q=AC\sqrt{Ri}=\frac{[(b+mh)h]^{\frac{5}{3}}}{(b+2h\sqrt{1+m^2})^{\frac{2}{3}}}\frac{i^{\frac{1}{2}}}{n}=f(m,b,h,i,n) \tag{8-38}$$

因此，水力计算的实质是知道式中的任意5个量求解另1个量，或者是知道其中的4个量求另外2个量，当然此时需要有1个附加条件。

工程实践中所提出的明渠均匀流的水力计算问题大致可分为两类：一类为校核已有明渠的过水能力；另一类是按任务要求和技术条件设计新渠道的断面尺寸和底坡。以下分别叙述。

一、校核已有明渠的过水能力

（一）验算渠道的输水能力

此类问题相当于直接或间接已知 i、n、m、b、h，求 Q。

因为渠道已经建成，故过水断面形状、尺寸（m、b、h），渠道的壁面材料 n 及底坡 i 都已知，通常解法为：求出 $A=(b+mh)h$，$\chi=b+2h\sqrt{1+m^2}$，$R=\dfrac{A}{\chi}$。则

$$Q=\frac{1}{n}R^{\frac{2}{3}}Ai^{\frac{1}{2}}(因\ C=\frac{1}{n}R^{\frac{1}{6}},Q=AC\sqrt{Ri})$$

【例8-2】 梯形渠道 $i=0.0007$，$m=1.5$，$b=2$m，$n=0.0248$，当 $h_0=1.5$m 时，求渠道内流量 Q?

解 求断面的几何参数

面积　　$A=(b+mh)h=(2+1.5\times1.5)\times1.5=6.375(\text{m}^2)$

湿周　　　$\chi=b+2h\sqrt{1+m^2}=2+2\times1.5\sqrt{1+1.5^2}=7.41(\mathrm{m})$

水力半径　　　　　$R=\dfrac{A}{\chi}=\dfrac{6.375}{7.41}=0.86(\mathrm{m})$

根据均匀流公式求流量：

$$Q=\frac{1}{n}R^{\frac{2}{3}}Ai^{\frac{1}{2}}=\frac{1}{0.0248}\times0.86^{\frac{2}{3}}\times6.375\times\sqrt{0.0007}=6.15(\mathrm{m^3/s})$$

（二）校核渠道的稳定性

即校核是否满足不冲不淤的要求：此类问题相当于已知（或间接已知）i、n、m、b、h，求 v?

通常解法为：先求 A、χ、R、C，则可求 $v=C\sqrt{Ri}$。

（三）实测运行中渠道的糙率

此类问题一般需通过测流或量水技术获得流量，通过测量技术获得水力坡度 J 即渠底坡度 i，通过实地量测获得 b、h 和 m 的资料，则 n 可以用式（8-39）来计算：

$$n=\frac{AR^{\frac{2}{3}}i^{\frac{1}{2}}}{Q} \tag{8-39}$$

二、设计新渠道的水力计算

在进行新的灌溉渠道设计时，水力计算有特定的计算前提，即设计流量 Q 已在工程规划时确定下来；渠道的边坡系数 m 和糙率 n，已根据渠道的等级、沿线土质及护砌措施等选定；因此 Q、m、n 均为各种设计情况下的已知量。沟渠的底坡 i，通常在设计时根据沟渠等级、沟渠沿线地面比降、上下级沟渠的水位衔接要求、沿线土质等情况先选定，并根据渠道的稳定要求而调整，亦可根据经济、稳定等要求作为未知量来求。故此次把底坡 i、正常水深 h 与底宽 b 作为待求量。因为一个方程式有两个变量是不定解。因此，要得唯一的解，就必须附加一个条件，求解类型有以下几种。

1. 已知 Q、m、n、i、b，求正常水深 h_0

因只有一个未知量，是一定可以求解的，但从方程式（8-38）可以看出，Q 为 h 的高阶隐函数，直接求解 h 较困难。大致采用下列 4 种方法进行计算。

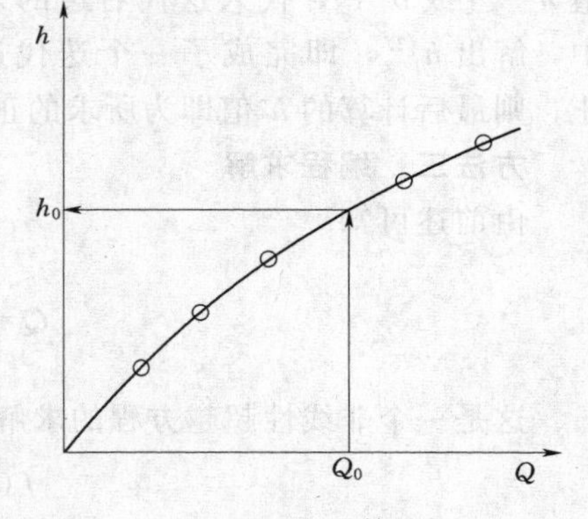

图 8-16　试算法

方法一：试算法

假设若干个 h 值，代入基本公式（8-38），计算相应的 Q 值；若所得的 Q 值与已知的相等，这个相应的 h 值即为所求。实际上，试算第一、二次常不能得到结果。为了减少试算工作，可假设 3～5 个 h 值，即 h_1、h_2、h_3、h_4、h_5，求出相应的 Q_1、Q_2、Q_3、Q_4、Q_5，作 $Q=f(h)$ 曲线，如图 8-16 所示。然后从曲线上由已知的 Q_0 定出 h，即为所求的正常水深 h_0。

方法二：迭代计算法

迭代计算法的基本公式可由均匀流关系式 $Q=\dfrac{\sqrt{i}}{n}\dfrac{A^{\frac{5}{3}}}{\chi^{\frac{2}{3}}}$ 推导得

$$\left(\frac{nQ}{\sqrt{i}}\right)^{0.6}=\frac{A}{\chi^{0.4}}$$

对梯形断面，过水断面面积与湿周为

$$A=h(b+mh);\chi=b+2h\sqrt{1+m^2}$$

当取边坡系数 m 为零时，为矩形断面相应的水力要素。

将梯形渠道面积与湿周公式代入上式可导出已知梯形渠道底宽 b，求正常水深 h 的迭代公式如下：

$$h^{(j+1)}=\left(\frac{nQ}{\sqrt{i}}\right)^{0.6}\frac{\left[b+2h^{(j)}\sqrt{1+m^2}\right]^{0.4}}{b+mh^{(j)}}$$

迭代计算水深时可取初值为

$$h^{(0)}=\left(\frac{nQ}{\sqrt{i}}\right)^{0.6}$$

将式中边坡系数以 $m=0$ 替换时，可得出矩形渠道正常水深 h 迭代公式为

$$h^{(j+1)}=\left(\frac{nQ}{\sqrt{i}}\right)^{0.6}\frac{\left[b+2h^{(j)}\right]^{0.4}}{b}$$

当已知水深 h 求底宽 b 时，可由面积公式直接导出迭代公式

$$b^{(j+1)}=\left(\frac{nQ}{\sqrt{i}}\right)^{0.6}\frac{\left[b^{(j)}+2h\sqrt{1+m^2}\right]^{0.4}}{h}-mh_0$$

以上各式中 j 表示迭代次数。具体的迭代过程为：先计算出式中的常数项，然后任设一初值 $h^{(0)}$ ［或 $b^{(0)}$］，代入迭代右边的未知项，解出 $h^{(1)}$，将 $h^{(1)}$ 再回代入式右边的未知项中，解出 $h^{(2)}$，即完成了一个迭代过程。如此重复迭代，直到代入的 h 值十分接近为止，则最后计算的 h 值即为所求的正常水深值。

方法三：编程求解

由前述可知

$$Q=\frac{A(h_0)}{n}[R(h_0)]^{\frac{2}{3}}\sqrt{i}$$

这是一个非线性超越方程的求解问题。如果要编制计算机求解程序，可将方程写成

$$f(h_0)=Qn/\sqrt{i}-AR^{\frac{2}{3}}$$

h_0 是该函数的零点，可选用多种不同的方程求根方法，针对给定的断面形状编制出相应的求解程序。第九章第八节中的水面线计算程序里有一段用二分法求解梯形断面渠道正常水深的程序段，可供参考。

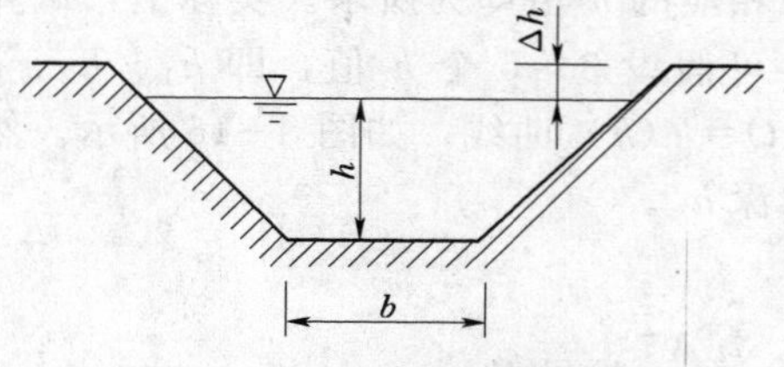

图 8-17　渠道安全超高示意图

当确定了渠道正常水深 h_0 之后，根据安全运行的要求，还需要增加一个安全运行的超高 Δh（图 8-17），通常安全超高 Δh 的大小与渠道的级别、安全流量是有关的，可参考表 8-7 选用。

表 8-7　　　　渠道的堤顶超高值

渠道流量/(m^3/s)	干支渠 2～10	干支渠 <2	斗渠	农渠
堤顶超高/m	0.4～0.6	0.35	0.25	0.15

又称 h_0 与 Δh 之和为渠岸的低岸高度。在渠道土方工程量计算时经常需要用到这个值。

【例 8-3】 某灌溉工程有一干渠经过砂质黏土地段。渠道断面为梯形，边坡系数 $m=1.5$，糙率 $n=0.025$，渠道底宽 $b=7$m，根据地形，底坡采用 $i=0.0003$，干渠的设计流量 $Q=9.68\text{m}^3/\text{s}$，试求设计堤高。

解　设计的堤高应等于正常水深 h_0 加堤顶超高。首先求正常水深 h_0。

(1) 试算法。假设不同的正常水深 h_0 值，代入式 (8-38) 计算相应的 Q 值，计算结果列于表 8-8。

表 8-8　　　　试算过程计算表

h_0/m	A/m^2	χ/m	R/m	C/($m^{0.5}$/s)	Q/(m^3/s)
1.0	8.50	10.6	0.80	38.5	5.10
1.5	13.87	12.4	1.12	40.6	10.25
2.0	20.00	14.2	1.43	42.5	17.60
2.5	26.87	16.0	1.68	43.5	26.50

根据表中正常水深 h_0 和 Q 值绘制正常水深 h_0-Q 曲线，如图 8-18 (a) 所示。然后根据已知流量 $Q=9.68\text{m}^3/\text{s}$，在横坐标上取 $Q=9.68\text{m}^3/\text{s}$ 的点，做垂线与 h_0-Q 曲线相交，由交点作水平线与纵坐标轴相交，这个交点的 $h_0=1.45$m 即为所求。

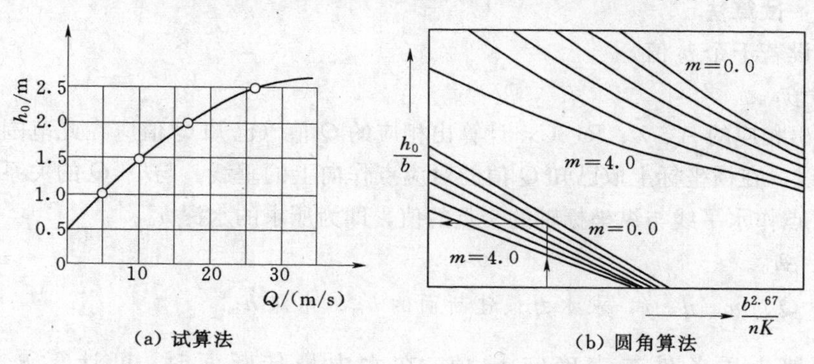

图 8-18 ［例 8-3］图

(2) 迭代计算法。

计算常数项 $\left(\frac{nQ}{\sqrt{i}}\right)^{0.6}=\left(\frac{0.025\times9.68}{\sqrt{0.0003}}\right)^{0.6}=4.8658$

$$2\sqrt{1+m^2}=2\sqrt{1+1.5^2}=3.6056$$

代入迭代式

$$h^{(j+1)}=4.8658\frac{[7+3.6056h^{(j)}]^{0.4}}{7+1.5h^{(j)}}$$

迭代计算结果列于表 8-9。

表 8-9　　迭代计算过程

迭代次数（j）	0	1	2	3	4
代入值 $h^{(j)}$/m	0	1.5139	1.4395	1.4444	1.4441
计算值 $h^{(j)}$/m	1.5139	1.4395	1.4444	1.4441	1.4441

迭代计算过程为：设 $h^{(0)}=0$，代入迭代公式右边的 $h^{(j)}$ 中，解得 $h^{(1)}=1.5139$m，又将 $h^{(1)}$ 代入方程右边的 $h^{(j)}$ 中，解得 $h^{(2)}=1.4395$m，如此迭代计算下去，得第 4 次迭代结果时，因为 $h^{(4)}=1.4441$m 与 $h^{(3)}=1.4441$m 相等，则 $h^{(4)}=1.4441$m，即为所求的正常水深，可取水深 $h=1.44$m。渠高 $=h_0+0.5=1.94$m。

2. 求底宽 b，已知 Q、m、n、i、h

此类问题算法，与求 h_0 的算法相类似，也采用试算法、图解法、迭代法和编程法 4 种算法。

3. 求正常水深 h_0 和底宽 b，已知 Q、m、i、n 和宽深比 β

方法一：直接计算法

利用各断面水力要素间的函数关系，直接求解。

(1)
$$h_0=\left[\frac{nQ(\beta+2\sqrt{1+m^2})^{\frac{2}{3}}}{\sqrt{i}(\beta+m)^{\frac{5}{3}}}\right]^{\frac{3}{8}} \tag{8-40}$$

(2)
$$b=\beta h_0$$

方法二：试算法

(1) 假设若干个 h 值。

(2) $b=\beta h$。

(3) 求出相应的 A、χ、R、C，计算出相应的 Q 值（已知 Q 值应在此范围内），作 $h-Q$ 的关系曲线。在横坐标上取已知 Q 值的对应点作向上的垂线，与 $h-Q$ 的关系曲线相交于 A 点，过 A 点作水平线与纵坐标轴的交点的值，即为所求的水深 h_0。

(4) $b=\beta h_0$。

4. 已知 Q、m、n、i，求水力最佳断面的 b_m、水深 h_m

先按当地土质条件查表确定 m 值，在水力最佳断面时，可计算 $\beta_m=\left(\frac{b}{h}\right)_m=2\times\sqrt{1+m^2}-m$）或直接查得 β 值，之后同步骤（3）的解法。

【例 8-4】 有一梯形渠道，在土层中开挖，边坡系数 $m=1.5$，底坡 $i=0.0005$，粗糙系数 $n=0.025$，设计流量 $Q=1.5\text{m}^3/\text{s}$。按水力最佳条件设计渠道断面尺寸。

解　水力最佳宽深比为

$$\frac{b}{h}=2(\sqrt{1+m^2}-m)=2(\sqrt{1+1.5^2}-1.5)=0.606$$

则

$$b=0.606h$$

$$A=(b+mh)h=(0.606h+1.5h)h=2.106h^2$$

水力最佳断面的水力半径

$$R=0.5h$$

将 A、R 代入基本公式

$$Q=AC\sqrt{Ri}=\frac{A}{n}R^{\frac{2}{3}}i^{\frac{1}{2}}=\frac{2.106}{0.025}\times0.5^{\frac{2}{3}}\times h^{\frac{8}{3}}=1.186h^{\frac{8}{3}}$$

解得

$$h=\left(\frac{Q}{1.168}\right)^{\frac{3}{8}}=1.092(\mathrm{m})$$

$$b=0.606\times1.092=0.66(\mathrm{m})$$

5. 限定最大允许流速 $[v]_{\max}$，确定相应的 b、h_0

以渠道不发生冲刷的最大允许流速 $[v]_{\max}$ 为控制条件，则渠道的过流断面积和水力半径为定值。

$$A=\frac{Q}{[v]_{\max}} \tag{8-41}$$

$$R=\left[\frac{nv_{\max}}{i^{\frac{1}{2}}}\right]^{\frac{3}{2}} \tag{8-42}$$

再由几何关系：

$$\left.\begin{aligned}A&=(b+mh_0)h_0\\R&=\frac{(b+mh)h_0}{b+2h\sqrt{1+m^2}}\end{aligned}\right\} \tag{8-43}$$

解得

$$h_0=\frac{-\chi\pm\sqrt{\chi^2+4A(m-2\sqrt{1+m^2})}}{2(m-2\sqrt{1+m^2})} \tag{8-44}$$

$$b=\chi-2\sqrt{1+m^2}\,h_0$$

【例 8-5】 一梯形断面渠道，通过流量 $Q=19.6\mathrm{m^3/s}$，边坡系数 $m=1.0$，粗糙系数 $n=0.02$，底坡 $i=0.007$，为保证通航，最大允许流速为 $[v]_{\max}=1.45\mathrm{m/s}$，求水深 h_0 及底宽 b。

解 根据式（8-41）计算过水断面面积：

$$A=\frac{Q}{[v]_{\max}}=\frac{19.6}{1.45}=13.5(\mathrm{m^2})$$

根据式（8-42）计算水力半径：

$$R=\left[\frac{nv_{\max}}{i^{\frac{1}{2}}}\right]^{\frac{3}{2}}=\left[\frac{0.02\times1.45}{0.0007^{\frac{1}{2}}}\right]^{\frac{3}{2}}=1.15(\mathrm{m})$$

湿周

$$\chi=\frac{A}{R}=\frac{13.5}{1.15}=11.74(\mathrm{m})$$

将 A、χ 代入，根据式（8-44）即可求得所需水深：

$$h_0=\frac{-\chi\pm\sqrt{\chi^2+4A(m-2\sqrt{1+m^2})}}{2\times(m-2\sqrt{1+m^2})}$$

$$=\frac{-11.74\pm\sqrt{11.74^2+4\times13.5(1-2\sqrt{1+1^2})}}{2\times(1-2\sqrt{1+1^2})}$$

据此计算，$h_0=1.51\text{m}$ 或 $h_0=4.89\text{m}$，则相应的底宽为

$$b=\chi-2h_0\sqrt{1+m^2}=11.7-2h_0\sqrt{1+1^2}$$

当 $h_0=1.51\text{m}$ 时，$b=7.43\text{m}$；当 $h_0=4.89\text{m}$ 时，$b<0\text{m}$。

故所需断面 $h_0=1.51\text{m}$，$b=7.43\text{m}$

【例 8-6】 已知某梯形断面渠道，渠床土质为细砂，细砂糙率 $n=0.025$，$[v]_{允}=0.32\text{m/s}$。采用边坡系数 $m=1.5$，底坡 $i=0.005$，要通过流量 $Q=3.5\text{m}^3/\text{s}$。求此土渠的横断面尺寸，并判别是否需要加固。

解 细砂的允许流速 $[v]_{允}=0.32\text{m/s}$ 很小，如按 $[v]_{允}$ 设计渠道横断面尺寸，使通过流量 $Q=3.5\text{m}^3/\text{s}$，则可预料渠道横断面将很大；如按渠道水力最佳断面设计，则渠道流速可能超过 $[v]_{允}$，故需要采取加固措施。现将此两个方案进行水力计算比较，看哪个方案实际可行。

(1) 以 $[v]_{允}=0.32\text{m/s}$ 进行设计，根据式 (8-41) 计算过水断面面积：

$$A=\frac{Q}{[v]_{允}}=\frac{3.5}{0.32}=10.9(\text{m}^2)$$

根据式 (8-42) 计算水力半径：

$$R=\left(\frac{n[v]_{允}}{i^{\frac{1}{2}}}\right)^{\frac{3}{2}}=\left(\frac{0.025\times0.32}{0.005^{\frac{1}{2}}}\right)^{\frac{3}{2}}=0.038(\text{m})$$

从而湿周 $$\chi=\frac{A}{R}=\frac{10.9}{0.038}=285(\text{m})$$

将 A、χ 代入，根据式 (8-44) 即可求得所需水深：

$$h=0\text{m} \text{ 或 } h=139\text{m}$$

当 $h=0\text{m}$ 时，$b=285\text{m}$；当 $h=139\text{m}$ 时，$b<0\text{m}$。

(2) 从水力最佳断面出发进行设计，据式 (8-32)：

$$\beta_m=\left(\frac{b}{h}\right)_m=2(\sqrt{1+m^2}-m)=2\times(\sqrt{1+1.5^2}-1.5)=0.606$$

据式 (8-40)

$$h_m=\left[\frac{nQ(\beta+2\sqrt{1+m^2})^{\frac{2}{3}}}{\sqrt{i}(\beta+m)^{\frac{5}{3}}}\right]^{\frac{3}{8}}$$

$$=\left[\frac{0.025\times3.5\times(0.606+2\sqrt{1+1.5^2})^{\frac{2}{3}}}{\sqrt{0.005}\times(0.606+1.5)^{\frac{5}{3}}}\right]^{\frac{3}{8}}=\left(\frac{0.228}{0.0707\times3.46}\right)^{\frac{3}{8}}=0.97(\text{m})$$

则

$$b_m=2(\sqrt{1+1.5^2}-1.5)\times0.98=0.60(\text{m})$$

这样的尺寸尚需检验渠道流速是否在范围之内：

$$v=Q/A_{m}=3.5/[(2\sqrt{1+1.5^2}-1.5)\times0.98^2]=1.73(m/s)$$

$v\gg[v]_{允}=0.32m/s$，可见要加固。选用石铺面，其 $[v]_{允}=1.5\sim3.5m/s$，使渠道流速在允许范围内。比较方案（1）和方案（2），应选择后者。

6. 求底坡 i，已知设计流量 Q、水深 h_0、底宽 b、边坡系数 m 及糙率 n

此类问题可以用基本公式直接求解：

$$i=\frac{Q^2}{C^2A^2R}=\frac{v^2}{C^2R} \tag{8-45}$$

【例 8-7】 矩形断面渡槽槽长 $L=100m$，宽 $b=4m$，均匀流水深 $h_0=2m$。流速 $v=25m^3/s$，根据渡槽材料选取 $n=0.015$，进口槽底高程 $Z_1=50.00m$，求出口槽底高程。

解 应用式（8-45）

$$i=\frac{v^2}{C^2R}$$

$$A=bh=4\times2=8(m^2)$$

$$\chi=b+2h=4+2\times2=8(m)$$

$$R=\frac{A}{\chi}=\frac{bh}{b+2h}=1m$$

$$C=\frac{1}{n}R^{\frac{1}{6}}=\frac{1}{0.015}=66.7(m^{0.5}/s)$$

$$i=\frac{v^2n^2}{R^{4/3}}=\frac{2.5^2\times0.015^2}{1^{4/3}}=0.0014$$

出口槽底高程 $Z_2=Z_1-iL=50.00-0.0014\times100=49.86(m)$

若选取 $n=0.018$，$i=0.002$，则

$$Z_2=Z_1-iL=50.00-0.002\times100=49.8(m)$$

由此可见，糙率选定会极大影响水力计算结果，这一点在以后的水力计算中一定要慎重选择糙率。

7. 求满足不冲流速 $v_{不冲}$ 和稳定宽深比 β 条件下的底坡 i，已知 Q、m、n

此类问题为工程设计实践中的课题，多用于排水沟道的设计，当设计流量确定之后，结合沟道沿线实际地面比降，在不进行断面设计的情况下，先计算出一个满足不冲刷控制流速 $v_{不冲}$ 和相对稳定宽深比 β 要求的底坡，是既经济又可大大加快设计进度的，若把 $v_{不冲}$ 和相对稳定宽深比 β 作为已知条件时，i 可由式（8-46）直接计算：

$$i=\frac{n^2v_{不冲}^{\frac{8}{3}}(\beta+2\times\sqrt{1+m^2})^{\frac{4}{3}}}{(\beta+m)^{\frac{2}{3}}Q^{\frac{2}{3}}} \tag{8-46}$$

第六节　无压圆管均匀流水力计算

在工程上广泛应用圆形管道输送液体，它既是水力最佳断面，又有制作方便、受力性能好等优点。无压圆管是指圆形断面不满流的长管道，主要用于排水管道中。由于排水流

量时有变动，为避免当流量增大时，管道承压，污水涌出排污口，污染环境，以及为保持管内通风，避免污水中溢出的有毒、可燃气体聚集，所以排水管道通常为非满管流，以一定的充满度流动。

无压圆管均匀流只是明渠均匀流特定的断面形式，它的产生条件、水力特征以及基本公式都和前述明渠均匀流大致相同。

一、圆形断面的几何要素［图 8-6 (d)］

过水断面面积：

$$A=\frac{1}{2}r^2\theta+\frac{1}{2}r^2\sin(2\pi-\theta)=\frac{1}{2}r^2(\theta-\sin\theta)=\frac{d^2}{8}(\theta-\sin\theta) \tag{8-47}$$

式中：θ 为弧度。

湿周：

$$\chi=\frac{d}{2}\theta,\theta=\frac{\pi}{180^\circ}\theta \tag{8-48}$$

水面宽度：

$$B=d\sin\frac{\theta}{2} \tag{8-49}$$

水力半径：

$$R=\frac{A}{\chi}=\frac{d}{4}\left(1-\frac{\sin\theta}{\theta}\right) \tag{8-50}$$

充水深度 h 和中心角 θ 的关系：

$$h=\frac{d}{2}\left(1-\cos\frac{\theta}{2}\right)=d\sin^2\frac{\theta}{4} \tag{8-51}$$

$$a=\frac{h}{d}=\sin^2\frac{\theta}{4} \tag{8-52}$$

式中：a 为充满度。

不同充满度的圆管过流断面的几何要素见表 8-10。

表 8-10　不同充满度的圆管过流断面的几何要素

充满度 a	过水断面面积 A/m^2	水力半径 R/m	充满度 a	过水断面面积 A/m^2	水力半径 R/m
0.05	$0.0147d^2$	$0.0326d$	0.55	$0.4426d^2$	$0.2649d$
0.10	$0.0400d^2$	$0.0635d$	0.60	$0.4920d^2$	$0.2776d$
0.15	$0.0739d^2$	$0.0929d$	0.65	$0.5404d^2$	$0.2881d$
0.20	$0.1118d^2$	$0.1206d$	0.70	$0.5872d^2$	$0.2962d$
0.25	$0.1535d^2$	$0.1466d$	0.75	$0.6319d^2$	$0.3017d$
0.30	$0.1982d^2$	$0.1709d$	0.80	$0.6736d^2$	$0.3042d$
0.35	$0.2450d^2$	$0.1935d$	0.85	$0.7115d^2$	$0.3033d$
0.40	$0.2934d^2$	$0.2142d$	0.90	$0.7445d^2$	$0.2980d$
0.45	$0.3428d^2$	$0.2331d$	0.95	$0.7707d^2$	$0.2865d$
0.50	$0.3927d^2$	$0.2500d$	1.00	$0.7854d^2$	$0.2500d$

二、无压圆管均匀流的基本公式

流速：

$$v=C\sqrt{Ri}=\frac{C}{2}\sqrt{\left(1-\frac{\sin\theta}{\theta}\right)di} \tag{8-53}$$

流量：

$$Q=AC\sqrt{Ri}=\frac{C}{16}\frac{(\theta-\sin\theta)^{\frac{3}{2}}}{\sqrt{\theta}}d^{\frac{5}{2}}\sqrt{i} \tag{8-54}$$

三、无压圆管均匀流的水力特征

对于比较长的无压圆管来说，在直径不变的顺直段，其水流状态、水力特征与明渠恒定均匀流相同，除此以外，无压圆管均匀流还具有另一种水力特征，即无压圆管过流断面上的平均流速和流量分别在液流为满流前达到最大值。现分析如下：

由式（8－54）看出，无压圆管均匀流的流量 Q 是充满角 θ 的函数，为了求流量 Q 的最大值，令 $\frac{dQ}{d\theta}=0$ 解得水力最优充满角 $\theta_h=308°$。

由式（8－52）得水力最优充满度：

$$a_h=\sin^2\frac{\theta_h}{4}=0.95$$

同理：由式（8－53）看出，无压圆管均匀流的流速 v 也是充满角 θ 的函数，为了求流速 v 的最大值，令 $\frac{dv}{d\theta}=0$ 解得水力最优充满角 $\theta_h=257.5°$。

由式（8－52）得水力最优充满度：

$$a_h=\sin^2\frac{\theta_h}{4}=0.81$$

由以上分析说明，无压圆管均匀流在水深 $h=0.95d$，即充满度 $a_h=0.95$ 时，输水能力最优；在水深 $h=0.81d$，即充满度 $a_h=0.81$ 时，过流速度最大。需要说明的是，水力最优充满度并不是设计充满度，实际采用的设计充满度，尚需根据管道的工作条件以及直径的大小来确定。

四、无压圆管均匀流的水力计算

无压圆管的水力计算分为 4 类问题。

1. 验算输水能力

因为管道已经建成，管道直径 d、管壁粗糙系数 n 及管线坡度 i 都已知，充满度由室外排水设计规范确定。

（1）解法一：只需按已知 d、a，由表 8－10 查得 A、R，并算出 $C=\frac{1}{n}R^{\frac{1}{6}}$ 代入基本公式便可算出通过流量，即

$$Q=AC\sqrt{Ri}$$

（2）解法二：由设定的 a，根据式（8－52）计算出充满角 θ，根据式（5－49）计算出 C，根据式（8－54）计算出 Q。

2. 确定管道坡度

此时管道直径 d、充满度 a、管壁粗糙系数 n 及输送流量 Q 都已知。只需按已知 d、a，由表 8-10 查得 A、R，并算出 $C=\frac{1}{n}R^{\frac{1}{6}}$，以及流量模数 $K=AC\sqrt{R}$ 代入基本公式便可算出管道坡度为

$$i=\frac{Q^2}{K^2}$$

3. 计算管道直径

这时通过流量 Q、管壁粗糙系数 n 及管线坡度 i 都已知，充满度 a 按有关规范预先设定的条件下，求管道直径 d。按设定的充满度 a，由表 8-10 查得 A、R 与 d 的关系，代入基本公式：

$$Q=AC\sqrt{Ri}=f(d)$$

可解出管道直径 d。

4. 计算最大泄流量时的正常水深

此时管道直径 d、充满度 a、管壁粗糙系数 n 及管线坡度 i、最大泄流量 Q_{max} 都已知。

(1) 解法一：试算法。假设 h，求出相应的 θ、A、R、C、Q。如 $Q=Q_{max}$，h 值即为所求的正常水深 h_0。

(2) 解法二：设 Q_1 和 v_1 为充水深度 $h=d$ 时的流量和流速，Q 和 v 为充水深度 $h<d$ 时的流量和流速。根据不同的充满度 $a=\frac{h}{d}$，可由上述各式的关系，算出流量比 $\frac{Q}{Q_1}$ 和流速比 $\frac{v}{v_1}$。以 $\frac{h}{d}$ 为纵坐标，以 $\frac{Q}{Q_1}$ 或 $\frac{v}{v_1}$ 为横坐标，画出曲线图，根据图 8-21 进行圆管的水力计算。从图可知：在 $\frac{h}{d}=0.938$ 时，明槽圆管的流量为最大；在 $\frac{h}{d}=0.81$ 时，明槽圆管的流速为最大。

【例 8-8】 无压泄洪隧洞长 $L=1000$m，圆形断面直径 $d=7.5$cm，底坡 $i=1/500$，粗糙系数 $n=0.013$，最大泄流量为 $Q=220\text{m}^3/\text{s}$，求正常水深。

解 如图 8-6 (d) 所示，若圆形断面直径为 d，水深为 h，则过水断面为

$$A=\frac{d^2}{8}(\theta-\sin\theta)$$

湿周
$$\chi=\frac{d\theta}{2}$$

水力半径
$$R=\frac{d}{4}\left(1-\frac{\sin\theta}{\theta}\right)$$

式中 θ 均以 rad（弧度）计。

用试算法求解。假设 h，求出相应的 θ、A、R、C 和 Q 值。如 $Q=220\text{m}^3/\text{s}$，则 h 值即为所求正常水深 h_0。以 $h=4.0$m 为例，计算过程如下：

$$h=4.0\text{m};\frac{h}{d}=\frac{4.0}{7.5}=0.533$$

由图 8-6（d）可以看出$\frac{h-r}{r}=\sin\left(\frac{\theta-\pi}{2}\right)$，则

$$\theta=2\arcsin\left(\frac{h-r}{r}\right)+\pi=2\arcsin\left(\frac{4-3.75}{3.75}\right)+3.14=3.273(\mathrm{rad})$$

$$\sin\theta=\sin3.273=-0.131$$

$$A=\frac{1}{8}\times7.5^2\times(3.273+0.131)=23.93(\mathrm{m}^2)$$

$$R=\frac{1}{4}\times7.5\times\left(1+\frac{0.131}{3.273}\right)=1.95(\mathrm{m})$$

$$C=\frac{1}{n}R^{\frac{1}{6}}=\frac{1}{0.013}\times1.95^{\frac{1}{6}}=\frac{1}{0.013}\times1.118=86(\mathrm{m}^{0.5}/\mathrm{s})$$

则 $$Q=AC\sqrt{Ri}=23.93\times86\times\sqrt{1.95\times1/500}=128.5(\mathrm{m}^3/\mathrm{s})<220\mathrm{m}^3/\mathrm{s}$$

另设 $h=5.0\mathrm{m}$、$h=6.0\mathrm{m}$（表 8-11）。绘制 $h-Q$ 曲线，如图 8-19 所示，查得 $Q=220\mathrm{m}^3/\mathrm{s}$ 时相应的水深 $h=5.85\mathrm{m}$，即为正常水深 h_0，此时充满度$\frac{h}{d}=\frac{5.85}{7.5}=0.78$。

表 8-11　［例 8-8］的数据

h	$\frac{h}{d}$	θ /rad	$\sin\theta$	A /m²	R /m	C /(m$^{0.5}$/s)	Q /(m³/s)
4.0	0.533	3.273	−0.131	23.93	1.95	86	128.5
5.0	0.667	3.819	−0.627	31.26	2.18	87.6	180.8
6.0	0.8	4.427	−0.96	37.88	2.28	88.3	225.9

圆形断面正常水深也可以利用图 8-20 进行估算，先求满管时的流量 Q'。

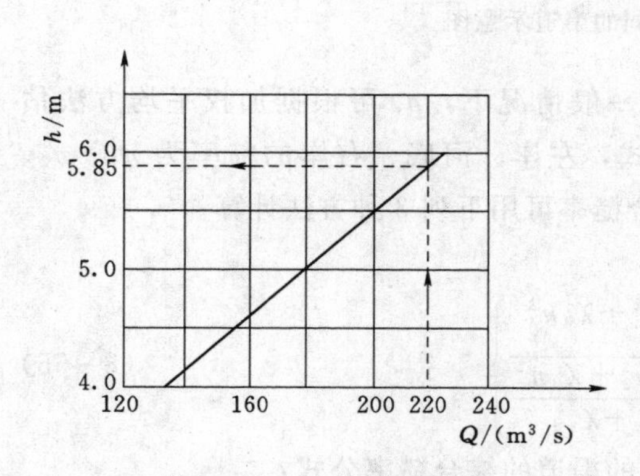

图 8-19　$h-Q$ 关系曲线

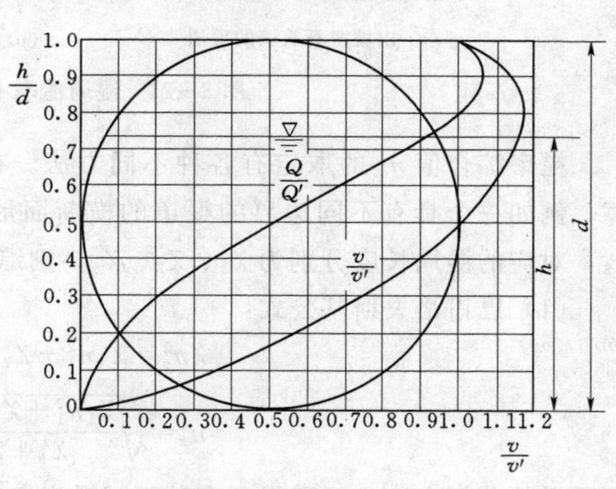

图 8-20　圆形断面正常水深计算图

因为满管时

$$A'=\frac{1}{4}\pi d^2=\frac{1}{4}\times3.14\times7.5^2=44.16(\mathrm{m}^2)$$

$$R'=\frac{1}{4}\times7.5=1.875(\text{m})$$

$$C=\frac{1}{n}R^{1/6}=85.4\text{m}^{0.5}/\text{s}$$

所以 $$Q'=44.16\times85.4\times\sqrt{1.875\times1/500}=230.9(\text{m}^3/\text{s})$$

由横坐标$\frac{Q}{Q'}=\frac{220}{230.9}=0.952$，查得曲线上相应点的纵坐标$\frac{h}{d}=0.78$，则水深 $h=7.5\times0.78=5.85(\text{m})$ 就是正常水深。

第七节　糙率不同的明渠和复式断面明渠的水力计算

一、糙率不同的明渠的水力计算

在水利工程中修建渠道需要因地制宜，有时渠底渠壁采用不同的材料，形成湿周各部分糙率不相同的渠道。例如，图 8-21（a）为沿山坡凿石筑墙而成的引水渠道；8-21（b）为边坡用混凝土衬砌而底部为浆砌石的渠道。还存在一些渠道边坡为砌石而渠底为岩石，有的渠底为岩石而边坡是有杂草的土坡。那么当渠道的边界不同时，其各部分湿周具有不同的粗糙系数。因而它们对水流的阻力也不同。对这样的渠道进行水力计算，首先应该解决由各部分糙率计算综合糙率的问题。

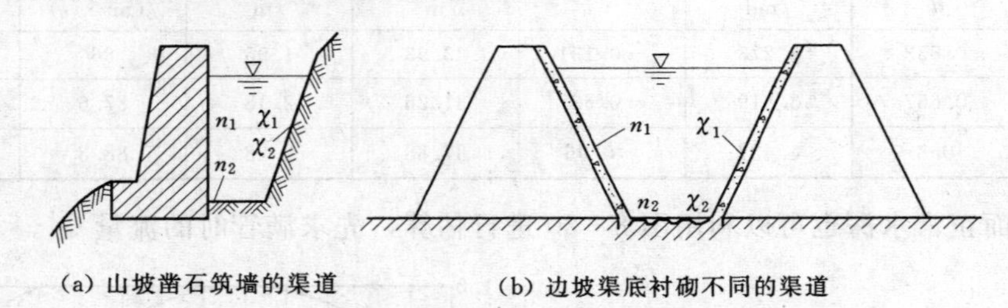

（a）山坡凿石筑墙的渠道　（b）边坡渠底衬砌不同的渠道

图 8-21　湿周糙率不同的渠道示意图

糙率综合值 n_r 的取定有各种不同方法。在一般情况下，n_r 可根据加权平均方法估算，例如一个具有不同边界的渠道的横断面形式，左岸、河底、右岸的糙率为 n_1、n_2、n_3，对应的湿周长度分别为 χ_1、χ_2、χ_3，则综合糙率可用下列 3 种方法计算。

（1）巴甫洛夫斯基公式：

$$\left.\begin{aligned}\chi n_r^2&=\chi_1n_1^2+\chi_2n_2^2+\chi_3n_3^2\\ n_r&=\sqrt{\frac{\chi_1n_1^2+\chi_2n_2^2+\chi_3n_3^2}{\chi_1+\chi_2+\chi_3}}\end{aligned}\right\}\tag{8-55}$$

用同样的分析方法，可以得到多种不同糙率组成的渠道的综合糙率公式：

$$\left.\begin{aligned}\chi n_r^2&=\chi_1n_1^2+\chi_2n_2^2+\chi_3n_3^2+\cdots\\ n_r&=\sqrt{\frac{\chi_1n_1^2+\chi_2n_2^2+\chi_3n_3^2+\cdots}{\chi_1+\chi_2+\chi_3+\cdots}}\end{aligned}\right\}\tag{8-56}$$

（2）别洛康和爱因斯坦总结的公式：

$$\left.\begin{aligned}\chi n_r^{\frac{3}{2}}&=\chi_1 n_1^{\frac{3}{2}}+\chi_2 n_2^{\frac{3}{2}}+\chi_3 n_3^{\frac{3}{2}}\\ n_r&=\left(\frac{\chi_1 n_1^{\frac{3}{2}}+\chi_2 n_2^{\frac{3}{2}}+\chi_3 n_3^{\frac{3}{2}}}{\chi_1+\chi_2+\chi_3}\right)^{\frac{2}{3}}\end{aligned}\right\} \tag{8-57}$$

(3) 加权平均值的方法：

$$n_r=\frac{\sum n_i\chi_i}{\sum\chi_i} \tag{8-58}$$

式中：n_i 为表示某一部分的糙率；χ_i 为表示某一部分糙率所对应的湿周。

杰尼先可分析研究了自己和别人的一些实验资料后认为：在最大糙率和最小糙率的比值$\frac{n_{max}}{n_{min}}<1.5\sim2.0$ 时，采用式（8－58）比较合适；在$\frac{n_{max}}{n_{min}}>2.0$ 时，采用式（8－56）和式（8－57）比较合适。这种说法的根据，大都来自室内实验资料，而非野外实测资料。一般常用式（8－58）计算。

【例 8－9】 矩形水工隧洞，底宽 $b=2.25$m，正常水深 $h=1.74$m，边墙糙率 $n_1=0.035$，底部较光滑，糙率 $n_2=0.0115$。试计算综合粗糙 n_r。

解 $\chi_1=2h=3.48$m，$\chi_2=b=2.25$m

由式（8－56）算得

$$n_r=\sqrt{\frac{\chi_1 n_1^2+\chi_2 n_2^2}{\chi_1+\chi_2}}=\sqrt{\frac{3.48\times0.035^2+2.25\times0.0115^2}{3.48+2.25}}=0.0282$$

由式（8－57）算得

$$n_r=\left(\frac{\chi_1 n_1^{\frac{3}{2}}+\chi_2 n_2^{\frac{3}{2}}}{\chi_1+\chi_2}\right)^{\frac{2}{3}}=\left(\frac{3.48\times0.035+2.25\times0.0115}{5.73}\right)^{\frac{2}{3}}=0.0271$$

由式（8－58）算得

$$n_r=\frac{\chi_1 n_1+\chi_2 n_2}{\chi_1+\chi_2}=\frac{3.48\times0.035+2.25\times0.0115}{5.73}=0.0258$$

可见，由这 3 个公式算出的成果，最大与最小之间相差在 8%以下。

二、复式断面明渠的水力计算

深挖高填的大型渠道，如水深变化较大，常采用复式断面，以有利于边坡稳定，图 8－22 为复式断面渠道。这种渠道断面形状是不规则的，具有两侧滩地和中间主槽（或深槽）。在小流量时，只有深槽部分过水，两边浅滩不过水。在一些平原地区的河道，也有这种情况：枯水季节，只有主河槽过水；洪水季节，河水涨高了，两边河滩地才过水。

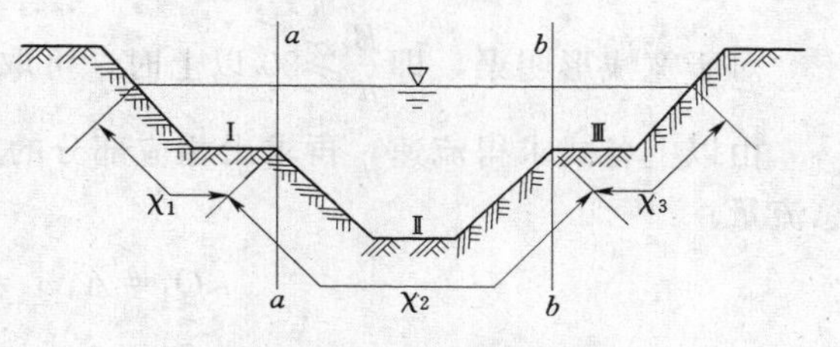

图 8－22 复式断面渠道示意图

复式断面的粗糙系数沿周界可能相同，也可能不同，由于断面上水深不一，各部分流速差别较大，如果把整个断面当作一个统一的总流来考虑，直接用均匀流公式计算，将会得出不符合实际情况的结果。当水深由 $h<h'$ 增加到 $h>h'$ 时，在某一水深范围内流量不但不随着水深的增加而增加，反而会有所减少，如图 8-23 中虚线所示，这是由于水深从 $h<h'$增加到 $h>h'$时，过水断面面积虽有所增加，但湿周突然增大很多，使水力半径骤然减少的缘故。图 8-23 中的虚线是按公式 $Q=AC\sqrt{Ri}$ 计算出的水深 h 和流量 Q 关系曲线；而实际的水深-流量关系曲线，应当如图 8-23 中的实线所示。

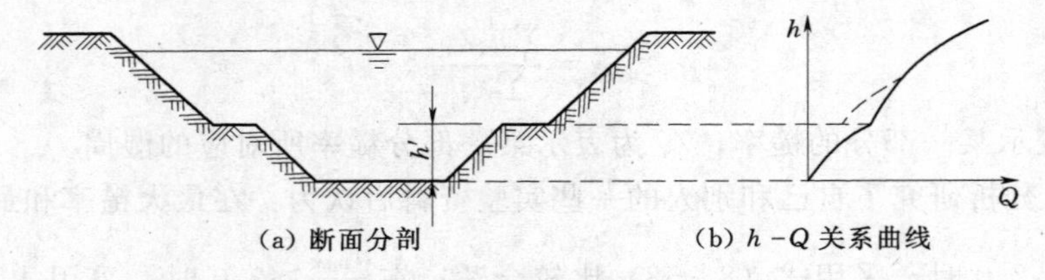

图 8-23 复式断面渠道示意图

计算复合式断面明渠均匀流的方法也各不相同。例如在不考虑主槽水流与滩地水流动量交换的情况下，一般常将断面分成几个部分，使每一部分不因水深的略微增加而引起湿周和面积的突变。常如图 8-22 中垂线将明槽划分为Ⅰ、Ⅱ、Ⅲ3 个部分，认为每个部分都符合均匀流计算公式 $Q=AC\sqrt{Ri}$。分别计算各部分的流速或流量，然后求出总流量。

各部分的过水断面面积分别为 A_1、A_2、A_3，各部分的湿周、水力半径和糙率分别用 χ_1、χ_2、χ_3，R_1、R_2、R_3 和 n_1、n_2、n_3 表示，又因为整个断面上的水面是水平的，所以各部分流股在单位长度沿程上的水头损失是相等的，即 $J_1=J_2=J_3=i$，可采用谢才公式计算各部分的流速：

$$v_1=C_1\sqrt{R_1J}=\frac{1}{n_1}R_1^{\frac{2}{3}}\sqrt{J} \tag{8-59}$$

$$v_2=C_2\sqrt{R_2J}=\frac{1}{n_2}R_2^{\frac{2}{3}}\sqrt{J} \tag{8-60}$$

$$v_3=C_3\sqrt{R_3J}=\frac{1}{n_3}R_3^{\frac{2}{3}}\sqrt{J} \tag{8-61}$$

对于宽浅形明渠，即 $\frac{B}{h}\geqslant 20$ 以上时，可取 $R\approx h$。

由以上各式求得流速，再求出相应部分的过水断面面积，就可以求得各部分的流量及总流量。

$$\left.\begin{aligned}Q_1=A_1v_1=K_1\sqrt{i}\\Q_2=A_2v_2=K_2\sqrt{i}\\Q_3=A_3v_3=K_3\sqrt{i}\end{aligned}\right\} \tag{8-62}$$

$$Q=Q_1+Q_2+Q_3=(K_1+K_2+K_3)\sqrt{i} \tag{8-63}$$

注意：计算湿周长度时不要将垂直分界线考虑在内。

【例 8-10】 有一复式断面河道，如图 8-24 所示，其底坡 $i=0.0001$，深槽糙率 $n_2=0.025$，滩地 $n_1=n_2=0.030$，洪水位其他尺寸如图所示，求洪水流量。

解 将复式断面分成单式断面(1)、(2)、(3)。每个单式断面的形状都接近于矩形，故近似地按矩形断面计算。

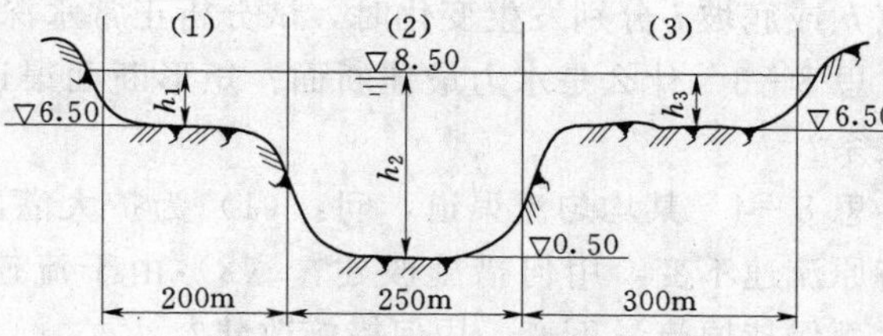

图 8-24 ［例 8-10］图

通过断面(1)的流量为

$$h_1=8.5-6.5=2.0(\text{m})$$

$$A_1=200\times2=400(\text{m}^2)$$

$$\chi_1=200+2=202(\text{m})$$

$$R_1=\frac{A_1}{\chi_1}=\frac{400}{202}=1.98(\text{m})$$

$$C_1=\frac{1}{n}R^{\frac{1}{6}}=\frac{1}{0.03}\times1.98^{\frac{1}{6}}=37.4(\text{m}^{0.5}/\text{s})$$

$$Q_1=A_1C_1\sqrt{R_1i}=400\times37.4\sqrt{1.98\times0.0001}=210(\text{m}^3/\text{s})$$

通过断面(2)的流量为

$$h_2=8.5-0.5=8.0(\text{m})$$

$$A_2=250\times8=2000(\text{m}^2)$$

$$\chi_2=250+6+6=262(\text{m})$$

$$R_2=\frac{A_2}{\chi_2}=\frac{2000}{262}=7.62(\text{m})$$

$$C_2=\frac{1}{n_2}R_2^{\frac{1}{6}}=\frac{1}{0.025}\times7.62^{\frac{1}{6}}=56(\text{m}^{0.5}/\text{s})$$

$$Q_2=A_2C_2\sqrt{R_2i}=2000\times56\sqrt{7.62\times0.0001}=3080(\text{m}^3/\text{s})$$

通过断面(3)的流量为

$$h_3=8.5-6.5=2.0(\text{m})$$

$$A_3=300\times2=600(\text{m}^2)$$

$$\chi_3=300+2=302(\text{m})$$

$$R_3=\frac{A_3}{\chi_3}=\frac{600}{302}=1.99(\text{m})$$

$$C_3=\frac{1}{n}R_3^{\frac{1}{6}}=\frac{1}{0.03}\times1.99^{\frac{1}{6}}=37.4(\text{m}^{0.5}/\text{s})$$

$$Q_3=A_3C_3\sqrt{R_3i}=600\times37.4\sqrt{1.99\times0.0001}=316(\text{m}^3/\text{s})$$

所以通过复式断面河道的流量 Q 为

$$Q=Q_1+Q_2+Q_3=210+3080+316=3606(\text{m}^3/\text{s})$$

思 考 题

思 8-1 简述明渠均匀流的特性和形成条件，从能量观点分析明渠均匀流为什么只能发生在正坡长渠道中？

思 8-2 什么是正常水深？它的大小与哪些因素有关？当其他条件相同时，糙率 n、

底宽 b 或底坡 i 分别发生变化时，试分析正常水深将如何变化？

思 8-3　什么是水力最佳断面？矩形断面渠道水力最佳断面的底宽 b 和水深 h 是什么关系？

思 8-4　某均匀流渠道，问：(1) 为扩大灌区，因原有流量小。今欲增大流量，而保持原流速不变，用何措施改建？ (2) 由于流速过大，将造成渠床冲刷。今欲减小流速，而保持原流量不变，用何措施改建？

思 8-5　什么是允许流速？为什么在明渠均匀流水力计算中要进行允许流速的校核？

思 8-6　从明渠均匀流公式导出糙率的表达式，并说明如何测定渠道的糙率。

习　题

8-1　梯形排水渠道，底宽 $b=1\text{m}$，水深 $h=1\text{m}$，边坡系数 $m=1.5$，粗糙系数 $n=0.020$，底坡 $i=0.0003$，求渠道中通过的流量。

8-2　矩形木槽宽度 $b=0.8\text{m}$，$h=0.6\text{m}$，通过流量 $Q=1.5\text{m}^3/\text{s}$，木槽的谢才系数 $C=62.1\text{m}^{0.5}/\text{s}$，试计算其流速及底坡。

8-3　梯形渠道的设计流量 $Q=12.5\text{m}^3/\text{s}$，底宽 $b=2\text{m}$，边坡系数 $m=2$，底坡 $i=0.0054$，求渠中水深 h 及平均流速 v。

8-4　矩形渠道通过流量 $Q=1.50\text{m}^3/\text{s}$，$i=0.005$，水深 $h=0.6\text{m}$，谢才系数 $C=50\text{m}^{0.5}/\text{s}$，试设计渠道底宽。

8-5　修建混凝土砌面（较粗糙）的巨型渠道，要求通过的流量 $Q=9.7\text{m}^3/\text{s}$，底坡 $i=0.001$，试按水力最佳断面条件设计断面尺寸。

8-6　拟设计一条梯形断面灌溉渠道，已选定渠道底坡 $i=0.0010$，边坡 $m=1.0$，过水面积 $A=10\text{m}^2$，谢才系数 $C=45\text{m}^{0.5}/\text{s}$。求水力最佳断面尺寸和渠中最大流量。

若改为矩形断面，渠床的表面粗糙和底坡不变，且需保持原流量，求水力最佳断面的尺寸。

8-7　有一糙率沿程不变、直的正坡、梯形断面棱柱体渠道，其中水流为均匀流，已知流量 $Q=12\text{m}^3/\text{s}$，底坡 $i=0.0001$，底宽 $b=3.2\text{m}$，边坡系数 $m=1$，糙率 $n=0.013$，求其正常水深。

8-8　已知某引水渠道的横断面形状和尺寸：$m=1.0$，$b=6.0\text{m}$，糙率 $n=0.020$，底坡 $i=0.00125$，设计流量 $Q=70\text{m}^3/\text{s}$，渠道深度设计为 4.5m。估计当通过最大流量时的水面比通过设计流量时的水面高出 1.0m。试判断当通过最大流量时水是否会漫出渠道。

8-9　某矩形断面渠道，设计流量 $Q=10\text{m}^3/\text{s}$，粗糙系数 $n=0.018$，因当地居民常涉水过渠，为保证安全，要求水深 $h=1\text{m}$，流速 $v=1.5\text{m/s}$，试求底宽及底坡 i。

8-10　修建梯形断面渠道，要求通过流量 $Q=1\text{m}^3/\text{s}$，渠道边坡系数 $m=1.0$，底坡 $i=0.0022$，粗糙系数 $n=0.03$，试按最大允许流速（不冲流速 $v_{不冲}=0.8\text{m/s}$）设计此断面尺寸。

8-11　某梯形排水渠道，$L=1.0\text{m}$，$b=3\text{m}$，$m=2.5$，底部落差为 0.5m，$Q=9\text{m}^3/\text{s}$，试计算当实际水深 $h=1.5\text{m}$ 渠道能否满足 $Q_{设}$ 的要求。($n=0.025$)

8-12　为了收集某电站引水渠道糙率 n 的资料，经实测得渠中流量 $Q=9.45\mathrm{m}^3/\mathrm{s}$ 时，正常水深 $h_0=1.20\mathrm{m}$；在长 $l=200\mathrm{m}$ 的渠道内，水面降落 $\Delta z=0.16\mathrm{m}$。渠道横断面为梯形：$b=7\mathrm{m}$、$m=1.5$。试确定该区道的糙率 n 值。

8-13　一复式断面渠道如图 8-23 所示，已知 b_{I} 与 b_{III} 为 6m，b_{II} 为 10m；h_{II} 为 4m，h_{I} 与 h_{III} 为 1.8m；m_{I} 与 m_{III} 均为 1.5，m_{II} 为 2.0；n 为 0.02；i 为 0.002。求 Q 与 v。

第九章　明渠恒定非均匀流

【本章导读】 本章主要介绍明渠水流流态、明渠底坡形式、断面比能、临界水深、水跃的基本概念。本章要求理解渐变流基本方程、12 种水面曲线、渐变流水面曲线计算以及共轭水深的计算。

第一节　引　言

人工渠道或天然河道中的水流绝大多数是非均匀流。明渠非均匀流的特点是明渠的底坡线、水面线、总水头线彼此互不平行（图 9-1）。产生明渠非均匀流的原因很多，明渠横断面的几何形状或尺寸沿流程改变，粗糙度或底坡沿流程改变，或在明渠中修建人工建筑物（闸、桥梁、涵洞），都能使明渠水流发生非均匀流动。

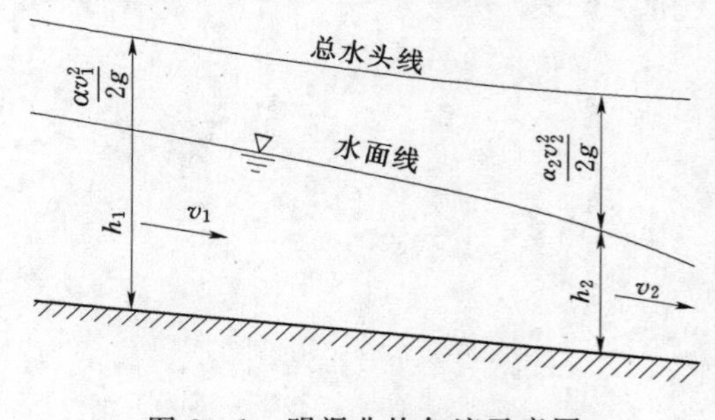

图 9-1　明渠非均匀流示意图

在明渠非均匀流中，若流线是接近于相互平行的直线，或流线间夹角很小、流线的曲率半径很大，这种水流称为明渠非均匀渐变流；反之称为明渠非均匀急变流。

本章着重研究明渠中恒定非均匀渐变流的基本特性及其水力要素（主要是水深）沿程变化的规律。具体地说，就是要分析水面线的变化及其计算，以便确定明渠边墙高度以及回水淹没的范围等。确定明渠水面线的形式及其位置，在工程实践中具有十分重要的意义。

因明渠非均匀流的水深沿流程是变化的，$h=f(s)$，为了不致引起混乱，以后把明渠均匀流的水深称为正常水深，并以 h_0 表示。

第二节　明渠水流的流态

一、三种流态的判别

明渠水流有和大气接触的自由表面，与有压流不同，它具有独特的水流流态。一般明渠水流有 3 种流态，即缓流、临界流和急流。掌握明渠水流流态的实质，对分析研究明渠水面曲线的变化规律有重要意义。

为了了解 3 种流态的实质，可以观察一个简单的实验：

若在静水中沿铅垂方向丢下一块石子，水面将产生一个微小波动；这个波动以石子着落点为中心，以一定的速度 v_w 向四周传播，平面上的波形将是一连串的同心圆［图 9-2(a)］。这种在静水中传播的微波速度 v_w 称为相对波速。若把石子投入流动着的明渠均匀流中，则微波的传播速度应是水流的流速与相对波速的矢量和。当水流断面平均流速 v 小于相对波速 v_w 时，微波将以绝对速度 $v'_w=v_w-v$ 向上游传播，同时又以绝对速度 $v'_w=v_w+v$ 向下游传播［图 9-2 (b)］，这种水流称为缓流。当水流断面平均流速 v 等于相对流速 v_w 时，微波向上游传播的绝对速度 $v'_w=0$，而向下游传播的绝对速度 $v'_w=2v_w$［图 9-2 (c)］，这种水流称为临界流。当水流断面平均流速 v 大于相对波速 v_w 时，微波只以绝对速度 $v'_w=v_w+v$。向下游传播，而对上游水流不发生任何影响［图 9-2 (d)］，这种水流称为急流。

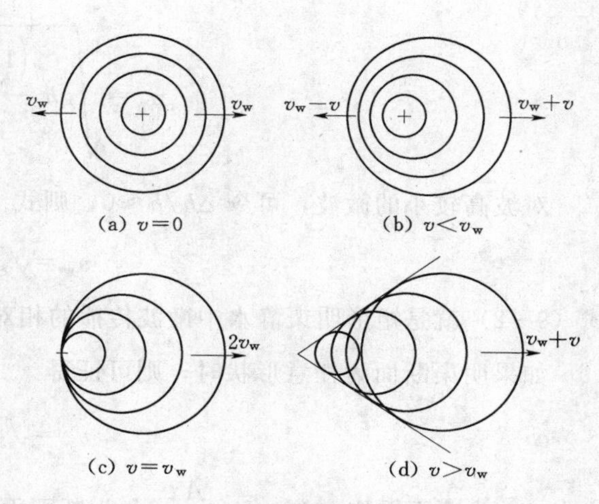

图 9-2 水流的几种流态

由此可知，只要比较水流的断面平均流速 v 和微波相对速度 v_w 的大小，就可判断干扰微波是否会往上游传播，也可判别水流是属于哪一种流态。

当 $v<v_w$ 时，水流为缓流，干扰波能向上游传播；$v=v_w$ 时，水流为临界流，干扰波恰好不能向上游传播；$v>v_w$ 时，水流为急流，干扰波不能向上游传播。

二、水中微波传播的相对速度

要判别流态，必须首先确定微波传播的相对速度，现在来推导相对速度的计算公式。

如图 9-3 所示，在平底矩形棱柱体明渠中，假设渠中水深为 h，设开始时，渠中水流处于静止状态，用一竖直平板以一定的速度向左拨动一下，在平板的左侧将激起一个干扰的微波。微波波高为 Δh，微波以波速 v_w 向左移动。某观察者若以波速 v_w 随波前进，他将看到微波是静止不动的，而水流则以波速 v'_w向右移动。这正如像人们坐在火车上观察到车厢是不动的，而窗外铁路沿线的树木则以火车的速度向后运动一样。

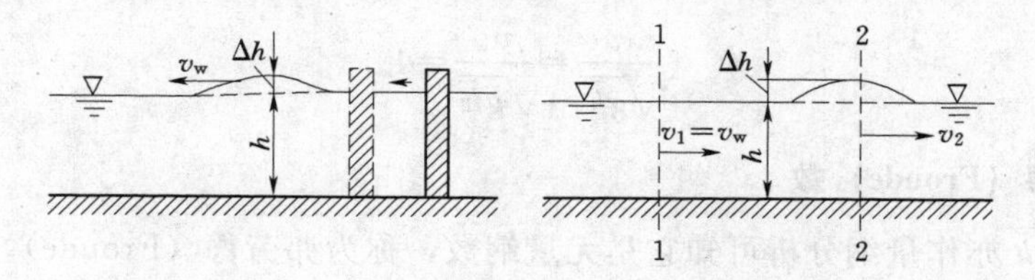

图 9-3 平底矩形明渠中水微波的传递

对上述移动坐标系来说，水流是作恒定非均匀流动。假若忽略摩擦阻力不计，以水平渠底为基准面，对水流中两个相距很近的断面 1—1 和断面 2—2 建立连续性方程式和能量方程式，有

$$hv_w=(h+\Delta h)v_2$$

$$h+\frac{\alpha_1 v_w^2}{2g}=h+\Delta h+\frac{\alpha_2 v_2^2}{2g}$$

联解上两式，并令 $\alpha_1\approx\alpha_2\approx1$，得

$$v_w=\sqrt{gh\frac{\left(1+\frac{\Delta h}{h}\right)^2}{1+\frac{\Delta h}{2h}}} \tag{9-1}$$

对波高较小的微波，可令 $\Delta h/h\approx 0$，则式（9-1）可简化为

$$v_w=\sqrt{gh} \tag{9-2}$$

式（9-2）就是矩形明渠静水中微波传播的相对波速公式。

如果明渠断面为任意形状时，则可证得

$$v_w=\sqrt{g\overline{h}} \tag{9-3}$$

式中：$\overline{h}$ 为断面平均水深，$\overline{h}=\frac{A}{B}$；A 为断面面积；B 为水面宽度。

由式（9-3）可以看出，在忽略阻力情况下，微波的相对波速的大小与断面平均水深的 1/2 次方成正比，水深越大微波相对波速亦越大。

以上所讲的是微波在静水中的传播速度，在实际工程上水流都是流动的，设水流的断面平均流速为 v，则微波传播的绝对速度 v'_w 应是静水中的相对波速 v_w 与水流流速的代数和，即

$$v'_w=v\pm v_w=v\pm\sqrt{g\overline{h}} \tag{9-4}$$

式中，取正号时为微波顺水流方向传播的绝对波速，取负号时为微波逆水流方向传播的绝对波速。

对临界流来说，断面平均流速恰好等于微波相对波速，即

$$v=v_w=\sqrt{g\overline{h}}$$

上式可改写为

$$\frac{v}{\sqrt{g\overline{h}}}=\frac{v_w}{\sqrt{g\overline{h}}}=1 \tag{9-5}$$

三、弗劳德（Froude）数

若对 $v/\sqrt{g\overline{h}}$ 亦作量纲分析可知它是无量纲数，称为弗劳德（Froude）数，用符号 Fr 表示。显然，对临界流来说弗劳德数恰好等于 1，因此也可用弗劳德数来判别明渠水流的流态：

当 $Fr<1$，水流为缓流；当 $Fr=1$，水流为临界流；当 $Fr>1$，水流为急流。

弗劳德数在水力学中是一个极其重要的判别数，为了加深理解它的物理意义，可把它的形式改写为

$$Fr=\frac{v}{\sqrt{g\overline{h}}}=\sqrt{2\frac{\frac{v^2}{2g}}{\overline{h}}} \tag{9-6}$$

由式（9-6）可以看出，弗劳德数是表示过水断面单位重量液体平均动能与平均势能之比的2倍开平方，随着这个比值大小的不同，反映了水流流态的不同。当水流的平均势能等于平均动能的2倍时，弗劳德数 $Fr=1$，水流是临界流。弗劳德数越大，意味着水流的平均动能所占的比例越大。

弗劳德数的物理意义，还可以从液体质点的受力情况来认识。设水流中某质点的质量为 $\mathrm{d}m$，流速为 u，则它所受到的惯性力 F 的量纲式为

$$[F]=\left[\mathrm{d}m\ \frac{\mathrm{d}u}{\mathrm{d}t}\right]=\left[\mathrm{d}m\ \frac{\mathrm{d}u}{\mathrm{d}x}\frac{\mathrm{d}x}{\mathrm{d}t}\right]=\left[\rho L^3\ \frac{v}{L}v\right]=[\rho L^2v^2]$$

重力 G 的量纲式为

$$[G]=[g\cdot \mathrm{d}m]=[\rho g L^3]$$

而惯性力和重力之比开平方的量纲式为

$$\left[\frac{F}{G}\right]^{1/2}=\left[\frac{\rho L^2v^2}{\rho g L^3}\right]^{1/2}=\left[\frac{v}{\sqrt{gL}}\right]$$

这个比值的量纲式与弗劳德数相同。由此可知弗劳德数的力学意义是代表水流的惯性力和重力两种作用的对比关系。当这个比值等于1时，恰好说明惯性力作用与重力作用相等，水流是临界流。当 $Fr>1$ 时，说明惯性力作用大于重力的作用，惯性力对水流起主导作用，这时水流处于急流状态；当 $Fr<1$ 时，惯性力作用小于重力作用，这时重力对水流起主导作用，水流处于缓流状态。

第三节　断面比能与临界水深

明渠中水流的流态也可从能量角度来分析。

一、断面比能、比能曲线

图9-4为一渐变流，若以0—0为基准面，则过水断面上单位重量液体所具有的总能量为

$$E=z+\frac{\alpha v^2}{2g}=z_0+h\cos\theta+\frac{\alpha v^2}{2g} \tag{9-7}$$

式中：θ 为明渠底面对水平面的倾角。

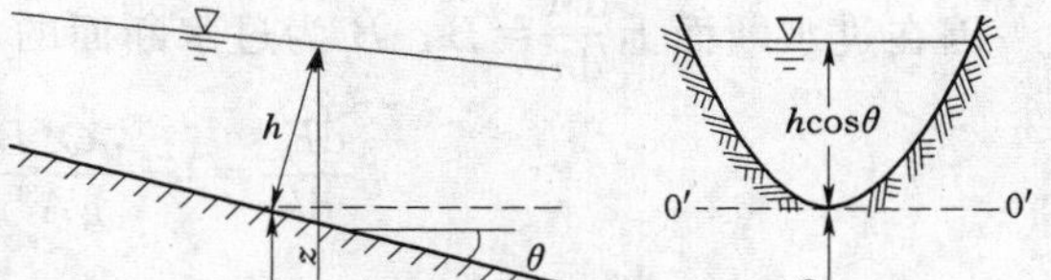

(a) 侧剖面　(b) 过水断面

图9-4　渐变流断面示意图

如果把参考基准面选在渠底这一特殊位置，即水平面 $0'$—$0'$，此时计算得到的单位总能量称为断面比能，并以 E_s 来表示，则

$$E_s=h\cos\theta+\frac{\alpha v^2}{2g} \tag{9-8}$$

不难看出，断面比能 E_s 是过水断面上单位液体总能量 E 的一部分，两者相差的数值乃是两个基准面之间的高差 z_0，即 $E=E_s+z_0$。

在实用上，因一般明渠底坡较小，可认为 $\cos\theta=1$，故常采用

$$E_s=h+\frac{\alpha v^2}{2g} \tag{9-9}$$

或写作

$$E_s=h+\frac{\alpha Q^2}{2gA^2} \tag{9-10}$$

由式（9-10）可知，当流量 Q 和过水断面的形状及尺寸一定时，断面比能仅仅是水深的函数，即 $E_s=f(h)$，按照此函数可以绘出断面比能随水深变化的关系曲线，该曲线称为比能曲线。很明显，要具体绘出一条比能曲线必须首先给定流量 Q 和断面的形状及尺寸。对于一个已经给定尺寸的断面，当通过不同流量时，其比能曲线是不相同的；同样，对某一指定的流量，断面的形状及尺寸不同时，其比能曲线也是不相同的。

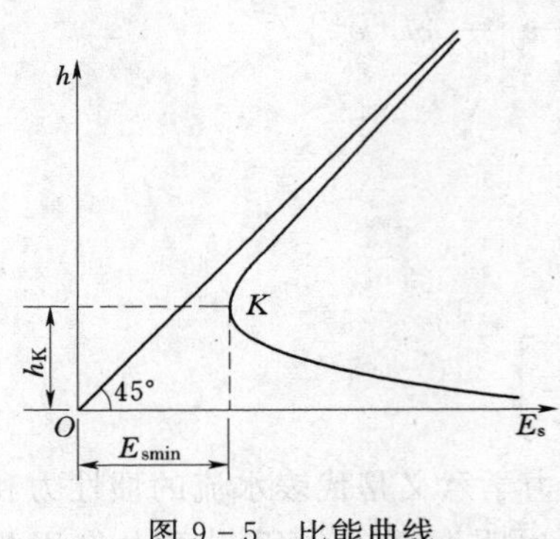

图 9-5　比能曲线

假定已经给定某一流量和过水断面的形状及尺寸，现在来定性地讨论一下比能曲线的特征。由式（9-10）可知，若过水断面积 A 是水深 h 的连续函数，当 $h\to 0$ 时，$A\to 0$，则 $\frac{\alpha Q^2}{2gA^2}\to\infty$，故 $E_s\to\infty$。当 $h\to\infty$ 时，$A\to\infty$，则 $\frac{\alpha Q^2}{2gA^2}\to 0$，因而 $E_s\to\infty$。若以 h 为纵坐标，以 E_s 为横坐标，根据上述讨论，绘出的比能曲线是一条二次抛物线（图 9-5），曲线的下端以水平线为渐近线，上端以与坐标轴成 45°夹角并通过原点的直线为渐近线。该曲线在 K 点断面比能有最小值 E_{smin}。K 点把曲线分成上下两支，在上支，断面比能随水深的增加而增加；在下支，断面比能随水深的增加而减小。

若将式（9-10）对 h 取导数，可以进一步了解比能曲线的变化规律：

$$\frac{dE_s}{dh}=\frac{d}{dh}\left(h+\frac{\alpha Q^2}{2gA^2}\right)=1-\frac{\alpha Q^2}{gA^3}\frac{dA}{dh} \tag{9-11}$$

因在过水断面上 $\frac{dA}{dh}=B$，B 为过水断面的水面宽度，代入式（9-11），得

$$\frac{dE_s}{dh}=1-\frac{\alpha Q^2 B}{gA^3}=1-\frac{\alpha v^2}{g\dfrac{A}{B}} \tag{9-12}$$

若取 $\alpha=1.0$，则式（9-12）可写作

$$\frac{dE_s}{dh}=1-Fr^2 \tag{9-13}$$

式（9-13）说明，明渠水流的断面比能随水深的变化规律是取决于断面上的弗劳德数。对于缓流，$Fr<1$，则 $\frac{dE_s}{dh}>0$，相当于比能曲线的上支，断面比能随水深的增加而增加；对于急流，$Fr>1$，则 $\frac{dE_s}{dh}<0$，相当于比能曲线的下支，断面比能随水深的增加而减

少；对于临界流，$Fr=1$，则$\frac{dE_s}{dh}=0$，相当于比能曲线上下两支的分界点，断面比能为最小值。

二、临界水深

（一）临界水深公式

相应于断面单位能量最小值的水深称为临界水深，以 h_K 表示。将式（9-10）对水深取导数，并令其等于零，即可求得临界水深所应满足的条件：

$$\frac{dE_s}{dh}=1-\frac{\alpha Q^2}{gA^3}\frac{dA}{dh}=1-\frac{\alpha Q^2 B}{gA^3}=0 \tag{9-14}$$

今后凡相应于临界水深时的水力要素均注以脚标 K，式（9-14）可写作

$$\frac{\alpha Q^2}{g}=\frac{A_K^3}{B_K} \tag{9-15}$$

当流量和过水断面形状及尺寸给定时，利用式（9-15）即可求解临界水深 h_K。

（二）矩形断面明渠临界水深的计算

令矩形断面宽为 b，则 $B_K=b$，$A_K=bh_K$，代入式（9-15）后可解出临界水深公式为

$$h_K=\sqrt[3]{\frac{\alpha Q^2}{gb^2}} \tag{9-16}$$

或

$$h_K=\sqrt[3]{\frac{\alpha q^2}{g}} \tag{9-17}$$

式中：q 为单宽流量，$q=\frac{Q}{b}$。

由式（9-17）还可看出

$$h_K^3=\frac{\alpha q^2}{g}=\frac{\alpha(h_K v_K)^2}{g}$$

故

$$h_K=\frac{\alpha v_K^2}{g}$$

或

$$\frac{h_K}{2}=\frac{\alpha v_K^2}{2g} \tag{9-18}$$

即在临界流时，断面比能：

$$E_{smin}=h_K+\frac{\alpha v_K^2}{2g}=h_K+\frac{h_K}{2}=\frac{3}{2}h_K \tag{9-19}$$

由此可知：在矩形断面明渠中，临界流的流速水头是临界水深的一半；而临界水深则是最小断面比能 E_{smin} 的 2/3。

（三）断面为任意形状时，临界水深的计算

若明渠断面形状不规则，过水面积与水深之间的函数关系比较复杂，把这样的复杂函数代入条件式（9-15），不能得出临界水深 h_K 的直接解。在这种情况下，一般常用试算法和图解法求解 h_K，或者上机编程求解 h_K。

1. 试算法

当给定流量 Q 及明渠断面形状、尺寸后，式（9－15）的左端$\frac{\alpha Q^2}{g}$为一定值，该式的右端$\frac{A^3}{B}$仅仅是水深的函数。于是可以假定若干个水深 h，从而可算出若干个与之对应的$\frac{A^3}{B}$值，当某一$\frac{A^3}{B}$值刚好与$\frac{\alpha Q^2}{g}$相等时，其相应的水深即为所求的临界水深 h_K。

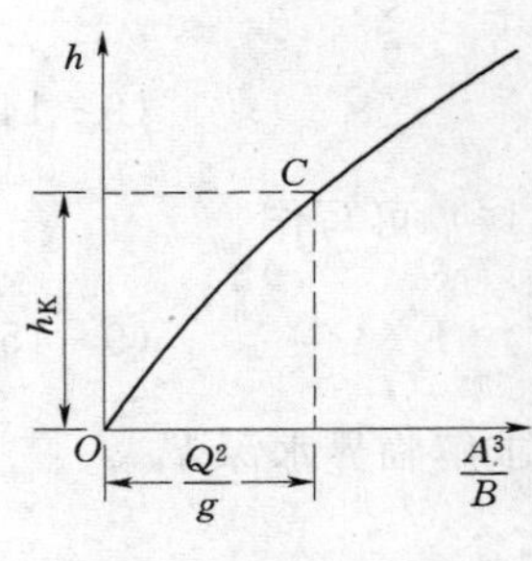

图 9－6　$h-A^3/B$ 关系曲线

2. 图解法

图解法的实质和试算法相同。当假定不同的水深 h 时，可得出若干相应的$\frac{A^3}{B}$值，然后将这些值点绘成 $h-\frac{A^3}{B}$关系曲线图（图 9－6）在该图的$\frac{A^3}{B}$轴上，量取其值为$\frac{\alpha Q^2}{g}$的长度，由此引铅垂线与曲线相交于 C 点，C 点所对应的 h 值即为所求 h_K。

3. 编程求解

若用计算机求解式（9－15），可将其变形为

$$f(h)=A^3-B\alpha Q^2/g=0 \tag{9-20}$$

然后用二分法或其他方法对该方程求解，编制相应的计算程序。本章中第八节水面线计算程序里有一计算临界水深的程序段，可供参考。

（四）等腰梯形断面临界水深计算

若明渠过水断面为梯形，且两侧边坡相同，在这种情况下，可应用一种简便图解法，现将其原理简述如下。

对于等腰梯形断面有

$$A_K=(b+mh_K)h_K$$
$$B_K=b+2mh_K$$

代入式（9－15）可得（其中令 $\alpha=1$）：

$$\frac{Q^2}{g}=\frac{(b+mh_K)^3h_K^3}{b+2mh_K}=\frac{\left(1+m\frac{h_K}{b}\right)^3b^3h_K^3}{\left(1+2m\frac{h_K}{b}\right)b}$$

将上式两端同除以 b^2 后开立方则得

$$\sqrt[3]{\frac{q^2}{g}}=\frac{\left(1+m\frac{h_K}{b}\right)h_K}{\left(1+2m\frac{h_K}{b}\right)^{1/3}} \tag{9-21}$$

其中

$$q=Q/b$$

式中：b 为梯形断面的底宽。

式（9－21）左端实际上表示一个与梯形断面底宽相等的矩形断面的临界水深。为了与欲求的梯形断面的临界水深 h_K 相区别将其以 h'_K来表示，即令

$$h_K' = \sqrt[3]{\frac{q^2}{g}} \tag{9-22}$$

若将式（9－21）两端同乘以 m/b 值，可得

$$\frac{m}{b}h_K' = \frac{\left(1+m\dfrac{h_K}{b}\right)\dfrac{m}{b}h_K}{\left(1+2m\dfrac{h_K}{b}\right)^{1/3}} = f\left(\frac{m}{b}h_K\right) \tag{9-23}$$

式（9－23）移项后可得

$$\frac{h_K}{h_K'} = \frac{\left(1+2m\dfrac{h_K}{b}\right)^{1/3}}{1+m\dfrac{h_K}{b}} = \varphi\left(\frac{m}{b}h_K\right) \tag{9-24}$$

式(9－23）与式（9－24）的右端均为 $\frac{m}{b}h_K$ 的函数，若给定一个 $\frac{m}{b}h_K$ 的值，分别从上两式可得出一组 $f\left(\frac{m}{b}h_K\right)$ 和 $\varphi\left(\frac{m}{b}h_K\right)$ 的函数值，亦即得出一组 $\frac{m}{b}h_K'$ 和 $\frac{h_K}{h_K'}$ 的值。现给定若干个 $\frac{m}{b}h_K$ 值，则可求得若干组对应的 $\frac{m}{b}h_K'$ 和 $\frac{h_K}{h_K'}$ 的值。利用这若干组对应的 $\frac{m}{b}h_K'$ 和 $\frac{h_K}{h_K'}$ 值，以 $\frac{m}{b}h_K'$ 为横坐标，以 $\frac{h_K}{h_K'}$ 为纵坐标，画出 $\frac{m}{b}h_K'$－$\frac{h_K}{h_K'}$ 关系曲线（图 9－7）。

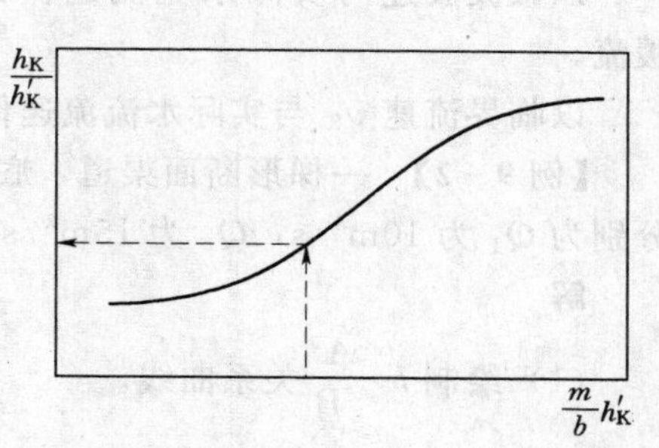

图 9－7　$\frac{m}{b}h_K'$－$\frac{h_K}{h_K'}$ 关系曲线

当求解梯形断面临界水深时，首先求出与梯形断面底宽相等的矩形断面的临界水深 h_K'，然后根据梯形断面已知 m、b 值算出 $\frac{m}{b}h_K'$，再由 $\frac{m}{b}h_K'$－$\frac{h_K}{h_K'}$ 关系曲线上查出相应的 $\frac{h_K}{h_K'}$ 值，从而可算出梯形断面的 h_K 值。

根据所给流量及断面尺寸，应用上述方法求出临界水深 h_K 以后，也可用 h_K 来判别流态：当 $h>h_K$ 时，$Fr<1$，水流为缓流；当 $h=h_K$ 时，$Fr=1$，水流为临界流；当 $<h_K$ 时，$Fr>1$，水流为急流。

【例 9－1】 一矩形断面明渠，流量 $Q=30\text{m}^3/\text{s}$，底宽 $b=8\text{m}$。试求：

（1）用计算法求渠中临界水深；

（2）计算渠中实际水深 $h=3\text{m}$ 时，水流的弗劳德数、微波波速，并据此以不同的角度来判别水流的流态。

解

（1）求临界水深。

$$q=Q/b=30/8=3.75[\text{m}^3/(\text{s}\cdot\text{m})]$$

$$h_K=\sqrt[3]{\frac{\alpha q^2}{g}}=\sqrt[3]{\frac{1\times 3.75^2}{9.8}}=1.13(\text{m})$$

由 $h_K - q$ 关系曲线可计算出 $q=3.75\text{m}^3/(\text{s}\cdot\text{m})$ 时，$h_K=1.13\text{m}$。

（2）当渠中水深 $h=3\text{m}$ 时，

渠中流速 $$v=\frac{Q}{bh}=\frac{30}{8\times3}=1.25(\text{m/s})$$

弗劳德数 $$Fr=\sqrt{\frac{v^2}{gh}}=\sqrt{\frac{1.25^2}{9.8\times3}}=0.231$$

微波波速 $$v_w=\sqrt{gh}=\sqrt{9.8\times3}=5.42(\text{m/s})$$

临界波速 $$v_K=\sqrt{gh_K}=\sqrt{9.8\times1.13}=3.33(\text{m/s})$$

从水深看，因 $h>h_K$，故渠中水流为缓流。

以 Fr 为标准，因 $Fr<1$，水流为缓流。

以微波波速与实际水流流速作比较，因 $v_w>v$，微波可以向上游传播，故水流为缓流。

以临界流速 v_K 与实际水流流速作比较，因 $v<v_K$，故水流为缓流。

【例 9-2】 一梯形断面渠道，底宽 b 为 5m，边坡系数 m 为 1。试求：计算通过流量分别为 Q_1 为 $10\text{m}^3/\text{s}$，Q_2 为 $15\text{m}^3/\text{s}$，Q_3 为 $20\text{m}^3/\text{s}$ 时的临界水深。

解

（1）绘制 $h-\frac{A^3}{B}$ 关系曲线。

因

$$\frac{A^3}{B}=f(h)$$

对梯形断面

$$B=b+2mh$$
$$A=(b+mh)h$$

先假定若干 h，计算相应的 $\frac{A^3}{B}$ 值，计算成果见表 9-1。

表 9-1　　渠道几何水力要素计算表

水深 h /m	水面宽 B /m	过水面积 A /m²	$\frac{A^3}{B}$
0.4	5.8	2.16	1.74
0.6	6.2	3.36	6.12
0.8	6.6	4.64	15.14
1.0	7.0	6.00	30.86
1.2	7.4	7.44	55.65

根据表中数值，绘制 $h-\frac{A^3}{B}$ 关系曲线，如图 9-8 所示。

（2）计算各级流量下的 $\frac{Q^2}{g}$ 值，并由图 9-8 中查读临界水深。

当$\frac{Q^2}{g}=\frac{10^2}{9.8}=10.2$时，由图 9-8 查得 $h_{K1}=0.69\text{m}$。

当$\frac{Q^2}{g}=\frac{15^2}{9.8}=23.0$时，由图 9-8 查得 $h_{K2}=0.91\text{m}$。

当$\frac{Q^2}{g}=\frac{20^2}{9.8}=40.8$时，由图 9-8 查得 $h_{K3}=1.09\text{m}$。

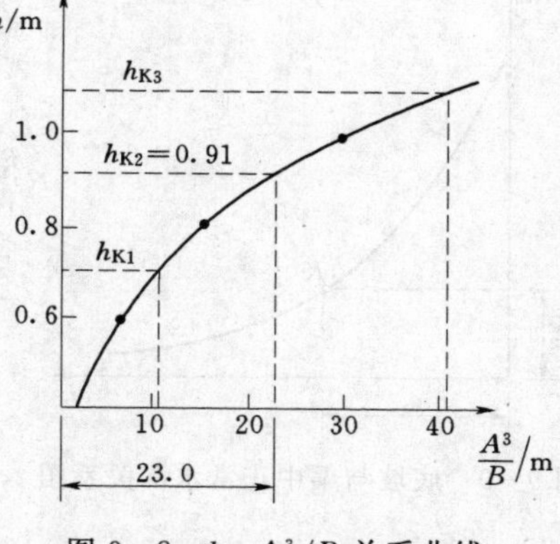

图 9-8 $h-A^3/B$ 关系曲线

（五）大底坡明渠临界水深

大底坡明渠的断面比能 E_s 表达式如式（9-8）所示。

$$E_s=h\cos\theta+\frac{\alpha v^2}{2g}$$

可写为

$$E_s=h\cos\theta+\frac{\alpha Q^2}{2gA^2} \tag{9-25}$$

式（9-25）对水深取导数，并令其于 0，即

$$\frac{\mathrm{d}E_s}{\mathrm{d}h}=\cos\theta-\frac{\alpha Q^2 B}{gA^3}=(1-Fr^2)\cos\theta=0 \tag{9-26}$$

其中

$$Fr=\frac{v}{\sqrt{g\dfrac{A\cos\theta}{B\alpha}}}$$

可得临界水深满足的关系式：

$$\cos\theta-\frac{\alpha Q^2 B}{gA_K^3}=0 \tag{9-27}$$

矩形断面临界水深为

$$h_K=\sqrt[3]{\frac{\alpha q^2}{g\cos\theta}} \tag{9-28}$$

第四节　明渠中的底坡形式

设想在流量和断面形状、尺寸一定的棱柱体明渠中，当水流作均匀流时，如果改变明渠的底坡，相应的均匀流正常水深 h_0 亦随之而改变。如果变至某一底坡，其均匀流的正常水深 h_0 恰好与临界水深 h_K 相等，此坡度定义为临界底坡。

若已知明渠的断面形状及尺寸，当流量给定时，在均匀流的情况下，可以将底坡与渠中正常水深的关系绘出，如图 9-9 所示。不难理解，当底坡 i 增大时，正常水深 h_0 将减小；反之，当 i 减小时，正常水深 h_0 将增大。从该曲线上必能找出一个正常水深恰好与

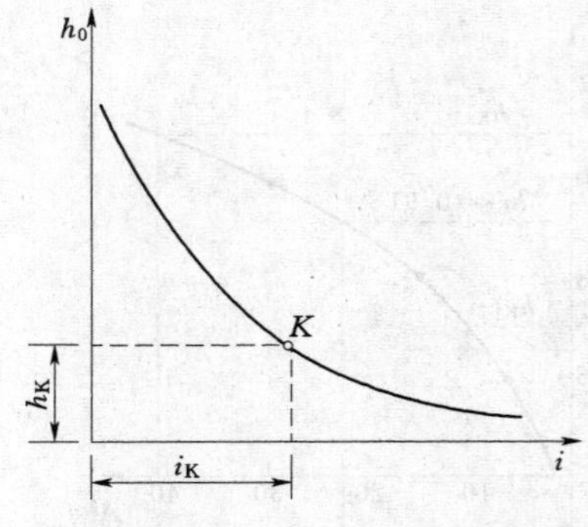

图 9-9　底坡与渠中正常水深关系图

临界水深相等的 K 点。曲线上 K 点所对应的底坡 i_K 即为临界底坡。

在临界底坡上作均匀流时，一方面它要满足临界流的条件式［式（9-15）］，即

$$\frac{\alpha Q^2}{g}=\frac{A_K^3}{B_K}$$

另一方面又要同时满足均匀流的基本方程式：

$$Q=A_K C_K\sqrt{R_K i_K} \tag{9-29}$$

联解上列二式可得临界底坡的计算式为

$$i_K=\frac{gA_K}{\alpha C_K^2 R_K B_K}=\frac{g\chi_K}{\alpha C_K^2 B_K} \tag{9-30}$$

式中：R_K、χ_K、C_K 分别为渠中水深为临界水深时所对应的水力半径、湿周、谢才系数。

由式（9-30）不难看出，明渠的临界底坡 i_K 与断面形状与尺寸、流量及渠道的糙率有关，而与渠道的实际底坡无关。

一个坡度为 i 的明渠，与其相应（即同流量、同断面尺寸、同糙率）的临界底坡相比较，可能有 3 种情况，即 $i<i_K$、$i=i_K$、$i>i_K$。根据可能出现的不同情况，可将明渠的底坡分为三类：

当 $i<i_K$，为缓坡；当 $i=i_K$，为临界坡；当 $i>i_K$，为陡坡。

由图 9-9 可以看出，明渠中水流为均匀流时，若 $i<i_K$，则正常水深 $h_0>h_K$；若 $i>i_K$，则正常水深 $h_0<h_K$；若 $i=i_K$，则正常水深 $h_0=h_K$。所以在明渠均匀流的情况下，用底坡的类型就可以判别水流的流态，即在缓坡上水流为缓流，在陡坡上水流为急流，在临界坡上水流为临界流。但一定要强调，这种判别只能适用于均匀流的情况，在非均匀流时，就不一定了。

【例 9-3】 梯形断面渠道，已知流量 Q 为 $45\text{m}^3/\text{s}$，底宽 b 为 10m，边坡系数 m 为 1.5，粗糙系数 n 为 0.022，底坡 i 为 0.0009。要求：计算临界坡度 i_K，判别渠道底坡属于缓坡还是陡坡？

解　$i_K=\dfrac{gA_K}{\alpha C_K^2 R_K B_K}$

由临界坡度的计算公式中看出，式中各个水力要素与临界水深都有关系，因此必须首先计算临界水深。

与梯形断面底宽相等的矩形断面单宽流量：

$$q=\frac{Q}{b}=\frac{45}{10}=4.5[\text{m}^3/(\text{s}\cdot\text{m})]$$

由附图Ⅲ查得　　$h_K'=1.28\text{m}$，故 $\dfrac{m}{b}h_K'=\dfrac{1.5}{10}\times1.28=0.192$

再由附图Ⅲ查得　　$\dfrac{h_K}{h_K'}=0.936$

所以 $$h_K=0.936\times1.28=1.2(\text{m})$$

$$\chi_K=b+2\sqrt{1+m^2}h_K=10+2\sqrt{1+1.5^2}\times1.2=14.33(\text{m})$$

$$A_K=(b+mh_K)h_K=(10+1.5\times1.2)\times1.2=14.16(\text{m}^2)$$

$$B_K=b+2mh_K=10+2\times1.5\times1.2=13.6(\text{m})$$

$$R_K=\frac{A_K}{\chi_K}=\frac{14.16}{14.33}=0.987(\text{m})$$

$$C_K=\frac{1}{n}R_K^{1/6}=\frac{1}{0.022}0.987^{1/6}=45.36(\text{m}^{0.5}/\text{s})$$

$$i_K=\frac{9.8\times14.16}{1\times45.36^2\times0.987\times13.6}=0.00499$$

因 $i<i_K$，渠道属于缓坡渠道。

第五节　明渠恒定急变流

明渠急变流是在自然界和工程中十分常见的一类水流现象，典型的例子有堰、闸和弯道的水流，以及水跃、水跌等。本节介绍水跌、水跃和弯道水流的现象及基本规律，堰、闸水流将在下一章详细介绍。

在明渠急变流中，水流在很短的流程内发生急剧变化，由于水流的曲折和大量生成的漩涡而产生集中的局部水头损失。流动型态偏离均匀流甚远，流速分布规律远比渐变流复杂，过水断面上的压强分布不再满足静水压强分布规律。若以槽底为基准面，则断面上的平均测压管水头应为 $\beta h\cos\theta$，总水头为

$$E=\beta h\cos\theta+\frac{\alpha v^2}{2g}$$

修正系数 β 与流动状况有关，对于向上凸起的水流，离心惯性力使断面上压强小于均匀流压强，$\beta<1$；向下凹的水流，离心惯性力使断面上压强大于均匀流压强，$\beta>1$。

随着现代水力学的发展，可以利用现代量测技术测急变流内部的水力要素分布和变化，还可以用数值分析方法计算急变流流场中的流速分布、压强分布、自由表面位置、涡旋运动特性和水头损失规律等，但这方面的理论研究尚不如渐变流成熟。本节仍主要按传统的一元总流分析方法来介绍明槽恒定急变流的规律。

在分析明渠水流问题时，了解哪些场合会出现临界水深，具有重要意义。例如，在水文测验工作中或在野外踏勘时，为了估算河道或渠道中流量，总要尽量寻找一个发生临界水深的断面，甚至人为地制造发生临界水深的条件。因为只要测得一个断面上的临界水深并量取了该断面的尺寸，其流量即能简便而精确地估算出来，又如在明渠中，若知道发生临界水深断面的位置，就相当于取得一个已知条件（水深为临界水深），把该断面作为控制断面，据此来推求上下游水面曲线。

明渠中的水流，因边界条件的改变，自大于临界水深变为小于临界水深，即水跌；自

小于临界水深变为大于临界水深时，即水跃，其间必经过临界水深。

一、水跌和水跃举例

（一）水跌

1. 当渠道底坡自缓坡变为陡坡时

如图 9-10 所示，在断面 $c—c$ 的上游，渠道底坡为缓坡，缓坡渠道中的均匀流为缓流，其正常水深大于临界水深；在断面 $c—c$ 的下游，渠道底坡为陡坡，陡坡渠道中的均匀流为急流，其正常水深小于临界水深。在这种情况下，水流会产生水面降落现象，称为水跌。水流自大于临界水深变为小于临界水深，其间必经过临界水深，在实际应用时常假设临界水深发生在断面 $c—c$ 处。

2. 当缓坡渠道末端自由跌落时

如图 9-11 所示，自由跌落是水跌的一个特例，相当于图 9-10 中下游底坡变成铅垂跌坎时的情况，水流以水舌形式自由跌落。因上游渠道底坡为缓坡，缓坡渠道中的均匀流为缓流，其正常水深大于临界水深，渠端自由泄落时，水面必为下降曲线，其极限可以降至临界水深，所以在坎缘上水深为临界水深。但事实上，坎缘处的水深 h_c 并不等于临界水深 h_K，临界水深发生在坎缘上游 l_K 处。这是因为自由跌落属急变流，而临界水深的公式是假设水流为渐变流情况下推导出来的，没有考虑流线弯曲影响的缘故。据试验结果 $l_K=(3\sim4)h_K$，$h_c=(0.67\sim0.73)h_K$。但在推算跌坎上游水面曲线时，因 l_K 与渠道水面曲线长度相比，其值可以忽略不计，所以在实际应用时仍假设坎缘处的水深为临界水深。

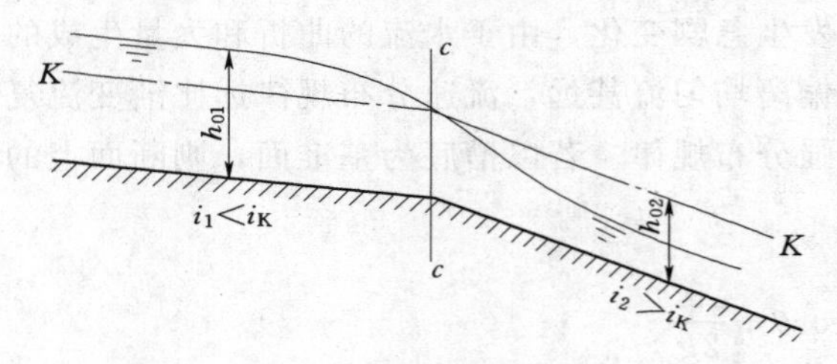

图 9-10　水跌示意图

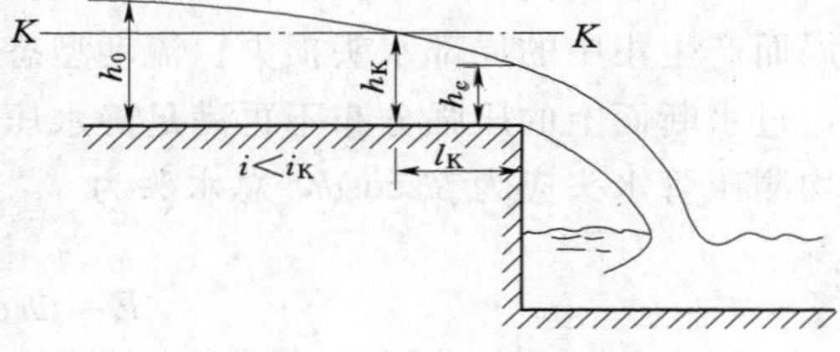

图 9-11　自由跌落

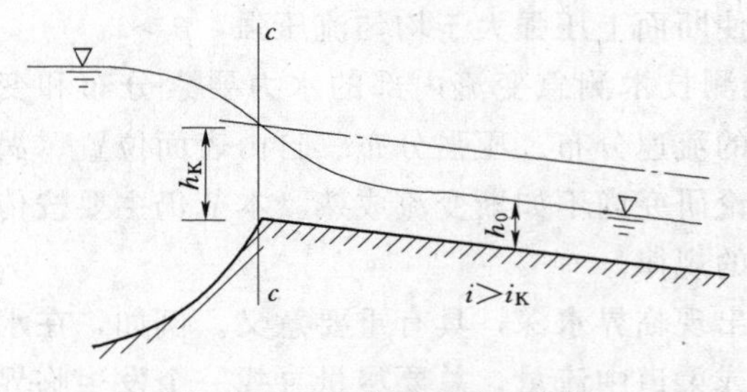

图 9-12　水由水库流入急坡

3. 当水流自水库进入陡坡渠道时

如图 9-12 所示，水库中水流为缓流，而陡坡渠道中均匀流为急流，水流由缓流过渡到急流时，必经过临界水深。实际应用时，常假设临界水深发生在断面 $c—c$ 处。

（二）水跃

如图 9-13 所示，渠道底坡自陡坡变为缓坡时，断面 $c—c$ 的上游渠道底坡为陡坡，陡坡中的均匀流为急流，其正常水深小于临界水深；在断面 $c—c$ 的下游，渠道底坡为缓坡，缓坡中的均匀流为缓流，其正常水深大于临界水深。在这种情况下，水流会产生一种水面突然跃起的特殊水力现象，称为水跃。水跃自水深小于临界水深跃入大于临界水深，其间必经过临界水深。

二、棱柱体水平明渠的水跃方程

从前述得知，当明渠中的水流由急流状态过渡到缓流状态时，会产生水跃现象。在闸、坝以及陡槽等泄水建筑物的下游，一般常有水跃产生。

水跃的上部有一个作剧烈回旋运动的表面漩滚，翻腾滚动，掺入大量气泡。漩滚之下则是急剧扩散的主流（图 9-14）。

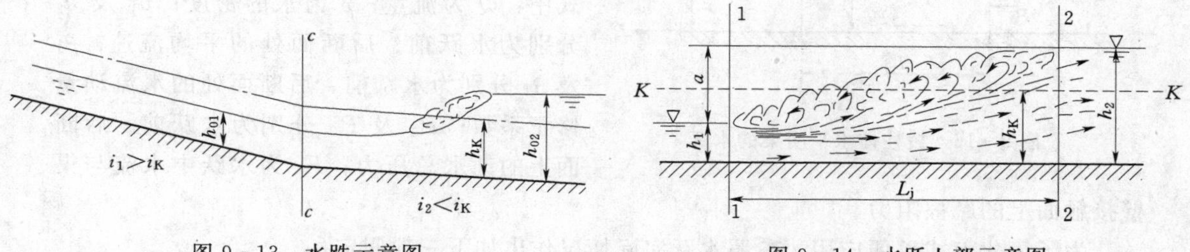

图 9-13　水跃示意图　　图 9-14　水跃上部示意图

表面漩滚起点的过水断面 1—1（或水面开始上升处的过水断面）称为跃前断面，该断面处的水深 h_1 称为跃前水深。表面漩滚末端的过水断面 2—2 称为跃后断面，该断面处的水深 h_2 称为跃后水深。跃后水深与跃前水深之差，即 $h_2-h_1=a$，称为跃高。跃前断面至跃后断面的水平距离则称为跃长 L_j。

在跃前和跃后断面之间的水跃段内，水流运动要素急剧变化，水流紊动、混掺强烈，漩滚与主流间质量不断交换，致使水跃段内有较大的能量损失。因此，常利用水跃来消除泄水建筑物下游高速水流中的巨大动能。

由观测得知，水跃的上部并非在任何情况下均有漩滚存在。水跃的形式主要与跃前断面的弗劳德数 Fr_1 有关。当 $1<Fr_1<1.7$ 时，水跃表面会形成一系列起伏不大的单波，波峰沿流降低，最后消失（此时以波峰消失的过水断面为跃后断面）。这种形式的水跃称为波状水跃（图 9-15）。由于波状水跃无漩滚存在，故其消能效果很差。为了与波状水跃相区别，有时也称有表面漩滚的水跃为完全水跃。

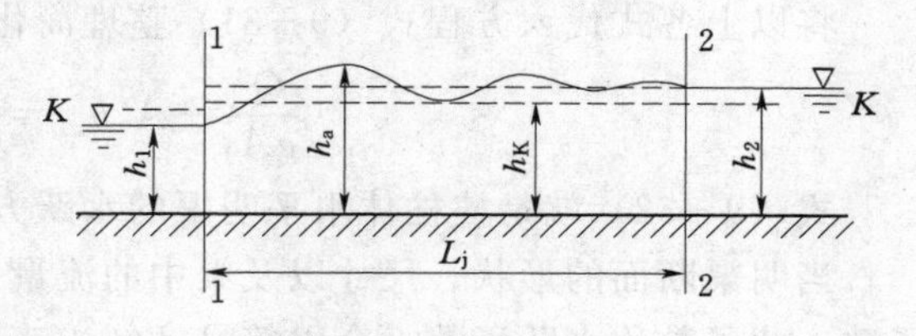

图 9-15　波状水跃

本节将推导表征水跃运动规律的水跃方程，并说明它在水跃基本计算上的应用。水跃的基本计算包括水跃共轭水深的计算、水跃能量损失的计算和水跃跃长的计算。这些计算在研究堰、闸出流和消能措施时，具有十分重要的作用。

在推导水跃方程之前，先探讨一下推导的方法。对于属于明渠急变流的水跃来讲，其中有较大的能量损失。既不能将它忽略不计，又没有一个独立于能量方程之外的用来确定水跃能量损失的公式，因此，在推导水跃方程时，不能应用恒定总流的能量方程，而必须采用恒定总流的动量方程。因为，对水跃段应用动量方程可以不涉及水跃中的较大的能量损失。

现在来推导棱柱体水平明渠的水跃方程。

设一水跃产生于一棱柱体水平明渠中，如图 9-16 所示。

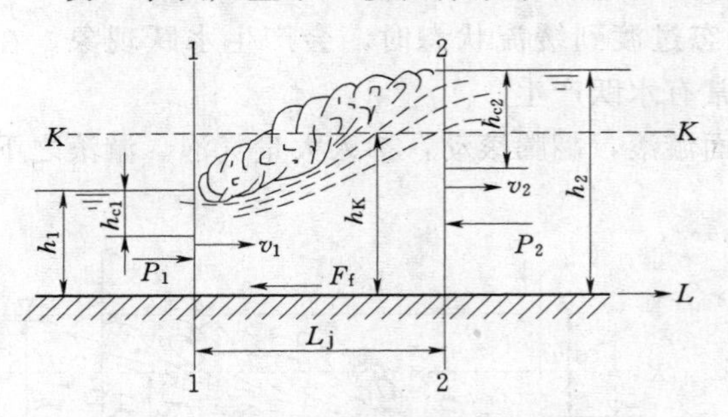

图 9-16　棱柱体水平明渠的水跃

对跃前断面 1—1 和跃后断面 2—2 之间的水跃段沿水流方向写动量方程得

$$\rho Q(\beta_2 v_2-\beta_1 v_1)=P_1-P_2-F_f \tag{9-31}$$

式中：Q 为流量；ρ 为水的密度；v_1 及 v_2 分别为水跃前、后断面处的平均流速；β_1 及 β_2 分别为水跃前、后断面处的水流动量修正系数；P_1 及 P_2 分别为水跃前、后断面上的动水总压力；F_f 为水跃中水流与渠壁接触面上的摩擦阻力。

为了简化上式以便应用，参照水跃实际情况作出如下三项假定：

（1）设水跃前、后断面处的水流为渐变流，作用于断面上的动水压强服从于静水压强分布规律，于是

$$P_1=\gamma A_1 h_{c1}$$

$$P_2=\gamma A_2 h_{c2}$$

式中：A_1 及 A_2 分别为水跃前、后断面的面积；h_{c1} 及 h_{c2} 分别为水跃前、后断面形心距水面的距离。

（2）设 $F_f=0$。由于水跃段的边界应力较小，同时跃长不大，故 F_f 与 P_1-P_2 相比一般甚小，可以忽略不计。

（3）设 $\beta_1=\beta_2=1$，又由连续性方程得知：

$$v_1=\frac{Q}{A_1}\text{及 } v_2=\frac{Q}{A_2}$$

将以上各式代入方程式（9-31）整理简化后可得

$$\frac{Q^2}{gA_1}+A_1 h_{c1}=\frac{Q^2}{gA_2}+A_2 h_{c2} \tag{9-32}$$

式（9-32）就是棱柱体水平明渠的水跃方程。

当明渠断面的形状、尺寸以及渠中的流量一定时，水跃方程的左右两边都仅是水深的函数。此函数称水跃函数，今以符号 $J(h)$ 表示，则有

$$J(h)=\frac{Q^2}{gA}+Ah_c \tag{9-33}$$

于是水跃方程式（9-32）也可以写成如下的形式：

$$J(h_1)=J(h_2) \tag{9-34}$$

式（9-34）表明，在棱柱体水平明渠中，跃前水深 h_1 与跃后水深 h_2 具有相同的水跃函数值，所以也称这两个水深为共轭水深。

应当指出，以上导出的水跃方程式（9-32）或式（9-34），在棱柱体明渠的底坡不大的情况下，也可以近似应用。

三、棱柱体水平明渠中水跃共轭水深的计算

当明渠断面的形状、尺寸和渠中的流量给定时，由已知的一个共轭水深 h_1（或 h_2）

来计算另一未知的共轭水深 h_2（或 h_1），称为共轭水深计算。共轭水深计算问题可应用水跃方程来解决。

（一）共轭水深计算的一般方法

应用水跃方程解共轭水深时，虽然方程中仅有一个未知数——h_2（或 h_1），但除了明渠断面的形状为简单的矩形外，一般来讲，水跃方程中的 A 和 h_c，都是共轭水深的复杂函数，因此水深不易直接由方程解出。

可以采用下述的一般方法，即试算法、图解法和编程计算法。这种方法对于各种断面形状的明渠都是适用的。

1. 试算法

在应用试算法解共轭水深时，可先假设一个欲求的共轭水深代入水跃方程，如所假设的水深能满足水跃方程，则该水深即为所求的共轭水深。否则，必须重新假设直至水跃方程得到满足为止。试算法可得较高的精确度，但计算比较麻烦。

2. 图解法

图解法是利用水跃函数曲线来直接求解共轭水深。

（1）水跃函数曲线的绘制。当流量和明渠断面的形状尺寸给定时，可假设不同水深，根据式（9-33）算出相应水跃函数 $J(h)$，以水深 h 为纵轴，以水跃函数 $J(h)$ 为横轴，即可绘出水跃函数曲线（图 9-17）。

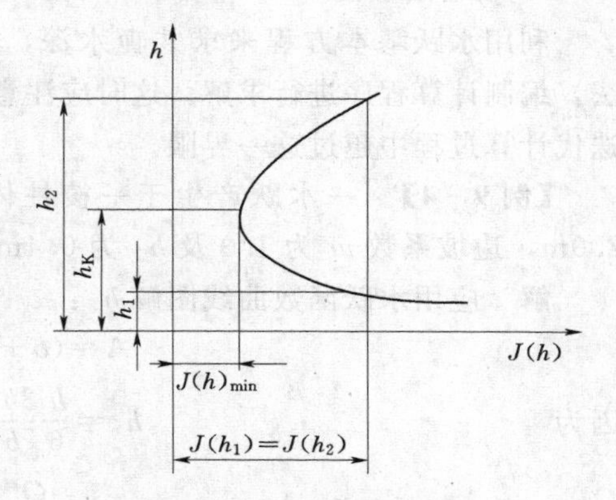

图 9-17　水跃函数曲线

（2）水跃函数曲线的特性。水跃函数曲线具有如下的特性：

1）水跃函数 $J(h)$ 有一极小值 $J(h)_{min}$。与 $J(h)_{min}$ 相应的水深即是临界水深 h_K。

2）当 $h>h_K$ 时（相当于曲线的上半支），$J(h)$ 随着 h 亦即随着跃后水深的减小而减小。

3）当 $h<h_K$ 时（相当于曲线的下半支），$J(h)$ 随着 h 亦即随着跃前水深的减小而增大。

（3）水跃函数曲线的应用方法。现在来说明应用水跃函数曲线图解共轭水深的方法。

众所周知，若已知共轭水深，则可应用式（9-33）求出相应的水跃函数值。当 $J(h_1)$ 或 $J(h_2)$ 求出后，根据水跃方程 $J(h_1)=J(h_2)$，即可从水跃函数曲线上简便地解出欲求的共轭水深。在图解前，并不需要将水跃函数曲线的上、下两支全部绘出。例如，当已知 h_1 欲求 h_2 时，只需绘出曲线的上半支有关部分。曲线绘出后，通过横坐标轴上 $J(h)=J(h_1)=J(h_2)$ 的已知点 A 作一与纵坐标轴 h 相平行的直线，该直线与曲线相交于 B 点。显然，此 B 点的纵坐标值即是欲求的 h_2。其图解示意如图 9-18（a）所示。当已知 h_2 求 h_1 时，则只需绘出曲线的下半支的有关部分，其图解示意如图 9-18（b）所示。

最后指出，当明渠的流量以及断面的形状和尺寸一定时，跃前水深越小则跃后水深越

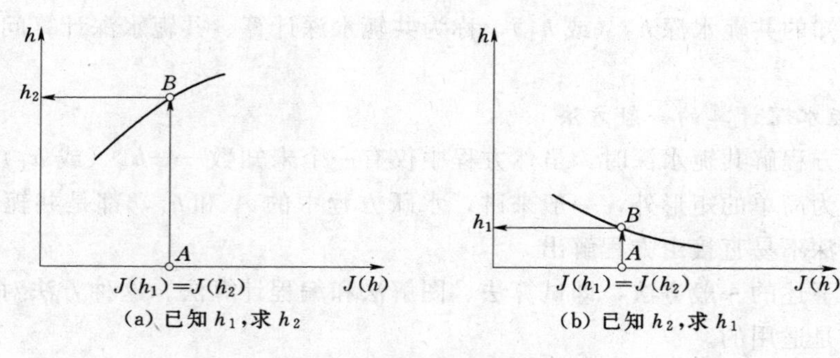

图 9-18　水跃函数曲线

大；反之，跃前水深越大则跃后水深越小，跃前与跃后水深间的这一重要关系可以由图 9-17看出。

3. 编程求解法

利用水跃基本方程来求共轭水深，还可以根据高次方程的一般求解方法比如二分法，编制计算程序进行求解。这时应注意两个共轭水深之间被临界水深所分隔，应避免在迭代计算过程中越过这一界限。

【例 9-4】　一水跃产生于一棱柱体梯形水平渠段中。已知：Q 为 6.0m³/s；b 为 2.0m，边坡系数 m 为 1.0 及 h_1 为 0.4m。求 h_2。

解　应用水跃函数曲线图解 h_2：

$$A=(b+mh)h=(2+h)h$$

因为

$$h_c=\frac{h}{6}\frac{3b+2mh}{b+mh}=\frac{(3+h)h}{6+3h}$$

$$J(h)=\frac{Q^2}{gA}+Ah_c=\frac{3.67}{A}+Ah_c$$

根据已知的 $h_1=0.40$m，由以上诸关系式分别求得

$$A=(2+0.4)\times0.4=0.96(\text{m}^2)$$

$$h_{c1}=\frac{(3+0.4)\times0.4}{6+3\times0.4}=0.189(\text{m})$$

$$J(h)=\frac{3.67}{A_1}+A_1h_{c1}=\frac{3.67}{0.96}+0.96\times0.189=4.0(\text{m}^3)$$

为了绘制水跃函数曲线上半支的有关部分，今设数个 h 值并应用以上关系式计算出相应的 $J(h)$ 值。计算结果列于表 9-2［表 9-2 中的 $J(h)$ 值是随着 h 的增大而增大的，故所设的 h 值均大于 h_K］。

表 9-2　　**$J(h)$ 值计算表**

h/m	A/m²	h_c/m	Ah_c/m³	Q^2/gA/m³	$J(h)$/m³
1.20	3.84	0.525	2.02	0.956	2.98
1.40	4.76	0.604	2.88	0.771	3.65
1.60	5.76	0.681	3.92	0.637	4.56

根据表 9-2 中的 h 与 $J(h)$ 所绘出的水跃函数曲线上半支有关部分如图 9-19 所示。从该曲线上解得 $h_2=1.48\text{m}$。

（二）梯形明渠共轭水深的计算

梯形明渠共轭水深不易由水跃方程直接解出。在计算其共轭水深时，可以采用前述的试算法。

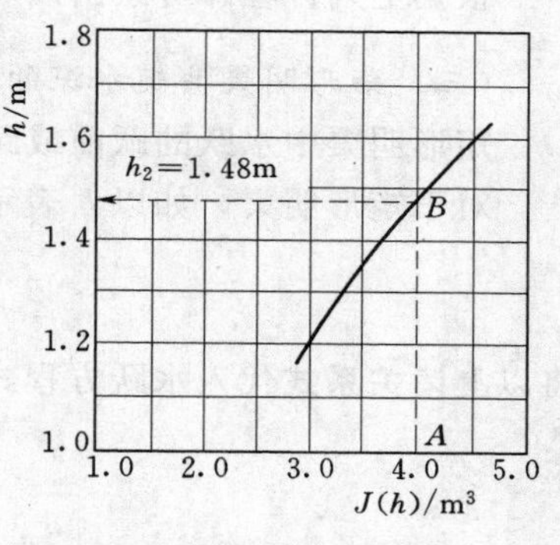

图 9-19 ［例 9-5］图

【例 9-5】 试证明棱柱体梯形水平明渠中水跃的共轭水深满足下列方程：

$$\frac{1}{g\left(\frac{h_1}{q^{2/3}}\right)\left(1+N\frac{h_1}{q^{2/3}}\right)}+\frac{1}{6}\left(\frac{h_1}{q^{2/3}}\right)^2\left(3+2N\frac{h_1}{q^{2/3}}\right)$$

$$=\frac{1}{g\left(\frac{h_2}{q^{2/3}}\right)\left(1+N\frac{h_2}{q^{2/3}}\right)}+\frac{1}{6}\left(\frac{h_2}{q^{2/3}}\right)^2\left(3+2N\frac{h_2}{q^{2/3}}\right)$$

式中：q 为虚拟的单宽流量，以 Q/b 计，b 为梯形断面的底度；$N=\frac{mq^{2/3}}{b}$，N 为参数。

证明：对于梯形明渠，A 及 h_c 可以表示如下：

$$A=(b+mh)h$$

$$h_c=\frac{h}{6}\frac{3b+2mh}{b+mh}$$

将以上关系式代入水跃方程式（9-32），并令 $Q=bq$ 得

$$\frac{b^2q^2}{gh_1(b+mh_1)}+\frac{h_1^2}{6}(3b+2mh_1)=\frac{b^2q^2}{gh_2(b+mh_2)}+\frac{h_2^2}{6}(3b+2mh_2)$$

对上列方程做如下变形：

$$\frac{bq^{4/3}}{gh_1(b+mh_1)\frac{1}{bq^{2/3}}}+\frac{h_1^2bq^{4/3}}{6bq^{4/3}}(3b+2mh_1)=\frac{bq^{4/3}}{gh_2(b+mh_2)\frac{1}{bq^{2/3}}}+\frac{h_2^2bq^{4/3}}{6bq^{4/3}}(3b+2mh_2)$$

进一步变形如下：

$$\frac{bq^{4/3}}{g\left(\frac{h_1}{q^{2/3}}\right)\left(1+\frac{mq^{2/3}}{b}\frac{h_1}{q^{2/3}}\right)}+\frac{bq^{4/3}}{6}\left(\frac{h_1}{q^{2/3}}\right)^2\left(3+2\frac{mq^{2/3}}{b}\frac{h_1}{q^{2/3}}\right)$$

$$=\frac{bq^{4/3}}{g\left(\frac{h_2}{q^{2/3}}\right)\left(1+\frac{mq^{2/3}}{b}\frac{h_2}{q^{2/3}}\right)}+\frac{bq^{4/3}}{6}\left(\frac{h_2}{q^{2/3}}\right)^2\left(3+2\frac{mq^{2/3}}{b}\frac{h_2}{q^{2/3}}\right)$$

以 $bq^{4/3}$ 除上式并令 $N=mq^{2/3}/b$，则得

$$\frac{1}{g\left(\frac{h_1}{q^{2/3}}\right)\left(1+N\frac{h_1}{q^{2/3}}\right)}+\frac{1}{6}\left(\frac{h_1}{q^{2/3}}\right)^2\left(3+2N\frac{h_1}{q^{2/3}}\right)$$

$$=\frac{1}{g\left(\frac{h_2}{q^{2/3}}\right)\left(1+N\frac{h_2}{q^{2/3}}\right)}+\frac{1}{6}\left(\frac{h_2}{q^{2/3}}\right)^2\left(3+2N\frac{h_2}{q^{2/3}}\right)$$

由此可见，棱柱体梯形水平明渠中水跃的共轭水深满足上列方程。

根据上列方程即可绘出以 N 为参变数的一簇 $\frac{h_1}{q^{2/3}}$-$\frac{h_2}{q^{2/3}}$ 关系曲线。

(三) 矩形明渠共轭水深的计算

矩形明渠中水跃的跃前或跃后水深可以直接由水跃方程解出。

对于矩形明渠，如以 b 表示渠宽，q 表示单宽流量，则

$$Q=bq, A=bh, h_c=\frac{h}{2}$$

将以上诸关系式代入水跃方程式 (9-32)，则得到棱柱体矩形水平明渠的水跃方程如下：

$$\frac{q^2}{gh_1}+\frac{h_1^2}{2}=\frac{q^2}{gh_2}+\frac{h_2^2}{2} \tag{9-35}$$

对式 (9-35) 整理简化后，得到

$$h_1h_2^2+h_1^2h_2-\frac{2q^2}{g}=0 \tag{9-36}$$

式 (9-36) 是对称二次方程。解该方程可得

$$h_2=\frac{h_1}{2}\left[\sqrt{1+8\frac{q^2}{gh_1^3}}-1\right] \tag{9-37}$$

或

$$h_1=\frac{h_2}{2}\left[\sqrt{1+8\frac{q^2}{gh_2^3}}-1\right] \tag{9-38}$$

因为跃前断面处水流弗劳德数的平方为 $Fr_1^2=\frac{v_1^2}{gh_1}=\frac{q^2}{gh_1^3}$，故式 (9-37) 又可写成如下的形式：

$$h_2=\frac{h_1}{2}(\sqrt{1+8Fr_1^2}-1) \quad 或 \quad \eta=\frac{1}{2}(\sqrt{1+8Fr_1^2}-1) \tag{9-39}$$

或

$$h_1=\frac{h_2}{2}(\sqrt{1+8Fr_2^2}-1) \tag{9-40}$$

式中：$\eta=\frac{h_2}{h_1}$ 为共轭水深比。

由式 (9-39) 可以看出，η 是随着 Fr_1 的增加而增大的。

【例 9-6】 有一水跃产生于一棱柱体矩形水平槽中，已知：q 为 $0.351m^3/(s \cdot m)$，h_1 为 0.0528m，求 h_2。

解 按公式 (9-37) 计算 h_2：

$$h_2=\frac{h_1}{2}\left[\sqrt{1+8\frac{q^2}{gh_1^3}}-1\right]=\frac{0.0528}{2}\times\left[\sqrt{1+8\times\frac{0.351^2}{9.8\times0.0528^3}}-1\right]=0.665(m)$$

实测 $h_2=0.665m$ 与计算值完全相同。

【例 9-7】 一水跃产生于一棱柱体矩形水平渠段中。今测得 $h_1=0.2m$，$h_2=1.4m$。求渠中的单宽流量 q。

解 由方程式 (9-36) 解 q 得到下列公式：

$$q=\sqrt{\frac{gh_1h_2(h_1+h_2)}{2}}$$

将已知值代入上式，得

$$q=\sqrt{\frac{9.8\times0.2\times1.4\times(0.2+1.4)}{2}}=1.48[\mathrm{m^3/(s\cdot m)}]$$

通过本例可知，可以利用水跃来测量流量。

四、水跃方程的实验验证

水跃的共轭水深计算是以水跃方程为依据的。在推导该理论方程时，曾做过一些假定。这些假定是否正确，有待实验来验证。

闸、坝等泄水建筑物下游的消能段多为矩形。因此，矩形明渠的水跃计算具有十分重要的意义。100 多年来，许多国家对棱柱体矩形水平槽中的水跃进行了广泛的实验研究，并累积了丰富的实验资料。现以其中最完善的资料对水跃方程进行验证。

当明渠的断面形状为矩形时，曾由水跃方程式（9-32）导出了公式（9-39）。从该公式中可以看出，共轭水深比 η 乃是 Fr_1 的函数，即

$$\eta=\frac{1}{2}(\sqrt{1+8Fr_1^2}-1)=f(Fr_1)$$

若以 η 为纵坐标，Fr_1 为横坐标，根据上式绘出理论曲线，在同一坐标中，也绘出实验点。可以发现理论曲线与实验点相当吻合。

对于梯形明渠中的水跃，虽然当 $Fr_1=\frac{v_1}{\sqrt{gh_1}}<3$ 时$\left(式中\ h_1=\frac{A_1}{B_1}\right)$，按水跃方程所计算的 η 值较实测值稍小，并且计算误差随着 Fr_1 的减小而有所增加。但当 $Fr_1\geqslant3$ 时，由于假定 $\beta_1=\beta_2=1$ 及 $F_f=0$ 所导致的误差尚不到 1%。

其他断面形状的水平槽的水跃实验也证实了水跃方程的误差不大。

由此可见，水跃方程式（9-32）或式(9-34)是可以用于实际计算的。

五、棱柱体水平明渠中水跃的能量损失

（一）水跃能量损失机理简述

水跃的运动要素变化得很剧烈。图 9-20绘出了水跃段中和跃后一些断面上的流速分布图。从图 9-20 中可以看出，流速急剧变化和水跃段中最大流速靠近底部的情况。在水跃表面漩滚与主流的交界面附近漩涡强烈，从而导致该处水流的激烈紊动、混掺，使得紊流的附加切应力远较一般渐变紊流的大。水流运动要素的急剧变化，特别是很大的紊流附加切应力使跃前断面水流的大部分动能在水跃段中转化为热能而消失。

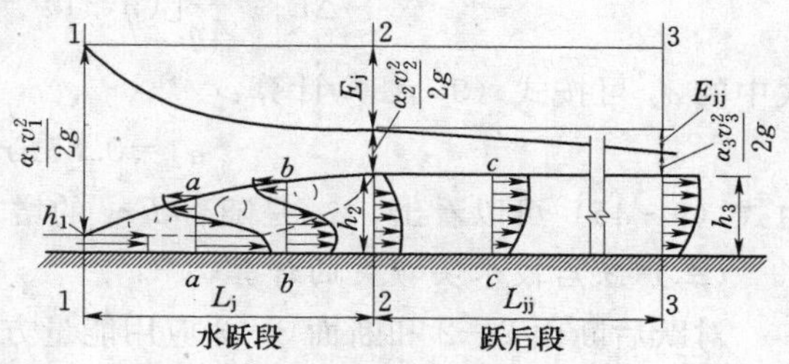

图 9-20　水跃段中和跃后断面流速图

在跃后断面 2—2 处，流速的分布还是很不均匀的（图 9-21）。同时，该处的紊流强度也远较正常的渐变紊流大。虽然在断面 2—2 下游不远的断面 c—c 处，流速分布已与渐变紊流的相近，但紊流强度仍大。直到断面 3—3 处，紊流强度才基本恢复正常。断面

2—2 与断面 3—3 之间的流段称跃后段，其长度 L_{jj} 为（2.5～3.0）L_j。

在棱柱体水平明渠中，断面 3—3 处的水深 h_3 与跃后水深 h_2 基本相等，故一般可近似地令 $h_2=h_3$ 及 $v_3=v_2$。虽然 $v_3=v_2$，但跃后断面 2—2 处的动能仍较断面 3—3 处的大。这是因为断面 2—2 处的流速分布很不均匀和紊流强度大，致使 α_2 较 α_3（≈1）大得较多的缘故。此多余的动能在跃后段中也将转化为热能而消失。

水跃能量损失的计算，即在于确定水跃段的水头损失 ΔE_j 和跃后段的水头损失 ΔE_{jj}。

（二）水跃段水头损失 ΔE_j 的计算

对水跃的跃前和跃后断面应用能量方程即可导出水跃段水头损失 ΔE_j 的计算公式。

由能量方程导出的棱柱体水平明渠的 ΔE_j 的计算公式如下：

$$\Delta E_j=\left(h_1+\frac{\alpha_1 v_1^2}{2g}\right)-\left(h_2+\frac{\alpha_2 v_2^2}{2g}\right) \tag{9-41}$$

式中：α_1 为跃前断面处的水流动能修正系数；α_2 为跃后断面处的水流动能修正系数。由于跃前断面处的水流可视为渐变流，故在计算时可令 $\alpha_1=1$。至于 α_2 如前所述，它一般较 1 大得较多。

在工程实践中，水跃多产生于棱柱体矩形水平渠段中。在此情况下，由连续性方程得

$$v_2=v_1\frac{h_1}{h_2}=\frac{v_1}{\eta} \tag{9-42}$$

因 $Fr_1=\dfrac{v_1}{\sqrt{gh_1}}$ 又由公式（9-39）得

$$Fr_1^2=\frac{v_1^2}{gh_1}=\frac{\eta(\eta+1)}{2} \tag{9-43}$$

将以上两关系式代入公式（9-42），并取 $\alpha_1=1$，整理简化后则得到棱柱体矩形水平明渠的 ΔE_j 的计算公式如下：

$$\Delta E_j=\frac{h_1}{4\eta}\left[(\eta-1)^3-(\alpha_2-1)(\eta+1)\right] \tag{9-44}$$

式中的 α_2 可按式（9-45）计算：

$$\alpha_2=0.85Fr_1^{2/3}+0.25 \tag{9-45}$$

由式（9-45）可以看出，α_2 是随着 Fr_1 的增加而增大的。

（三）跃后段水头损失的计算

对跃后断面 2—2 和断面 3—3 应用能量方程则得到棱柱体水平明渠的跃后段的水头损失公式如下：

$$\Delta E_{jj}=\left(h_2+\frac{\alpha_2 v_2^2}{2g}\right)-\left(h_3+\frac{\alpha_3 v_3^2}{2g}\right) \tag{9-46}$$

因为，可以近似地令 $h_3=h_2$，$v_3=v_2$ 及 $\alpha_3=1$，于是式（9-46）简化为

$$\Delta E_{jj}=(\alpha_2-1)\frac{v_2^2}{2g} \tag{9-47}$$

如将关系式（9-42）和式（9-43）代入式（9-47），即可求得棱柱体矩形水平明渠的 ΔE_{jj} 的计算公式：

$$\Delta E_{jj}=\frac{h_1}{4\eta}(\alpha_2-1)(\eta+1) \tag{9-48}$$

（四）水跃总水头损失和水跃段水头损失的近似计算

水跃总水头损失 E 是指水跃段与跃后段水头损失之和。因此，将式（9－41）与式（9－46）相加并令 $\alpha_1=\alpha_3=1$，则得到棱柱体水平明渠的 E 的计算公式为

$$\Delta E=\Delta E_j+\Delta E_{jj}=\left(h_1+\frac{v_1^2}{2g}\right)-\left(h_3+\frac{v_3^2}{2g}\right) \tag{9-49}$$

同理，将式（9－44）与式（9－48）相加，即得到棱柱体矩形水平明渠的 E 的计算公式如下：

$$\Delta E=\frac{h_1}{4\eta}(\eta-1)^3 \tag{9-50}$$

为了了解水跃段水头损失在总水头损失中所占的百分比，今以式（9－44）除以式（9－50），得到

$$\frac{\Delta E_j}{\Delta E}=1-(\alpha_2-1)\frac{\eta+1}{(\eta-1)^2} \tag{9-51}$$

因为 α_2 和 η 都是 Fr_1 的函数。因此，$\frac{\Delta E_j}{\Delta E}$ 也是 Fr_1 的函数。根据式（9－51）所绘的 $\frac{\Delta E_j}{\Delta E}$-$Fr_1$ 关系曲线如图 9－22 所示。从图 9－21 中可以看出，比值 $\frac{\Delta E_j}{\Delta E}$ 随着 Fr_1 的增加而增大。当 Fr_1 较小，例如 $Fr_1<2.3$ 时，$\frac{\Delta E_j}{\Delta E}<50\%$。这表明水跃段的水头损失较跃后段的水头损失为小，水跃的消能效果不佳。但随着 Fr_1 的增加，$\frac{\Delta E_j}{\Delta E}$ 迅速增大。当 $Fr_1=4.5$ 时，ΔE_j 已达到总水头损失的 90%。

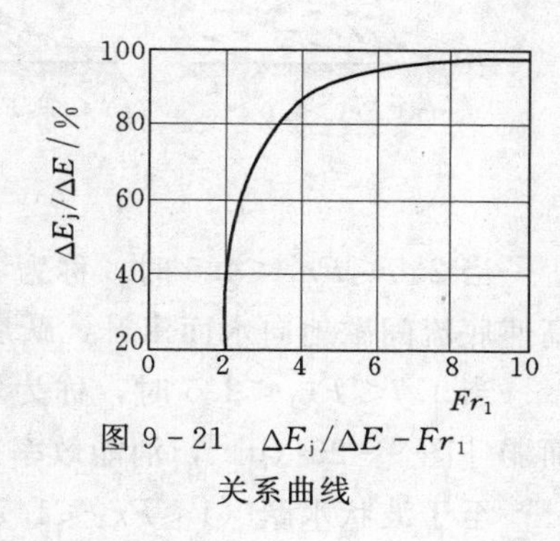

图 9－21　$\Delta E_j/\Delta E-Fr_1$ 关系曲线

因此，当 Fr_1 较大时，可以用水跃总水头损失 ΔE 的计算公式（9－50）来近似计算棱柱体矩形水平明渠中水跃段的水头损失 ΔE_j。例如，当 $Fr_1\geqslant 6.3$ 时，按公式（9－50）所计算出的 ΔE_j 值，其误差不到 5%。

对于非矩形明渠中的水跃，由于现在缺乏 α_2 的计算公式，故一般均用水跃总水头损失 ΔE 的计算公式（9－49）来近似计算 ΔE_j 值。当 Fr_1 较大时，其误差亦不致过大。

（五）水跃的消能效率

水跃段水头损失 ΔE_j 或水跃总水头损失 ΔE 与跃前断面比能 E_1 之比称为水跃消能系数（亦称消能率），如以符号 K_j 表示，则 $K_j=\frac{\Delta E}{E_1}$。显然，消能系数 K_j 越大则水跃的消能效率越高。

棱柱体矩形水平明渠的消能系数可按下式计算，即

$$K_j=\frac{\Delta E}{E_1}=\frac{\frac{h_1}{4}(\eta-1)^3}{h_1+\frac{v_1^2}{2g}}=\frac{(\sqrt{1+8Fr_1^2}-3)^3}{8(\sqrt{1+8Fr_1^2}-1)(2+Fr_1^2)} \tag{9-52}$$

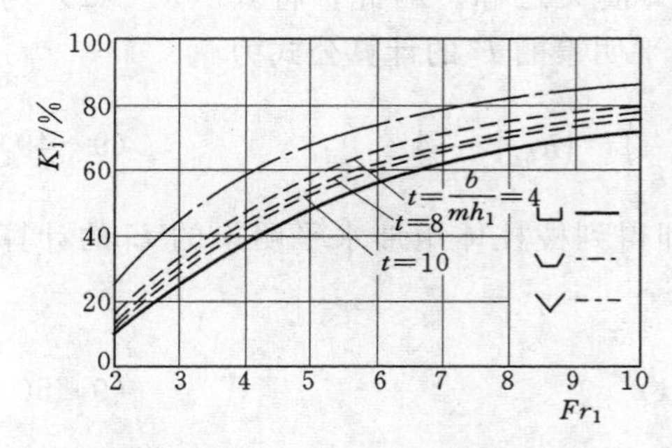

图 9-22 K_j-Fr_1 关系曲线

由式（9-52）可以看出，K_j 乃是 Fr_1 的函数。根据式（9-52）所绘出的 K_j-Fr_1 关系曲线如图 9-22 的实线所示。K_j 是随 Fr_1 的增加而增大的。因此，Fr_1 越大则水跃的消能效率也越高。

当 $Fr_1=9.0$ 时，K_j 可达 70%。

当 $Fr_1>9.0$ 时，称为强水跃，虽然消能效率可以进一步提高，但实验表明，此时跃后水面的波动很大并且一直传播到下游［图 9-23（a）］。

当 $4.5\leqslant Fr_1\leqslant 9.0$ 时，称为稳定水跃，水跃的消能效率高$\left(K_j=44\%\sim70\%;\ \frac{\Delta E_j}{\Delta E}>90\%\right)$，同时水跃稳定，跃后水面也较平静［图 9-24（b）］。因此，如利用水跃消能，最好能使其 Fr_1 位于此范围内。

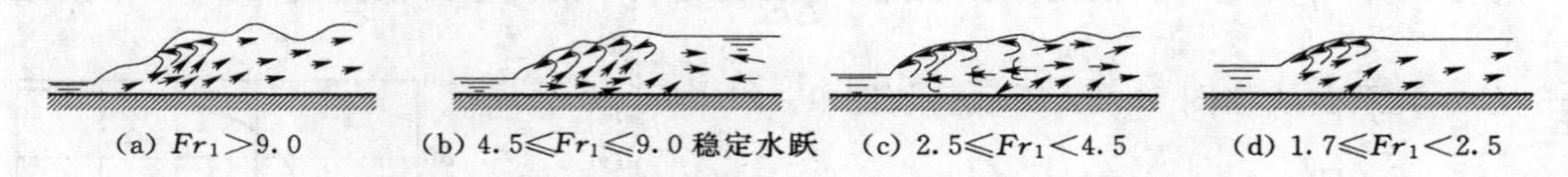

图 9-23 水跃的消能效率

当 $2.5\leqslant Fr_1<4.5$ 时，称为不稳定水跃，$K_j<44\%$，同时水跃不稳定：水跃段中的高速底流间歇地向水面窜升，跃后水面波动大并向下游传播［图 9-23（c）］。

当 $1.7\leqslant Fr_1<2.5$ 时，称为弱水跃，虽然此时水跃的上部仍有漩滚存在，但漩滚小而弱［图 9-23（d）］，消能效率很低。

至于波状水跃（$1<Fr_1<1.7$），其消能效率就更差了。

几种非矩形明渠的 K_j-Fr_1 关系曲线$\left(Fr_1=\frac{v_1}{\sqrt{gh_1}}\right)$也绘在图 9-23 中。可以看出。这些非矩形明渠中的水跃，其消能较矩形明渠中的要高些。

最后指出，本节所给出的有关公式，对坡度较小的棱柱体明渠也可近似应用。

【例 9-8】 有一水跃产生于一棱柱体矩形水平渠段中。已知：$q=5.0\text{m}^3/(\text{s}\cdot\text{m})$，$b$ 为 6.0m 及 h_1 为 0.50m。求水跃的水头损失。

解

(1) 水跃段的水头损失 ΔE_j。

因为 $$Fr_1=\frac{v_1}{\sqrt{gh_1}}=\frac{q}{h_1\sqrt{gh_1}}=\frac{5}{0.5\times\sqrt{9.8\times0.5}}=4.52$$

所以 $$\alpha_2=0.85Fr_1^{2/3}+0.25=0.85\times4.52^{2/3}+0.25=2.57$$

$$\eta=\frac{1}{2}\times[\sqrt{1+8Fr_1^2}-1]=\frac{1}{2}\times[\sqrt{1+8\times 4.52^2}-1]=5.91$$

将以上计算出的 α_2 和 η 以及已知的 h_1 代入公式（9-44），得到

$$\Delta E_j=\frac{h_1}{4\eta}[(\eta-1)^3-(\alpha_2-1)(\eta+1)]$$

$$=\frac{0.5}{4\times 5.91}[(5.91-1)^3-(2.57-1)(5.91+1)]=2.26$$

（2）单位时间内水跃段中的能量损失功率 ΔP_j。

$$\Delta P_j=9.8Q\Delta E_j=9.8bq\Delta E_j=9.8\times 6\times 5\times 2.26=664(\text{kW})$$

（3）跃后段的水头损失 ΔE_{jj}。

$$\Delta E_{jj}=\frac{h_1}{4\eta}(\alpha_2-1)(\eta+1)$$

$$=\frac{0.5}{4\times 5.91}(2.57-1)(5.91+1)=0.23(\text{m})$$

（4）水跃总水头损失 ΔE。

$$\Delta E=\Delta E_j+\Delta E_{jj}=2.26+0.23=2.49(\text{m})$$

（5）水跃段水头损失占总水头损失的百分比。

$$\frac{\Delta E_j}{\Delta E}=\frac{2.26}{2.49}=90.8\%$$

（6）水跃的消能系数 K_j。

$$K_j=\frac{\Delta E}{E_1}=\frac{\Delta E}{h_1+\frac{v_1^2}{2g}}=\frac{\Delta E}{h_1\left(1+\frac{Fr^2}{2}\right)}=\frac{2.49}{0.5\left(1+\frac{4.52^2}{2}\right)}=44.5\%$$

六、棱柱体水平明渠中水跃跃长的确定

在完全水跃的水跃段中，水流紊动强烈，底部流速很大。因此，除非河、渠的底部为十分坚固的岩石外，一般均需设置护坦加以保护。此外，在跃后段的一部分范围内也需铺设海漫以免河渠底部冲刷破坏。由于护坦和海漫的长度都与完全水跃的跃长有关，故跃长的确定问题具有重要的实际意义，但是到目前为止，关于水跃长度的确定还没有可供实际使用的理论分析公式，虽然经验公式很多，但彼此相差很大。一方面是由于水跃位置是不断摆动的，不易测准；另一方面是因为不同的研究者选择跃后断面的标准不一致，除对漩滚末端的位置看法不一外，也有人认为应根据断面上的流速分布或压强分布接近渐变流的分布规律来取跃后断面。在工程设计中，一般多采用经验公式来确定跃长。

（一）矩形明渠的跃长公式

根据明槽流的性质和实验的结果，目前采用的经验公式多以 h_1、h_2 和来流的弗劳德数 Fr_1 为自变量。下面介绍几个常用的平底矩形断面明槽水跃长度计算的经验公式。

（1）以跃后水深表示的。

美国垦务局公式：

$$L_j=6.1h_2 \tag{9-53}$$

该式适用范围 $4.5<Fr_1<10$。

(2) 以水跃高度表示的。

Elevatorski公式：

$$L_j=6.9(h_2-h_1) \tag{9-54}$$

长江水利科学研究院根据资料将系数取为4.4～6.7。

(3) 以 Fr_1 表示的。

原成都科技大学公式：

$$L_j=10.8h_1(Fr_1-1)^{0.93} \tag{9-55}$$

该式系根据宽度为0.3～1.5m的水槽上 $Fr_1=1.72\sim19.55$ 的实验资料总结而来的。

陈椿庭公式：

$$L_j=9.4h_1(Fr_1-1) \tag{9-56}$$

切尔托乌索夫公式：

$$L_j=10.3h_1(Fr_1-1)^{0.81} \tag{9-57}$$

在公式的适用范围内，式（9-53)～式（9-56）计算结果比较接近。式（9-57）适用于 Fr_1 值较小的范围，在 Fr_1 值较大时，计算结果与其他公式相比偏小。

（二）梯形明渠的跃长公式

梯形明渠中水跃的跃长可近似地按下列经验公式计算，即

$$L_j=5h_2\left(1+4\sqrt{\frac{B_2-B_1}{B_1}}\right) \tag{9-58}$$

式中：B_1 为水跃前断面处的水面宽度；B_2 为水跃后断面处的水面宽度。

应该指出：

(1) 由于水跃段中水流的强烈紊动，因此水跃长度也是脉动的。以上各跃长公式所给出的完全水跃的跃长都是时均值。

(2) 跃长随着槽壁粗糙程度的增加而缩短。以上各公式可以用来确定一般混凝土护坦上的跃长。

(3) 当棱柱体明渠的底坡较小时，以上诸公式也可近似应用。

第六节　明渠恒定渐变流的基本方程

一、基本微分方程式

在底坡为 i 的明渠渐变流中（图9-24)，沿水流方向任取一微分流段 ds。设上游断面水深为 h，水位为 z，断面平均流速为 v，河底高程为 z_0；由于非均匀流中各种水力要素沿流程改变，故微分流段下游断面水深为 $h+dh$，水位为 $z+dz$，平均流速为 $v+dv$。因水流为渐变流，可对微分流段的上、下游断面建立能量方程如下：

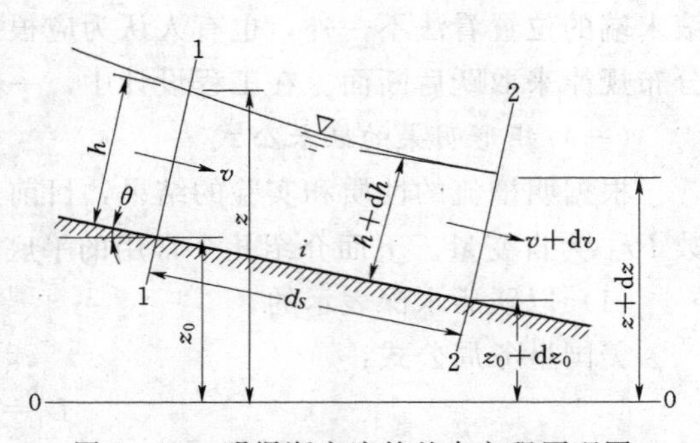

图9-24　明渠渐变流的基本方程原理图

$$z_0+h\cos\theta+\frac{p_a}{\gamma}+\frac{\alpha_1 v^2}{2g}=(z_0-i\mathrm{d}s)+(h+\mathrm{d}h)\cos\theta+\frac{p_a}{\gamma}+\frac{\alpha_2(v+\mathrm{d}v)^2}{2g}+\mathrm{d}h_f+\mathrm{d}h_j \tag{9-59}$$

令

$$\alpha_1\approx\alpha_2=\alpha$$

又因 $$\frac{\alpha}{2g}(v+\mathrm{d}v)^2=\frac{\alpha}{2g}(v^2+2v\mathrm{d}v+\mathrm{d}v^2)\approx\frac{\alpha}{2g}(v^2+2v\mathrm{d}v)=\frac{\alpha v^2}{2g}+\mathrm{d}\left(\frac{\alpha v^2}{2g}\right)$$

将上式代入式（9-59），化简得

$$i\mathrm{d}s=\cos\theta\mathrm{d}h+\mathrm{d}\left(\frac{\alpha v^2}{2g}\right)+\mathrm{d}h_f+\mathrm{d}h_j \tag{9-60}$$

式中：$\mathrm{d}\left(\frac{\alpha v^2}{2g}\right)$为微分流段内流速水头的增量。

$\mathrm{d}h_f$为微分流段内沿程水头损失，目前对非均匀流的沿程水头损失尚无精确的计算方法，仍然近似地采用均匀流公式计算，即令$\mathrm{d}h_f=\frac{Q^2}{K^2}\mathrm{d}s$或$\mathrm{d}h_f=\frac{v^2}{C^2R}\mathrm{d}s$，其中$K$、$v$、$C$、$R$等值一般采用流段上、下游断面的平均值。

$\mathrm{d}h_j$为微分流段内局部水头损失，一般令$\mathrm{d}h_j=\zeta\mathrm{d}\left(\frac{v^2}{2g}\right)$，在流段收缩、扩散或弯曲不大的情况下局部水头损失较之沿程水头损失小得多，可以忽略不计；但在某些情况下不计局部水头损失会带来较大误差时，就不可忽视了。

将$\mathrm{d}h_f$和$\mathrm{d}h_j$代入式（9-60）中，得到

$$i\mathrm{d}s=\cos\theta\mathrm{d}h+(\alpha+\zeta)\mathrm{d}\left(\frac{v^2}{2g}\right)+\frac{Q^2}{K^2}\mathrm{d}s \tag{9-61}$$

若明渠底坡i值小于1/10，在实用上一般都采用$\cos\theta=1$，常用铅垂水深代替垂直于槽底的水深，则式（9-61）可写作

$$i\mathrm{d}s=\mathrm{d}h+(\alpha+\zeta)\mathrm{d}\left(\frac{v^2}{2g}\right)+\frac{Q^2}{K^2}\mathrm{d}s \tag{9-62}$$

式（9-61）和式（9-62）是明渠恒定非均匀渐变流的基本微分方程式。

二、水深沿流程变化的微分方程式

研究明渠非均匀流的重要目的是要探求明渠中水深沿流程的变化规律，为了今后讨论的方便，需将基本微分方程转化为水深沿流程变化关系的形式。

在实用上，因一般明渠底坡较小，现仅讨论$i<1/10$，$\cos\theta\approx1$的情况。

若将式（9-62）各项除以$\mathrm{d}s$并移项，可得

$$i-\frac{Q^2}{K^2}=\frac{\mathrm{d}h}{\mathrm{d}s}+(\alpha+\zeta)\frac{\mathrm{d}}{\mathrm{d}s}\left(\frac{v^2}{2g}\right) \tag{9-63}$$

式中

$$\frac{\mathrm{d}}{\mathrm{d}s}\left(\frac{v^2}{2g}\right)=\frac{\mathrm{d}}{\mathrm{d}s}\left(\frac{Q^2}{2gA^2}\right)=-\frac{Q^2}{gA^3}\frac{\mathrm{d}A}{\mathrm{d}s} \tag{9-64}$$

在一般情况下，非棱柱体明渠过水断面面积A是水深h和流程s的函数，即$A=f(h,s)$，故

$$\frac{\mathrm{d}A}{\mathrm{d}s}=\frac{\partial A}{\partial h}\frac{\mathrm{d}h}{\mathrm{d}s}+\frac{\partial A}{\partial s} \tag{9-65}$$

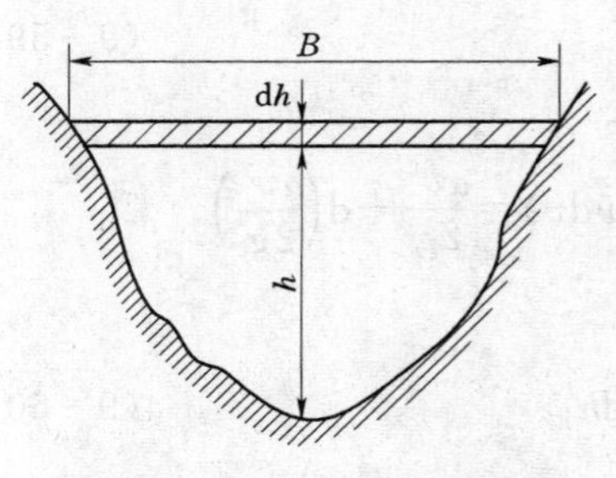

图 9-25　过水断面剖面图

式（9-65）中，过水断面积对于水深的偏导数$\frac{\partial A}{\partial h}$，等于过水断面的水面宽度 B，如图 9-25 所示。

当过水断面上水深 h 有一微分增量 $\mathrm{d}h$ 时，过水断面积的增量为

$$B\mathrm{d}h=\frac{\partial A}{\partial h}\mathrm{d}h$$

或

$$\frac{\partial A}{\partial h}=B \tag{9-66}$$

显然，对于棱柱体明渠 $B=\frac{\mathrm{d}A}{\mathrm{d}h}$。将式（9-64）～式（9-66）代入式（9-63），化简整理后可得非棱柱体明渠非均匀渐变流水深沿流程变化的微分方程式为

$$\frac{\mathrm{d}h}{\mathrm{d}s}=\frac{i-\frac{Q^2}{K^2}+(\alpha+\zeta)\frac{Q^2}{gA^3}\frac{\partial A}{\partial s}}{1-(\alpha+\zeta)\frac{Q^2B}{gA^3}} \tag{9-67}$$

对于棱柱体明渠，则$\frac{\partial A}{\partial s}=0$；同时在棱柱体明渠渐变流中局部水头损失很小，一般均可忽略不计，可取 $\zeta=0$，于是式（9-67）可简化为

$$\frac{\mathrm{d}h}{\mathrm{d}s}=\frac{i-\frac{Q^2}{K^2}}{1-\alpha\frac{Q^2B}{gA^3}} \tag{9-68}$$

式（9-68）主要用于分析棱柱体明渠渐变流水面线的变化规律。

三、水位沿流程变化的微分方程式

在天然河道中，常用水位的变化来反映非均匀流变化规律更加方便，所以当应用基本微分方程式探讨天然河道水流问题时，需导出水位沿流程变化的关系式。

由图 9-24 可见，$z=z_0+h\cos\theta$，于是

$$\mathrm{d}z=\mathrm{d}z_0+\cos\theta\mathrm{d}h$$

又因

$$\mathrm{d}z_0=-i\mathrm{d}s$$

所以

$$\mathrm{d}z=-i\mathrm{d}s+\cos\theta\mathrm{d}h$$

因而

$$\cos\theta\mathrm{d}h=\mathrm{d}z+i\mathrm{d}s \tag{9-69}$$

将式（9-69）代入基本微分方程式（9-61），可得非均匀渐变流的水位沿流程变化微分方程式为

$$-\frac{dz}{ds}=(\alpha+\zeta)\frac{d}{ds}\left(\frac{v^2}{2g}\right)+\frac{Q^2}{K^2} \tag{9-70}$$

式（9－70）对棱柱体及非棱柱体明渠都是适用的，但它主要应用于探讨天然河道水流的水位变化规律。

第七节　明渠恒定渐变流水面曲线的定性分析

一、基本概念

（一）底坡分类

由于明渠渐变流水面曲线比较复杂，在进行定量计算之前，有必要先对它的形状和特点作一些定性分析。

棱柱体明渠非均匀渐变流微分方程式（9－68）也可改写为

$$\frac{dh}{ds}=\frac{i-\dfrac{Q^2}{K^2}}{1-Fr^2} \tag{9-71}$$

式（9－71）表明，水深 h 沿流程 s 的变化是和渠道底坡 i 及实际水流的流态（反映在 Fr 中）有关。所以对于水面曲线的型式，应根据不同的底坡情况、不同流态进行具体分析。为此，首先将明渠按底坡性质分为 3 种情况，即正坡（$i>0$）、平底（$i=0$）、逆坡（$i<0$）。

（二）正常水深线和临界水深线

对于正坡明渠，根据它和临界底坡作比较，还可进一步区分为缓坡、陡坡、临界坡 3 种情况。

在正坡明渠中，水流有可能作均匀流动，因而它存在着正常水深 h_0，通常用平行于渠底的虚直线表示正常水深线，并标注 $N—N$。同时，它也存在着临界水深。对于棱柱体明渠，任何位置断面临界水深都相同，画出各断面临界水深线 $K—K$，是平行于渠底的直线。在正坡棱柱体渠道中，究竟临界水深 h_K 和正常水深 h_0 何者为大，则视明渠属于缓坡、陡坡或临界坡而别。图 9－26 是 3 种正坡棱柱体明渠中，正常水深线 $N—N$ 与临界水深线 $K—K$ 的相对位置关系。对于临界底坡明渠，因正常水深 h_0 和临界水深 h_K 相等，故 $N—N$ 线与 $K—K$ 线重合。

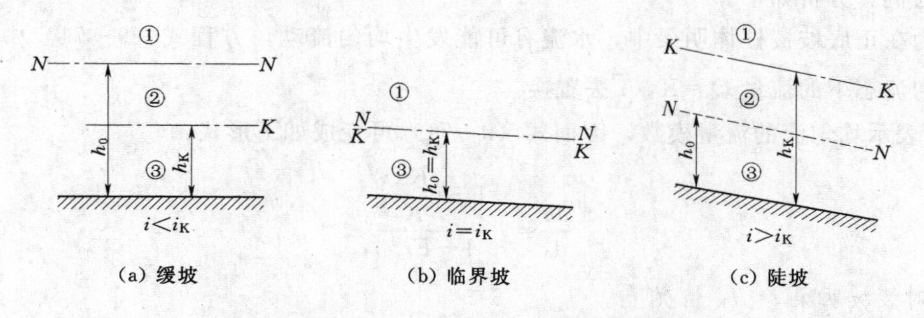

图 9－26　正坡的正常水深线与临界水深线

在平底及逆坡棱柱体明渠中，因不可能有均匀流，不存在正常水深 h_0，仅存在临界水深，所以只能画出与渠底相平行的临界水深线 $K—K$。图 9-27 是平底和逆坡棱柱体明渠中 $K—K$ 线的情况。

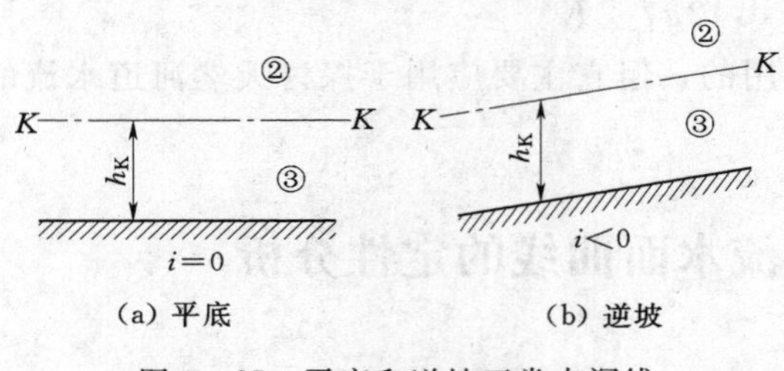

图 9-27　平底和逆坡正常水深线

由于明渠中实际水流的水深可能在较大的范围内变化，也就是说它既可能大于临界水深，也可能小于临界水深。对于正坡明渠，它既可能大于正常水深，也可能小于正常水深。为了表征它的特点，可将水流实际可能存在的范围划分为如下 3 个区：

(1) 1 区。凡实际水深 h 既大于 h_K，又大于 h_0，即凡是在 $K—K$ 线和 $N—N$ 线二者之上的范围称为 1 区。

(2) 2 区。凡是实际水深 h 介于 h_K 和 h_0 之间的范围称为 2 区。2 区可能有两种情况：$K—K$ 线在 $N—N$ 线之下（缓坡明渠）；$K—K$ 线在 $N—N$ 线之上（陡坡明渠），无论哪种情况都属于 2 区。

(3) 3 区。凡是实际水深 h 既小于 h_K 又小于 h_0 的区域，即在 $N—N$ 线及 $K—K$ 线两者之下的区域。

对于平底和逆坡棱柱体明渠，因不存在 $N—N$ 线，或者可以设想 $N—N$ 线在无限远处，所以只存在 2 区与 3 区。

（三）水面曲线命名规则

由以上分析可知，棱柱体明渠可能有 5 种不同底坡、12 个流区。不同底坡和不同流区的水面曲线的型式是不同的。为了便于分类，可以不同流区和底坡来标志水面曲线的型式。缓坡 $i<i_K$ 为"M"类，陡坡 $i>i_K$ 为"S"类，临界坡 $i=i_K$ 为"C"类，平底 $i=0$ 为"H"类，逆坡 $i<0$ 为"A"类，并以 1、2、3 分区为下标来标志，这样棱柱体明渠中可以有"M_1、M_2、M_3；S_1、S_2、S_3；C_1、C_3；H_2、H_3；A_2、A_3"共 12 种水面曲线。

二、各种水面曲线的定性分析

各种水面曲线的定性分析，可以从棱柱体明渠非均匀渐变流微分方程式得出。现以缓坡渠道为例，分析如下。

因为在正底坡棱柱体明渠中，水流有可能发生均匀流动，方程式（9-71）中流量可以用均匀流态下的流量 $Q=K_0\sqrt{i}$ 去置换。

K_0 表示均匀流的流量模数，因而式（9-71）可变成如下形式：

$$\frac{dh}{ds}=i\,\frac{1-\left(\frac{K_0}{K}\right)^2}{1-Fr^2} \tag{9-72}$$

1. 对缓坡明渠 $i<i_K$ 情况

(1) 在 1 区。因缓坡明渠 $N—N$ 线在 $K—K$ 线之上，该区内实际水流的水深 $h>$

$h_0>h_K$，K 与 h 成正比，故 $K>K_0$，同时因水流为缓流，$Fr<1$，由式（9-72）可知 $\frac{dh}{ds}>0$，即水深沿流程增加，这种水面曲线称为壅水曲线，并把这种缓坡上 1 区的壅水曲线以 M_1 作代号。现进一步讨论 M_1 型壅水曲线的发展趋势。在它的上游端水深最小，若取其极限情况，当 $h\to h_0$ 时，$K\to K_0$，因 1 区水流为缓流，$Fr<1$，由式（9-72）可知 $\frac{dh}{ds}=0$，即水深沿流程不变，故上游端当 $h\to h_0$ 时，水面线以 $N—N$ 线为渐近线。

如果渠道是无限长，下游端水深越来越大，其极限情况是 $h\to\infty$，此时 $K\to\infty$，因而 $Fr\to 0$，由式（9-72）可知，此时水深 $\frac{dh}{ds}=i$，即水深沿流程的变化率和 i 相等，不难证明，这意味着水面曲线趋近于水平线，因此 M_1 型壅水曲线的下游端以水平线为渐近线。M_1 型壅水曲线的典型图像如图 9-28（a）所示。坝上游水库区以及连接两水库的缓坡渠道（若两水库水面均分别在渠道 $N—N$ 线以上）中的水面曲线均是 M_1 型壅水曲线的实例［图 9-28（b）及图 9-28（c）］。

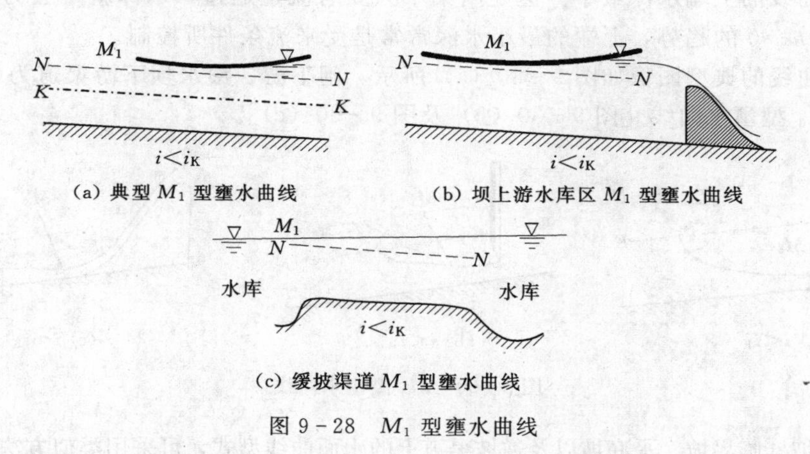

图 9-28　M_1 型壅水曲线

（2）在 2 区。在缓坡渠道的 2 区，$h_K<h<h_0$，故 $K<K_0$，因缓坡渠道的 2 区水流为缓流，$Fr<1$，由式（9-72）可知 $\frac{dh}{ds}<0$，即水深沿流程减小，这种水面曲线称为降水曲线，并把缓坡上 2 区的降水曲线以 M_2 作代号。

M_2 型降水曲线的上游端水深最大，其极限情况是 $h\to h_0$，当 $h\to h_0$ 时，$K\to K_0$，由式（9-72）$\frac{dh}{ds}\to 0$，即上游端仍以 $N—N$ 线为渐近线。

M_2 型曲线的下端水深最小，其极限情况是 $h\to h_K$，当 $h\to h_K$ 时，$Fr\to 1$，而 K 为某一定值，由式（9-72）可知 $\frac{dh}{ds}\to-\infty$，即曲线的下端 h 接近 h_K 时，曲线与 $K—K$ 线有成垂直的趋势。表明在 $h\to h_K$ 的局部范围内，水流曲率已经很大，不再属于渐变流性质，因而用现在的渐变流微分方程来讨论它已不符合实际。客观事实亦已证明，当 M_2 型曲线在降落到水深接近临界水深时，水面并无与 $K—K$ 线成正交的现象。M_2 型降水曲线的典型图像如图 9-29（a）所示。当跌水上游为缓坡渠道，下游为跌坎时，渠中水面曲线是 M_2 型降水曲线的实例，如图 9-29（b）所示。

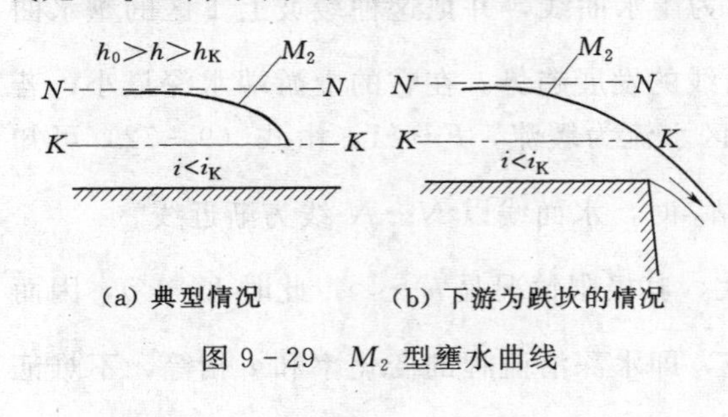

(a) 典型情况　　(b) 下游为跌坎的情况

图 9-29　M_2 型壅水曲线

（3）在缓坡渠道的 3 区。实际水深 $h<h_K<h_0$，故 $K<K_0$，且因水流为急流 $Fr>1$，由式（9-72）可知，此时 $\frac{dh}{ds}>0$，水深沿流程增加，为壅水曲线，并以 M_3 为该水面曲线的代号。

M_3 型壅水曲线的下游端，其水深增大的极限情况是达到 h_K，当 $h\rightarrow h_K$ 时，$Fr\rightarrow 1$，由式（9-72）可知，此时 $\frac{dh}{ds}\rightarrow\infty$，即曲线有与 $K—K$ 线成垂直的趋势。已如前面所指出，实际水流中不会发生此种现象。

M_3 型曲线的上端水深最小。但是明渠中只要有流量通过，水深就不会为 0，因此没有必要讨论 $h\rightarrow 0$ 的趋势，上端的最小水深常常是受来流条件所控制。

M_3 型曲线的典型图像如图 9-30（a）所示。闸下游、滚水坝下游渠道为缓坡时常有可能发生 M_3 型壅水曲线［图 9-30（b）及图 9-30（c）］。

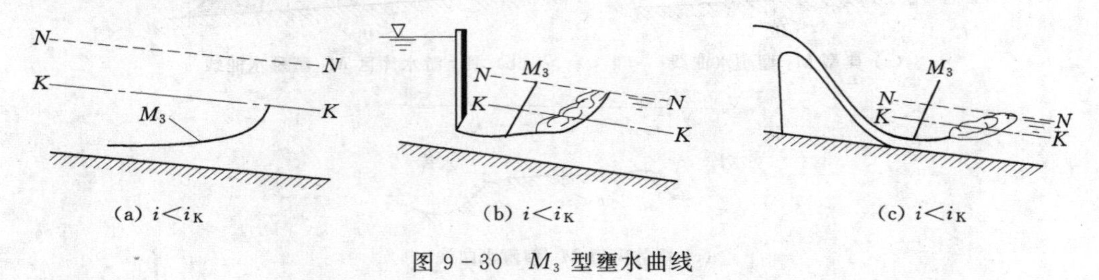

(a) $i<i_K$　　(b) $i<i_K$　　(c) $i<i_K$

图 9-30　M_3 型壅水曲线

对于陡坡、临界坡、平底坡以及逆坡渠道上的水面曲线型式，可采用类似方法分析，这里不再一一进行讨论。不同类型底坡的定性水面曲线的简图及实例列于图 9-31 中，供参考。

2. 控制断面与控制水深的选取

如何知道水面曲线在哪一个区域？这要根据控制断面的条件来确定。控制断面是渠道中位置、水深可以确定的断面，同时又是分析、绘制水面曲线时的起点。控制断面的水深称为控制水深，控制水深位于哪一个区域，水面曲线就位于哪一个区域，由此可以确定水面曲线的类型。控制水深小于临界水深时，流态为急流，根据微幅扰动波传播的性质，扰动的影响不能向上游传播，因此控制断面是下游水面曲线的起点，而不能影响上游；控制水深大于临界水深时，流态为缓流，扰动影响可以向上游传播，控制断面应为上游水面曲线的起点，不然会导致错误或较大的计算误差。

在水跌发生处，流态从缓流过渡到急流，可取转折断面水深为临界水深，该断面可同时作为上游缓流和下游急流水面线的控制断面。前面已指出，水跌只能发生在渠道的入口、两段渠道接合部、渠道末端的跌坎等处。

堰、闸等挡水建筑物使其上游的水位被抬高，其水深可以根据流量等条件计算出来，通常大于 h_K，可以作为上游渠道水面曲线的控制断面。堰、闸下游的收缩断面水深可根据流量、上游水头和其他有关因素确定，通常小于 h_K，可以作为下游渠道水面曲线的控制断面。

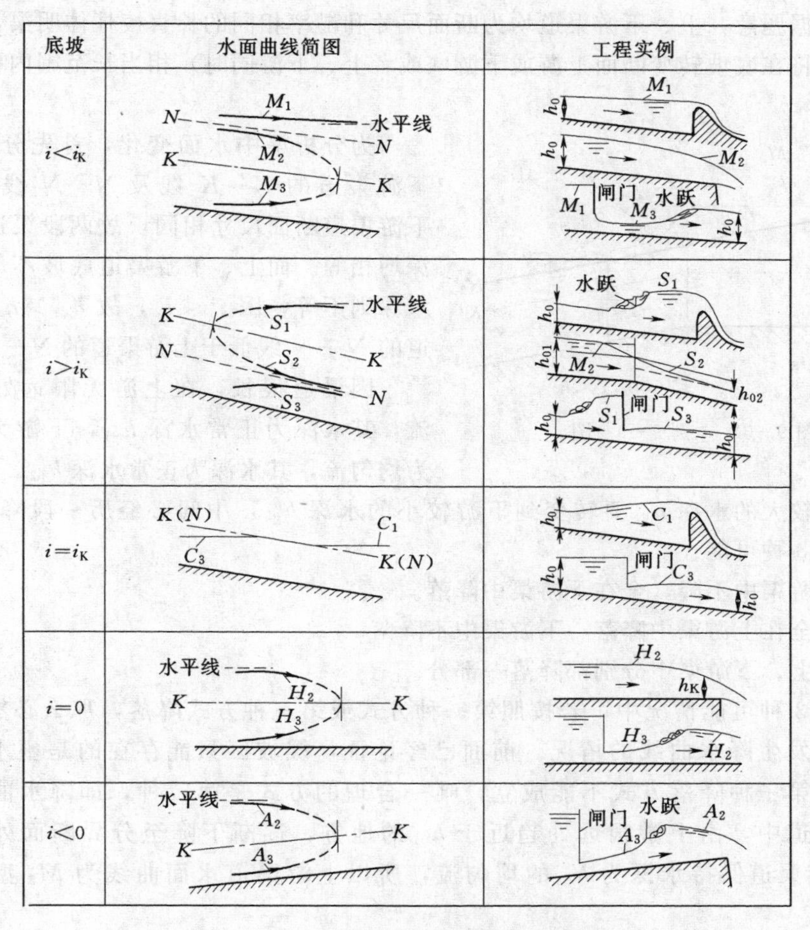

图 9-31　不同类型底坡的定性水面曲线

综上所述，定性分析和绘制水面曲线图的步骤如下：

(1) 根据已知的流量 Q、断面形状尺寸、底坡 i 和糙率 n 等条件，计算各段渠道的临界水深 h_K 和正常水深 h_0，判断渠道的底坡性质（缓坡、陡坡、临界坡或平坡、逆坡），画出 $K—K$ 线和 $N—N$ 线。小底坡情况时，可取各段渠道的临界水深相等。

(2) 根据渠道上、下游和挡水、泄水建筑物上、下游的水力条件，确定控制断面和控制水深。缓流的控制断面位于渠道下游；急流的控制断面位于渠道上游。

(3) 从控制断面开始，缓流从下游向上游、急流从上游向下游绘制水面曲线。长直的顺坡渠道上水面线在远处趋于正常水深。

(4) 除临界坡渠道外，急、缓流相遇时必以水跃和水跌过渡。从急流过渡到缓流为水跃，水跃的位置根据情况确定；缓流过渡到急流为水跌，转折断面 $h \approx h_K$。临界坡渠道在长度允许的情况下急流可以连续地过渡为缓流而不发生水跃。

【例 9-9】 试讨论分析图 9-32 所示两段断面尺寸及糙率相同的长直棱柱体明渠，由于底坡变化所引起渠中非均匀流水面变化形式。已知上游及下游渠道底坡均为缓坡，但 $i_2>i_1$。

解 根据题意，上、下游渠道均为断面尺寸和糙率相同的长直棱柱体明渠，由于有坡度的变化，将在底坡转变断面上游或下游（或者上、下游同时）相当长范围内引起非均匀流动。

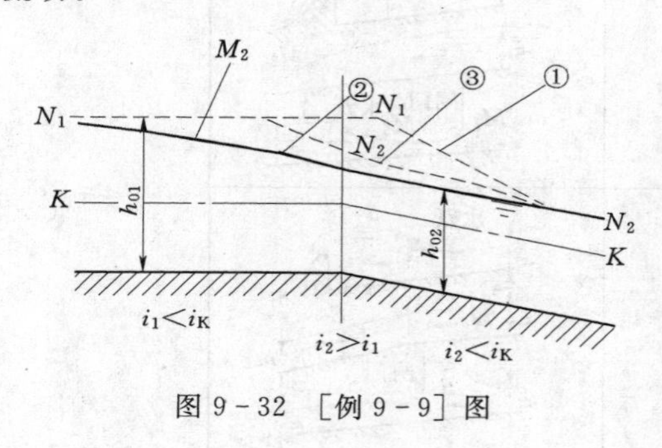

图 9-32 [例 9-9] 图

为分析渠中水面变化，首先分别画出上、下游渠道的 $K—K$ 线及 $N—N$ 线。由于上、下游渠道断面尺寸相同，故两段渠道的临界水深均相等。而上、下游渠道底坡不等，故正常水深则不等，因 $i_1<i_2$，故 $h_{01}>h_{02}$，下游渠道的 $N—N$ 线低于上游渠道的 $N—N$ 线。

因渠道很长，在上游无限远处应为均匀流，其水深为正常水深 h_{01}，下游无限远处亦为均匀流，其水深为正常水深 h_{02}。

由上游较大的水深 h_{01} 要转变到下游较小的水深 h_{02}，中间必经历一段降落的过程。水面降落有 3 种可能：

(1) 上游渠中不降，全在下游渠中降落。

(2) 完全在上游渠中降落，下游渠中不降落。

(3) 在上、下游渠中分别都降落一部分。

在上述 3 种可能情况中，若按照第一种方式或第三种方式降落，那么必然会出现下游渠道中区发生降水曲线的情况。前面已经论证，缓坡区只能存在的是壅水曲线，所以第一种、第三种降落方式不能成立，唯一合理的方式是第二种，即降水曲线全部发生在上游渠道中，由上游很远处趋近于 h_{01} 的地方，逐渐下降至分界断面处水深达到 h_{02}，而下游渠道保持水深为 h_{02} 的均匀流，所以上游渠道水面曲线为 M_2 型降水曲线（图 9-32）。

3. 水跃发生的位置

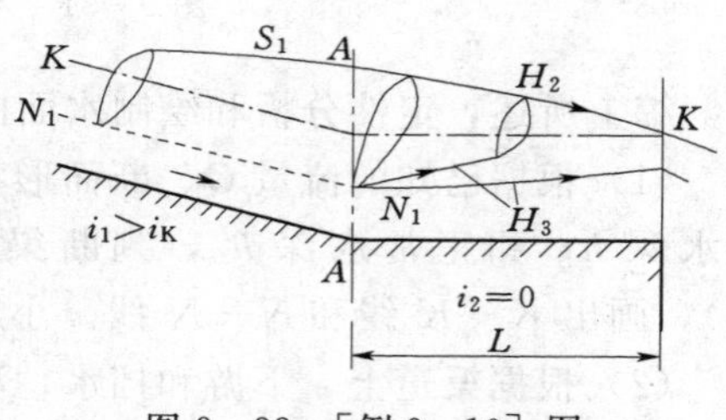

图 9-33 [例 9-10] 图

明槽中水跃发生的位置与水跃的跃前、跃后水深的共轭关系有关。跃前水深可能是 3 区的壅水曲线末端水深，或者是（陡坡上的）均匀流水深；跃后水深为下游缓流的回水末端水深。同样流量下，跃后水深越大，相应的跃前水深越小。因此，水跃的位置随着下游水深的增大而被推向上游，当上游急流增强时则被推向下游。

【例 9-10】 如图 9-33 所示，一长直陡渠道接一段长度为 L 的平坡渠道，平坡段末端为一跌坎，定性分析随着长度 L 的变化，渠道中水面曲线以及水跃发生位置的各种可能的情况。

解　陡坡长渠上游远处来流为均匀流（N_1 线），流态为急流，再往下游的水面线与平坡长度 L 有关，有几种可能的情况。

L 很短时，陡坡段全为均匀流。平坡段形成 H_3 型壅水曲线，末端跌坎的坎上水深 $h_D \leqslant h_K$，且随着 L 的延长而增大。

当 $h_D = h_K$ 时，若 L 再增大，H_3 型曲线末端势必跃起成水跃。跃后为 H_2 型降水曲线，至跌坎处形成水跌，坎上水深为 h_K，是 H_2 曲线的控制水深，该曲线的上游回水末端就是跃后断面。根据 L 的长度，水跃发生的位置可能有 3 种情况：

(1) L 不太长，H_2 曲线回水影响较小时，水跃发生在平坡段中，根据上、下游两侧的水面曲线找到满足共轭水深关系的断面，就是水跃发生的断面。L 越长，跃后水深越大，对应的跃前水深越小，跃前断面在 H_3 上的位置随之向上游推移。

(2) 跃前断面移到转折面 $A—A$ 时，跃后水深与 h_{01} 恰好满足水跃共轭水深关系，H_3 型曲线不复存在。

(3) L 很长时，水跃发生在陡坡渠道中，跃前水深为 h_{01}，可以确定跃后水深，从跃后断面到平坡段 H_2 曲线以 S_1 型壅水曲线过渡。L 越长，断面 $A—A$ 水深越大，过渡段越长，水跃发生位置越向上游推移。

【例 9-11】　如图 9-34，由 4 段不同底坡的渠段组成的渠道，每一段均充分长，渠道首端为一闸孔出流，闸下收缩断面水深 $h_c < h_K$，渠道末端为一跌坎，试绘出其水面线。

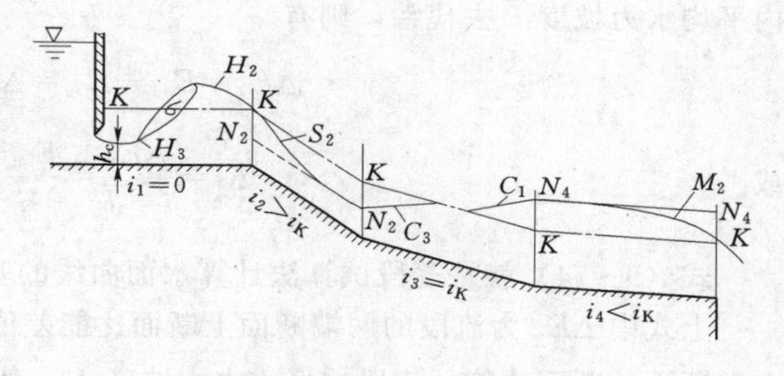

图 9-34 ［例 9-11］图

解

(1) 根据已知条件，画出各渠段的 $K—K$ 线和 $N—N$ 线。

(2) 确定各渠段的控制水深，绘出水面线。

首先，三段顺坡渠道在渠段的中部均可形成均匀流。其次，以闸孔出流收缩断面为控制断面，在平坡段形成 H_3 型壅水曲线，末端为一水跃（由于渠道较长）；跃后为 H_2 型降水曲线，以水跌过渡到陡坡的 S_2 型降水曲线，并趋于正常水深 h_{02}。由于急流水面线不受下游影响，从陡坡均匀流到临界坡正常水深的过渡只能在临界坡段上，为 C_3 型壅水曲线；另外，第四渠段缓坡上均匀流的回水将在临界坡渠道上形成 C_1 型壅水曲线，由于渠段足够长，两 C 型曲线不会发生水跃。最后，在缓坡末端为 M_2 型降水曲线，跌坎处为水跌。

第八节　明渠恒定渐变流水面曲线的计算

在对棱柱体明渠非均匀渐变流水面曲线型式作了定性分析之后，理应将基本微分方程积分，以便对水面曲线进行定量计算。但是实践证明，将基本微分方程进行普遍积分非常困难，常常需要引进一些近似的假定。所以本书着重介绍简明实用的逐段试算法，这种方法不受明渠形式的限制，对棱柱体及非棱柱体明渠均可适用。

一、基本计算公式

在本章第六节中曾导出明渠恒定非均匀渐变流基本微分方程式[式(9-62)]，即

$$i\,\mathrm{d}s=\mathrm{d}h+(\alpha+\zeta)\mathrm{d}\left(\frac{v^2}{2g}\right)+\frac{Q^2}{K^2}\mathrm{d}s$$

因渐变流中局部损失很小，可以忽略，即取 $\zeta=0$，并令 α 为 1，上式可改写

$$\mathrm{d}\left(h+\frac{v^2}{2g}\right)=\left(i-\frac{Q^2}{K^2}\right)\mathrm{d}s$$

或

$$\frac{\mathrm{d}E_s}{\mathrm{d}s}=i-\frac{Q^2}{K^2}=i-J \tag{9-73}$$

式中：E_s 为断面比能。

$$E_s=h+\frac{v^2}{2g}=h+\frac{Q^2}{2gA^2};K=AC\sqrt{R};J=\frac{Q^2}{K^2}=\frac{v^2}{c^2R}$$

现将式（9-73）微分方程写作差分方程。针对一短的 Δs 流段把水力坡度 J 用流段内平均水力坡度 $\overline{J}$ 去代替，则有

$$\Delta E_s=E_{sd}-E_{su}=\Delta s(i-\overline{J})$$

或

$$\Delta s=\frac{\Delta E_s}{i-\overline{J}}=\frac{E_{sd}-E_{su}}{i-\overline{J}} \tag{9-74}$$

式（9-74）就是逐段试算法计算水面曲线的基本公式。

上式中 ΔE_s 为流段的两端断面上断面比能差值，E_{sd}、E_{su} 分别表示 Δs 流段的下游及上游断面的断面比能。流段的平均水力坡度 $\overline{J}$ 一般采用：

$$\overline{J}=\frac{1}{2}(J_u+J_d) \tag{9-75}$$

或

$$\overline{J}=\frac{Q^2}{\overline{K}^2} \tag{9-76}$$

平均值 $\overline{K}$ 或 $\overline{K}^2$ 可用以下 3 种方法之一计算：

$$\overline{K}=\overline{A}\,\overline{C}\sqrt{\overline{R}} \tag{9-77}$$

$$\overline{K}^2=\frac{1}{2}(K_u^2+K_d^2) \tag{9-78}$$

$$\frac{1}{\overline{K}^2}=\frac{1}{2}\left(\frac{1}{K_u^2}+\frac{1}{K_d^2}\right) \tag{9-79}$$

二、计算方法

用逐段试算法计算水面曲线的基本方法，是先把明渠划分为若干流段，然后对每一流段 Δs 应用公式（9-74），由流段的已知断面求未知断面，然后逐段推算。

（一）手算方法

根据不同情况，实际计算可能有两种类型：

(1) 已知流段两端的水深，求流段的距离 Δs。这种类型计算，对棱柱体渠道，可以将已知参数代入式（9-74），直接解出 Δs 值，不需要试算。如果计算任务是为了绘制棱柱体明渠的水面曲线，则已知一端水深 h_1，可根据水面曲线的变化趋势，假定另一端水深 h_2，从而求出其 Δs 根据逐段计算的结果便可将水面曲线绘出。但对非棱柱体明渠则不能使用这种方法，只能采用下述第（2）种类型的试算法。

(2) 已知流段一端的水深和流段长 Δs，求另一端断面水深。计算时可假定另一端断面水深，从而按照式（9-74）算得一个 Δs。若此 Δs 与已知 Δs 相等，则假定水深即为所求；若不等，需重新假设，直至算得的 Δs 与已知的 Δs 相等为止。

分段试算法是以差分方程代替微分方程，在 Δs 流段内把断面比能 E_s 及水力坡度 J 视为线性变化，因而计算的精度和流段的长度有关，一般流段不宜取得太长。分段越多，其精度越高。

【例 9-12】 一长直棱柱体明渠，底宽 b 为 10m，m 为 1.5，n 为 0.022，i 为 0.0009，当通过流量 Q 为 45m³/s 时，渠道末端水深 h 为 3.4m。试计算渠道中的水面曲线。

解

(1) 由于渠道底坡大于 0，应首先判别渠道是缓坡或是陡坡，水面曲线属于哪种类型。

本题条件与［例 9-3］相同，由［例 9-3］计算已知 $h_K=1.2$m；再计算均匀流水深 h_0。

因

$$\frac{b^{2.67}}{nK}=\frac{10^{2.67}}{0.022\times\dfrac{45}{0.0009}}=14.17$$

由试算 $h_0/b=0.196$，所以 $h_0=0.196\times10=1.96$m，因 $h_0>h_K$，故渠道属于缓坡。又因下游渠道末端水深大于正常水深，所以水面线一定在 1 区，水面线为 M_1 型壅水曲线。M_1 型水面曲线上游端以正常水深线为渐近线，取曲线上游端水深比正常水深稍大一点，即

$$h=h_0(1+1\%)=1.96\times(1+0.01)=1.98(\text{m})$$

(2) 计算水面曲线。

首先列出各计算公式：

$$\Delta s=\frac{E_{sd}-E_{su}}{i-\dfrac{v^2}{C^2R}}=\frac{\Delta E_s}{i-J}$$

式中

$$E_s=h+\frac{\alpha v^2}{2g}=h+\frac{\alpha}{2g}\left(\frac{Q}{A}\right)^2$$

$$A=(b+mh)h$$

$$\chi = b + 2h\sqrt{1+m^2}$$

$$R = \frac{A}{\chi}$$

$$CR^{1/2} = \frac{1}{n}R^{1/6}R^{1/2} = \frac{1}{n}R^{2/3}$$

今以 $h_1 = 3.4\text{m}$，$h_2 = 3.2\text{m}$，求两断面间之距离 Δs。将有关数据代入上列各式，分别求得

$$A_1 = (10 + 1.5 \times 3.4) \times 3.4 = 51.34(\text{m}^2)$$

$$A_2 = (10 + 1.5 \times 3.2) \times 3.2 = 47.36(\text{m}^2)$$

$$\chi_1 = 10 + 2\sqrt{1+1.5^2} \times 3.4 = 22.26(\text{m})$$

$$\chi_2 = 10 + 2\sqrt{1+1.5^2} \times 3.2 = 21.54(\text{m})$$

$$R_1 = \frac{51.34}{22.26} = 2.306(\text{m})$$

$$R_2 = \frac{47.36}{21.547} = 2.199(\text{m})$$

$$C_1 R_1^{1/2} = \frac{1}{n}R_1^{2/3} = \frac{1}{0.022} \times 2.306^{2/3} = 79.34(\text{m/s})$$

$$C_2 R_2^{1/2} = \frac{1}{n}R_2^{2/3} = \frac{1}{0.022} \times 2.199^{2/3} = 76.9(\text{m/s})$$

$$v_1 = \frac{45.0}{51.34} = 0.8765(\text{m/s})$$

$$v_2 = \frac{45.0}{47.36} = 0.9502(\text{m/s})$$

$$\frac{v_1^2}{C_1^2 R_1} = \left(\frac{0.8765}{79.34}\right)^2 = 1.220 \times 10^{-4}$$

$$\frac{v_2^2}{C_2^2 R_2} = \left(\frac{0.9501}{76.9}\right)^2 = 1.528 \times 10^{-4}$$

$$\overline{J} = \frac{1}{2}\left(\frac{v_1^2}{C_1^2 R_1} + \frac{v_2^2}{C_2^2 R_2}\right) = \frac{1}{2} \times (1.220 + 1.528) \times 10^{-4} = 1.374 \times 10^{-4}$$

$$\frac{\alpha_1 v_1^2}{2g} = \frac{1 \times 0.8765^2}{2 \times 9.8} = 0.0392(\text{m})$$

$$\frac{\alpha_2 v_2^2}{2g} = \frac{1 \times 0.9502^2}{2 \times 9.8} = 0.0461(\text{m})$$

$$\Delta s = \frac{(3.4 + 0.0392) - (3.2 + 0.0461)}{(9 - 1.374) \times 10^{-4}} = 253.2(\text{m})$$

其余各流段的计算完全相同，为清晰起见，采用列表法进行，情况见表 9-3。

表 9-3　　　　　　　　　　　　　　水面曲线试算表

h/m	A/m²	χ/m	R/m	$\frac{1}{n}R^{2/3}$	v /(m/s)	$J=\frac{v^2}{C^2R}$ (10^{-4})	$\overline{J}$ (10^{-4})	$i-\overline{J}$ (10^{-4})	$\frac{av^2}{2g}$ /m	E_s /m	ΔE_s /m	Δs /m	$\sum\Delta s$ /m
3.4	51.34	22.26	2.306	79.34	0.8765	1.220			0.0392	3.4392			0
							1.374	7.626			0.1931	253.2	
3.2	47.36	21.54	2.199	76.90	0.9502	1.528			0.0461	3.2461			253.2
							1.733	7.627			0.1916	251.2	
3.0	43.50	20.82	2.089	74.28	1.034	1.938			0.0545	3.0545			504.4
							2.218	6.782			0.1891	278.8	
2.8	39.76	20.10	1.978	71.62	1.132	2.498			0.0654	2.8654			783.2
							2.883	6.117			0.1863	304.6	
2.6	36.14	19.38	1.865	68.87	1.245	3.268			0.0791	2.6791			1087.8
							3.816	5.184			0.1821	351.3	
2.4	32.64	18.65	1.750	66.01	1.379	4.364			0.0970	2.4970			1439.1
							5.161	3.839			0.1769	460.8	
2.2	29.26	17.93	1.632	63.01	1.538	5.958			0.1201	2.3201			1899.9
							6.493	2.507			0.0847	337.9	
2.1	27.62	17.57	1.572	61.45	1.629	7.027			0.1354	2.2354			2237.8
							7.847	1.153			0.0988	856.9	
1.98	25.88	17.14	1.498	59.51	1.752	8.667			0.1566	2.1366			3094.7

(3) 根据表 9-3 的数值，绘制水面曲线，如图 9-35 所示。

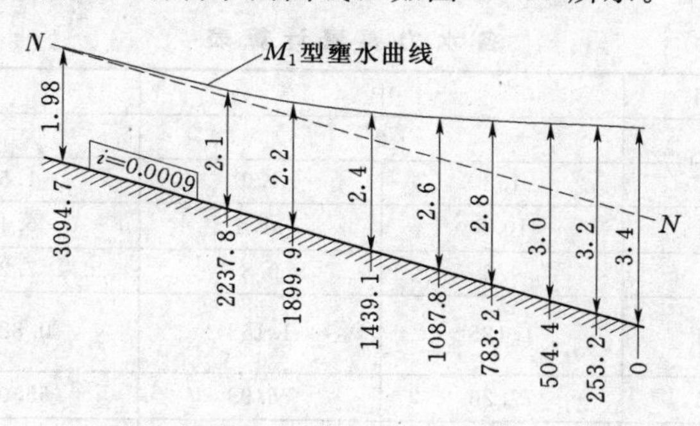

图 9-35 ［例 9-12］图

【例 9-13】 某一边墙成直线收缩的矩形渠道（图 9-36），渠长 60m，进口宽 b_1 为 8m，出口宽 b_2 为 4m，渠底为反坡，i 为 −0.001，粗糙系数 n 为 0.014，当 Q 为 18m³/s 时，进口水深 h_1 为 2m，要求计算中间断面及出口断面水深。

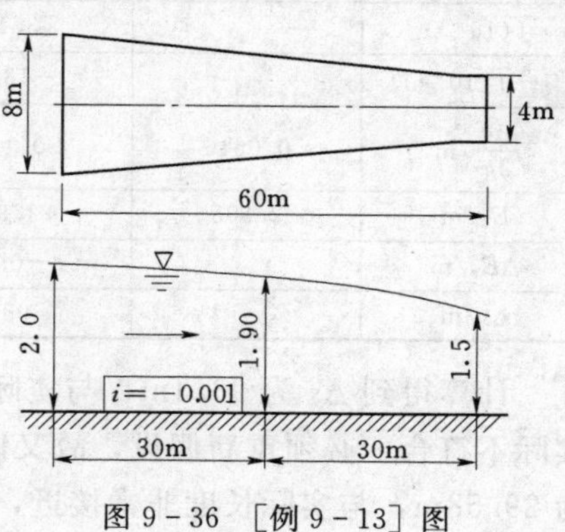

图 9-36 ［例 9-13］图

解　渠道宽度逐渐收缩，故为非棱柱体明渠，求指定断面的水深必须采用试算法，仍引用公式（9-74）来计算。

$$\Delta s=\frac{\Delta E_s}{i-\overline{J}}=\frac{E_{sd}-E_{su}}{i-\overline{J}}$$

(1) 计算中间断面的水深。已知中间断面宽度 b 为 6m，今假定其水深 h 为 1.8m，按下列各式计算有关水力要素：

$$A=bh=6\times1.8=10.8(\text{m}^2)$$

$$\chi = b + 2h = 6 + 2 \times 1.8 = 9.6(\text{m})$$

$$R = \frac{A}{\chi} = \frac{10.8}{9.6} = 1.125(\text{m})$$

$$CR^{1/2} = \frac{1}{n}R^{2/3} = \frac{1}{0.014} \times 1.125^{2/3} = 77.28(\text{m/s})$$

$$v = \frac{Q}{A} = \frac{18}{10.8} = 1.667(\text{m/s})$$

$$J = \frac{v^2}{C^2 R} = \left(\frac{1.667}{77.26}\right)^2 = 4.653 \times 10^{-4}$$

$$\frac{\alpha v^2}{2g} = \frac{1 \times 1.667^2}{2 \times 9.8} = 0.142(\text{m})$$

将以上各值列于表 9-4 中。

又因进口断面宽度及水深已知，按以上公式计算进口断面的各水流要素，将计算结果列于表 9-4 中。根据表 9-4 中有关数值，代入式（9-74）中，算出 Δs 为

$$\Delta s = \frac{\Delta E_s}{i - \bar{J}} = \frac{1.942 - 2.065}{-(10 + 3.173) \times 10^{-4}} = 93.4(\text{m})$$

表 9-4　　各水力要素计算表

断面编号	进 口	中		出 口	
b/m	8	6		4	
h/m	2	1.8	1.9	1.6	1.5
A/m^2	16.0	10.8	11.4	6.4	6.0
χ/m	12.0	9.6	9.8	7.2	7.0
$\frac{R}{m}$/m	1.333	1.125	1.163	0.889	1.857
$CR^{1/2}$/(m/s)	86.42	77.26	78.99	66.06	64.35
v/(m/s)	1.131	1.667	1.579	2.813	3.000
$J = \frac{v^2}{C^2 R}$ (10^{-4})	1.691	4.655	3.996	18.11	21.73
$\bar{J}(10^{-4})$		3.173	2.844	11.04	12.86
$i - \bar{J}(10^{-4})$		−13.173	−12.84	−21.04	−22.86
$\frac{\alpha v^2}{2g}$/m	0.0646	0.1418	0.1270	0.4037	0.4592
E_s/m	2.605	1.942	2.027	2.004	1.959
ΔE_s/m		−0.123	−0.038	−0.023	−0.068
Δs/m		93.4	29.6	10.9	29.8

计算得到 Δs 为 93.4m，与实际长度 30m 相差甚远，说明前面所假设之水深 1.8m 与实际不符合，必须重新假设，故又假设中间断面水深为 1.9m，按以上程序计算，得到 Δs 为 29.58m，与实际长度非常接近，所以可认为中间断面水深为 1.9m。

（2）出口断面水深的计算与前面的计算方法完全一样，不再赘述。从表 9-4 看出，出口水深应为 1.5m。

【例 9-14】 某水库泄水渠纵剖面如图 9-37 所示，渠道断面为矩形，宽 $b=5\text{m}$，底

$i=0.25$，用浆砌块石护面，糙率 $n=0.025$，渠长 56m，当泄流量 $Q=30\text{m}^3/\text{s}$ 时，绘制水面曲线。

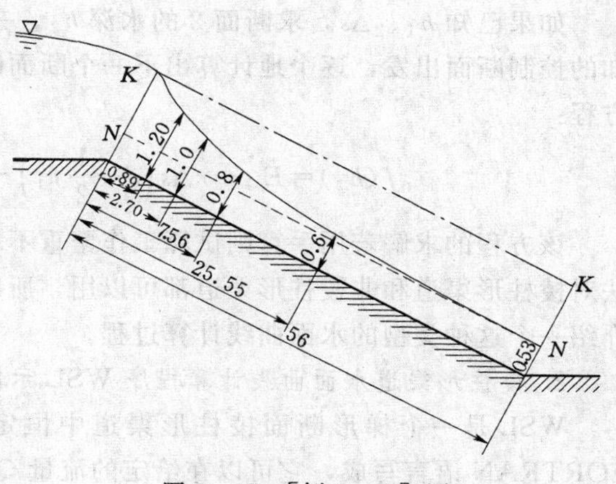

图 9-37 ［例 9-14］图

解 已知 $b=5\text{m}$，$i=0.25$，$n=0.025$，$Q=30\text{m}^3/\text{s}$。

（1）判断渠道底坡性质和水面曲线形式。$q=Q/b=6\text{m}^2/\text{s}$，$\cos\theta=1-i^2=0.9375$，取 $\alpha=1.05$，临界水深 $h_K=\sqrt[3]{\alpha q^2/(g\cos\theta)}=1.5852\text{m}$；也可算得正常水深为 $h_0=0.524\text{m}<h_K$；所以渠道坡度为陡坡。根据情况判断水面曲线为 S_2 型降水曲线，进口处水深为临界水深 h_K，渠道中水深变化范围从 h_K 趋向正常水深 h_0。

（2）用分段求和法计算水面曲线。因流态为急流，进口处为控制断面，$h_1=h_K=1.585\text{m}$，向下游计算水面线，方向参数 $r=1$，下面依次取 $h_2=1.2\text{m}$、$h_3=1.0\text{m}$、$h_4=0.8\text{m}$、$h_5=0.6\text{m}$、$h_6=1.01$，$h_0=0.53\text{m}$，根据式（9-74）分段计算间距，s 为各水深所在断面距起始断面的距离，见表 9-5。

表 9-5 **水面曲线计算表**

断面	h /m	A /m²	v /(m/s)	$\frac{\alpha v^2}{2g}$ /m	E_s /m	ΔE_s /m	R /m	J	$i-\overline{J}$	Δs /m	s /m
1	1.585	7.925	3.785	0.768	2.254		0.97	0.0093			0.00
						0.21			0.235	0.89	
2	1.20	6.00	5.00	1.339	2.464		0.811	0.0207			0.89
						0.402			0.222	0.81	
3	1.00	5.00	6.00	1.929	2.866		0.714	0.0353			2.70
						0.897			0.1845	4.86	
4	0.80	4.00	7.50	3.013	3.763		0.606	0.0957			7.56
						2.157			0.1199	17.99	
5	0.60	3.00	10.00	5.357	5.920		0.484	0.1645			25.55
						1.443			0.047	30.7	
6	0.53	2.65	11.32	6.866	7.363		0.437	0.2415			56.25

根据计算结果可绘制水面曲线（图 9-37），可见渠道末端水深已接近正常水深。

（二）编程计算法

1. 计算原理

在水面线计算中，有时已知下游水深，求上游水深，有时则反之。下面的表达式中，以下标 1 代表水深已知的断面，下标 2 代表水深待求的断面，式（9-74）改为

$$E_{s2}=E_{s1}+r\Delta s(i-\overline{J}) \tag{9-80}$$

式中：$\overline{J}$ 为渠段平均水力坡度，$\overline{J}=\frac{1}{2}(J_1+J_2)$；$r$ 为方向参数。

$$r=\begin{cases}1 & \text{断面 1 位于上游，计算下游渠道的水面线}\\-1 & \text{断面 1 位于下游，计算下游渠道的水面线}\end{cases}$$

明槽流动为急流时一般是前一种情况，缓流时一般是后一种情况。

如果已知 h_1、Δs，求断面 2 的水深 h_2。一般做法是先给定断面位置，然后从水深已知的控制断面出发，逐个地计算出下一个断面的水深。此时式（9-80）成为 h_2 的非线性方程：

$$f(h_2)=E_{s1}+r\Delta s\left(i-\frac{1}{2}J_1\right)-E_s(h_2)-\frac{1}{2}r\Delta sJ(h_2)=0 \tag{9-81}$$

该方程的求解若用手算则试算工作繁重不堪，但对于计算机则不是问题，而且这种方法对棱柱形渠道和非棱柱形渠道都可以用，所以水面曲线的计算程序多属于这一类。下面介绍一个这种类型的水面曲线计算过程。

2. 棱柱形渠道水面曲线计算程序 WSL 示例

WSL 是一个梯形断面棱柱形渠道中恒定渐变流水面曲线的计算程序，源程序用 FORTRAN 语言写成，它可以在给定的流量 Q、底坡 i、糙率 n、边坡 m、底宽 b 和控制水深 h_D 等条件下，计算出渠道中各种底坡上各种类型的水面曲线。

（1）计算过程包括两个主要步骤：

1）输入参数 Q、i、n、m、b，求临界水深和正常水深。

临界水深 h_K 满足方程 $f_1(h_K)=A^3\cos\theta-B\alpha Q^2/g=0$。

考虑了较大底坡的影响，且程序中取 $\alpha=1.05$。当底 $i>0$ 时，求解正常水深 h_0 满足方程 $f_2(h_0)=Qn/\sqrt{i}-AR^{2/3}=0$。

$i\leqslant 0$ 时，可取 h_0 为一大值（程序中取 100m）。

在程序中调用二分法函数子程序 ERFENFA 求解以上两个代数方程，初始区间取 [0，40]（m），误差限取 0.0005m。

2）输入控制水深 h_D、步长 Δs 和计算步数 N，计算各断面的水深。

计算渠段的总长为 $\Delta s\times N$，共 $N+1$ 个断面。$h_1=h_D$，计算从控制断面开始，共计算 N 步。每一步中 h_{L-1} 为已知的前一断面水深；h_L 为代求的下一断面水深，满足方程：

$$f(h_L)=E_s(h_{L-1})+r\Delta s\left[i-\frac{1}{2}J(h_{L-1})\right]-E_s(h_L)-\frac{1}{2}r\Delta sJ(h_L)=0 \tag{9-82}$$

式中：$L=2$，…，$N+1$。

断面比能 $E_s=h\cos\theta+\alpha v^2/2g$。求解出 h_L，便一步步地计算出 N 个断面上的水深。

方程式（9-82）可能有两个解，因为在同一断面上对应于同一个 E_s 值可有两个水深。为避免得到错误的结果，在迭代计算过程中应对 h_L 的取值范围加以限制。由于水面曲线在 3 个区域内是各自单调升、降的，令 h_B 为水面曲线从 h_D 出发所趋向的该区域水深界限，h_L 的取值只能在区间 $[h_B, h_{L-1}]$ 或 $[h_{L-1}, h_B]$ 上，程序中以此为初始区间，用二分法求解 h_L。

本程序根据渠道底坡性质和控制水深自动对 h_B 和方向参数 r 取值（读者不难根据需要将其改为人工输入参数）。方向参数 r 的取值根据控制断面的流态来决定：急流时（$h_D<h_K$）控制断面在上游，$r=1$；缓流时（$h_D>h_K$）控制断面在下游，$r=-1$；$h_D=h_K$ 时，若 $h_K>h_0$（陡坡），应该是 S_2 型曲线；控制断面在上游，$r=1$；若 $h_0>h_K$（缓坡），应该是 M_2 型曲线，$r=-1$；$h_D=h_K=h_0$ 时为临界坡渠道上的均匀流，不必计算水面曲线。

已知控制水深和水面线计算方向，h_B 在水面线变化范围的另一端，根据情况可能是 h_K 或 h_0（$i\leqslant 0$ 时 h_0 取值为 100m）。程序中根据 h_D、h_K 和 h_0 的值确定 h_B：当 $h_D>h_K>h_0$（S_1 型曲线）或 $h_D<h_K<h_0$（M_3、H_3 和 A_3 型曲线）时，$h_B=h_K$；当 $h_D<h_0<h_K$（S_3 型曲线）、$h_D>h_0>h_K$（M_1 型曲线）、$h_0\leqslant h_D\leqslant h_K$（$S_2$ 型曲线）或 $h_K\leqslant h_D\leqslant h_0$（$M_2$、$H_2$ 和 A_2 型曲线）时，$h_B=h_0$；临界坡渠道时，$h_B=h_0=h_K$。

（2）源程序中的变量符号的含义说明（表 9-6）。

表 9-6　源程序中的变量符号的含义说明表

程序中的符号	文中公式符号
Q、I、M、B、N、HK、H0、HD	Q、i、m、b、n、h_K、h_0、控制水深 h_D
NS、DS、DR、HB	计算步数 N、步长 Δs、方向参数 r、初始区间端点 h_B
数组 H(L)、V(L)、S(L)	各断面水深 h、平均流速 v、距起始断面距离 s
Csn、srm、alfa	$\cos\theta=\sqrt{1+i^2}$、$\sqrt{1+m^2}$、动能修正系数 α
A、R	过水断面面积 A、水力半径 R
J1、J2、ES1、ES2、V2	$J(h_{L-1})$、$J(h_L)$、$E_s(h_{L-1})$、$E_s(h_L)$、v_L
FHK、FH0、FE	计算 $f_1(h_K)$、$f_2(h_0)$ 和 $f(h_L)$ 的函数子程序

（3）程序流程简要框图（表 9-7）。

表 9-7　程序流程表

输入 Q、I、N、M、B；参数 csn 等赋值；二分法计算 HK	
I>0，二分法计算 H0；否则 H0=100	
输入 HD，DS，NS；确定参数 DR、HB；计算起始断面 J1，ES1	
循环迭代过程	L=2 至 NS+1 循环
	若 ABS[H(L-1)-H0]≥0.0005，用二分法求 H(L) 否则近似为均匀流，H(L)=H0
	计算 V(L)，S(L)
输出计算结果	

（4）源程序。

```
C  梯形断面明槽水面曲线计算源程序：WSL.FOR
   EXTERNAL FHK, FH0, FE
   REAL I, N, M, J1, J2
    DIMENSION H (201), V (201), S (201)
    COMMON Q, I, N, M, B, csn, srm, alfa, DS, V2, J1, J2, ES1, ES2
    OPEN (2, FILE='RESULTS.DAT')        ! RESULTS.DAT为输出计算结果的数据文件.
    WRITE (*, *) 'INPUT Q, I, n, m, b'
    READ  (*, *)  Q, I, N, M, B             ! 用键盘输入数据
    WRITE  (*, 1000) Q, I, N, M, B
    WRITE  (2, 1000) Q, I, N, M, B
1000  FORMAT (5X, 'Q=', F6.2, ' (m**3/s) ', 4X, 'i=', F8.5, 4X, 'n=', F6.4, 4X,
    1 'm=', F4.2, 4X, 'b=', F7.2, ' (m) ')
```

```
      Alfa=1.05
      csn= (1-I*I) **0.5
      srm= (1+M*M) **0.5
C  计算临界水深 HK
      HK=ERFENFA (FHK, 0.0, 40.0, 0.0005) ! 二分法求临界水深，函数子程序 FHK 附在主程序之后。
        WRITE (*, 1010) HK
      WRITE (2, 1010) HK
 1010 FORMAT (5X, 'Critical Depth HK=', F9.6, ' (m) ')
C  计算正常水深 H0
      IF (I.LE.0) THEN
        H0 =100
      WRITE (*, *) 'i<=0, No normal Depth'
      WRITE (2, *) 'i<=0, No normal Depth'
      ELSE
      H0=ERFENFA (FH0, 0.0, 40.0, 0.0005)   ! 二分法求正常水深，函数子程序 FH0 附在主程序之后。
      WRITE (*, 1020) H0
      WRITE (2, 1020) H0
1020  FORMAT (5X, 'Normal Depth H0=', F7.4' (m) ')
      ENDIF
      WRITE (*, *) 'Input HD, DS, NS'
      READ (*, *) HD, DS NS               ! 输入控制水深、步长和计算步数。
      H (1) =HD
      A= (B+M*H (1) ) *H (1)
      R=A/ (B+2*H (1) *srm)
      V (1) =Q/A                          ! 计算起始断面参数。
      J1= (V (1) *N) **2/R** (4.0/3)    ES1=csn*H (1) +alfa*V (1) **2/19.6
C     判断水面线计算方向：DR=1，控制断面在上游；DR=-1，控制断面在下游
      IF (HD.GT.HK) .OR ( (HD.EQ.HK) ) .AND. (HD.LT.H0) ) ) THEN
        DR=-1
      ELSE
        DR=1
      ENDIF
C     二分法区间端点 HB 取值
      IF ( ( (HK.GT.H0) .AND. (HD.GT.HK) .OR
     &      ( (H0.GT.HK) .AND. (HD.LT.HK) ) ) THEN
            HB=HK
        ELSE
        HB=H0
        ENDIF
      S (1) =0.0
      DO 10 L=2, NS+1                 ! 计算各断面水深 H (L) 和流速 V (L).
      IF (ABS (H (L-1) -H0) .LT.0.0005) THEN
```

```
    H (L) =H0                ! 水深接近 H0 时近似为均匀流.
    V (L) =V (L-1)
    ELSE
    H (L) =ERFENFA (FE, H (L-1), HB, 0.0001)! 用二分法计算 H (L), 函数子程 FE 序附在主程序
之后。
    V (L) =V2
    J1=J2
    ES1=ES2
  ENDIF
    S (L) = (L-1) * DS
       10    CONTINUE
    C  输出计算结果
    WRITE (*, 1030) HD, DS, NS, DR
    WRITE (2, 1030) HD, DS, NS, DR
    WRITE (*, 1040) (L, H (L), V (L), S (L), L=1, NS+1
    WRITE (2, 1040) (L, H (L), V (L), S (L), L=1, NS+1
1030  FORMAT (5X, 'HD=', F=6.3' (m) ', 5X, 'DS=', F7.2, ' (m) ', 5X, 'NS=', 13/5X,
    1 'r=', F=3.0//7X, 'L', 10X, 'H (L) ', 10X, 'V (L) ', 9X, 'S (L) '/18X,
    2   ' (m) ', 10X, (m/s) ', 9X, ' (m) '/5X,
    3   '.........................................')
1040  FORMAT (5X, 13.7X, F3.7, 7X, F7.3, 4X, F10.2)
    END
    FUNCTIONG FHK (H)
    REAL I, N, M
    COMMON Q, I, N, M, B, csn, srm, alfa
FHK =9.8 * csn * ( (B+M * H) * H) * * 3-alfa * Q * Q (B+2 * M * H)
    END
    FUNCTION FH0 (H)
    REAL I, M, N
COMMON Q, I, N, M, B, csn, srm
FH0 =Q * N/I * * 0.5 * (B+2 * srm * H) * * H (2.0/3) - ( (B+M * H) * H) * * (5.0/3)
END
FUNCTION FE (H)
REAL I, M, N , J1, J2
COMMON Q, I, N, M, B, csn, srm, alfa, DS, DR, V2, J1, J2, ES1, ES2
    A= (B+M * H) * H
    V2=Q/A
    J2= (N * V2) * * 2/ (A/B+2 * H * srm) * (4.0/3)
    ES2=csn * H+alfa * V2 * V2/19.6
    FE=ES1-ES2+DR * (I- (J1+J2) /2) * DS
    END
    FUNCTION   ERFENFA (F, X1, X2, EPS)    ! 二分法函数子程序, 返回方程 f (x) =0 的根。
```

```
      A=X1                                      ! [X1, X2] =初始区间, EPS=误差限,
      B=X2                                      ! F…函数 f (X)。
10    FA=F (A)
      FB=F (B)
      IF (FA * FB.GT.0) THEN! 判断 [X1, X2] 是否有根区间，若不是，重新输入 X1, X2。
        WRITE (*.*) 'No root in (X1, X2), please input new X1, X2'
      READ (*.*) A, B
      GOTO 10
    ENDIF
    DO 5O I=1, 3O                         ! 二分法迭代过程。
      ERFENFA= (A+B) *0.5
      IF (ABS (B-A) .LT. EPS) RETURN      ! 有根区间长度小于给定误差限时迭代结束。
      FM=F (ERFENFA)
      IF (FM * FA.LT.0) THEN
        B=ERFENFA
      ELSE
        A=ERFENFA
      ENDIF
50    CONTINUE
      END
```

【例 9-15】 用程序 WSL 计算 [例 9-16]。

解 已知 $Q=30\text{m}^3/\text{s}$，$i=0.25$，$n=0.025$，$m=0.0$，$b=5\text{m}$。执行程序 WSL，输入参数，得

$$h_K=1.582\text{m}，h_0=0.5241\text{m}$$

可判断渠道为陡坡，水面线是 S_2 型曲线，控制水深为临界水深。输入控制水深 $H_D=1.585\text{m}$，步长 $D_S=8\text{m}$，步数 $NS=7$，计算结果（各断面的水深、流速和断面的距离）见表 9-8。

表 9-8 程序计算结果表

序 号	水深 H/m	流速 v/(m/s)	断面距离 S/m
1	0.585	3.785	0
2	0.775	7.744	8.00
3	0.653	9.187	16.00
4	0.598	10.041	24.00
5	0.568	10.568	32.00
6	0.551	10.897	40.00
7	0.540	11.104	48.00
8	0.534	11.233	56.00

将［例 9-14］结果与其比较，两者基本一致。

应用本程序计算时，若遇到控制水深为临界水深的情况下应特别注意，避免因四舍五入使实际输入的控制水深值在错误的区域内，导致程序判断错误。故本例中输入的控制水深值比 h_K 值略小，以保证计算出来的是 S_2 型降水曲线。

第九节　河渠恒定非均匀流的流量与糙率的计算

一、流量的计算

若已知河道或明渠的水面线以及断面尺寸、底坡等，需要估算河渠中流量。而河渠中水流常属于非均匀流，应按照非均匀流情况来处理。例如，根据洪水痕迹估算洪水流量就属于这种类型。

在本章第六节中曾推出明渠恒定非均匀渐变流基本微分方程的一种形式见式（9-70），即

$$-\frac{\mathrm{d}z}{\mathrm{d}s}=(\alpha+\zeta)\frac{\mathrm{d}}{\mathrm{d}s}\left(\frac{Q^2}{2gA^2}\right)+\frac{Q^2}{\overline{K}^2}$$

在实用上可把它改写成差分方程，有关的变量用流段平均要素代替，于是得到

$$-\frac{\Delta z}{\Delta s}=\frac{(\alpha+\zeta)Q^2}{2g}\frac{\Delta}{\Delta s}\left(\frac{1}{A^2}\right)+\frac{Q^2}{\overline{K}^2} \tag{9-83}$$

从式（9-83）中得出流量为

$$Q=\sqrt{\frac{z_u-z_d}{\frac{\alpha+\zeta}{2g}\left(\frac{1}{A_d^2}-\frac{1}{A_u^2}\right)+\frac{\Delta s}{\overline{K}^2}}} \tag{9-84}$$

式中：z_u、z_d 为上、下游断面水位；A_u、A_d 为上、下游过水断面面积；$\Delta s=s_d-s_u$、s_d、s_u 为下、上游断面位置。

二、粗糙系数的计算

在第八章中曾介绍过用明渠均匀流的方法计算明渠粗糙系数，但对于具有显著非均匀流特征的水流，必须按照非均匀流来处理。采用曼宁公式 $C=\frac{1}{n}R^{1/6}$，由式（9-83）整理得到

$$n=\frac{\overline{A}\,\overline{R}^{2/3}}{Q}\left[\frac{z_u-z_d}{s_d-s_u}-(\alpha+\zeta)\frac{Q^2}{2g(s_d-s_u)}\left(\frac{1}{A_d^2}-\frac{1}{A_u^2}\right)\right]^{1/2} \tag{9-85}$$

【例 9-16】 某河流经过洪水调查找到历史上某次洪水的若干痕迹，测得有关资料列于表 9-9 中。河段上、下游断面间距 Δs 为 183m，水位落差 Δz 为 2.59m，横断面如图 9-38所示。

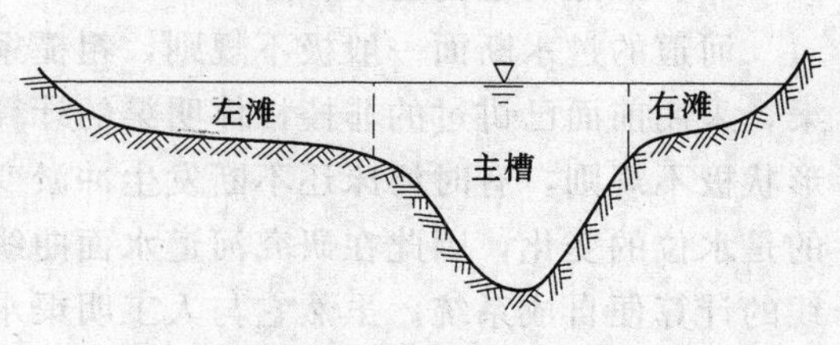

图 9-38 ［例 9-16］图

解 将表中有关数据代入式（9-84），不

计局部损失，则

$$Q=\sqrt{\frac{2.59}{\frac{1}{19.6}\left(\frac{1}{335^2}-\frac{1}{283^2}\right)+\frac{183}{6070^2}}}=735.8(\mathrm{m^3/s})$$

此次洪水的洪峰流量为 735.8m³/s。

表 9-9　　河流相关资料表

断面	位置	粗糙系数 n	面积 A /m²	水力半径 R /m	$R^{2/3}$	$K=\frac{1}{n}AR^{2/3}$ /(m³/s)	ΣK /(m³/s)	$\overline{K}=\frac{K_u-K_d}{2}$ /(m³/s)
上断面	左滩	0.07	105.0	0.84	0.89	1330		
	主槽	0.05	70.0	2.06	1.62	2270	5370	
	右滩	0.07	108.0	1.24	1.15	1770		6070
下断面	左滩	0.07	98.0	0.75	0.83	1160		
	主槽	0.05	90.0	2.19	1.63	3030	6770	
	右滩	0.07	147.0	1.37	1.23	2580		

【例 9-17】 岷江上游某河流长 128m，曾进行水力要素及河道断面的实测，当河道中流量为 1620m³/s 时，河段有关资料列于表 9-10 中。若不计局部损失，试计算河段粗糙系数。

表 9-10　　河段相关资料表

断　面	水位 Z /m	过水断面面积 A /m²	水面宽度 B /m	平均水深 $\overline{h}$ /m	水力半径 R /m
$u-u$	947.7	524.0	119.5	4.38	4.05
$d-d$	946.5	429.0	104.0	4.12	3.50
平均	—	$\overline{A}=476.5$	—	—	$\overline{R}=3.78$

解　将表中有关数值代入式（9-85）中，可求得河段的粗糙系数为

$$n=\frac{476.5\times3.78^{2/3}}{1620}\left[\frac{1.2}{128}-\frac{1620^2}{128\times19.6}\left(\frac{1}{429^2}-\frac{1}{524^2}\right)\right]^{1/2}=0.0618$$

第十节　河道水面曲线的计算

一、天然河道的基本特点

河道的过水断面一般极不规则，粗糙系数及底坡沿流程都有变化，可视作非棱柱体明渠，采用前面已讲过的非棱柱体明渠的计算方法来计算河道水面曲线。但是由于河道断面形状极不规则，有时河床还不断发生冲淤变化，人们对河道水情变化的观测，首先观测到的是水位的变化，因此在研究河道水面曲线时，应主要研究水位的变化，这样河道水面曲线的计算便自成系统。虽然它与人工明渠水面曲线计算的具体做法不同，但并没有本质上的差别。

在计算河道水面曲线之前，先要收集有关水文、泥沙及河道地形等资料，如河道粗糙系数、河道纵横剖面图等。然后根据河道地形及纵横剖面把河道划分成若干计算流段，划分计算流段时应注意以下几个方面：

(1) 要求每个计算流段内，过水断面形状、尺寸以及粗糙系数、底坡等变化都不太大。

(2) 在一个计算流段内，上、下游断面水位差 Δz 不能过大，一般 Δz 对平源河流取 0.2～1.0m，山区河流取 1.0～3.0m。

(3) 每个计算流段内没有支流流入或流出。若河道有支流存在，必须把支流放在计算流段的入口或出口，对加入的支流最好放在流段的进口附近，流出的支流放在流段的出口。由于支流的存在，将引起下游河道流量的改变，在计算中必须充分注意，并正确估计入流量或出流量的数值。

一般天然河流下游多为平原河道，流段可划分得长一些，上游多为山区河道，流段应划分得短一些。

关于河道的局部水头损失，一般对逐渐收缩的流段，局部损失很小，可以忽略不计。对扩散的河段，局部损失系数可取－0.3～1.0，视扩散的急剧程度不同来选择。扩散角（指两岸的交角）较小者可取－0.3，突然扩散可取－1。这里取局部损失系数为负的，并不意味着水头损失为负值。因河道非均匀流的局部水头损失表达为 $dh_j=\zeta d\left(\frac{v^2}{2g}\right)$，对扩散河道，因 $d\left(\frac{v^2}{2g}\right)$ 为负值，故必须使 ζ 为负才能保持局部水头损失为正值。

二、一般河道水面曲线计算

河道水面曲线的计算可采用方程式（9－70），其解法有 3 种，即试算法、插值法、图解法。前者多用于只需要计算一条水面曲线（即一种计算流量）；后者多用于计算若干条水面曲线（即几种计算流量），这时采用图解法可以节省工作量；中间者可用于上述两种情况，本节重点介绍前两种方法。

（一）试算法

在计算之前把河道划分成若干计算流段，同时把微分方程式改写成差分方程，即认为在有限长的计算河段内，一切可变水流要素均成线性变化。方程式（9－70）可写作

$$-\Delta z=(\alpha+\zeta)\frac{Q^2}{2g}\Delta\left(\frac{1}{A^2}\right)+\frac{Q^2}{\overline{K}^2}\Delta s \tag{9-86}$$

其中：$\Delta z=z_d-z_u$；$\Delta\left(\frac{1}{A^2}\right)=\frac{1}{A_d^2}-\frac{1}{A_u^2}$；$\frac{1}{\overline{K}^2}=\frac{1}{2}\left(\frac{1}{K_u^2}+\frac{1}{K_d^2}\right)$。

将以上各值代入式（9－86）中，并把方程中同一断面的水力要素列在等式的同一端，得到

$$z_u+(\alpha+\zeta)\frac{Q^2}{2gA_u^2}-\frac{\Delta s}{2}\frac{Q^2}{K_u^2}=z_d+(\alpha+\zeta)\frac{Q^2}{2gA_d^2}+\frac{\Delta s}{2}\frac{Q^2}{K_d^2} \tag{9-87}$$

方程式（9－87）中，凡具有 u 与 d 下角标者，分别表示流段上游及下游断面的水流要素。方程的两端各是上游水位和下游水位的函数。

$$\begin{cases} f(z_u)=z_u+(\alpha+\zeta)\dfrac{Q^2}{2gA_u^2}-\dfrac{\Delta s}{2}\dfrac{Q^2}{K_u^2} \\ \varphi(z_d)=z_d+(\alpha+\zeta)\dfrac{Q^2}{2gA_d^2}+\dfrac{\Delta s}{2}\dfrac{Q^2}{K_d^2} \end{cases} \tag{9-88}$$

试算法的步骤如下：

(1) 若已知下游断面的水位 z_d（反之，若已知上游断面水位 z_u，其方法完全相同），按式（9-88）求出函数 $\varphi(z_d)$ 值。

(2) 假定若干上游断面水位 z_u，按式（9-88）的第一式可算出相应的若干 $f(z_u)$ 值，并绘制 $z_u-f(z_u)$ 关系曲线，如图 9-39 所示。

在图 9-39 的横坐标上截取一段 $f(z_u)=\varphi(z_d)$ 值，向曲线作铅垂线交曲线于 A 点，A 点之纵坐标值即为所求之上游断面水位 z_u，该水位对另一个流段来讲，又是下游水位。循着上述步骤，可依次求出上游各断面的水位，从而得到全河道的水面曲线。

（二）插值法

通过例题简单介绍插值法原理及应用。

【例 9-18】 某天然河道上设有水文测站四处（图 9-40），各个测站的断面资料见表 9-11。

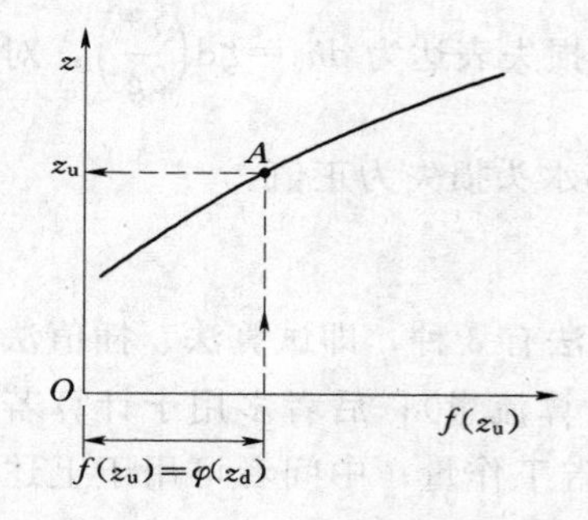

图 9-39 $z_u-f(z_u)$ 关系曲线

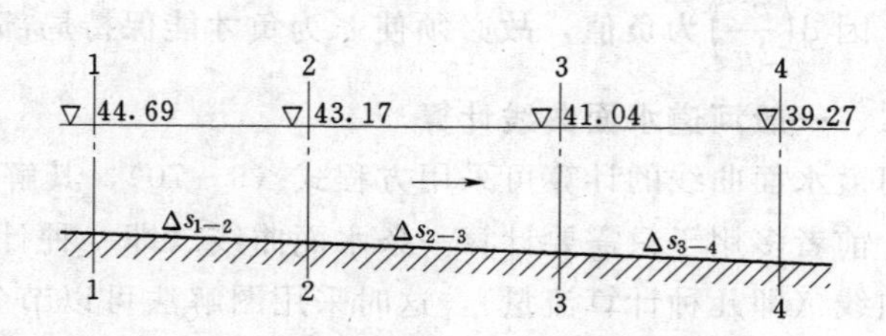

图 9-40 ［例 9-18］图

表 9-11　已知各个测站断面资料表

测站 1			测站 2		
z/m	A/m²	B/m	z/m	A/m²	B/m
38.46	1328	296	36.92	1284	262
41.20	2150	320	39.48	1926	283
46.70	4576	540	44.60	3922	455
测站 3			**测站 4**		
z/m	A/m²	B/m	z/m	A/m²	B/m
35.40	1240	228	34.00	1490	380
37.76	1780	245	36.00	2156	406
42.50	3268	370	40.00	4036	440

断面间的距离：$\Delta s_{1-2}=35000$m，$\Delta s_{2-3}=33500$m，$\Delta s_{3-4}=31500$m；糙率 $n=0.025$。在河道上建有一水闸，测站 4 位于闸前，当流量 $Q=3800\text{m}^3/\text{s}$ 时水位为 39.27m。

求上游各测站的水位。

解 从断面资料来看，该河道比较宽浅，所以计算时可取湿周 $\chi=$ 水面宽 B，则水力半径 $R\approx A/B$。忽略局部水头损失，$\zeta=0$。已知 $z_4=39.27$m，以断面 4—4 为计算水面线的起始断面，逐个求解上游各断面的水位。应用公式（9-87），现设 z_{i+1} 为已知或已计算出的水位，欲求 z_i，须解方程

$$G(z_i)=f(z_i)-\varphi(z_{i+1})=0 \quad (i=3,2,1)$$

求解方程是否要用二分法之类的方法？其实不必。因为断面资料已经以离散数表的形式给出，所以不妨对表中测站 i 的每个水位 z_i^k 计算出一个 G 值：

$$G_k=G(z_i^k)=f(z_i^k)-\varphi(z_{i+1}) \quad (k=1,2,3)$$

利用计算得到的数据点 $z-G$ 的二次插值函数，对应 $G=0$ 的 z 便是 z_i。

计算程序和计算过程（略）。得到计算结果：$z_3=41.04$m，$z_2=43.17$m，$z_1=44.69$m。

三、复式断面及分叉河道的水面曲线计算

天然河道断面由滩地与主槽组成，称为复式断面，如图 9-41 所示。有时河道在某处，如河道中由于泥沙淤积形成的江心洲处，其主流在洲头形成分叉，到洲尾再度汇合，称为分叉河道，如图 9-42 所示。

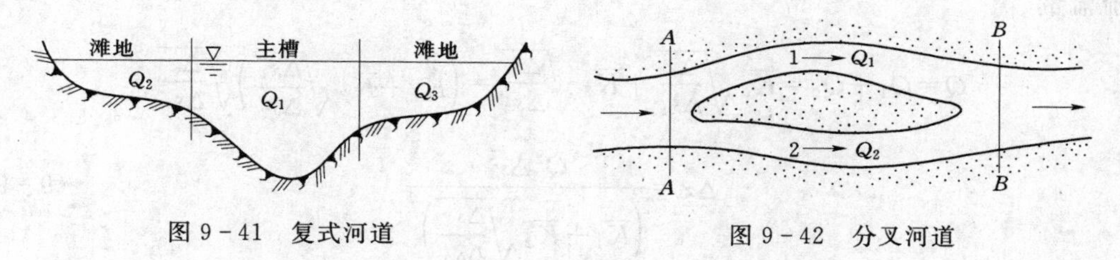

图 9-41 复式河道　　图 9-42 分叉河道

1. 复式断面河道水面曲线计算

复式断面河道通过的总流量 Q 应为主槽流量和滩地流量之和，即

$$Q=Q_1+Q_2+Q_3 \tag{9-89}$$

式中：Q_1 为主槽流量；Q_2 为左滩地的流量；Q_3 为右滩地的流量。

当河段相当长时，认为主槽及河滩水面落差近似相等，$\Delta z_1=\Delta z_2=\Delta z_3=\Delta z$。

根据公式（9-70）分别写出主槽与两岸滩地的水面曲线公式为

$$\Delta z=\frac{Q_1^2}{\overline{K}_1^2}\Delta s \quad 或 \quad Q_1=\overline{K}_1\sqrt{\frac{\Delta z}{\Delta s}}$$

$$\Delta z=\frac{Q_2^2}{\overline{K}_2^2}\Delta s \quad 或 \quad Q_2=\overline{K}_2\sqrt{\frac{\Delta z}{\Delta s}}$$

$$\Delta z=\frac{Q_3^2}{\overline{K}_3^2}\Delta s \quad 或 \quad Q_3=\overline{K}_3\sqrt{\frac{\Delta z}{\Delta s}}$$

式中：$\overline{K}_1$、$\overline{K}_2$、$\overline{K}_3$ 分别为主槽及两岸滩地的平均流量模数；Δs 为河段长度。

将 Q_1、Q_2 和 Q_3 的关系式代入式（9-89），可得

$$Q=(\overline{K}_1+\overline{K}_2+\overline{K}_3)\sqrt{\frac{\Delta z}{\Delta s}} \quad 或 \quad \Delta z=\frac{Q^2}{(\overline{K}_1+\overline{K}_2+\overline{K}_3)^2}\Delta s \tag{9-90}$$

该式即为复式断面水面曲线计算公式，它与无滩地河道水面曲线计算式（9-70）形式相同，仅流量模数不同而已。

2. 分叉河道水面曲线计算

分叉河道情况下，水流从断面 A 分为两支流，在断面 B 处汇合，尽管两支流的长度、所通过的流量及平均流量模数不同，但其必须满足以下两个条件：①总流量等于两支流流量之和；②在分流断面 A 和汇流断面 B 的水位相等，即 $\Delta z_1=\Delta z_2=\Delta z$。

若两支流的长度分别为 Δs_1 及 Δs_2，平均流量模数为 $\overline{K}_1$ 和 $\overline{K}_2$，河道总流量为 Q，那么由式（9-70），得

$$\left\{\begin{aligned}&\Delta z_1=\Delta z=\frac{Q_1^2}{\overline{K}_1^2}\Delta s_1 \quad 或 \quad Q_1=\overline{K}_1\sqrt{\frac{\Delta z}{\Delta s_1}}\\&\Delta z_2=\Delta z=\frac{Q_2^2}{\overline{K}_2^2}\Delta s_2 \quad 或 \quad Q_2=\overline{K}_2\sqrt{\frac{\Delta z}{\Delta s_2}}\end{aligned}\right. \tag{9-91}$$

总流流量

$$Q=Q_1+Q_2=\overline{K}_1\sqrt{\frac{\Delta z}{\Delta s_1}}+\overline{K}_2\sqrt{\frac{\Delta z}{\Delta s_2}}=\left(\overline{K}_1+\overline{K}_2\sqrt{\frac{\Delta s_1}{\Delta s_2}}\right)\sqrt{\frac{\Delta z}{\Delta s_1}}$$

或

$$\Delta z=\frac{Q^2\Delta s_1}{\left(\overline{K}_1+\overline{K}_2\sqrt{\frac{\Delta s_1}{\Delta s_2}}\right)^2} \tag{9-92}$$

式（9-92）为分叉河道的水面曲线计算公式。计算时，由已知总流量、各支流长度及平均流量模数，利用式（9-92）求得水面落差 Δz，然后代入式（9-91）即可求得 Q_1 及 Q_2。有了各支流流量则可分别计算支流的水面曲线。

第十一节 弯道水流

明渠与河道中一般有弯道存在，弯道中水流可能为缓流，也可能为急流。

一、弯道缓流

当水流通过弯道时，液体质点除受重力作用外，同时还受到离心惯性力的作用，在这两种力的共同作用下，水流除具有纵向流速（指垂直于过水断面的流速）外，还存在径向和竖向流速。由于几个方向的流动交织在一起，在横断面内产生一种次生的水流，这种水流称为副流，所谓副流就是从属于主流的水流，它不能独立存在。由于弯道水流的纵向流动和副流叠加在一起，所以，就构成了螺旋流。做螺旋运动的水流质点是沿着一条螺旋状的路线前进，流速分布极不规则，动能修正系数 α 和动量修正系数 β 都远远大于 1。图 9-43 为

河弯水流做螺旋流时的水流平面图和横断面图。

由图 9-43 可以看出，弯道表层水流的方向指向凹岸，后潜入河底朝凸岸流去，而底层水流方向则指向凸岸，后翻至水面流向凹岸，由于这个原因，在河流弯道上形成明显的凹岸冲刷凸岸淤积的现象，人们常常利用弯道水流这些特性，在稳定弯道的凹岸布设取水口，能顺利地取得表层清水（或含沙浓度不大的表层水），而防止底沙进入渠道。有些工程上还专门设置人工弯道以达到防沙排沙的目的。弯道水流有时也会给人们带来一些危害，如我国长江下游某城市附近有一弯段，市区位于凸岸，发生大量泥沙淤积，河床变浅，主河槽远离市区，为了维持港口的正常运转，平均每年疏浚土方近 50 万 m^3，才能保持一条支航道的畅通。因此我们必须充分认识弯道水流对河床演变的作用，以便因势利导，达到兴利除害的目的。

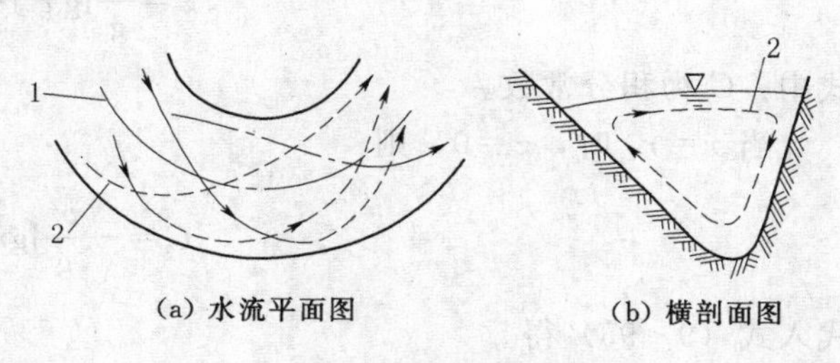

图 9-43　河流水弯

1—表层水流；2—底层水流

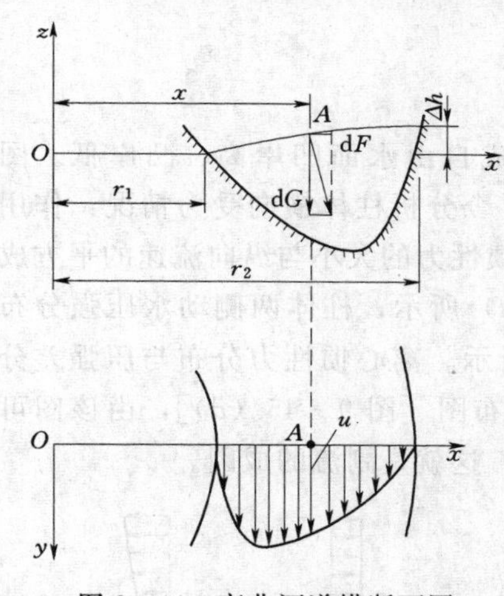

图 9-44　弯曲河道横断面图

研究弯道缓流水流特性主要包括弯道横向自由水面形状、纵向及横向流速分布、变化规律以及能量损失等。现简述如下。

（一）横向自由水面方程及超高估算

图 9-44 为一弯曲河道横断面图，弯道的曲率中心在 O 点，把坐标原点取在该点上，设凸岸曲率半径为 r_1，凹岸曲率半径为 r_2，水面上一质点 A，质量为 $\mathrm{d}m$，它具有纵向流速 u，曲率半径为 x，质点所受重力为 $\mathrm{d}G=\mathrm{d}mg$，方向垂直向下；与此同时质点所受离心惯心力 $\mathrm{d}F=\mathrm{d}mu^2/x$，其方向水平指向凹岸。过 A 点作一直线与水面相切，其直线的斜率 $\frac{\mathrm{d}z}{\mathrm{d}x}$ 恰好等于该水流质点 A 所受的离心惯性力和重力之比 $\mathrm{d}F/\mathrm{d}G$。于是

$$\frac{\mathrm{d}z}{\mathrm{d}x}=\frac{\mathrm{d}m\dfrac{u^2}{x}}{\mathrm{d}mg}=\frac{u^2}{gx} \tag{9-93}$$

式（9-93）化简可改写为

$$\mathrm{d}z=\frac{u^2}{gx}\mathrm{d}x \tag{9-94}$$

由式（9-94）看出，若能找到纵向流速 u 沿横向分布的规律，代入式（9-94），便能得到横向自由水面方程式，但由于弯道水流的复杂性，目前只是极其近似地采用断面平均流速 v 来代替 u，积分式（9-94）得

$$z=\frac{v^2}{g}\lg x+C \tag{9-95}$$

式中：C 为积分常数。

当 $x=r_1$ 时，$z=0$，则

$$C=-\frac{v^2}{g}\lg r_1$$

代入式（9-95）得

$$z=\frac{v^2}{g}\lg\frac{x}{r_1} \tag{9-96}$$

该方程便是横向自由水面的近似方程，其自由水面线近似为对数曲线。横断面超高 Δh 为

$$\Delta h=\frac{v^2}{g}\ln\frac{r_2}{r_1}=\frac{v^2}{g}\ln\frac{r_c+\frac{B}{2}}{r_c-\frac{B}{2}}\approx\frac{Bv^2}{gr_c} \tag{9-97}$$

式中：r_c 为河道中心曲率半径；B 为河道水面宽。

（二）弯道副流的成因

弯道水流由于受到重力和离心惯性力的作用，形成自由水面凹岸高、凸岸低。图9-45为一矩形弯道，在其横断面上任意取一微分柱体，今分析柱体横向受力情况：作用在微分柱体上的横向力有离心惯性力及动水压力。离心惯性力的大小与纵向流速的平方成正比，即 $F\propto u^2$，沿垂线呈抛物线分布，如图 9-45（a）所示；柱体两侧动水压强分布如图 9-45（b）所示，其压强差分布如图 9-45（c）所示。离心惯性力分布与压强差分布两者叠加即可绘出作用于柱体的横向合力沿垂线的分布图［图 9-45（d）］，由该图可以看出合力分布构成一力矩，使水流产生横向旋转运动，这就是副流的成因。

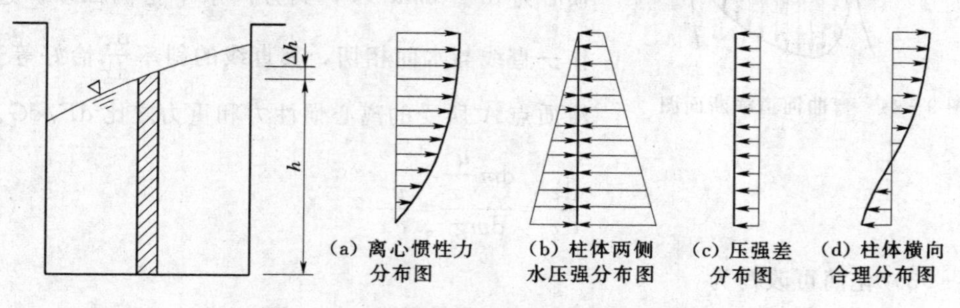

图 9-45　矩形弯道及其中水流受力情况

（三）横向流速分布公式

从上面分析可以看出，弯道水流横向垂线流速分布（图 9-46）显然与纵向垂线流速分布有极密切的关系，下面介绍两个横向流速沿垂线分布公式。

（1）波达波夫公式。采用抛物线型纵向流速分布公式 $u=v_c\left[1-\frac{m}{3C}-\frac{m}{C}(1-\eta)^2\right]$代

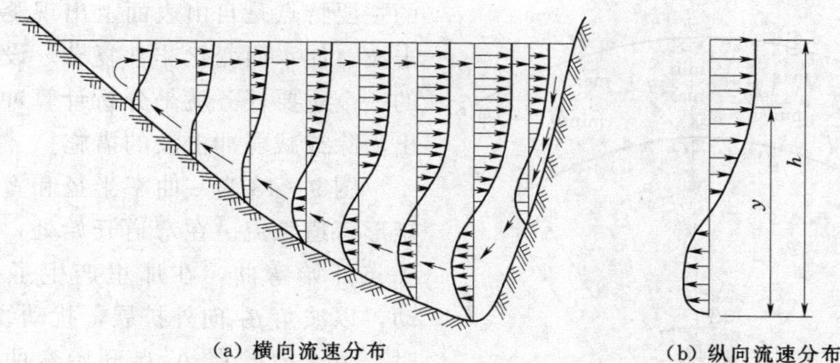

(a) 横向流速分布

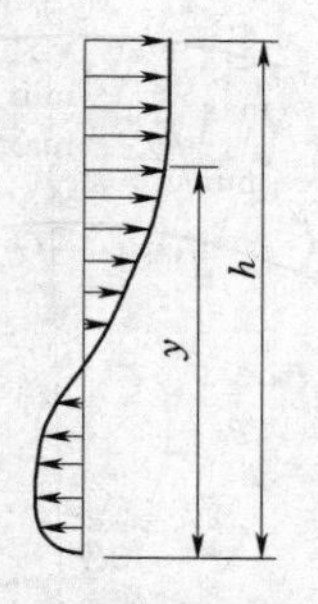

(b) 纵向流速分布

图 9-46　弯道水流流速分布

入弯道水流微分方程式（此处略）中，求得横向垂线流速分布公式为

$$u_{\mathrm{r}}=\frac{1}{3}v_{\mathrm{cp}}\frac{h}{r}\frac{m^2}{g}\left(1-0.067\,\frac{m}{C}\right)\left[(2\eta-\eta^2)^2-\frac{8}{15}\right] \tag{9-98}$$

式中：u_{r} 曲率半径为 r 处相对水深为 η 时对应点的横向流速；v_{cp} 为纵向垂线平均流速；m 为巴森系数，$m=22\sim25$；C 为谢才系数；h 为水深；r 为曲率半径；η 为相对水深，$\eta=y/h$。

（2）罗索夫斯基公式。采用对数型纵向流速分布公式 $u=v_{\mathrm{cp}}\left[\frac{\sqrt{9}}{C}\frac{1}{k}(1+\ln\eta)+1\right]$ 代入弯道水流微分方程（略），求得横向垂线流速分布公式为

$$v_{\mathrm{r}}=\frac{1}{k^2}v_{\mathrm{cp}}\frac{h}{r}\left[F_1(\eta)-\frac{\sqrt{g}}{kC}F^2(\eta)\right] \tag{9-99}$$

式中：k 为卡门常数，对矩形明渠，$k=0.5$；对天然河道，$k=0.25\sim0.42$。$F(\eta)$、$F_2(\eta)$ 为相对水深 η 的函数（图 9-47）。

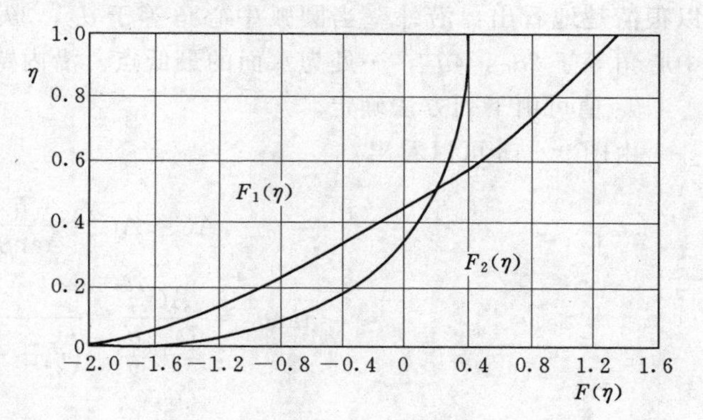

图 9-47　η-$F(\eta)$ 关系曲线

（四）弯道的水头损失

水流流经弯道时，水头损失比同等长度直线明渠要大一些，主要因为弯道水流产生了螺旋流动，在弯道顶点下游靠突岸这边，有时会发生水流分离现象，致使产生漩涡，增大能量损失，弯道水流的局部水头损失可按下面公式计算：

$$h_{\mathrm{j}}=\zeta\frac{v^2}{2g} \tag{9-100}$$

式中：ζ 为局部阻力系数，参见本书第五章。

二、弯道急流

弯道急流与弯道缓流不同。弯道缓流的一个主要特点是具有弯道螺旋流，而弯道急流

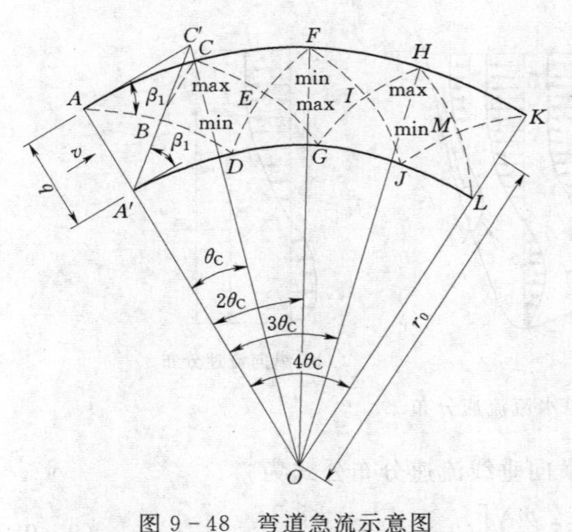

图 9-48　弯道急流示意图

的主要特点是自由表面上出现菱形交叉的冲击波，使水面变化非常复杂。设计急流弯道的一个重要任务就是分析计算冲击波，并提出消除或减弱冲击波的措施。

图 9-48 为一曲率半径和宽度都不变的矩形弯道急流。在弯道开始处，由于外壁在 A 点开始弯曲，在那里产生了一个小的扰动，以波角 β_1 向外扩展，扰动线为 AB。同时，由于内壁在 A'点开始弯曲，也产生了一个初始扰动，其扰动线为 $A'B$。两扰动线在 B 点相交。在 ABA'的上游，水流不受扰动的影响，继续沿着来流方向运动。在 B 点以后，AB、$A'B$ 两扰动线互相影响，不再沿直线而是各自沿曲线 BD 和 BC 传播。在外壁一边因侧壁 AC 阻挡水流（否则水流将沿 A 的切线方向前进），使水面逐渐升高，直至 C 点升至最高点。在 C 点以后，因受内壁负扰动波的影响，外壁水面又开始逐渐降落，至 F 点降至最低点。在内壁一边，因侧壁有离开水流的趋势，水面沿着 $A'D$ 逐渐降低，直至 D 点降至最低。过了 D 点以后，外壁正扰动波开始起影响，水面又逐渐沿程升高，至 G 点升至最高。扰动波就是这样不断地向下游反射、干扰、传播。由图 9-48 可以很清楚地看出：沿外壁当圆弧中心角等于 θ_C，$3\theta_C$，$5\theta_C$，…处为水面的最高点；圆弧中心角等于 $2\theta_C$，$4\theta_C$，…处为水面的最低点。沿内壁则恰好相反。

θ_C 值可由下列方法确定。

由图 9-48 可以看出：

$$AC \approx AC' = \frac{b}{\tan\beta_1}$$

$$\tan\theta_C = \frac{AC'}{r_0 + \dfrac{b}{2}} = \frac{b}{\left(r_0 + \dfrac{b}{2}\right)\tan\beta_1}$$

所以

$$\theta_C = \arctan\frac{b}{\left(r_0 + \dfrac{b}{2}\right)\tan\beta_1} \tag{9-101}$$

式中：b 为渠道宽度；r_0 为渠道中心线的曲率半径；β_1 为初始波角。

弯道中水流做曲线运动时，不仅受重力作用，而且还受离心力作用。由于多了一个离心力的作用，使弯道水流产生凹岸高凸岸低的横向水面，这种横向水面称为弯道平衡水面。

因弯道急流水面波动十分剧烈，水面变化只要作粗略分析，精度就足够了。若水流未进入弯道前的原水面为 AA'，水流进入弯道后，若不考虑侧壁的扰动，因离心力所产生的平衡水面为 BB'，如图 9-49 所示，高出原水面的超高 AB 可近似地用下列方法估算：

假设水流质点的质量为 Δm，则水流质点的重力沿横向坡度的分力为 $\Delta mg\sin\varphi$；若近似地假设水流质点的流速均等于断面的平均流速 v，各质点的曲率半径用平均曲率半径 r_0 来代替，则作用在水流质点上的离心力为 $\frac{\Delta mv^2}{r_0}$。平衡时，该两力在 BB' 上的投影应相等。即

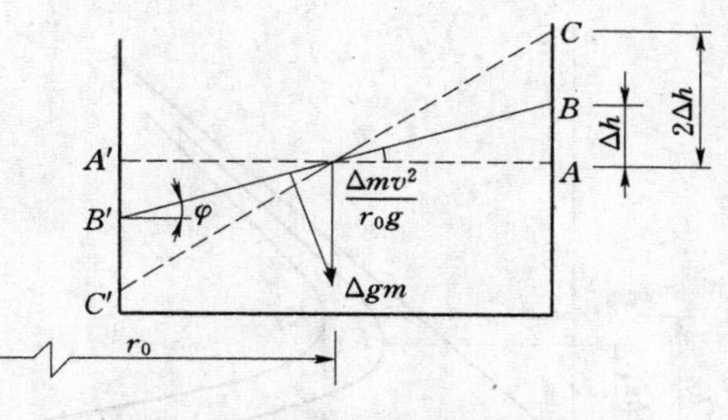

图 9-49　弯道急流的平衡水面

$$\Delta mg\sin\varphi=\frac{\Delta mv^2}{r_0}\cos\varphi$$

可得水面的横向坡度为

$$\tan\varphi=\frac{v^2}{r_0 g} \tag{9-102}$$

又因

$$\tan\varphi=\frac{\Delta h}{\frac{1}{2}b}$$

所以

$$\Delta h=\frac{bv^2}{2r_0 g} \tag{9-103}$$

由此可知：在矩形弯道急流中，若不考虑侧壁扰动时，因离心力作用沿外壁水面高出原水面的超高约为 $\frac{bv^2}{2r_0 g}$。

据克纳普（Knapp）通过分析计算及试验结果均证明：弯道中冲击波的最高点高出原水面恰等于超高的 2 倍，即 $AC=2\Delta h=\frac{bv^2}{r_0 g}$。同样，最低点比原水面低 $\frac{bv^2}{r_0 g}$。

由以上分析可知：弯道急流的扰动波沿侧壁在平衡水面的上下振荡，其振幅为 $\frac{bv^2}{2r_0 g}$，其波长为 $2r_0\theta_C$。

为了冲击波而加高渠道侧壁是不经济的，一般设计急流弯道时要采取消除冲击波的措施。

思　考　题

思 9-1　明渠水流有哪三种流态？是如何定义的？判别标准是什么？

思 9-2　急流、缓流、临界流各有哪些特点？

思 9-3　弗劳德数的物理意义是什么？为什么可以用它来判别明渠水流的流态？

思 9-4　什么是断面比能？它与断面单位重量液体的总能量即水流比能 E 有何区别？

思 9-5　何谓断面比能曲线？比能曲线有哪些特征？

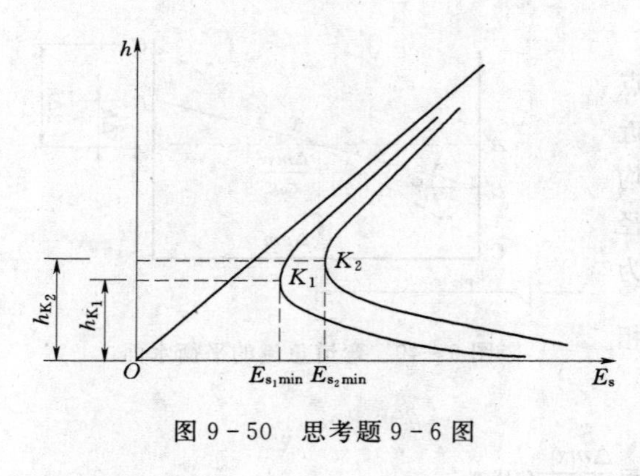

图 9-50　思考题 9-6 图

思 9-6　如图 9-50 所示，若渠道断面形状尺寸一定，只使得流量比原来的流量 Q_1 增大为 Q_2（即 $Q_2>Q_1$），试在同一图上绘出比能曲线，比较哪一个的临界水深大？如果只增大底坡，h_K 又怎样变化？

思 9-7　陡坡、缓坡、临界坡是怎样定义的？如何判别渠道坡度的陡缓？

思 9-8　缓坡渠道只能产生缓流，陡坡渠道只能产生急流，对吗？缓流或急流为均匀流时只能分别在缓坡或陡坡上发生，对吗？

习　题

9-1　一矩形断面渠道底宽 b 为 3m，Q 为 $4.8\mathrm{m^3/s}$，n 为 0.022，i 为 0.0005。试求：

（1）水流作均匀流时微波波速；

（2）水流作均匀流时的弗劳德数；

（3）从不同角度判别明渠水流流态。

9-2　一梯形断面渠道，b 为 8m，m 为 1，n 为 0.014，i 为 0.0015；当流量分别为 $Q_1=8\mathrm{m^3/s}$、$Q_2=16\mathrm{m^3/s}$ 时。求：

（1）用试算法计算流量为 Q_1 时临界水深；

（2）用图解法计算流量为 Q_2 时临界水深；

（3）流量为 Q_1 及 Q_2 时，判别明渠水流做均匀流的流态。

9-3　有一无压圆管，管径 d 为 4m，流量 Q 为 $15.3\mathrm{m^3/s}$ 时，均匀流水深和 h_0 为 3.25m。求：

（1）临界水深；

（2）临界流速；

（3）微波波速；

（4）判别均匀流时流态。

9-4　证明：当断面比能 E_s 以及渠道断面形式 b、尺寸 m 一定时，最大流量相应的水深是临界水深。

9-5　一矩形渠道 b 为 5m，n 为 0.015，i 为 0.003，试计算该明渠在通过流量 $Q=10\mathrm{m^3/s}$ 时的临界底坡，并判别渠道是缓坡或陡坡。

9-6　如图 9-51 所示，试分析并定性绘出图中 3 种底坡变化情况时，上、下游渠道水面线的形式。已知上下游渠道断面形状、尺寸及粗糙系数均相同并为长直棱柱体明渠。

9-7　见图 9-52，上、下游断面形状尺寸与粗糙系数均相同的直线渠道，上游为平底，下游为陡坡。在平底渠道尾部设有平板闸门，已知闸孔开度 e 小于临界水深，闸门至底坡转折处的距离为 L，试问当 L 的大小变化时，闸门下游渠中水面线可能会出现哪些形式？

9－8　图 9－53 为三段底坡不等的直线明渠，各段渠道断面形状、尺寸及粗糙系数相同，上、下游渠道可视为无限长，中间段渠道长度为 l，试分析当中段渠道长度 l 变化时渠中水面变化时水面线可能出现哪些形式？

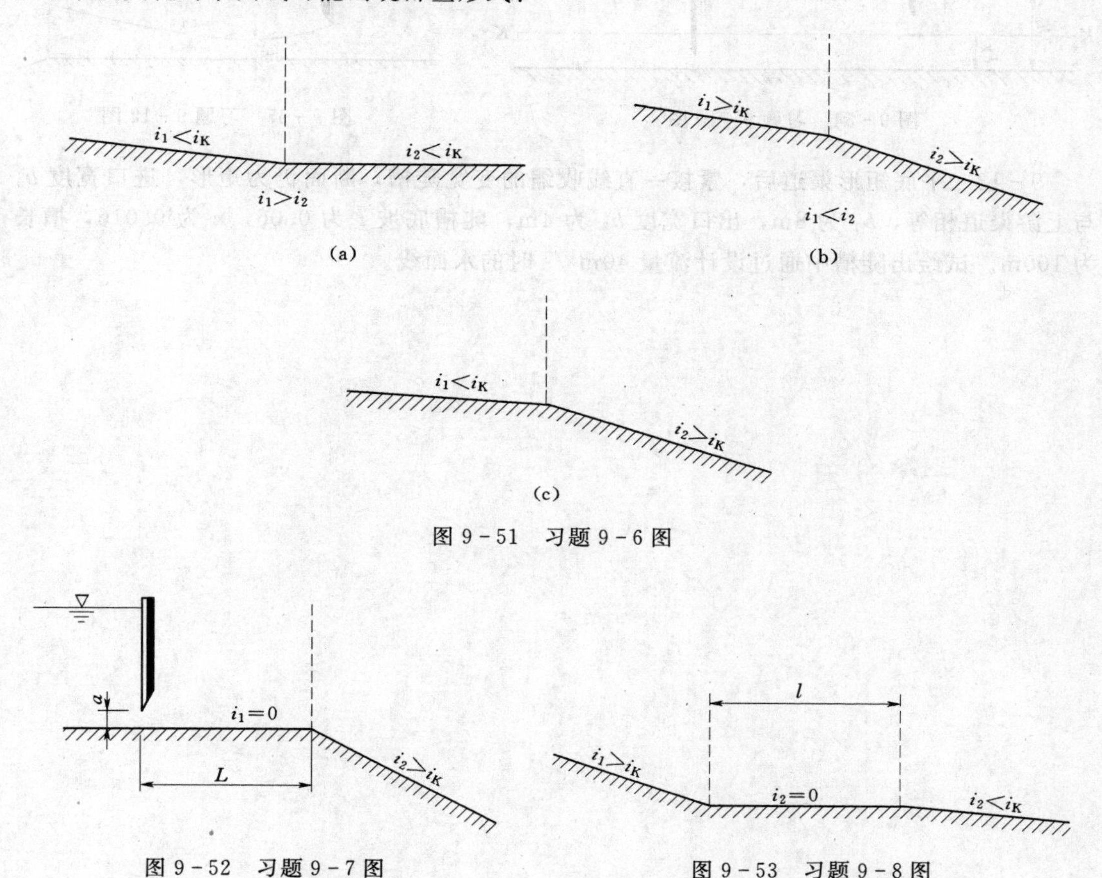

图 9－51　习题 9－6 图

图 9－52　习题 9－7 图

图 9－53　习题 9－8 图

9－9　有一梯形断面渠道，底宽 b 为 6m，边坡系数 m 为 2，底坡 i 为 0.0016，n 为 0.025，当通过流量 Q 为 $10m^3/s$ 时，渠道末端水深 h 为 1.5m，试计算并绘制水面曲线。

9－10　有一长直的棱柱体渠道，设有两平板闸门。当通过某一流量时渠中正常水深为 h_0、临界水深 h_K，各闸门的开度如图 9－54 所示，试绘出各段渠道水面曲线的形式。

9－11　一矩形断面明渠，b 为 8m，n 为 0.025，i 为 0.00075，当通过流量 Q 为 $50m^3/s$ 时，已知渠末断面水深 h_2 为 5.5m，试问上游水深 h_1 为 4.2m 的断面距渠末断面的距离为多少？

9－12　如图 9－55 所示，在矩形平底渠道上，装有控制闸门，闸孔通过流量为 $12.7m^3/s$，收缩断面水深 h_C 为 0.5m，渠宽 b 为 3.5m，n 为 0.012，平底渠道后面接一陡坡渠道，若要求坡度转折处水深为临界水深 h_K，试问收缩断面至坡度转折处之间的距离为多少？

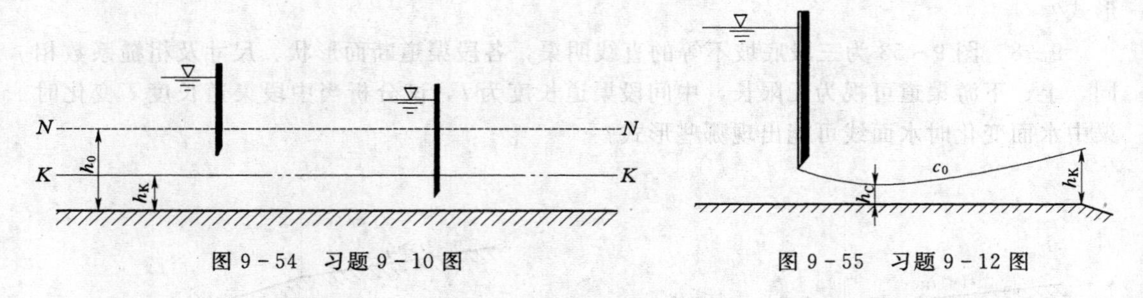

图 9-54　习题 9-10 图　　图 9-55　习题 9-12 图

9-13　平底矩形渠道后，紧接一直线收缩的变宽陡槽，断面仍为矩形，进口宽度 b_1 与上游渠道相等，b_1 为 8m，出口宽度 b_2 为 4m，陡槽底坡 i 为 0.06，n 为 0.016，槽长为 100m。试绘出陡槽中通过设计流量 $40m^3/s$ 时的水面线。

第十章　堰顶溢流、闸孔出流及洞涵过流

【本章导读】 本章重点介绍堰、堰流、堰型分类、闸孔出流及流量系数的基本概念，要求理解堰流基本方程、各种堰型流量公式、实用堰型设计和闸孔出流计算。

第一节　引　　言

在水利工程中，为了控制河渠的水位和流量，常于河渠中修建水闸和溢流坝（简称闸坝）等水工建筑物。这种建筑物使河渠上游水位壅高。当上游水位超过建筑物顶部（如溢流坝顶或水闸坎顶）时，水将从它上面溢流而过，泄至下游，如图 10－1所示。这种从顶部溢流的壅水建筑物称为堰。通过堰顶而具有自由表面的水流称为堰流。

闸坝上常用闸门来控制泄流量，这种用闸门控制水流的泄水建筑物称为闸孔，如图 10－2 所示。通过闸孔的水流称为闸孔出流。

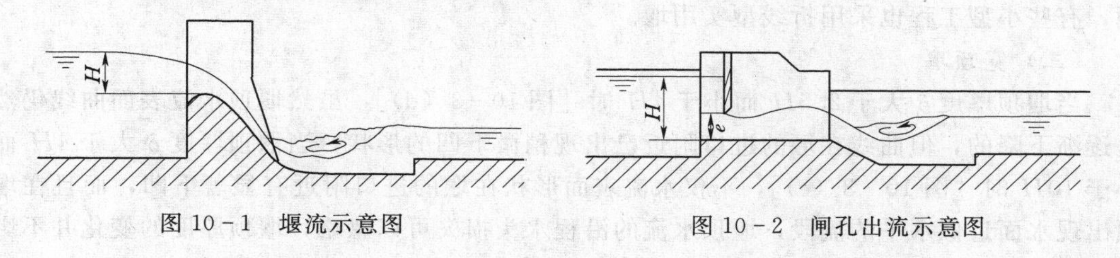

图 10－1　堰流示意图　　　　图 10－2　闸孔出流示意图

隧洞和涵洞是常见的泄水建筑物。其特点是断面具有封闭周界，而且多为圆形或门洞形；过流时可能是有压流（满流），也可能是半有压流和无压流（明流）。水力分析计算的主要内容包括分析流态、计算泄洪能力和设计出口消能等几方面。对于渠槽与道路交叉处的涵洞（管），其水力分析的原理和隧洞是基本相同的。

第二节　堰顶溢流的类型及基本公式

一、堰顶溢流的类型

根据堰顶厚度对过堰水流的影响，可把堰分为薄壁堰、实用堰、宽顶堰 3 种类型。

（一）薄壁堰

当水流行近堰壁时，由于受堰壁阻挡，底部水流向上收缩，水面逐渐下降，使过堰水流形如舌状，称为水舌。当堰顶厚度 δ 很薄时，堰顶水舌的下缘向上弯曲。上游水面与堰顶的高差 H 称为堰上水头。根据实验，从堰顶至水舌下缘的水平距离为 $0.67H$。当堰顶厚度 $\delta<0.67H$ 时［图 10－3（a）］，堰顶厚度的变化不致影响水舌的形状，因而不影响堰的过水能力，这种堰称为薄壁堰。

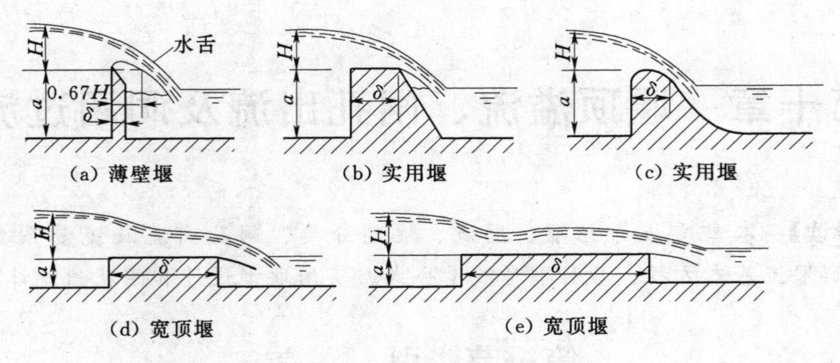

图 10-3 堰的种类

（二）实用堰

当堰顶厚度 δ 大于 $0.67H$ 而小于 $2.5H$ 时［图 10-3（b）］，堰顶水流表面虽然具有如薄壁堰水流表面类似的弯曲形状，但堰顶厚度的变化已经影响水舌的形状，从而也影响堰的过水能力，这种堰称为实用堰。为了使堰顶形状与薄壁堰的水舌下缘形状相吻合，以减小堰顶对水流的阻力和增加堰的过水能力，实用堰的剖面常做成曲线的形式［图 10-3（c）］，因此实用堰有折线型和曲线型两种，工程中多采用曲线型实用堰，为了施工方便，有些小型工程也采用折线型实用堰。

（三）宽顶堰

当堰顶厚度 δ 大于 $2.5H$ 而小于 $4H$ 时［图 10-3（d）］，虽然堰顶水流表面曲线仍然是逐渐下降的，但曲线在堰的进口附近已出现稍微下凹的形状，当堰顶厚度 δ 大于 $4H$ 而小于 $10H$ 时［图 10-3（e）］，不仅水流表面形状在堰的进口附近有显著下凹，而且在堰顶出现水面近似水平的流段，堰顶水流的沿程水头损失可以忽略，堰顶厚度的变化并不影响堰的过水能力，因此，把 δ 大于 $2.5H$ 而小于 $10H$ 的堰称为宽顶堰。

当堰顶厚度 δ 大于 $10H$ 时，堰顶水流的沿程水头损失不能忽略，它对堰的过水能力有明显影响，这已属于明渠的范畴了。由此可知，在计算堰流水头损失时，只需计算局部水头损失，而不必考虑沿程水头损失。

必须指出，上述各种堰的区别方法只是一种大致的标准，并不是非常严格的。另外，对于同一个堰而言，当堰顶水头 H 较大时，可能属于实用堰；当 H 较小时，则可能属于宽顶堰。

实用堰和宽顶堰在工程中应用很广，例如溢洪道的进口和水闸闸坎部分常用实用堰或宽顶堰，对没有底坎的平底水闸，过闸水流受闸墩和边墩（或翼墙）的阻碍和缩窄作用，进口附近发生水面降落，过闸水流表面近似水平，水流特征和宽顶堰水流相似，可按宽顶堰计算。至于薄壁堰，多用于实验室或灌溉渠道中作为量测流量的设备。

工程中常见的闸孔有宽顶堰上的闸孔和实用堰上的闸孔两类。从闸门的型式来分，常见的又有平面闸门下的闸孔和弧形闸门下的闸孔两种。不同型式的闸孔有不同的过水能力。另外，按下游水位是否影响堰孔（堰和闸孔）的过水能力，堰流和闸孔出流有自由出流和淹没出流两种出流情况：当下游水位较低，不影响堰孔的过水能力时为自由出流；当下游水位较高，以致影响堰孔的过水能力时为淹没出流。

二、堰流和闸孔出流的界限

根据工程需要，通过同一闸坝的水流可以是堰流或闸孔出流。当闸门启出水面，不影响闸坝泄流量时为堰流；当闸门未启出水面，以致影响闸坝泄流量时则为闸孔出流。在计算闸坝过水能力时，应先判别属于堰流或孔流，然后进行计算。

堰流和闸孔出流的界限与闸坝的型式、闸门的型式和位置、闸门属于开启或关闭过程等因素有关，要准确地进行判别较为困难，一般采用下列近似判别式来区分堰流和孔流。

（一）宽顶堰式闸坝

$$\left.\begin{aligned}&\frac{e}{H}\geqslant 0.65\text{ 时,为堰流}\\&\frac{e}{H}<0.65\text{ 时,为闸孔出流}\end{aligned}\right\}\tag{10-1}$$

（二）实用堰式闸坝（闸门位于堰顶最高点时）

$$\left.\begin{aligned}&\frac{e}{H}\geqslant 0.75\text{ 时,为堰流}\\&\frac{e}{H}<0.75\text{ 时,为闸孔出流}\end{aligned}\right\}\tag{10-2}$$

以上诸式中，e 为闸门开启高度，H 为堰顶水头，如图 10-1 和图 10-2 所示。

堰闸的一个重要水力计算问题是堰闸过水能力（即流量）问题。本章主要阐述各种堰闸的过水能力计算问题。

三、堰流基本方程

现以薄壁堰为例，导出堰流基本方程。图 10-4 为薄壁堰的自由出流。图 10-4 中 a 为上游堰高，H 为堰上水头。当水流通过堰顶时，因受重力作用，水面在上游距堰壁一段距离内即开始下降，一般应在上游距堰壁大于 $3H$ 的位置量测 H 值，因该处的水面降落已很小，可以忽略。

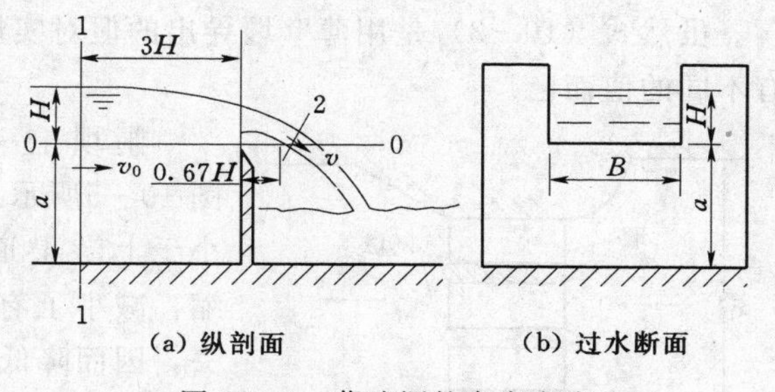

图 10-4 薄壁堰的自由出流

以通过堰顶的水平面 0—0 为基准面，并取渐变断流面 1 和 2，断面 1 为量测水头的断面，断面 2 的中点位于基准面上。对上述两断面列出恒定总流能量方程：

$$z_1+\frac{p_1}{\gamma}+\frac{\alpha_1 v_1^2}{2g}=z_2+\frac{p_2}{\gamma}+\frac{\alpha_2 v_2{}^2}{2g}+h_w$$

式中：$z_1+\dfrac{p_1}{\gamma}=H$；$v_1=v_0$，为堰前行近流速；因断面 2 中点的位置高度 $z_2=0$，且水舌上下表面均与大气相接触，断面 2 上各点的压强近似为 0，则断面 2 的压强 $p_2\approx 0$，因而该断面各点的单位势能平均值 $z_2+\dfrac{p_2}{\gamma}\approx 0$。令断面 2 平均流速 $v_2=v$，动能修正系数 $\alpha_1=\alpha_0$，$\alpha_2=\alpha$；对于堰流，只考虑局部水头损失，则 $h_w=h_j=\zeta\dfrac{v^2}{2g}$，$\zeta$ 为薄壁堰局部水头损失系数。将以上各值代入能量方程得

$$H+\frac{\alpha_0 v_0^2}{2g}=\frac{\alpha v^2}{2g}+\zeta\frac{v^2}{2g}$$

令 $H_0=H+\frac{\alpha_0 v_0^2}{2g}$，为堰上总水头，代入上式，整理得

$$v=\frac{1}{\sqrt{\alpha+\zeta}}\sqrt{2gH_0}$$

设堰的溢流宽度为 B，断面 2 的厚度为 kH_0（k 为与水舌垂向收缩程度有关的系数），则通过薄壁堰的流量：

$$Q=Av=kH_0Bv=\frac{k}{\sqrt{\alpha+\zeta}}B\sqrt{2g}H_0^{3/2}$$

或
$$Q=mB\sqrt{2g}H_0^{3/2} \tag{10-3}$$

式（10-3）为无侧收缩薄壁堰的自由出流流量公式。

式中

$$m=\frac{k}{\sqrt{\alpha+\zeta}}$$

为薄壁堰流量系数，它与水舌垂向收缩程度、水舌断面的流速分布和薄壁堰的水头损失等因素有关，一般由试验确定。

虽然式（10-3）是用薄壁堰导出的但对实用堰和宽顶堰仍然适用，只是流量系数 m 有不同的值而已。

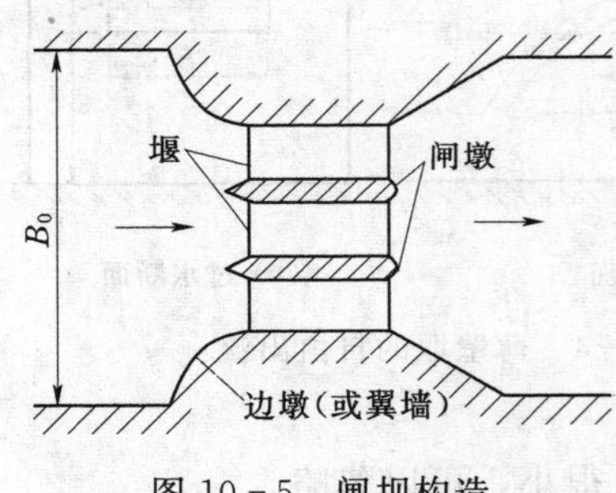

图 10-5　闸坝构造

闸坝上一般都设有闸墩和边墩（或翼墙），如图 10-5所示。闸墩和边墩的存在，使堰的溢流宽度 B 小于上游渠道槽宽度 B_0，并使过堰水流发生侧向收缩，减小了有效溢流宽度，增大了水流阻力和水头损失，因而降低了堰的过水能力。

另外，当堰的下游水位升高到某一高度而使堰的溢流量减小时，即为堰的淹没出流。

对有侧收缩淹没出流的堰，其流量可用式（10-4）计算：

$$Q=\sigma\varepsilon mB\sqrt{2g}H_0^{3/2} \tag{10-4}$$

式中：ε 为考虑侧收缩影响的系数，称为堰的侧收缩系数；σ 为考虑下游水位淹没影响的系数，称为堰的淹没系数。其他符号同前。ε 与 σ 均小于 1，具体数值应由试验确定。

式（10-4）称为堰流基本方程，它包括了影响堰流流量的各种因素，是计算堰流流量的通用公式。当堰无侧向收缩时，取 $\varepsilon=1$；当堰为自由出流时，取 $\sigma=1$。各种堰的系数 ε、σ、m 的确定方法将在下面各节详细介绍。

第三节　薄壁堰溢流

按堰口形状的不同，薄壁堰又分为矩形薄壁堰、三角形薄壁堰、梯形薄壁堰等。三角

形薄壁堰多用于量测较小的流量，矩形和梯形薄壁堰则用于量测较大的流量。

一、矩形薄壁堰

矩形薄壁堰的自由出流如图 10-4 所示，对于无侧收缩的矩形薄壁堰的流量，为了计算简便，常将式（10-3）改写为式（10-5）进行计算：

$$Q=m_0 B\sqrt{2g}H^{3/2} \tag{10-5}$$

式中：H 为堰上水头；m_0 为包含行近流速影响在内的薄壁堰流量系数。

矩形薄壁堰的流量系数 m_0 可用雷伯克（T. Rehbock）的经验公式计算：

$$m_0=0.4034+0.0534\frac{H}{a}+\frac{1}{1610H-4.5} \tag{10-6}$$

式中：H 为堰上水头，m；a 为上游堰高，m。

式（10-6）的适用条件为：$H\geqslant0.025\text{m}$；$H/a\leqslant2$。

在应用式（10-5）计算矩形薄壁堰自由出流的流量时，应保证薄壁堰水舌下面为大气压强。一般应装设通气管使与大气相通，否则会因水舌下的部分空气被水带走而出现负压，使水舌上下摆动，形成不稳定溢流，从而影响溢流量的稳定。

有侧向收缩的矩形薄壁堰的流量仍用式（10-5）计算，但流量系数 m_0 可按板谷手岛的经验公式计算：

$$m_0=0.4032+\frac{0.00666}{H}+0.0535\frac{H}{a}-0.0967\sqrt{\frac{(B_0-B)H}{B_0 a}}+0.00768\sqrt{\frac{B_0}{a}} \tag{10-7}$$

式中：H 为堰上水头，m；a 为上游堰高，m；B 为堰宽，m；B_0 为渠宽，m。

式（10-7）的适用条件为：$B_0=0.5\sim6.3\text{m}$；$B=0.15\sim5.0\text{m}$；$H=0.03\sim0.45\text{m}$；$\frac{Ba}{B_0^2}\geqslant0.06$。

为了说明薄壁堰发生淹没出流的条件，先介绍水跃的几种形式。

图 10-6 为不同下游水位时通过薄壁堰的水流情况。水流通过堰顶后，水股下跌，水流的部分势能转化为动能，流速增大，水深减小，至收缩断面（水深最小断面）c 处水深

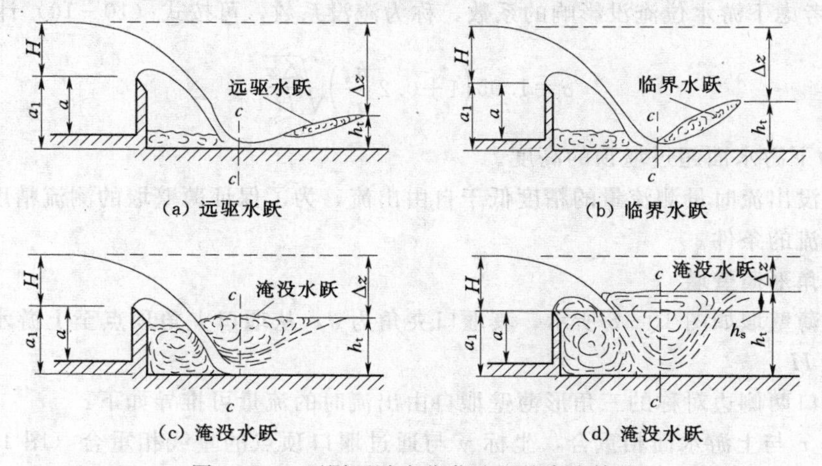

(a) 远驱水跃　(b) 临界水跃

(c) 淹没水跃　(d) 淹没水跃

图 10-6　不同下游水位薄壁堰的水流情况

最小，流速最大。收缩断面水深 h_c 一般小于临界水深 h_k，水流为急流。在收缩断面下游形成壅水曲线。因下游渠道的底坡较缓，流速较小，水深较大，水流为缓流。水流从急流过渡到缓流时必发生水跃，此时下游水深 h_t 即为水跃跃后水深。当 h_t 较小时，它要求较大的跃前水深，此时水跃将在收缩断面的下游发生，这种水跃称为远驱水跃［图 10－6 (a)］；当 h_t 增大时，它要求的跃前水深减小，水跃即向上游方向移动，当 h_t 增大到某一数值，使水跃恰好在收缩断面发生时，这种水跃称为临界水跃［图 10－6 (b)］；如 h_t 再增大，水跃继续向上游移动，以致收缩断面被水跃漩滚所淹没，这种水跃称为淹没水跃［图 10－6 (c) 和图 10－6 (d)］。可见随下游水深的不同，可在建筑物下游发生远驱水跃、临界水跃和淹没水跃等 3 种不同形式的水跃。

试验表明，当下游发生远驱水跃和临界水跃时，下游水位不影响堰的泄流量，当下游发生淹没水跃，但下游水位尚未超过堰顶时［图 10－6 (c)］，下游水位仍不影响堰的泄流量；当下游发生淹没水跃，且下游水位已超过堰顶时［图 10－6 (d)］，下游水位将影响堰的泄流量。因此，薄壁堰发生淹没出流的条件有：①下游水位超过堰顶；②下游发生淹没水跃。

根据试验，矩形薄壁堰下游发生淹没水跃的条件为

$$\frac{\Delta z}{a_1}<\left(\frac{\Delta z}{a_1}\right)_k \tag{10-8}$$

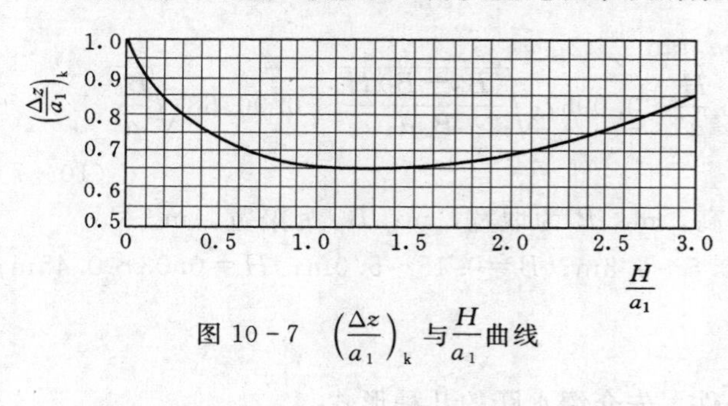

图 10－7 $\left(\frac{\Delta z}{a_1}\right)_k$ 与 $\frac{H}{a_1}$ 曲线

式中：Δz 为堰的上下游水位差；a_1 为下游堰高；$\left(\frac{\Delta z}{a_1}\right)_k$ 为 $\frac{\Delta z}{a_1}$ 的临界值，可按比值 $\frac{H}{a_1}$ 由图 10－7 查得。

矩形薄壁堰淹没出流的流量可按式 (10－9) 计算：

$$Q=\sigma m_0 B\sqrt{2g}H^{3/2} \tag{10-9}$$

式中：σ 为考虑下游水位淹没影响的系数，称为淹没系数，可按式 (10－10) 计算：

$$\sigma=1.05\left(1+0.2\frac{h_s}{a_1}\right)\sqrt[3]{\frac{\Delta z}{H}} \tag{10-10}$$

式中：h_s 为下游水面超过堰顶的高度。

由于淹没出流时量测流量的精度低于自由出流，为了保证薄壁堰的测流精度，应尽量满足自由出流的条件。

二、三角形薄壁堰

三角形薄壁堰如图 10－8 所示，其堰口夹角为 θ，从堰口夹角顶点至上游水面的高度为堰上水头 H。

对于堰口两侧边对称的三角形薄壁堰自由出流时的流量可推导如下：

取坐标 x 与上游水面相重合，坐标 y 与通过堰口顶点的垂线相重合（图 10－8）。取任一微小宽度 dx，通过 dx 宽度的流量 dQ 可近似用矩形薄壁堰流量公式计算：

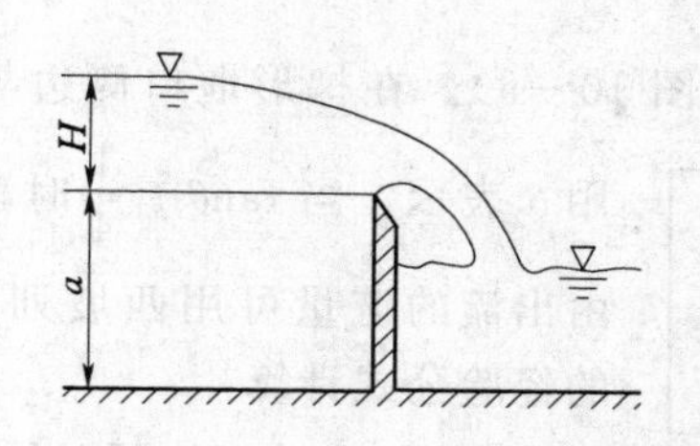

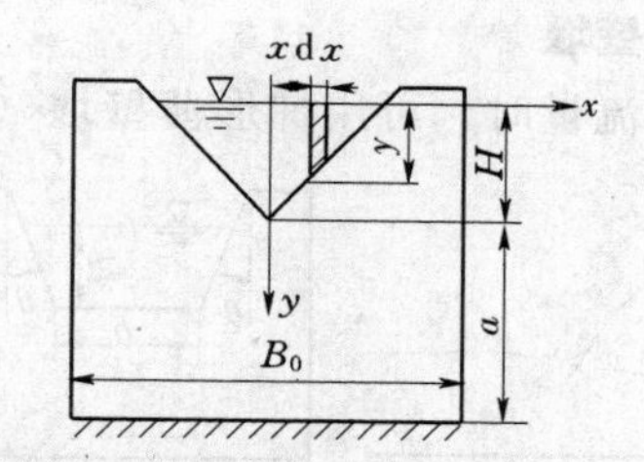

图 10-8　三角形薄壁堰示意图

$$dQ=m_0 dx\sqrt{2g}\,y^{3/2}$$

式中：y 为 dx 处的水头。

由图 10-8 可知：

$$x=(H-y)\tan\frac{\theta}{2}$$

则 $dx=-\tan\frac{\theta}{2}dy$，代入上式得

$$dQ=-m_0\tan\frac{\theta}{2}\sqrt{2g}\,y^{3/2}dy$$

近似取 m_0 为常数，将上式积分并乘以 2，可得三角形薄壁堰流量：

$$Q=-2m_0\tan\frac{\theta}{2}\sqrt{2g}\int_H^0 y^{3/2}dy=\frac{4}{5}m_0\tan\frac{\theta}{2}\sqrt{2g}\,H^{2.5}$$

或

$$Q=CH^{2.5} \tag{10-11}$$

式中：系数 $C=\frac{4}{5}m_0\tan\frac{\theta}{2}\sqrt{2g}$。

实用上堰口夹角 θ 常用 90°。当 $\theta=90°$时，由汤普森（Thompson）试验得

$$C=1.4 \tag{10-12}$$

式（10-12）的适用条件为：$H=0.05\sim0.25$m；堰高 $a\geqslant2H$；渠宽 $B_0\geqslant(3\sim4)H$。

由沼知—黑川—渊泽试验得

$$C=1.354+\frac{0.004}{H}+\left(0.14+\frac{0.2}{\sqrt{a}}\right)\left(\frac{H}{B_0}-0.09\right)^2 \tag{10-13}$$

式（10-13）的适用条件为：$0.5\text{m}\leqslant B_0\leqslant1.2\text{m}$；$0.1\text{m}\leqslant a\leqslant0.75\text{m}$；$0.07\text{m}\leqslant H\leqslant0.26\text{m}$，且 $H\leqslant\frac{B_0}{3}$。

应用式（10-11）～式（10-13）时，H、a、B_0 均以 m 计，Q 以 m^3/s 计。

三角形薄壁堰常用于水力实验室量测较小的流量。由于三角形薄壁堰在小水头时堰口水面宽度小，流量的微小变化将引起水头的显著变化，因此在量测小流量时精度较高。

为了使三角形薄壁堰能准确地量测流量，应保证堰流为自由出流，即应保证下游水面在堰口夹角顶点之下。

三、梯形薄壁堰

在量测较大流量时，可用梯形薄壁堰（图 10-9）。在梯形堰口侧边与铅垂线的夹角用 θ 表示。当 $\tan\theta=\frac{1}{4}$ 时，梯形薄壁堰自由出流的流量可用西坡列梯（Cippoletti）的经验公式计算：

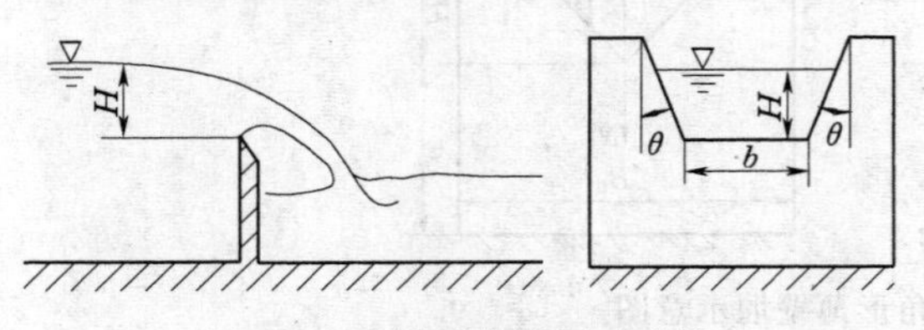

图 10-9 梯形薄壁堰示意图

$$Q=1.856bH^{3/2} \tag{10-14}$$

式中：H 为堰上水头，m；b 为梯形堰口的底宽，m。

式（10-14）的适用条件为 $b\geqslant 3H$。为保证堰流为自由出流，下游水面应在堰口底边之下。

【例 10-1】 有一矩形无侧收缩薄壁堰，已知堰宽 $B=0.5\text{m}$，上、下游堰高 $a=a_1=0.5\text{m}$，堰上水头 $H=0.2\text{m}$。求下游水深分别为 $h_t=0.4\text{m}$ 及 $h_t=0.6\text{m}$ 时通过薄壁堰的流量。

解 （1）求 $h_t=0.4\text{m}$ 时的流量。

因 $h_t<a_1$，下游水面低于堰顶，故为自由出流。

按式（10-6）求流量系数：

$$m_0=0.4034+0.0534\frac{H}{a}+\frac{1}{1610H-4.5}$$

$$=0.4034+0.0534\times\frac{0.2}{0.5}+\frac{1}{1610\times 0.2-4.5}$$

$$=0.4279$$

按式（10-5）求流量：

$$Q=m_0B\sqrt{2g}H^{3/2}=0.4279\times 0.5\sqrt{2\times 9.8}\times 0.2^{3/2}=0.0847(\text{m}^3/\text{s})$$

（2）求 $h_t=0.6\text{m}$ 时的流量。

因 $h_t>a_1$，下游水面高于堰顶，又上下游水位差：

$$\Delta z=a+H-h_t=0.5+0.2-0.6=0.1(\text{m})$$

$$\frac{\Delta z}{a_1}=\frac{0.1}{0.5}=0.2$$

$$\frac{H}{a_1}=\frac{0.2}{0.5}=0.4$$

根据 $\frac{H}{a_1}$，由图 10-7 查得 $\left(\frac{\Delta z}{a_1}\right)_k=0.76>\frac{\Delta z}{a_1}$。因满足薄壁堰淹没出流的两个条件，故为淹没出流。

薄壁堰淹没系数按式（10-10）计算：

$$\sigma=1.05\left(1+0.2\frac{h_s}{a_1}\right)\sqrt[3]{\frac{\Delta z}{H}}=1.05\times\left(1+0.2\times\frac{0.1}{0.5}\right)\times\sqrt[3]{\frac{0.1}{0.2}}=0.867$$

按式（10－9）求流量：

$$Q=\sigma m_0 B\sqrt{2g}H^{3/2}=0.867\times0.4279\times0.5\times\sqrt{2\times9.8}\times0.2^{3/2}=0.0734(\mathrm{m^3/s})$$

第四节　实 用 堰 溢 流

工程中多采用曲线型实用堰。下面主要讲述曲线型实用堰，并对折线型实用堰作简略介绍。

一、曲线型实用堰

（一）剖面形状

确定曲线型实用堰剖面的方法，一般是在一定的设计水头（又称定型水头）下，使它的轮廓和相应水头的薄壁堰水舌下缘的形状相吻合，并通过试验来修改轮廓线，使堰顶附近的动水压强接近于零而不出现负值（真空），这种堰称为非真空堰。按这种方法确定的实用堰剖面具有在非真空条件下的最大的过水能力，因而从能量转化观点来看，如果实用堰的轮廓插入薄壁堰水舌过多［图 10－10（a）］，则堰面压力较大，由上游水流的势能所转化的动能则较小，即流速较小，因而流量也较小，同时堰面对水流的阻力较大，亦使流量减小。如果堰的轮廓与薄壁堰水舌脱离，则脱离部分的空气将不断被流水带走而在堰面出现真空［图 10－10（b）］，这种堰称为真空堰。堰面出现的真空现象是不稳定的，可能是堰面受到正负压力的交替作用。如果真空值过大，则堰面可能发生气蚀而遭破坏，因此工程中的堰多采用非真空堰。尽管真空堰存在上述缺点，但因堰面出现负压，势能减小，过堰水流的动能和流速增大，流量也相应增大。因此，真空堰有过水能力较大的优点。

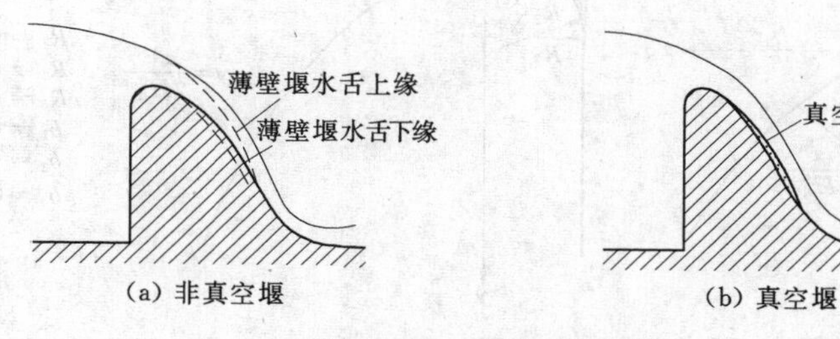

图 10－10　实用堰示意图

上述确定非真空实用堰剖面形状的方法是对一定的设计水头 H_d 而言的。当实际水头超过设计水头时，水舌抛射距离增大，水舌下缘将与堰面脱离，堰面仍将发生真空，因此应选择适当的水头值作为设计水头。根据我国多年来的工程实践经验，认为当水库水位为最高洪水位（校核洪水位）时堰面允许最大真空值为 3～5m。在工程设计中，一般可选用 $H_d=(0.75\sim0.95)H_{max}$，$H_{max}$ 为相应于最高洪水位的堰上最大水头，这样可以保证在等于或小于 H_d 的大部分水头时堰面不会出现真空。当水头大于 H_d 时，堰面上将出现真空，但因这种水头出现的机会少，堰面出现暂时的在允许范围内的真空值是可以的。

曲线型实用堰的剖面形式很多，其轮廓线可用坐标或方程来确定。国内外多采用美国陆军工程兵团水道试验站的实用堰剖面，简称 WES（Waterways Experiment Station）剖面。因为该剖面与其他形式的剖面相比，在过水能力、堰面压强分布和节省材料等方面都稍为优越一些。

WES 剖面如图 10－11 所示，其堰顶上游部分曲线用两段圆弧连接，其堰顶下游部分曲线用式（10－15）表示：

$$y=\frac{x^{n}}{kH_{d}^{n-1}} \tag{10－15}$$

式中：H_d 为设计水头。对不同的上游堰面坡度（竖横比），式（10－15）中的系数 k、指数 n 及图 10－11中的 R_1、R_2、b_1、b_2 等值可从表 10－1 查得。

表 10－1　　WES 堰特征值表

上游堰面坡度	k	n	R_1	R_2	b_1	b_2
垂直	2.000	1.850	$0.5H_d$	$0.2H_d$	$0.175H_d$	$0.282H_d$
3∶1	1.936	1.836	$0.68H_d$	$0.21H_d$	$0.139H_d$	$0.237H_d$
1.5∶1	1.939	1.810	$0.48H_d$	$0.22H_d$	$0.115H_d$	$0.214H_d$
1∶1	1.873	1.776	$0.45H_d$	0	$0.119H_d$	0

对于上游面为铅直的 WES 型实用堰，美国陆军工程兵团于 1970 年将原堰顶上游用三段圆弧连接的曲线代替两段圆弧连接的曲线，以便与上游面平顺地连接（图 10－12），从而改善了堰面压力条件和增大了水头。

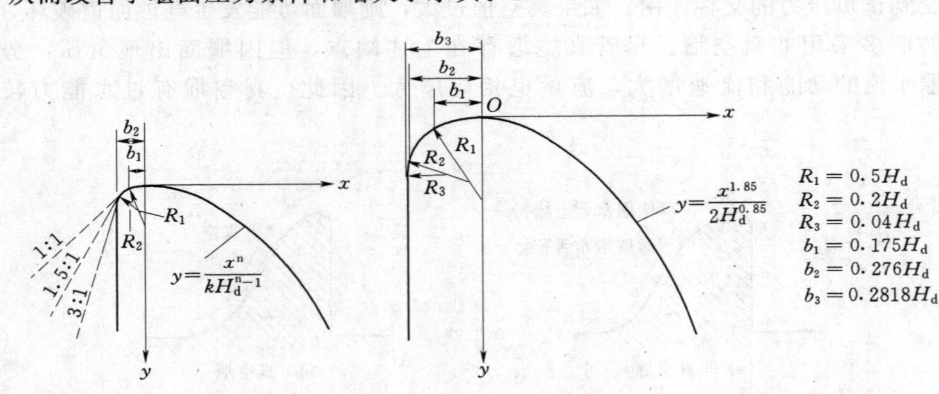

图 10－11　WES 型剖面　　　图 10－12　WES 型实用堰示意图

除了 WES 剖面堰外，还有苏联的克里格（Creager）-奥菲采洛夫剖面（简称克-奥剖面）和我国的长研Ⅰ型剖面、极值溢流剖面、综合剖面、驼峰型剖面堰等。

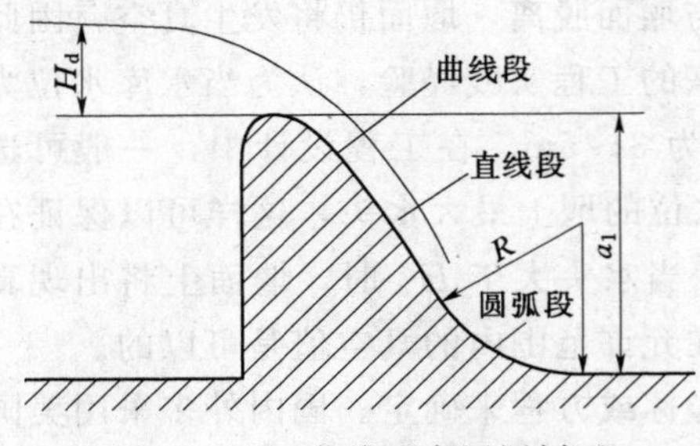

图 10－13　曲线型实用堰剖面

曲线型实用堰剖面的下部可与一倾斜直线相连接，斜直线下端可用圆弧与下游河床相连接，以便水流平顺地流入河床，如图 10－13 所示。斜直线的坡度由堰的稳定和强度要求而定，一般取 1∶0.65～1∶0.75。圆弧半径 R 可根据下游堰高 a_1 和设计水头 H_d 由表 10－2 查得。

当 $a_1<10$m 时，可采用 $R=0.5a_1$；当 $H_d>9$m 时，R 可近似用下式计算：

$$R=H_d+\frac{a_1}{4}$$

表 10-2　　曲线型实用堰的圆弧半径 R 值　　单位：m

a_1	H_d								
	1	2	3	4	5	6	7	8	9
10	3.0	4.2	5.4	6.5	7.5	8.5	9.6	10.6	11.6
20	4.0	6.0	7.8	8.9	10.0	11.0	12.2	13.3	14.3
30	4.5	7.5	9.7	11.0	12.4	13.5	14.7	15.8	16.8
40	4.7	8.4	11.0	13.0	14.5	15.8	17.0	18.0	19.0
50	4.8	8.8	12.2	14.5	16.5	18.0	19.2	20.3	21.3
60	4.9	8.9	13.0	15.5	18.0	20.0	21.2	22.2	23.2

（二）流量系数

曲线型实用堰的流量可用式（10-4）计算：

$$Q=\sigma\varepsilon mB\sqrt{2g}H_0^{3/2}$$

下面介绍曲线型实用堰流量系数 m 的影响因素和确定方法。

当堰的水头 H 等于设计水头 H_d 时，相应的流量系数为堰的设计流量系数 m_d。对于 WES 剖面，$m_d=0.502$。

在堰的运用过程中，H 常不等于 H_d，此时堰的轮廓和相应水头下的薄壁堰水舌下缘形状不吻合，堰的过水能力和流量系数亦随之变化。当 $H<H_d$ 时，水舌抛射距离减小，使堰面压力增大，过水能力减小，$m<m_d$；当 $H>H_d$ 时，水舌抛射距离增大，水舌下缘和堰面脱离，使堰面出现真空，过水能力增大，$m>m_d$。

过堰水流因受堰壁阻挡而发生垂向收缩。当水头 H 一定时，上游堰高 a 不同，收缩程度和堰的过水能力也不同。当 a 达到一定数值时，水流的收缩已达到充分的程度，如 a 值更大，收缩程度和堰的过水能力将保持不变。据研究，当 $\frac{a}{H}\geqslant1.33$ 时，称为高堰，收缩程度即保持不变。因此，当 $\frac{a}{H}<1.33$ 时，应考虑上游堰高对流量系数的影响。此外，当堰的上游面为倾斜时，其倾角的大小也影响堰的流量系数。

对于堰顶上游具有两段圆弧曲线 WES 剖面（图 10-11），其流量系数可按式（10-16）计算：

$$m=k_1k_2m_d \tag{10-16}$$

式中：k_1 为考虑水头和堰高的变化对流量影响的系数，可按比值 $\frac{H_0}{H_d}$（H_0 为堰上总水头）和 $\frac{a}{H_d}$ 由图 10-14（a）查得；k_2 为考虑上游堰高坡度对流量影响的系数，可按上游堰面坡度和 $\frac{a}{H_d}$ 由图 10-14（b）查得（堰的上游面为铅直时，$k_2=1$）。

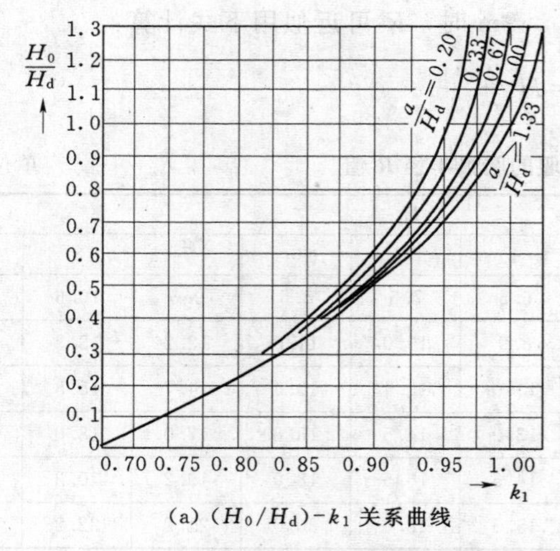

(a) $(H_0/H_d)-k_1$ 关系曲线

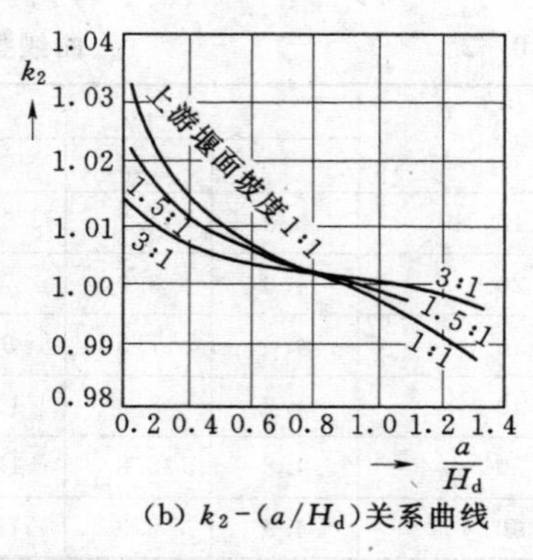

(b) $k_2-(a/H_d)$关系曲线

图 10-14 WES曲线剖面流量系数取值图

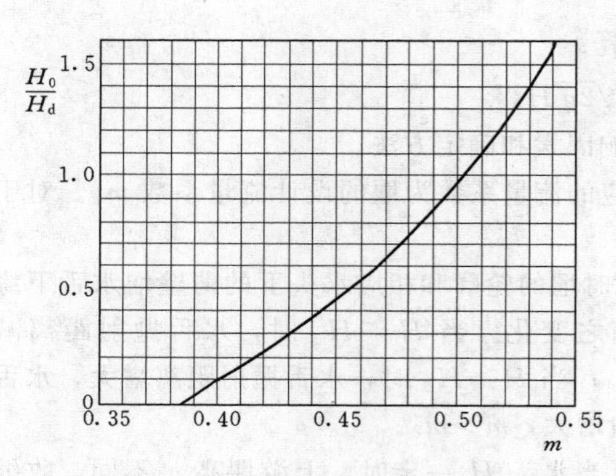

图 10-15 $(H_0/H_d)-m$ 关系曲线

对于堰顶上游为三段圆弧曲线的WES剖面（图10-12），当$\frac{a}{H}\geqslant1.33$时，其流量系数可根据$\frac{H_0}{H_d}$由图10-15查得。

当$H<H_d$时，曲线形非真空实用堰的流量系数m随水头H而变化的范围为0.385～0.502。

（三）侧收缩系数

一般溢流坝都有边墩，多孔溢流坝还设有闸墩，边墩和闸墩将使水流在平面上发生收缩，减小了有效过水宽度，增大了局部水头损失，因而，降低了过水能力。侧收缩系数就是用来考虑边墩及闸墩对过水能力的影响。

曲线型实用堰的侧收缩系数ε与闸墩及边墩的平面形状、溢流孔数、堰上总水头、堰的溢流宽度以及下游水位等因素有关，可按下面经验公式计算：

$$\varepsilon=1-0.2[(n-1)\times\xi_0+\xi_k]\frac{H_0}{nb} \tag{10-17}$$

式中：n为溢流孔数；b为每孔宽度；ξ_0为闸墩系数；ξ_k为边墩系数。

ξ_0和ξ_k值可按闸墩和边墩头部的平面形状分别由表10-3和表10-4查得。应用式（10-17)时，如果$\frac{H_0}{b}>1$，应按$\frac{H_0}{b}=1$代入式中计算。

（四）淹没条件及淹没系数

当下游水位上升到某一高度，对过堰水流起顶托作用，使实用堰过水能力减小时，称为实用堰淹没出流，如图10-16所示。

根据 WES 实用堰的试验，保证实用堰为自由出流的条件为：① $\frac{a_1}{H_0} \geqslant 2$；② $\frac{h_s}{H_0} \leqslant 0.15$。$a_1$ 为下游堰高，h_s 为下游水面超过堰顶的高度。当上述两个自由出流条件不能完全满足时，为实用堰淹没出流。

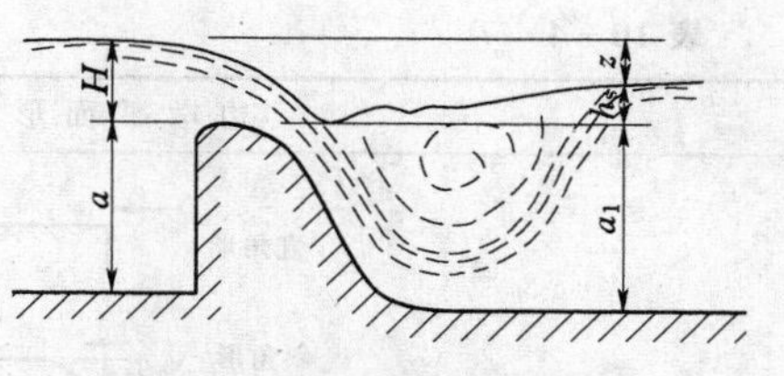

图 10-16　实用堰淹没出流示意图

曲线型实用堰的淹没系数 σ 可根据 $\frac{a_1}{H_0}$ 及 $\frac{h_s}{H_0}$ 由图 10-17 查得。图中 $\sigma=1.0$ 的曲线右下方的区域即为自由出流区。

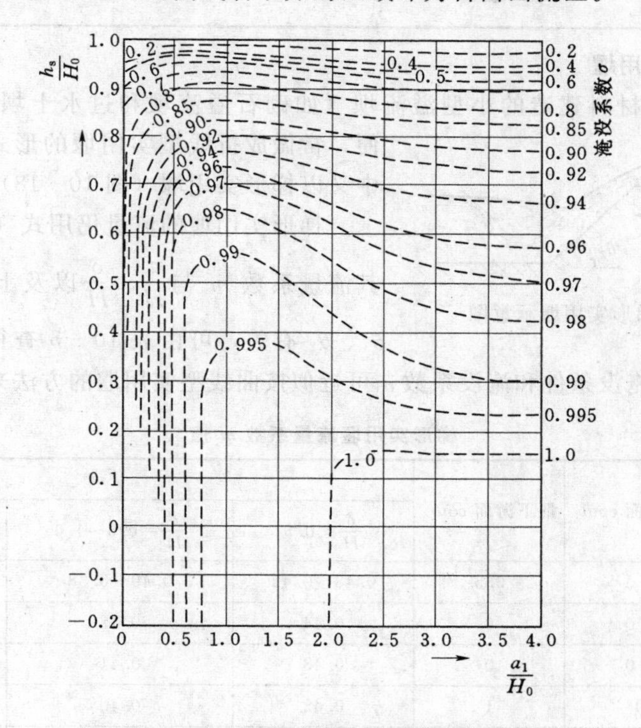

图 10-17　实用堰淹没系数影响因素

表 10-3　　闸墩系数 ξ_0 值

闸墩头部平面形状	$h_s/H_0 \leqslant 0.75$	$h_s/H_0=0.80$	$h_s/H_0=0.85$	$h_s/H_0=0.90$	$h_s/H_0=0.95$	附注
矩形	0.80	0.86	0.92	0.98	1.00	h_s 为下游水面超过堰顶的高度
尖角形 $\theta=90°$ 半圆形 $r=\frac{d}{2}$	0.45	0.51	0.63	0.63	0.69	
尖圆形 $1.21d$，$r=1.71d$	0.25	0.32	0.39	0.46	0.53	

表 10-4　　　　　　　　　　　**边墩系数 ξ_k 值**

边墩平面形状	ξ_k
直角形	1.00
斜角形（八字形）45°	0.70
圆弧形	0.70

二、折线型实用堰

有些利用当地材料建造的小型溢流坝（如砌石溢流坝和过水土坝等），为了施工方便，常做成折线型实用堰的形式。折线型实用堰中又以梯形实用堰（图 10-18）用得较多。

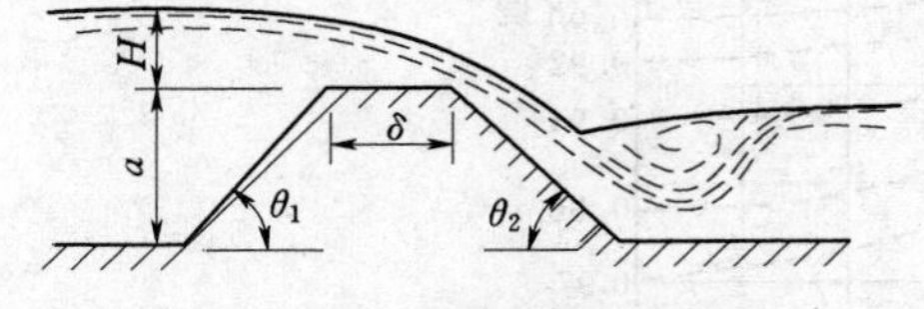

图 10-18　梯形实用堰示意图

梯形实用堰的流量仍用式（10-4）计算，但其流量系数 m 与 $\frac{a}{H}$、$\frac{\delta}{H}$ 以及上下游堰面的倾角 θ_1、θ_2 有关，可由表 10-5 查得。折线型实用堰的侧收缩系数 ε、淹没条件和淹没系数 σ 可近似按曲线型实用堰的方法来确定。

表 10-5　　　　　　　　　　**梯形实用堰流量系数 m 值**

$\frac{a}{H}$	堰上游面 $\cot\theta_1$	堰下游面 $\cot\theta_2$	m		
			$\frac{\delta}{H}<0.5$	$\frac{\delta}{H}=0.5\sim1.0$	$\frac{\delta}{H}=1.0\sim2.0$
3～5	0.5	0.5	0.43～0.42	0.40～0.38	0.36～0.35
	1.0	0	0.44	0.42	0.40
	2.0	0	0.43	0.41	0.39
2～3	0	1	0.42	0.40	0.38
	0	2	0.40	0.38	0.36
	3	0	0.42	0.40	0.38
	4	0	0.41	0.39	0.37
	5	0	0.40	0.38	0.36
1～2	10	0	0.38	0.36	0.35
	0	3	0.39	0.37	0.35
	0	5	0.37	0.35	0.34
	0	10	0.35	0.34	0.33

计算实用堰的流量 Q 或已知流量求堰宽时，应先判别属于自由出流还是淹没出流，然后用式（10-4）计算。当流量为已知，需求 H 及堰高 a 时，由于无法首先判别出流情况，可先假定为自由出流，求出水头及堰高后，再对出流情况进行校核。具体方法见[例 10-2]。

【例 10－2】 某水利枢纽的溢流坝（图 10－19）采用 WES 型实用堰剖面，闸墩墩头为半圆形，边墩为圆弧形。坝的设计流量 $Q=5500m^3/s$，相应到上、下游设计水位分别为 55.0m、39.2m。坝址处上、下游河床高程分别为 22m、20m。上游河道宽度为 160m。根据地址条件等选用的单宽流量 $q=80m^3/(s\cdot m)$。求：（1）坝的溢流宽度和溢流孔数；（2）坝顶高程；（3）坝面曲线坐标和坝末端的圆弧半径。

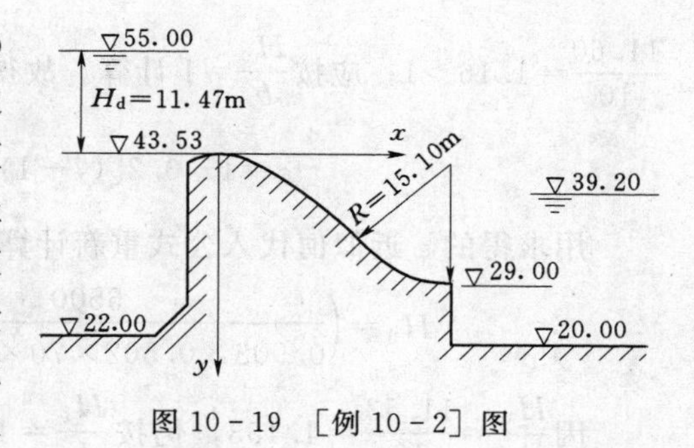

图 10－19 ［例 10－2］图

解

（1）设计坝的溢流宽度和溢流孔数。

坝的溢流宽度：

$$B=\frac{Q}{q}=\frac{5500}{80}=68.8(\text{m})$$

选用每个闸孔净宽 $b=10$m，则溢流孔数：

$$n=\frac{B}{b}=\frac{68.8}{10}=6.88$$

取溢流孔数 $n=7$，则坝的实际溢流宽度：

$$B=nb=7\times10=70(\text{m})$$

（2）计算坝顶高程。

因坝顶高程决定于上游设计水位和坝的设计水头，应先计算设计水头，再算坝顶高程。

由堰流基本方程式（10－4），即 $Q=\sigma\varepsilon mB\sqrt{2g}H_0^{3/2}$，可得堰上总水头：

$$H_0=\left(\frac{Q}{\sigma\varepsilon mB\sqrt{2g}}\right)^{2/3}$$

已知 $Q=5500m^3/s$，$B=70$m；对于 WES 型实用堰，当水头 $H=H_d$ 时，流量系数 $m=m_d=0.502$；侧收缩系数 ε 与 H_0 有关，必须先假设 ε，求出 H_0，再求 ε。现假设 $\varepsilon=0.9$。因坝顶高程和 H_0 未知，无法判别堰的出流情况，可先按自由出流计算，即取淹没系数 $\sigma=1$，然后再校核。将以上各值代入上式得

$$H_0=\left(\frac{5500}{0.9\times0.502\times70\sqrt{2\times9.8}}\right)^{2/3}=39.3^{2/3}=11.60(\text{m})$$

用求得的 H_0 近似值代入式（10－17）求 ε 值，即

$$\varepsilon=1-0.2[(n-1)\xi_0+\xi_k]\frac{H_0}{nb}$$

已知溢流孔数 $n=7$；按半圆形闸墩墩头和自由出流情况 $\left(\frac{h_s}{H_0}<0.75\right)$，由表 10－3 查得闸墩系数 $\xi_0=0.45$；按圆弧形边墩由表 10－4 查得边墩系数 $\xi_k=0.70$；因 $\frac{H_0}{b}=$

$\frac{11.60}{10}=1.16>1$；应按$\frac{H_0}{b}=1$计算。故得

$$\varepsilon=1-0.2[(7-1)\times0.45+0.70]\frac{1}{7}=0.903$$

用求得的ε近似值代入公式重新计算H_0：

$$H_0=\left(\frac{5500}{0.903\times0.502\times70\times\sqrt{2\times9.8}}\right)^{2/3}=39.1^{2/3}=11.53(\mathrm{m})$$

因$\frac{H_0}{b}=\frac{11.53}{10}=1.153$，仍按$\frac{H_0}{b}=1$计算，则所求$\varepsilon$不变，这说明以上所求$H_0=11.53\mathrm{m}$是正确的。

已知上游河道宽度为160m，上游设计水位为55.0m，河床高程为22.0m。则上游过水断面面积（近似按矩形断面计算）：

$$A_0=160\times(55.0-22.0)=5280(\mathrm{m}^2)$$

行近流速$v_0=\frac{Q}{A_0}=\frac{5500}{5280}=1.04\mathrm{m/s}$。取$\alpha=1.0$，则行近流速水头：

$$\frac{\alpha v_0^2}{2g}=\frac{1.0\times1.04^2}{2\times9.8}=0.06(\mathrm{m})$$

堰上设计水头：

$$H_d=H_0-\frac{\alpha v_0^2}{2g}=11.53-0.06=11.47(\mathrm{m})$$

则坝顶高程＝上游设计水位$-H_d=55.0-11.47=43.53(\mathrm{m})$

校核出流条件：下游堰高即

$$a_1=43.53-20.00=23.53(\mathrm{m})$$

$$a_1/H_0=23.53/11.53=2.04$$

下游水面超过堰顶的高度：

$$h_s=39.20-43.53=-4.33(\mathrm{m})$$

$$h_s/H_0=-4.33/11.53=-0.376$$

因$a_1/H_0>2$，$h_s/H_0<0.15$，满足自由出流条件，以上按自由出流计算的结果是正确的。

(3) 计算坝面曲线坐标和坝末端的圆弧半径。

采用坝顶上游为三段圆弧曲线的WES实用堰剖面，坝顶上游曲线由下列数值确定：

$$R_1=0.5H_d=0.5\times11.47=5.74(\mathrm{m})$$

$$R_2=0.2H_d=0.2\times11.47=2.29(\mathrm{m})$$

$$R_3=0.04H_d=0.04\times11.47=0.46(\mathrm{m})$$

$$b_1=0.175H_d=0.175\times11.47=2.01(\mathrm{m})$$

$$b_2=0.276H_d=0.276\times11.47=3.16(\mathrm{m})$$

$$b_3=0.2818H_d=0.2818\times11.47=3.23(\mathrm{m})$$

坝顶下游曲线由方程$y=\frac{x^{1.85}}{2H_d^{0.85}}$确定。设一系列横坐标$x$值，可求得一系列相应的纵

坐标 y 值，列于表 10-6。

表 10-6　　坝面下游曲线计算表　　单位：m

x	y	x	y	x	y
0.0	0.0	7.0	2.304	18.0	13.20
1.0	0.063	8.0	2.940	20.0	16.05
2.0	0.226	9.0	3.660	22.0	19.18
3.0	0.480	10.0	4.440	24.0	22.50
4.0	0.818	12.0	6.230	26.0	26.15
5.0	1.232	14.0	8.270	28.0	29.85
6.0	1.730	16.0	10.63		

因 $H_d=11.47\text{m}>9\text{m}$，则坝末端圆弧半径：

$$R=H_d+\frac{a_1}{4}=11.47+\frac{23.53}{4}=17.35(\text{m})$$

最后，按稳定条件确定斜直线段的坡度，即可确定溢流坝的整个轮廓线。

第五节　宽顶堰溢流

宽顶堰进口的纵剖面形式有直角形、圆弧形、斜角形等，如图 10-3 及图 10-20 (a) 所示。不同的进口形式有不同的水流阻力，因而有不同的过水能力。

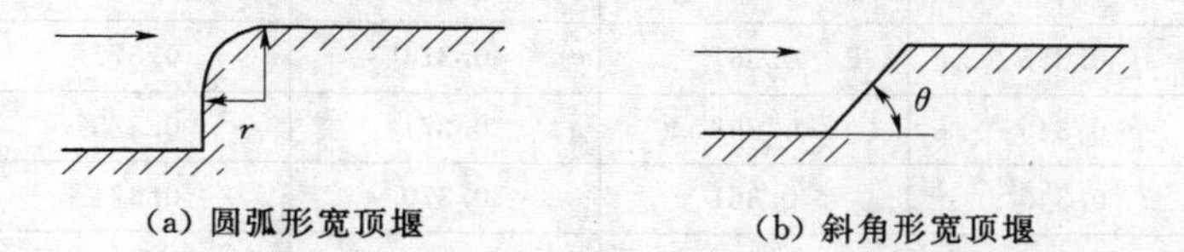

(a) 圆弧形宽顶堰　　(b) 斜角形宽顶堰

图 10-20　宽顶堰纵剖面示意图

宽顶堰的流量仍按式（10-4）计算。下面介绍各种系数的确定方法。

一、流量系数

(1) 上游堰面为铅直时，可按别列辛斯基的下列经验公式计算。

对于直角形进口［图 10-3 (d)］：

$$m=0.32+0.01\frac{3-\frac{a}{H}}{0.46+0.75\frac{a}{H}} \tag{10-18}$$

对于圆弧形进口［图 10-20 (a)］：

$$m=0.36+0.01\frac{3-\frac{a}{H}}{1.2+1.5\frac{a}{H}} \tag{10-19}$$

以上两式中 a 为上游堰高。式（10-19）适用于进口圆弧半径 $r \geqslant 0.2H_0$ 的情况。

当 $\frac{a}{H}=3$ 时，由堰高引起的水流垂向收缩已达到相当充分的程度，故当 $\frac{a}{H}>3$ 时，堰高的变化对 m 值影响甚微，可以忽略，仍按 $\frac{a}{H}=3$ 代入以上两式计算 m 值。

（2）堰的上游面为倾斜时［图 10-20（b）］，其 m 值可根据 $\frac{a}{H}$ 及上游堰面倾角 θ 由表 10-7查得。

由式（10-18）、式（10-19）和表 10-7 可知，宽顶堰的流量系数主要决定于 $\frac{a}{H}$ 和进口形式，其变化范围为 0.32～0.385。当 $\frac{a}{H}=0$ 时，按式（10-18）、式（10-19）计算及由表 10-7 查得的 m 值均为 0.385，即宽顶堰的最大 m 值为 0.385。

表 10-7　　上游面倾斜的宽顶堰的流量系数 m 值

a/H	$\cot\theta$				
	0.5	1.0	1.5	2.0	≥2.5
0.0	0.385	0.385	0.385	0.385	0.385
0.2	0.372	0.377	0.380	0.382	0.382
0.4	0.365	0.373	0.377	0.380	0.381
0.6	0.361	0.370	0.376	0.379	0.380
0.8	0.357	0.368	0.375	0.378	0.379
1.0	0.355	0.367	0.374	0.377	0.378
2.0	0.349	0.363	0.371	0.375	0.377
4.0	0.345	0.361	0.370	0.374	0.376
6.0	0.344	0.360	0.369	0.374	0.376
8.0	0.343	0.360	0.369	0.374	0.376

比较一下实用堰和宽顶堰的流量系数，可见前者的 m 值大于后者，这说明实用堰有较大的过水能力。为什么实用堰的过水能力大于宽顶堰的呢？主要是两者的水流特征有本质的区别：实用堰堰顶水流是流线向上弯曲的急变流，这种急变流断面上的动水压强小于按静水压强规律计算的值（当 $H=H_d$ 时曲线形非真空实用堰附近压强接近于 0），即堰顶水流的压强和势能较小，动能和流速较大，故流量也较大；宽顶堰则因堰顶水流是流线近似平行的缓变流，过水断面上动水压强近似按静水压强规律分布，堰顶水流的压强和势能较大，动能和流速较小，故流量也较小。

此外，通过平底水闸、桥墩和无压短涵洞的水流具有和宽顶堰水流相同的特点，这类水工建筑物称为无坎宽顶堰。无坎宽顶堰自由出流的流量仍可按式（10-4）计算，其流量系数 m 应按不同的进口型式由表 10-8 确定。必须注意，表 10-8 中所列 m 值包括侧收缩影响在内，应用式（10-4）求流量时，不必计算 ε，而应取 $\varepsilon=1$。

表 10-8 **无坎宽顶堰的流量系数 m 值**

进口型式			B/B_0					
			0.0	0.2	0.4	0.6	0.8	1.0
	$\cot\theta$	0.0	0.320	0.324	0.330	0.310	0.355	0.385
		1.0	0.350	0.352	0.356	0.361	0.369	0.385
		2.0	0.353	0.355	0.358	0.363	0.370	0.385
		3.0	0.350	0.352	0.356	0.361	0.369	0.385
	e/B	0.0	0.320	0.324	0.330	0.340	0.355	0.385
		0.05	0.340	0.343	0.347	0.354	0.364	0.385
		0.1	0.345	0.348	0.351	0.357	0.366	0.385
		≥0.2	0.350	0.352	0.356	0.361	0.369	0.385
	r/B	0.0	0.320	0.324	0.330	0.340	0.355	0.385
		0.05	0.342	0.345	0.349	0.354	0.36	0.385
		0.30	0.354	0.356	0.359	0.363	0.371	0.385
		≥0.5	0.360	0.362	0.364	0.368	0.373	0.385

注 对于多孔堰，$B=nb$（n 为溢流孔数；b 为每孔净宽）。

二、侧收缩系数

宽顶堰的侧收缩系数 ε 仍可按式（10-17）计算。

三、淹没条件及淹没系数

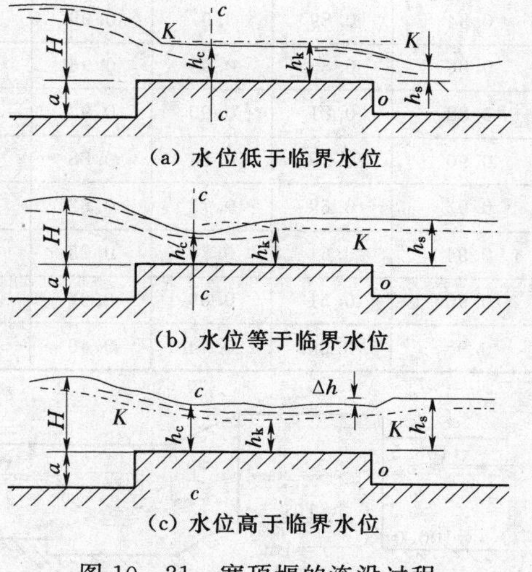

(a) 水位低于临界水位

(b) 水位等于临界水位

(c) 水位高于临界水位

图 10-21 宽顶堰的淹没过程

宽顶堰的淹没过程如图 10-21 所示。当下游水位较低时［图 10-21（a）］，堰顶收缩断面 c 的水深 h_c 小于临界水深 h_k（图中 $K—K$ 线为临界水深线），堰顶水流为急流，下游干扰不能向上游传播，下游水位不影响堰的泄流量，为自由出流；当下游水位升至稍高于 $K—K$ 线时［图 10-21（b）］，堰顶出现波状水跃，此时 h_c 仍小于 h_k，收缩断面附近的水流仍为急流，下游水位仍不影响堰的泄流量；当下游水位再升高［图 10-21（c）］，水跃已将收缩断面淹没，$h_c>h_k$，堰顶全部水流为缓流，下游干扰能向上游传播，下游水位已影响堰的泄流量，即为淹没出流。

当宽顶堰为淹没出流时，从收缩断面 c 至堰顶出口附近的水面与堰顶基本平行，其水深 $h=h_c$ 基本不变。当水流进入下游明渠时，由于断面扩大，使流速和动能减小。减少的部分除一部分消耗于出口损失外，另一部分将转化为水流的位能，使下游水面高于堰顶水面某一数值 Δh，称为恢复水深或逆向落差。Δh 的大小取决于出口水流的扩散程度。

当宽顶堰处于淹没状态时其淹没系数σ与下游水面超过堰顶的高度h_s及恢复水深Δh有关，而Δh又取决于堰顶水流断面A与下游明渠水流断面A_0之比$\frac{A}{A_0}$。σ值可根据$\frac{h_s}{H_0}$及$\frac{A}{A_0}$由表10-9查得。由于堰顶水深h为未知，可近似取$A=Bh\approx Bh_s$。表10-9中$\sigma=1$的范围属于自由出流区，当查得$\sigma=1$时，表明宽顶堰为自由出流；当$\sigma<1$时，则为淹没出流。由表10-9查得，当$\frac{h_s}{H_0}\leqslant 0.75$时，必为自由出流；当$\frac{h_s}{H_0}>0.86$时，必为淹没出流；当$\frac{h_s}{H_0}=0.75\sim0.86$时，则根据$\frac{A}{A_0}$值确定出流情况。

表10-9　　宽顶堰淹没系数σ值

h_s/H_0	A/A_0								
	1.0	0.8	0.7	0.6	0.5	0.4	0.3	0.2	0.0
0.75	1.0	1.0	1.0	1.0	1.0	1.0	1.0	1.0	1.0
0.78	0.97	1.0	1.0	1.0	1.0	1.0	1.0	1.0	0.97
0.80	0.95	1.0	1.0	1.0	1.0	1.0	1.0	1.0	0.95
0.82	0.92	0.99	1.0	1.0	1.0	1.0	1.0	0.99	0.92
0.84	0.89	0.97	0.99	1.0	1.0	1.0	0.99	0.97	0.89
0.86	0.85	0.94	0.96	0.99	1.0	0.99	0.96	0.94	0.85
0.88	0.81	0.90	0.93	0.97	0.96	0.97	0.93	0.90	0.81
0.90	0.75	0.84	0.88	0.92	0.91	0.92	0.88	0.84	0.75
0.92	0.69	0.78	0.82	0.85	0.84	0.85	0.82	0.78	0.69
0.94	0.61	0.70	0.73	0.76	0.75	0.76	0.73	0.70	0.61
0.96	0.51	0.59	0.62	0.65	0.64	0.65	0.62	0.59	0.51
0.98	0.36	0.44	0.46	0.49	0.48	0.49	0.46	0.44	0.36

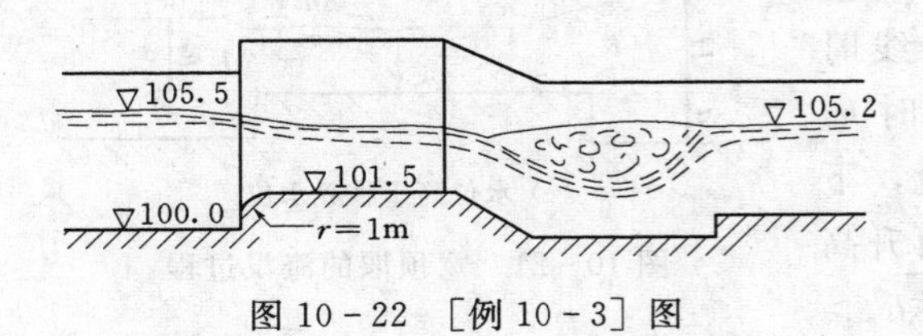

图10-22　[例10-3]图

【例10-3】 某干渠的宽顶堰式进水闸（图10-22），采用尖圆形闸墩，45°角的八字形翼墙。渠道宽度为30m，渠底高程为100.0m。闸底坎高程为101.5m。闸坎前缘为半圆弧形，圆弧半径$r=1$m。闸的设计流量为120m³/s，相应的上、下游水位分别为105.5m和105.2m。求闸的溢流宽度和溢流孔数。

解

(1) 判别宽顶堰出流情况。因闸的溢流宽度为未知，无法判别宽顶堰出流情况。现先设溢流孔数$n=2$，每孔净宽为6m，总溢流宽度$B=2\times6=12$m，然后再校核。

堰上水头　　　　　$H=105.5-101.5=4.0$(m)

渠道过水断面面积　$A_0=30\times(105.5-100.0)=165$(m²)

行近流速：

$$v_0=\frac{Q}{A_0}=\frac{120}{165}=0.727(\mathrm{m/s})$$

堰上总水头：

$$H_0=H+\frac{\alpha_0 v_0^2}{2g}=4.0+\frac{1.1\times0.727^2}{2\times9.8}=4.03(\mathrm{m})$$

下游水面超过堰顶的高度 $h_s=105.2-101.5=3.7(\mathrm{m})$，则

$$h_s/H_0=3.7/4.03=0.918$$

堰顶过水断面面积 $A=Bh_s=12\times3.7=44.4(\mathrm{m}^2)$，则

$$A/A_0=44.4/165=0.269$$

根据 h_s/H_0 及 A/A_0 由表 10-9 查得淹没系数 $\sigma=0.814$。因 $\sigma<1$，为淹没出流。

(2) 校核闸的溢流宽度。由堰流基本方程式（10-4）$Q=\sigma\varepsilon mB\sqrt{2g}H_0^{3/2}$ 可得闸的溢流宽度：

$$B=\frac{Q}{\sigma\varepsilon m\sqrt{2g}H_0^{3/2}}$$

已知 $Q=120\mathrm{m}^3/\mathrm{s}$；$H_0=4.03\mathrm{m}$；淹没系数 $\sigma=0.814$；根据闸坎前缘圆弧半径 $r=1.0\mathrm{m}>0.2H=0.2\times4=0.8(\mathrm{m})$，上游堰高：

$$a=101.5-100.0=1.5(\mathrm{m})$$

流量系数 m 可按式（10-19）计算：

$$m=0.36+0.01\frac{3-\frac{a}{H}}{1.2+1.5\frac{a}{H}}=0.36+0.01\frac{3-\frac{1.5}{4}}{1.2+1.5\times\frac{1.5}{4}}=0.375$$

按 $\frac{h_s}{H_0}=0.918$ 和尖圆形闸墩，由表 10-3 查得闸墩系数 $\xi_0=0.48$；按 45°角八字形翼墙，由表 10-4 查得边墩系数 $\xi_k=0.70$；则由式（10-17）可求出侧收缩系数：

$$\varepsilon=1-0.2[(n-1)\xi_0+\xi_k]\frac{H_0}{B}=1-0.2\times[(2-1)\times0.48+0.7]\times\frac{4.03}{12}=0.921$$

将以上诸式代入求 B 的公式得

$$B=\frac{120}{0.814\times0.921\times0.375\sqrt{2\times9.8}\times4.03^{3/2}}=11.92(\mathrm{m})\approx12\mathrm{m}$$

计算与假设 B 值甚为接近，说明原假设 B 值是正确的，故仍取水闸为二孔，每孔宽度 $b=6\mathrm{m}$。

【例 10-4】 某水库的溢洪道进口采用无坎宽顶堰，并在水平堰顶后面接一坡度为1：5的斜坡段（图 10-23）。溢洪道共两孔，每孔净宽 10m，具有半圆形闸墩和圆弧形翼墙，翼墙圆弧半径 $r=6\mathrm{m}$。堰顶高程为 24.0m，翼墙墙顶高程为 31.0m。水

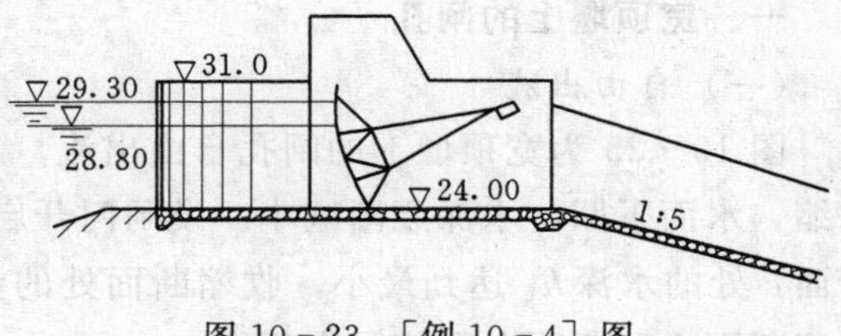

图 10-23 ［例 10-4］图

库设计洪水位为28.8m。校核洪水位为29.3m。要求绘制溢洪道闸门全开时的水库水位和溢洪道流量的关系曲线。

解 因溢洪道水流流经坡度为1∶5的斜坡段泄至下游，下游水位较低，不影响堰的泄流量，为宽顶堰自由出流，其流量用式（10-4）计算：

$$Q=\sigma\varepsilon mB\sqrt{2g}H_0^{3/2}$$

式中：溢流宽度 $B=nb=2\times10=20(\mathrm{m})$；因溢洪道上游为水库，过水断面面积很大，行近流速 $v_0\approx0$，则 $H_0\approx H$；又因溢洪道上游（即水库）宽度 B_0 很大，则 $B/B_0\approx0$。又知翼墙圆弧半径 $r=6\mathrm{m}$，$r/B=6/20=0.3$。根据 B/B_0 及 r/B 由表10-8查得流量系数 $m=0.354$；因 m 包括侧收缩影响在内，故取 $\varepsilon=1$；对于自由出流，$\sigma=1$，将以上诸式代入流量公式中得

$$Q=1\times0.354\times2\sqrt{2\times9.8}H^{3/2}=31.4H^{3/2}$$

式中：堰上水头 H=水库水位－堰顶高程=水库水位－24.0。

设一系列水库水位，计算相应的堰上水头 H，即可求得相应的流量 Q。其计算结果列于表10-10。库水位和溢洪道流量关系曲线如图10-24所示。

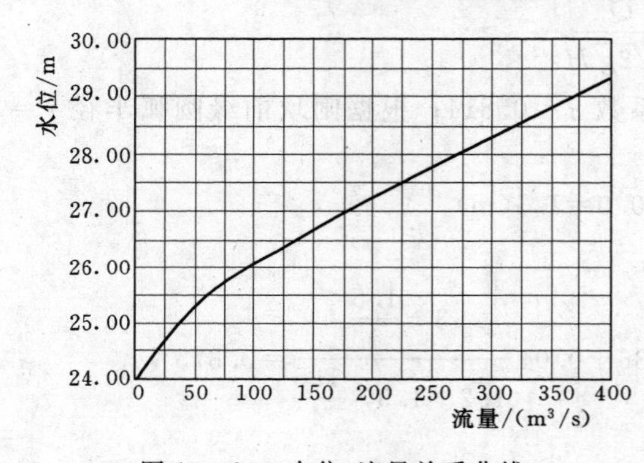

图10-24 水位-流量关系曲线

表10-10 水头 H-Q 流量计算结果表

库水位 /m	H /m	$H^{3/2}$	Q /(m³/s)
25.0	1.0	1.00	31.4
26.0	2.0	2.83	88.9
27.0	3.0	5.20	163
28.0	4.0	8.00	251
28.8	4.8	10.50	330
29.3	5.3	12.20	383

第六节 闸 孔 出 流

以上介绍了各种堰的过水能力的计算。下面讲述闸孔过水能力问题。

宽顶堰上的闸孔有自由出流和淹没出流两种情况。当下游水位较低，使闸孔下游发生远驱水跃，下游水位不影响闸孔泄流量时，为自由出流（图10-25）；当下游水位较高，闸孔下游发生淹没水跃，以致影响闸孔泄流量时，为淹没出流（见图10-27），实用堰上的情况也基本类似。

一、宽顶堰上的闸孔

（一）自由出流

图10-25为宽顶堰上的闸孔自由出流。水流通过闸孔后，因受惯性影响而发生垂向收缩，水面下凹，水深逐渐减小。设闸门开启高度为 e，则距离闸门 $(2\sim3)e$ 的下游收缩断面 c 处的水深 h_c 达到最小。收缩断面处的流线近似平行，可认为是缓变流断面。对缓变流断面1和断面 c 列能量方程得

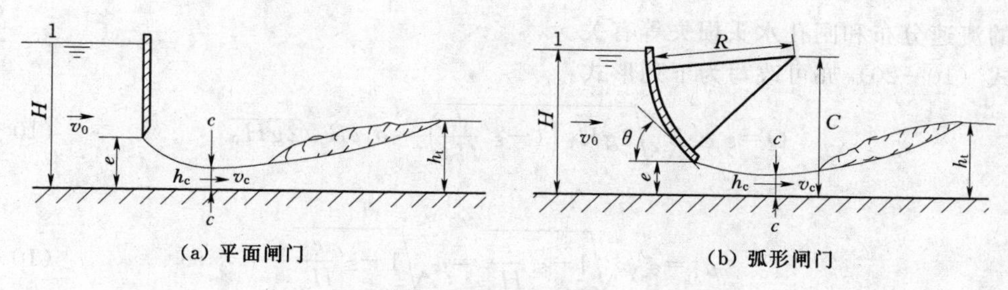

图 10-25　自由出流

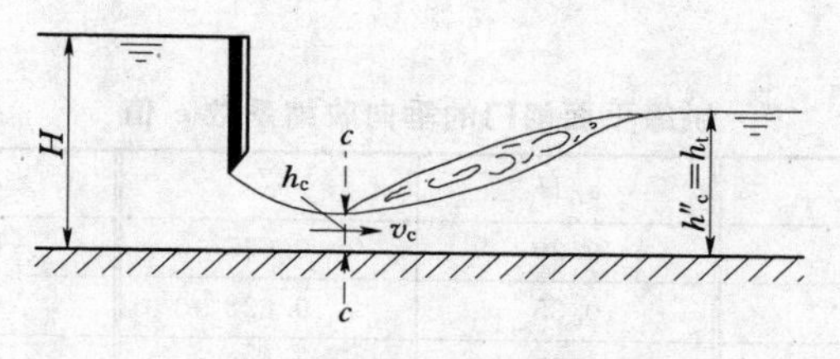

10-26　自由出流

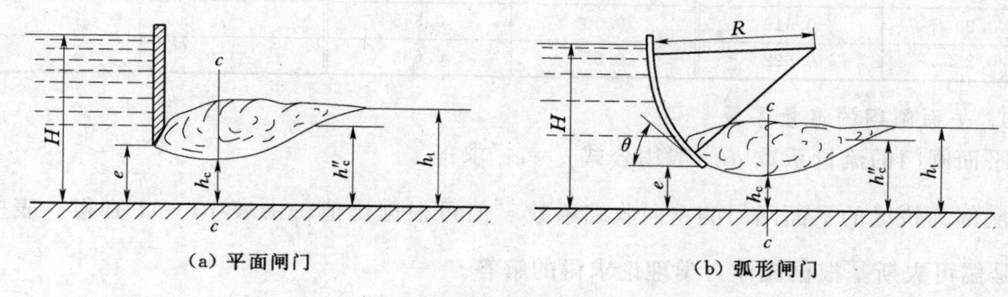

图 10-27　淹没出流

$$H+\frac{\alpha_0 v_0^2}{2g}=h_c+\frac{\alpha v_c^2}{2g}+\zeta\frac{v_c^2}{2g}$$

式中：H 为闸上水头；v_0 为闸前行近流速；v_c 为收缩断面平均流速；ζ 为闸孔局部水头损失系数。

令 $H_0=H+\frac{\alpha_0 v_0^2}{2g}$，代入上式，整理得

$$v_c=\varphi\sqrt{2g(H_0-h_c)}$$

式中：φ 为闸孔流速系数，$\varphi=\frac{1}{\sqrt{\alpha+\xi}}$。

设闸孔宽度为 B，并令 $h_c=\varepsilon' e$，则收缩断面面积 $A_c=\varepsilon' eB$。于是，通过闸孔的流量：

$$Q=A_c v_c=\varphi\varepsilon' eB\sqrt{2g(H_0-\varepsilon' e)}=\mu eB\sqrt{2g(H_0-\varepsilon' e)} \tag{10-20}$$

式（10-20）为宽顶堰闸孔自由出流的流量公式。式中 ε' 是反映过闸水流垂向收缩程度的系数，称为垂向收缩系数；$\mu=\varphi\varepsilon'$，称为闸孔流量系数，它与过闸水流的收缩程度、收缩

断面的流速分布和闸孔水头损失等有关。

式（10-20）亦可改写为下列形式：

$$Q=\varepsilon'\varphi eB\sqrt{2gH_0\left(1-\varepsilon'\frac{e}{H_0}\right)}=\mu_1 eB\sqrt{2gH_0} \tag{10-21}$$

其中

$$\mu_1=\varepsilon'\varphi\sqrt{1-\varepsilon'\frac{e}{H_0}}=\mu\sqrt{1-\varepsilon'\frac{e}{H_0}} \tag{10-22}$$

闸孔流量系数 μ 和 μ_1 由试验确定。下面分别讨论平面（板）闸门和圆弧闸门的闸孔流量系数。

表 10-11　锐缘平面闸门的垂向收缩系数 ε' 值

e/H	ε'	e/H	ε'	e/H	ε'
0.00	0.611	0.30	0.625	0.60	0.661
0.05	0.613	0.35	0.628	0.65	0.673
0.10	0.615	0.40	0.633	0.70	0.687
0.15	0.617	0.45	0.639	0.75	0.703
0.20	0.619	0.50	0.645		
0.25	0.622	0.55	0.652		

1. 平面闸门的流量系数

平面闸门的流量系数 μ 一般用公式 $\mu=\varphi\varepsilon'$ 求得。

底部为锐缘的平面闸门的垂向收缩系数 ε' 值可根据比值 $\frac{e}{H}$ 由表 10-11 查得。表中的 ε' 值是儒可夫斯基根据流体力学理论求得的解答。

底缘上游部分为圆弧形的平面闸门的 ε' 值可按式（10-23）计算：

$$\varepsilon'=\frac{1}{1+\sqrt{k\left[1-\left(\frac{e}{H}\right)^2\right]}} \tag{10-23}$$

式中：e 为闸门开启高度；k 为系数。

系数 k 决定于比值 $\frac{r}{e}$（r 为闸门底缘圆弧半径），可用式（10-24）计算：

$$k=\frac{0.4}{2.718^{16\frac{r}{e}}} \tag{10-24}$$

式（10-24）适用于 $0<\frac{r}{e}<0.25$ 的情况。

平面闸门的流速系数 φ 与闸坎形式、闸门底缘形状和相对开度有关，目前尚无准确的计算方法，可按不同的闸坎形式由表 10-12 查得。

平面闸门的另一流量系数 μ_1 可根据 ε'，φ 值按式（10-22）计算。对于闸门底部为锐缘的 μ_1 值亦可按经验公式计算：

$$\mu_1=0.352+\frac{0.264}{2.718^{\frac{e}{H}}} \tag{10-25}$$

式（10－25）的适用条件为 $e/H=0.05\sim0.68$。

表 10－12　　宽顶堰式闸孔的流速系数 φ 值

闸坎形式		φ
平底闸孔	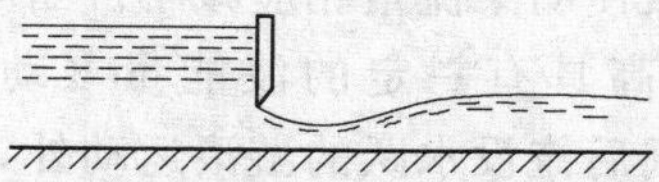	0.95～1.00
有坎闸孔	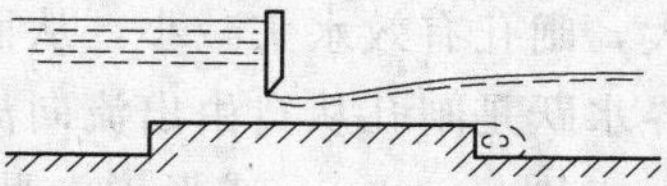	0.85～0.95
跌水前闸孔	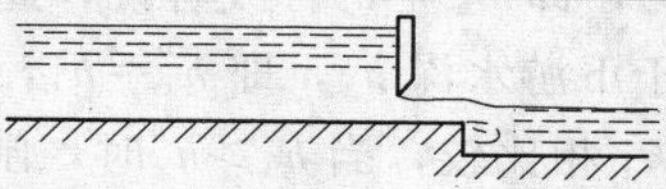	0.97～1.00

2. 弧形闸门的流量系数

弧形闸门自由出流的流量一般按式（10－21）计算，其流量系数 μ_1 与闸门相对开度 $\frac{e}{H}$ 和闸门底缘切线与水平线的夹角 θ 有关，因为这些因素直接影响水流的垂向收缩和水头损失的大小。弧形闸门的 μ_1 值可按南京水利科学研究院的经验公式计算：

当 $\cos\theta=0\sim0.3$ 时：

$$\mu_1=0.60-0.176\frac{e}{H}+\left(0.15-0.2\frac{e}{H}\right)\cos\theta \tag{10-26}$$

当 $\cos\theta=0.3\sim0.7$ 时：

$$\mu_1=0.545-0.136\frac{e}{H}+0.334\left(1-\frac{e}{H}\right)\cos\theta \tag{10-27}$$

其中

$$\cos\theta=\frac{c-e}{R}$$

式中：c 为闸门门轴在闸坎以上的高度；R 为闸门圆弧半径，如图 10－25（b）所示。

以上二式的适用范围为

$$\frac{e}{H}=0\sim0.5$$

弧形闸门的垂向收缩系数 ε' 仍可用式（10－23）计算，但式中的系数 k 具有下列形式：

$$k=0.4\sin^3\theta \tag{10-28}$$

（二）淹没出流

闸孔从自由出流到淹没出流的过程可从明渠干扰波的传播来说明。从第九章得知，明渠中干扰波的波速随水深的增大而增大。当波速 v_w 大于明渠水流流速 v 时，波向上游传播。当波传至某处，恰使波速与流速相等时，波即固定不动。水流通过闸孔时，流速较大，一般为急流，而下游河槽低、坡较缓，一般为缓流，水流从急流过渡到缓流发生水跃。水跃可看作出闸水流受外界因素（这里为缓坡河槽）干扰而产生的干扰波。当下游水位较低时，波位于闸孔收缩断面下游，即下游发生远驱水跃，干扰波尚未影响闸孔泄流量，为自由出流（图 10－25）。如下游水位升高，水深增大，波速相应增大，波即向上游方向传播。当波传至收缩断面处，即为临界水跃（图 10-26）。如下游水位继续升高，波被闸门阻挡而不能继续向上游传播，即为淹没水跃，这种情况就是淹没出流，如图 10-27 所示，此时下游水位对闸孔泄流量已发生影响。因为当干扰波向上游传播时，即有一定的波流量向上游传播，致使明渠流量相应减小。当闸孔为淹没出流时，尽管波不能再向上游传播，但因波速和波高具有一定的波能量（动能和势能），当波受闸门阻挡时，除部分波能量消耗于位于闸后淹没水跃的漩滚运动外，其余的波能量以位能形式存在于闸后水流中，使闸后水深增大，闸孔有效水头减小，从而减小了闸孔泄流量。

由上述可知，闸下发生临界水跃是闸孔从自由出流向淹没出流过渡的临界状态，此时波速 c 恰好等于收缩断面流速 v_c，即 $v_w=v_c$。或者说，此时闸孔下游发生临界水跃，而临界水跃的跃后水深 h_c'' 恰好等于下游水深 h_t，即 $h_c''=h_t$，这就是闸孔淹没出流的临界条件。因此，只需算出 h_c''，并与 h_t 相比较，当 $h_t>h_c''$ 时，闸孔下游发生淹没水跃，即为闸孔淹没出流，否则为闸孔自由出流。

临界水跃跃后水深 h_c'' 可按矩形断面水跃公式计算：

$$h_2=\frac{h_1}{2}\left(\sqrt{1+8Fr_1^2}-1\right)$$

以 $h_1=h_c$，$h_2=h_c''$ 及

$$v_c=\frac{Q}{Bh_c}=\frac{\mu_1 eB\sqrt{2gH_0}}{B\varepsilon' e}=\frac{\mu_1}{\varepsilon'}\sqrt{2gH_0}$$

$$Fr_1^2=Fr_c^2=\left(\frac{v_c}{gh_c}\right)^2=\frac{\frac{\mu_1^2}{\varepsilon'^2}2gH_0}{g\varepsilon' e}=\frac{2\mu_1^2 H_0}{\varepsilon'^3 e}$$

代入水跃公式，整理得

$$h_c''=\frac{\varepsilon' e}{2}\left[\sqrt{1+\frac{16\mu_1^2 H_0}{\varepsilon'^3 e}}-1\right] \tag{10-29}$$

式中：H_0 为闸上水头；e 为闸孔高度；ε' 为闸孔垂向收缩系数；μ_1 为闸孔自由出流流量系数。

闸孔淹没出流流量可按下法计算。因为闸孔淹没出流的单宽流量 q 与闸上水头 H、闸孔高度 e、下游水深 h_t、水的密度 ρ 及重力加速度 g 等因素有关，应用量纲分析方法可得到闸孔单宽流量公式为

$$q=\mu_s\sqrt{2g}H^{3/2}$$

闸孔总流量为

$$Q=\mu_s B\sqrt{2g}H^{3/2} \tag{10-30}$$

式中：B 为闸孔宽度；μ_s 为闸孔淹没出流流量系数。

μ_s 是 $\frac{e}{H}$ 及 $\frac{h_t}{H}$ 的函数，由试验得

$$当\frac{e}{H}\leqslant 0.3 时，\mu_s=2.05\left(\frac{e}{H}\right)^{1.34}\left(1-\frac{h_t}{H}\right)^{0.83} \tag{10-31}$$

$$当\frac{e}{H}\geqslant 0.3 时，\mu_s=2.75\left(\frac{e}{H}\right)^{1.58}\left(1-\frac{h_t}{H}\right)^{0.83} \tag{10-32}$$

【例 10-5】 某水库的泄洪闸（图 10-28），共 4 孔，每孔宽度 6m，闸底高程为

20.00m。设计流量为 1150m³/s，相应的水库设计洪水位为 35.0m，相应的下游水位为 25.78m。因水库与闸底高程相差较大，为减小闸门高度，在闸上设置挡水胸墙，胸墙底缘为圆弧形，圆弧半径 $r=0.5$m。要求确定胸墙底部高程。

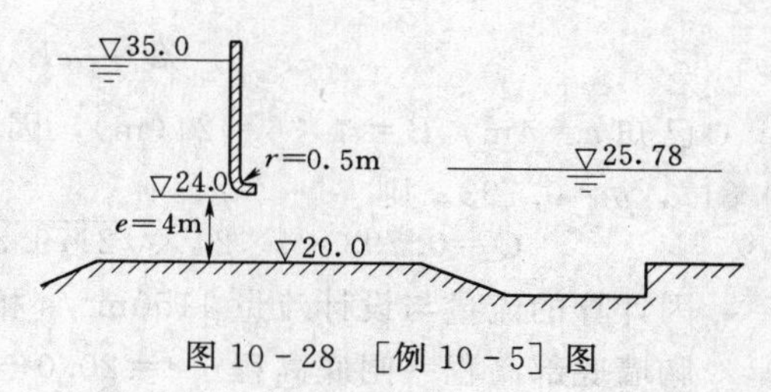

图 10-28 [例 10-5] 图

解 要求胸墙底部高程，应先求闸孔高度 e。下面用试算法求 e。先假定 $e=4$m。

(1) 判别属于堰流或闸孔出流。

闸上水头 $$H=35.0-20.0=15.0(\text{m})$$

$$\frac{e}{H}=\frac{4}{15}=0.267<0.65$$

由式 (10-1) 可知通过泄洪闸的水流为闸孔出流。

(2) 判别属于自由出流或淹没出流。

闸孔淹没出流的条件为 $h_t>h_c''$。

下游水深 $$h_t=25.78-20.0=5.78(\text{m})$$

为求临界水跃跃后水深 h_c''，先求垂向收缩系数 ε' 及自由出流流量系数 μ_1。因胸墙底缘为圆弧形，可按具有圆弧底线的平面闸门的垂向收缩系数公式 (10-23) 计算：

$$\varepsilon'=\frac{1}{1+\sqrt{k\left[1-\left(\frac{e}{H}\right)^2\right]}}$$

式中系数

$$k=\frac{0.4}{2.718^{16\frac{r}{e}}}=\frac{0.4}{2.718^{16\frac{0.5}{4}}}=\frac{0.4}{2.718^2}=0.0542$$

$\frac{e}{H}=0.267$，代入上式得

$$\varepsilon'=\frac{1}{1+\sqrt{0.0542\times(1-0.267^2)}}=0.817$$

根据闸（胸墙）的形式，由表 10-12 选取闸孔流速系数 $\varphi=0.97$，则

$$\mu=\varphi\varepsilon'=0.97\times0.817=0.7925$$

近似取 $H_0\approx H$。于是

$$\mu_1=\mu\sqrt{1-\varepsilon'\frac{e}{H}}=0.7925\times\sqrt{1-0.817\times0.267}=0.701$$

由式 (10-29) 可得临界水跃跃后水深

$$h_c''=\frac{\varepsilon'e}{2}\left(\sqrt{1+\frac{16\mu_1^2H_0}{\varepsilon'^3e}}-1\right)=\frac{0.817\times4}{2}\times\left(\sqrt{1+\frac{16\times0.701^2\times15}{0.817^3\times4}}-1\right)=10.49(\text{m})$$

因 $h_t<h_c''$，为闸孔自由出流。

(3) 计算胸墙高程。宽顶堰上闸孔自由出流的流量按式 (10-20) 计算：

$$Q=\mu eB\sqrt{2g(H_0-\varepsilon' e)}$$

已知 $e=4\text{m}$，$B=4\times6=24(\text{m})$，因上游为水库，$v_0\approx0$，则 $H_0\approx H=15\text{m}$，$\varepsilon'=0.817$，$\mu=0.793$。则

$$Q=0.793\times4\times24\times\sqrt{2\times9.8\times(15-0.817\times4)}=1160(\text{m}^3/\text{s})$$

因计算的流量与设计流量 $1150\text{m}^3/\text{s}$ 相近，说明原假定闸孔高度 $e=4\text{m}$ 是适合的。

胸墙底部高程＝闸底高程＋$e=20.0+4.0=24.0(\text{m})$。

二、实用堰上的闸孔

（一）自由出流

图 10－29 为实用堰上的闸孔自由出流。因为实用堰上的闸孔形式和宽顶堰上的闸孔形式不同，其过闸水流不仅在表面有垂向收缩，而且在底部也发生垂向收缩，因此它和宽顶堰上的闸孔有不同的过水能力，这主要反映在流量系数有不同的值。

因为实用堰上闸孔自由出流的流线受堰顶曲线的影响，使闸门下游的收缩断面很不明显，其流量常用式（10－33）计算：

$$Q=\mu_1 eB\sqrt{2gH_0} \tag{10-33}$$

式中：μ_1 为实用堰上闸孔自由出流的流量系数，它与闸门的形式、闸门的相对开度$\frac{e}{H}$、闸门底缘切线与水平线的夹角 θ 以及闸门在堰顶的位置有关。

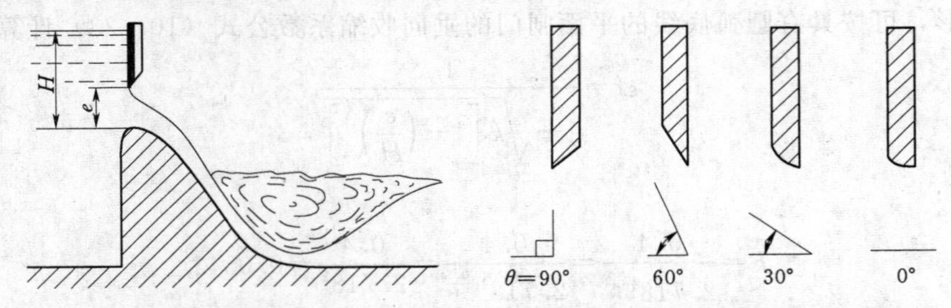

图 10－29　实用堰顶上闸孔淹没出流　　图 10－30　底缘不同形式的平板闸门

对实用堰上具有不同底缘形式的平面闸门（图 10－30）的闸孔流量系数 μ_1 可按式（10－34）计算：

$$\mu_1=0.65-0.186\frac{e}{H}+\left(0.25-0.375\frac{e}{H}\right)\cos\theta \tag{10-34}$$

式（10－34）适用于$\frac{e}{H}=0.05\sim0.75$、$\theta=0°\sim90°$以及平面闸门位于堰顶最高点的情况。

对于实用堰上弧形闸门的闸孔流量系数 μ_1 可用式(10－35)计算，也可由表 10－13 查得

$$\mu_1=0.685-0.19\frac{e}{H} \tag{10-35}$$

式（10－35）适用于$\frac{e}{H}=0.10\sim0.75$。

表 10－13　　曲线形实用堰顶弧形闸门的流量系数 μ 值

e/H	0.05	0.10	0.15	0.20	0.25	0.30	0.35	0.40	0.50	0.60	0.70
μ	0.721	0.700	0.683	0.667	0.652	0.638	0.625	0.610	0.584	0.559	0.535

（二）淹没出流

在实际工程中，曲线底坎上的闸孔出流为淹没情况的比较少见。

当下游水位超过实用堰的堰顶时，下游水位即影响闸孔的泄流量，如图 10－31 所示。实用堰上闸孔淹没出流的流量可近似用式（10－36）计算，必要时可查有关手册，或通过实验确定。

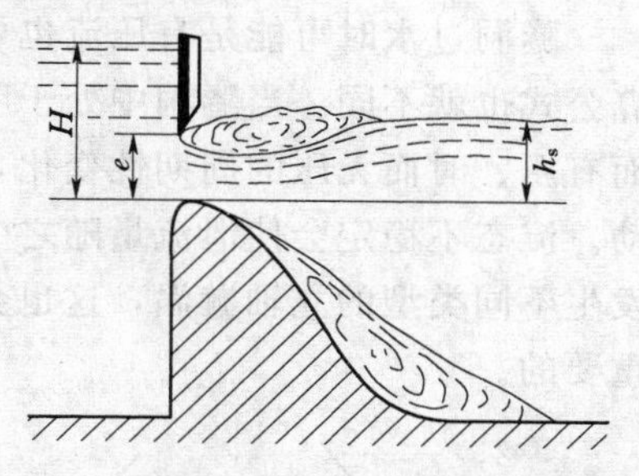

图 10－31　实用堰顶上闸孔淹没出流

$$Q=\mu_1 eB\sqrt{2g(H_0-h_s)} \qquad (10-36)$$

式中：μ_1 为实用堰上闸孔自由出流的流量系数；h_s 为下游水面超过堰顶的高度。

【例 10－6】 某水库的实用堰式溢流坝段，共 7 孔闸门，每孔宽 10m，坝顶高程为 43.36m。坝顶设平板闸门控制流量，闸门上游面底缘切线与水平夹角 $\theta=0°$。当水库水位为 50.0m，闸门开启高度 $e=25$m，下游水位低于坝顶时，求通过溢流坝的流量。（不计行近流速）

解　闸门开启高度 $e=25$m，闸上水头 $H=50.0-43.36=6.64$m，则 $\dfrac{e}{H}=\dfrac{2.5}{6.64}=0.376<0.75$，由式（10－2）知过坝水流为闸孔出流。又因下游水位低于坝顶，故为自由出流。

实用堰上闸孔自由出流的流量可按式（10－33）计算：

$$Q=\mu_1 eB\sqrt{2gH_0}$$

已知 $e=2.5$m；$B=7\times10=70$(m)；因 $v_0=0$，故 $H_0=H$；平板闸门闸孔自由出流流量系数 μ_1，可用式（10－34）计算：

$$\begin{aligned}\mu_1&=0.65-0.186\frac{e}{H}+\left(0.25-0.375\frac{e}{H}\right)\cos\theta\\&=0.65-0.186\times0.376+(0.25-0.375\times0.376)\cos0°\\&=0.65-0.07+0.109\times1=0.689\end{aligned}$$

以上诸式代入流量公式得

$$Q=0.689\times2.5\times70\times\sqrt{2\times9.8\times6.64}=1380(\text{m}^3/\text{s})$$

第七节　隧洞、桥涵的过流

隧洞和桥涵是常见的泄水建筑物，其特点是断面具有封闭周界，且多为圆形或门洞形；过流时可能是有压流（满流），也可能是半有压流和无压流（明流）。图 10－32 为一泄洪隧洞简图，工作闸门上游段属有压流，闸门下游段为明流。水力分析计算的主要内容是分析流态、计算泄洪能力和设计出口消能等方面。对于渠槽与道路交叉处的涵洞（管），其水力

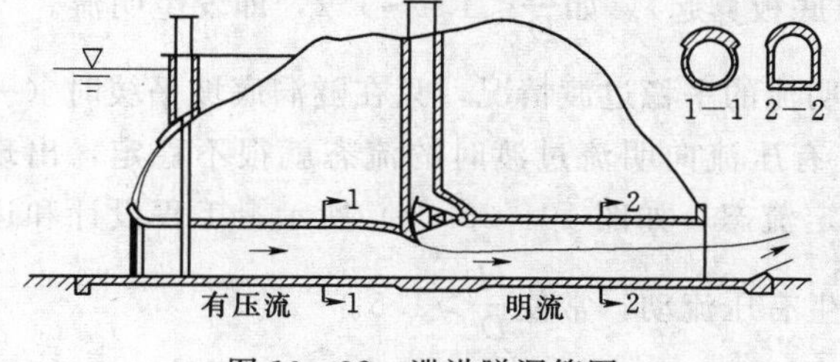

图 10－32　泄洪隧洞简图

分析的原理和隧洞是基本相同的。

一、隧洞过流的流态及其判别

隧洞过水时可能是有压流也可能是无压流，流态不同，水力特征不同，泄流能力的计算公式也就不同。当隧洞中处于明流与满流过渡流态时，有可能发生不稳定现象，出现时而有压、时而无压的周期性变化，会产生不稳定气囊，甚至可能引起工作闸门和隧洞的振动。流态不稳定会使泄流量随之变化，对下游消能也起不利的影响。有时在上游水中还会发生不同类型的立轴漩涡，这也会对流态产生不利影响。因此，对流态的分析与判别是很重要的。

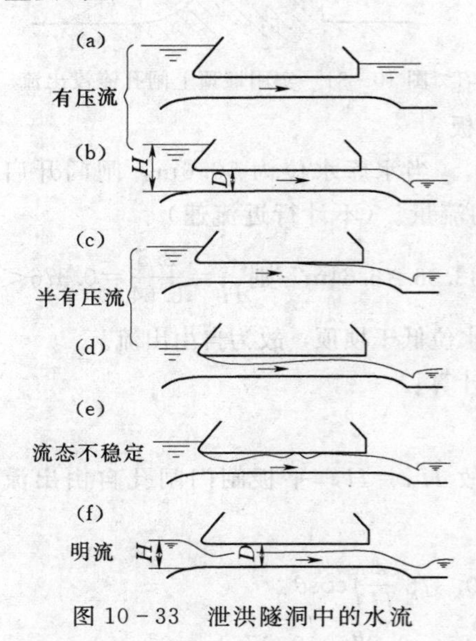

图 10-33　泄洪隧洞中的水流

下面着重分析闸门全开时隧洞内流态的变化情况。这种情况在隧洞导流和放空水库以及中小型工程的涵管泄水时都会发生。对于断面形状和尺寸、底坡、长度都已确定的洞涵，洞内流态决定于上下游水位的高低。当下游水位较高，水面已淹没出口洞顶时，全洞都是有压流［图 10-33 (a)］。当下游水位低、洞口为自由出流情况时，此时洞内流态主要取决于上游水位。实验观测表明，可能出现有压流、半有压流和明流 3 种不同流态。

当上游水位较高时，虽然下游水位低于出口洞顶，仍有可能保持全洞为有压流，如图 10-33 (b) 所示。

当上游水位下降，流速减小至一定程度时，出口水流受重力作用开始脱离洞顶。脱离点随上游水位继续下降而逐渐向上游移动。脱离点以上为有压流，以下为明流，故称为半有压流，如图 10-33 (c) 和图10-33 (d)所示。

当脱离点达到洞的进口后，上游水位继续降低时，入口水流完全脱离洞顶，全洞水流都成为明流，如图 10-33 (f) 所示。

由半有压流至明流的转换决定于进口处的水流条件，而这又和进口断面形状及两侧边墙线型有关。一般曲线的隧洞进口由半有压流转换为明流的条件是：

$$\frac{H}{D}=1.1\sim1.2 \tag{10-37}$$

式中：D 为洞高；H 为上游水头（从进口底板算起）。如$\frac{H}{D}<1.1\sim1.2$，即发生明流。

前述按顺序由有压流至半有压流直至明流的平稳过渡情况，只在隧洞底坡平缓时（一般 $i<0.005$）才有可能。当底坡较大时，有压流向明流过渡时的流态就很不稳定，出现时而有压、时而无压的周期性交替的不稳定流态，如图 10-33 (e) 所示。工程设计和运行中应尽量避免发生这种流态。为保证发生有压流动，常使$\frac{H}{D}>1.5$。

水头较高的泄洪洞其进口段是有压流而下游段是明流的情况，当下游尾水位高至一定程度而淹及洞顶时，有可能在洞内产生封堵洞顶的水跃，从而出现不稳定流态（图10-34）。特别是在洞内通气不充分或洞顶余幅不充裕时，就更有可能出现这种情况，这种情况比上述低水头下出现的不稳定流态对建筑物的威胁更为严重。为防止发生这种不稳定流态，设计中多使洞底有足够大的纵坡，一般使底坡大于临界底坡，并合理布置出口高程，使出口呈自由出流，以保证明流洞段全部处于急流状态，或通过控制闸门开度来减小流量，以使洞中不发生封洞水跃。

二、明渠隧洞的泄流能力的计算

关于有压管（洞）泄流量计算已在以前讨论过。现在着重介绍无压（明流）隧洞（涵洞）泄流能力的分析计算。

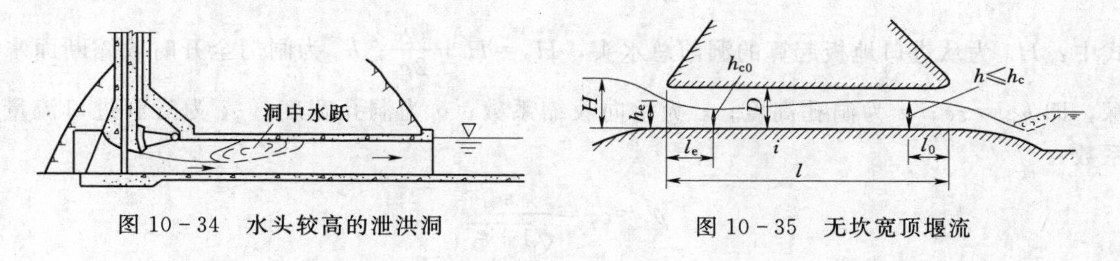

图10-34　水头较高的泄洪洞　　图10-35　无坎宽顶堰流

1. 进口无闸门控制情况

由于隧洞（涵洞）的过水断面宽度较之上游引渠宽度一般总要小很多，水流进洞时在平面上将发生两侧收缩，因此水面发生跌落，属于无坎宽顶堰流形式。在进口后经一小段距离 l_e 为收缩断面，该处收缩水深为 h_{co}，如图10-35所示，当下游水位较低，洞身长度不大（即所谓短洞），隧洞进流没有受到下游水位影响时，属于自由进流情况，此时可用非淹没公式计算流量。对矩形断面：

$$Q=mb\sqrt{2g}H_0^{3/2}$$

对非矩形断面，则 b 由 b_C 代替，而 $b_C=\frac{A_C}{h_C}$，即用水流在临界水深断面中的平均宽度来进行计算。流量系数 $m=0.32\sim0.36$，可查无坎宽顶堰的流量系数，见表10-8。对于进口边界体型较平顺，断面缩窄较少者应取较大的 m 值。

至于隧洞进口处的水深 h_e，取 $\frac{h_e}{H}=\tau$，τ 与进口形式有关。为了保证隧洞为明流，应使 h_e 小于隧洞高度 D，因此 $h_e=\tau H<D$ 是明流与半有压流的一个限界。根据试验资料：对矩形或接近矩形的断面，喇叭式进口，$\tau=0.87$，则其明流与半有压流的限界为 $\frac{H}{D}<\frac{1}{\tau}=\frac{1}{0.87}=1.15$；对圆形或接近圆形的断面，喇叭式进口，$\tau=0.91$，则其明流与半有压流的限界为 $\frac{H}{D}<\frac{1}{\tau}=\frac{1}{0.91}=1.10$，这和式（10-37）的结果是一致的。

当下游水位升高产生的壅水作用达到收缩断面，使该断面的水深 h'_{co} 大于自由进流时的 h_{co} 值时（即 $h'_{co}>0.75H$ 时），为**淹没进流**，此时流量可按淹没宽顶堰流公式计算，对矩形断面：

$$Q=\sigma_s mb\sqrt{2g}H_0^{3/2}$$

σ_s 为小于 1.0 的淹没系数，和 $\dfrac{h'_{co}}{H_0}$ 有关，可由图 10－36 的曲线查得。

2. 进口受闸门控制情况

高水头明流泄洪隧道常设计成如图 10－37 所示的从有压进口段出流，或如图 10－32 所示的从有压洞中出流。前者进口段体型设计成喇叭口形式，水流较平顺，阻力较小，其泄流量可按有压孔口（或短管）出流公式计算：

$$Q=\mu_s be\sqrt{2g(H_0-h_{co})} \tag{10-38}$$

式中：H_0 为从进口地板起算的洞前总水头，$H_0=H+\dfrac{\alpha v_0^2}{2g}$；$h_{co}$ 为闸门全开时收缩断面水深，即 $h_{co}=\varepsilon e$；e 为洞孔高度；ε 为垂向收缩系数；b 为洞孔宽度；μ_s 为隧洞进口流量系数。

$$\mu_s=\varepsilon\varphi=\frac{\varepsilon}{\sqrt{1+\xi_c}}$$

式中：ξ_c 为进口及门槽的局部水头损失系数和沿程水头损失系数。有关系数可查第五章有关资料。

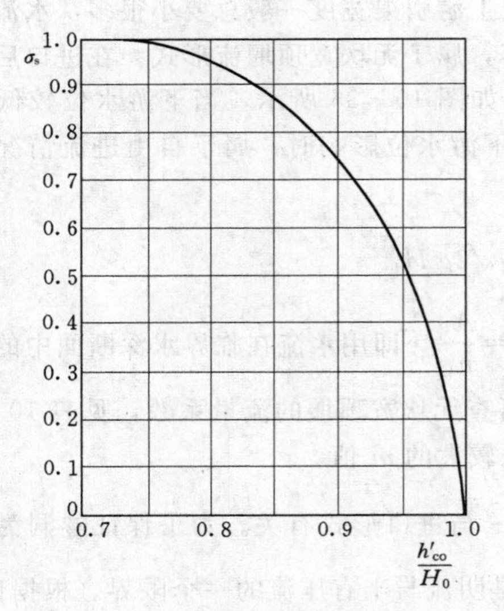

图 10－36　淹没系数取值曲线

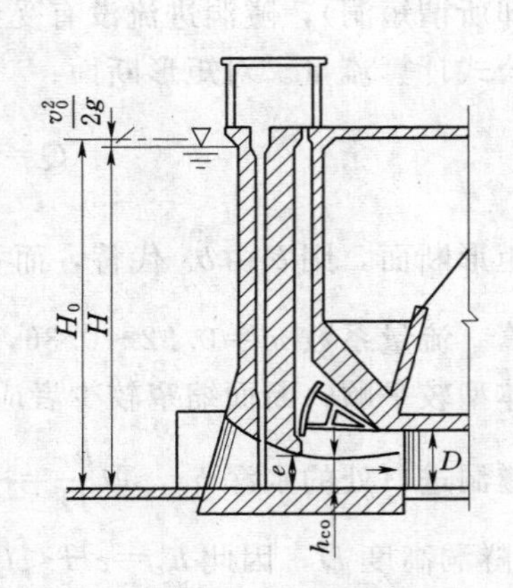

图 10－37　高水头明流泄洪隧洞

对如图 10－37 所示的具有平顺曲线进口，可近似认为 $\varepsilon=1$，当闸门全开时，$h_{co}\approx e$。对于混凝土衬砌的泄水隧洞，当有压进口段较短，长度不超过 10 倍洞高 D 时，在初步设计中，可暂时假定 $\mu_s\approx0.9$ 左右。令 $H_0-h_{co}=z$，为上下游水位差，则流量公式可写成

$$Q=0.9be\sqrt{2gz} \tag{10-39}$$

当洞宽 b 及孔高 e 已定，即可按此式计算出相应库水位与泄流量的关系曲线。或根据已给

定的上游设计水位及相应设计流量，由拟定的隧洞进口底板高程，算得进口上游水头 H_0，从而可按公式确定孔口断面尺寸。

3. 过渡范围内流量的计算

随着隧洞上游水位逐渐降落，泄流量从有压洞涵出流将过渡为堰流，如前所述，流态较不稳定，流量可用绘图方法确定。根据堰流与闸孔出流公式，各算出相应水头的堰流与闸孔出流的流量，然后绘成水位与流量关系曲线于图的左方（在堰、闸孔出流重叠处绘一中值光滑曲线来连接），再将隧洞进口轮廓尺寸绘成纵剖面图于右方（图 10－38），即可确定闸孔出流与堰流的界限。重要工程应进行水力学模型试验，测定其水位与流量关系曲线，并观测水流流态变化的范围等。

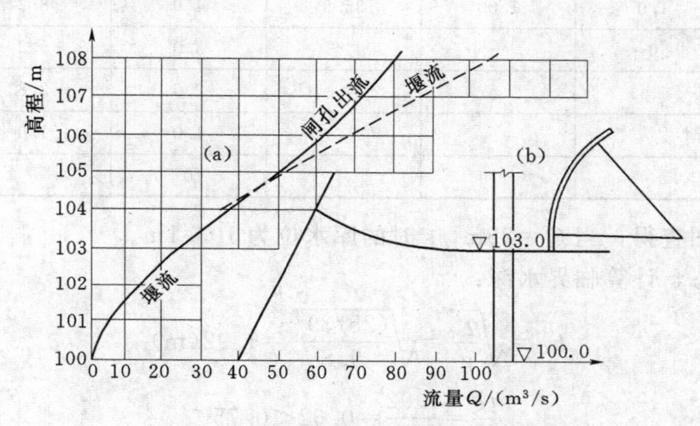

图 10－38　隧洞进口轮廓确定过程

【例 10－7】 某泄水隧洞进口段末端的孔口为 3m×3m。顶面的喇叭口形状为椭圆形曲线［图 10－38（b）］。隧洞底面高程为 100.0m，隧洞工作闸门下游的断面为门洞式，高 4.5m，底宽 3.0m，底坡为 0.005；最小流量 25m³/s。

（1）试求水库水位 108m 以下的水位流量关系曲线，并确定其过渡范围；

（2）确定最小流量时的库水位高程。

解

（1）按孔口出流公式计算：

$$
\begin{aligned}
Q &= \mu_s A\sqrt{2g(H_0-\varepsilon e)} = \mu_s A\sqrt{2gz} \\
&= 0.90\times3\times3\times\sqrt{2\times9.8\times z} \\
&= 35.9\sqrt{z}
\end{aligned}
$$

按堰流公式计算：

$$
Q = mb\sqrt{2g}H_0^{3/2} = 0.35\times3\times\sqrt{2\times9.8}H_0^{3/2} = 4.65H_0^{3/2}
$$

忽略趋近流速，以 H 代替 H_0，计算结果列于表 10－14，并将成果绘成曲线如图 10－38（a）。

从表 10－14 中可以看出，在高程为 104～105m，两者的计算流量很接近。在水位 103m 以下已不是孔口出流，而在水位 105m 以上时就明显地为孔口出流。所以从堰流到孔流的过渡范围，大致为 104～105m，这时两者的流量稍有差别，则画一条平顺曲线代表平均值。

表 10-14　　　水头 H-Q 计算成果表

水位 /m	孔口出流			堰顶溢流		
	水头差 z/m	$\sqrt{z}$	流量 $Q/(m^3/s)$	水头 H/m	$H^{3/2}$	流量 $Q/(m^3/s)$
108.0	5.0	2.24	80.2	8.0	22.6	105.0
107.0	4.0	2.00	71.8	7.0	18.5	86.0
106.0	3.0	1.73	62.1	6.0	14.7	68.3
105.0	2.0	1.41	50.6	5.0	11.2	51.7
104.0	1.0	1.00	35.9	4.0	8.2	37.2
103.0	0			3.0	5.2	24.2
102.0				2.0	2.8	13.1
101.0				1.0	1.0	4.7
100.0				0		

(2) 从曲线图查得，当 $Q=25m^3/s$ 时的库水位为 103.1m。

校核洞中流态，计算临界水深：

$$h_C=\sqrt[3]{\frac{q^2}{g}}=\sqrt[3]{\frac{(25/3)^2}{9.8}}=1.92(m)$$

$$\frac{h_C}{H}=\frac{1.92}{3.1}=0.62<0.75$$

故不淹没。

再核算 i_C：

$h_C=1.92m$，$A_C=1.92\times3=5.76m^2$，湿周 $\chi_C=2\times1.92+3=6.84m$，$R_C=\frac{A_C}{\chi_C}=\frac{5.76}{6.84}=0.84m$。

则
$$v_C=\frac{Q}{A_C}=\frac{25}{5.76}=4.34(m/s)$$

$$C_C=\frac{1}{n}R_C{}^{1/6}=\frac{1}{0.014}\times0.84^{1/6}=69.41(m^{\frac{1}{2}}/s)$$

$$i_C=\frac{v_C^2}{C_C^2R_C}=\frac{4.34^2}{69.41^2\times0.84}=0.00464<0.005$$

由此可见现有隧洞底坡为陡坡，可以维持急流，进口不会发生淹没堰流。

三、明流隧洞断面余幅问题

设计高水头明流泄洪隧洞时，从收缩断面 h_{co} 开始，按急流水面曲线推算明流洞段水深直至洞口；然后再估算急流掺气的水深（可参阅有关规范和水力学计算手册）。为避免明流洞中水面可能触及洞顶甚至发生封洞水跃等不利现象，在算出掺气最大水深后，在水面与洞顶之间必须留有一定余幅。留有余幅，一方面是为了使计算结果有一定的富余量，更主要的是为急流中可能发生的冲击波斜浪留有余地。根据经验，隧洞的余幅面积应不小于隧洞过水断面积的15%～25%，余幅净空高度应不小于0.4m或不小于隧洞断面高度的15%，视流速和水深大小而定。

从结构上考虑，隧洞断面形状宜采用门洞型或马蹄型。当采用门洞型式时，可用半圆形拱或矢高小于半径的圆形平拱，主要根据地质情况而定。断面形状一经拟定，即可根据掺气水深和余幅或净空面积定出隧洞应有的高度，详细计算可参阅有关书籍。

思考题

思10-1　什么是堰流？堰流的类型有哪些？它们有哪些特点？如何判断？

思10-2　堰流计算的基本公式及适用条件？影响流量系数的主要因素有哪些？

思10-3　图10-39中的溢流坝只是作用水头不同，其他条件完全相同，试问：流量系数哪个大？哪个小？为什么？

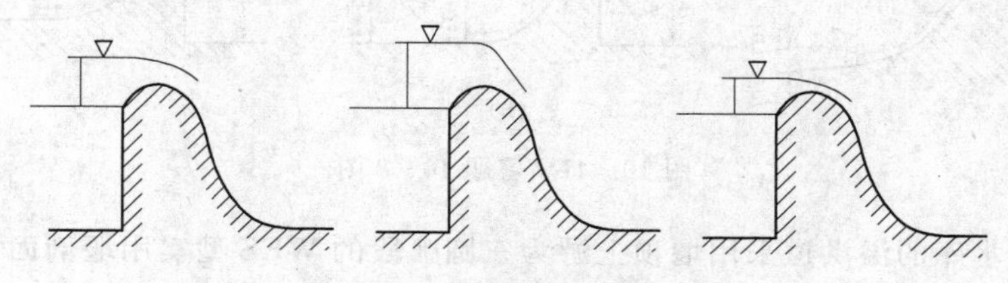

图10-39　思考题10-3图

思10-4　淹没溢流对堰流有何重要影响？薄壁堰、实用堰及宽顶堰的淹没条件是什么？影响各种淹没系数的因素有哪些？

思10-5　试分析在同样水头作用下，为什么实用剖面堰的过水能力比宽顶堰的过水能力大？

习题

10-1　有一无侧收缩矩形薄壁堰，上游堰高$a=0.8$m，下游堰高$a_1=1.2$m，堰宽$B=1$m，堰上水头$H=0.4$m。求下游水深分别为$h_t=1$m和$h_t=1.4$m时通过薄壁堰的流量。

10-2　有一矩形薄壁堰，上、下游堰高$a=a_1=1$m，堰宽$B=0.8$m，上游渠宽$B_0=2$m，堰上水头$H=0.5$m，下游水深$h_t=0.8$m。求流量。

10-3　有一无侧收缩矩形薄壁堰，堰宽$B=0.5$m，上、下游堰高$a=a_1=0.6$m，下游水深$h_t=0.4$m。当通过薄壁堰的流量$Q=0.118\text{m}^3/\text{s}$时，求堰上水头$H$。

10-4　在矩形断面平底明渠中设计一无侧收缩矩形薄壁堰。已知薄壁堰最大流量$Q=252$L/s。当通过最大流量时，堰的下游水深$h_t=0.45$m。为了保证堰流为自由出流，堰顶高于下游水面不应小于0.1m。明渠高度为1m。边墙墙顶高于上游水面不应小于0.1m。试设计薄壁堰的高度和宽度。

10-5　有一三角形薄壁堰，堰口夹角$\theta=90°$，夹角顶点高程为0.6m。溢流时上游水位为0.82m，下游水位为0.4m，求流量。

10-6　有一梯形薄壁堰，堰口底宽$b=0.5$m，$\tan\theta=\dfrac{1}{4}$（θ为堰口侧边与铅垂线的

夹角）。当通过流量 $Q=235\text{L/s}$ 时，下游水面在堰口底边以下，求堰上水头 H。

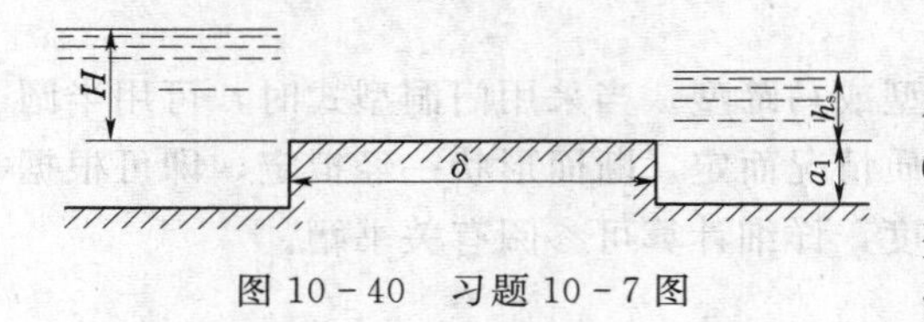

图 10-40　习题 10-7 图

10-7　有一宽顶堰（图 10-40），堰顶厚度 $\delta=16\text{m}$，堰上水头 $H=2\text{m}$，$h_s=0.2\text{m}$，$a_1=4\text{m}$。如上、下游水位及堰高均不变，当 δ 分别减小至 8m 及 4m 时，堰的过水能力有无变化？为什么？

10-8　图 10-41 所示的三个实用堰的堰型、堰上水头 H、上游堰高 a、堰宽 B 及上游条件均相同，而下游堰高 a_1 及下游水深 h_t 不同（其数值见图）。试判别它们的流量是否相等。

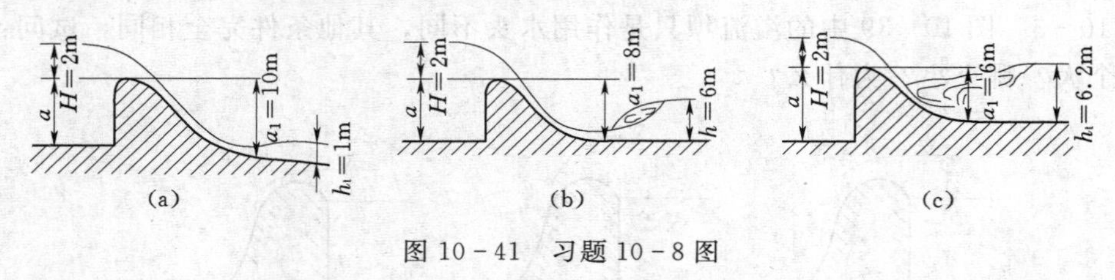

图 10-41　习题 10-8 图

10-9　某水库的溢洪道采用堰顶上游为三圆弧段的 WES 型实用堰剖面，如图10-42所示。溢洪道共 5 孔，每孔宽度 $b=10\text{m}$。设计水头 $H_d=10\text{m}$。闸墩墩头为半圆形，翼墙为圆弧形。上游水库断面面积很大，行近流速 $v_0\approx 0$。当水库水位为 347.3m，下游水位为 342.5m 时，求通过溢洪道的流量。

10-10　为了灌溉需要，在某河修建拦河溢流坝 1 座，如图 10-43 所示。溢流坝采用堰顶上游为三圆弧段的 WES 型实用堰剖面。坝顶无闸门及闸墩，边墩为圆弧形。坝的设计洪水流量为 $540\text{m}^3/\text{s}$，相应的上、下游设计洪水位分别为 50.7 和 48.1m。坝址处河床高程为 38.5m。坝前河道过水断面面积为 524m^2。根据灌溉水位要求，已确定坝顶高程为 48.0m。求：(1) 坝的溢流宽度；(2) 坝面曲线坐标及坝末端的圆弧 R。

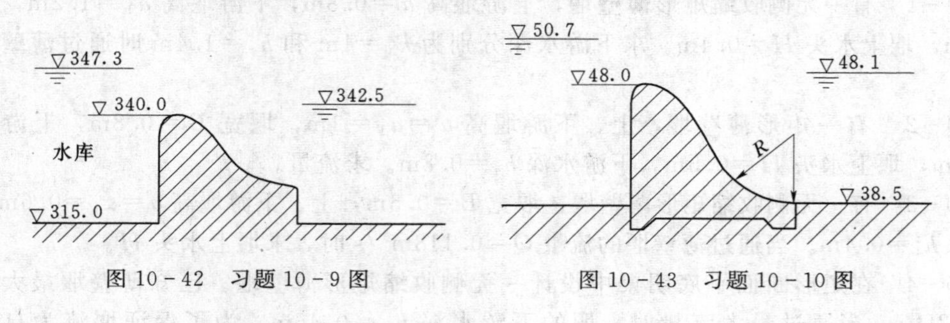

图 10-42　习题 10-9 图　　图 10-43　习题 10-10 图

10-11　某水库的溢流坝段共 10 孔，每孔宽度 $b=5\text{m}$。坝的剖面采用堰顶上游为两圆弧段的 WES 型的实用堰剖面。堰的上游面坡度为 3∶1，如图 10-44 所示。闸墩头部为尖圆形，翼墙为八字形。坝顶高程为 31.5m，河床高程为 27.5m。当水库设计水位（其相应水头为设计水头）为 37.0m，相应下游水位为 31.0m 时，试绘制在设计水位以内的库水位与溢流坝流量关系曲线。（不计行近流速）

10-12　某砌石拦河溢流坝采用梯形实用堰剖面，无闸墩及翼墙。已知堰宽 $B=$河宽=30m，上、下游堰高 $a=a_1=4$m，堰顶厚度 $\delta=2.5$m，堰的上游面为铅直面，下游面坡度为1∶1，堰上水头 $H=2$m，下游水面在堰顶以下0.5m，求通过溢流坝的流量。

10-13　某宽顶堰式水闸共6孔，每孔宽度 $b=6$m，具有尖圆形闸墩墩头和圆弧形翼墙，其他尺寸如图10-45所示。已知水闸上游水位为4.5m，下游水位为3.4m，不计行近流速，求通过水闸的流量。

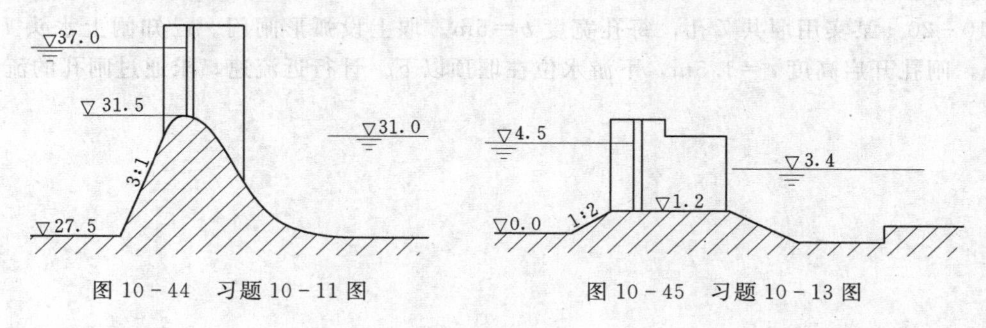

图10-44　习题10-11图　　　图10-45　习题10-13图

10-14　从河道引水灌溉的某干渠引水闸（图10-46），具有半圆形闸墩墩头和八字形翼墙。为了防止河中泥沙进入渠道，水闸进口设直角形闸坎，坎顶高程为31.0m，并高于河床1.8m。已知水闸设计流量 $Q=61.8\text{m}^3/\text{s}$，相应的河道水位和渠道水位分别为34.25m和33.80m，渠道过水断面面积 $A_0=32\text{m}^2$。忽略上游行近流速，并限制水闸每孔宽度不大于4m，求水闸宽度及闸孔数。

10-15　在某渠道中设一单孔平底水洞，用以控制渠中水位。已知闸孔宽度 $B=3$m，渠道宽度 $B_0=7.5$m，水闸具有圆弧形翼墙，翼墙圆弧半径 $r=2$m。当闸门全开，通过水闸的流量 $Q=24.6\text{m}^3/\text{s}$ 时，下游水深 $h_t=h_s=2.8$m。求无坎宽顶堰的堰上水头 H。

10-16　在闸孔下游水平段后接一陡坡段，过闸水流如图10-47所示。如闸上水头 H 及闸门开启高度 e 均不变，当水平段长度 l 增大时，过闸流量有无变化？如有变化，说明 l 增大到何种程度时开始发生变化，是增大还是减小？

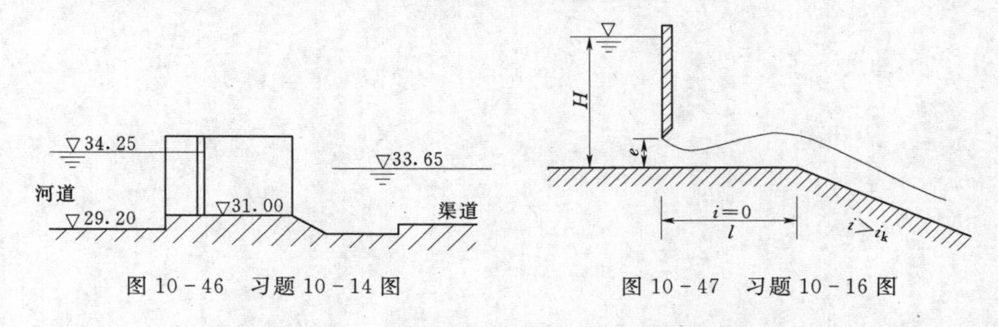

图10-46　习题10-14图　　　图10-47　习题10-16图

10-17　有一平底闸，共5孔，每孔宽度 $b=3$m。闸上设锐缘平板闸门。已知闸上水头 $H=3.5$m，闸门开启高度 $e=1.2$m，下游水深 $h_t=2.8$m。不计行近流速，求通过水闸的流量。

10-18　某宽顶堰式水闸，共10孔，每孔宽度 $b=4$m。闸上设平板闸门，闸门底缘上游部分为圆弧形，圆弧半径 $r=0.2$m。上游河宽 $B_0=60$m。闸坎高于上游河床2m。已

知闸门开启高度 $e=2\mathrm{m}$，流速系数 $\varphi=0.95$，下游水深 $h_t=3\mathrm{m}$，通过闸孔的流量 $Q=500\mathrm{m}^3/\mathrm{s}$ 时。求闸上水头 H。

10-19　有一平底闸，共 3 孔，每孔宽度 $b=10\mathrm{m}$。闸上设弧形闸门，闸门圆弧半径 $B=7.5\mathrm{m}$，闸前水位与门轴高程为 38.0m。闸底高程为 33.0m。当闸门开启高度 $e=2\mathrm{m}$ 时，求通过闸孔的流量。

10-20　某实用堰共 7 孔，每孔宽度 $b=5\mathrm{m}$。堰上设弧形闸门。已知闸上水头 $H=5.6\mathrm{m}$，闸孔开启高度 $e=1.5\mathrm{m}$，下游水位在堰顶以下。计行近流速，求通过闸孔的流量。

第十一章　泄水建筑物下游的水流衔接与消能

【本章导读】 本章主要讲述底流消能、挑流消能和水跃淹没系数的基本概念，学会底流和挑流消能的基本计算。

第一节　引　　言

天然河道中的水流一般多属于缓流，单宽流量沿河宽方向的分布也比较均匀。而河道在水流的长期作用下，其流量、流速与河床比较适应，基本已经达到冲淤平衡的状态。为了实现各种水利目标，常常需要修建闸、坝等泄水建筑物来控制河渠中的水流，从而使原有天然水流的流动条件发生变化，主要表现在：①闸坝拦蓄河水，使上游水位抬高，水流的势能增大，当闸坝泄水时，势能转换成巨大的动能，流速增大，形成高速水流下泄，单位重量水体所具有的能量也比下游河道中水流的能量大得多，对下游河床具有明显的破坏能力；②由于枢纽布置的要求和为了节省建筑物的造价，常要求这类建筑物的泄水宽度比原河床小，使闸孔、跌水、溢洪道、隧洞出流集中，单宽流量加大，能量更为集中，破坏性也更大。另外，下游水流运动的平面分布更加复杂化，不利于整个枢纽的运行。这样原有的水流与河床边界的平衡状态被打破，造成了水的冲击力大于边界的抗冲能力，形成了水流对河床的冲刷。

侧向冲刷破坏原有河床的两岸，往往一岸冲刷，另一岸淤积，或者两岸都被冲刷。经水工建筑物下泄的水流与其下游河渠中心线不对称，或河槽的下游水面宽度 B 比溢流宽度 b 大得多，以及多闸孔的闸门启闭程序不当时，经水工建筑物下泄的水流会向一边偏折，使另一边形成巨大回流，这种现象称为折冲水流。图 11－1 为某水利枢纽平面布置图，由溢流坝下泄的动能较大，势能较小，所以水位较低，而由水电站泄出的水流速度较小，水位较高，这样便造成横向水位差，以致水电站泄出的水流挤压溢流坝泄出的水流，而使主流偏折，形成折冲水流。折冲水流对工程不利。由于主流偏向左岸，就造成右岸巨大的回流区，而靠近左岸的主流过水断面减小，流速加大，导致对河床及岸壁的冲刷。如果在枢纽中设有船闸，则折冲水流对船闸的下游会造成不利的航行条件。而回流往往把主流冲刷的泥沙带到水电站下游形成淤积，影响水电站出力。

垂直下切的冲刷危及建筑物本身的安全。水流经过建筑物后，大量的势能转化为动能，流速很大，对河床底部形成强烈冲刷，在建筑物下游附近出现冲刷坑（图 11－2）。

因此，在设计水工建筑物时，要选择合理的消能工形式，用最有效的措施将集中下泄水流的部分动能消除，以改善水流在平面上及过水断面上的流态，减少水流对河床及两岸的冲刷，以保证建筑物的安全。

从水力学角度来看，必须解决以下两个问题：①解决水流从高水位向低水位过渡时的水流衔接问题；②解决因单宽流量集中以及较大的水位差转化为较大动能时对下游河道的冲刷，即消能问题。

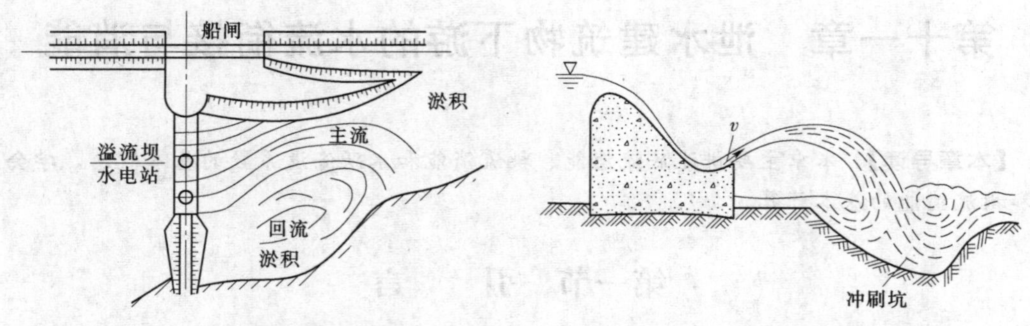

图 11-1　某水利枢纽平面布置图　　　　图 11-2　水流对河床的冲刷

只有很好地解决上述问题，才可保证建筑物的安全以及避免下泄水流对枢纽其他建筑物（电站和航运建筑物）的不利影响。这是研究水流衔接与消能的基本任务。

根据液体连续性原理，连续的水流总是要衔接的，只是衔接的形式可以是各式各样的，而产生的效果也是不同的。这里所说的衔接是指过堰（坝）水流与下游水流的衔接。水流的衔接与消能是一个问题的两个方面，两者不是孤立的。一定的衔接形式恰好表明了相应消能机理的实质。解决消能问题，同时也伴随着解决水流的衔接问题。

第二节　泄水建筑物下游消能的基本形式

为了减轻水流对下游河道冲刷，必须减小下泄水流的动能，而设法增加下游水流的势能。从工程观点看，应尽可能使下泄水流的巨大动能在较短的距离内消耗掉，以保护枢纽建筑物的安全及降低工程费用，减轻和防止下游河床的冲刷。

泄水建筑物下游水力设计的主要任务是：选择及计算采用的消能措施，以便在下游较短距离内消耗多余的能量，从而与天然河道或下游水流相衔接。

消除余能的主要办法是：设法加剧水流质点之间、水流与固体、气体边界之间的摩擦和碰撞，从而达到消能的目的。

目前，工程上常采用的衔接与消能措施，有如下三大基本类型。

一、底流式消能

下泄水流流速较大，属于急流。而下游河道的水流常处于缓流状态。由急流向缓流过渡时必然发生水跃。所谓底流消能，就是在建筑物下游采取一定的工程措施，控制水跃发生的位置，通过水跃产生的表面漩滚和强烈的紊动以达到消能的目的。从而使 $c—c$ 收缩断面的急流与下游的正常缓流衔接起来。由于在这种衔接形式中，高流速的主流在底部，故称为底流式消能，如图 11-3 所示。

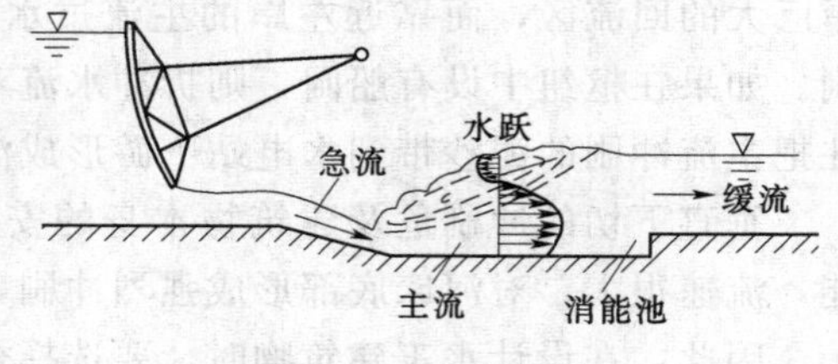

图 11-3　底流消能

这种消能形式适用于河床的各种地质条件，无论是岩基还是软基均可采用，在中、小型水利及水土保持工程中广泛应用。但因需做护坦及边墙，工程费用较高。

二、挑流式消能

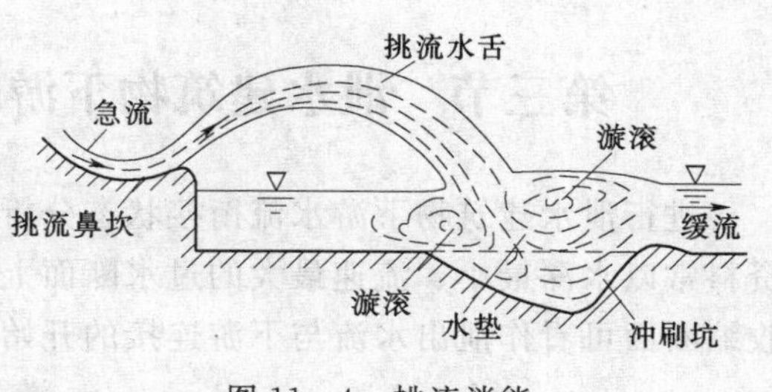

图 11-4　挑流消能

利用下泄水流所挟带的巨大动能，通过具有一定高程的挑流鼻坎，因势利导将水流抛射到远离建筑物下游的河道内，使下落水舌对河床的冲刷不会危及建筑物的安全。当水股抛入空中时，水流扩散，掺气并与空气摩擦消耗少部分余能，当水股落入远离建筑物的下游时，与冲刷坑内水垫及河床碰撞并形成强烈水滚，消耗所剩的大量余能，最后以缓流与下游水面衔接。这种消能形式称为挑流式消能，如图 11-4 所示。

这种消能形式适用于中高水头泄水建筑物，要求下游河床的地质条件较好，最好为岩基。由于水流被挑到离建筑物较远的下游，河床一般可不加保护节约下游护坦，构造简单，便于维修，因而工程造价低，缺点是射流在空中扩散雾气大，尾水波动大。

三、面流式消能

在泄水建筑物的末端做成低于下游水位的跌坎，将下泄的高速水流导入下游水流的上层，主流与河床之间形成一个巨大的底部漩滚，避免主流直接冲刷河床。主要通过水舌扩散、流速分布调整、底部漩滚的激烈紊动消除余能。在衔接段中，由于高速主流位于表层，故称面流式消能，如图 11-5 所示。

这种消能形式的适用条件是下游水深大，水位随季节变幅小。其优点是：由于主流在表面有利于通过表流迅速排泄冰块及其他漂浮物而避免撞击坝面和护坦，另外由于主流在表层，对河床冲刷作用小，不需防冲措施，可节省工程投资。缺点是：下游水面剧烈波动，对岸坡稳定和航运不利。

此外，还可以将上述三种基本的消能方式结合起来应用。如将底流和面流结合起来的消能形式——消能戽（消力戽），即戽流式消能（图 11-6）：在泄水建筑物尾端修建低于下游水位的消能戽斗，将宣泄的急流挑向下游水面形成涌浪，在涌浪上游形成戽漩滚，下游形成表面漩滚，主流之下形成底部漩滚。它兼有底流型和面流型的水流特点和消能作用，称为戽流型衔接消能。

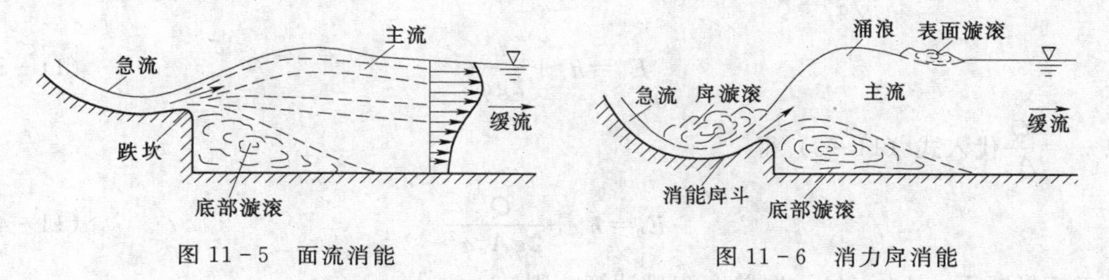

图 11-5　面流消能　　　　图 11-6　消力戽消能

还有其他的消能形式，如陡槽冲击消能工、涵管冲击消力箱、喷射消力室、消力井等。

总之，工程实际中消能形式的选择是一个十分复杂的问题，必须结合具体工程的运用要求，并兼顾水力、地形、地质及使用条件进行综合分析，因地制宜地采取措施，以达到消除余能和保证建筑物安全的目的。

第三节　泄水建筑物下游的水流收缩断面的水力要素

进行泄水建筑物下游水流衔接状态分析时，必须依据泄出水流的水力特性资料，这些资料常以水深最小、流速最大的过水断面上的水力要素为代表。这个断面称为收缩断面。收缩断面可看作泄出水流与下游连接的开始断面。例如，对于底流式消能，泄水建筑物下游水跃的位置决定于通过建筑物下泄水流的特性和下游河道中水深和流速的大小。当通过流量一定时，下游河道中的水深和流速通常是已知的。

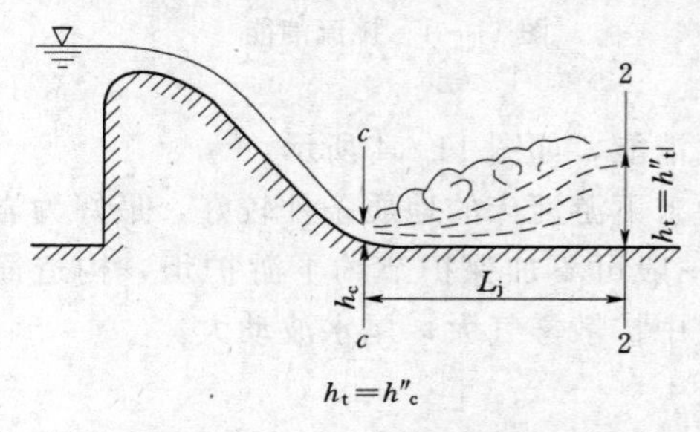

图 11-7　溢流坝剖面图

而通过建筑物下泄的水流，则常以建筑物下游的收缩断面作为分析水流衔接形式的控制断面。

以图 11-7 所示的溢流坝为例。水流自坝顶下泄时，势能逐渐转化为动能，水深减小，流速增加。到达坝址的断面 $c—c$，即收缩断面，其水深以 h_c 表示，h_c 小于临界水深 h_k。现以通过收缩断面底部的水平面为基准面，列出坝前断面 0—0 及收缩断面 $c—c$ 的能量方程式，可得

$$E_0=h_c+\frac{\alpha_c v_c^2}{2g}+\zeta\frac{v_c^2}{2g}=h_c+(\alpha_c+\zeta)\frac{v_c^2}{2g} \tag{11-1}$$

式中：ζ 为断面 0—0 至 $c—c$ 间的局部水头损失系数；E_0 为以收缩断面底部为基准面的坝前水流总能量。

由图 11-7 可以看出：

$$E_0=a_1+H+\frac{\alpha_0 v_0^2}{2g}=a_1+H_0 \tag{11-2}$$

式中：a_1 为下游堰高。

令流速系数 $\varphi=\frac{1}{\sqrt{\alpha_c+\zeta}}$，则式（11-1）可写作

$$E_0=h_c+\frac{v_c^2}{2g\varphi^2} \tag{11-3}$$

以 $v_c=\frac{Q}{A_c}$ 代入式（11-3）得

$$E_0=h_c+\frac{Q^2}{2gA_c^2\varphi^2} \tag{11-4}$$

对于矩形断面，$A_c=bh_c$。取单宽流量计算，则

$$E_0=h_c+\frac{q^2}{2gh_c^2\varphi^2} \tag{11-5}$$

当断面形状、尺寸、流量及流速系数 φ 已知时，即可应用式（11-4）来计算收缩断

面水深 h_c。对矩形断面可用式（11-5）计算。

式（11-4）及式（11-5）都是三次方程式，一般需用试算法或迭代法求解，计算可列表进行，以便于检查错误及逐次逼近；此外，也可借助与一些专门的图表来简化计算，近年来已经逐步引入计算机算法。

下面介绍一种适用于矩形断面的计算曲线。

对于矩形断面，$h_k^3=\frac{q^2}{g}$；用 h_k 除式（11-5）两端可得

$$\xi_0=\xi_c+\frac{1}{2\varphi^2\xi_c^2} \tag{11-6}$$

式中：$\xi_0=\frac{E_0}{h_k}$；$\xi_c=\frac{h_c}{h_k}$。

以 φ 作参数，可绘出 $\xi_c=f_1(\xi_0)$ 的关系曲线，如图 11-8 所示。根据已知的 φ 及 $\xi_0=\frac{E_0}{h_k}$ 值，利用该图可查出相应的 ξ_c 值，从而计算出 $h_c=h_k\xi_c$。

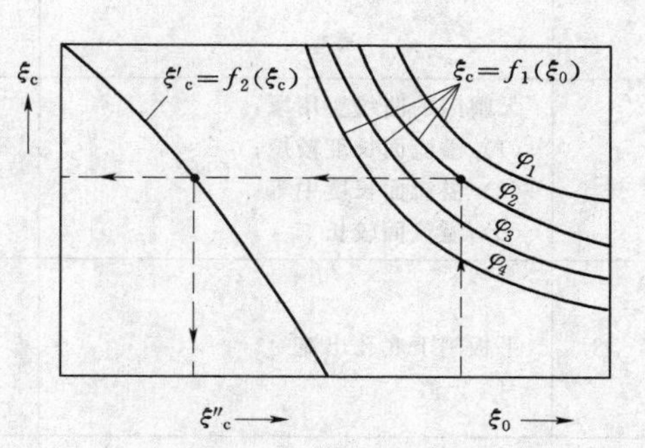

图 11-8　ξ 取值曲线

为了适应判定水跃位置的需要，在图 11-8、中还绘出了 $\xi''_c=f_2(\xi_c)$ 的关系曲线。$\xi''_c=\frac{h''_c}{h_k}$，$h''_c$是收缩水深 h_c 的共轭水深。

对于矩形断面，当取动量修正系数 $\beta=1$ 时，水跃方程可写成

$$h''_c=\frac{h_c}{2}\left[\sqrt{1+8\frac{q^2}{gh_c^3}}-1\right]=\frac{h_c}{2}\left[\sqrt{1+8\left(\frac{h_k}{h_c}\right)^3}-1\right] \tag{11-7}$$

用 h_k 除式（11-7）两端可得

$$\xi''_c=\frac{\xi_c}{2}\left[\sqrt{1+8\left(\frac{1}{\xi_c^3}\right)}-1\right] \tag{11-8}$$

根据式（11-8），即可在图 11-8 中绘出 $\xi''_c=f_2(\xi_c)$ 的关系曲线。利用该曲线及不同 φ 值的 $\xi_c=f_1(\xi_0)$ 的曲线族，即可由已知的 $\xi_0=\frac{E_0}{h_k}$和 φ 值，求得相应的 ξ_c 及 ξ''_c。则：$h_c=\xi_c h_k$；$h''_c=\xi''_c h_k$。

以上所给出的计算收缩断面水深 h_c 及其共轭水深 h''_c的公式和计算曲线，不仅适用于溢流坝，对水闸及其他形式的建筑物也完全适用。对于水闸，也可用 $h_c=\varepsilon_2 e$ 直接计算 h_c。

应用上面的方法计算建筑物下游的收缩断面水深时，必须确定流速系数 φ 值，φ 值的大小决定于建筑物的型式和尺寸，严格来讲，还与坝面的粗糙程度、反弧半径 r 及单宽流量的大小有关，但影响因素比较复杂，目前仍以统计试验和原型观测资料得出的经验数据或公式来确定。其经验数据见表 11-1。

经验公式如下：

中国水利水电科学研究院根据国内外一些高坝的原型水流观测资料，提出对于高坝可采用下式计算流速系数 φ 值：

$$\varphi=\left(\frac{q^{2/3}}{s}\right)^{0.2} \tag{11-9}$$

式中：s 为上游水位至收缩断面底部的垂直距离，m。

表 11-1 **流速系数 φ 值表**

序号	建筑物泄流方式	图形	φ
1	堰顶有闸门的曲线实用堰		0.85～0.95
2	无闸门的曲线实用堰： (1) 溢流面长度较短； (2) 溢流面长度中等； (3) 溢流面较长		1.00 0.95 0.90
3	平板闸下底孔出流		0.95～0.97
4	折线实用断面（多边形断面）堰		0.80～0.90
5	宽顶堰		0.85～0.95
6	跌水		1.00
7	末端设闸门的跌水		0.97

对于坝前水流无明显掺气。曲线型实用堰，当 $\frac{a_1}{H}<30$ 时，可采用式（11-10）计算：

$$\varphi=1-0.0155\frac{a_1}{H} \tag{11-10}$$

式中：a_1 为下游堰高，m。

【例 11-1】 某水电站引水渠为矩形断面，渠末端设一曲线型实用堰作为溢流堰，已知上游堰高 $a=10\text{m}$，下游堰高 $a_1=12\text{m}$，设计水头 $H=2.96\text{m}$，堰顶宽度 $B=8\text{m}$，表面糙率一般，试求下游收缩断面水深 h_c。

解 先求堰上单宽流量：

因 $$Q=mB\sqrt{2g}H_0^{\frac{3}{2}}$$

则 $$q=m\sqrt{2g}H_0^{\frac{3}{2}}$$

对曲线型实用堰，取 $m=0.49$。先不考虑行近流速的影响，即 $H_0=H$ 则

$$q=0.49\times\sqrt{2\times9.8}\times2.96^{\frac{3}{2}}=11.05[\mathrm{m^3/(s\cdot m)}]$$

考虑行近流速的影响：

$$v_0=\frac{q}{a+H}=\frac{11.05}{10+2.96}=0.85(\mathrm{m/s})$$

$$\frac{v_0^2}{2g}=\frac{0.85^2}{2\times9.8}=0.04(\mathrm{m})$$

$$H_0=2.96+0.04=3.0(\mathrm{m})$$

$$q=0.49\times\sqrt{2g}\times3^{\frac{3}{2}}=11.27[\mathrm{m^3/(s\cdot m)}]$$

$$E_0=H+a_1+\frac{v_0^2}{2g}=12+2.96+0.04=15(\mathrm{m})$$

查表 11-1，选 $\varphi=0.95$，由式（11-5）得

$$h_c=\frac{q}{\varphi\sqrt{2g(E_0-h_{c1})}}$$

下面用迭代法进行计算。

令 $h_{c1}=0$，则得第一次近似计算值：

$$h_c=\frac{q}{\varphi\sqrt{2g(E_0-0)}}=\frac{11.27}{0.95\sqrt{2\times9.8\times15}}=0.692(\mathrm{m})$$

令 $h_{c1}=h_c=0.692\mathrm{m}$，并代入上式中，得到第二次近似值：

$$h_c=\frac{q}{\varphi\sqrt{2g(E_0-h_{c1})}}=\frac{11.27}{0.95\sqrt{2\times9.8\times(15-0.692)}}=0.708(\mathrm{m})$$

再令 $h_{c1}=h_c=0.708\mathrm{m}$，并代入公式中，得到第三次近似值：

$$h_c=\frac{q}{\varphi\sqrt{2g(E_0-h_{c1})}}=\frac{11.27}{0.95\sqrt{2\times9.8\times(15-0.708)}}=0.708(\mathrm{m})$$

若取值精确到小数点后 2 位，则最后取 $h_c=0.71\mathrm{m}$。

一般迭代法中计算三次即可求出准确的 h_c 值。

第四节 底流型衔接与消能

底流消能是借助于一定的工程措施（如修建消力池）控制水跃位置，通过水跃发生的表面漩滚和强烈紊动来消除余能。一般的水闸、中小型溢流坝或地质条件较差的各类泄水建筑物，多采用底流式消能。这是一种基本的消能型式，在我国获得了广泛应用。

一、泄水建筑物下游水跃的位置与形式及其对消能的影响

以溢流坝为例来说明水跃的位置与形式。为研究方便起见，设下游为缓坡棱柱体渠

道，并认为下游水深 h_t 大致沿程不变（即下游渠道中近似为均匀流）。

水跃的位置决定于坝址收缩断面水深 h_c 的共轭水深 h_c'' 与下游水深 h_t 的相对大小。水跃可能出现下列 3 种情况：

第一种情况：$h_t = h_c''$。

因为下游水深 h_t 恰好等于收缩断面水深 h_c 的共轭水深 h_c''，故水跃直接在收缩断面处发生。这种水跃称为临界式水跃，这种衔接形式称为临界式水跃衔接（图 11-9）。

第二种情况：$h_t < h_c''$。

这时，收缩水深 h_c 与下游实有水深 h_t，不满足水跃的共轭条件，故水跃不在收缩断面处产生。由水跃可知，在一定流量下，跃前水深越小，则所要求的跃后水深越大；反之，跃后水深越小，则其跃前水深越大。既然 $h_t < h_c''$，这表明与 h_t 相共轭的跃前水深 h_t' 应大于 h_c。所以，急流将继续向下游流动一定距离，在流动过程中，由于摩擦，损失消耗部分动能，流速逐渐减小，水深逐渐增大。至某一距离处，水深等于 h_t'，水跃即开始发生（图 11-10）。由于水跃发生在收缩断面的下游，这种水跃称为远驱式水跃，其衔接形式则称为远驱式水跃衔接。

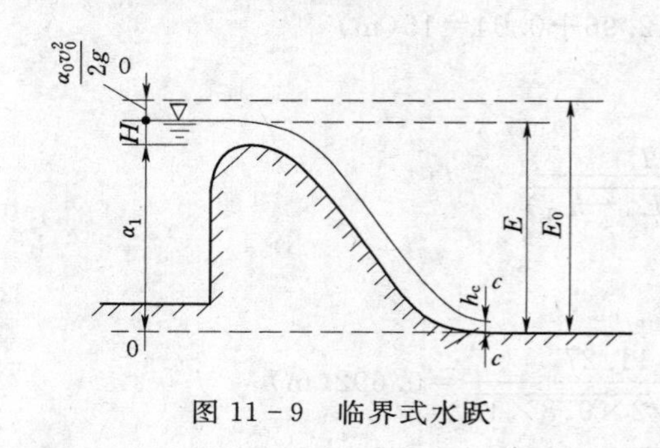

图 11-9　临界式水跃

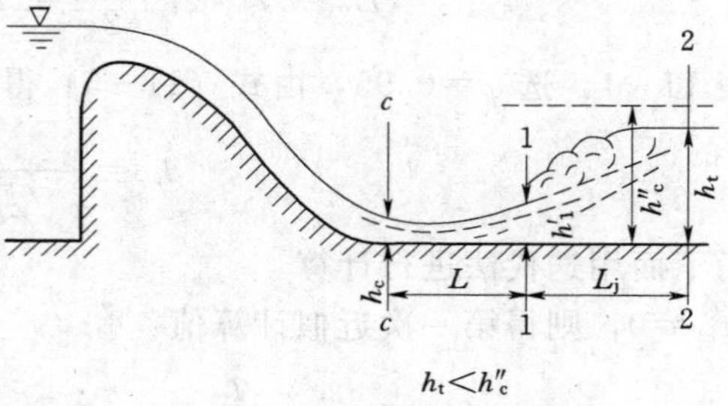

$h_t < h_c''$

图 11-10　远驱式水跃

第三种情况：$h_t > h_c''$。

这种情况表明，坝下欲发生水跃，必须发生在这样一个断面处，该断面的水深等于 h_t'，而且 $h_t' < h_c$。显然，坝下游不存这样的断面，因为收缩断面已经是水深最小的断面。由断面比能的讨论可知：缓流中水深越大，断面比能越大。所以，与 h_t 相应的断面比能，将大于与收缩断面的跃后水深 h_c'' 相应的断面比能。由于下游的实有比能大，表面漩滚将涌向上游，并淹没收缩断面（图 11-11）。这种水跃称为淹没式水跃，其衔接形式则称为淹没式水跃衔接。

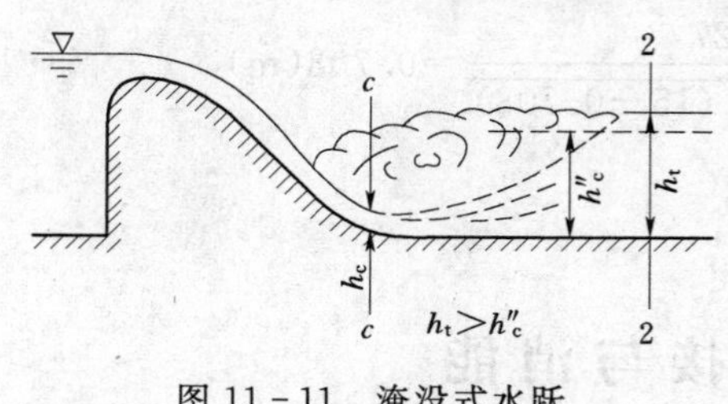

图 11-11　淹没式水跃

工程中，一般用 h_t 与 h_c'' 之比来表示水跃的淹没程度，该比值称为水跃的淹没系数，用 σ_j 来表示，即

$$\sigma_j = \frac{h_t}{h_c''}$$

当 $\sigma_j > 1$ 时，为淹没水跃，σ_j 越大则表明水跃的淹没程度越大；当 $\sigma_j = 1$ 时，为临界

水跃；当 $\sigma_j<1$ 时，为远驱水跃。临界式水跃及远驱式水跃都是非淹没式水跃，或称为自由水跃，两者之间的区别仅在于它们所发生的相对位置不同。

上面所述的溢流坝下游水跃位置与形式的判别方法，对水闸或其他形式的泄水建筑物也同样适用。图 11-12 是平底闸孔下游三种水跃衔接形式的示意图。

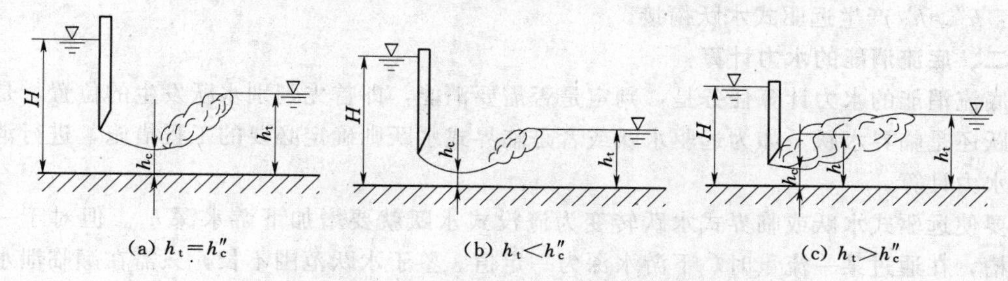

图 11-12 平板闸门下游水跃形式图

建筑物下游可能出现的 3 种水跃衔接形式，虽然都是通过水跃来消能，但由于水跃位置和形式的不同，消能的效果和所需的消能建筑物尺寸是各不相同的。

从水工和消能的观点来看，如果发生远驱水跃，下游水流急，冲刷力大，需要护坦长，工程造价高，因此需使水跃发生的位置向建筑物前移。临界水跃具有消能率高，需要保护的河床范围短的特点，但是水跃区很不稳定，下游水位稍有变小，就可能转为远驱水跃，而淹没水跃虽然需保护的河床比远驱水跃短，但消能率低，达不到消能的目的。因此，从水跃发生位置、水跃的稳定性以及消能效果等方面综合考虑，以稍有淹没的水跃为宜。修建消力池的目的就是设法形成稍有淹没水跃达到消能的良好效果，同时使远驱水跃提前发生，减少工程造价。

从减少急流段保护长度，水跃位置的稳定性要求及消能效果等几方面综合考虑，采用淹没程度较小的淹没水跃较为合适。通常要求 $\sigma_j=1.05\sim1.10$。

【例 11-2】 在矩形断面河道中筑溢流坝，坝顶宽 B 等于河道宽 B_0，已知坝顶单宽流量 $q=8\text{m}^3/(\text{s}\cdot\text{m})$，上、下游坝高 $a=a_1=7\text{m}$，流速系数 $\varphi=0.95$，流量系数 $m=0.49$；下游河道中水深 $h_t=3\text{m}$。试判明下游水流衔接形式。

解 由堰流公式知：

$$Q=\varepsilon m\sigma B\sqrt{2g}H_0^{\frac{3}{2}}$$

无侧收缩，$\varepsilon=1$

设下游为自由出流，$\sigma=1.0$

则
$$H_0=\left(\frac{q}{m\sqrt{2g}}\right)^{\frac{2}{3}}=\left(\frac{8}{0.49\sqrt{2\times9.8}}\right)^{\frac{2}{3}}=2.39(\text{m})$$

验算：$h_s<0$，$\dfrac{a_1}{H_0}=\dfrac{7}{2.39}=2.93>2.0$，故 $\sigma_s=1.0$，为自由出流，与假设相符。

$$E_0=H_0+a_1=2.39+7=9.39(\text{m})$$

$$h_k=\sqrt[3]{\frac{\alpha q^2}{g}}=\sqrt[3]{\frac{1.0\times8^2}{9.8}}=1.87(\text{m})$$

$\xi_0=\dfrac{E_0}{h_k}=\dfrac{9.39}{1.87}=5.02$，且 $\varphi=0.95$，查图 11-9，得

$\xi_c=0.345$，所以 $h_c=\xi_c h_k=0.345\times1.87=0.645(\text{m})$

$\xi_c''=2.24$，所以 $h_c''=\xi_c'' h_k=2.24\times1.87=4.19(\text{m})$

结论：$h_c''>h_t$ 产生远驱式水跃衔接。

二、底流消能的水力计算

底流消能的水力计算任务是：判定是否需要消能，即首先判别水跃发生的位置，是远驱水跃还是临界水跃，如为远驱水跃或者是临界式水跃则确定必要的工程措施，进行消力池的水力计算。

要使远驱式水跃或临界式水跃转变为淹没式水跃就要增加下游水深 h_t。但对于一定的河槽，在通过某一流量时，下游水深为一定值。鉴于水跃范围不长，只需在濒临泄水建筑物的较短距离内增加水深即可。

底流消能的工程措施主要有 3 种形式（图 11-13）：

（1）降低护坦高程形成消力池。下游水深不变，而局部降低河床，则水深较原来增加，可以形成淹没式水跃。

（2）在护坦末端修建消力坎（消力坝、消力栏、消力墙）形成消力池。在下游适当位置筑一道低堰，堰前水位抬高，水深增加，亦可发生淹没式水跃。

（3）既降低护坦又在护坦末端筑消力坎，形成综合消力池。如采用消力池或消力坎在技术经济上均不适宜时，可两者兼用。

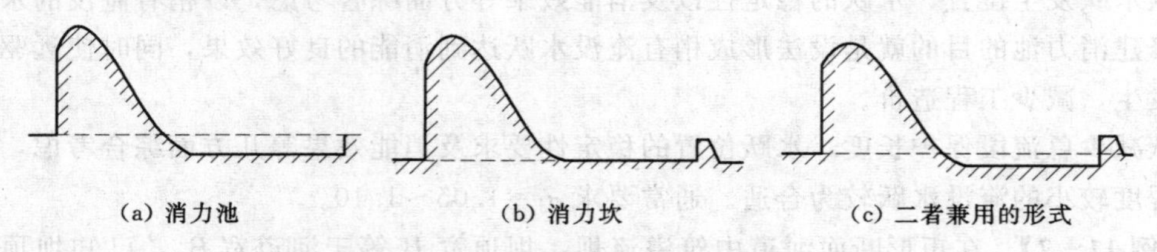

图 11-13 底流消能施工形式

上述 3 种工程措施，到底采用哪一种形式，需要根据消能效果、地质情况、工程造价等综合考虑作出决定。

消力池水力计算内容是确定消力池的定型尺寸，主要是计算池深 d 或坎高 c 以及消力池长度 L_B，以保证能容纳整个水跃。

（一）降低护坦高程形成消力池的水力计算

1. 消力池深 d 的计算

如图 11-14 所示，下游原河床挖深 d 后形成消力池，当水流出池时，和宽顶堰相似有一个水面跌落 ΔZ，然后与下游水面衔接。

若要使池内形成稍有淹没的水跃，则需使池末水深满足：

$$h_T=\sigma_j h_{c1}''$$

式中：h_{c1}'' 为护坦高程降低后对应收缩水深 h_{c1} 的跃后水深；σ_j 为水跃淹没安全系数，一般 $\sigma_j=1.05\sim1.10$。

下面根据堰上总水头 E_0，单宽流量 q，下游水深 h_t，流速系数 φ 等已知条件推求池

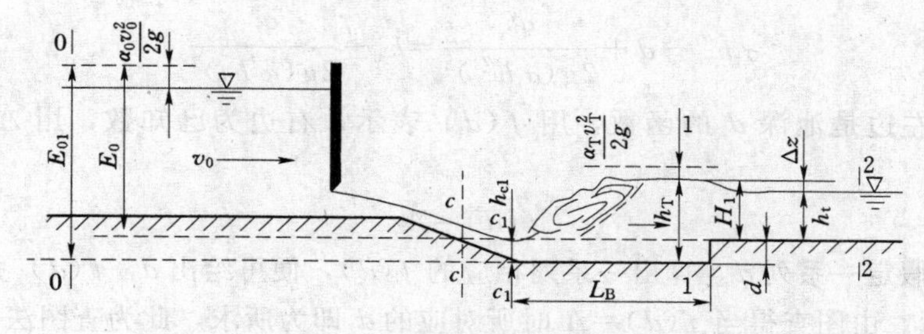

图 11-14　消力池剖面图

深 d。

由图 11-14 可知：

$$h_{\mathrm{T}}=d+h_{\mathrm{t}}+\Delta Z \tag{11-11}$$

由水跃方程可知：

$$h_{\mathrm{T}}=\sigma_{\mathrm{j}}h''_{\mathrm{c1}}=\frac{\sigma_{\mathrm{j}}h_{\mathrm{c1}}}{2}\left(\sqrt{1+\frac{8q^2}{gh_{\mathrm{c1}}^3}}-1\right) \tag{11-12}$$

对于断面 0—0 和断面 c_1—c_1，根据能量方程可列出：

$$E_{01}=E_0+d=h_{\mathrm{c1}}+\frac{q^2}{2g\varphi^2h_{\mathrm{c1}}^2} \tag{11-13}$$

以原河床所在的水平面为基准线，列断面 1—1 与断面 2—2 能量方程：

$$h_{\mathrm{t}}+\Delta Z+\frac{\alpha_{\mathrm{T}}v_{\mathrm{T}}^2}{2g}=h_{\mathrm{t}}+\frac{\alpha_2v_2^2}{2g}+\zeta\frac{v_2^2}{2g}$$

整理后

$$\Delta Z=H_1-h_{\mathrm{t}}=(\alpha_2+\zeta)\frac{v_2^2}{2g}-\frac{\alpha_{\mathrm{T}}v_{\mathrm{T}}^2}{2g} \tag{11-14}$$

令出池流速系数 $\varphi'=\dfrac{1}{\sqrt{\alpha_2+\zeta}}$，$\varphi'$值决定于消力池出口处顶部的形式，一般取 $\varphi'=0.95$。

又取

$$\alpha_{\mathrm{T}}=1.0,v_2=\frac{q}{h_{\mathrm{t}}},v_{\mathrm{T}}=\frac{q}{h_{\mathrm{T}}}$$

则式（11-14）改写为

$$\Delta Z=\frac{1}{\varphi'^2}\frac{q^2}{2gh_{\mathrm{t}}^2}-\frac{q^2}{2gh_{\mathrm{T}}^2} \tag{11-15}$$

下游河渠中的水深 h_{t} 决定于流量和下游河渠的水力特性，可近似地按明渠均匀流计算求得，或从下游河道断面实测的水位-流量关系曲线查得。

由上述 4 个方程式（11-11）～式（11-13）、式（11-15）可求 4 个未知量 h_{T}、h_{c1}、ΔZ 和 d。

总水头 E_{01} 和水面跌落 ΔZ 均与池深 d 有关，无法直接求解，应采用试算法求解。

为了便于计算，将式（11-12）、式（11-15）代入式（11-11），与池深 d 有关的项放在等号的左边，可写作

$$\sigma_j h''_{c1} - d + \frac{q^2}{2g(\sigma_j h''_{c1})^2} = h_t + \frac{q^2}{2g(\varphi' h_t)^2} \tag{11-16}$$

式（11-16）左边是池深 d 的函数，用 $f(d)$ 表示；右边为已知数，用 A 表示，则可写成：

$$f(d) = A$$

计算时，假定一系列 d，算出一系列相应的 $f(d)$，便可绘出 $d-f(d)$ 关系曲线，如图 11-15 所示。由图查得当 $f(d)=A$ 时所对应的 d 即为所求，此为查图法。

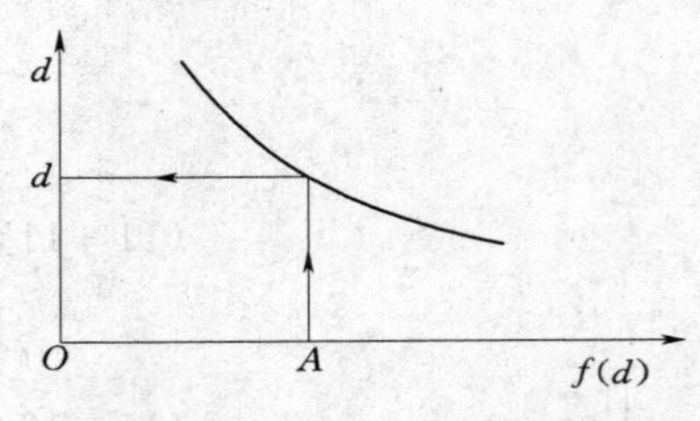

图 11-15　$d-f(d)$ 关系图

对于中小型工程可做简单估算：

在式（11-11）中，忽略 ΔZ，并采用护坦降低以前的收缩断面水深的共轭水深 h''_c。则

$$h_T = d + h_t$$

$$d = h_T - h_t$$

$$d = \sigma_j h''_c - h_t \tag{11-17}$$

当 $q<25\text{m}^3/(\text{s}\cdot\text{m})$，$E_0<35\text{m}$，且下游流速 $v<3\text{m/s}$ 时，$\sigma_3=1.05$，下游流速 $v\geqslant 3\text{m/s}$ 时，$\sigma_j=1.0$。

2. 消力池长度 L_B 的计算

消力池的长度必须保证水跃发生在池内，所以消力池的长度可以从水跃长度出发来考虑。但消力池内的水跃受到消力池末端垂直壁面产生的一个反向作用力（有壅阻水流的作用），减小了水跃长度。所以，消力池内的水跃长度仅为平底渠道中自由水跃长度的 70%～80%。

由此可得，消力池长度为

$$L_B = (0.7\sim0.8)L_j \tag{11-18}$$

若按 $L_j=6.1h''_{c1}$ 计算，则

$$L_B = (4.0\sim5.0)h''_{c1} \tag{11-19}$$

式中：L_j 为平底渠道中的自由水跃长度。

也可用式（11-20）计算：

$$L_j = 6.9(h''_{c1} - h_{c1}) \tag{11-20}$$

3. 消力池设计流量的选择

上面所讨论的池深 d 及池长 L_B 的计算，都是针对一个给定的流量及相应的下游水深 h_t，但消力池建成后，则必须在不同的流量下工作。为使所设计的消力池在不同流量时都能保证池中均形成淹没水跃，必须选择一个设计消力池尺寸的设计流量。

从简化公式（11-17）可以看出，池深 d 是随（h''_c-h_t）增大而增加的。所以，可以认为，相当于（h''_c-h_t）为最大时的流量即为池深 d 的设计流量。据此求出的池深 d 是各种流量下所需消力池深度的最大值。实践证明，池深 d 的设计流量并不一定是建筑物所通过的最大流量。

实际计算时，应在给定的流量范围内，对不同的流量计算 h_c 及 h''_c（即护坦降低前，坝址断面的收缩水深及其跃后水深）。在直角坐标上绘 $h''_c=\varphi(q)$ 关系曲线，同时，将已知的 $h_t=f(q)$ 的关系曲线也绘入同一坐标上（图 11-16）。从该图中找出（h''_c-h_t）为最大值时的相应流量，即为消力池 d 的设计流量。

因为消力池的长度决定于水跃长度 L_j。一般来说，水跃长度系随流量的增加而增大。所以，消力池长度的设计流量应为建筑物通过的最大流量。

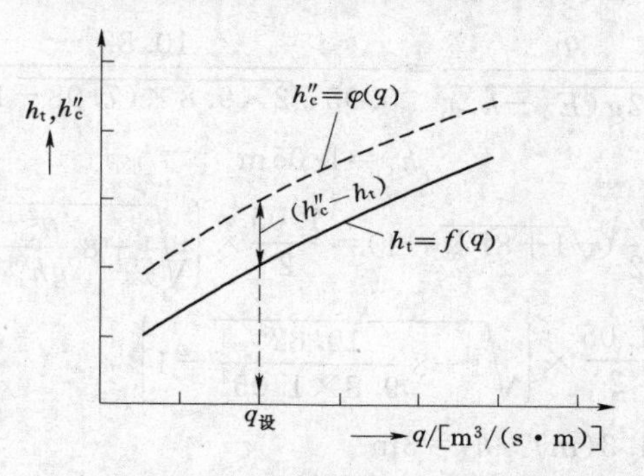

图 11-16 消力池设计流量计算简图

【例 11-3】 某泄洪闸布置如图 11-17 所示，泄洪单宽流量 $q=10.82m^3/(s \cdot m)$，此时上游水位 33.96m，下游水位 30.00m，实用堰的流速系数 $\varphi=0.95$，其他如图所示。试判别下游是否需要修建消力池，若采用降低护坦式消力池，则计算消力池深度和长度。

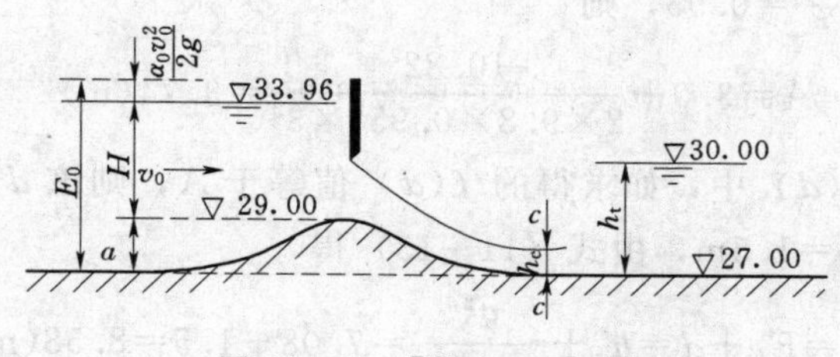

图 11-17 ［例 11-3］图

解 判别下游衔接形式：

先求 h_c，再求 h''_c，然后用 h''_c 与 h_t 比较进行判别，以确定是否需要降低护坦形成消力池。

闸前行近流速：

$$v_0=\frac{q}{H+a}=\frac{10.82}{(33.96-29.00)+(29.00-27.00)}=1.55(m/s)$$

$$E_0=a+H+\frac{v_0^2}{2g}=33.96-27.00+\frac{v_0^2}{2g}=6.96+\frac{1.55^2}{19.6}=7.08(m)$$

用公式 $h_c=\dfrac{q}{\varphi\sqrt{2g(E_0-h_c)}}$ 求 h_c 值，用迭代法计算：

$$h_c^{(1)}=\frac{q}{\varphi\sqrt{2g(E_0-h_c)}}=\frac{10.82}{0.95\sqrt{2\times9.8\times7.08}}=0.966(m)$$

$$h_c^{(2)}=\frac{q}{\varphi\sqrt{2g(E_0-h_c)}}=\frac{10.82}{0.95\sqrt{2\times9.8\times(7.08-0.966)}}=1.040(m)$$

$$h_c^{(3)}=\frac{q}{\varphi\sqrt{2g(E_0-h_c)}}=\frac{10.82}{0.95\sqrt{2\times9.8\times(7.08-1.040)}}=1.046(\text{m})$$

$$h_c^{(4)}=\frac{q}{\varphi\sqrt{2g(E_0-h_c)}}=\frac{10.82}{0.95\sqrt{2\times9.8\times(7.08-1.046)}}=1.047(\text{m})$$

取

$$h_c=1.05\text{m}$$

由

$$h_c''=\frac{h_c}{2}(\sqrt{1+8F_{rc}^2}-1)=\frac{1.05}{2}\times\left(\sqrt{1+8\frac{q^2}{gh_c^3}}-1\right)$$

$$=\frac{1.05}{2}\times\left(\sqrt{1+8\frac{10.82^2}{9.8\times1.05^3}}-1\right)$$

$$=4.3(\text{m})>h_t=3\text{m}$$

说明下游将出现远驱式水跃，需采取降低护坦消能措施。

用试算法求消力池深度 d：

首先计算 A

$$A=h_t+\frac{q^2}{2g\varphi'^2h_t^2}$$

取消力池出口流速系数 $\varphi'=0.95$，则

$$A=3.0+\frac{10.82^2}{2\times9.8\times0.95^2\times3^2}=3.74(\text{m})$$

假定不同的 d 值代入 $f(d)$ 中，如求得的 $f(d)$ 值等于 A，则该 d 值即为所求。先根据 $h_c''-h_t=1.3\text{m}$，假设 $d=1.5\text{m}$，由式（11-13）得

$$E_{01}=E_0+d=h_c+\frac{q^2}{2g\varphi^2h_c^2}=7.08+1.5=8.58(\text{m})$$

用迭代法求得：$h_c=0.93\text{m}$。

再计算 $h_T=\frac{\sigma_j h_c}{2}\left(\sqrt{1+8\frac{q^2}{gh_c^3}}-1\right)$ （取 $\sigma_j=1.05$）

则

$$h_T=\frac{1.05\times0.93}{2}\times\left(\sqrt{1+8\frac{10.82^2}{9.8\times0.96^3}}-1\right)=4.85(\text{m})$$

$$f(d)=h_T+\frac{q^2}{2gh_T^2}-d=4.85+\frac{10.82^2}{2\times9.8\times4.85^2}-1.5=3.61(\text{m})\neq A=3.74\text{m}$$

因此要重新试算。

重设 $d=1.3\text{m}$，$E_{01}=E_0+d=7.08+1.3=8.38(\text{m})$，先试算出 $h_c=0.945\text{m}$，再求出

$$h_T=\sigma_j h_c''=4.81\text{m}$$

则

$$f(d)=h_T+\frac{q^2}{2gh_T^2}-d=4.81+\frac{10.82^2}{2\times9.8\times4.81^2}-1.3=3.768(\text{m})\approx A=3.74\text{m}$$

因此取 $d=1.3\text{m}$。

消力池长度 L_B 的计算：

自由水跃长度经验公式 $L_j=6.9\times(h_c''-h_c)$

$$L_j=6.9\times\left(\frac{4.81}{1.05}-0.945\right)=25.09(\mathrm{m})$$

$$L_B=0.75L_j=0.75\times25.09=18.82(\mathrm{m})$$

可取池长 $L_B=19.00\mathrm{m}$。

（二）在护坦末端修建消力坎形成消力池的水力计算

当采用降低护坦高程形成消力池时，若河床岩石坚硬开挖困难，或开挖太深造价不经济，可在护坦末端修建消力坎，壅高墙前水位形成消力池，以保证在建筑物下游产生稍有淹没的水跃。消力坎一般作成折线型或曲线型实用堰，过坎水流为实用堰流，如图 11-18 所示，可用堰流公式推求，且书中仅限于研究矩形断面河渠，渠底宽等于池宽，即无侧收缩的情况。

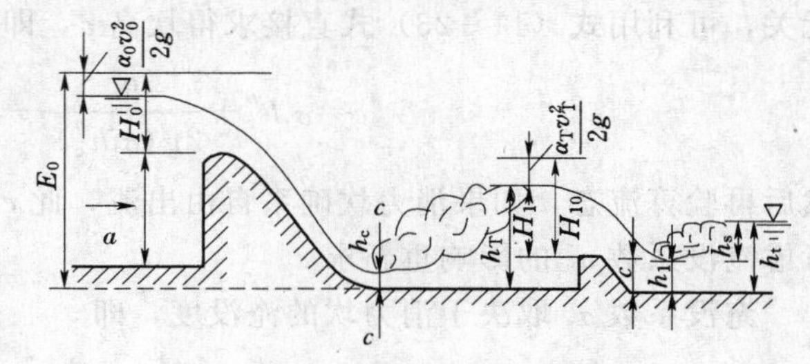

图 11-18　消力坎式消力池

这种消力坎式消力池的水力计算任务是根据堰上总水头 E_0、单宽流量 q、下游水深 h_t、流速系数 φ 等已知条件，确定坎高 c 及池长 L_B。池长 L_B 与降低护坦高程的消力池计算方法相同。下面介绍坎高 c 的计算方法。

消力坎水力计算有三点与降低护坦情况不同：①坎高不影响 h_t 值；②坎后必须为淹没水跃，否则应在坎后再筑第二道消力坎；③过坎堰流可能是淹没或不淹没出流。

为使建筑物下游产生淹没程度不大的水跃，坎前的水深 h_T 应满足下列条件：

$$h_T=\sigma_j h_c''=c+H_1$$

式中：H_1 为坎顶水头。

则坎高的计算公式为

$$c=\sigma_j h_c''-H_1$$

即

$$c=\sigma_j h_c''+\frac{q^2}{2g(\sigma_j h_c'')^2}-H_{10} \tag{11-21}$$

由于消力坎一般为折线形实用堰，故可用堰流公式推求 H_{10}，将堰流公式：

$$H_{10}=\left(\frac{q}{\sigma_s m\sqrt{2g}}\right)^{\frac{2}{3}} \tag{11-22}$$

代入式（11-21），得

$$c=\sigma_j h_c''+\frac{q^2}{2g(\sigma_j h_c'')^2}-\left(\frac{q}{\sigma_s m\sqrt{2g}}\right)^{\frac{2}{3}} \tag{11-23}$$

式中：水跃的淹没系数 $\sigma_j=1.05\sim1.10$；消力坎的流量系数 $m=0.40\sim0.44$；σ_s 为消力坎的淹没系数。

收缩断面 $c-c$ 处水深 h_c 仍由下式可求：

$$E_0=h_c+\frac{q^2}{2g\varphi^2 h_c^2}$$

其共轭水深 h_c''，由水跃方程可知：

$$h_c''=\frac{h_c}{2}\left(\sqrt{1+\frac{8q^2}{gh_c^3}}-1\right)$$

消力坎的过流能力应该等于泄水建筑物下泄的流量，但在下游水深已定的条件下，其过流能力与坎顶溢流是否淹没有关，而坎顶溢流状态又取决于坎的高度；现坎高为待求量，因此它是否淹没尚未可知。一般做法是先暂设坎顶为自由溢流，即 $\sigma_s=1.0$，H_1 与 c 无关，可利用式（11-23）式直接求得坎高 c，即

$$c=\sigma_j h_c''+\frac{q^2}{2g(\sigma_j h_c'')^2}-\left(\frac{q}{m\sqrt{2g}}\right)^{2/3} \tag{11-24}$$

然后再验算流态，如果消力坎确系自由出流，此 c 值即为所求。如果属淹没堰流，则必须考虑淹没系数 σ_s 的影响重新求 c。

淹没系数 σ_s 取决于消力坎的淹没度，即

$$\sigma_s=f\left(\frac{h_t-c}{H_{10}}\right)=f\left(\frac{h_s}{H_{10}}\right)$$

所以淹没系数 σ_s 可根据 $\frac{h_s}{H_{10}}$ 的值查表 11-2 得相应的淹没系数。

表 11-2　消力坎淹没系数 σ_s 值

$\frac{h_s}{H_{10}}$	σ_s	$\frac{h_s}{H_{10}}$	σ_s	$\frac{h_s}{H_{10}}$	σ_s
≤0.45	1.000	0.74	0.915	0.88	0.750
0.50	0.990	0.76	0.900	0.90	0.710
0.55	0.985	0.78	0.885	0.92	0.651
0.60	0.975	0.80	0.865	0.95	0.535
0.65	0.960	0.82	0.845	1.00	0.000
0.70	0.940	0.84	0.815		

消力坎淹没的条件为 $\frac{h_s}{H_{10}}>0.45$，如满足这个条件，则消力坎为淹没出流；若 $\frac{h_s}{H_{10}}\leqslant 0.45$，则淹没系数 $\sigma_s=1$。

因为淹没系数 σ_s 与坎高 c 有关，因此需以试算法求解消力坎为淹没溢流时的坎高 c 值。

另外也可以采用查图法，具体解法如下。

将式（11-23）变形为

$$c+\left(\frac{q}{\sigma_s m\sqrt{2g}}\right)^{2/3}=\sigma_j h_c''+\frac{q^2}{2g(\sigma_j h_c'')^2} \tag{11-25}$$

由式（11-25）可知，σ_s 是坎高 c 的函数，因而式（11-25）左边是坎高 c 的函数，用 $f(c)$ 表示；右边为已知数，用 B 表示，则式（11-25）可写成

$$f(c)=B$$

假定一系列 c 值，计算相应的 $f(c)$ 值，便可绘制 $c-f(c)$ 关系曲线，如图 11-19 所示。由图查得 $f(c)=B$ 所对应的 c，即为所求的坎高。

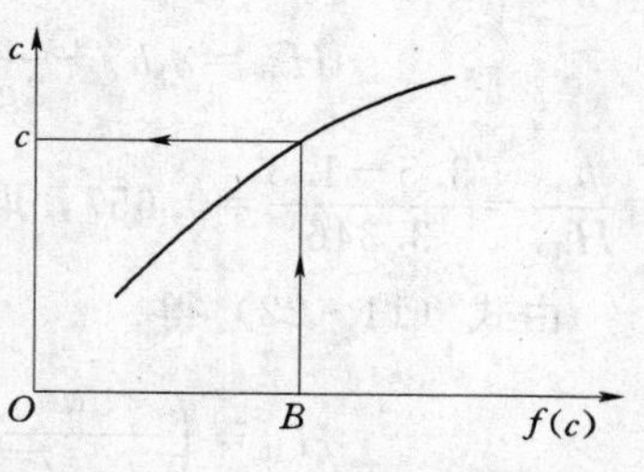

图 11-19　$c-f(c)$ 关系曲线

对于自由出流的消力坎，如坎后发生远驱式水跃或临界式水跃时，可能引起坎后河床的冲刷，因而需修建第二道至第三道消力池，直到保证墙后发生淹没出流衔接为止。

当所设计的建筑物必须在 $q_{min}\sim q_{max}$ 之间运用时，应在该流量范围内选定几个 q 值，分别计算坎高，然后取 c 的最大值作设计值。

【例 11-4】 有一引水闸，单宽流量 $q=10\text{m}^3/(\text{s}\cdot\text{m})$，相应的上游水位为 27.0m，下游渠道的水位为 23.50m。上下游渠底高程相同，下游渠道的断面为矩形，底部高程为 20.00m，闸底高程为 21.50m，过闸水流流速系数 $\varphi=0.95$。试判别是否需要修建消力池，若需要则进行消力坎设计。

解 用试算法

(1) 判别是否需要修建消力坎。

由闸前趋近流速：
$$v_0=\frac{q}{a+H}=\frac{10}{27.0-20.0}=1.43(\text{m/s})$$

则
$$\frac{v_0^2}{2g}=\frac{1.43^2}{2\times9.8}=0.10(\text{m})$$

$$E_0=a_1+H_0=(a_1+H)+\frac{\alpha_0v_0^2}{2g}=7.0+0.10=7.10(\text{m})$$

再用 $E_0=h_c+\frac{q^2}{2g\varphi^2h_c^2}$ 试算出 $h_c=0.95\text{m}$，再由水跃方程 $h''_c=\frac{h_c}{2}\left(\sqrt{1+\frac{8q^2}{gh_c^3}}-1\right)$ 求 $h''_c=4.17\text{m}$。因 $h''_c=4.17\text{m}>h_t=3.5\text{m}$，将产生远驱式水跃，需采取消能措施。

(2) 求坎高。坎高的计算与坎顶溢流状态有关，可先按自由出流计算，得到坎高后，再校核是否为自由出流，若不是自由出流，再改用淹没出流计算坎高。

由式 (11-22) 求 H_{10}，其中令 $\sigma_s=1.0$，取 $m=0.42$，得
$$H_{10}=\left(\frac{q}{\sigma_sm\sqrt{2g}}\right)^{\frac{2}{3}}=\left(\frac{10}{1\times0.42\times\sqrt{2\times9.8}}\right)^{\frac{2}{3}}=3.07(\text{m})$$

由式 (11-21) 求 c，取 $\sigma_j=1.05$，得
$$\begin{aligned}c&=\sigma_jh''_c+\frac{q^2}{2g(\sigma_jh''_c)^2}-H_{10}=1.05\times4.17+\frac{10^2}{2\times9.8\times1.05^2\times4.17^2}-3.07\\&=4.38+0.266-3.07\\&=1.576(\text{m})\end{aligned}$$

$\frac{h_s}{H_{10}}=\frac{3.5-1.576}{3.07}=0.626>0.45$，所以为淹没出流，需考虑淹没的影响，以下改用淹没出流计算坎高。

先假设 $c'=1.3\text{m}<c=1.576\text{m}$，由式（11－21）可得

$$H_{10}=\sigma_j h''_c+\frac{q}{2g(\sigma_j h''_c)^2}-c'=4.38+0.266-1.3=3.346(\text{m})$$

由 $\frac{h_s}{H_{10}}=\frac{3.5-1.3}{3.346}=0.657$，取 $m=0.42$，查表 11－2 可得：$\sigma_s=0.955$。

由式（11－22）得

$$H_{10}=\left(\frac{q}{\sigma_s m\sqrt{2g}}\right)^{\frac{2}{3}}=\left(\frac{10}{0.955\times0.42\times\sqrt{2\times9.8}}\right)^{\frac{2}{3}}=3.16(\text{m})$$

由式（11－21）得

$$c''=\sigma_j h''_c+\frac{q^2}{2g(\sigma_j h''_c)^2}-H_{10}=4.38+0.266-3.16=1.486(\text{m})$$

所求得的 c'' 值 1.486m>1.3m（假设值），需重新假设 $c'=1.5\text{m}$，仍依次可求得：$H_{10}=3.146\text{m}$，$\frac{h_s}{H_{10}}=0.636$，$\sigma_s=0.964$，$c''=1.501\text{m}$，与假设值很接近，故可选定坎高 $c=1.5\text{m}$。

（3）求消力池长度 L_B。

$$L_j=6.9\times(h''_c-h_c)=6.9\times(4.17-0.95)=22.2(\text{m})$$

所以

$$L_B=0.75L_j=0.75\times22.2=16.65(\text{m})$$

取消力池长度 $L_B=17.0\text{m}$。

（三）综合消力池的水力计算

在工程实践中，有时单纯降低护坦可能开挖太深，如单纯筑坎又可能太高，需要修筑二级消力池，在此情况下可以采用综合式消力池，既降低护坦又筑坎以便在池内形成稍有淹没的水跃衔接（图 11－20）。

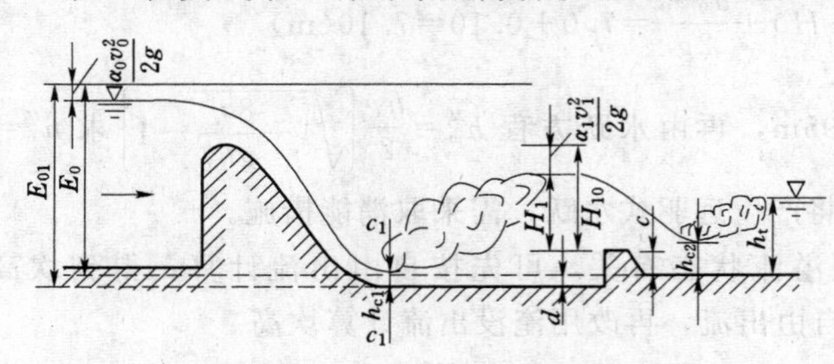

图 11－20 综合消力池剖面图

水力计算内容：根据已知条件求坎高 c、池深 d 及消力池长度 L_B。为了便于计算，首先求坎高 c，再求池深 d。消力池长度 L_B 的计算方法同前。

1. 坎高 c 的计算

如图 11－20 所示，由几何关系可知：

$$c=E_{10}-H_{10} \tag{11-26}$$

式中：E_{10} 为以下游河床为基准面的坎前总水头；H_{10} 为坎顶总水头。

由式（11－5）可知：

$$E_{10}=H_{10}+C=h_{c2}+\frac{q^2}{2g\varphi'^2 h_{c2}^2} \tag{11-27}$$

式中：h_{c2} 为过坎水流收缩断面水深；φ' 为过坎水流流速系数。

假设过坎水流产生临界水跃，则由水跃方程可知：

$$h_{c2}=\frac{h_t}{2}\left[\sqrt{1+\frac{8q^2}{gh_t^3}}-1\right] \tag{11-28}$$

式中：h_t 为下游水深。

根据堰流自由出流公式有

$$H_{10}=\left(\frac{q}{m\sqrt{2g}}\right)^{\frac{2}{3}} \tag{11-29}$$

这样，由式（11-29）可知 H_{10}，由式（11-28）可知 h_{c2}，根据求出的 h_{c2}，由式（11-27）可知 E_{10}，最后可由式（11-26）求出坎高 c。

2. 池深 d 的计算

由图 11-21 可知：

$$h_T=\sigma_j h''_{c1}=d+c+H_1 \tag{11-30}$$

$$H_1=H_{10}-\frac{\alpha_1 v_1^2}{2g} \tag{11-31}$$

式中：$\frac{\alpha_1 v_1^2}{2g}$为坎前行近流速水头；$h''_{c1}$为坝趾收缩断面 h_{c1} 的共轭水深。

取 $\alpha_1=1.0$，又 $$v_1=\frac{q}{h_T}=\frac{q}{\sigma_j h''_{c1}}$$

则式（11-31）改写为

$$H_1=H_{10}-\frac{q^2}{2g(\sigma_j h''_{c1})^2} \tag{11-32}$$

将式（11-32）代入式（11-30），则

$$\sigma_j h''_{c1}=d+c+H_{10}-\frac{q^2}{2g(\sigma_j h''_{c1})^2} \tag{11-33}$$

将等式中已知项和未知项分列等式两边：

有 $$\sigma_j h''_{c1}+\frac{q^2}{2g(\sigma_j h''_{c1})^2}-d=c+H_{10} \tag{11-34}$$

令等式右边已知项 $$c+H_{10}=A \tag{11-35}$$

令等式左边未知项 $$\sigma_j h''_{c1}+\frac{q^2}{2g(\sigma_j h''_{c1})^2}-d=f(d) \tag{11-36}$$

由水跃方程可知

$$h''_{c1}=\frac{h_{c1}}{2}\left[\sqrt{1+\frac{8q^2}{gh_{c1}^3}}-1\right] \tag{11-37}$$

另根据式（11-5）有

$$E_{01}=d+E_0=h_{c1}+\frac{q^2}{2g\varphi^2 h_{c1}^2} \tag{11-38}$$

由式（11-35）～式（11-38）可求出池深 d，其计算过程与降低护坦形成消力池的过程完全一致。

以上计算出的池深和坎高是池内及坎后发生临界水跃的池深和坎高，实际采用的池深比

计算值略大，实际采用的坎高比计算值要略小。这样，常常将坎和池底整体降低一个高程。

（四）护坦下游的河床保护

由第一节可知，在水跃的跃后段内，底部流速较大，紊动强度也比均匀紊流为高，对河床仍具有较大的冲刷能力。所以，除河床岩质较好，足以抵抗冲刷外，一般在护坦后还需要设置较为简易的河床保护段，称为海漫。海漫常用粗石料或表面凹凸不平的混凝土块铺砌而成，能够加速跃后段水流紊动的衰减过程，故海漫长度 L_P 可短于跃后段长度 L_{jj}，初步按下式估算：

$$L_P=(0.65\sim0.80)L_{jj}$$

因 $L_{jj}=(2.5\sim3.0)L_j$，故

$$L_P=(1.63\sim2.40)L_j \tag{11-39}$$

式中：L_j 为水跃长度。

此外，离开海漫的水流还具有一定的冲刷能力，往往在海漫末端形成冲刷坑。为保护海漫的基础不遭破坏，海漫后常做成比冲刷坑略深的齿槽或防冲槽（图 11-21）冲刷坑的计算参阅其他有关文献。

（五）辅助消能工

为提高消能效率而设在消能池中的墩或槛统称辅助消能工。其形体繁多，兹举几种常见者（图 11-22）略述其作用。

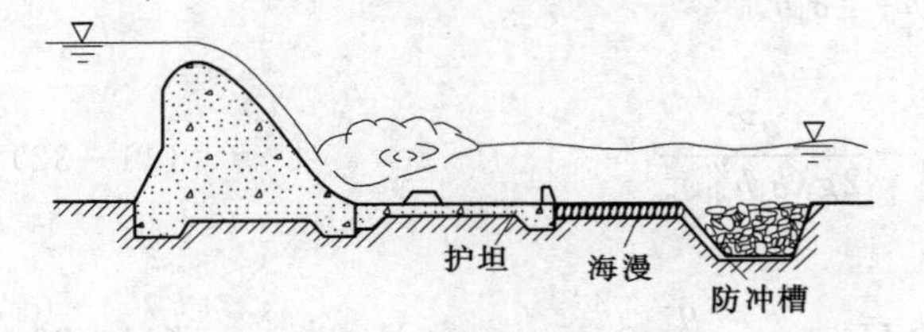

图 11-21　海漫示意图

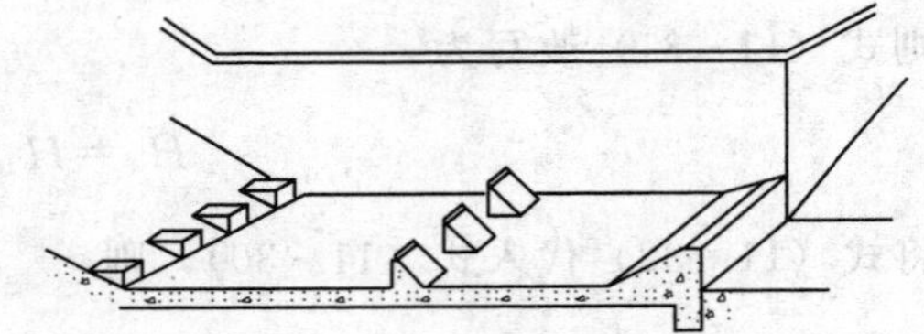
图 11-22　辅助消能工示意图

（1）趾墩：设置在消能池起始断面处。有分散入池水流以加剧紊动掺混的作用。

（2）消能墩：设置在大约 1/2～1/3 的池长处，布置一排或数排。它可加剧紊动掺混，并给水跃以反击力，对于减小池深和缩短池长有良好的作用。

（3）尾坎（连续坎或齿坎）：设置在消能池的末端。它将池中流速较大的底部水流导向下游水体的上层，以改善池后水流的流速分布，减轻对下游河床的冲刷。

以上 3 种辅助消能工，既可以单独使用某一种，也可以将几种组合起来使用。但要注意，由于消能池前半部分的底流流速很大，因此须考虑趾墩和消能墩的空蚀问题。一般地说，设置趾墩和消能墩处的流速应小于 15m/s，其布置的方式与位置以及型体和尺寸应经过试验验证。

第五节　挑流消能与衔接

所谓挑流消能，就是在泄水建筑物的下游端修建一挑流坎，利用下泄水流的巨大动能，将水流挑入空中，然后降落在远离建筑物的下游消能。这是中高水头泄水建筑物采用

较多的一种消能方式。挑入空中的水舌，由于失去固体边界的约束，在紊动及空气阻力的作用下，发生掺气及分散，失去一部分动能。其余大部分动能则在水舌落入下游后被消除。因为水舌落入下游时，与下游水体发生碰撞，水舌继续扩散，流速逐渐减小，入水点附近则形成两个巨大的漩滚，主流与漩滚之间发生强烈的动量交换及剪切作用；潜入河底的主流则冲刷河床而成冲刷坑。下游形成冲刷坑并不一定会危及建筑物的安全，只要冲刷坑与建筑物之间有足够长的距离，建筑物的安全就能得到保证。

挑流消能水力计算的主要任务是：按已知的水力条件选定适宜的挑坎型式，确定挑坎的高程、反弧半径和挑射角，计算挑流射程和下游冲刷坑深度，以检验主体建筑物是否安全。

一、挑流鼻坎的型式

常用的挑流鼻坎有连续式及差动式两种型式（图 11-23）。连续式挑坎施工简便，比相同条件下的差动式挑坎射程远。差动式挑坎是将挑坎做成齿状，使通过挑坎水流分成上下两层，垂直方向有较大的扩散，可以减轻对河床的冲刷，但流速高时易产生空蚀。目前，采用较多的是连续式挑坎。以下都是针对连续式挑坎。

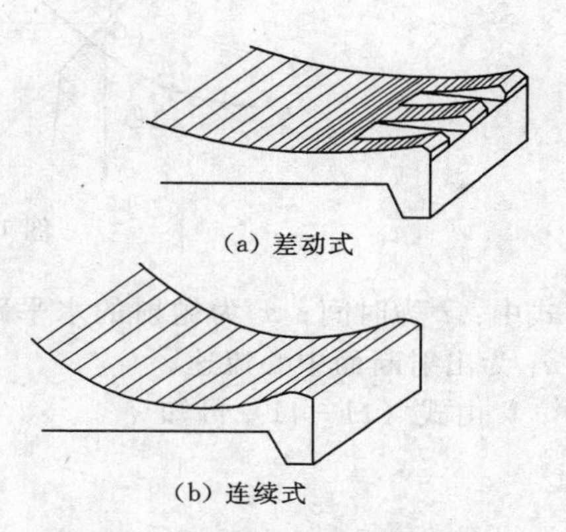

(a) 差动式

(b) 连续式

图 11-23　两种型式的挑流鼻坎

二、挑流射程的计算

所谓挑流射程是指挑坎末端至冲刷坑最深点间的水平距离，简称挑距，用 L 表示。试验表明，冲刷坑最深点的位置大体上在水舌轴线入水点的延长线上。以图 11-24 的连续式挑流鼻坎为例，则挑流射程为

$$L=L_0+L_1-L'$$

式中：L_0 为空中射程，挑坎出口断面 1—1 中心点到水舌轴线与下游水面交点间的水平距离；L_1 为水下射程，水舌轴线与下游水面交点到冲刷坑最深点间的水平距离；L' 为挑坎出口断面如图 11-24 中 1—1 中心点到挑坎下游端的水平距离，一般很小，可略去不计。故挑流射程为

$$L\approx L_0+L_1 \tag{11-40}$$

设挑坎为平滑的连续坎，其反弧半径为 r_0，坝面各处溢流宽度相同，可作为二维问题研究。在不计空气阻力的影响及水股扩散影响的条件下，把射流水股视为自由抛射体的运动，从而可推求挑距。

取坎末端 1—1 过水断面，其水深为 h_1，中心质点的流速为 u_1，与其水平方向的夹角为 θ（即流速方向角与挑角相等）。假设挑坎出射断面 1—1 上的流速分布是均匀的，忽略水舌的扩散、掺气、碎裂和空气阻力的影响。取坎顶出射断面 1—1 与水舌轴线的交点 O 为坐标原点，则按自由抛射体理论可得到水舌轴线上质点的轨迹坐标为

$$x=u_1t\cos\theta \tag{11-41}$$

$$y=\frac{1}{2}gt^2-u_1t\sin\theta \tag{11-42}$$

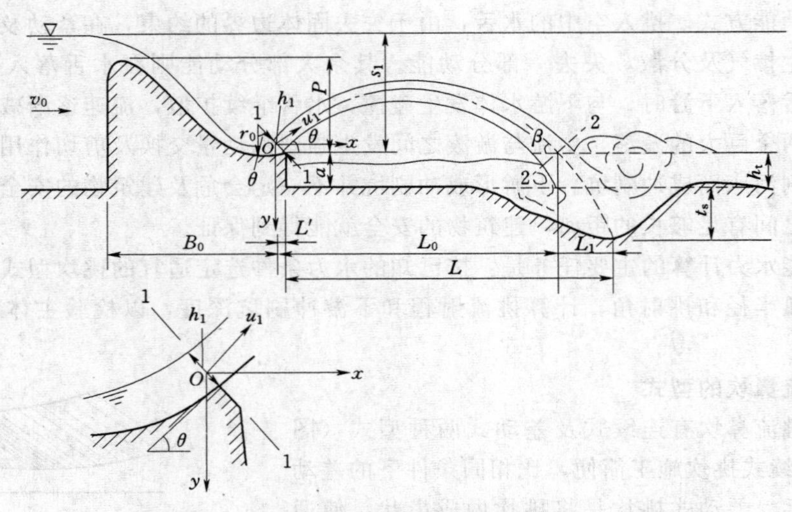

图 11-24　挑坎的射程计算图

式中：t 为时间；x 为抛射的水平距离；y 为抛射的垂直方向上的距离；θ 为鼻坎挑角；u_1 为出射断面中心流速。

由式（11-41）可知

$$t=\frac{x}{u_1\cos\theta} \tag{11-43}$$

将式（11-43）代入式（11-42），整理后，可得水平距离 x 为

$$x=\frac{u_1^2\sin\theta\cos\theta}{g}\left(1+\sqrt{1+\frac{2gy}{u_1^2\sin^2\theta}}\right) \tag{11-44}$$

（一）空中射程 L_0

当 $y=a+\frac{h_1}{2}\cos\theta-h_t$ 时，$x=L_0$，则

$$L_0=\frac{u_1^2\sin\theta\cos\theta}{g}\left[1+\sqrt{1+\frac{2g\left(a+\frac{h_1}{2}\cos\theta-h_t\right)}{u_1^2\sin^2\theta}}\right] \tag{11-45}$$

式中：a 为坎高，即下游河床至挑坎顶部的高差；h_t 为冲刷坑后的下游水深。

断面 1—1 流速分布为均匀分布，即 $u_1=v_1$，v_1 为断面 1—1 的平均流速。对上游断面 0—0 及断面 1—1 列能量方程，整理后得

$$v_1=\varphi\sqrt{2g(s_1-h_1\cos\theta)}$$

将上式代入式（11-45）则

$$L_0=\varphi^2\sin2\theta(s_1-h_1\cos\theta)\left[1+\sqrt{1+\frac{a+\frac{h_1}{2}\cos\theta-h_t}{\varphi^2\sin^2\theta(s_1-h_1\cos\theta)}}\right] \tag{11-46}$$

对于高坝 $s_1\gg h_1$，略去 h_1 后，式（11-46）变为

$$L_0=\varphi^2 s_1\sin2\theta\left[1+\sqrt{1+\frac{a-h_t}{\varphi^2 s_1\sin^2\theta}}\right] \tag{11-47}$$

式中：s_1 为上游水面至挑坎顶部的高差；φ 为坝面流速系数，它与坝上游至断面 1—1 间能量损失有关。

应用式（11-46）或式（11-47）即可计算 L_0。但在上述推导中，忽略了水舌在空中分散、掺气及空气阻力的影响。一些资料表明：当 $v_1>15\text{m/s}$ 时，上述影响已经不能忽略，按上述公式计算的射程，与实际射程相比有明显的偏差。为此，工程上采取的办法是应用根据原型观测资料整理得到的经验公式确定 φ 值。因为整理原型观测资料时，一般是由实测 L_0 代入式（11-46）求 φ，由此得出的 φ 值包含了分散、掺气及空气阻力的影响。但由于影响射程因素较多，工程具体情况差异很大，上述处理方法仍只能作为初步估算之用。

长江水利委员会整理了一些原型观测及模型试验资料，得出计算流速系数 φ 的经验公式为

$$\varphi=\sqrt[3]{1-\frac{0.055}{K_E^{0.5}}} \tag{11-48}$$

式中：K_E 为流能比，$K_E=\dfrac{q}{\sqrt{g}\,s_1^{1.5}}$，$q$ 为单宽流量。

式（11-48）用于 $K_E=0.004\sim0.15$ 范围内。当 $K_E>0.15$ 时，取 $\varphi=0.95$。

水利电力部东北勘测设计院科研所建议：

$$\varphi=1-\frac{0.0077}{\left(\dfrac{q^{2/3}}{s_0}\right)^{1.15}} \tag{11-49}$$

式中：s_0 为坝面流程，近似按 $s_0=\sqrt{P^2+B_0^2}$ 计算，B_0 为溢流面的水平投影长度；P 为挑坎顶部以上的坝高，m。

该式适用于$\dfrac{q^{2/3}}{s_0}=0.025\sim0.25$，当$\dfrac{q^{2/3}}{s_0}>0.25$ 时，可取 $\varphi=0.95$。

以上两式中的单位均以 s、m 计。

西安理工大学按照美国垦务局根据经验、理论分析与几个工程的原型观测资料得到的坝脚处的流速曲线图所得出的高坝流速系数中的经验公式为

$$\varphi=\frac{H/P}{0.0172+0.99(H/P)} \tag{11-50}$$

式中：H 为堰上水头，m；P 为挑坎顶部以上的坝高，m。

该式适用于 $0.010\leqslant\dfrac{H}{P}<0.15$ 范围内。当$\dfrac{H}{P}\geqslant0.15$ 时，取 $\varphi=0.90$。

（二）水下射程 L_1

水舌自断面 2—2 进入下游水体后，属于射流的潜没扩散运动，应与质点的自由抛射运动有一定区别。可以近似认为，水舌从断面 2—2 起沿入水角直线前进，则

$$L_1=\frac{t_s+h_t}{\tan\beta} \tag{11-51}$$

式中：t_s 为冲刷坑的深度；β 为入水角。

入水角 β 可以通过对式（11-44）求一阶导数，整理后得

$$\frac{\mathrm{d}y}{\mathrm{d}x}=\frac{gx}{u_1^2\cos^2\theta}-\tan\theta$$

在水舌入水处：$x=L_0$，$\frac{\mathrm{d}y}{\mathrm{d}x}=\tan\beta$，将式（11-46）的 L_0 代入，整理后变为

$$\tan\beta=\frac{\mathrm{d}y}{\mathrm{d}x}=\sqrt{\tan^2\theta+\frac{a+\frac{h_1}{2}\cos\theta-h_t}{\varphi^2(s_1-h_1\cos\theta)\cos^2\theta}} \tag{11-52}$$

则得水下射程的计算公式为

$$L_1=\frac{t_s+h_t}{\sqrt{\tan^2\theta+\frac{a+\frac{h_1}{2}\cos\theta-h_t}{\varphi^2(s_1-h_1\cos\theta)\cos^2\theta}}} \tag{11-53}$$

（三）总射程 L

将式（11-46）及式（11-53）代入式（11-40），即可求出挑坎末端至冲坑最深点间的水平距离 L：

$$\begin{aligned}L&=L_0+L_1\\&=\varphi^2\sin 2\theta(s_1-h_1\cos\theta)\left[1+\sqrt{1+\frac{a+\frac{h_1}{2}\cos-h_t}{\varphi^2\sin^2\theta(s_1-h_1\cos\theta)}}\right]\\&\quad+\frac{t_s+h_t}{\sqrt{\tan^2\theta+\frac{a+\frac{h_1}{2}\cos\theta-h_t}{\varphi^2(s_1-h_1\cos\theta)\cos^2\theta}}}\end{aligned} \tag{11-54}$$

略去 h_1 后得

$$L=\varphi^2 s_1\sin 2\theta\left[1+\sqrt{1+\frac{a-h_t}{\varphi^2 s_1\sin^2\theta}}\right]+\frac{t_s+h_t}{\sqrt{\tan^2\theta+\frac{a-h_t}{\varphi^2 s_1\cos^2\theta}}} \tag{11-55}$$

三、冲刷坑深度的估算

当水舌跃入下游河道时，下游河道中的水体相当于一个垫层，与下跌水舌发生碰撞，主流则潜入下游河底，主流前后形成两个大漩滚而消除一部分能量。若潜入下游河床的水舌所具有的冲刷能力仍然大于河床的抗冲能力时，河床被冲刷，从而形成冲刷坑。随着坑深的增加，水垫的消能作用加大，水舌冲刷能力降低。直至水舌的冲刷能力与河床的抗冲能力达到平衡时，冲刷坑才趋于稳定。

冲刷坑的深度由水流的冲刷能力与河床的抗冲能力两个方面的因素决定。水舌的冲刷能力主要与单宽流量、上下游水位差、下游水深的大小以及水舌在空中分散、掺气的程度和水舌入水角有关。而河床的抗冲能力则与河床的组成、河床的地质条件有关。对于砂、卵石河床，其抗冲能力与散粒体的大小、级配和容重有关；对于岩石河床，抗冲能力主要取决于岩基节理的发育程度、地层的产状和胶结质的性质等因素。

由于影响因素的多样性和地质条件的复杂性。目前冲刷坑尺寸很难从理论上求得，而只能根据实际观测总结的一些经验公式来估算冲刷坑的深度。

(1) 对于岩石河床，估算冲刷坑深度的经验公式为

$$t_s = k_s q^{0.5} \Delta z^{0.25} - h_t \tag{11-56}$$

式中：t_s 为冲刷坑深度，m；Δz 为上下游水位差，m；h_t 为冲刷坑后的下游水深，m；q 为落入下游水面的单宽流量，$m^3/(s \cdot m)$；k_s 为反应岩石抗冲特性及其他因素的挑流冲刷系数。

水电部东北勘测设计院科学研究所分析了国内13个已成工程的原型观测资料，建议将岩基按其构造情况分为Ⅰ类、Ⅱ类、Ⅲ类、Ⅳ类，各类岩基的特征及相应的挑流冲刷系数 k_s 值见表11-3。

表11-3　挑流冲刷系数 k_s 值

岩基分类	冲刷坑部位岩基构造特征	k_s 范围	k_s 平均值	备注
Ⅰ（难冲）	巨块状、节理不发育，密闭	0.8～0.9	0.85	k_s 值适用范围：30°<β<70°，β 为水舌入水角度
Ⅱ（较易冲）	大块状，节理较发育，多密闭部分微张，稍有充填	0.9～1.2	1.10	
Ⅲ（易冲）	碎块状，节理发育，大部分微张，部分充填	1.2～1.5	1.35	
Ⅳ（很易冲）	碎块状，节理很发育，裂隙微张或张开，部分为黏土充填	1.5～2.0	1.80	

(2) 对于砂卵石河床，冲刷坑深度可用式（11-57）估算：

$$t_s = 2.4q\left(\frac{\eta}{\omega} - \frac{2.5}{v_i}\right)\frac{\sin\beta}{1-0.175\cot\beta} - 0.75h_t \tag{11-57}$$

式中：η 为反映流速脉动的某一系数值，可取1.5～2.0；v_i 为水舌进入下游水面的流速，$v_i = \varphi\sqrt{2g\Delta z}$，m/s；$\omega$ 为河床颗粒的沉速，$\omega = \sqrt{\frac{2(\gamma_s - \gamma_0)d_{90}}{1.75\gamma_0}}$，m/s，其中 γ_s 为河床颗粒的容重，γ_0 为冲刷坑内掺气水流的容重，d_{90} 为河床颗粒级配曲线上，粒径小于它的颗粒重量占90%的粒径，m；其他符号意义同前。

冲刷坑是否会危及建筑物的基础，这与冲刷坑深度及河床基岩节理裂隙、层面发育情况有关，应全面研究确定。一般可认为，当冲坑上游侧与挑坎末端的距离大于2.5～5倍冲刷坑深度时，将不影响建筑物的安全，即 $L > (2.5 \sim 5)t_s$，也可表示为冲刷坑后坡 $i = \frac{t_s}{L}$，当 $i < i_k\left(i_k = \frac{1}{5} \sim \frac{1}{2.5}\right)$ 时冲刷坑不会危及建筑物的安全。

四、挑坎形式及尺寸的选择

从上面讨论可知，对于一定的水头、流量及河床性质，为了减小冲刷深度，应设法减小入水单宽流量 q，增大水股在空中的分散程度和提高空中消能效率。因此合理选定鼻坎前沿长度，研究如何有效地提高消能效率的挑流布置及鼻坎形式，就成为挑流设计中的重要课题。我国在工程实践中做了不少工作，研究了各种形式的分流挑坎，如差动齿坎、弧形散流坎等在实际工程中早已应用；近年来，还有在坝面布置高低两级挑坎以造成水股在

空中上下碰撞的消能设计；还研究了左右对冲的挑流方式；闸墩采用宽尾墩以增加坝面水流的掺气以及在泄水道中部设置掺气分流墩，在泄水道末端设窄缝挑坎等措施。但目前，采用较多的是连续式挑坎。

下面就简略介绍目前采用较多的连续式挑坎尺寸的选择。

挑坎尺寸包括挑坎高程、反弧半径 r_0 及挑角 θ 三个方面。合理的挑坎尺寸可以使同样水力条件下得到的射程最大，冲刷坑深度较浅。

(1) 挑坎高程。挑坎高程越低，出口断面流速越大，射程越远。同时，挑坎高程低，工程量也小，可以降低造价。但是，当下游水位较高并超过挑坎达一定程度时，水流挑不出去，达不到挑流消能的目的。所以，工程设计中常使挑坎最低高程等于或略低于下游最高尾水位。这时，由于挑流水舌将水流推向下游，因此，紧靠挑坎下游的水位仍低于挑坎高程。

(2) 反弧半径 r_0。水流在挑坎反弧段内运动时所产生的离心力，将使反弧段内压强加大。反弧半径越小，离心力越大，挑坎内水流的压能增大，动能减小，射程也减小。因此，为保证有较好的挑流条件，反弧半径 r_0 至少应大于反弧最低点水深 h_c 的 4 倍。一般设计时，多采用 $r_0=(6\sim10)h_c$。有的资料表明，不减小挑流射程的最小反弧半径 $r_{0\min}$，可用下面的经验公式计算：

$$r_{0\min}=23\frac{h_1}{Fr_1} \tag{11-58}$$

式中：$Fr_1=\dfrac{v_1}{\sqrt{gh_1}}$；$v_1$、$h_1$ 分别为挑坎末端断面的流速及水深。

式（11-58）适用于 $Fr_1=3.6\sim6$ 范围内。

(3) 挑角 θ。按质点抛射运动考虑，当挑坎高程与下游水位同高时，挑角越大（$\theta<45°$），射程 L_0 越大。但挑角增大，入水角 β 也增大，水下射程 L_1 减小。同时，入水角增大后，冲刷坑深度增加。另外，随着挑角增大，开始形成挑流的流量，即所谓起挑流量也增大。当实际通过的流量小于起挑流量时，由于动能不足，水流挑不出去，而在挑坎的反弧段内形成漩滚，然后沿挑坎溢流而下，在紧靠挑坎下游形成冲刷坑，对建筑物威胁较大。所以，挑角不宜选得过大。我国所建成的一些大中型工程，挑角一般为 15°～45°。

有的资料建议，按挑坎射程最大的条件用式（11-59）计算挑角 θ：

$$\cot\theta=\sqrt{1+\frac{P}{s_1}} \tag{11-59}$$

式中：P 为挑坎顶部以上的坝高；s_1 为挑坎顶部以上的水头。

当坝面摩阻损失较小（如 $\varphi>0.9$）时，式（11-59）是可用的。

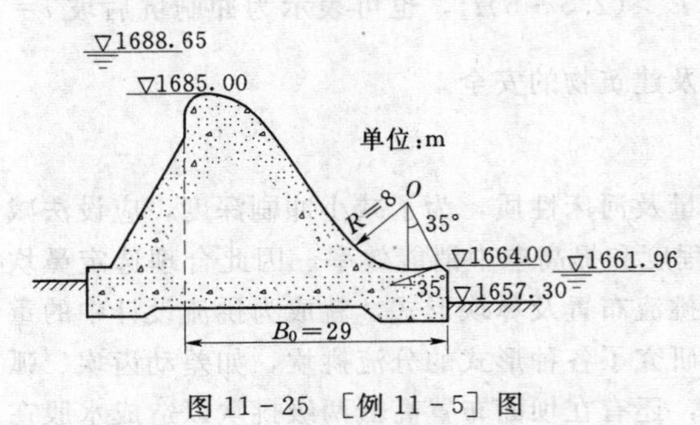

图 11-25 ［例 11-5］图

【例 11-5】 某水库溢流坝为单孔，坝面按 WES 曲线设计。坝末端设有挑角 $\theta=35°$的挑坎。下泄流量 $Q=450\text{m}^3/\text{s}$，上游水位为 1688.65m，下游水位为 1661.96m，下游河床高程为 1657.30m，溢流宽度与挑坎宽度相同，即 $b=30$m，其余尺寸如图 11-25 所示，坝下游河床岩基属Ⅲ类。试计算下泄水流的射程和冲刷深度。其他已知数据如图 11-25 所示。

解 根据已知数据求得

下游水深 $h_t=1661.96-1657.30=4.66(\text{m})$

坎高 $a=1664.00-1657.30=6.70(\text{m})$

单宽流量 $q=\dfrac{Q}{b}=\dfrac{450}{30}=15[\text{m}^3/(\text{s}\cdot\text{m})]$

坎上堰高 $P=1685.0-1664.0=21.0(\text{m})$

堰上水头 $H=1688.65-1685.0=3.65(\text{m})$

上下游水位差 $\Delta z=1688.65-1661.96=26.69(\text{m})$

坎上水头 $s_1=1688.65-1664.00=24.65(\text{m})$

流速系数 φ 按式（11-50）计算：

$$\varphi=\frac{\dfrac{H}{P}}{0.0172+0.99\dfrac{H}{P}}=\frac{\dfrac{3.65}{21.0}}{0.0172+0.99\times\dfrac{3.65}{21.0}}=0.92$$

冲刷坑深度按式（11-56）计算，对第Ⅲ类岩基，由表 11-3 可知，选用 $k_s=1.3$，则得

$$t_s=k_sq^{0.5}\Delta z^{0.25}-h_t=1.3\times15^{0.5}\times26.69^{0.25}-4.66=6.79(\text{m})$$

将各已知值代入式（11-54）（略去坎顶水深 h_1）计算射程：

$$L=\varphi^2s_1\sin2\theta\left(1+\sqrt{1+\frac{a-h_t}{\varphi^2s_1\sin^2\theta}}\right)+\frac{t_s+h_t}{\sqrt{\tan^2\theta+\dfrac{a-h_t}{\varphi^2s_1\cos^2\theta}}}$$

$$=0.92^2\times24.65\times\sin70^\circ\left(1+\sqrt{1+\frac{6.70-4.66}{0.92^2\times24.65\times\sin^235^\circ}}\right)$$

$$+\frac{6.79+4.66}{\sqrt{\tan^235^\circ+\dfrac{6.70-4.66}{0.92^2\cos^235^\circ\times24.65}}}$$

$$=41.9+14.3=56.2(\text{m})$$

思 考 题

思 11-1 泄水建筑物下游水流的衔接形式与消能方式的含义是什么？各自包含的内容是什么？

思 11-2 底流式消能的工程措施有几种？每种的水力计算任务是什么？

思 11-3 怎样确定泄水建筑物下游收缩断面的水深 h_c？矩形断面与梯形断面在计算方法上有什么区别？

思 11-4 池式消力池计算池深 d 与池长 L_B 的设计流量的确定原则是什么？如何选定？

思 11-5 坎式消力池坎高 c 与池长 L_B 的设计流量应为什么值？

思 11-6 池式消力池的池长 L_B 计算中，所用到的收缩水深及共轭水深与池深 c 有什么关系？

思 11－7　池式与坎式消力池水力计算的方法和步骤是什么？

思 11－8　坎式消力池坎顶的出流性质与坎后水流衔接形式有什么关系？

思 11－9　坎式消力池水力计算中，应先判断坎顶的出流性质还是先验算坎后的水流衔接形式？为什么？

思 11－10　综合式消力池水力计算的原则是什么？

思 11－11　挑流消能的特点及适用条件是什么？水力计算的任务及方法、步骤是什么？

思 11－12　面流消能及戽流消能的水流特点是什么？

思 11－13　底流消能中表示水跃淹没程度的系数 σ_j 根据什么确定？是否 σ_j 越大越好？

思 11－14　消能坎为自由出流时，坎后是否必然产生远驱式水跃？为什么？

思 11－15　消能坎为淹没出流时，坎后是否一定产生淹没式水跃？为什么？

思 11－16　一泄水闸采用消力坎消能，闸门开度一定，坎高是按设计流量在保证产生临界水跃的情况下算出为 c，若上游来流量及过闸流量减小，闸门开度不变，问池中水流状况如何？为什么？如上游来流量及过闸流量仍为设计流量而闸门开度小了些，问池中又将是什么水流状况？为什么？

思 11－17　上题中消力坎位置是按 $L_B=(0.7\sim0.8)L_j$ 设计的。问如 L_B 小于上述值（即消力坎靠近闸），池中将出现什么水力现象？能否达到消能目的？如 L_B 大于上述值又将怎样？水跃能否随坎后移？

思 11－18　一进水闸，采用消力坎消能，坎高为 c，如在坎后再次出现远驱水跃时，为消除此水跃，应采取哪些措施？

思 11－19　某河流上建一溢流堰，试讨论在下列情况下选择什么样的衔接和消能措施较为合适。

（1）$h''_c>h_t$；（2）$h''_c<h_t$；（3）$h''_c\approx h_t$；（4）波状水跃。

思 11－20　如何确定挑流鼻坎的尺寸？坎高、反弧半径和挑角分别与射程和冲坑深度有什么关系？

思 11－21　射程和冲坑深都与哪些因素有关？

思 11－22　计算射程的单宽流量 q 与计算冲坑深度时所用的单宽流量 q 是否为同一个值？为什么？

习　题

11－1　有一溢流坝，已知单宽流量 $q=9\text{m}^3/(\text{s}\cdot\text{m})$，坝高 $a=13\text{m}$，上下游河床同高程。如下游水深分别为 $h_{t1}=7\text{m}$，$h_{t2}=4.55\text{m}$，$h_{t3}=3\text{m}$，$h_{t4}=1\text{m}$。坝的流量系数取 $m=0.45$，流速系数取 $\varphi=0.95$。试求：

（1）用试算法求收缩断面水深 h_c 值，并用查图法验证试算法求得的 h_c 值。

（2）判别在下游水深不同时，水流的衔接形式。

11－2　WES 剖面溢流堰，上下游坝高 $a=a_1=20\text{m}$，设计单宽流量 $q=20\text{m}^3/(\text{s}\cdot\text{m})$，流速系数 $\varphi=0.90$，试判别下游水深分别为 5m、8.3m、9.0m 时，下游水面的衔接

形式。

11-3　某分洪闸如图11-26所示，底坎为曲线型低堰，泄洪单宽流量 $q=11\text{m}^3/(\text{s}\cdot\text{m})$，其他有关数据见图示。试设计降低护坦消力池的轮廓尺寸。

11-4　单孔水闸已建成消能池，如图11-27所示，池长 $L_B=16\text{m}$，池深 $s=1.5\text{m}$，在图示的上下游水位时开闸放水，闸门开度 $e=1\text{m}$，流速系数 $\varphi=0.9$。验算此时消力池中能否发生稍有淹没的水跃衔接。

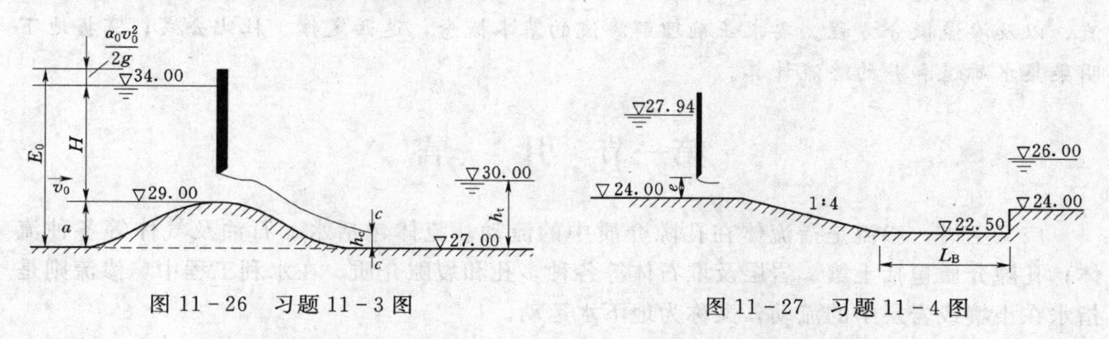

图11-26　习题11-3图　　　　图11-27　习题11-4图

11-5　泄水建筑物下游的消能方式，在相同水力条件下有时尚须做消能坎式消力池的方案以进行比较，试根据习题11-3中数据计算坎高和池长。

11-6　某5孔溢流坝，每孔净宽 $b=7\text{m}$，闸墩厚度 $d=2\text{m}$。坝顶高程为245m，连续式挑坎坎顶高程为185m，挑角 $\theta=30°$。下游河床岩基属Ⅱ类，高程为175m。溢流面投影长度 $B_0=70\text{m}$。设计水位251m时下泄流量 $Q=1583\text{m}^3/\text{s}$，对应的下游水位183m。试估算挑流射程和冲刷坑深度并检验冲刷坑是否危及大坝安全。

11-7　某溢流坝下游，单纯用坎式消能池时，算得坎高 $c=8.53\text{m}$，单纯用池式消能池时，算得池深 $d=4.98\text{m}$，并且已经计算出如下设计所用数据：$E_0=62.41\text{m}$，$q=32.56\text{m}^3/(\text{s}\cdot\text{m})$，$h_t=10\text{m}$，坝的流速系数 $\varphi=0.95$。试计算在上述条件下综合式消力池的坎高值和池深，并希望二者配置合理，不使一值过大而另一值过小。

第十二章　渗　流

【本章导读】 本章主要介绍渗流的基本概念、渗流达西定律，地下明渠和井的渗流，以及渗流微分方程。要求正确理解渗流的基本概念，达西定律、杜比公式；掌握地下明渠集水廊道和井的渗流计算。

第一节　引　言

广义上讲，渗流是指流体在孔隙介质中的流动。流体包括水、石油及气体等各种流体；孔隙介质包括土壤、岩层及堆石体等各种多孔和裂隙介质。在水利工程中，渗流则是指水在土壤或岩层中的流动，又称为地下水运动。

渗流理论在水利、土建、给水排水、环境保护、地质、石油、化工等许多领域都有着广泛的应用。在水利工程中，最常遇到的渗流问题有：土壤及透水地基上水工建筑物的渗漏及稳定，水井、集水廊道等集水建筑物的设计计算，水库及河渠边岸的侧渗等，如图 12-1 所示。这些渗流问题，就其水力学内容来说，主要应解决以下几个问题：

(1) 确定渗透流量。

(2) 确定浸润线的位置。

(3) 计算渗透压强及渗透压力。

(4) 计算渗透流速。

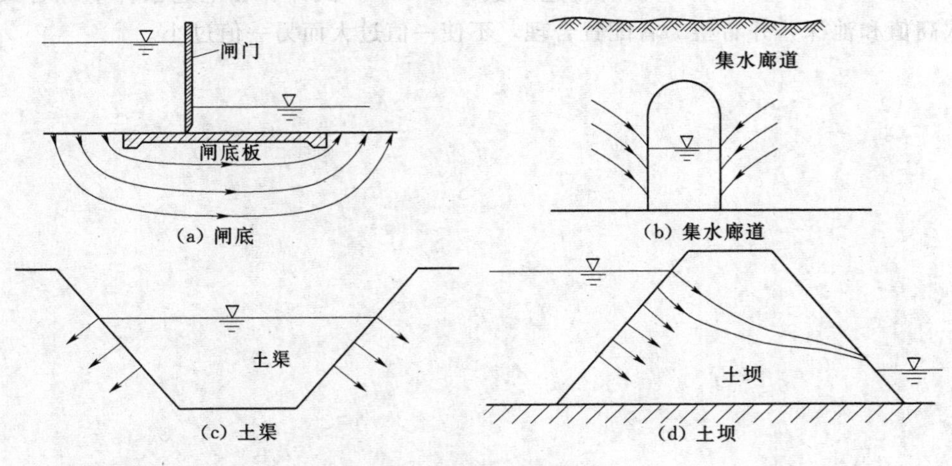

图 12-1　渗流实例图

本章的任务就是研究水在土壤中的运动规律，并讨论如何应用渗流理论解决上述实际问题。

第二节 渗流的基本概念

土壤是孔隙介质的典型代表，水在土壤中的渗流运动是水流与土壤在一定边界条件下相互作用的结果。要研究渗流问题，首先必须弄清水在土壤中存在的形式和土壤的渗透特性。

一、水在土壤中存在的形式

按照土壤中水分所承受的作用力，水在土壤中的形式可以分为气态水、附着水、薄膜水、毛细水和重力水。

气态水是以水蒸气的形式存在于土壤孔隙中；附着水和薄膜水都是受分子力的作用而吸附于土壤颗粒四周的，很难运动。这 3 种水数量很少，在渗流中一般不予考虑。毛细水是在表面张力作用下，存在于土壤中的细小孔隙中，除某些特殊情况（极细颗粒中的渗流或渗流试验）外，往往也可忽略不计。

重力水是指受重力作用在土壤孔隙中运动的水，它充满了渗流区域中土壤的大孔隙。重力水对土壤颗粒有压力作用，它的运动可以带动土壤颗粒运动，严重时造成土壤结构破坏，危及建筑物的安全。所以，重力水是渗流研究的主要对象。

二、土壤的渗流特性及分类

土壤的渗流特性主要指土壤的透水性，它是衡量土壤透水能力的重要指标。土壤的透水能力与土壤孔隙的大小、多少、形状、分布有关，也与土壤颗粒的粒径、形状、均匀程度、排列方式有关。一般来说，疏松的土壤和颗粒均匀的土壤，其透水能力相对较大。

土壤的密实程度可用土壤的孔隙率 ε 来反映。孔隙率表示一定体积的土壤中，孔隙的体积 ω 与土壤总体积 W（包含孔隙体积）的比值，即

$$\varepsilon=\frac{\omega}{W} \tag{12-1}$$

孔隙率 ε 总是小于 1 的，ε 值越大，表示土壤的透水性也越大，而且其容纳水的能力也越大。

土壤颗粒的均匀程度，常用土壤的不均匀系数 η 来反映，即

$$\eta=\frac{d_{60}}{d_{10}} \tag{12-2}$$

式中：d_{60} 为土壤经过筛分后占 60％重量的土粒所能通过的筛孔直径；d_{10} 为占 10％重量的土粒所能通过的筛孔直径。

一般 η 值总是大于 1，η 值越大，表示土壤颗粒越不均匀。均匀颗粒组成的土壤，$\eta=1.0$。

自然界中土壤的结构相当复杂，但从渗流特性的角度，可将土壤进行分类。若土壤的透水性能不随空间位置而变化，称为均质土壤；反之，称为非均质土壤。若土壤中的任意一点各个方向的透水性能都相同，称为各向同性土壤；否则，称为各向异性土壤。显然，均质各向同性土壤的透水性能与空间位置和渗流方向均无关，是最简单、最基本的一类土壤。

土壤按水的存在状态，又可以分为饱和带和非饱和带，非饱和带又称为包气带。饱和带中土壤孔隙全部为水所充满，主要为重力水区，也包括饱和的毛细水区。非饱和带中的土壤孔隙为水和空气所共同充满，其中气态水、附着水、薄膜水、毛细水和重力水都可能存在。非饱和带中水的流动规律与饱和带中重力水的流动规律不同，因为非饱和带中的作用力，除重力外还有土壤颗粒表面对水的吸引力和水气交界面的表面张力，同时非饱和带的液流横断面和渗透性能都随着含水量的变化而异。

本章主要讨论饱和带中均质各向同性土壤的渗流问题。

三、渗流模型

水在土壤中沿着孔隙流动，实际土壤孔隙的大小、形状和分布是极不规则的，因此渗流水质点的运动轨迹也错综复杂，如图 12－2（a）所示。要研究水流在每个孔隙中的真实流动状况是非常困难的，实际上也无必要。在实际工程中，主要关心渗流的宏观运动规律及平均效果，为了研究问题方便，通常采用一种假想的渗流来代替实际的渗流，这种假想的渗流即称之为渗流模型。

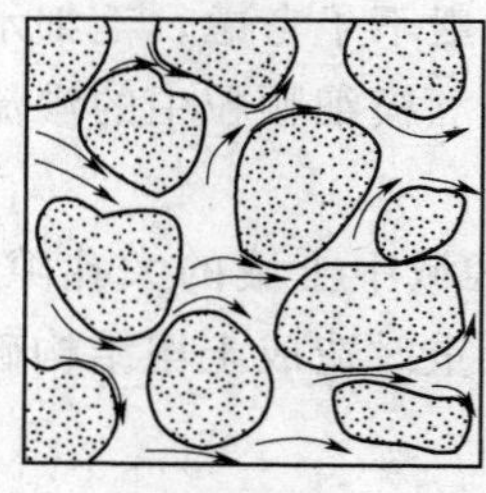

(a) 实际渗流

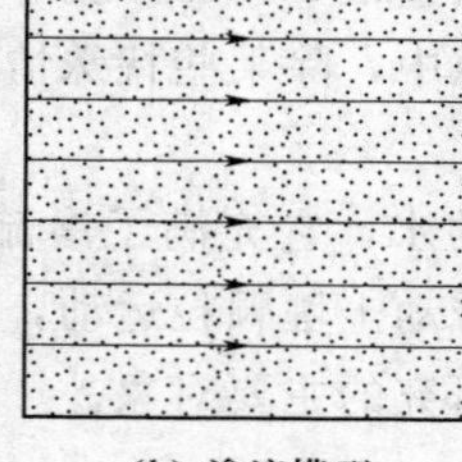

(b) 渗流模型

图 12－2　渗流模型示意图

所谓渗流模型，则是不考虑渗流路径的迂迴曲折，只考虑它的主要流向，认为水流充满了渗流区的全部空间，包括土壤颗粒所占据的空间，如图 12－2（b）所示。在渗流模型中，渗流的运动要素可作为渗流区域空间点坐标的连续函数来研究。以渗流模型取代实际的渗流，必须满足以下几点：

（1）渗流模型的边界形状及其边界条件与实际渗流相同。

（2）通过渗流模型某一断面的流量与实际渗流通过该断面的流量相等。

（3）在渗流模型的某一个确定作用面上，渗流压力要与实际渗流在该作用面上的渗流压力相等。

（4）渗流模型的阻力与实际渗流的阻力相等，也就是说相同流段上水头损失应当相等。

那么，渗流模型的流速与实际渗流的流速是否相同呢？在渗流模型中，取一微小过水断面面积 ΔA，通过该断面的流量为 ΔQ，则渗流模型的流速为

$$u=\frac{\Delta Q}{\Delta A}$$

式中：ΔA 内有一部分面积为土粒所占据，所以孔隙的过水断面面积 $\Delta A'$ 要比 ΔA 小，且 $\Delta A'=\varepsilon\Delta A$，$\varepsilon$ 为土壤的孔隙率。因此在相应断面孔隙中的实际渗流流速为

$$u'=\frac{\Delta Q}{\varepsilon\Delta A}=\frac{u}{\varepsilon}$$

由于孔隙率 $\varepsilon<1$，所以 $u'>u$，即渗流模型的流速小于实际渗流的流速。

引入渗流模型之后，将渗流视为连续介质运动，这样，前面关于地面水运动的有关概念和研究方法都可以直接引用到渗流研究中，例如流线、过水断面、断面平均流速、动水

压强、测压管水头等。按运动要素是否随时间变化，渗流也可分为恒定渗流和非恒定渗流；按流线是否为平行直线，也可分为均匀渗流和非均匀渗流，非均匀渗流又分为渐变渗流和急变渗流。从有无地下自由液面，渗流可分为有压渗流和无压渗流，本章主要研究恒定渗流。

应当指出，由于渗流流速很小，在渗流研究中，流速水头$\frac{u^2}{2g}$可以忽略不计。例如，当渗流流速$u=2\text{cm/s}$时，其流速水头$\frac{u^2}{2g}=0.002\text{cm}$，对于砂土其渗透流速远小于2cm/s，所以完全可以不计流速水头的影响。这样，渗流的总水头H就等于位置水头z与压强水头$\frac{p}{\gamma}$之和，也就是测压管水头，即

$$H=z+\frac{p}{\gamma}$$

因此，对于渗流来说总水头线与测压管水头线重合。渗流总是从势能高的地方流向势能低的地方，测压管水头线沿流程只能下降。

第三节　渗流的基本定律——达西定律

关于渗流运动的基本规律，早在1852—1855年由法国工程师达西（Darcy）通过实验研究而总结出来，一般称为达西定律。达西的实验研究是针对均质砂土中的均匀渗流进行的，但是他的研究成果已被后来的学者推广应用到整个渗流计算中，达西定律成为渗流研究中最基本的公式。

一、达西定律

达西实验装置如图12-3所示，在一个等直径的直立圆筒内装入颗粒均匀的砂土，上端开口与大气相通，水由进水管a注入圆筒，并由溢流管b保持圆筒内水位恒定不变。在筒的侧壁相距l的1—1、2—2两个断面上安装测压管，在砂土的下部安装滤水板，渗流量Q可由容器c测量。当圆筒上部水位保持恒定不变时，通过均质砂土的渗流是恒定流，其测压管的液面保持不变。

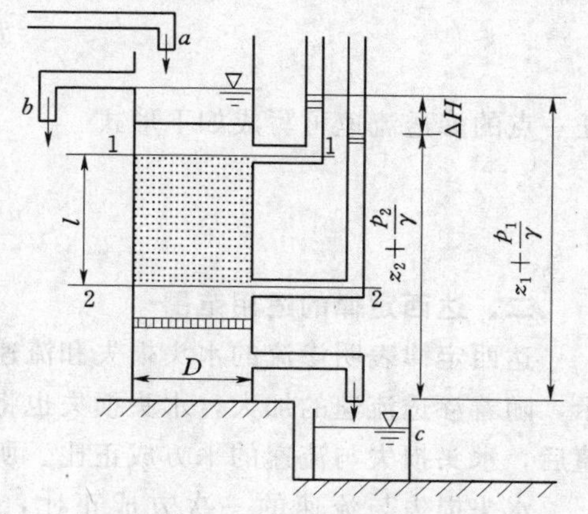

图12-3　达西渗流实验装置图

由于渗流流速很小，可以不计流速水头的影响，因此渗流中的总水头H可用测压管水头来表示

$$H=z+\frac{p}{\gamma} \tag{12-3}$$

断面1—1与断面2—2之间的水头损失h_w就等于其测压管水头差ΔH，水力坡度J就等于测压管水头坡度，即

$$J=\frac{h_w}{l}=\frac{\Delta H}{l}$$

达西分析了大量的实验资料，发现在不同尺寸的圆筒内装不同粒径的砂土，其渗流量 Q 与圆筒的断面面积 A 和水力坡度 J 成正比，并且与土壤的透水性能有关，即

$$Q \propto AJ$$

引入比例系数 k

$$Q=kAJ=kA\frac{h_w}{l} \tag{12-4}$$

断面平均流速为

$$v=\frac{Q}{A}=kJ \tag{12-5}$$

式中：k 为反映孔隙介质透水性能的一个综合系数，称为渗透系数，它具有流速的量纲。

式（12-5）即为达西定律，它表明在均质孔隙介质中的恒定渗流，其渗透流速与水力坡度的一次方成正比，因此也称为渗流线性定律。

实验中的渗流区为一圆柱形的均质砂土，属于均匀渗流，可以认为断面上各点的流动状态是相同的，任一点的渗透流速 u 等于断面平均流速 v，所以达西定律也可用于断面上任一点，即

$$u=kJ \tag{12-6}$$

达西定律是从均质砂土的恒定均匀渗流实验中总结得到的，经过后来的大量实践和研究，认为可将其推广应用到其他孔隙介质的非恒定渗流、非均匀渗流等各种渗流运动中去，此时的达西定律表示式只能用式（12-5），而且 u 和 J 都随位置而变化，水力坡度 J 应以微分形式表示，即

$$J=-\frac{\mathrm{d}H}{\mathrm{d}s} \tag{12-7}$$

任一点的渗透流速可写成如下形式

$$u=-k\frac{\mathrm{d}H}{\mathrm{d}s} \tag{12-8}$$

二、达西定律的适用范围

达西定律表明渗流的水头损失和流速的一次方成正比，后来范围较广的实验进一步揭示，随着渗透流速的加大，水头损失也将与流速的 1～2 次方成正比，当流速大到一定数值后，水头损失与流速的平方成正比。所以，在应用中应注意达西定律的适用范围。

水头损失与流速的一次方成正比，这正是液体做层流运动所遵循的规律，由此可见，达西定律只能适用于层流渗流或线性渗流。凡超出达西定律适用范围的渗流，统称为非线性渗流。

由于土壤的透水性质很复杂，对于线性渗流和非线性渗流，很难找到确切的判别标

准。曾有学者提出以颗粒直径作为控制标准，但大多数学者认为仍以雷诺数来判别更为适当。而且，很多研究结果表明，由线性渗流到非线性渗流的临界雷诺数也不是一个常数，而是随着颗粒直径、孔隙率等因素而变化。巴甫洛夫斯基认为，当$Re<Re_c$时渗流为线性渗流，Re 为渗流的实际雷诺数，Re_c为渗流的临界雷诺数：

$$Re_c=\frac{1}{0.75\varepsilon+0.23}\frac{vd}{\nu} \tag{12-9}$$

式中：Re_c 为临界雷诺数，$Re_c=7\sim9$；ε 为土壤的孔隙率；d 为土壤有效粒径，一般可用d_{10}来代表；v 为渗流断面平均流速；ν 为运动黏滞系数。

在水利工程中，大多数渗流运动是服从达西定律的，只有在砾石、碎石等大孔隙介质中的渗流，例如堆石坝、堆石排水体的情况，渗流才不符合达西定律。对颗粒极细的土壤如黏土等，有资料表明，渗流流速 u 与水力坡度差（$J-J_0$）成正比，式中 J_0 为起始水力坡度，这个问题尚有待进一步研究，目前黏土的渗流计算，一般仍采用达西定律。

渗流水头损失规律的一般表达式可概括为下列形式：

$$J=au+bu^2 \tag{12-10}$$

式中：a、b 为两个待定系数，由实验确定。

当 $b=0$，式（12-10）即为达西定律，适用于线性渗流；当 $a=0$，渗流进入阻力平方区；当 a 和 b 均不等于 0 时，则处于上述两种情况之间的非线性渗流。所以式（12-10）即为一般的渗流非线性定律。

应当指出，以上讨论的各种渗流水头损失的规律，都是针对没有发生渗流变形的情况而言的。当土壤颗粒因渗流作用而运动，或土壤结构因渗流而失去稳定，出现渗流变形时，渗流水头损失将服从另外的规律，这将在其他课程中阐述。

本章所讨论的内容，仅限于符合达西定律的线性渗流。

三、渗透系数

在应用达西定律进行渗流计算时，首先需要确定土壤的渗透系数 k 值，它是反映土壤渗流特性的一个综合指标。其数值的大小取决于很多因素，但主要与土壤孔隙介质的特性和液体的物理性质有关。由于水利工程中的渗流问题主要是以水为研究对象，温度对物理性质的影响可以忽略不计，所以 k 值只随孔隙介质而不同，因此，可以把渗透系数单纯理解为反映孔隙介质性质对透水能力影响的一个参数。即便如此，要精确确定 k 值仍是比较困难的，一般确定渗透系数的常用方法有以下 3 种。

1. 室内测定法

为了能够较真实地反映土的透水性能，在现场取若干土样，不加扰动并密封保存，然后在室内测定其渗透系数。通常使用的实验设备如图 12-3 所示，如果实验中的渗流符合达西定律，测得水头损失与流量后，即可由式（12-4）求得土壤的渗透系数 k 值，即

$$k=\frac{Ql}{Ah_w} \tag{12-11}$$

由于天然土壤不是完全均质的，所取土样又不可能太多，故不可能完全反映真实情况，但这种方法毕竟是从实际出发的，而且设备简单、易于操作、费用较低，是一种常用

方法。

2. 现场测定法

在所研究的渗流区域现场进行实测，是一种较为可靠的方法。其主要优点是不用选取土样，使土壤结构保持原状，可以获得大面积的平均渗透系数值。因规模较大，费用高，一般多用于重要的大型工程。

现场测定法一般是采用钻孔抽水或压水试验，测定渗流参数（如流量、水头等），再依据相应的理论公式反求出渗透系数 k 值。

3. 经验法

在进行初步估算时，若缺乏可靠的实际资料，则可以参照有关规范的值数选用 k 值，或者由经验公式估算 k 值。显然，这种方法的可靠性较差，只能用于粗略估算。现将各类土壤渗透系数的参考值列于表 12－1，供估算时选用。

表 12－1　　土壤的渗透系数参考值

土壤	渗透系数 k	
	m/d	cm/s
黏　土	<0.005	$<6\times10^{-6}$
亚黏土	0.005～0.1	$6\times10^{-6}\sim1\times10^{-4}$
轻亚黏土	0.1～0.5	$1\times10^{-4}\sim6\times10^{-4}$
黄　土	0.25～0.5	$3\times10^{-4}\sim6\times10^{-4}$
粉　砂	0.5～1.0	$6\times10^{-4}\sim1\times10^{-3}$
细　砂	1.0～5.0	$1\times10^{-3}\sim6\times10^{-3}$
中　砂	5.0～20.0	$6\times10^{-3}\sim2\times10^{-2}$
均质中砂	35～50	$4\times10^{-2}\sim6\times10^{-2}$
粗　砂	20～50	$2\times10^{-2}\sim6\times10^{-2}$
均质粗砂	60～75	$7\times10^{-2}\sim8\times10^{-2}$
圆　砾	50～100	$6\times10^{-2}\sim1\times10^{-1}$
卵　石	100～500	$1\times10^{-1}\sim6\times10^{-1}$
无填充物卵石	500～1000	$6\times10^{-1}\sim1\times10$
稍有裂隙岩石	20～60	$2\times10^{-2}\sim7\times10^{-2}$
裂隙多的岩石	>60	$>7\times10^{-2}$

第四节　恒定无压均匀渗流和非均匀渐变渗流

若渗流区域位于不透水基底上，且渗流具有自由表面，这种流动称为无压渗流。无压渗流的自由表面称为浸润面，自由表面与纵断面的交线称为浸润线。在自然界中，不透水基底一般是起伏不平的，为方便起见，可近似认为不透水基底为平面，仍以 i 表示基底坡度，其底坡也可以分为三类：$i>0$ 为正坡；$i=0$ 为平坡；$i<0$ 为负坡。在多数情况

下，渗流区域在横向很宽阔，一般作为棱柱体宽矩形断面讨论。

一、均匀渗流

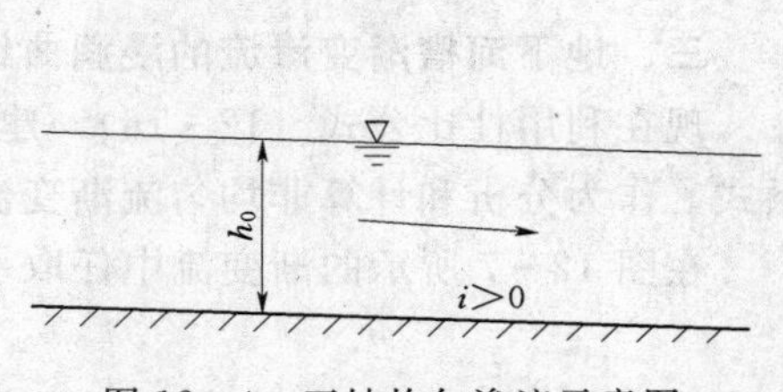

图 12-4　正坡均匀渗流示意图

如图 12-4 所示，在正坡（$i>0$）不透水基底上形成无压均匀渗流。因均匀流水深 h_0 沿流程不变，浸润线是一条直线且平行不透水基底，水力坡度 $J=-\dfrac{\mathrm{d}H}{\mathrm{d}s}=i=$ 常数。根据达西定律式（12-4），断面平均流速 v 为

$$v=ki \tag{12-12}$$

通过过水断面 A_0 的流量 Q 为

$$Q=kiA_0 \tag{12-13}$$

对于矩形断面，$A_0=bh_0$，故单宽渗流量 q 为

$$q=kh_0 i \tag{12-14}$$

式中：h_0 为均匀渗流水深；k 为土壤的渗透系数；i 为不透水基底坡度。

二、渐变渗流的基本公式

达西定律所给出的计算公式（12-4）和公式（12-5）是用于计算均匀渗流的断面平均流速及渗流区域任意点上的渗流流速。为了研究渐变渗流的运动规律，还必须建立恒定无压非均匀渐变渗流的断面平均流速的计算公式。

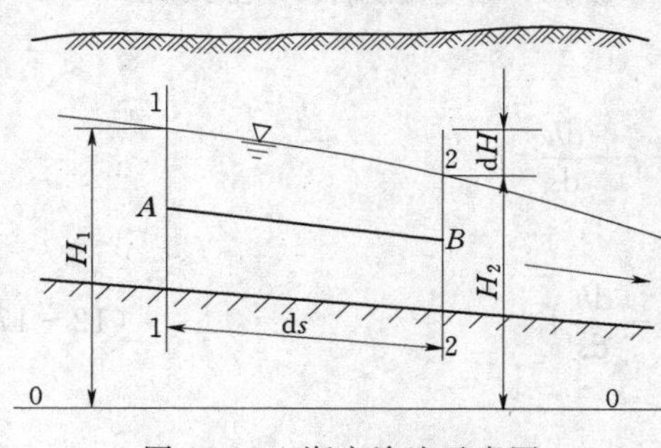

图 12-5　渐变渗流示意图

图 12-5 为一渐变渗流，因流线是近似平行的直线，故过水断面近似于平面，同一过水断面上各点的测压管水头相等。由于渗流流速很小，可不计流速水头的影响，所以同一过水断面上各点的总水头也相等。

若在相距为 ds 的过水断面 1—1 和断面 2—2 之间任取一条流线 AB，按照式（12-7），A 点处渗透流速 u 为

$$u=-k\frac{\mathrm{d}H}{\mathrm{d}s}$$

由于渐变流过水断面总水头 $H=z+\dfrac{p}{\gamma}=$ 常数，所以水头差 $\mathrm{d}H=H_1-H_2=$ 常数，因渐变渗流的流线曲率很小，两个过水断面之间各条流线的长度 ds 也近似相等，所以同一过水断面上各点的水力坡度 $J=-\dfrac{\mathrm{d}H}{\mathrm{d}s}$ 也相等，各点的渗透流速为

$$v=-k\frac{\mathrm{d}H}{\mathrm{d}s}=\text{常数} \tag{12-15}$$

断面平均流速 $v=u$，即

$$v=-k\frac{\mathrm{d}H}{\mathrm{d}s} \tag{12-16}$$

式（12-16）即为渐变渗流的基本公式，它是法国学者杜比（J. Dupuit）于 1857 年

首先推导出来的，故又称杜比公式。杜比公式表明，在渐变渗流中，同一过水断面上各点的流速相等并且等于断面平均流速，流速分布为矩形分布。但不同过水断面上的流速则不相等，如图 12-6 所示。显然，杜比公式不适用于流线曲率很大的急变渗流。

三、地下河槽渐变渗流的浸润曲线

现在利用杜比公式（12-16），建立渐变渗流的流量 Q、水深 h 和底坡 i 等之间的关系式，作为分析和计算非均匀流渐变流浸润线的依据。

在图 12-7 所示的渐变流中任取一过水断面，该断面总水头 H 为

$$H=z+h$$

式中：h 为水深；z 为过水断面底部到基准面的高度。

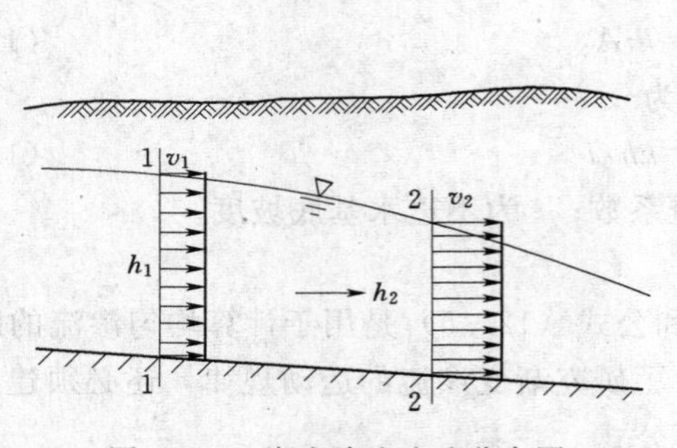

图 12-6　渐变渗流流速分布图

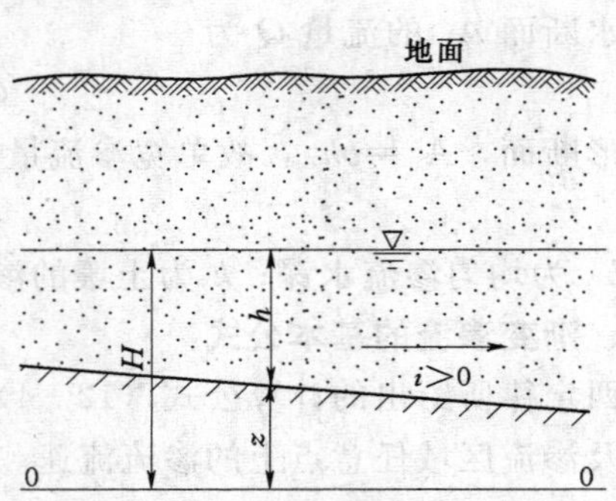

图 12-7　渐变流浸润线方程示意图

故

$$\frac{\mathrm{d}H}{\mathrm{d}s}=\frac{\mathrm{d}z}{\mathrm{d}s}+\frac{\mathrm{d}h}{\mathrm{d}s}=-i+\frac{\mathrm{d}h}{\mathrm{d}s}$$

根据杜比公式（12-13），断面平均流速为

$$v=-k\frac{\mathrm{d}H}{\mathrm{d}s}=k\left(i-\frac{\mathrm{d}h}{\mathrm{d}s}\right) \tag{12-17}$$

通过过水断面 A 的流量为

$$Q=Av=kA\left(i-\frac{\mathrm{d}h}{\mathrm{d}s}\right) \tag{12-18}$$

式（12-18）即为棱柱体地下河槽恒定非均匀渐变渗流的基本微分方程式。

在非均匀渐变渗流中，类似于地面水的水面曲线，地下河槽的浸润线也将因底坡不同而有不同的形式，但因在渗流研究中，可以忽略$\frac{\alpha v^2}{2g}$，断面比能 $E_s=h$，故不存在临界水深 h_k，相应的急流、缓流、陡坡、缓坡、临界坡的概念也不存在。因此，在地下河槽中只有正坡、平坡、负坡 3 种底坡，渗流实际水深也只需与均匀渗流的正常水深作比较。由此可见，渐变渗流的浸润线要比明渠的水面曲线形式简单，在 3 种底坡上共有 4 种形式的浸润线。

1. 正坡（$i>0$）

如图 12-8 所示，在正坡的地下河槽中，可以存在均匀渗流，若流量 Q 用均匀渗流的公式表示，以 h_0 表示均匀渗流的水深，则 $Q=bh_0ki$，代入式（12-18），因 $A=$

bh，得

$$\frac{\mathrm{d}h}{\mathrm{d}s}=i\left(1-\frac{h_0}{h}\right) \tag{12-19}$$

以 h_0 作正常水深参考线 $N—N$（图 12-8），$N—N$ 线将渗流划分为两个区域，$N—N$ 线以上为 a 区，$N—N$ 线之下为 b 区。

a 区：$h>h_0$，由式（12-19）得 $\frac{\mathrm{d}h}{\mathrm{d}s}>0$，说明水深沿流程增加，故 a 区的浸润线为壅水曲线。在曲线的上游端，当水深 $h\rightarrow h_0$ 时，$\frac{h_0}{h}\rightarrow 1$，$\frac{\mathrm{d}h}{\mathrm{d}s}\rightarrow 0$，即浸润线在上游端以 $N—N$ 为渐近线。在曲线的下游端，当水深 $h\rightarrow\infty$ 时，$\frac{h_0}{h}\rightarrow 0$，$\frac{\mathrm{d}h}{\mathrm{d}s}\rightarrow i$，即浸润线在下游端以水平线为渐近线。

b 区：$h<h_0$，$1-\frac{h_0}{h}<0$，由式（12-19）可知 $\frac{\mathrm{d}h}{\mathrm{d}s}<0$，说明水深沿流程减小，故 b 区的浸润线为降水曲线。在曲线的上游端，当水深 $h\rightarrow h_0$ 时，$\frac{\mathrm{d}h}{\mathrm{d}s}\rightarrow 0$，浸润线的上游端仍以 $N—N$ 线为渐近线。在曲线的下游端，当水深 $h\rightarrow 0$ 时，$\frac{\mathrm{d}h}{\mathrm{d}s}\rightarrow -\infty$，浸润线在下游端趋向与不透水基底垂直。

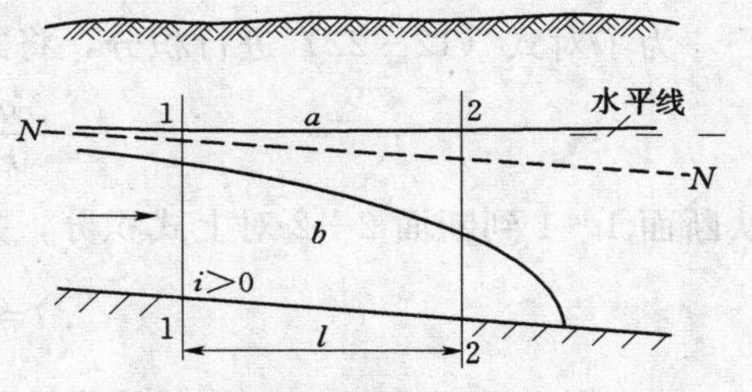

图 12-8 正坡渐变流浸润线示意图

a 区及 b 区的浸润线形状如图 12-8 所示。

为了进行浸润线计算，需对式（12-19）作积分，令 $\frac{h}{h_0}=\eta$，由式（12-19）得

$$\frac{\mathrm{d}h}{\mathrm{d}s}=i\left(1-\frac{1}{\eta}\right)$$

利用 $\frac{\mathrm{d}h}{\mathrm{d}s}=h_0\frac{\mathrm{d}\eta}{\mathrm{d}s}$，并将上式分离变量得

$$\mathrm{d}s=\frac{h_0}{i}\left[\mathrm{d}\eta+\frac{\mathrm{d}(\eta-1)}{\eta-1}\right] \tag{12-20}$$

从断面 1—1 到断面 2—2 对上式积分，得

$$l=\frac{h_0}{i}\left(\eta_2-\eta_1+\ln\frac{\eta_2-1}{\eta_1-1}\right)=\frac{h_0}{i}\left(\eta_2-\eta_1+2.3\lg\frac{\eta_2-1}{\eta_1-1}\right) \tag{12-21}$$

式中：$\eta_2=\frac{h_2}{h_0}$；$\eta_1=\frac{h_1}{h_0}$为 1—1 与 2—2 两断面之间的距离。利用式（12-21）可进行矩形地下河槽浸润线及其他有关计算。

2. 平坡（$i=0$）

如图 12-9 所示，将 $i=0$ 代入式（12-18）得

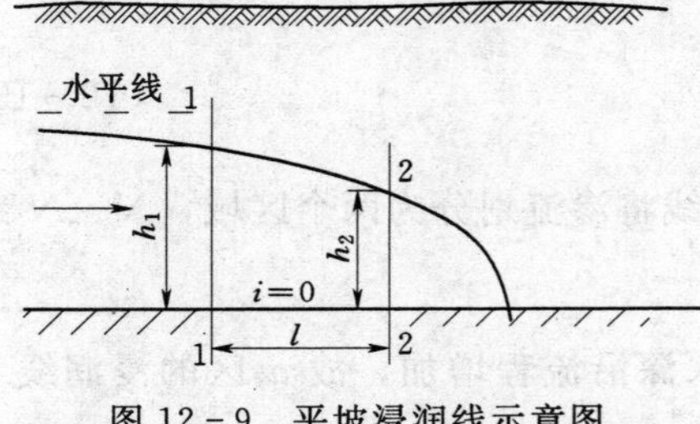

图 12-9　平坡浸润线示意图

$$Q=-kA\frac{dh}{ds}$$

对于矩形断面，$q=\frac{Q}{b}$，$A=bh$，上式又可以写成

$$\frac{dh}{ds}=-\frac{q}{kh} \tag{12-22}$$

因 $i=0$ 中不可能产生均匀渗流，不存在正常水深 $N—N$ 线，故浸润线只有一种形式。因 Q、k、h 均为正值，从式（12-22）可知 $\frac{dh}{ds}<0$，所以浸润线只能是降水曲线。在曲线的上游端，当水深 $h\to\infty$ 时，$\frac{dh}{ds}\to 0$，浸润线的上游端以水平线为渐近线。在曲线的下游端，当水深 $h\to 0$ 时，$\frac{dh}{ds}\to -\infty$，浸润线与不透水基底有正交的趋势。浸润线形状如图 12-9所示。

为了对式（12-22）进行积分，将式（12-22）分离变量得

$$\frac{q}{k}ds=-h\,dh$$

从断面 1—1 到断面 2—2 对上式积分，并令 $l=s_2-s_1$，得

$$l=\frac{k}{2q}(h_1^2-h_2^2) \tag{12-23}$$

式（12-23）即为平底地下河槽浸润曲线计算公式。

3. 逆坡（$i<0$）

如图 12-10 所示，令 $i'=-i$ 代入式（12-18），得

$$Q=-kA\left(i'+\frac{dh}{ds}\right)=-kbh\left(i'+\frac{dh}{ds}\right) \tag{12-24}$$

由于 $i'>0$，今设想所研究的渗流流量 Q，在虚拟的正坡 i' 上形成均匀渗流，其过水断面面积 $A'_0=bh'_0$，于是均匀渗流流量 $Q=kbh'_0 i'$，代入式（12-24）并整理得

$$\frac{dh}{ds}=-i'\left(1+\frac{h'_0}{h}\right) \tag{12-25}$$

由式（12-25）可知，因 i'、h'_0及 h 均为正值，故$\frac{dh}{ds}<0$，在逆坡地下河槽中的浸润曲线一定是降水曲线。与平坡上的浸润线分析相似，该浸润线的上游端以水平线为渐近线，下游端趋近与不透水基底垂直。浸润线形状如图 12-10 所示。

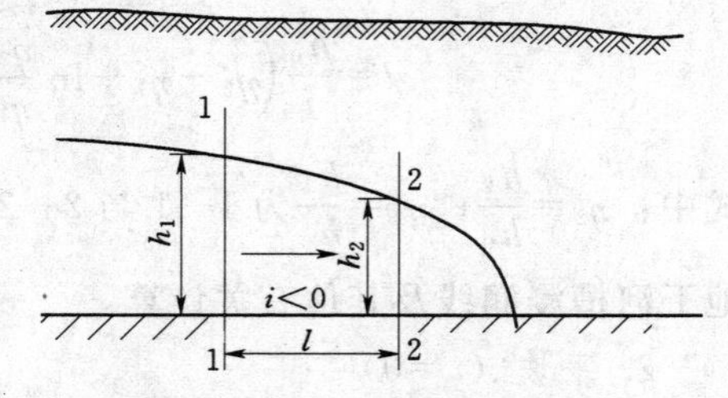

图 12-10　逆坡浸润线示意图

现对微分方程式（12-25）进行积分，令$\frac{h}{h'_0}=\eta'$，则$\frac{dh}{ds}=h'_0\frac{d\eta'}{ds}$，代入式（12-25）并分离变

量，得

$$\frac{i'}{h_0'}\mathrm{d}s=-\frac{\eta'}{1+\eta'}\mathrm{d}\eta'$$

从断面 1—1 到断面 2—2 对上式积分，并且令 $l=s_2-s_1$，得

$$l=\frac{h_0'}{i'}\left(\eta_1'-\eta_2'+2.3\lg\frac{\eta_2'+1}{\eta_1'+1}\right) \tag{12-26}$$

式中：$\eta_2'=\frac{h_2}{h_0'}$；$\eta_1'=\frac{h_1}{h_0'}$。利用式（12-26）可以进行逆坡地下河槽的浸润线及有关计算。

需要指出的是，无论何种底坡，当水深 $h\to0$ 时，浸润线的下游端均趋向与不透水基底垂直，这时的流动已属于急变渗流，超出了式（12-19）的适用范围，实际当中，这时浸润线的下游端将以某一个不等于 0 的水深为终点，这个水深的数值则取决于具体的边界条件。

【例 12-1】 如图 12-11 所示，在某渠道与河流之间有一透水土层，渗透系数 $k=0.005\text{cm/s}$，不透水基底的底坡 $i=0.02$，从渠中渗出的水深 $h_1=1.0\text{m}$，渗入河流时的水深 $h_2=1.9\text{m}$，渠道与河流相距 $s=180\text{m}$，试求：（1）每米长渠道向河道的渗透流量 q；（2）计算并绘制浸润曲线。

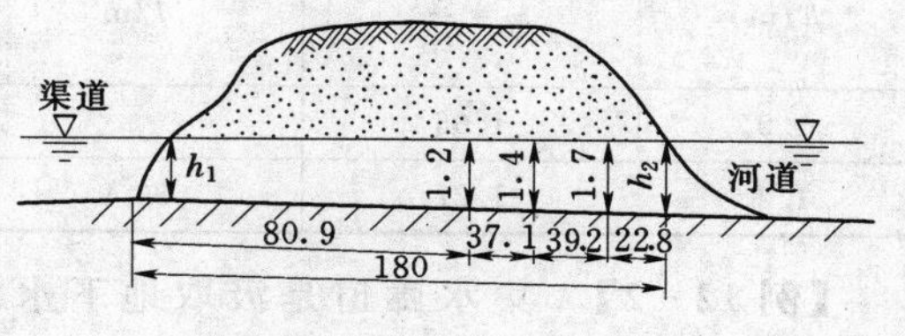

图 12-11 ［例 12-1］图

解

（1）先求正常水深 h_0。

由题意可知，$h_2>h_1$，$i>0$，故浸润曲线为正坡 a 区的壅水曲线，今利用式(12-21)计算正常水深 h_0：

$$l=\frac{h_0}{i}\left(\eta_2-\eta_1+2.3\lg\frac{\eta_2-1}{\eta_1-1}\right)$$

因 $\eta_2=\frac{h_2}{h_0}$，$\eta_1=\frac{h_1}{h_0}$，上式可改写成

$$il-h_2+h_1=2.3h_0\lg\frac{h_2-h_0}{h_1-h_0}$$

将 $h_1=1.0\text{m}$，$h_2=1.9\text{m}$，$l=s=180\text{m}$ 代入上式得

$$h_0\lg\frac{1.9-h_0}{1.0-h_0}=\frac{1}{2.3}(0.02\times180-1.9+1.0)=1.174$$

由上式经试算求得

$$h_0=0.945\text{m}$$

（2）计算渗透流量 q。

每米长渠道的渗流量由式（12-14）计算：

$$q=kih_0=0.005\times10^{-2}\times0.02\times0.945=9.45\times10^{-7}[\text{m}^3/(\text{s}\cdot\text{m})]$$

(3) 计算浸润线。

已知起始断面水深 $h_1=1.0\text{m}$，假设 $h_2=1.2\text{m}$，则 $\eta_1=\frac{h_1}{h_0}=1.058$，$\eta_2=\frac{h_2}{h_0}=1.27$，利用式（12－21）计算相应的距离：

$$l=\frac{h_0}{i}\left(\eta_2-\eta_1+2.3\lg\frac{\eta_2-1}{\eta_1-1}\right)$$

$$l=\frac{0.945}{0.02}\left(1.27-1.06+2.3\lg\frac{1.27-1}{1.06-1}\right)=80.9(\text{m})$$

再取 $h_1=1.2\text{m}$，设 $h_2=1.4\text{m}$，以此类推，可计算出各段的 l 值，计算结果见表 12－2。

根据表 12－2 中的 h 及 l 值绘制浸润曲线，如图 12－11 所示。

表 12－2　　计　算　l　值

h/m	$\eta=\frac{h}{h_0}$	l/m	h/m	$\eta=\frac{h}{h_0}$	l/m
1.0	1.06		1.4	1.48	37.1
1.2	1.27	80.9	1.7	1.80	39.2

【例 12－2】 集水廊道是汲取地下水源或降低地下水位的一种集水建筑物。如图 12－12所示，水平不透水层上修建长 $L=100\text{m}$ 的矩形断面集水廊道，含水层原有水深 $H=7.6\text{m}$，修建集水廊道后，在距廊道边缘 $s=800\text{m}$ 处，地下水位开始下降，廊道中水深 $h=3.6\text{m}$，土壤渗透系数 $k=0.04\text{cm/s}$，c 点距廊道的距离 $s_c=400\text{m}$，试求：(1) 集水廊道排出的总渗流量 Q；(2) c 点处地下水位的降低值 Δh_c。

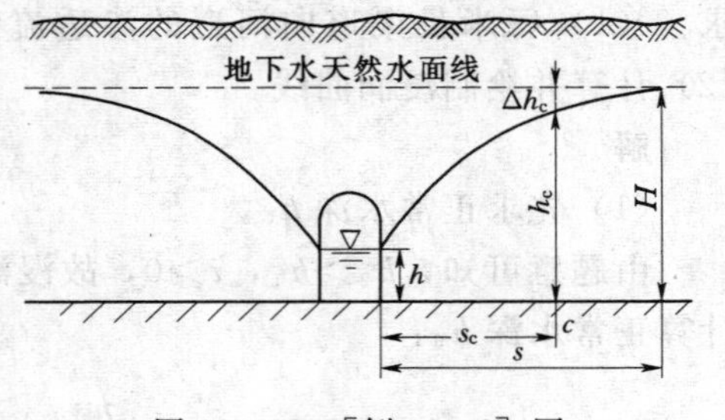

图 12－12　[例 12－2] 图

解　若从集水廊道向外排水，其两侧一定范围内的地下水均流向廊道，水面不断下降，当抽水稳定后，将形成对称于廊道轴线的浸润曲面。由于浸润曲面的曲率很小，可近似看作为无压恒定渐变渗流，廊道较长，所有垂直于廊道轴线的剖面，渗流情况相同，可视为平面渗流问题。所以，本例题属水平不透水层上无压恒定平面渐变渗流的水力计算。

(1) 排水总量 Q。

集水廊道中汇积的地下水是由两侧土层渗出的，每一侧的单宽渗流量为

$$q=\frac{Q}{2L}$$

利用平底河槽浸润线公式（12－23），得

$$l=\frac{k}{2\times\frac{Q}{2L}}(h_1^2-h_2^2)=\frac{kL}{Q}(h_1^2-h_2^2) \tag{12-27}$$

根据题意，当 $l=s$ 时，$h_1=H$，$h_2=h$，代入式（12－27）得

$$Q=\frac{kL}{s}(H^2-h^2)$$

代入已知数据，解得

$$Q=\frac{0.04\times10^{-2}\times100}{800}(7.6^2-3.6^2)=2.24(\mathrm{L/s})$$

(2) c 点处的水位降深 Δh。

设 c 点处渗流水深为 h_c，将 $l=s_c$，$h_1=h_c$，$h_2=h$ 代入式（12-27），得

$$s_c=\frac{kL}{Q}(h_c^2-h^2)$$

或

$$h_c^2=\frac{Qs_c}{kL}+h^2$$

代入已知数据解得

$$h_c^2=\frac{2.24\times10^{-3}\times400}{0.04\times10^{-2}\times100}+3.6^2=35.36$$

故

$$h_c=5.95\mathrm{m}$$

c 点处的地下水位降低值

$$\Delta h_c=H-h_c=7.6-5.95=1.65(\mathrm{m})$$

第五节 井 的 渗 流

井是一种用于汲取地下水或排水的集水建筑物。按照井的位置可分为普通井和承压井两种基本类型。在地下无压透水层中所开掘的井称为普通井，普通井也称为潜水井，用于汲取无压地下水。当井底直达不透水层，称为完全井；若井底未达到不透水层的，则称为非完全井。承压井也称自流井，它可以穿过一层或多层不透水层，在承压含水层中汲取承压地下水，根据井底是否达到不透水层，承压井也可分为完全井和非完全井。

严格地讲，井的渗流运动属于非恒定渗流，但当地下水补给充沛，开采量远小于天然补给量的地区，经过较长时间的抽水后，井的渗流可近似作为恒定渗流来研究。

本节仅讨论完全井及井群恒定渗流的计算。

一、普通井

普通完全井如图 12-13 所示，含水层深度为 H，掘井以后井中初始水位与原地下水的水位齐平，当从井中开始抽水后，井周围的地下水开始向井中渗流形成漏斗形的浸润面，井中水位和周围地下水位逐渐下降。当含水层的范围很大，抽水流量保持不变，一定时间后可形成恒定渗流，此时井中水深 h_0 及漏斗形浸润面的位置和形状均保持不变。

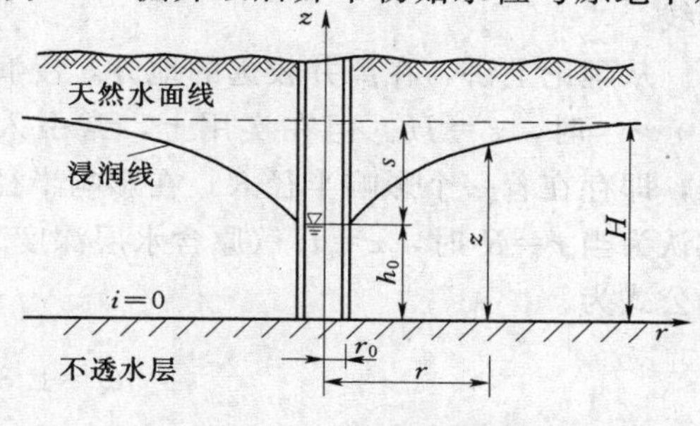

图 12-13 普通完整井示意图

对均质各向同性土壤而言，当井的周围范围很大且无其他干扰时，井的渗流具有轴

对称性，通过井中心线沿径向的任何剖面上，流动情况都是相同的，故可简化为平面问题。如果再进一步忽略水力要素沿垂直方向的变化，井的渗流便可近似认为是一元渐变渗流，可运用杜比公式进行分析。

选坐标系如图 12-13 所示，若任取一个距井轴为 r 的过水断面，设该断面上水深为 z，其过水断面为圆柱面，面积 $A=2\pi rz$，如果以不透水层顶面为基准面，该断面上各点的水力坡度为

$$J=\frac{\mathrm{d}z}{\mathrm{d}r}$$

根据杜比公式（12-16），该过水断面的平均流速为

$$v=k\frac{\mathrm{d}z}{\mathrm{d}r}$$

井的渗流量为

$$Q=Av=2\pi rzk\frac{\mathrm{d}z}{\mathrm{d}r} \tag{12-28}$$

分离变量得

$$2z\mathrm{d}z=\frac{Q}{\pi k}\frac{\mathrm{d}r}{r}$$

积分后得

$$z^2=\frac{Q}{\pi k}\ln r+C \tag{12-29}$$

积分常数 C 由边界条件确定，当 $r=r_0$ 时，$z=h_0$，代入式（12-29）得

$$C=h_0^2-\frac{Q}{\pi k}\ln r_0$$

将 C 代入式（12-29），得

$$z^2-h_0^2=\frac{Q}{\pi k}\ln\frac{r}{r_0} \tag{12-30}$$

或

$$z^2-h_0^2=\frac{0.73Q}{k}\lg\frac{r}{r_0} \tag{12-31}$$

式中：h_0 为井中水深；r_0 为井的半径。

式（12-31）即为普通完全井的浸润线方程，可用来确定沿井的径向剖面上的浸润线。

从理论上讲，在离井较远的地方，浸润线应该是以地下水的天然水面线为渐近线，即当 $r\to\infty$ 时，$z=H$。但在实用上，常引入一个近似的概念，认为井的抽水影响是有限的，即存在着一个影响半径 R，在影响半径以外的区域，地下水位将不受该井的影响。近似认为当 $r=R$ 时，$z=H$（原含水层深度），代入式（12-31），可得普通完全井的出水量公式为

$$Q=1.36k\frac{H^2-h_0^2}{\lg\frac{R}{r_0}} \tag{12-32}$$

利用式（12-32）计算井的出水量时，要先确定影响半径 R，它主要与土壤的渗透性能有关，需要用实验方法或野外实测方法来确定。在初步计算中，R 可用如下经验公式估算：

$$R=3000s\sqrt{k} \tag{12-33}$$

式中：s 为井水面降深，$s=H-h_0$，m；k 为渗透系数，m/s。

在粗略估算时，影响半径可在下列范围取用，细粒土 $R=100\sim200$m；中粒土 $R=250\sim500$m；粗粒土 $R=700\sim1000$m。

由于影响半径是一个近似的概念，所以由不同方法确定的 R 值相差较大。然而从井的出水量公式（12-32）可以看出，流量与影响半径的对数值成反比，所以影响半径的变化对流量计算不会带来很大误差。

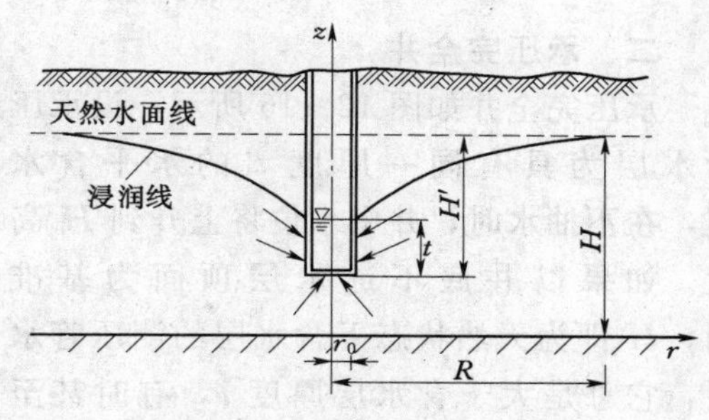

图 12-14　普通非完全井示意图

对于普通非完全井，如图 12-14 所示，由于井底未达到不透水层，水流不仅沿井壁四周渗入井内，在井底也有渗流，因此渗流情况比较复杂，不能运用一维渐变渗流的杜比公式来进行分析。目前，多采用普通完全井的公式乘以大于 1 的修正系数来计算，即

$$Q=1.36k\frac{H'^2-t^2}{\lg\dfrac{R}{r_0}}\left[1+7\sqrt{\frac{r_0}{2H'}}\cos(\pi H'/2H)\right] \tag{12-34}$$

式中：H'为原地下水面到井底的深度；t 为井中水深；其余符号意义同前。

【例 12-3】 为了实测土壤的渗透系数，在该区打一普通完全井，在距井轴 $r_1=50$m 和 $r_2=10$m 处分别钻一个观测孔，如图 12-15 所示，待井抽水持续一段时间后，实测两个观测孔中水面的稳定降深 $s_1=0.7$m、$s_2=1.5$m。设含水层深度 $H=4.5$m，稳定的抽水流量 $Q=4.5$L/s，试求井区附近土壤的渗透系数 k 值。

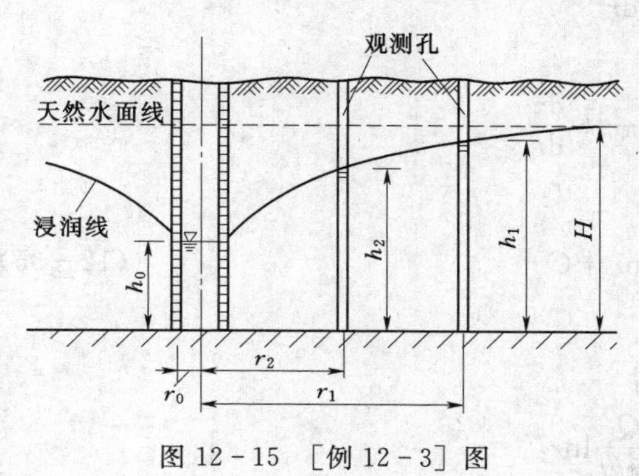

图 12-15　［例 12-3］图

解　由题意可知观测孔水深：

$$h_1=H-s_1=4.5-0.7=3.8(\text{m})$$

$$h_2=H-s_2=4.5-1.5=3.0(\text{m})$$

设井的半径为 r_0，井中水深为 h_0，根据普通完全井浸润线方程式（12-31），可得

$$h_1^2-h_0^2=\frac{0.73Q}{k}\lg\frac{r_1}{r_0}$$

$$h_2^2-h_0^2=\frac{0.73Q}{k}\lg\frac{r_2}{r_0}$$

两式相减，得

$$h_1^2-h_2^2=\frac{0.73Q}{k}\lg\frac{r_1}{r_2}$$

故

$$k=\frac{0.73Q}{h_1^2-h_2^2}\lg\frac{r_1}{r_2}$$

代入已知数据，得

$$k=\frac{0.73\times0.0045}{3.8^2-3.0^2}\times\lg\frac{50}{10}=0.042(\text{cm/s})$$

二、承压完全井

承压完全井如图12-16所示，设承压含水层为具有同一厚度 t 的水平含水层，在不抽水时，井中水位将上升到 H 高度。如果以井底不透水层顶面为基准面，H 即为天然状态下含水层的测压管水头，它总是大于含水层厚度 t，有时甚至高出地面，使地下水会自动流出井外。若含水层储水量极为丰富，而抽水量不大且流量恒定时，经过一段时间的抽水后，井四周的测压管水头线将形成一个稳定的轴对称漏斗形曲面，如图12-16中的虚线所示。此时和普通完全井一样，也可按一维恒定渐变渗流处理。

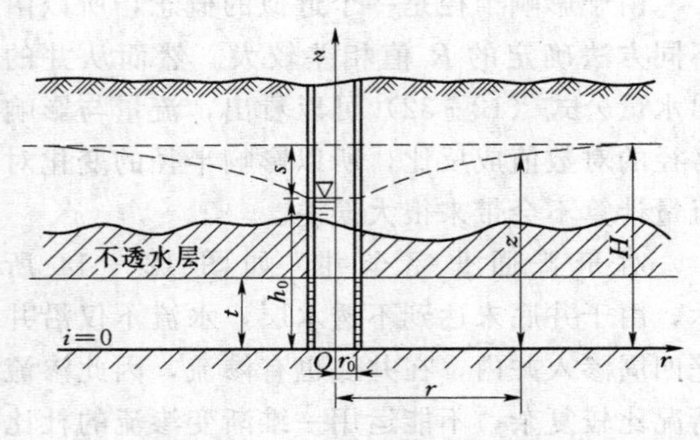

图12-16 承压完全井示意图

取距井中心轴为 r 的圆柱形过水断面，该面积 $A=2\pi rt$，根据杜比公式，该过水断面的平均流速为

$$v=k\frac{\mathrm{d}z}{\mathrm{d}r}$$

通过该断面的流量为

$$Q=Av=2\pi rtk\frac{\mathrm{d}z}{\mathrm{d}r}$$

将上式分离变量并积分得

$$z=\frac{Q}{2\pi kt}\ln r+C \tag{12-35}$$

式中：C 为积分常数，由边界条件确定。

当 $r=r_0$ 时，$z=h_0$，代入式（12-35）得

$$C=h_0-\frac{Q}{2\pi kt}\ln r_0$$

因此，式（12-35）可写成

$$z-h_0=\frac{Q}{2\pi kt}\ln\frac{r}{r_0}$$

或

$$z-h_0=0.37\frac{Q}{kt}\lg\frac{r}{r_0} \tag{12-36}$$

式（12-36）即为承压完全井的测压管水头线方程。

同样引入影响半径 R 的概念，设 $r=R$ 时，$z=H$，可确定承压完全井的出水量公式为

$$Q=2.73\frac{kt(H-h_0)}{\lg\dfrac{R}{r_0}} \tag{12-37}$$

由于井中水面降深 $s=H-h_0$。则式（12-37）也可写成

$$Q=2.73\frac{kts}{\lg\dfrac{R}{r_0}} \tag{12-38}$$

式中：k 为渗透系数。t、H、h_0 及 r_0 的含义如图 12-16 所示，影响半径 R 仍可按普通完全井的方法确定。

三、井群

为了灌溉农田或降低地下水位，在一个区域内经常是打许多井来同时抽水，若各井之间的距离较近、井与井之间的渗流互相发生影响，这种情况称为井群。由于井群的浸润面相当复杂，其水力计算与单井不同，需应用势流叠加原理进行分析。井群大致可分为普通井群、承压井群和混合井群（同时包括承压井和普通井）三大类，下面仅讨论普通完全井的井群计算。

如图 12-17 所示，在水平不透水层上有 n 个普通完全井，在井群的影响范围内取一点 A，各井的半径、出水量以及到 A 点的水平距离分别为 r_{01}、r_{02}、…、r_{0n}，Q_1、Q_2、…、Q_n，r_1、r_2、…、r_n。

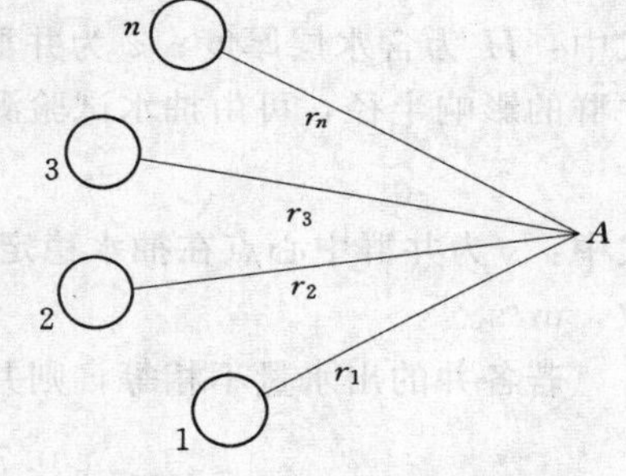

图 12-17　普通完全井群

由于渗流可以看作是有势流，所以有流速势函数存在，可以证明 z^2 为普通完全井的势函数（证明从略）。当井群的各井单独工作时，井中水深为 h_{01}、h_{02}、…、h_{0n}，在 A 点处相应的地下水位分别为 z_1、z_2、…、z_n。由式（12-30）得各井的浸润线方程分别为

$$z_1^2=\frac{Q_1}{\pi k}\ln\frac{r_1}{r_{01}}+h_{01}^2$$

$$z_2^2=\frac{Q_2}{\pi k}\ln\frac{r_2}{r_{02}}+h_{02}^2$$

$$\vdots$$

$$z_n^2=\frac{Q_n}{\pi k}\ln\frac{r_n}{r_{0n}}+h_{0n}^2$$

当 n 个井同时工作时，必然形成一个公共的浸润面，根据势流叠加原理，A 点处的势函数应为各井单独工作时在该点的势函数值之和，即 A 点的水位 z 可以写成

$$z^2=\frac{Q_1}{\pi k}\ln\frac{r_1}{r_{01}}+\frac{Q_2}{\pi k}\ln\frac{r_2}{r_{02}}+\cdots+\frac{Q_n}{\pi k}\ln\frac{r_n}{r_{0n}}+C \tag{12-39}$$

式中：C 为某一常数，需由边界条件确定。若各井的出水量相同，$Q_1=Q_2=\cdots=Q_n$

$=\dfrac{Q_0}{n}$，其中 Q_0 为井群的总出水量；设井群的影响半径为 R，若 A 点在影响半径上，因 A 点离各井很远，可近似认为 $r_1=r_2=\cdots=r_n=R$，此时 A 点的水位 $z=H$。将这些关系代入式（12-39）得

$$C=H^2-\frac{Q_0}{\pi k}\left[\ln R-\frac{1}{n}\ln(r_{01}r_{02}\cdots r_{0n})\right]$$

将 C 值代入式（12-39），得

$$z^2=H^2-0.73\frac{Q_0}{k}\left[\lg R-\frac{1}{n}\lg(r_1r_2\cdots r_n)\right] \tag{12-40}$$

式（12-40）即为普通完全井井群的浸润线方程，可用来确定普通完全井井群中某点 A 的水位 z 值。

井群的总出水量为

$$Q_0=1.36\frac{k(H^2-z^2)}{\lg R-\dfrac{1}{n}\lg(r_1r_2\cdots r_n)} \tag{12-41}$$

式中：H 为含水层厚度；z 为井群工作时浸润面上某点 A 的水位；k 为渗透系数；R 为井群的影响半径，可由抽水试验测定或按如下经验公式估算。

$$R=575s\sqrt{kH} \tag{12-42}$$

式中：s 为井群中心点在抽水稳定后的水面降深，m；H 为含水层厚度，m；k 为渗透系数，m/s。

若各井的出水量不相等，则井群的浸润线方程为

$$z^2=H^2-\frac{0.73}{k}\left(Q_1\lg\frac{R}{r_1}+Q_2\lg\frac{R}{r_2}+\cdots+Q_n\lg\frac{R}{r_n}\right) \tag{12-43}$$

式中：Q_1、Q_2、…、Q_n 为各井的出水量，其余符号的含义同式（12-41）。

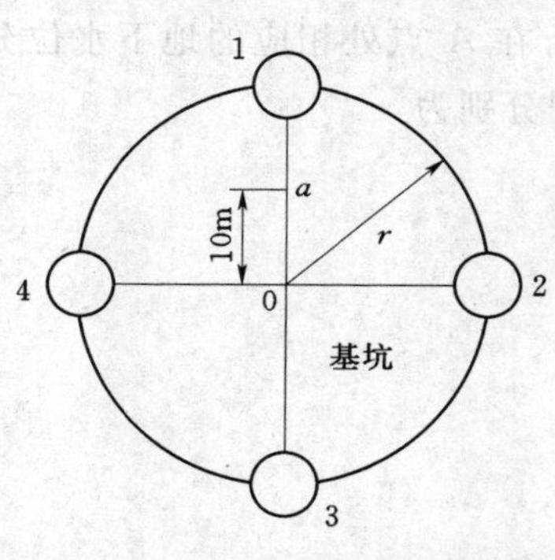

图 12-18 ［例 12-4］图

【例 12-4】 如图 12-18 所示，为降低某圆形基坑中的地下水位，在半径 $r=20$m 的圆周上均匀布置 4 眼机井，各井的半径 r_0 相同，含水层厚度 $H=15$m，渗透系数 $k=0.001$m/s，欲使基坑中心 0 点的水位降深 $s=3.0$m，试求：（1）各井的抽水量；（2）距井群中心点 $r_a=10$m 处的 a 点水位降深。

解

（1）设各井的抽水量为 Q，先由式（12-42）计算井群的影响半径 R：

$$R=575s\sqrt{kH}=575\times3.0\times\sqrt{0.001\times15}=211(\text{m})$$

基坑中心点的水位为

$$z=H-s=15-3.0=12(\text{m})$$

由题意可知 $r_1=r_2=r_3=r_4=r=20$m，利用式（12-41）计算井群的总抽水量为

$$Q_0=1.36\frac{k(H^2-z^2)}{\lg R-\frac{1}{n}\lg(r_1r_2r_3r_4)}$$

代入已知数据，得

$$Q_0=1.36\times\frac{0.001\times(15^2-12^2)}{\lg 211-\frac{1}{4}\lg(20^4)}=0.108(\text{m}^3/\text{s})$$

每眼井的抽水量

$$Q=\frac{Q_0}{n}=\frac{0.108}{4}=0.027(\text{m}^3/\text{s})$$

(2) 设 a 点处的水位为 z，利用井群的浸润线方程式 (12-40)，得

$$z^2=H^2-0.73\frac{Q_0}{k}\left[\lg R-\frac{1}{n}\lg(r_1r_2r_3\cdots r_n)\right]$$

对于 a 点，$r_1=10\text{m}$，$r_3=30\text{m}$，$r_2=r_4=\sqrt{10^2+20^2}=22.36(\text{m})$，代入上式，得

$$z^2=15^2-0.73\frac{0.108}{0.001}\left[\lg 211-\frac{1}{4}\lg(10\times22.36\times30\times22.36)\right]=123.37$$

$$z=11.11\text{m}$$

所以 a 点的水位降深

$$s_a=H-z=15-11.11=3.89(\text{m})$$

第六节 土坝渗流

土坝是水利工程中应用最广的挡水建筑物之一，土坝挡水后，通过坝体的渗流直接关系到土坝的安全稳定和蓄水量的损失。国内外的有关资料表明，在失事的土坝中，有近50%的土坝是由于渗流问题而破坏的，由此可见，土坝渗流的分析和计算是很重要的。

当坝体较长，垂直坝轴线的横断面形状和尺寸不变时，除坝体两端外，土坝渗流可视为平面渗流问题，如果断面的形状和地基条件也比较简单，又可作为渐变渗流来处理。实际工程中，土坝的类型及边界条件有很多种，以下仅介绍在水平不透水层上均质土坝的恒定渗流问题，其他类型的土坝渗流计算可进一步参考有关书籍。

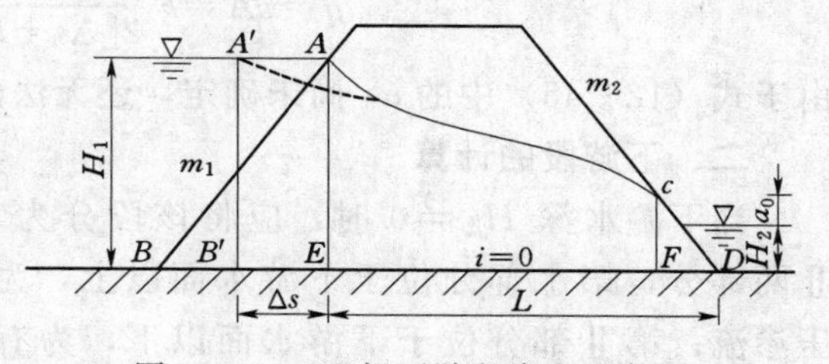

图 12-19 土坝下游段渗流示意图

土坝渗流计算的主要任务是确定坝内浸润线的位置及经过坝体的渗透流量。某水平不透水层上的均质土坝如图 12-19 所示，上游水体从边界 AB 渗入坝体，从下游边界 CD 流出坝体，C 点称为逸出点，C 点距下游水面的距离 a_0 称为逸出点高度。渗流在坝内形成浸润面 AC，当上游水深 H_1 和下游水深 H_2 不变时，可视为恒定渐变渗流。

在实用上，土坝渗流计算常采用“分段法”，分为三段法和两段法两种。三段法是由巴甫洛夫斯基提出的，他将坝内渗流区化分为三段，第一段为上游楔形段 ABE，第二段

为中间段 $AEFC$，第三段为下游楔形段 CFD。对每一段应用渐变流基本公式建立流量表达式，然后通过三段的联合求解，即可确定土坝渗流量及逸出点水深 h_c，并可绘出浸润线 AC。两段法是在三段法的基础上简化而来的，将上游楔形段和中间段合并，把土坝渗流区化分成上游段 $A'B'FC$ 和下游段 CFD 两段，下面用二段法来分析土坝渗流。

在两段法中，把上游楔形段 ABE 用假想的等效矩形体 $AA'B'E$ 代替，如图 12－19 所示，即认为水流从垂直面 $A'B'$ 渗入坝体，而矩形体的宽度 Δs 的确定，应使在相同的上游水深 H_1 和单宽流量 q 的作用下，分别通过矩形体 $AA'B'E$ 和楔形体 ABE 到达 AE 断面的水头损失相等。根据实验研究，等效矩形体的宽度 Δs 可由式（12－44）确定：

$$\Delta s=\frac{m_1}{1+2m_1}H_1 \tag{12-44}$$

式中：m_1 为土坝上游面的边坡系数。

一、上游段的计算

以坝底不透水层为基准面，将该段可视为渐变渗流。渗流从过水断面 $A'B'$ 到 CF 的水头差 $\Delta H=H_1-(H_2+a_0)$，过水断面 $A'B'$ 与 CF 之间的平均渗流路径长：

$$\Delta L=\Delta s+L-m_2(H_2+a_0)$$

式中：m_2 为土坝下游面的边坡系数。故上游段的平均水力坡度为

$$J=\frac{\Delta H}{\Delta L}=\frac{H_1-(H_2+a_0)}{\Delta s+L-m_2(H_2+a_0)}$$

根据杜比公式，上游段的平均渗透流速为

$$v=kJ=k\,\frac{H_1-(H_2+a_0)}{\Delta s+L-m_2(H_2+a_0)}$$

上游段单位坝长的平均过水断面面积 $A=\frac{1}{2}(H_1+H_2+a_0)$，则上游段所通过的单宽渗透流量为

$$q=vA=k\,\frac{H_1^2-(H_2+a_0)^2}{2[\Delta s+L-m_2(H_2+a_0)]} \tag{12-45}$$

由于式（12－45）中的 a_0 尚未确定，还无法由式（12－45）直接计算 q。

二、下游段的计算

当下游水深 $H_2\neq0$ 时，应将该段分为Ⅰ、Ⅱ两部分，第Ⅰ部分位于下游水面以上，为无压渗流；第Ⅱ部分位于下游水面以下，为有压渗流，如图 12－20 所示，近似认为下游段内流线为水平线。

1. 第Ⅰ部分

在距坝底为 z 处任取一元流 dz，该元流长为 $m_2(H_2+a_0-z)$，相应流段上的水头损失为 (H_2+a_0-z)，水力坡度为 $\frac{1}{m_2}$，该元流的单宽渗流量为

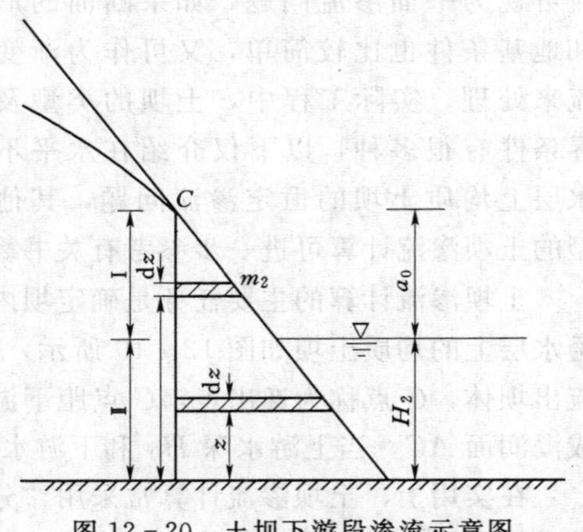

图 12－20　土坝下游段渗流示意图

$$dq_{\text{I}}=u\,dz=k\,\frac{1}{m_2}dz$$

通过第Ⅰ部分的单宽渗流量为

$$q_{\text{I}}=\int dq_{\text{I}}=\int_{H_2}^{H_2+a_0}\frac{k}{m_2}dz=\frac{k}{m_2}a_0 \tag{12-46}$$

2. 第Ⅱ部分

同理，在距坝底 z 处取一元流 dz，该元流长为 $m_2(H_2+a_0-z)$，相应流段上的水头损失为 $(H_2+a_0-H_2)=a_0$，水力坡度为

$$J=\frac{a_0}{m_2(H_2+a_0-z)}$$

该元流的单宽渗流量为

$$dq_{\text{II}}=kJ\,dz=\frac{ka_0}{m_2(H_2+a_0-z)}dz$$

通过第Ⅱ部分的单宽渗流量为

$$q_{\text{II}}=\int dq_{\text{II}}=\int_0^{H_2}\frac{ka_0}{m_2(H_2+a_0-z)}dz$$

$$=\frac{ka_0}{m_2}\ln\left(\frac{H_2+a_0}{a_0}\right)=\frac{2.3ka_0}{m_2}\lg\left(\frac{H_2+a_0}{a_0}\right) \tag{12-47}$$

下游段单宽总渗流量为

$$q=q_{\text{I}}+q_{\text{II}}=\frac{ka_0}{m_2}\left[1+2.3\lg\left(\frac{H_2+a_0}{a_0}\right)\right] \tag{12-48}$$

联解方程式（12-45）和式（12-48），可求得土坝单宽渗流量 q 及逸出点高度 a_0，求解时可用试算法。

三、浸润线

土坝渗流的浸润线方程可直接利用平底矩形地下河槽的浸润线公式推求，取 xOy 坐标（图 12-21），在距 O 点为 x 处取一过水断面，水深为 y，由式（12-23）可得

$$x=\frac{k}{2q}(H_1^2-y^2)$$

该式即为水平不透水层上均质土坝的浸润线方程。设一系列 y 值，可由上式算得一系列相应的 x 值，点绘成浸润线 $A'C$，如图 12-21 所示。但因实际浸润线是从 A 点开始的，并在 A 点处与坝面 AB 垂直，故应对浸润线的起始端加以修正。可从 A 点绘制一条垂直 AB 的曲线，并且与 $A'C$ 在某点 G 相切，曲线 AGC 即为所求的浸润曲线，该曲线在逸出点 C 应与下游坝面相切。

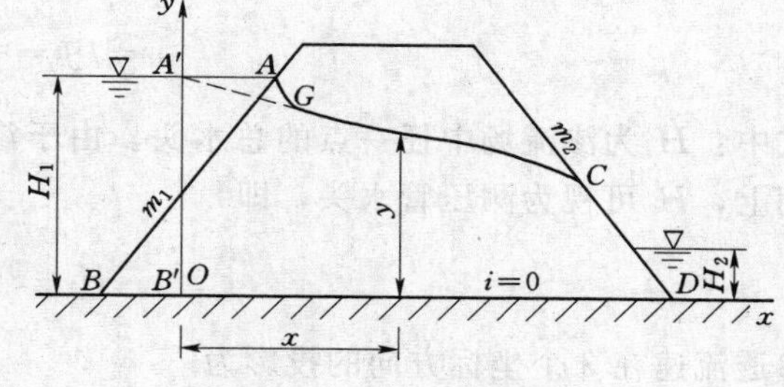

图 12-21　土坝浸润线

第七节　渗流运动的基本微分方程

在前面以达西定律为基础，讨论了一元渐变渗流的水力计算问题，而没有涉及渗流场的求解。然而，在实际工程中的许多渗流问题是不能视为一元流或渐变流的。例如带有板桩的闸基渗流（图12-22），由于渗流区域的边界极不规则，流线曲率很大，属于急变渗流。另外，对闸基渗流来说，不仅需要了解渗流的宏观效果（如渗透流量、平均渗透流速等），而且需要弄清渗流区内各点的渗透流速及动水压强，尤其是闸底板上的动水压强及闸下游附近河底的渗透流速，这些都是水闸设计的重要依据。当水闸轴线长度远大于横向尺寸时，在离开水闸轴线两端的一定范围内，可认为渗流是二元渗流（或平面渗流）。只要研究任一横断面的渗流运动，也就掌握了整个闸基的渗流情况。否则，这种渗流则属于三元渗流。所以渗流场的求解是十分重要的。为此，首先应建立渗流运动的基本微分方程。

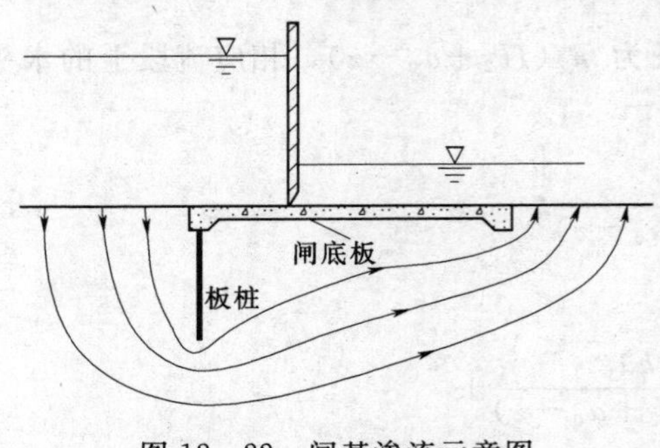

图 12-22　闸基渗流示意图

一、渗流的连续性方程和达西方程

根据渗流模型的概念，认为渗流也是连续介质运动，若在渗流场中任取一微分六面体，假定液体不可压缩，土壤骨架亦不变形，同第三章中推导液体运动连续性方程的方法一样，对微分六面体应用质量守恒原理，同样可得

$$\frac{\partial u_x}{\partial x}+\frac{\partial u_y}{\partial y}+\frac{\partial u_z}{\partial z}=0 \tag{12-49}$$

式（12-49）即为恒定渗流的连续方程，该式与第三章中的连续性微分方程式的形式完全相同，只是这里的 u_x、u_y、u_z 是指渗流模型中某点的流速。

假定渗流存在于均质各向同性土壤中，渗透系数为 k，根据达西定律式（12-5），渗流场中任一点的渗透流速可写为

$$u=kJ=-k\frac{\mathrm{d}H}{\mathrm{d}s}$$

式中：H 为渗流场中任一点的总水头。由于渗透流速很小，流速水头可忽略不计。在实用上，H 可视为测压管水头，即

$$H=z+\frac{p}{\gamma}$$

渗透流速在 3 个坐标方向的投影为

$$\left.\begin{aligned}u_x&=-k\frac{\partial H}{\partial x}\\u_y&=-k\frac{\partial H}{\partial y}\\u_z&=-k\frac{\partial H}{\partial z}\end{aligned}\right\} \tag{12-50}$$

式（12-50）即为恒定渗流的运动方程，它也可以通过在渗流场中取微分六面体，对微分六面体运用牛顿第二定律而导出。

连续性方程式（12-49）和运动方程式（12-50）构成了渗流运动的基本微分方程组，通过联解微分方程组，可求得 u_x、u_y、u_z 及 H 4 个未知数，从而可得到渗流的流速场和压强场。

二、渗流的流速势和拉普拉斯方程

根据第三章对液体质点运动基本形式的分析，液体质点旋转角速度 ω 的 3 个分量为

$$\omega_x=\frac{1}{2}\left(\frac{\partial u_z}{\partial y}-\frac{\partial u_y}{\partial z}\right)$$

$$\omega_y=\frac{1}{2}\left(\frac{\partial u_x}{\partial z}-\frac{\partial u_z}{\partial x}\right)$$

$$\omega_z=\frac{1}{2}\left(\frac{\partial u_y}{\partial x}-\frac{\partial u_x}{\partial y}\right)$$

对于均质各向同性土壤，渗透系数 k 是常数，将运动方程式（12-50）代入上式得

$$\left.\begin{aligned}\omega_x&=\frac{k}{2}\left(\frac{\partial^2 H}{\partial y\partial z}-\frac{\partial^2 H}{\partial z\partial y}\right)=0\\\omega_y&=\frac{k}{2}\left(\frac{\partial^2 H}{\partial z\partial x}-\frac{\partial^2 H}{\partial x\partial z}\right)=0\\\omega_z&=\frac{k}{2}\left(\frac{\partial^2 H}{\partial x\partial y}-\frac{\partial^2 H}{\partial y\partial x}\right)=0\end{aligned}\right\}\qquad(12-51)$$

可见，均质各向同性土壤中符合达西定律的渗流是无涡流，亦为有势流。因而一定存在着流速势函数 φ，使得

$$\left.\begin{aligned}u_x&=\frac{\partial\varphi}{\partial x}\\u_y&=\frac{\partial\varphi}{\partial y}\\u_z&=\frac{\partial\varphi}{\partial z}\end{aligned}\right\}\qquad(12-52)$$

比较式（12-50）与式（12-52）可知，在渗流中流速势函数的形式为

$$\varphi=-kH\qquad(12-53)$$

可见等势线必然也是等水头线，因等势面上任一点的流速矢量与等势面垂直，故流速矢量也必然与等水头面垂直。

若将式（12-52）代入式（12-49），得

$$\frac{\partial^2\varphi}{\partial x^2}+\frac{\partial^2\varphi}{\partial y^2}+\frac{\partial^2\varphi}{\partial z^2}=0\qquad(12-54)$$

即流速势函数也满足拉普拉斯方程。

若将式（12-53）代入式（12-54），得

$$\frac{\partial^2 H}{\partial x^2}+\frac{\partial^2 H}{\partial y^2}+\frac{\partial^2 H}{\partial z^2}=0 \tag{12-55}$$

由此可知，不可压缩液体的恒定渗流，水头函数 H 也满足拉普拉斯方程。这样，求解渗流问题就可归结为求解在一定边界条件下的拉普拉斯方程的问题，找出渗流场流速势函数 φ（或水头函数 H）之后，就可求得渗流场中任一点的渗透流速 u 和渗透压强 p。

对于平面渗流，由第三章的分析可知，渗流场不但存在流速势函数 φ，还存在着流函数 ψ，而且 φ 与 ψ 是共轭调和函数。因此，所有求解恒定平面势流的方法都可应用于解恒定平面渗流。

三、渗流场的边界条件

在应用上述微分方程求解具体的渗流问题时，还必须给出渗流场的边界条件。对于不同的渗流运动，其边界条件也不同。现以图 12-23 所示均质土坝恒定渗流为例，说明确定渗流场边界条件的基本原则。

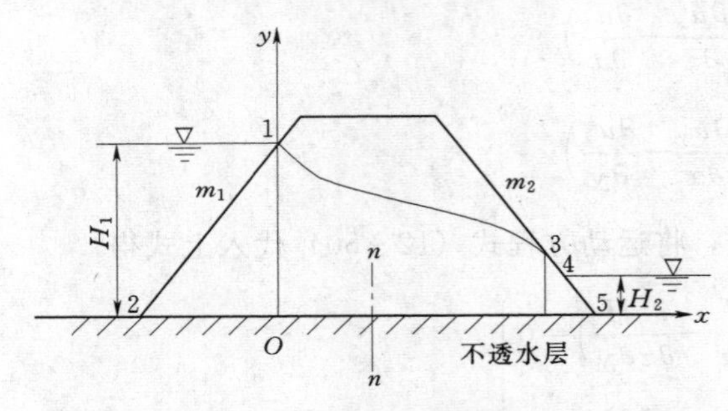

图 12-23　不透水边界示意图

1. 不透水边界

不透水边界是指不透水岩层或不透水的建筑物轮廓，如图 12-23 中的 2—5。因液体不能穿过该边界而只能沿着边界流动，垂直于边界的流速分量必等于 0，即 $\frac{\partial H}{\partial n}=\frac{\partial \varphi}{\partial n}=0$，$n$ 为不透水边界的法线方向。不透水边界必定是一条流线，该边界上流函数 $\psi=$常数。

2. 透水边界

透水边界是指上游入渗及下游渗出的边界，如图 12-23 中的 1—2 和 4—5 均为透水边界。不难看出，透水边界上各点的测压管水头相等，例如在边界 1—2 上 $H=H_1$，在边界 4—5 上 $H=H_2$，所以透水边界线是等势线（亦为等水头线），液体穿过透水边界时，流速与之正交，流线必垂直于此边界。

3. 浸润面边界

浸润面就是土坝内的潜水面，如图 12-23 中的 1—3。浸润面上各点的压强等于大气压强，即相对压强 $p=0$，该面上各点的水头 $H=y$，不是常数值，所以浸润面不是等水头面。在恒定渗流中，浸润面的位置形状不随时间而改变。

由于沿着浸润线的法线方向 $\frac{\partial H}{\partial n}=\frac{\partial \varphi}{\partial n}=0$，故图 12-23 中的浸润线 1—3 也是一条流线，该线上流函数 $\psi=$常数。

4. 逸出段边界

当浸润线出口的位置（逸出点）高于下游水面时，形成了逸出段边界，如图 12-23 中的 3—4。该边界上的每一个点都是坝内一条流线的终点，水流沿着逸出段边界流入下游，但它不再具有渗流的性质，故 3—4 不能视为流线。在逸出段边界上各点压强均为大气压强，但各点的位置高度不同，测压管水头函数 H 随位置而改变，由此可知该边界也不是等水头线。

四、渗流问题的求解方法简介

以上导出了渗流的基本微分方程，并结合水平不透水层上均质土坝渗流说明了如何确定边界条件，下面简要介绍求解渗流问题的一般方法。

1. 解析法

即结合渗流场具体的边界条件和初始条件求解渗流的基本微分方程组，求得水头函数 H 或流速势函数 φ 的解析解，从而得到流速和压强的具体函数式。解析解虽然具有普遍意义，但由于实际渗流问题的复杂性，严格的解析解很困难，所能求解的空间渗流问题也很有限。对于平面渗流，解析法常采用复变函数理论来求解。对于一元恒定渗流，解析法多用于求解地下河槽渐变渗流问题。

2. 数值法

由于实际渗流的边界条件复杂多样，当无法求得解析解时，可采用数值法求得渗流场的近似解。其中常用的数值法为有限差分法和有限单元法。数值法的计算工作量是非常巨大的，随着电子计算机的迅速普及，不仅能够使数值法用于解决实际问题，而且计算速度快并达到了相当高的精度。现在，数值法已成为求解各种复杂渗流问题的主要方法。

3. 图解法

图解法也是一种近似方法，但只能应用于求解服从达西定律的恒定平面渗流，或者推广应用于轴对称渗流问题。图解法也称流网法，利用流网可求得渗透流速、渗透流量及渗透压强等运动要素值。图解法简捷方便，一般能满足工程精度要求，因而应用较为普遍，本章主要介绍这种解法。

4. 实验法

实验法是将渗流场按一定比例缩制成模型，用模型来模拟自然条件进而解答渗流问题。实验法一般包括沙槽模型法、狭缝槽法和水电比拟法等。其中水电比拟法设备简单、量测精确，应用较为广泛。关于水电比拟法，本章将在第九节中作进一步阐述。

第八节　渗流计算的流网法

在透水地基上修建堰、闸等水工建筑物之后，由于存在着上下游水头差 H，故在透水地基中形成渗流，如图 12-24 所示。

建筑物的底板是不透水的，渗流无自由表面，属有压渗流。当建筑物的轴线较长，基底轮廓的断面形式和不透水层的边界条件不变时，除建筑物的轴线两端外，均可视为平面渗流。一般来讲，底板轮廓的横断面是极不规格的，渗流又属平面急变渗流。

既然渗流可以作为一种有势流，平面渗流又存在着流函数，根据前面的讨论，可用流网法求解平面急变渗流。下面以闸基渗流为例（图 12-25），对均质各向同性土壤的恒定有压平面渗流进行讨论。

一、平面有压渗流流网的绘制

流网的原理及绘制流网的一般原则和方法在第三章中已作了介绍，这里不再重复。但在第三章中所研究的问题是泛指一般的平面势流，下面针对本问题的特点并结合图12-25

作进一步说明。

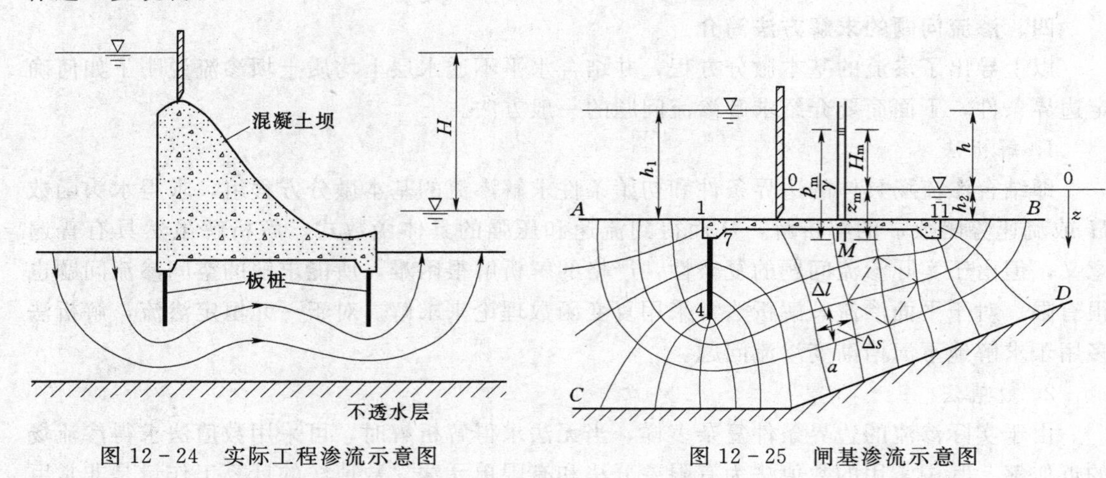

图 12-24　实际工程渗流示意图　　　　图 12-25　闸基渗流示意图

(1) 首先要根据渗流区域的边界条件，确定边界上的流线及等势线。闸底板轮廓线1—4—7—11为一条边界流线。不透水层表面 C—D 为另一条边界流线，如果透水地基很深，可不必将流网绘到不透水层表面，这时以闸底板水平投影的中点为圆心，以闸底板水平投影长度的2倍为半径，或以板桩垂直尺寸的3～5倍为半径，在透水地基区域内绘圆弧并与上下游河床相交，此圆弧线即为另一条边界流线。

上游河床 A—1 上各点的测压管水头 $\left(z+\frac{p}{\gamma}\right)=$ 常数，所以 A—1 是一条边界等水头线，即边界等势线。同理，下游河床 11—B 是另一条边界等势线。

(2) 由于流网的网格是曲线正方形（正交方格），初步绘制流网时，可先按边界流线的趋势大致绘出中间的流线及等势线，流线和等势线都应是光滑的曲线，而且彼此正交。尤其要注意在边界处的正交。

(3) 初绘的流网很难完全满足曲线正方形网格，一般需要反复修改。网格多，计算精度相对较高，但修改时烦锁，有时改变一个网格会牵动全局。为了检验流网的正确性，可在流网中绘出网格的对角线（图 12-25 中虚线所示），若对角线也构成了曲线正方形网格，说明所绘的流网是正确的。

(4) 边界形状通常是不规则的，由于流网的流线及等势线条数有限，在边界突变的局部区域很难保证网格为曲线正方形，有时成为三角形或多边形。这就应该着眼于整个流网，只要绝大多数网格满足上述要求即可，个别网格不符合要求不至于影响整个流网的准确度。

对于均质各向同性土壤，流网的形状与上下游水位无关，与渗透系数无关，只取决于渗流区域的边界条件。从理论上讲，流网法也可用于求解无压渗流问题，但因浸润线的位置是待定的，绘制及修改流网较烦琐，故工程中较少采用。

二、利用流网求解渗流问题

在取得了正确的流网之后，即可利用流网求解渗流问题。如图 12-25 所示，上游水深为 h_1，下游水深为 h_2，上下游水头差 $h=h_1-h_2$。设流网有 n 条等水头线（包括上下游的边界等水头线，图 12-25 中 $n=13$），将渗流场分为（$n-1$）个区域，由流网的性质可知，任意两条等水头线间的水头差均相等，即 $\Delta h=\frac{h}{n-1}$。设流网有 m 条流线（包括边界流线在内，图 12-25 中 $m=5$），将渗流场又可划分为（$m-1$）条流带，由流网的性质同样可知，任意两条相邻流线之间的单宽渗流量相等。

1. 计算渗透流速

渗流区域任一流网网格的平均水力坡度为

$$J=\frac{\Delta h}{\Delta s}=\frac{h}{(n-1)\Delta s} \tag{12-56}$$

式中：Δs 为该网格的平均流线长度。

根据达西公式，所求网格处的渗透流速为

$$u=kJ=\frac{kh}{(n-1)\Delta s} \tag{12-57}$$

2. 计算单宽渗流量

设任意一条流带的单宽渗流量为 Δq，则通过闸基的单宽渗流量为

$$q=(m-1)\Delta q$$

为了计算 Δq，需要任选一个网格，求出该网格的渗透流速 u，并量出该网格过水断面的高度 Δl，如在图 12-25 中取网格 a，则

$$\Delta q=u\Delta l=\frac{kh\Delta l}{(n-1)\Delta s} \tag{12-58}$$

所以

$$q=(m-1)\frac{kh\Delta l}{(n-1)\Delta s}=kh\frac{m-1}{n-1}\frac{\Delta l}{\Delta s}$$

由式（12-58）可知，只要在流网中任选一个网格，量出该网格内的流线平均长度 Δs 和等势线平均长度 Δl，并数出流线条数 m 和等势线条数 n，即可求得单宽渗流量。

由于流网的网格是曲线正方形，即 $\Delta l=\Delta s$，则又有

$$q=kh\frac{m-1}{n-1} \tag{12-59}$$

3. 计算渗透压强

渗流场中任一点的测压管水头为

$$H=z+\frac{p}{\gamma}$$

式中：z 及 $\frac{p}{\gamma}$ 分别为该点的位置水头和渗透压强水头。

为了计算方便，通常以下游水面为基准面 0—0（下游无水时以下游河床为基准面），z 轴取铅垂向下为正，如在图 12-25 中取 m 点，则该点的测压管水头为

$$H_{\mathrm{M}}=-z_{\mathrm{M}}+\frac{p}{\gamma}$$

m 点的渗透压强为

$$p_M=\gamma(H_M+z_M) \tag{12-60}$$

式中：z_M 为该点在下游水面以下的垂直深度；H_M 为该点的测压管水头。

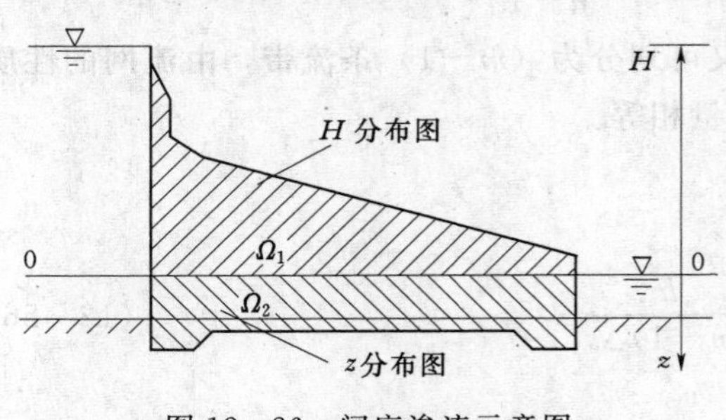

图 12－26　闸底渗流示意图

在水利工程中，最关心的是渗流对建筑物基础底部的铅垂作用力。为此，需求出闸底板各点的渗透压强。一般是先计算出等水头线与闸底板交点处的测压管水头 H 值，从上游算起的第 i 条等水头线上的测压管水头为

$$H=h_1-\frac{i-1}{n-1}h \tag{12-61}$$

以下游水面为零点，铅垂向上画出 H 分布图，其面积为 Ω_1。然后绘出闸底板的 z 分布图，其面积为 Ω_2，如图 12－26 所示。则作用在闸底板上的渗透压强为

$$p=\gamma(H+z) \tag{12-62}$$

渗透压强分布图的面积为 $\Omega=\Omega_1+\Omega_2$。作用在单位长度闸底板上的渗透压力为

$$P=\gamma\Omega=\gamma\Omega_1+\gamma\Omega_2 \tag{12-63}$$

必须指出，在水工计算中，常将 $\gamma\Omega_1$ 称为渗透压力，$\gamma\Omega_2$ 称为浮托力，而把两者之和 P 称为扬压力，这是应当引起注意的。

【例 12－5】　某溢流坝筑于透水地基上，其基础轮廓及流网如图 12－27 所示，上游水深 $h_1=22$m，下游水深 $h_2=3$m，渗透系数 $k=5\times10^{-5}$m/s，坝轴线总长 $l=150$m，其余尺寸如图所示，高程的单位为 m。试求：(1) C 点的渗透流速；(2) 坝基的总渗流量；(3) B 点的渗透压强；(4) 标注 A 点的测压管液面。

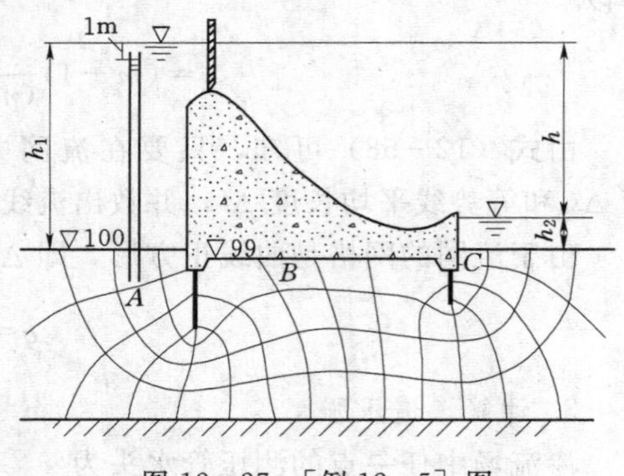

图 12－27 ［例 12－5］图

解　由流网可知，等水头线条数 $n=20$，流线条数 $m=5$。上下游水头差 $h=h_1-h_2=22-3=19$(m)。

(1) 求 C 点的渗透流速：利用式 (12－57) 计算，其中 Δs 由流网图上量得 $\Delta s=3.2$m，所以 C 点的渗透流速为

$$u_c=\frac{kh}{(n-1)\Delta s}=\frac{5\times10^{-5}\times19}{(20-1)\times3.2}=1.56\times10^{-3}(\text{cm/s})$$

(2) 确定坝基的总渗流量：因流网的网格为曲线正方形，由式 (12－59) 得单位长度坝基的渗流量为

$$q=kh\,\frac{m-1}{n-1}=5\times10^{-5}\times19\times\frac{5-1}{20-1}=2\times10^{-4}[\text{m}^3/(\text{s}\cdot\text{m})]$$

坝基的总渗流量为

$$Q=ql=2\times10^{-4}\times150=0.03(m^3/s)$$

(3) 求 B 点的渗透压强：以下游水面为基准面 0—0，铅垂向下取 z 轴为正。已知 B 点在基准面以下的垂直距离 $z_B=100-99+3=4(m)$，任意相邻两条等水头线的水头差 $\Delta h=\frac{h}{n-1}=1m$，$B$ 点位于第 10 条和第 11 条等水头线中间，该点的测压管水头 $H_B=h-9.5\Delta h=19-9.5=9.5(m)$。由式（12-60）得 B 点的渗透压强为

$$p_B=\gamma(H_B+z_B)=9800\times(9.5+4)=132.3(kN/m^2)$$

(4) 标注 A 点的测压管液面：因 A 点位于第 2 条等水头线上，该点的测压管水头 $H_A=h-\Delta h=19-1=18(m)$，故 A 点的测压管液面比上游水面低 1m，如图 12-27 所示。

思　考　题

思 12-1　水在土壤中有哪几种存在形式？它们各自的主要特点如何？哪种形式的水是渗流的主要研究对象？

思 12-2　均质土壤是否一定是各向同性土壤，非均质土壤是否一定是各向异性土壤？为什么？

思 12-3　何谓渗流模型？为什么要引入渗流模型的概念？它与实际渗流有何区别？

思 12-4　渗流的主要特点是什么？根据这些特点可对渗流进行哪些简化？

思 12-5　渗流中所指的流速是真实的渗流速度吗？为什么？

思 12-6　渗流达西定律的应用条件是什么？达西定律与杜比公式有何区别？

思 12-7　试比较地面水明渠均匀流与无压均匀渗流的水力计算异同点。

思 12-8　在渗流研究中是否存在着临界底坡？为什么？

思 12-9　影响无压完全井渗透流量的主要因素有哪些？

思 12-10　如果两个水闸的地下轮廓、边界条件及渗透系数均相同，仅作用水头不同，两者的渗流流网是否相同？为什么？

思 12-11　用流网计算渗透流速 u，通常指网格内哪一点的值？

思 12-12　利用拉普拉斯方程求解无压渗流和有压渗流问题，何者较容易？为什么？

思 12-13　渐变渗流浸润线有几种？试比较渐变渗流的浸润线与棱柱形明渠中水面曲线的异同点。

思 12-14　在井的恒定渗流理论中，为何引入影响半径 R？对水力计算有何影响？

思 12-15　渗透系数 k 具有什么意义？其值如何确定？

思 12-16　渗流的浸润线是流线还是等势线？或者既不是流线也不是等势线，为什么？

习　　题

12-1　在实验中，根据达西定律测定某种土壤的渗透系数，实验装置如习题 12-3 图所示。已知圆筒直径 $D=20cm$，两测压管之间的距离 $l=40cm$，测压管水头差 $\Delta H=25cm$，6 小时的渗水量为 $5L$，试求该土壤的渗透系数 k 值。

12-2　某地下河槽不透水层坡度 $i=2.5\times10^{-3}$，渗流区域土壤为细砂，形成均匀渗

流的水深 $h_0=10\mathrm{m}$，试求单宽渗流量 q。

12-3　有一不透水层底坡 $i=0.0025$，土壤渗透系数 $k=0.05\mathrm{cm/s}$，在相距 $L=500\mathrm{m}$ 的两个钻孔中，测得水深分别为 $h_1=3\mathrm{m}$ 及 $h_2=4\mathrm{m}$，如图 12-28 所示，试计算地下水单宽渗流量并绘制浸润线。

12-4　如图 12-29 所示，设河道左侧有一含水层，渗透系数 $k=2\times10^{-3}\mathrm{cm/s}$，其底部不透水层的坡度 $i=0.005$。河道中水深 $h_2=1.0\mathrm{m}$，在距河道岸边 $l=1000\mathrm{m}$ 处地下水深 $h_1=2.5\mathrm{m}$。试求：(1) 地下水补给河道的单宽渗流量 q_1；(2) 若在河道中修建挡水建筑物，使河道中水位抬高 4m，当 h_1 不变时，计算地下水补给河道的单宽渗流量 q_2。

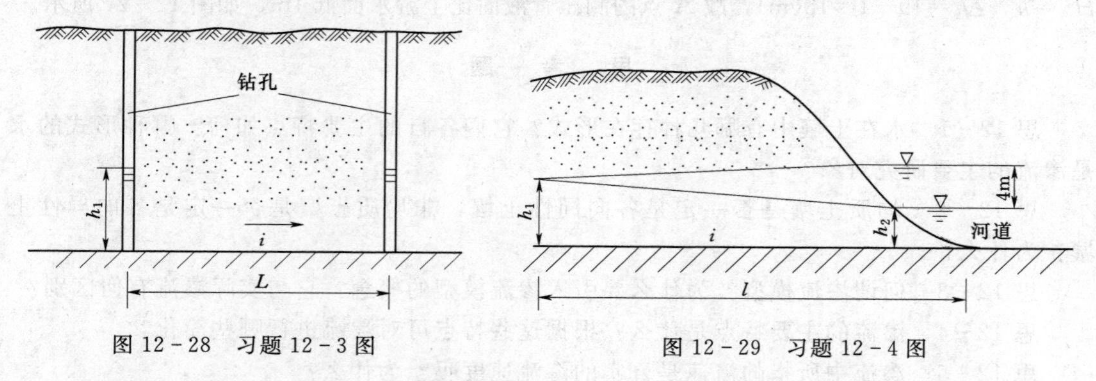

图 12-28　习题 12-3 图　　　图 12-29　习题 12-4 图

12-5　如图 12-30 所示，两条渠道之间有一含水层，其渗透系数 $k=2\times10^{-5}\mathrm{m/s}$，已知 $h_1=2\mathrm{m}$，$h_2=4\mathrm{m}$，$l=300\mathrm{m}$，$\sin\theta=0.025$，试求单宽渗透流量 q。

12-6　某河道左侧的含水层由两种土壤组成，已知砾石的渗透系数 $k_1=5.79\times10^{-2}\mathrm{cm/s}$，细砂的渗透系数 $k_2=2.31\times10^{-3}\mathrm{cm/s}$，其余尺寸如图 12-31 所示，高程的单位为 m。求两种土壤交界面处的水位高程。

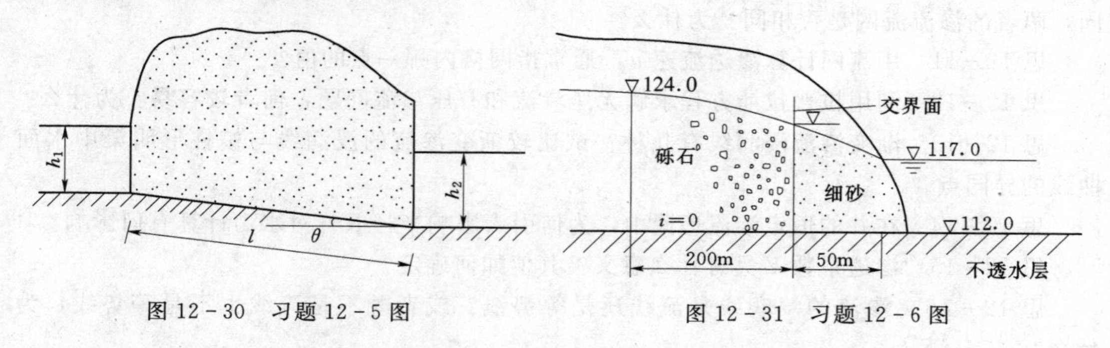

图 12-30　习题 12-5 图　　　图 12-31　习题 12-6 图

12-7　如图 12-32 所示，在水平不透水层上修建一条长 $l=120\mathrm{m}$ 的集水廊道，已知含水层厚度 $H=6.7\mathrm{m}$，排水后，廊道中水深 $h=3.8\mathrm{m}$，集水廊道的影响范围 $s=200\mathrm{m}$，当廊道排水总量 $Q=0.015\mathrm{m^3/s}$，试确定土壤的渗透系数 k 值。

12-8　如图 12-33 所示，有两个垂直含水层，渗透系数分别为 $k_1=2\times10^{-5}\mathrm{m/s}$，$k_2=10^{-5}\mathrm{m/s}$，两个观察井的水位 $h_1=30\mathrm{m}$，$h_2=26\mathrm{m}$，已知 $l=300\mathrm{m}$，试求单宽渗透流量 q。

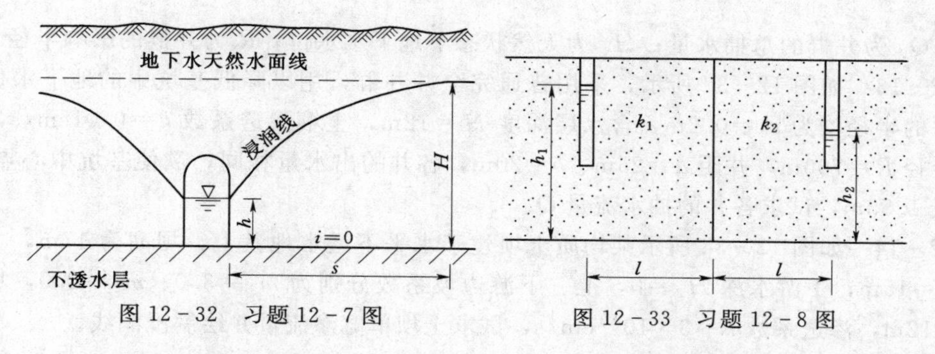

图 12-32　习题 12-7 图　　　图 12-33　习题 12-8 图

12-9　有压完全井如图 12-34 所示，井中水深 h_0 小于含水层厚度 D，求证：

$$Q\ln\frac{R}{r_0}=\pi k(2DH_0-D^2-h_0^2)$$

式中：R 为井的影响半径。

12-10　如图 12-35 所示，在水平不透水层上打一普通完全井，已知井的半径 $r_0=10\text{cm}$，含水层深度 $H=8\text{m}$，土壤为细砂，渗透系数 $k=0.001\text{cm/s}$，试求当井中水深 $h_0=3\text{m}$ 时的出水量，并给出井中水位和出水量的函数关系。

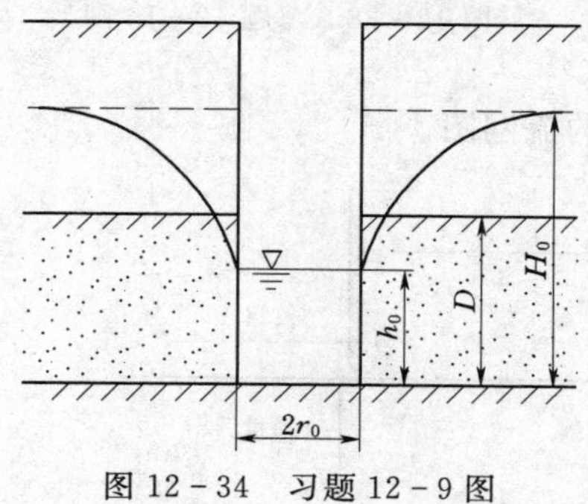

图 12-34　习题 12-9 图

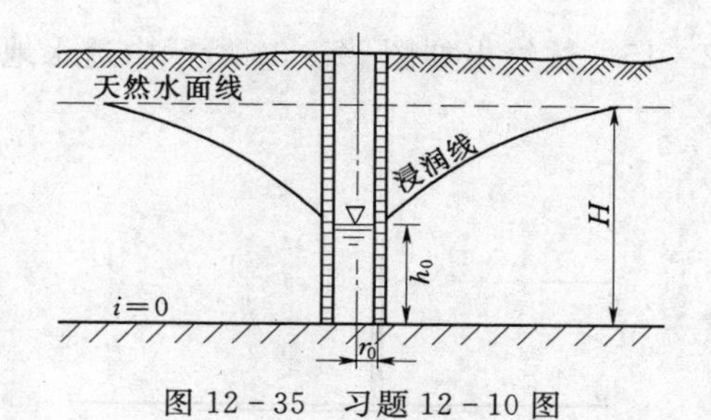

图 12-35　习题 12-10 图

12-11　如图 12-36 所示，设在水平透水层上有一无压含水层，天然状态下含水层水深 $H=10\text{m}$，土壤渗透系数 $k=0.04\text{cm/s}$，在含水层上原有一个民用井，现距民用井轴线距离 $S=200\text{m}$ 处打一眼机井（普通完全井），井的半径 $r_0=0.2\text{m}$，当机井抽水时，要求民用井水位下降值 $\Delta z\leqslant 0.5\text{m}$，试求：（1）机井中的水深 h_0；（2）机井的最大出水量 Q（井的影响半径 $R=1000\text{m}$）。

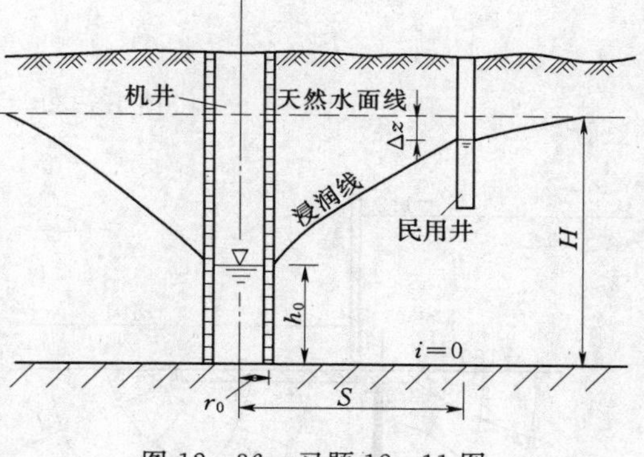

图 12-36　习题 12-11 图

12-12　在半径为 R_0 的圆周上对称地分布着 n 个相同的无压完全井。求证：圆周中心处的地下水位为

$$h^2=H_0^2-\frac{Q_0}{k\pi}\ln\frac{R}{R_0}$$

式中：Q_0 为井群的总抽水量；H_0 为天然状态下地下水水位；R 为井群的影响半径。

12－13　如图 12－37 所示，采用普通完全井井群，用以降低基坑中的地下水位。已知各井的半径均为 $r_0=0.2\text{m}$，含水层深度 $H=12\text{m}$，土壤渗透系数 $k=0.01\text{cm/s}$，井的影响半径 $R=700\text{m}$，井距 $a=25\text{m}$、$b=20\text{m}$，各井的出水量相同，欲使基坑中心点 A 水位降低 1.53m，试求各井的抽水流量 Q。

12－14　如图 12－38 所示某均质土坝建于水平不透水地基上，坝高为 17m，上游水深 $H_1=15\text{m}$，下游水深 $H_2=0$，上、下游边坡系数分别为 $m_1=3.0$、$m_2=2.0$，坝顶宽度 $b=12\text{m}$，渗透系数 $k=3\times10^{-4}\text{cm/s}$，试求土坝单宽渗流量并绘制浸润线。

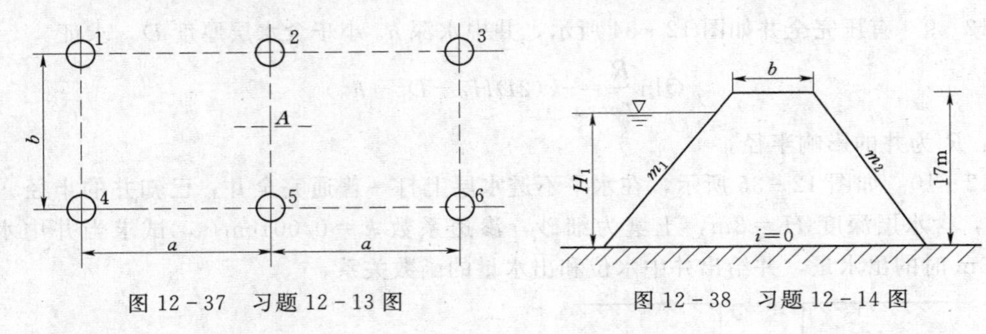

图 12－37　习题 12－13 图　　图 12－38　习题 12－14 图

12－15　试绘出如图 12－39 所示中透水地基的流网图。

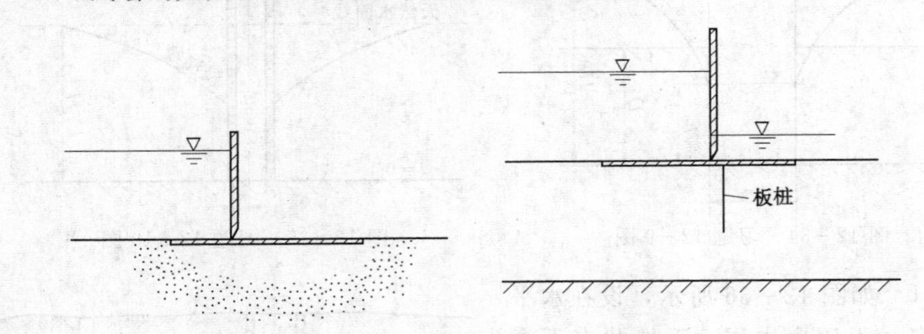

图 12－39　习题 12－15 图

12－16　有一水闸闸基流网如图 12－40 所示。高程以 m 为单位，闸底板厚 $d=1\text{m}$，土壤渗透系数 $k=0.001\text{cm/s}$，不计流网以外的渗流，试求：(1) A 点渗透流速 ($\Delta n=9.5\text{m}$)；(2) B 点及 C 点的渗透压强；(3) 闸基单宽渗流量；(4) 标注 A 点及 C 点的测压管液面高度。

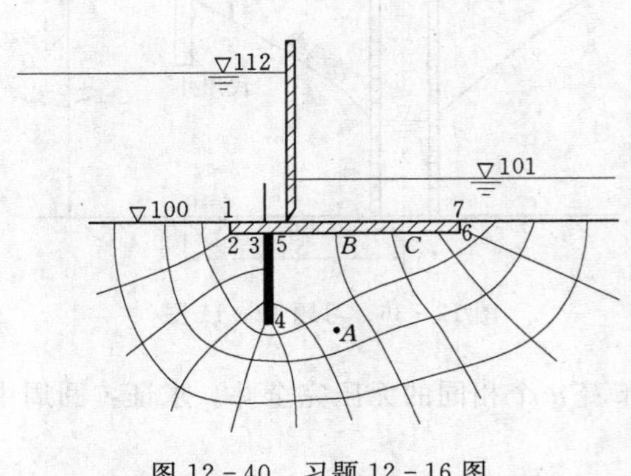

图 12－40　习题 12－16 图

12－17　图 12－41 为一筑于透水地基上的混凝土坝，已知上游水深 $h_1=20\text{m}$，下游水深 $h_2=2\text{m}$，板桩长 $S=11\text{m}$，坝底宽 $L=30\text{m}$，土壤为细砂，渗透系数 $k=4\times10^{-3}\text{cm/s}$，其余尺寸如图所示，尺寸以 m 计。试

求：(1) 绘制闸基的渗流流网；(2) 绘制坝基底部的渗透压强分布图 ($L=30$m 范围内)；(3) 计算每米坝长所作用的渗透压力。

12-18 某水闸地基的渗流流网如图 12-42 所示，已知 $h_1=10$m，$h_2=2$m，$D=0.5$m，地基土壤的渗透系数 $k=3\times10^{-5}$m/s。试求：(1) 点 1 的总水头 H_1；(2) 点 2 的渗透压强 p_2；(3) 点 3 的渗透流速 u_3。($\Delta S=1.5$m)

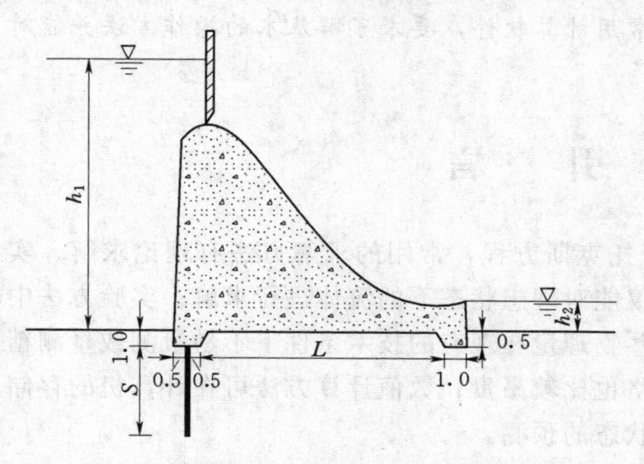

图 12-41 习题 12-17 图

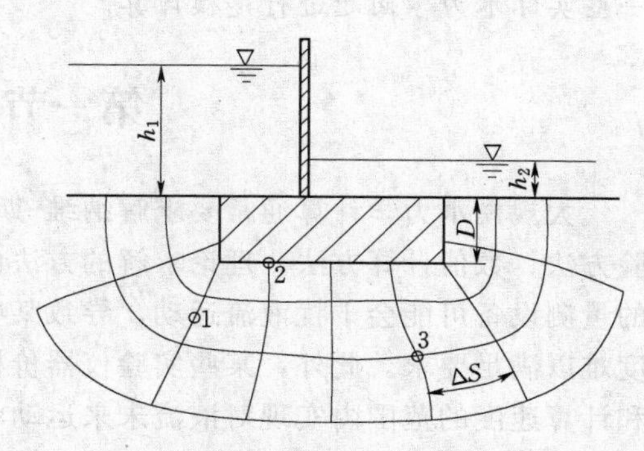

图 12-42 习题 12-18 图

第十三章 水力学常用计算软件

【本章导读】 本章主要介绍水力学的常用计算软件，要求了解基本的操作方法并能对一些实际水力学问题进行建模计算。

第一节 引 言

大规模水力学计算通常要求解纳维-斯托克斯方程，常用的求解方法有理论求解、实验方法、数值计算方法。理论求解的方法仅能对理想状态下的流体进行求解；实验方法中的量测设备可能会干扰液流运动，导致某些物理量在现有的技术条件下不易量测或量测精度难以满足要求。此外，某些实验仪器价格也比较昂贵；数值计算方法可在计算机的存储和计算速度的范围内实现对液流未来运动状态的预测。

计算水力学使用数值计算方法，对满足一定边界条件和初始条件的流体力学控制方程进行求解，从而预测相关流场的运动情况。在数值计算方法出现之前，对传统流体力学的计算通常采用理论分析和实验方法进行，即所谓的经典方法。众所周知，经典方法是流体力学计算的根基，揭示了流体运动的基本规律。但经典方法通常是在一定的假设条件下推导得知并通过相对比较接近假设条件的实验验证得到，因此对于一些较为复杂的流体力学问题，经典理论需要进行相应的改进才能够合理应用，而数值计算方法即在此种背景下应运而生，其通过对各种复杂边界条件、初始条件、几何形状的合理有效的模拟，为得到流场的真解提供了一种强大的计算工具。需要指出的是，虽然数值计算方法为流体动力学的计算提供了一种新的求解方法，并且可针对某些复杂问题进行求解，但必须指出，数值解是一种渐近解，而非理论解或精确解，数值解存在一定的数值误差。

第二节 常见数值计算方法

常见的水力学数值计算方法有 3 种，即有限差分法、有限单元法、有限体积法。

数值计算方法通常包括数学模型、离散方法、坐标体系、数值网格、有限逼近、求解方法和收敛准则等。

一、有限差分法

采用有限差分法（finite difference method，FDM）求解水力学问题，起源于 20 世纪 20 年代，是最早应用于计算水力学的数值计算方法，其采用差分的概念去逼近函数的导数，以达到求解偏微分方程的目的，也是最基本的数值计算方法。在 FDM 中，函数的导数均采用差分格式实现，通常有 3 种不同的差分格式，即向前差分、向后差分和中心差分。原则上，FDM 可以应用于任意网格形式，但在实际应用中，常适用于结构化网格形式，即具备一定规律的网格，由此可见，FDM 更适用于简单几何形状的问题。通常情况下，FDM 采用泰勒级数展开或多项式插值方式实现变量的一阶和二阶导数，FDM 基于差分格式，较易得到待求解变量的各阶导数，因而更容易形成求解格式；对于复杂形状和多维问题的处理则相对烦琐；第二类边界条件只能通过逼近形式获得，无法精确满足。针对一维问题，可以较容易得到相应的差分格式；但针对二维、三维问题，则需要把曲面线剖分转化为正交笛卡儿坐标系中，以获得相应的差分格式。

二、有限单元法

有限单元法（finite element method，FEM）用于求解水力学问题起源于 20 世纪 50 年代，在 FEM 和计算机发展的基础上，FEM 广泛应用于求解计算水力学问题。FEM 通常采用伽辽金方法实现基本方程的离散，可以自然满足第二类边界条件，针对各种复杂形状的流体动力学问题，均可采用网格剖分的形式解决。通常情况下，计算精度可以通过网格剖分的疏密程度进行控制。相对于 FDM，FEM 无须进行曲面或曲线坐标变换，直接采用相应的形函数即可代替复杂的坐标变换。FEM 采用剖分方式离散计算域，二维问题常采用三角形或四边形进行离散，三维问题则采用四面体或六面体。FEM 最大的优点即能处理任意形状的计算水力学问题，针对任意形状的计算域均能通过离散单元进行模拟，且网格容易加密。而其缺点则为在处理某些奇异网格问题时，求解代数方程组较为困难。

三、有限体积法

有限体积法（finite volume method，FVM）可以基于 FEM 或 FDM 分别推导相应的求解公式，法向流量表面积分能够确保域内的相关物理量的守恒特征，且对复杂形状流通域处理方便。FVM 以守恒方程的积分模式求解作为出发点，把求解域划分为有限数目的控制体，通过对每个控制体守恒方程的求解实现全域求解。类似于 FEM，FVM 也采用插值方法表达变量值，通过正交公式实现表面积分与体积积分的逼近求解。

FVM 适用于各种网格类型，对复杂求解域问题具有先天优势。通常情况下，网格仅需定义控制体边界，而不需要与坐标系相关。FVM 极易理解并被程序化，因其各项变量均有实际的物理意义，便于工程师掌握使用。FVM 的缺点在于三维问题的高阶求解相对困难，因为 FVM 通常需要 3 个层次的逼近，即插值逼近、微分逼近和积分逼近。

四、小结

以上简要介绍了 3 种常见流体动力学计算的数值方法，当然还有一些特殊的计算流体力学方法（computational fluid mechanics，CFD），例如针对湍流计算的谱单元方法以及某些混合方法。值得注意的是，各种数值计算方法均有自己的优缺点，也有各自的适用领域，对于 CFD 的发展是相互推动的。在使用过程中，可对不同的数值计算方法的精度进行单独分析。

第三节　常见 CFD 软件介绍

一、水力学软件计算基本流程概述

采用计算软件进行 CFD 计算，通常需要 4 个步骤，依次为定义问题、前处理、求解、后处理。其中，定义问题包括模拟目的和确定计算区域，以便为后续的模拟计算选择合适的模型参数以及算法；前处理包括创建几何模型、网格剖分、设置物理问题属性等；求解包括设置求解方式、收敛准则、数值格式等；后处理包括查看计算结果、绘制图形、修订模型等工作。

本节主要介绍软件的基本操作方法和流程，包括建模、前处理、添加边界条件、初始条件、计算、后处理。并以 HEC－RAS、Mike 和 Fluent 为例进行简单模型操作示范。

二、HEC－RAS 软件介绍

HEC－RAS（美国工程兵团河流分析系统）是一个设计为多任务多用户网络环境交互式使用的完整软件系统。该系统由图形用户界面（GUI）、独立的水力分析模块、数据存储和管理、图形和报告工具组成。HEC－RAS 软件可以完成一维恒定流和非恒定流的河道水力计算。

HEC－RAS 系统包含 3 个一维水力分析模块：①恒定流水面线计算；②非恒定流模拟；③运动边界的泥沙输运。这 3 个模块都使用共同的数据形式、公用的图形数据及水力计算程序。除了这 3 个水力分析模块外，在基本水面线算出后，该系统还包含了几个可被调用的水力设计特征。

本节简要介绍软件的具体操作方法，通常情况下，定量流的 HEC－RAS 数值计算步骤为：建立项目→建立河道几何资料→建立边界条件→执行程序→输出计算结果，下面用图示简要介绍数值计算步骤。

1. 建立新项目

(1) 单击“File”选项下的“New Project”选项（图 13－1）。

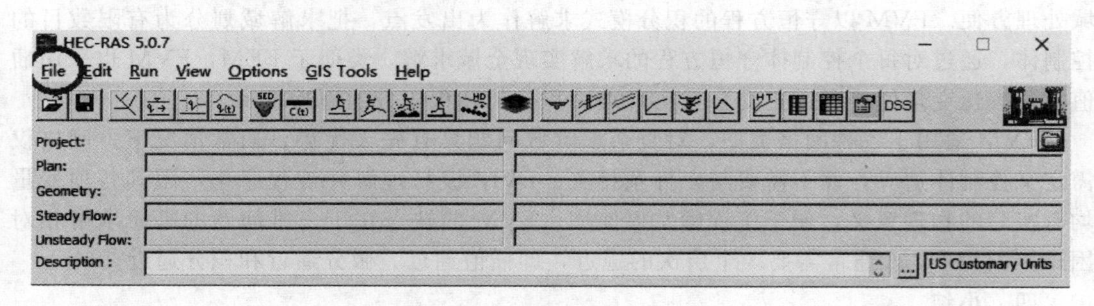

图 13－1 选取“New Project”

(2) 选取“New Project”后跳出新窗口，填入名称，完成后按下“确定”按钮(图13－2)。

RAS

Start a new project with "HunRiver.prj" as its file name and "Hun River" as its title, in the "C:\Users\ncw\Documents\" Directory?

The units system will be set to "US Customary Units" but can be changed under the Options menu on the main RAS window.

图 13－2 单击“确定”按钮

（3）完成建立新项目，主窗口会显示项目名称及档案存取磁盘路径（图 13-3）。

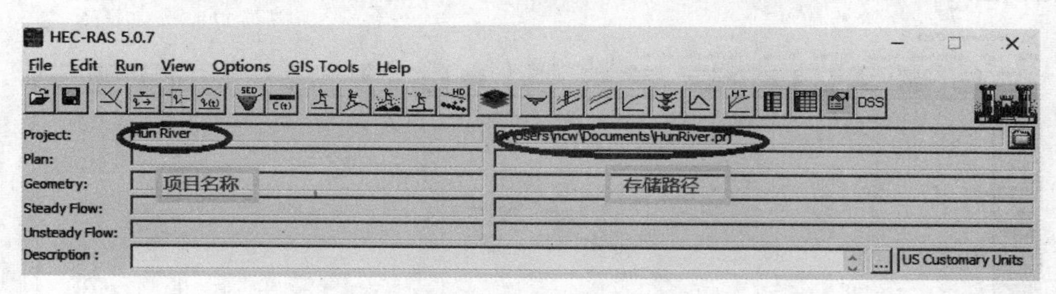

图 13-3　选择保存路径

2. 建立河道几何资料

（1）按下主窗口按钮开启河道几何数据编辑窗口（图 13-4）。

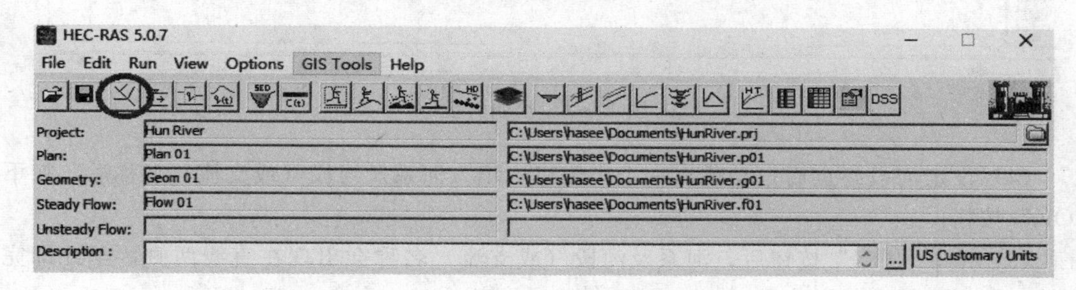

图 13-4　开启河道几何数据编辑窗口

（2）单击新河段按钮“River Reach”（图 13-5）。

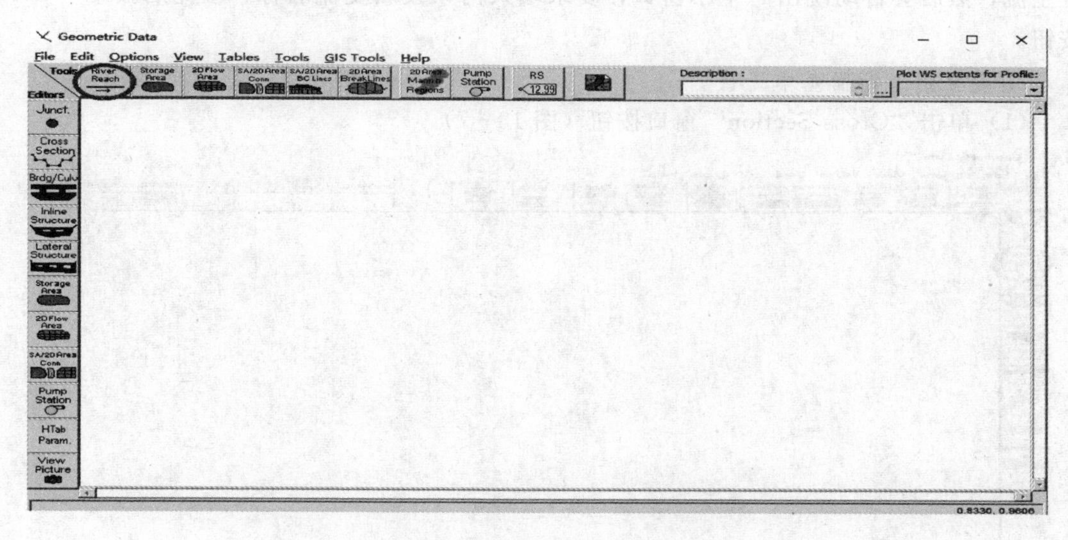

图 13-5　单击“River Reach”

（3）按下加入新河段后会出现“一支画笔”，将画笔放在河系图层编辑区任一点，单击鼠标左键设定河段起点，然后移动画笔至编辑区另一点，快速按两下鼠标左键设定河段终点（图 13-6）。

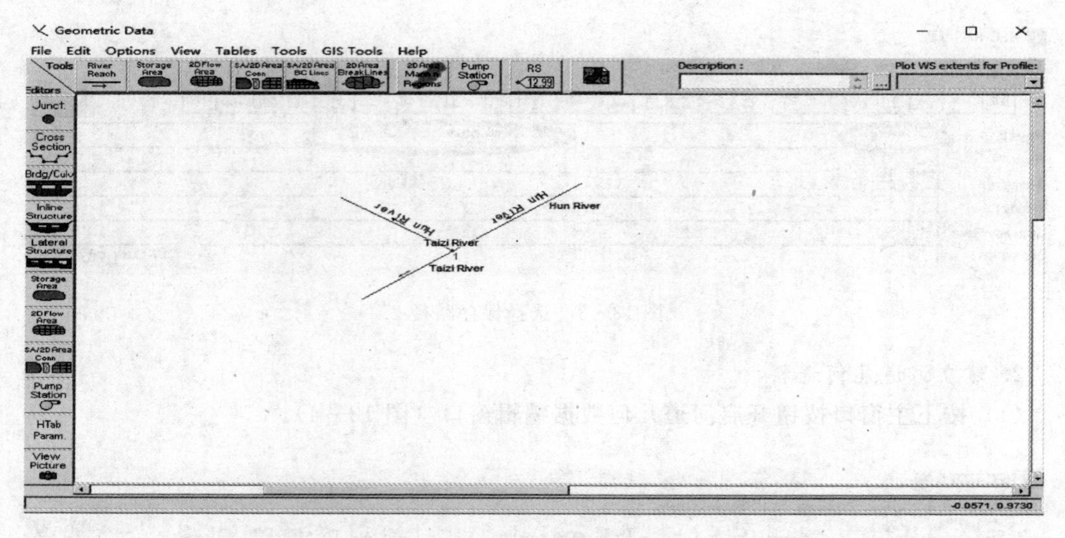

图 13-6　绘制河段

（4）设定河段终点后自动跳出一个小窗口，填入河系及河段（或支流）名称后，按下“OK”按钮。

（5）按下“OK”按钮后，河系及河段（或支流）名称会出现在直线两侧，至此即完成单一河川的基本图层建模。

（6）如果要加上支流，则重复上述步骤即可，在图层编辑区上以画笔画出支流并连结至主流，然后会自动跳出一个小窗口，要求填入河系及新支流名称，填完后按下“OK”按钮。

3. 建立河道断面基本资料

（1）单击“Cross Section”窗口按钮（图 13-7）。

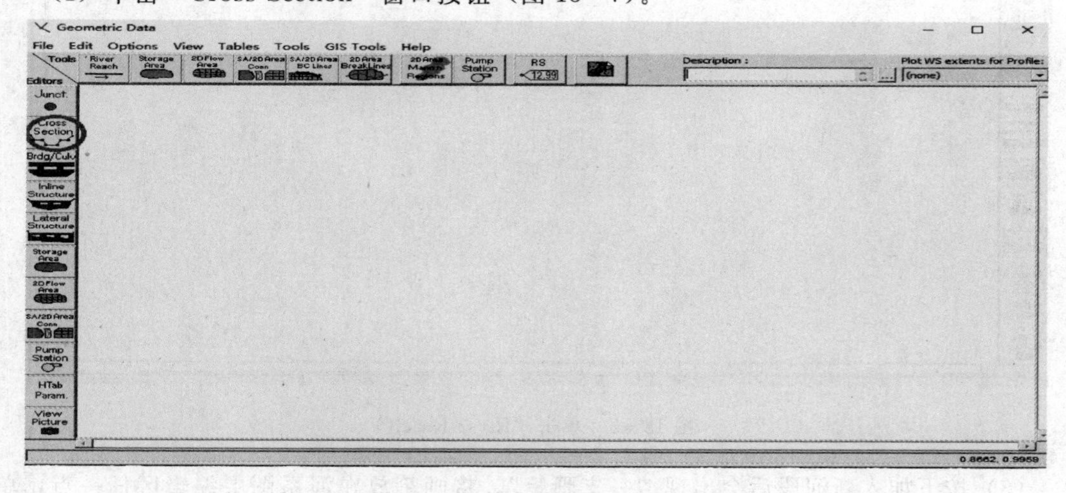

图 13-7　单击“Cross Section”

(2) 选取断面所在的河系及河段（或支流）（图 13-8）。

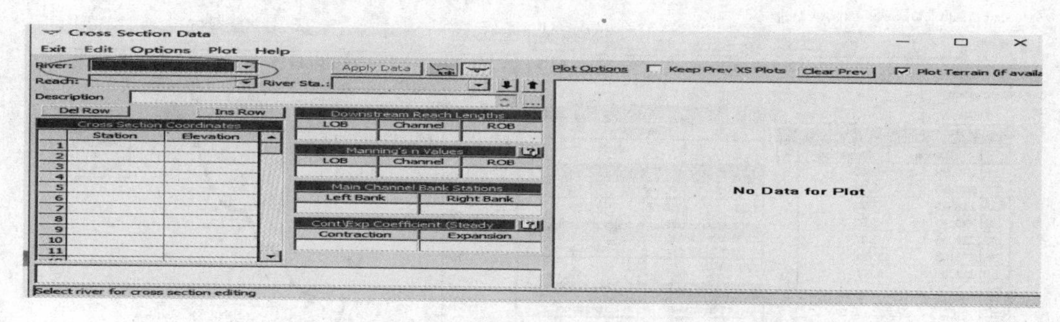

图 13-8　选取断面所在的河系及河段

(3) 选取“Options”下的“Add a new Cross Section”。

(4) 选取“Add a new Cross Section”功能项后会跳出一个小窗口，输入断面编号，再按下“OK”按钮。

(5) 完成新增断面。

(6) 逐笔填入断面资料（图 13-9）。完成后按下“Apply Data”键。

注：Left Bank、Right Bank 须分别输入左岸高滩地与主深槽、右岸高滩地与主深槽接点所代表的断面里程，但是从原始数据较难分析接点位置，因此建议先任选两个测点高程作为两岸与主深槽之接点，未来再以图形接口修改。

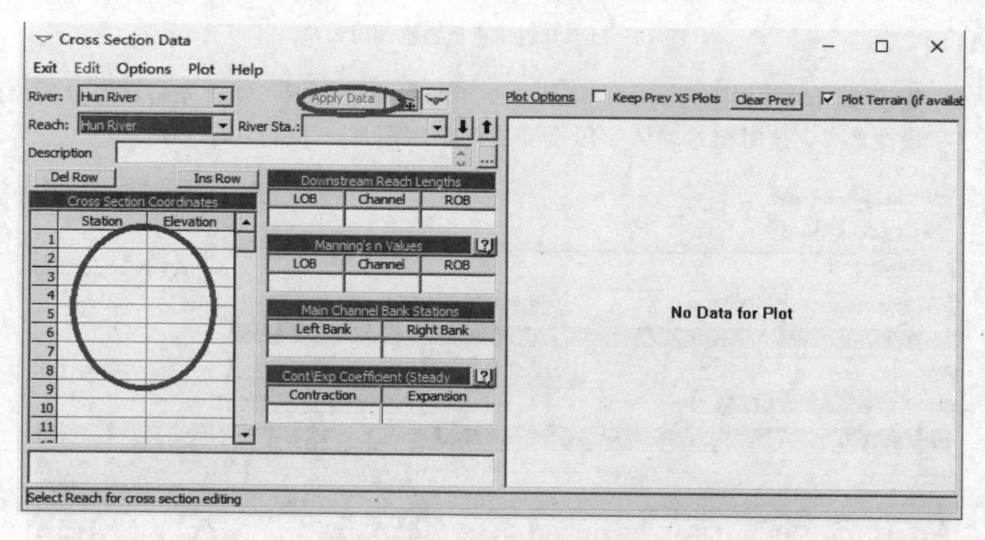

图 13-9　逐笔填入断面资料

(7) 单击“Apply Data”按钮后，右边断面展示区会显示断面横剖面图，同时“Apply Data”会呈现淡灰色，至此已完成河道断面基本数据输入。其余各断面则重复(1)～(6) 步骤建立。显示断面剖面如图 13-10 所示。

4. 建立边界条件

(1) 按下主窗口按钮开启定量流数据编辑窗口（图 13-11）。

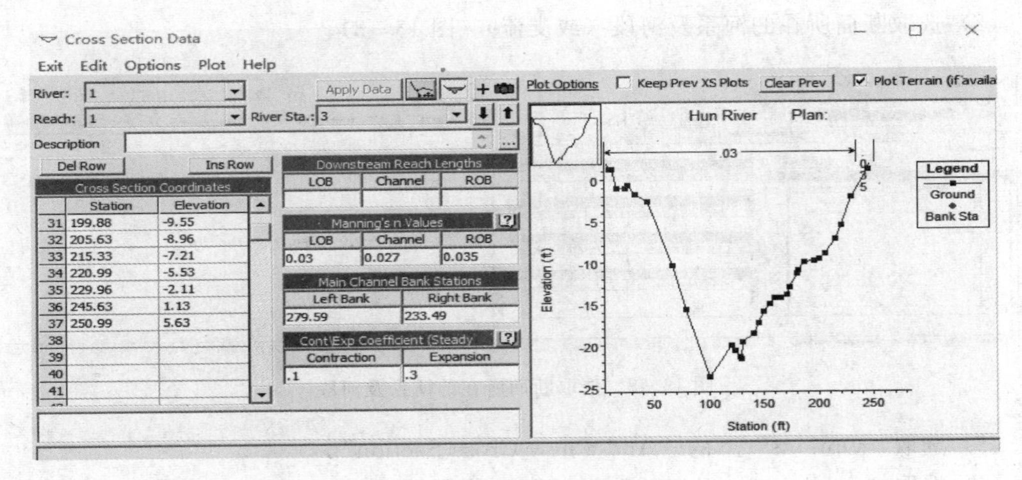

图 13-10 显示断面剖面图

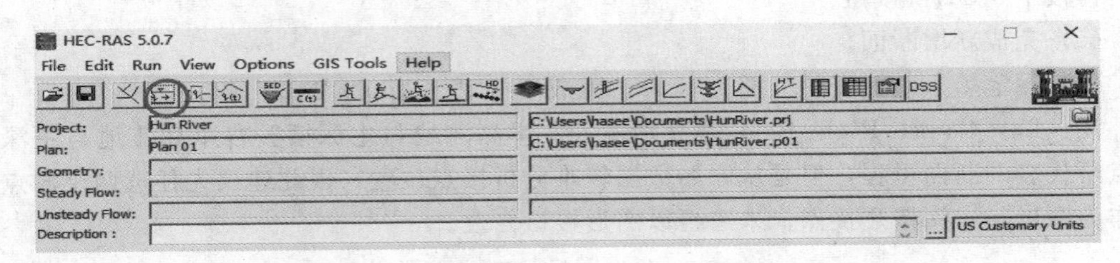

图 13-11 开启定量流数据编辑窗口

(2) 假设要同时分析重现期 100 年及 200 年两组流量案例，则首先将设定分析流量案例数字字段改为 2，这时流量输入字段会变成两栏（图 13-12）。

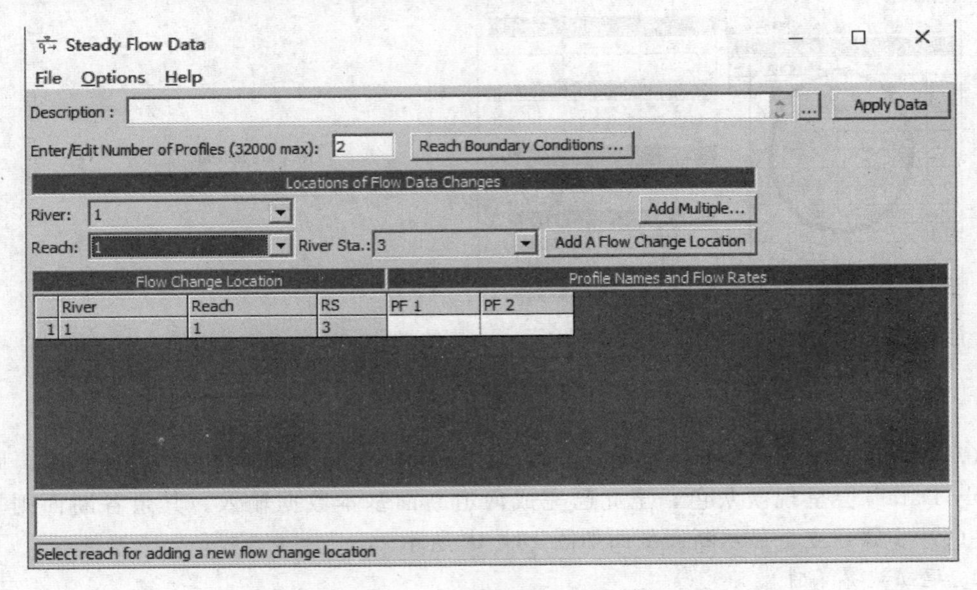

图 13-12 设定分析流量案例数

（3）可点选“Options”项目下的“Edit Profile Names”编辑案例名称（图 13 - 13）。

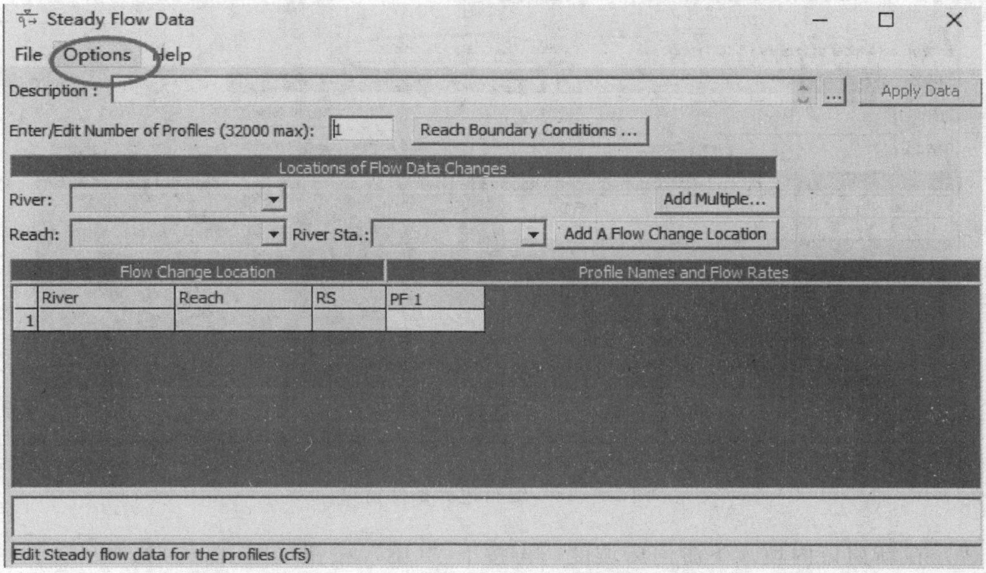

图 13 - 13　编辑案例名称

（4）分别在新窗口内填入案例名称，再按下“OK”按钮（图 13 - 14）。

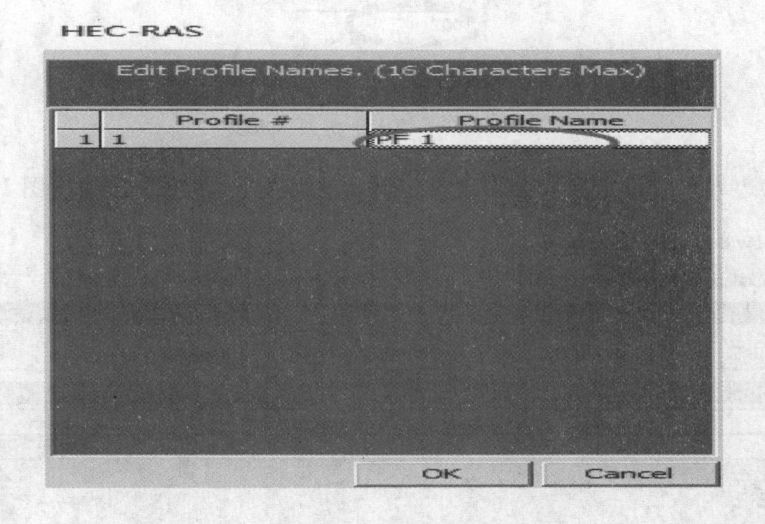

图 13 - 14　填入案例名称

（5）单击“Reach Boundary Conditions…”选项进行编辑边界条件窗口（图 13 - 15）。

（6）将鼠标指针移至下游边界水位设定字段中的最下游位置，以鼠标左键点选一下字段，再按下“Normal Depth”按钮。

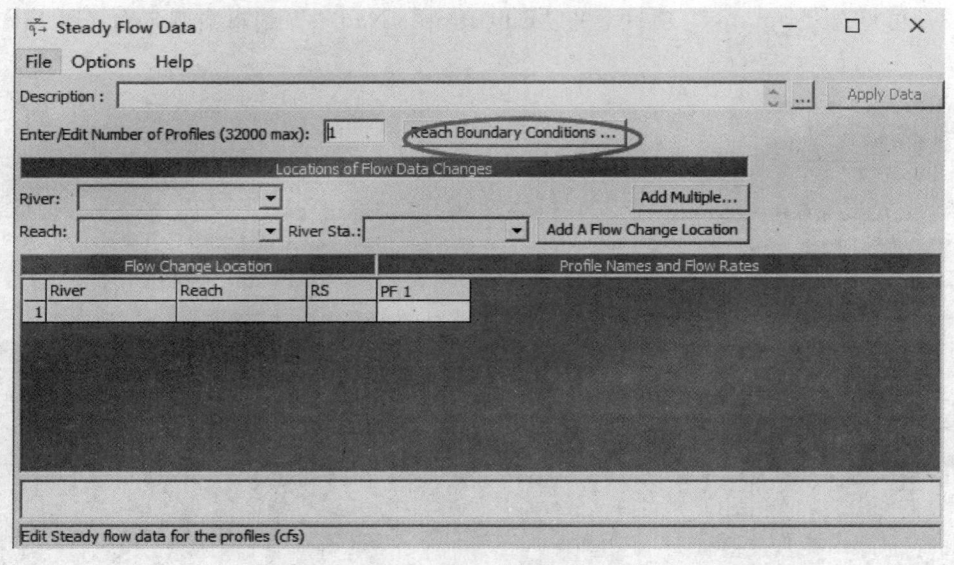

图 13－15　编辑边界条件窗口

（7）在新窗口内填入下游河床坡度，再按下“OK”按钮（图 13－16）。

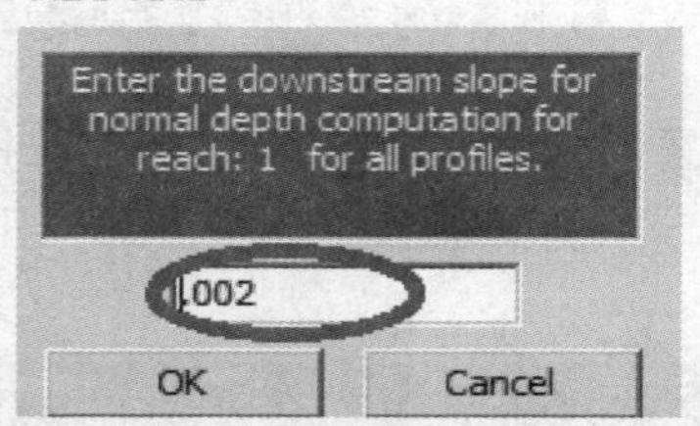

图 13－16　填入下游河床坡度

（8）下游边界水位设定字段会出现设定值，然后按下“OK”按钮（图 13－17）。

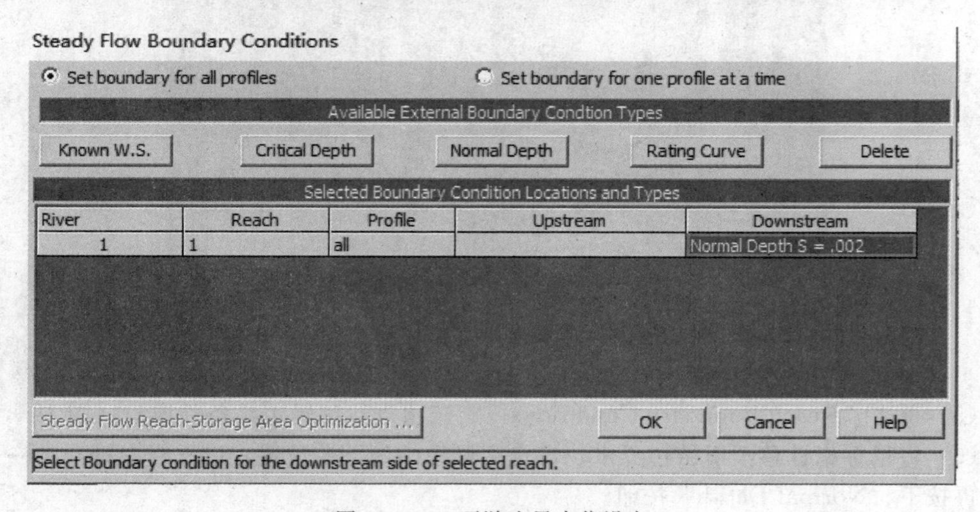

图 13－17　下游边界水位设定

5. 执行程序

（1）按主窗口按钮后开启执行定量流窗口（图 13－18）。

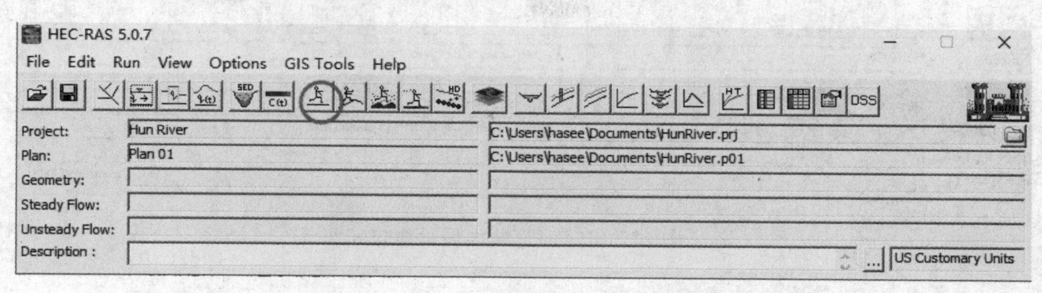

图 13－18　开启执行定量流窗口

（2）执行程序前须设定流况（Flow Regime），如图 13－19 所示。

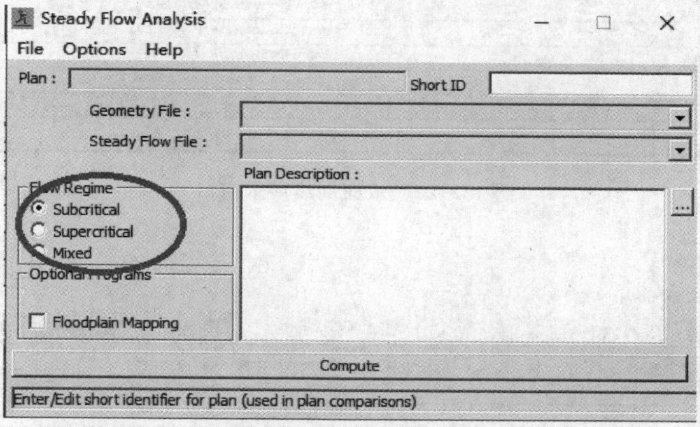

图 13－19　设定流况

（3）如果输入数据正确，则会出现下面执行完成的画面（图 13－20）。

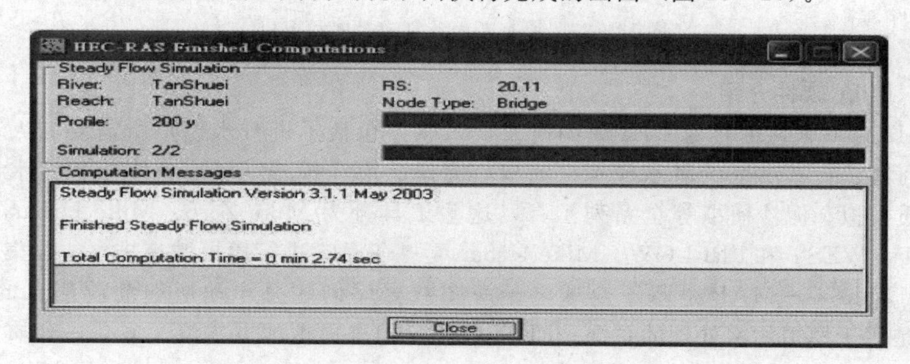

图 13－20　执行完成

6. 查看结果

按下主窗口按钮开启河道断面、水面剖线、所有断面计算成果展示窗口（图 13－21～图 13－23）。

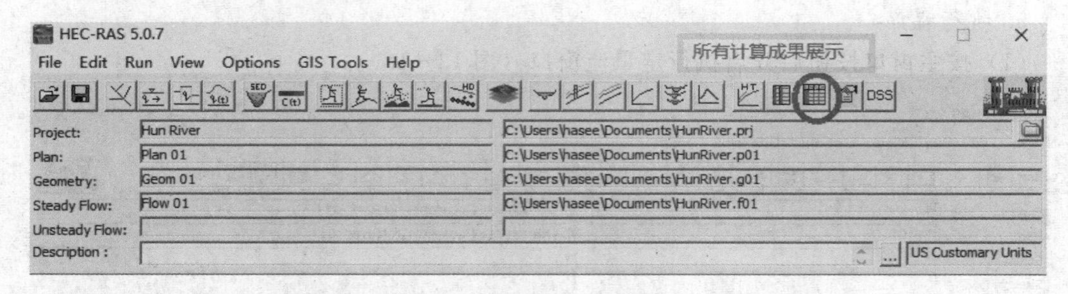

图 13-21　河道断面展示窗口

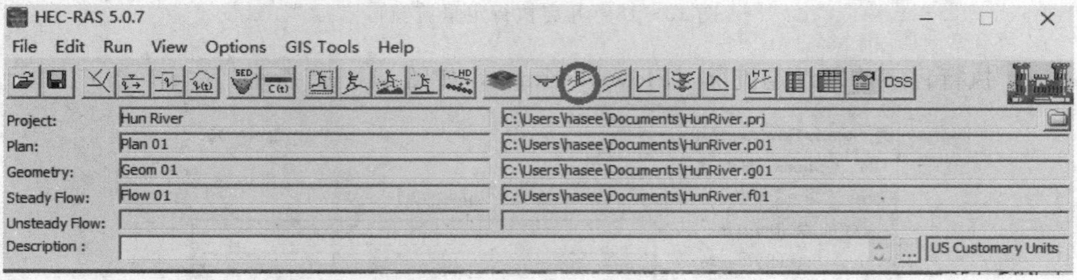

图 13-22　水面剖线展示窗口

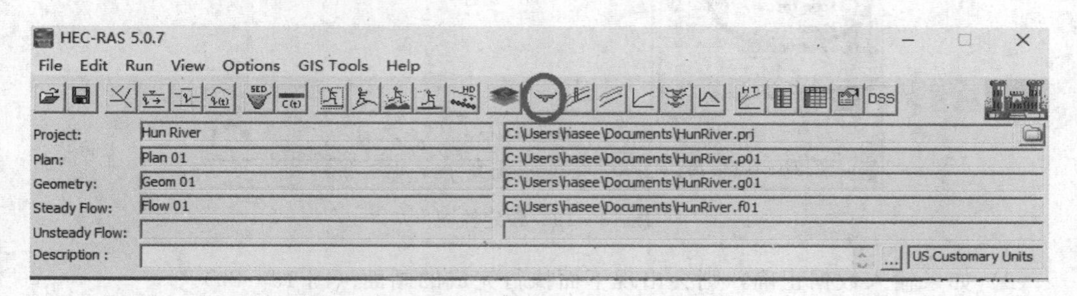

图 13-23　所有断面计算成果展示窗口

三、Mike 软件介绍

DHI Mike 软件由丹麦 DHI 集团研发，该软件包括了进行水模拟所需要的大部分工具，如河渠、行蓄洪区的洪水模拟、河口、海岸、海洋模拟、城市排水模拟、水资源模拟、水质模拟、泥沙模拟等全系列工具，这些工具分为 Mike Zero、Mike Urban、Mike C-MAP、WEST 和 FEFLOW。Mike Urban 是基于 CIS 进行模拟城市排水、收集和分配的系统；Mike C-MAP 是基于全球电子海图数据库创建海洋地形和潮汐信息的工具；WEST 是用于模拟污水处理的系统；FEFLOW 是用来模拟地下水流、多孔口介质中污染物和热传输问题。

Mike Zero 主要用来进行地表水模拟，其中又包括很多单独组件。Mike Zero 本身只提供一个开发平台和共用功能，具体的功能由各组件来完成。目前，在 Mike Zero 中组件主要包括以下内容：

(1) Mike 11：河渠水流、水质、泥沙的一维模拟系统。

（2）Mike 21：河渠、行蓄洪区、河口、近海、海洋的水流、水质、泥沙的二维模拟系统。

（3）Mike 3：深海、河口、近海的三维模拟系统。

在下面中主要介绍 Mike Zero 中的组件 Mike 11 和 Mike 21，并着重介绍 Mike 21 的使用。

（一）Mike 11 介绍

建立 Mike 11 模型首先需要通过时间序列编辑器、河网编辑器、横断面编辑器、边界条件编辑器、HD 参数编辑器等建立输入文件，然后使用模拟编辑器进行模拟，最后使用 Mike View 查看结果文件。目前，Mike 11 模型可使用 Mike 11 和 Mike 1D 两种计算引擎。

其中，模拟编辑器主要有三大功能：①输入模拟和计算的基本参数，如模块的选择、计算时间、计算时间步长等；②将模拟编辑器与 Mike 11 中其他编辑器生成的河网文件、断面文件、边界文件、参数文件进行连接；③进行模拟。

Mike 11 具有强大的计算模块，包括水动力模块（HD）、对流扩散模块（AD）、泥沙输移模块（ST）、水生态模块（ECO Lab）、降雨径流模块（RR）、洪水预报模块（FF）、数据同步模块（DA）、河冰模块（Ice）。用户可以根据具体要求选择不同的模块。但是值得注意的是，有些模块不能独立运行，必须依靠其他模块。例如选取 FF 模块时，软件会自动选取 HD 模块，此时，不能取消 HD 的选择，选取 ECO Lab 模块时必须选取 AD 模块。

降雨径流模块可以单独运行也可以和水动力模块共同运行，降雨径流的结果文件也可以作为水动力模块的输入文件。当 HD 模块的副选框侵占模块激活时，其他所有模块都不能应用，因为该模块仅与 HD 模块联合使用。更重要的一点，应用该模块时，必须确保模拟方式为准稳态，否则，将会出现模型计算中断。

（二）Mike 21 介绍

Mike 21 是一个专业的工程软件包，用于模拟河流、湖泊、河口、海湾、海岸及海洋的水流、波浪、泥沙及环境。Mike 21 为工程应用、海岸管理及规划提供了完备、有效的设计环境。高级图形用户界面与高效的计算引擎的结合使得 Mike 21 在世界范围内成为了一个专业河口海岸工程技术人员不可缺少的工具。

Mike 21 属于平面二维自由表面流模型，忽略了垂向水流加速度，以垂向平均的水流因素为研究对象，模拟计算海洋、湖泊、河道、蓄滞洪区的流场、流速、水位的变化。该模拟目前在国内诸多大型工程中得到广泛应用，如长江口综合治理工程、南水北调工程等。

Mike 21 包括针对矩形网格的 Mike 21、针对非结构化网格的 Mike 21 FM、针对正交曲线网格的 Mike 21C 三个模块。Mike 21 软件用于工程模拟计算时的主要过程为：数据前处理→模型建立和模拟计算→计算结果后处理。

1. 数据前处理

数据前处理过程是将模型建立所需要的各种工程数据资料按照 Mike 21 的要求进行预处理，使之最终可以直接用作计算模型的输入条件。

Mike 21 中与数据前处理相关的工具主要包括：时间系列编辑器（time series editor）、剖面系列编辑器（profile series editor）、网格系列编辑器（grid series editor）、地形编辑器（bathymetry editor）。

（1）时间系列编辑器。时间系列编辑器用于创建和编辑 0 型（＊.dfs0/＊.dt0）数据文件，该类数据文件给定某点处的某些条目（item）随坐标轴（时间轴或相对条目轴）变化的情况。该类文件可以用来作为模型创建的输入条件，也可以是由模型计算结果通过后处理工具生成的结果文件。在后文中将对该类文件简称为 TS 文件，下面将对 TS 文件的相关命令操作进行介绍。

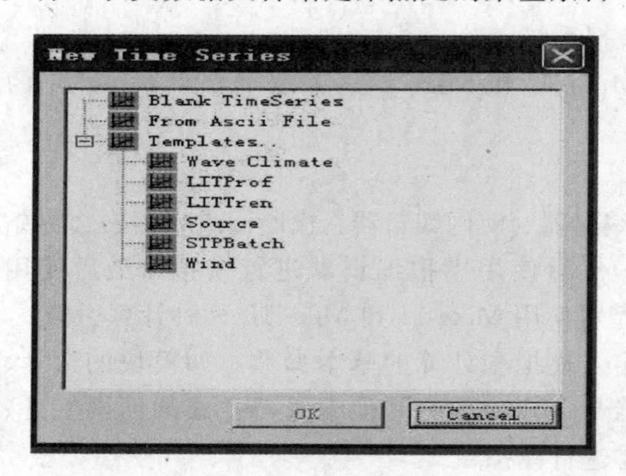

图 13－24　新建 TS 文件

1）新建 TS 文件（图 13－24）。单击“文件”菜单的“新建”命令，双击“Time Series”选项打开对话框，该对话框可以选择新建 TS 文件的方法，包括空白 TS、由 ASCII 文件（＊.txt）导入以及基于模板（Template）进行创建等。

2）更改属性（图 13－25）。在图形区单击右键弹出菜单，选择“Properties”项，即可打开上页所示的 TS 文件属性对话框，对 TS 文件的各项属性进行更改和重新设定。

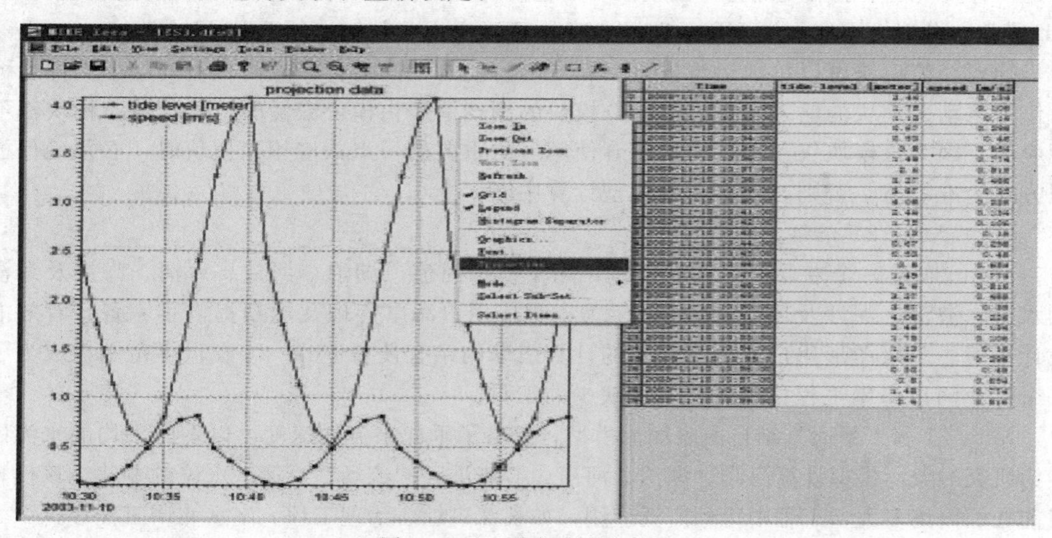

图 13－25　更改属性示意图

3）计算器（图 13－26）。在 Tool 工具菜单中选择 Calculator，可以对 TS 的整个条目列或在 Subset 对话框中设定条目子集后对其子集进行列的数值计算操作。

4）插值（图 13－27）。当所得数据不全时，如果需要补充缺失的数据，可以应用 Tool 中的 Interpolation 插值工具对其进行线性插值，在其对话框中需要设定插值范围、插值类型以及是否需要保留一定范围以上的空缺。

5）图形显示（图 13－28）。通过“Settings”菜单下的“Graphic”命令可以对图形中图线和数值点的相关属性（如颜色、标记、线型等）进行设定，以满足图形显示和图线区分的要求。

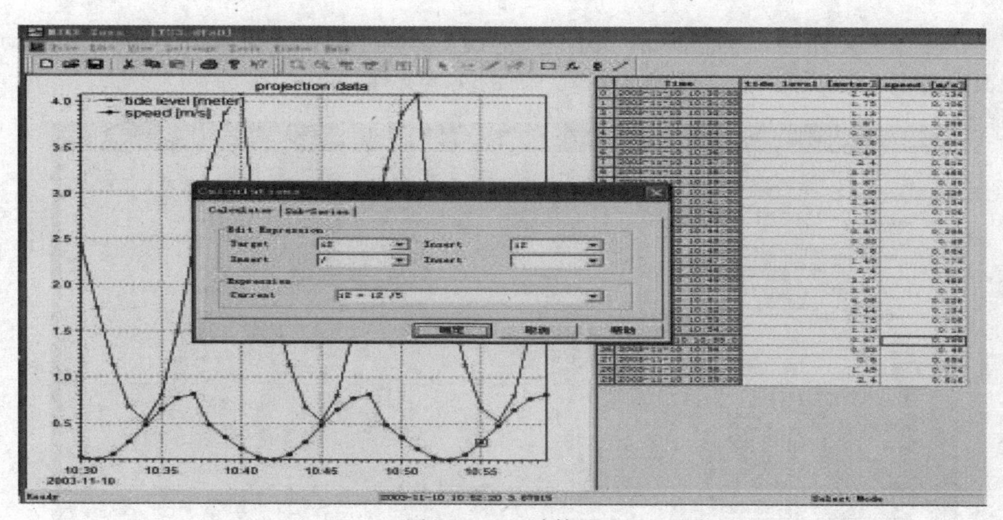

图 13 - 26　计算器

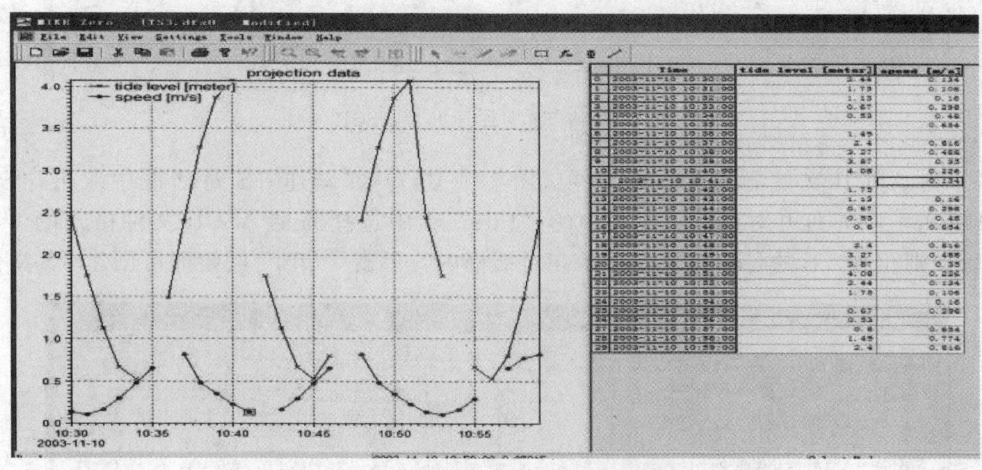

图 13 - 27　设定插值范围、插值类型

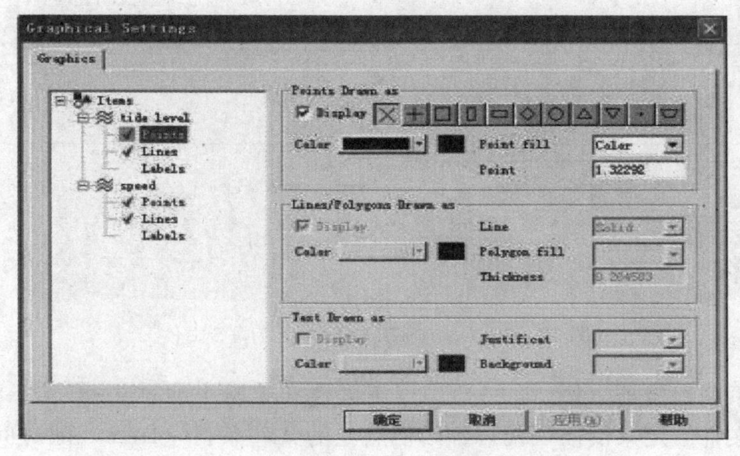

图 13 - 28　图形显示

6）将 TS 文件导出为 ASCII 文件（图 13－29）。选择文件菜单中的“Export to ASCII”命令，可以将 TS 文件保存为 *.txt 的文本文件。

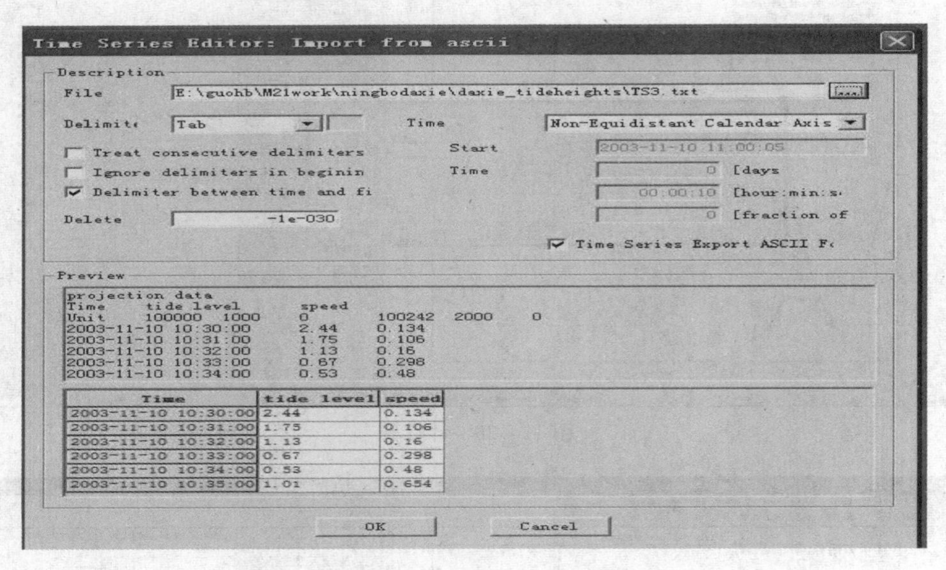

图 13－29　将 TS 文件导出为 ASCII 文件

7）由 ASCII 文件导入为 TS 文件（图 13－30）。在新建 TS 对话框中双击“From ASCII File”项，打开对话框，在其中的“File”项中选择满足 ASCII 文件格式的 *.txt 文件后，则相关 TS 的各项信息就显示在对话框内，单击“OK”按钮即可创建 TS 文件。

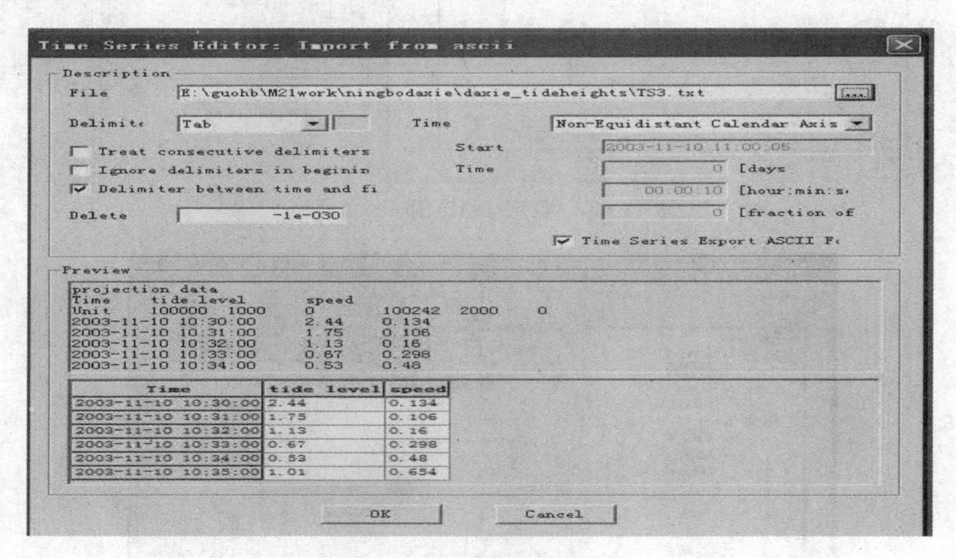

图 13－30　由 ASCII 文件导入为 TS 文件

（2）剖面系列编辑器（图 13－31）。用于创建和编辑 1 型（*.dfs1/*.dt1）数据文件，该类数据文件给定某剖面（线）各网格点处的某些条目（Item）随时间变化的情况。该类文件可以用来作为模型创建的输入条件，也可以是由模型计算结果通过后处理工具生成的结果文件。

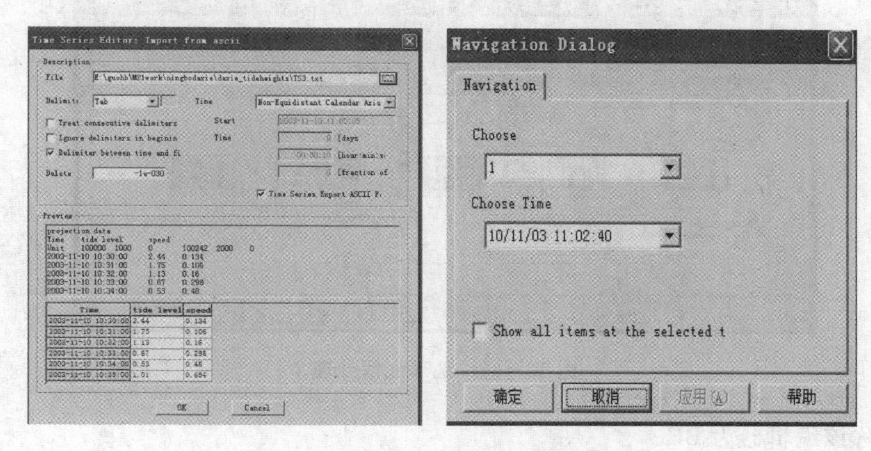

图 13-31　剖面系列编辑器

由于其中很多工具（如计算器、插值、图形显示、ASCII 文件导入导出等）与 TS 文件类似，则在此不再进行介绍。

（3）网格系列编辑器。用于创建和编辑 2 型（＊.dfs2/＊.dt2）数据文件，该类数据文件给定计算域各网格点处的某些条目（Item）随时间变化的情况。该类文件可以用来作为模型创建的输入条件（其中很重要的应用是创建地形文件用于模型计算中），也可以是由模型计算直接得到的结果文件。后面简称为 GD 文件。

1）在新建一个 Grid Series 文件时，将为用户提供 4 个步骤的创建向导。

第一步：选择 GD 维数。

第二步：设定地理信息。

第三步：设定坐标轴。

第四步：设定条目最后会出现一个确认框，供用户对前面的设定确认无误后，单击完成即可创建 GD 文件。

2）当有些操作需要对整个网格中的某一部分区域进行操作时，需要事先对此进行选择。

3）该工具可以对整个网格区域或是已选择区域进行数值直接设定、加减运算和乘法运算。

4）地形光滑处理（图 13-32）。当地形编辑器生成的初始地形文件不够光滑时，可以利用该工具进行多次地形光滑处理。其中要设定陆地代表值、光滑类型和光滑次数。

5）设定地形图的显示色阶，最多可以设定 16 级色阶。对于每一级别都需要设定该色阶作用的数值范围的上限值。要注意的是：如果自己设定了调色板，则所有时步内都采用此设定范围。因而当数值范围在不同量级间变化时，自己设定就可能导致某些时刻大部分或者所有值都显示为同一色阶的颜色。

（4）地形编辑器。用来依照原始的海图文件，通过对一定水深值的设定和对陆地边界、等水深线的描绘，以及对模型计算区域的地理信息、计算网格等的设定，利用一定的工具命令实现海图的矢量化过程，从而生成可用于模型建立的初始地形文件（＊.dt2）。

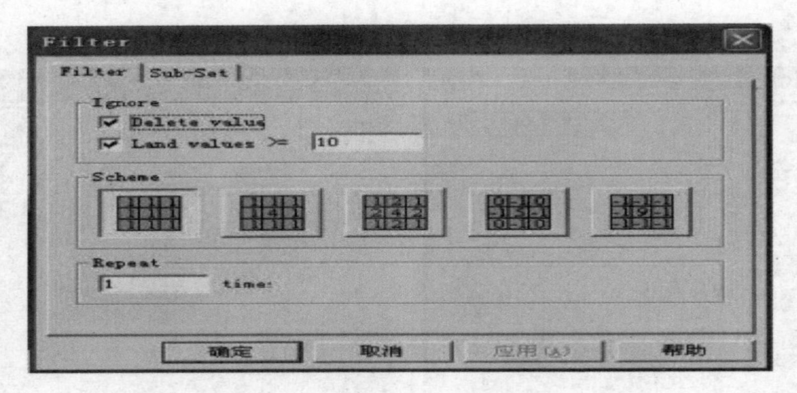

图 13-32　地形光滑处理

后面将简称该编辑器为 BE。

1）基本步骤。新建一个地形编辑器文件，设定模型计算域所在的地理区域→设定背景 Background，将其按照 UTM 坐标对应的形式反映在已建地形区域内→设定地形中的计算域框格、偏转角度和网格尺度等参数→利用相关工具进行海图的等深线、陆边界以及特征水深点等的绘描→对已绘海图进行插值处理后，导出为可直接用于模型创建的 *.dt2 地形文件。

2）Background 设定（图 13-33）。单击 Work Area 菜单下的 Background Management 命令，弹出其对话框，单击“Import”按钮后，在相关文件夹下选定 *.bmp 类型的海图文件作为背景文件（图 13-34）。

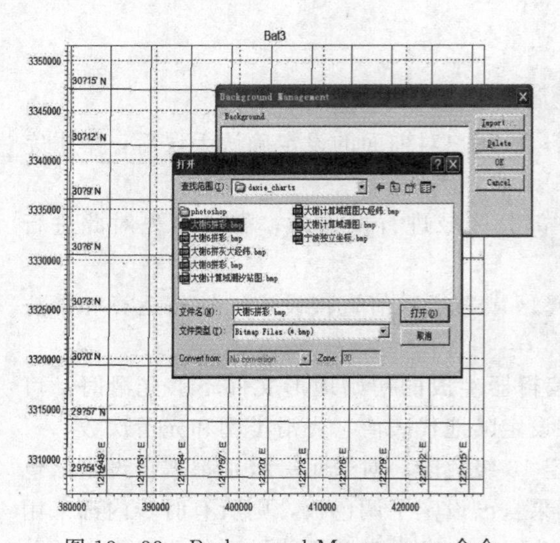

图 13-33　Background Management 命令

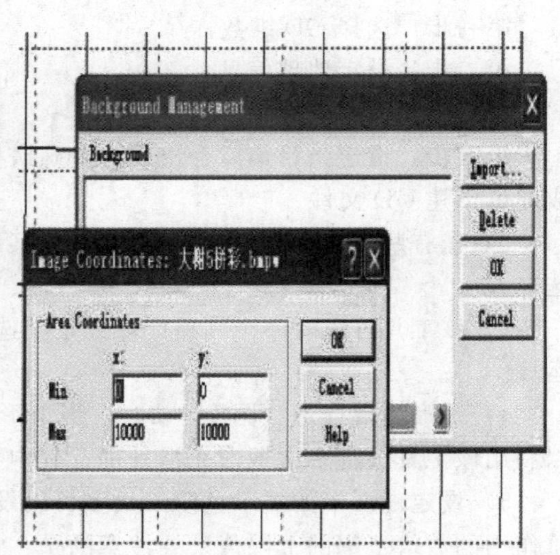

图 13-34　单击“Import”按钮后

3）显示背景图（图 13-35）。单击 Work Area 菜单中的 Show Background Images 命令，可以将设定好的背景图显示在显示区域内，为后面的描图工作做好准备。

4）设定 Bathymetry（图 13-36）。单击“Work Area”菜单中的 Bathymetry Man-

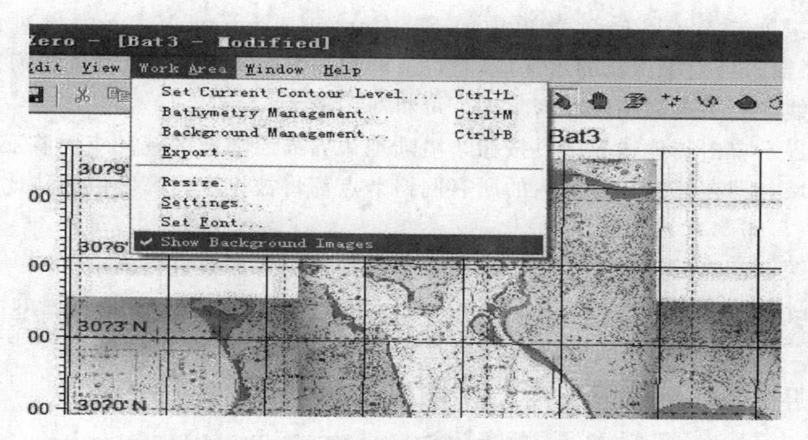

图 13-35　显示背景图

agement 命令，单击“新建”按钮，在 Bathymetry 区域设定对话框中，具体设定：计算域框格的原点位置，两向的网格尺寸、网格节点数，框格相对于正北方向的偏转角度以及陆地代表值。还可设定是否显示计算域边界或网格节点。

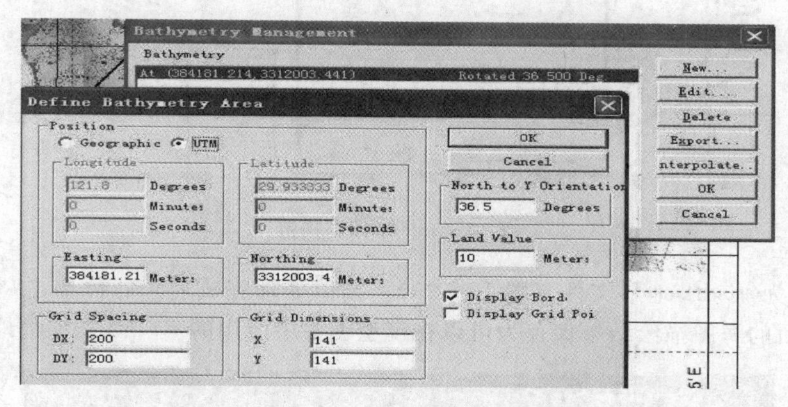

图 13-36　设定 Bathymetry

5）海图描绘（图 13-37）。

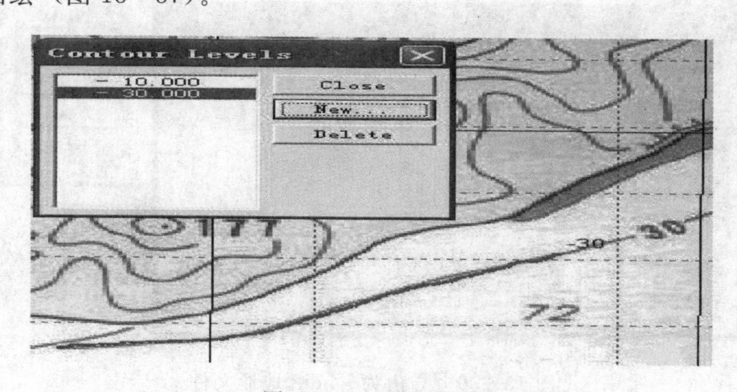

图 13-37　海图描绘

等深线：单击 Work Area 菜单中的 Set Current Contour Value 弹出对话框，单击“New”按钮输入当前等深线的水深值，然后即可应用等深线工具分段描绘海图背景下的该值的等深线。为了提高精度和密集度，可将海图放大。

陆地边界：单击陆地边界工具按钮，沿陆地边界描绘陆地区域。应用该工具所形成的是封闭的区域，即在该区域范围内的所有网格节点都将被设定为高度值为陆地代表值的陆地节点。

特征水深点：应用点水深工具可以对特征水深点的水深值进行设定。

6）水深图插值（图 13-38）。打开 Bathymetry 管理器，选择要采用的 Bathymetry 设定，单击“Interpolate”按钮，在设定插值类型、方法及相关点数目后，单击“OK”按钮进行插值处理，从而计算得到网格各个节点处的水深值。

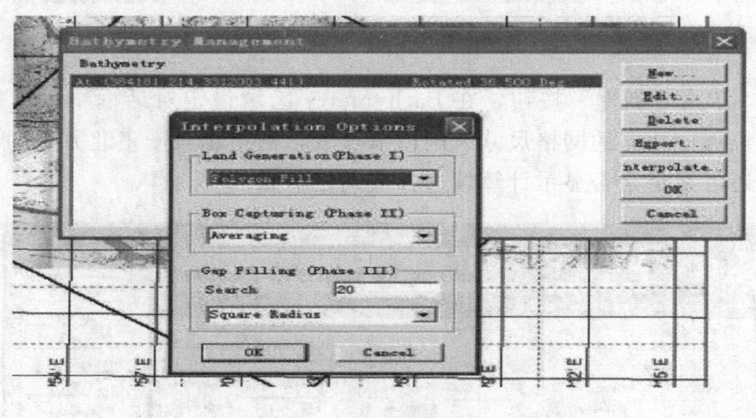

图 13-38　水深图插值

7）导出为 *.dt2 地形文件（图 13-39）。插值处理完成后，即可单击“Export”按钮，将插值后的海图描绘结果保存为可以在模型创建中应用的 *.dt2 类型的地形文件。

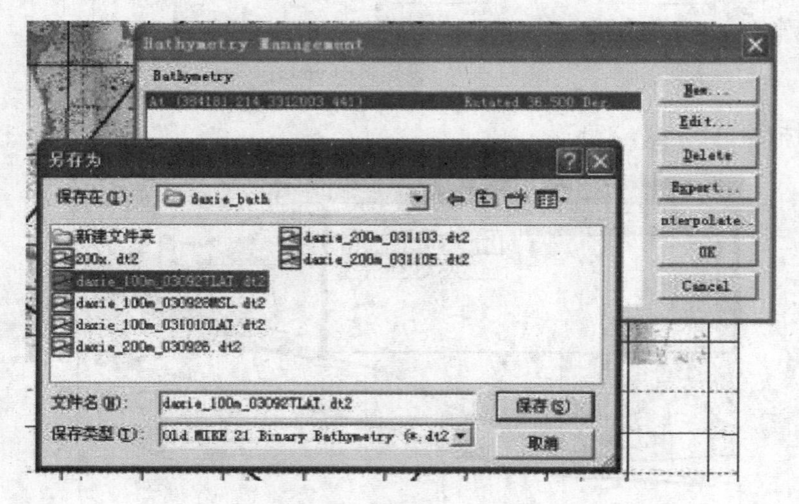

图 13-39　导出为 *.dt2 地形文件

8）导出地形图文件显示例（图 13-40）。用户可以应用 Grid Series Editor 对其进行进一步的处理完善，如对其进行光滑化处理，调整陆地边界的光滑度等以使其满足软件对于地形文件的各种要求。

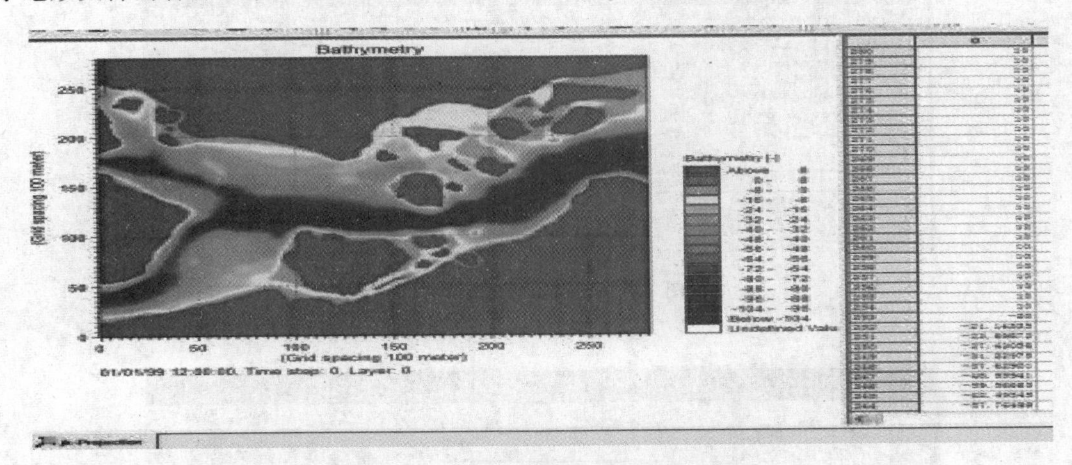

图 13-40　导出地形图文件显示例

2. 模型建立和模拟计算

流场模型（flow model）是 Mike 21 中最为重要的用于工程模拟计算的数学模型，它是二维平面模型，是通过对于模型各种参数对话框的具体设定过程来建立的。

流场模型的主体是水动力学模块（hydrodynamic module），其中包含基本（basic）和水动力（hydrodynamic）两组参数。结合实际工程条件对这两组参数进行具体设定就可以完成该工程的流场模型创建。如果工程问题不是纯粹的水动力学问题，而是与水动力学有关的某些环境问题，则可在流场模型的水动力学模块的基础上，选择添加不同的附加模块来模拟此类问题。通过在水动力学模块参数设定的基础上，再进一步设定所选附加模块的各项参数，即可完成与之对应的工程问题的流场模型的创建过程。

附加模块包括平流扩散模块（Advection Dispersion，AD）、水质模块（Water Quality，WQ）、富氧模块（Eutrophication，EU）、重金属模块（Heavy Metal，HM）、泥沙输移模块（Mud Transport，MT）。

（1）参数设定采用的几种对话框（图 13-41 和图 13-42）。在模型创建过程中，对各类参数的设定大概采用了几种不同的对话框以适应不同类型参数设定的需要，其主要包括：

1）文本编辑框：直接设定参数的数值。

2）下拉列表选择框：对列表中的可选项进行选择。

3）单选框：在并列选项组中点选某一项。

4）复选框：点击以确定或取消对该选项的选择。

5）单击设定框：单击按钮弹出新对话框，根据新对话框提示要求进行文件位置或组合参数的设定，在单击点选按钮后，弹出对话框，要求用户设定所要选择的文件路径和名称。尤其要注意的是，所选文件必须满足该选项对于文件的特殊要求，如各种项目类型和数目、时步数及间隔、起止时刻、空间节点数等各类内容。

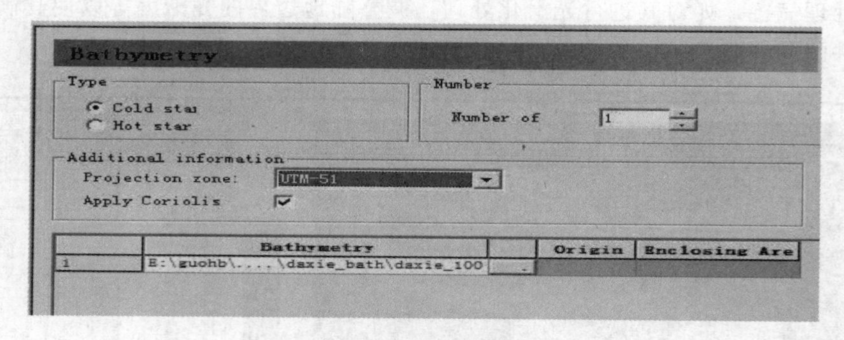

图 13-41　地形图编辑界面

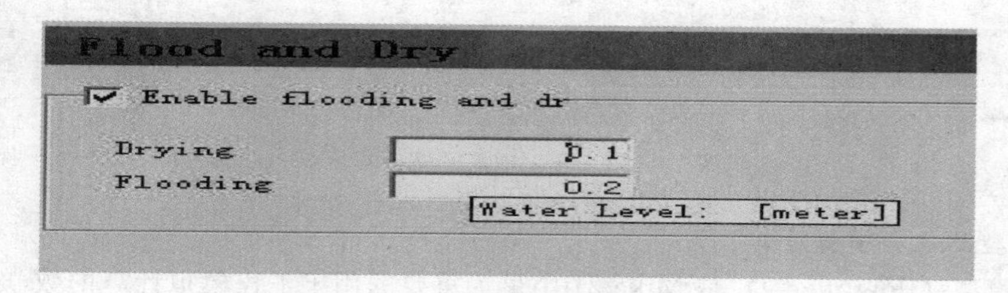

图 13-42　增减水参数设置界面

(2) 各项参数的含义及相关注释。

1) 基本参数：模块选择（module selection）、地形图（bathymetry）、模拟时段（simulation period）、开边界条件（boundary）、源汇（source and sink）、集束（mass budget）、增减水（flood and dry）。

2) 水动力参数：初始水面高度（initial surface elevation）、开边界条件（boundary）、源汇（source and sink）、涡黏性系数（eddy viscosity）、阻力系数（resistance）、波浪辐射（wave radiation）、风条件（wind condition）、计算结果（results）。

(3) 模型的运行。当模型参数设定完毕，可以通过菜单工具“RUN－Validate”进行手工检验，也可选定“Automatic Validation”进行自动检验。当检验通过没有错误时，各参数框的左方框内会显示对号，当全部项都以对号勾出后，即可在选择“Start Simulation”菜单命令开始模拟过程。

当模拟计算开始后，即会出现作图的进度显示框，如果单击“Suspend”按钮，则可以暂停模拟计算，对已计算的结果数据进行观察和处理。

当模拟计算阶数或中途退出后，用户可以单击 File 菜单下的该文件名，其中包含了模型设定和计算过程中数据的重要信息，可以用作模拟过程的检查。

(4) 需要注意的主要问题。

1) 各种水深和水面高度文件数值的设定必须基于同一基准面，如不同则需要事先进行转换方可使用。

2）在 Mike 21 界面下选定某项参数设定框，单击“F1”键即可打开相应的帮助文档以供参考。

3）地形文件和边界条件设定是模型创建最为关键的两项内容，要特别加以注意。

3. 结果后处理

出于工程分析和说明的不同要求，对于计算完成后的结果文件一般并不能直接应用，而是要通过一定的数据分析和后处理过程，使最能反映工程结论的原始结果数据生成为一定的图形，从而用于工程分析和说明之中。

Mike 21 中与结果后处理相关的工具主要包括做图编辑器（plot composer editor）、数据阅读器（data viewer）、Mike Zero 工具箱编辑器组（Mike Zero Toolbox Editors）。

与结果后处理过程相关的 Mike 21 工具主要有以下内容：

（1）作图编辑器。该工具用来将模型计算结果文件进行处理以生成图形文件，可用于模拟过程的流场状况等的介绍说明。

该部分将针对其中最为主要的功能设置进行介绍说明，包括新建 Plot 图形、输入源文件、矢量箭头显示设定、比例尺设定等。

（2）数据阅读器（图 13 - 43）。该工具用来查看模拟计算结束或其过程中生成的结果数据文件，可以实现矢量情况下的各个变量的动态显示以及具体位置点处的 Time Series 数据文件。

（3）Mike Zero 工具箱编辑器组（图 13 - 44）。该工具箱提供了由高维数据文件中生成低维数据文件的各种工具，目前常用的有由 2D Grid 文件生成 Profile 文件、由 2D Grid 文件生成 Time Series 文件、由 Profile（1D）文件生成 Time Series 文件等。

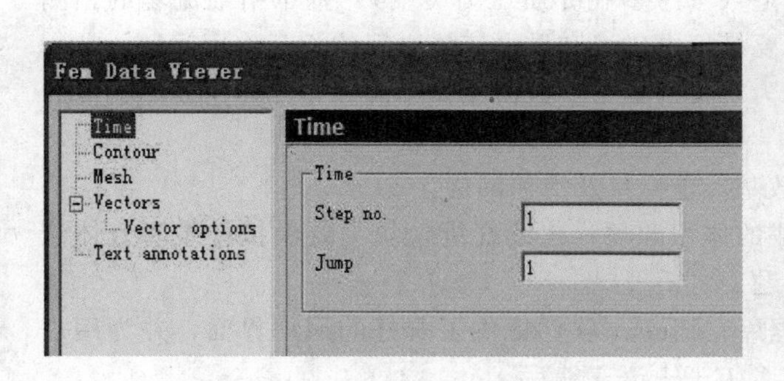

图 13 - 43　数据阅读器

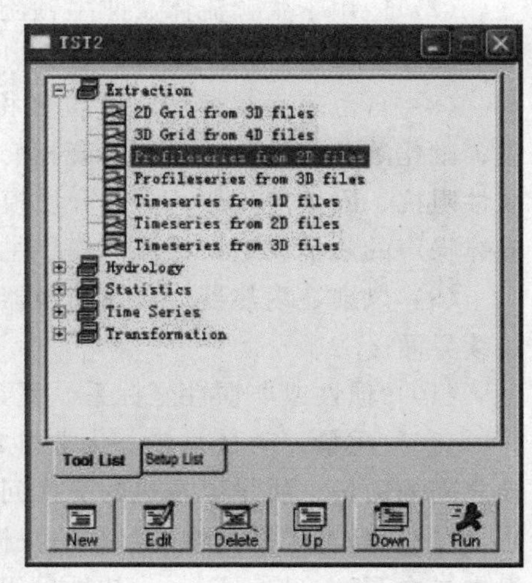

图 13 - 44　Mike Zero 工具箱编辑器组

四、Fluent 介绍

Fluent 是目前国际上比较流行的商用 CFD 软件包，凡是和流体、热传递、化学反应等有关的工业均可使用。它具有丰富的物理模型、先进的数值方法和强大的前后处理功能，在传热和相变、化学反应和燃烧、多相流、旋转机械、动/变形网格、噪声、材料加工、燃料电池等方面有广泛应用。

(一) Fluent 的主要功能和特点

Fluent 的主要功能和特点如下:

(1) Fluent 软件采用基于完全非结构化网格的有限体积法,而且具有基于网格节点和网格单元的梯度算法。

(2) 定常/非定常流动模拟,而且新增快速非定常模拟功能。

(3) Fluent 软件中的动/变形网格技术主要解决边界运动的问题,用户只需指定初始网格和运动壁面的边界条件,余下的网格变化完全由解算器自动生成。网格变形方式有3种,即弹簧压缩式、动态铺层式以及局部网格重生式。其局部网格重生式是 Fluent 所独有的,而且用途广泛,可用于非结构网格、变形较大问题以及物体运动规律事先不知道而完全有流动所产生的力所决定的问题。

(4) Fluent 软件具有强大的网格支持能力,支持界面不连续的网格、混合网格、动/变形网格以及滑动网格等。值得强调的是,Fluent 软件还拥有多种基于解的网格的自适应、动态自适应技术以及动网格与网格动态相结合的技术。

(5) Fluent 软件中包含 3 种算法,即非耦合隐形算法、耦合显式算法、耦合隐式算法。

(6) Fluent 软件中包含丰富而先进的物理模型,使得用户能够精确地模拟无黏流、层流、湍流。湍流模型包含 Spalart - Allmaras 模型、$k-\omega$ 模型组、$k-\varepsilon$ 模型组、雷诺应力模型 (RSM) 组、大涡模拟模型 (LES) 组以及分离涡模拟 (DES) 和 V2F 模型等。另外用户还可以定制或添加自己的湍流模型。

(7) 适用于牛顿流体、非牛顿流体;含有强制/自然/混合对流的热传导,固体/流体的热传导、辐射;化学组分的混合/反应。

(8) 自由表面流模型,欧拉多相流模型,颗粒相模型,空穴两相流模型,湿蒸汽模型;融化溶化/凝固;蒸发/冷凝相变模型;离散相的拉格朗日跟踪计算;非均质渗透性、惯性阻抗、固体热传导,多孔介质模型 (考虑多孔介质压力突变);基于精细流场的预测流体噪声的声学模型;磁流体模块主要模拟电磁场和导电流体之间的相互作用问题。

(9) 风扇、扇热器,以热交换器为对象的集中参数模型;动静翼相互作用模型化后的接续界面。

(10) 惯性或非惯性坐标系,复数基准坐标系及滑移网格。

(11) 质量、动量、热、化学组成的体积源项;连续纤维模块主要模拟纤维和气体流动之间的动量、质量以及热的交换问题。

(12) 具有丰富的物性参数的数据库;Fluent 软件提供了友好的用户界面,并为用户提供二次开发接口;Fluent 软件采用 C/C++语言编写。

(二) Fluent 模拟步骤

在 ANSYS Workbench 平台下 Fluent 模拟步骤如下:

确定模拟的目的→定义计算域→创建代表计算域的几何实体→设计并划分网格→设置物理问题 (物理模型、材料属性、域属性、边界条件……)→定义求解器 (数值格式、收敛控制……)→求解并监控→查看计算结果。

(1) 构建几何模型。使用模块为DM即design modeler，注意：也可以不用ANSYS的DM模块，直接使用高端CAD UG完成，完成存储为parasolid格式。

(2) 网格划分。这部分比较耗时，但是对整个模拟相当关键，注意在几何模型要规划好几何拓扑，甚至要删除一些次要的几何特征，这部分工作主要靠meshing进行，主要靠调整参数，自动生成网格，方便再次调整修改网格，但是复杂几何边界skew质量难以控制在0.85以下。

(3) 设置。这部分内容可以直接在Fluent中完成，主要包括求解器选择，方程模型的选择，介质的加载，流体区域的设置，边界条件设置，流体区域的设置，求解方法的设置，求解结果的监视设置等。

(4) 求解。只要单击初值化后，设置迭代步数，再单击计算，软件就开始运行计算，运算结束后可以查看残差图。

(5) 看结果。Fluent自带了后处理功能，可以通过等高线图、矢量图等图形显示流场，也可以通过数据显示流量及力矩大小。运算完成以后需要对计算结果进行评价。若结果正确合理，输出仿真结果；若结果相差太大，甚至不合理，需要对上述过程进行检查、修正甚至需要调整，重复上述过程，致使得到合理的仿真结果。

(三) 边界条件

1. 定义边界条件

要确定一个有唯一解的物理问题，必须指定边界上的流场变量，指定进入流体域的质量流量、动量、能量等。

定义边界条件包括确定边界位置；提供边界上的信息。

边界条件类型和所采用的物理模型决定了边界上需要的数据。

2. 流体域

流体域是一系列单元的集合，在其上可解所有激活的方程。需要选择的流体材料：对多组分或多相流，流体域包括了流体材料中各相的混合物。输入的选择项：多孔介质域、源项、层流域、固定值域、辐射域。

3. 多孔介质

多孔介质是一种特殊的流体域，在Fluid面板中激活多孔介质域；通过用户输入的集总阻力系数来确定流动方向的压降。

用来模拟通过多孔介质的流动，或者流过其他均匀阻力的物体：堆积床、过滤纸、多孔板、流量分配器、管束。

输入各方向的黏性系数和惯性阻力系数。

4. 固体域

(1) 固体域是一组只求解导热问题而不求解流动方程的单元集合。

(2) 只需要输入材料名称。

(3) 选择项允许输入体积热源。

(4) 如果临近固体域的单元是旋转周期边界，需要指定旋转轴。

(5) 可以定义固体域的运动。

改变边界条件类型：

(1）域和域的类型在前处理阶段定义。

(2）要改变边界条件类型：在 Zone 列表中选择域名；在 Type 下拉列表中选择希望的类型。

设定边界条件数据：

(1）在 BC 面板中设置：设定指定边界的条件；边界条件数据可以从一个面拷贝到其他面。

(2）边界条件也可以通过 UDF 和分布文件定义。

(3）分布文件生成：从其他 CFD 模拟写一个分布文件；创建一个有格式的文本文件。

（四）前处理设置

1. 通用设置

用户可以使用通用设置完成、比例缩放网格、检查网格、显示网格、设置求解方法、设置流体分析类型，即稳态还是瞬态，此处还可以设置流体分析中是否考虑重力和流体分析过程中的单位。

2. 流体模型设置

Fluent 提供丰富的流体分析模型，用户使用该选项可以根据分析选择是否激活相流分析、能量方程（打开后可加入温度）、湍流模型、流体辐射、热交换器、多组份流体分析（化学、燃烧）、离散相流体分析、凝固和融合分析、声学模拟、薄膜模型。

3. 设置计算的流体域条件

用户可以使用该项为选定的流体区域设置流体类型、流体参数、参考坐标系、动网格、多孔区域介质、源项、多相等。

4. 设置边界条件

Fluent 提供了流体入口和出口边界、壁面边界条件、重复边界条件、Pole boundaries 和内表面边界等。

5. 网格界面设置

网格界面功能允许用户为滑动网格，多坐标参考系设置和非一致边界条件设置不同网格的界面。

6. 动网格设置

用户使用该项功能可以模拟固体在流体区域运动的流体动力学问题。

7. 参考值设置

通过该项面板，可以让用户归一化处理流场变量而设置参考值，此处也允许用户为后处理中的区域的相对速度指定参考区域。

（五）求解过程设置

1. 求解器的选择

在 Fluent 软件当中，有两种求解器可以选择：一种是基于压力的求解器，另一种是基于密度的求解器（图 13-45)。从传统上讲，基于压力的求解器是针对低速、不可压缩流开发的，基于密度的求解器是针对高速、可压缩流开发的。但近年来，这两种方法被不断地扩展和重构，使得它们可以突破传统上的限制，可以求解更为广泛的流体流动问题。Fluent 软件基于压力的求解器和基于密度的求解器完全在同一界面下，确保了 Fluent 对于不同的问题都可以得到很好的收敛性、稳定性和精度。

(1) 基于压力的求解器。基于压力的求解器采用的计算法则属于常规意义上的投影方法。投影方法中，首先通过动量方程求解速度场，继而通过压力方程的修正使得速度场满足连续性条件。由于压力方程来源于连续性方程和动量方程，从而保证整个流场的模拟结果同时满足质量守恒和动量守恒。由于控制方程（动量方程和压力方程）的非线性和相互耦合作用，就需要一个迭代过程，使得控制方程重复求解直至结果收敛，用这种方法求解压力方程和动量方程。

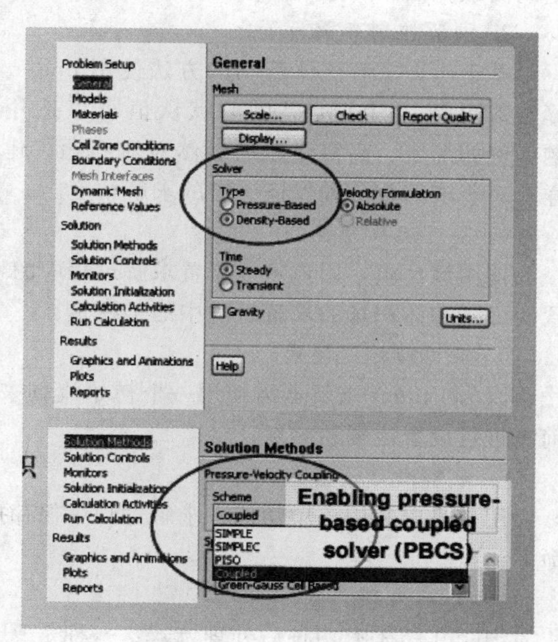

图 13-45 求解器的选择

在 Fluent 软件中共包含两个基于压力的求解器：一个是基于压力的分离算法，另一个是基于压力的耦合算法。

1) 基于压力的分离求解器。分离求解器顺序地求解每一个变量的控制方程，每一个控制方程在求解时被从其他方程中“解耦”或分离，并且因此而得名。分离算法内存效率非常高，因为离散方程仅仅在一个时刻需要占用内存，收敛速度相对较慢，因为方程是以“解耦”方式求解的。

工程实践表明，分离算法对于燃烧、多相流问题更加有效，因为它提供了更为灵活的收敛控制机制。

2) 基于压力的耦合求解器。基于压力的耦合求解器以耦合方式求解动量方程和基于压力的连续性方程，它的内存使用量大约是分离算法的 1.5～2 倍；由于以耦合方式求解，使得它的收敛速度具有 5～10 倍的提高。同时还具有传统压力算法物理模型丰富的优点，可以和所有动网格、多相流、燃烧和化学反应模型兼容，同时收敛速度远远高于基于密度的求解器。

(2) 基于密度的求解器。基于密度的方法就是直接求解瞬态 N-S 方程（瞬态 N-S 方程理论上是绝对稳定的），将稳态问题转化为时间推进的瞬态问题，由给定的初场时间推进到收敛的稳态解，这就是我们通常说的时间推进法（密度基求解方法）。这种方法适用于求解亚音、高超音速等流场的强可压缩流问题，且易于改为瞬态求解器。

Fluent 软件中基于密度的求解器源于 Fluent 和 NASA 合作开发的 RAMPANT 软件，因此被广泛地应用于航空航天工业。其中 AUSm 提供了对不连续激波提供更高精度的分辨率，Roe-FDS 通量格式减小了在大涡模拟计算中的耗散，从而进一步提高了 Fluent 在高超声速模拟方面的精度。

2. 求解方法设置

通过该项面板，用户可以设置求解流体流动离散后代数方程组的基本算法、对流项的空间离散算法和瞬态项的离散算法。

3. 求解控制参数设置

基于压力求解流体流动的方法使用 under - relaxation 系数，来控制每一次迭代的计算参数更新。Fluent 提供的默认值可以适用于大多数流体问题，但对于一些特殊问题，例如湍流、高雷诺数的自然对流问题，建议减少初始的 under - relaxation 系数，这样有对于求解收敛和保证一定的求解精度。

4. 监视参数设置

使用该面板，用户可以设置求解过程中的残差、静态合力的求解监视，此外还可以设置表面量和体积量的求解过程中的监视量。

5. 求解初始值设置

因为 Fluent 求解器需使用一个初始流场来进行下一次的迭代计算，所以在流体计算前需进行设置流场初始解。

6. 求解激活设置

用户可以利用该项功能在求解过程中保存文件，输出文件，创建求解动画和执行一些命令。

（六）后处理

Fluent 结果有两种后处理方式：一种是 Fluent 后处理工具，另一种是 ANSYS CFD - Post，两种后处理都含有很多分析 CFD 结果的工具，包括等值面、速度矢量图、等值线图、流线图/迹线图、二维曲线图、动画。

1. Fluent 自带的后处理

Fluent 自动后处理的功能包括创建面、显示类型、着色选项、求解数据的显示、通量报告和积分计算（图 13 - 46）。

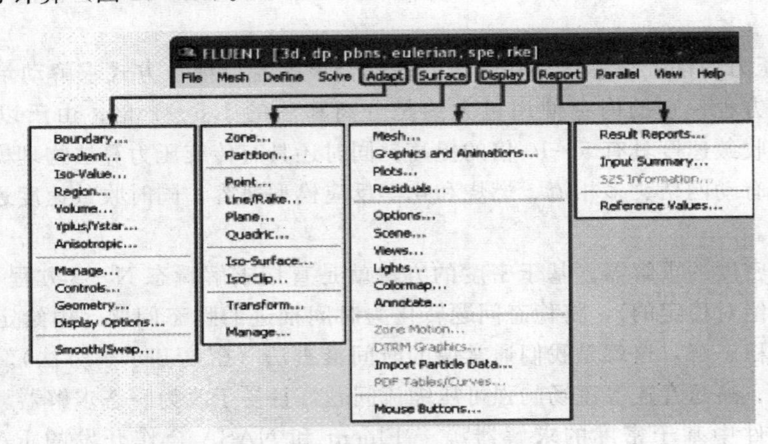

图 13 - 46　Fluent 自带的后处理

(1) 创建面：创建面的一系列方法包括求解器自动从域中创建、指定域中一个特定的平面、对指定变量有固定值的面、特定角度内的等值面、域中一个特定的位置、用于显示颗粒迹线。

(2) 后处理着色选项：着色选项允许控制后处理图片的表现方式包括视图和显示选

项、云图/矢量图的颜色、在面上打光、注释、面操作、使用重叠颜色等混合的方式、动画（图 13-47）。

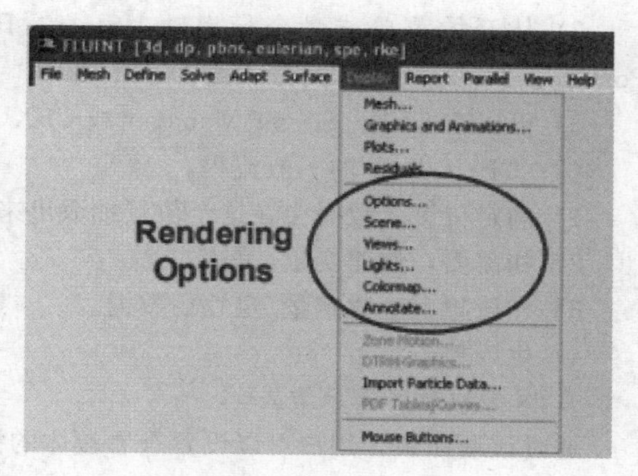

图 13-47 处理着色选项

（3）绘图：Fluent 提供绘制结果数据的工具包括求解结果的 XY 图、显示脉动频率的历史图、快速傅里叶变换（FFT）、残差图，可以通过绘图修改颜色、标题、图标、轴和曲线属性（图 13-48）。

2. ANSYS CFD-Post

（1）启动 CFD-Post 的流程。

1）在 ANSYS Workbench 下启动（图 13-49）。

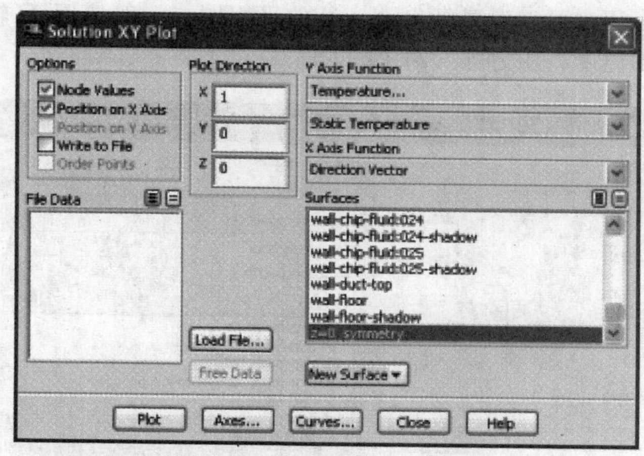

图 13-48 绘图

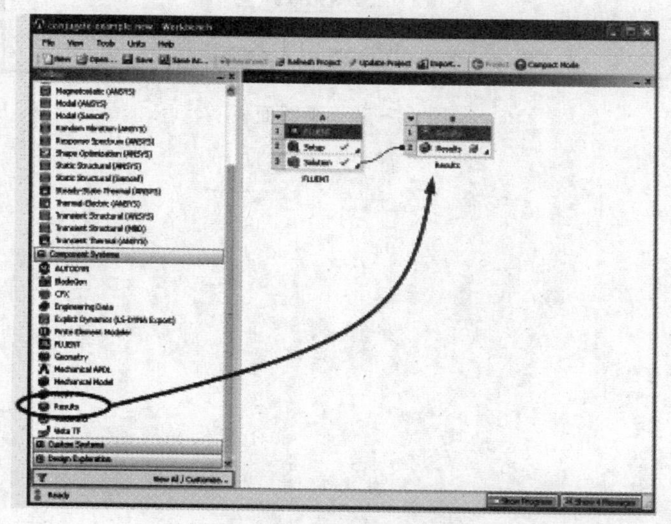

图 13-49 启动 CFD-Post

2）从开始菜单或命令行启动：Start＞Programs＞ANSYS 12.0＞ANSYS CFD－Post。

3）可以在 CFX－Solver Manager 或 CFX Launcher 中启动。

（2）CFD－Post 的一般流程。

1）确定位置。数据会在这个位置抽取出来，各种图形也在这个位置产生。

2）如需要，创建变量/表达式。

3）在位置上生成定量/定性的数据。

4）生成报告。

3. 图形和动画显示结果

通过该项面板，用户可以设置查看流体的情况，流体的不同求解结果的运行，例如压力、速度等，此外对于瞬态流体，用户还可以查看流体的不同求解结果的动画。

4. 画图

通过该项面板，用户可以设置画出 $X-Y$ 的平面图，一般选用 X 轴为位置，Y 轴为流体求解的结果，如温度、压力等（图 13－50）。

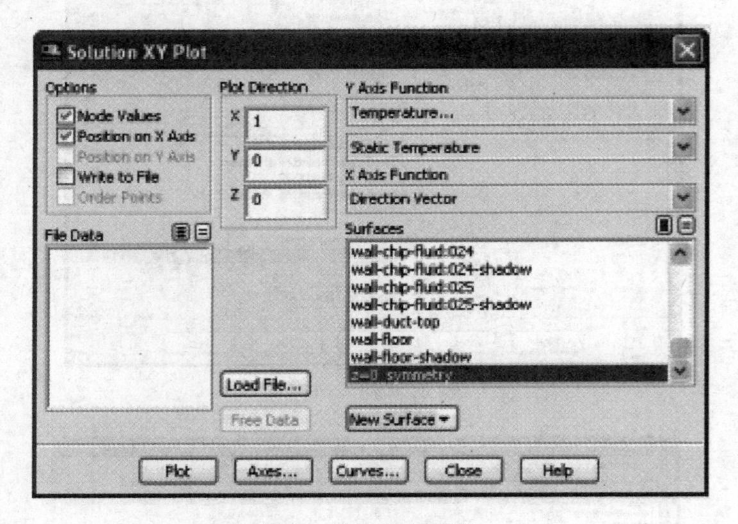

图 13－50　画图面板

附录一　水力学名人简介

三画～四画

文透里(文丘里)　Abbe Giovansi Battista Venturi，1746—1822，意大利工程师、物理学家

韦伯　Moritz Weber，1871—1951，德国造船技师，船舶力学(Naval Mecha-Nics)教授

切尔托乌索夫　М. л. Чертоусов，1892—1960，苏联技术科学博士，水力学家

戈达　Y. Goda

厄塞尔　F. Ursell

厄里瓦托斯基　E. A. Elevatorski

牛顿　(Sir)Isaac Newton，1642—1727，英国数学家，物理学家，剑桥大学教授

乌根秋斯　А. А. Угинчус，1899—1972，苏联水力学家

巴斯加(帕斯卡)　Blaise Pascal，1623—1662，法国数学家，物理学家，哲学家

巴赞(巴青)　Henri Emile Bazin，1829—1917，法国工程师

巴甫洛夫斯基　Никодай Николаевич Павдовский，1884—1937，苏联科学院院士，水力学及流体力学家

巴克米特夫　Boris Alexandrovitch Bakhmeteff，1880—1952，俄国教授，水力学家，哥伦比亚大学教授

五画～六画

兰姆　Sir Horace Lamb，1849—1934，英国应用数学家，地球物理学家

艾黎　Sir George Biddle Airy，1801—1892，潮汐与波浪力学专家

艾斯考弗　Francis F. Escoffier

布拉休斯　Paul Richard Heinrich Blasius，1883—1970，德国工程师，水力学家

布辛涅斯克　Joseph Valentin Boussinesq，1842—1929，法国数学家、力学家及理论物理学家

卡曼　Theodore von Kármán，1881—1963，匈牙利工程师，德国教授，空气动力学家，美国工程师，水动力学及紊流力学专家

白金汉　Edgar Buckingham，1867—1940，美国物理学家

丘加耶夫　Р. Р. Чугаев，1904—1981，苏联水力学家

尼库拉兹　Johann Nikuradse，1894—，德国工程师

圣・维南　Jean-Claude Barré de Saint-Venant，1797—1866，法国工程师，水力学及弹性力学专家

圣福鲁　G. Sainflou

弗劳德　William Froude，1810—1879，英国工程师(造船技师)
弗朗西斯　James Bicheno Francis，1815—1892，美国工程师
司处利克勒　A. Strickler
汤姆逊　Professor James Thomson，英国水力学家
齐恩　A. K. Jain，印度流体力学家
达·芬奇　Leonarde da Vinci，1452—1519，意大利美术家，科学家及工程师
达兰贝尔　Jean le Rond d'Alembert，1717—1783，法国数学家，哲学家
达西　Henry Philibert Gaspard Darcy，1803—1858，法国工程师
毕托　Menri d Pitot，1695—1771，法国工程师，发明家
刚吉勒　Emile Oscar Ganguillet，1818—1894，瑞士工程师
伊本　Arthur Thomas Ippen，1907—1974，双亲是德国人，生于伦敦，受教育于Aachen(德国)，1932 年到美国 Iowa 市，水力学家
伊兹巴什　C. B. Избаш

七画

沙特克维奇　A. A. Саткевич
沙乌缅　B. A. Шаумян，1908—1964
沙玉清　1907.4—1966.10，泥沙专家
沙莫夫　Г. И. Кузьмин
沈学文　Hsien Wen Shen，1931—，美籍华人，泥沙专家
库特　Wilhelm Rudolph Kutter，1818—1888，瑞士工程师
库兹明　И. А. Кузьмин
杜比　Arsene Jumes Emile Juvenal Dupuit，1804—1866，法国工程师，水力学家及经济学家
坎莱根　Garbis Hovannes Keulegan，1890—，美泥沙专家
克兰(恩)　Stephen Jay Kline，1922—，美流体力学家
克里格　William P. Creager，美垦务局工程师
克希荷夫　Gustav Robert Kirchhoff，1824—1887，德国物理学家
别兰格　Jean-Baptiste-Charles Belanger or J. B. Belanger，1790(或 1789)—1874，法国水力学家
别列津斯基　A. P. Верзинекий
伯诺里　Daniel Bernoulli，1700—1782，瑞士物理学家、数学家
伽利略　Galileo Galilei，1564—1642，意大利物理学家及天文学家
希尔兹　Albert Frank Shields，1908—1974，原为俄亥俄(美国)人，1933 年作为交换学者到柏林，研究推移质运动
阿基米德　Archimedes　287B. C.—212B. C.，希腊哲学家，物理学家
阿格罗斯金　И. И. Ароскин，1900—1968，苏联水力学家，技术科学博士
阿列维　Lorenzo Allievi，1856—1941(或 1942)，意大利水力学家

阿勉　Michael Amein

纳维埃　· Louis Marie Henri Navier，1785—1836，法国工程师

纳格勒　Floyd August Nagler，1892—1933，美国水力学家

八画

波达波夫　M. B. Потапов，1887—1949，苏联河流动力学及径流调节专家

泊肖(或瑟)叶　Jean Louis Poiseuille，1799—1869，法国物理学家

拉格朗日　Joseph Louis Lagrange，1736—1813，法国数学家及天文学家

拉普拉斯　Pierre Simon Laplace or Marquis de Laplace，1749—1827，法国数学家及天文学家

拉克斯　P. D. Lax

拉哈曼诺夫　K. И. Рахманов，1900—

范诺尼　Vito August Vanoni，1904—，美国泥沙专家

欧拉　Leonhard Euler，1707—1783，瑞士数学家及物理学家

欧姆　Georg Simon Ohm，1787—1854，德国物理学家

英格隆　F. Engelund

罗辛斯基　K. И. Россинский

金　Horace Williams King(or Horace King)，1874—1951，美国水力学家，工程师

九画

茹可夫斯基　Николай Егоривич Жуковский，1847—1921，苏联水力学家、流体力学家

胡克　Robert Hook，1635—1703，英国实验主义哲学家，物理学家

柯朗　Richard Courant，1888—1972，美国数学家，Gottingen 教授，1934 年到美国，New York 大学教授

柯西　Baron Augustin Louis de Cauchy，1789—1857，法国数学家

柯瓦兹勒　L. S. G. Kovasznay

柯列布鲁克　C. F. Colebrook

哈密顿　William Rowan Hamilton，1805—1865，英数学家，物理学家

哈根　Gotthilf Heinrich Ludwig Hagen，德国水利工程师

费克　A. Fick

十画～十一画

高斯　Karl Friedrich Gauss，1777—1855，法国数学家，物理学家及天文学家

宾汉(宾厄姆)　Eugene Cook Bingham，1878—1945，美国化学家，流变学(Rhelogy)的奠基人

唐存本

泰勒　Brook Taylor，1685—1731，英国数学家

栗原道德

钱宁　　1922—1986，泥沙专家、教授

爱因斯坦　　Hans Albert Einstein，1904—1973，河流动力学及泥沙专家

爱格利　　Hegly

梅叶—彼特　　Euegène，Meyer-Peter，1883—，瑞士泥沙专家

曼宁　　Robert Manning，1816—1897，爱尔兰工程师

维杰尔尼可夫　　В. В. Ведерников，1904—1980，苏联水力学家

十二画

普朗特　　Ludwig Prandtl，1878—1953，德国工程师，力学家

普莱士曼　　Alexandre Preissmann

谢才　　Antonie de Chézy，1718—1798，法国工程师

谢维列夫　　Фирс Александровин Шевелёв，1912—，苏联技术科学博士，水力学家

斯托克斯　　Sir George Gabriel Stokes，1819—1903，英国数学家、物理学家

斯托克　　J. J. Stokf

斯麦塔纳　　J. Smetana

斯特鲁哈　　Vincenz Strouhal，1850—1922，捷克物理学家

惠瑟姆　　G. B. Witham

惠斯登　　Sir Charles Wheatstone，1802—1875，英国物理学家及发明家

葛罗米卡　　Ипполит Степанович Горомека，1851—1889，苏物理学家

奥菲采洛夫　　А. С. Офидеров

十三画～十七画

意罗　　C. G. Ilo

雷诺　　Osborne Reynolds，1842—1912，英国工程师，物理学家

雷利（瑞利）　　Lord John William Rayleigh（or John William Strutt，Lord Rayleigh），1842—1919，英国物现学家及数学家，1904年获诺贝尔物理学奖

雷伯克　　Theodor Rehbock，1864—1950，德国水力学家

蔡克士大　　А. П. Зегжда，1899—1955，苏联水力学家

缪纳　　R. Müller

黎曼　　Benhard Riemann（or George Friedrich Bernhard Riemann），1826—1866，德国数学家

穆地　　Lewis Ferry Moody，1880—1953，美国工程师

魏斯巴哈　　Julius Welsbach，1806—1871，德国水力学家，水力学模型试验的先驱者

附录二 附 表

国际单位与工程单位换算表

物理量	国际单位（SI）		工程单位制	
	量纲	单位中文名、符号及换算关系	量纲	单位中文名、符号及换算关系
长度	L	米（m），厘米（cm） 1m＝100cm	L	米（m），厘米（cm） 1m＝100cm
时间	T	秒（s），小时（h） 1h＝3600s	T	秒（s），小时（h） 1h＝3600s
质量	M	千克（公斤）（kg） 1kg＝0.102 工程单位	$FL^{-1}T^2$	工程单位 1 工程单位＝9.8kg
力	MLT^{-2}	牛（牛顿）（N） 1N＝0.102kgf	F	公斤力(kgf) 1kgf＝9.8N
压强 应力	$MI^{-1}T^{-2}$	帕（帕斯卡）（Pa） 1Pa＝1N/m＝0.102kgf/m 1 巴（bar）＝10^5Pa ＝10^3毫巴（mbar） ＝1.02kgf/cm^2 1 个标准大气压（atm） ＝1.033 工程大气压（at） ＝101325Pa ＝760mm 汞柱 ＝10.33m 水柱	FL^{-2}	公斤力/米^2 （kgf/m^2） 公斤力/厘米^2 （kgf/cm^2） 1kgf/m^2＝9.8Pa 1kgf/cm^2＝0.98bar 1 个工程大气压 ＝0.9678 标准大气压 ＝98067Pa ＝735.6mm 汞柱 ＝10m 水柱
功能热	M^2LT^{-2}	焦耳（J），1J＝1N・m＝1W・s 1J＝0.2388cal（卡） 1 千卡（kcal）＝4187J	FL	公斤力・米（kgf・m） 卡（cal）千卡（kcal） 1cal＝4.187J，1kgf・m＝9.8J
功率	ML^2T^{-3}	瓦（W），1 瓦＝1W＝1J/s（焦耳/秒） 1W＝0.102kgf・m/s ＝0.2388cal/s	FLT^{-1}	公斤力・米/秒（kgf・m/s） 1 公制马力（HP）＝735.5W 1kgf・m/s＝9.8J/s＝9.8W
黏度 （动力黏度或黏性系数）	$ML^{-1}T^{-1}$	帕・秒（Pa・s） 1Pa・s＝10 泊（Poise） 1Pa・s＝0.102kgf・s/m^2	$FL^{-2}T$	公斤力・秒/米^2（kgf・s^2/m^2） 1kgf・s/m^2＝9.8Pa・s ＝9.8 泊（Poise）
运动黏度 （运动黏性系数）	L^2T^{-1}	米^2/秒（m^2/s） 1m^2/s＝10^4斯（stokes）	L^2T^{-1}	米^2/秒 （m^2/s）

参 考 文 献

[1] 清华大学水力学教研组. 水力学（上册）[M]. 北京：高等教育出版社，1981.

[2] 清华大学水力学教研组. 水力学（下册）[M]. 北京：高等教育出版社，1981.

[3] 大连工学院水力学教研室. 水力学解题指导及习题集 [M]. 2版. 北京：高等教育出版社，1985.

[4] 窦国仁. 紊流力学 [M]. 北京：高等教育出版社，1987.

[5] 吴持恭. 水力学（上册）[M]. 2版. 北京：高等教育出版社，1983.

[6] 吴持恭. 水力学（下册）[M]. 2版. 北京：高等教育出版社，1983.

[7] 吴持恭. 水力学（上册）[M]. 3版. 北京：高等教育出版社，2003.

[8] 吴持恭. 水力学（下册）[M]. 3版. 北京：高等教育出版社，2003.

[9] 吕宏兴，裴国霞，杨玲霞. 水力学 [M]. 北京：中国农业出版社，2002.

[10] 张耀先，丁新求. 水力学 [M]. 郑州：黄河水利出版社，2002.

[11] 董增南. 水力学（上册）[M]. 4版. 北京：高等教育出版社，1995.

[12] 余常昭. 水力学（下册）[M]. 4版. 北京：高等教育出版社，1995.

[13] 华东水利学院. 水力学（上册）[M]. 2版. 北京：科学出版社，1987.

[14] 华东水利学院. 水力学（下册）[M]. 2版. 北京：科学出版社，1987.

[15] 洪惜英. 水力学 [M]. 北京：中国林业出版社，1990.

[16] 周善生. 水力学 [M]. 北京：人民教育出版社，1980.

[17] 许荫春，胡得保，薛朝阳. 水力学 [M]. 3版. 北京：科学出版社，1990.

[18] 李炜，徐孝平. 水力学 [M]. 武汉：武汉大学出版社，2000.

[19] 武汉水利电力学院，华东水利学院. 水力学 [M]. 北京：高等教育出版社，1979.

[20] 西南交通大学，哈尔滨建工学院. 水力学 [M]. 北京：人民教育出版社，1979.

[21] 华东水利学院水力学教研室. 水力学（上册）[M]. 北京：高等教育出版社，1980.

[22] 大连工学院水力学教研室. 水力学习题集 [M]. 北京：人民教育出版社，1965.

[23] 刘鹤年. 水力学 [M]. 北京：中国建筑工业出版社，1998.

[24] 徐正凡. 水力学（上、下册）[M]. 北京：高等教育出版社，1987.

[25] 莫乃榕. 水力学简明教程 [M]. 武汉：华中科技大学出版社，2003.

[26] 黄文锽. 水力学 [M]. 北京：人民教育出版社，1980.

[27] 普朗特. 流体力学概论 [M]. 北京：科学出版社，1981.

[28] 纪立智. 水力学理论与习题 [M]. 上海：上海交通大学出版社，1986.

[29] 李建中. 水力学 [M]. 西安：陕西科学技术出版社，2002.

[30] 马淑珠，等. 水力学、流体力学学习与指导 [M]. 哈尔滨：东北农业大学出版社，1996.

[31] 郑文康，等. 水力学 [M]. 北京：中国水利水电出版社，1996.

[32] 尚全夫，崔莉. 水力学实验 [M]. 大连：大连工学院出版社，1988.

[33] 赵振兴，何建京. 水力学实验 [M]. 南京：河海大学出版社，2001.

[34] 冬峻瑞，黄继汤. 水力学实验 [M]. 北京：清华大学出版社，1991.

[35] 华东水力学院. 模型试验量测技术 [M]. 北京：水利电力出版社，1984.

[36] 罗大海，等. 流体力学简明教程 [M]. 北京：高等教育出版社，1985.

[37] 朱红钧，林元华，谢龙汉. FLUENT 流体分析工程案例精讲 [M]. 北京：电子工业出版社，2013.
[38] 朱红钧. FLUENT 15.0 流场分析实战指南 [M]. 北京：人民邮电出版社，2015.